HTML5 移动 Web 开发从入门到精通（微课精编版）

前端科技　编著

清华大学出版社

北　京

内容简介

《HTML5 移动 Web 开发从入门到精通（微课精编版）》结合 HTML5 和 CSS3 技术，为读者全面深入地讲解了针对各种屏幕大小设计和开发现代网站的技术。全书共 19 章，包括 HTML5 基础、CSS3 基础、设计移动页面结构、设计移动页面正文、美化页面文本、设计列表结构、应用多媒体、使用 CSS3 定义版式、使用媒体查询、设计弹性布局、设计响应式图片、设计移动表单、设计响应式表格、使用 CSS3 修饰背景、使用 CSS3 美化界面样式、CSS3 动画、设计响应式网站、酒店预订微信 wap 网站、发布网页等内容。本书各章节注重实例间的联系和各功能间的难易层次，内容讲解以文字描述和图例并重，力求生动易懂，并对软件应用过程中的难点、重点和可能出现的问题给予详细讲解和提示。

除纸质内容外，本书还配备了多样化、全方位的学习资源，主要内容如下。

☑ 279 节同步教学微视频　☑ 15000 项设计素材资源
☑ 34 项拓展知识微阅读　☑ 4800 个前端开发案例
☑ 460 个实例案例分析　☑ 48 本权威参考学习手册
☑ 340 个在线微练习　☑ 1036 道企业面试真题

本书内容翔实、结构清晰、循序渐进，基础知识与案例实战紧密结合，既可作为 HTML5 初学者的入门教材，也适合中高级用户进一步学习和参考。

图书在版编目（CIP）数据

HTML5 移动 Web 开发从入门到精通：微课精编版 / 前端科技编著. —北京：清华大学出版社，2019
（清华社“视频大讲堂”大系 网络开发视频大讲堂）
ISBN 978-7-302-52043-6

I. ① H… II. ①前… III. ①超文本标记语言–程序设计 IV. ① TP312.8

中国版本图书馆 CIP 数据核字（2019）第 009035 号

责任编辑：贾小红
封面设计：李志伟
版式设计：文森时代
责任校对：马军令
责任印制：李红英

出版发行：清华大学出版社
网　址：http://www.tup.com.cn，http://www.wqbook.com
地　址：北京清华大学学研大厦 A 座　**邮　编：**100084
社 总 机：010-62770175　**邮　购：**010-62786544
投稿与读者服务：010-62776969，c-service@tup.tsinghua.edu.cn
质 量 反 馈：010-62772015，zhiliang@tup.tsinghua.edu.cn
印 装 者：三河市铭诚印务有限公司
经　销：全国新华书店
开　本：203mm × 260mm　**印　张：**33　**字　数：**988 千字
版　次：2019 年 8 月第 1 版　**印　次：**2019 年 8 月第 1 次印刷
定　价：89.80 元

产品编号：081814-01

如何使用本书

本书提供了多样化、全方位的学习资源，帮助读者轻松掌握 HTML5 移动 Web 开发技术，从小白快速成长为前端开发高手。

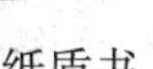
纸质书

视频讲解

拓展学习

在线练习

电子书

手机端 +PC 端，线上线下同步学习

1. 获取学习权限

学习本书前，请先刮开图书封底的二维码涂层，使用手机扫描，即可获取本书资源的学习权限。再扫描正文章节对应的 4 类二维码，可以观看视频讲解，阅读线上资源，查阅权威参考资料和在线练习提升，全程易懂、好学、高效、实用。

2. 观看视频讲解

对于初学者来说，精彩的知识讲解和透彻的实例解析能够引导其快速入门，轻松理解和掌握知识要点。本书中大部分案例都录制了视频，可以使用手机在线观看，也可以离线观看，还可以推送到计算机上大屏幕观看。

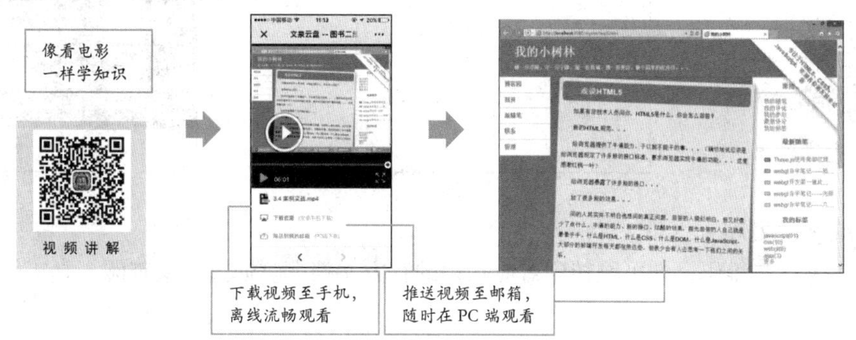

Note

3. 拓展线上阅读

一本书的厚度有限，但掌握一门技术却需要大量的知识积累。本书选择了那些与学习、就业关系紧密的核心知识点放在书中，而将大量的拓展性知识放在云盘上，读者扫描“线上阅读”二维码，即可免费阅读数百页的前端开发学习资料，获取大量的额外知识。

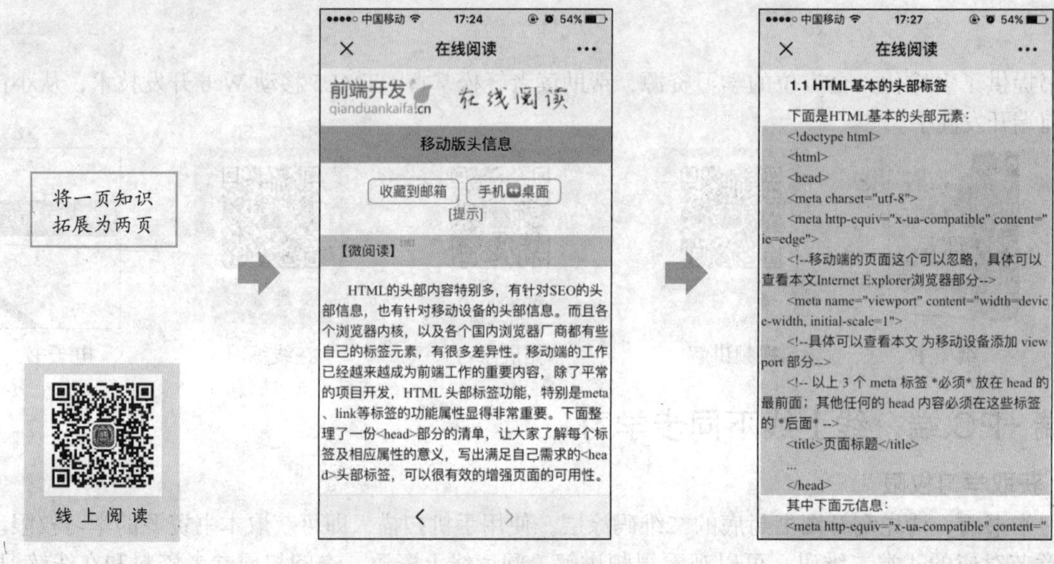

4. 进行在线练习

为方便读者巩固基础知识，提升实战能力，本书附赠了大量的前端练习题目。读者扫描最后一节的“在线练习”二维码，即可通过反复的实操训练加深对知识的领悟程度。

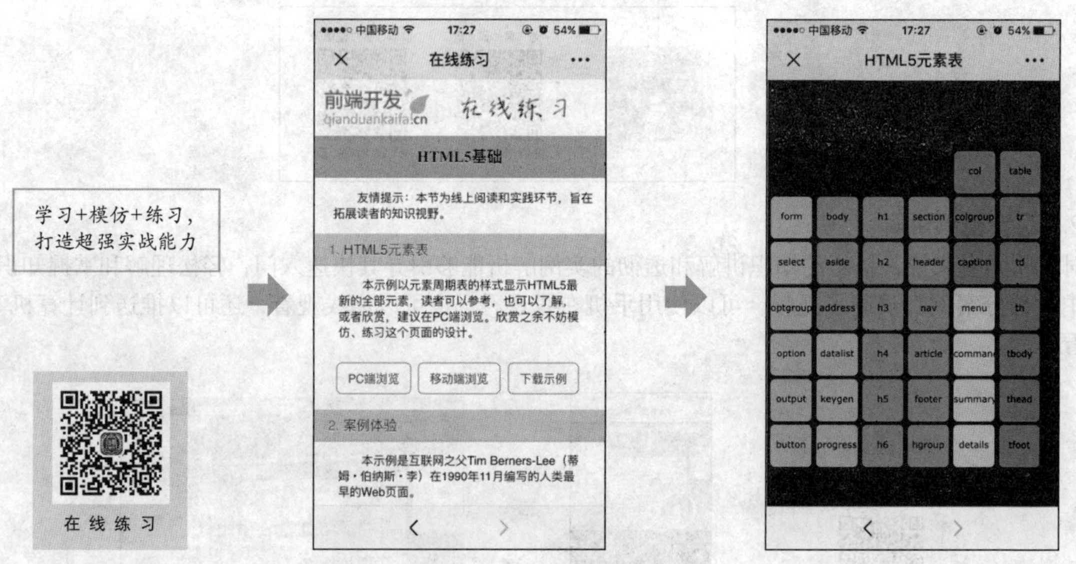

5. 查阅权威参考资料

扫描“权威参考”二维码，即可跳转到对应知识的官方文档上。通过大量查阅，真正领悟技术内涵。

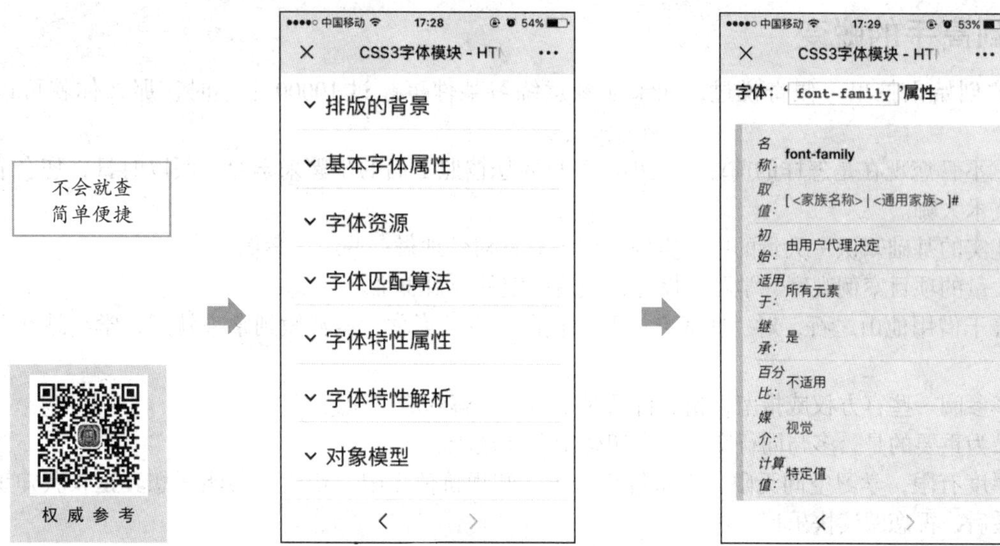

6. 其他 PC 端资源下载方式

除了前面介绍过的可以直接将视频、拓展阅读等资源推送到邮箱之外，还提供了如下几种 PC 端资源获取方式。

☑ 登录清华大学出版社官方网站（www.tup.com.cn），在对应图书页面下查找资源的下载方式。

☑ 申请加入 QQ 群、微信群，获得资源的下载方式。

☑ 扫描图书封底“文泉云盘”二维码，获得资源的下载方式。

小白学习电子书

为方便读者全面提升，本书赠送了“前端开发百问百答”小白学习电子书。这些内容精挑细选，希望成为您学习路上的好帮手，关键时刻解您所需。

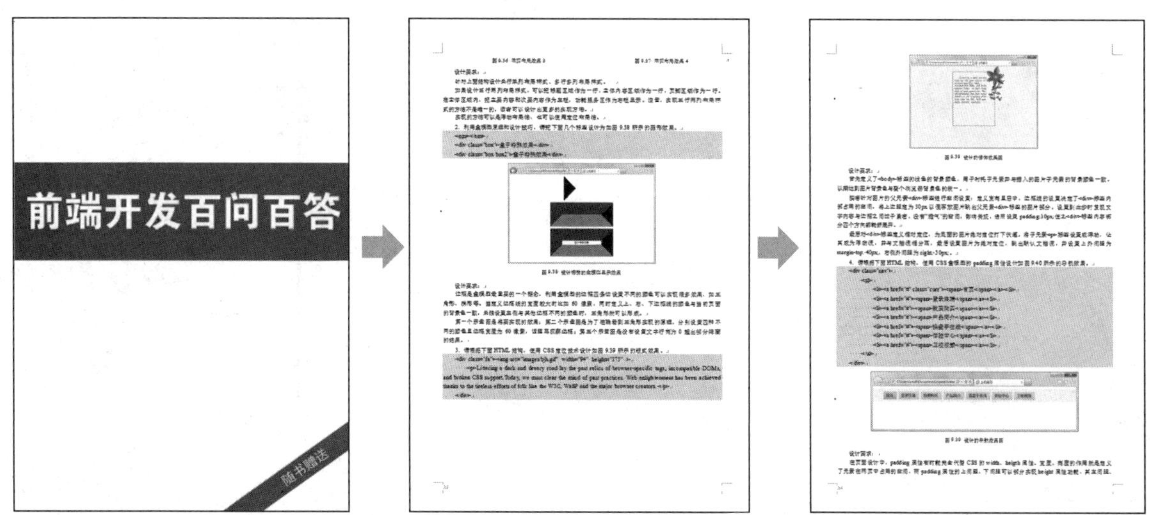

Note

从小白到高手的蜕变

谷歌的创始人拉里·佩奇说过，如果你刻意练习某件事超过10000个小时，那么你就可以达到世界级。

因此，不管您现在是怎样的前端开发小白，只要您按照下面的步骤来学习，假以时日，您会成为令自己惊讶的技术大咖。

（1）扎实的基础知识+大量的中小实例训练+有针对性地做一些综合案例。

（2）大量的项目案例观摩、学习、操练，塑造一定的项目思维。

（3）善于借用他山之石，对一些成熟的开源代码、设计素材，能够做到拿来就用，学会站在巨人的肩膀上。

（4）多参阅一些官方权威指南，拓展自己对技术的理解和应用能力。

（5）最为重要的是，多与同行交流，在切磋中不断进步。

书本厚度有限，学习空间无限。纸张价格有限，知识价值无限。希望本书能帮您真正收获知识和学习的乐趣。最后，祝您阅读快乐！

前 言

Preface

“网络开发视频大讲堂”系列丛书因其编写细腻、讲解透彻、实用易学、配备全程视频等，备受读者欢迎。丛书累计销售20多万册，其中，《HTML5+CSS3从入门到精通》累计销售10万册。同时，系列书被上百所高校选为教学参考用书。

本次改版，在继承前版优点的基础上，进一步对图书内容进行了优化，选择面试、就业最急需的内容，重新录制了视频，同时增加了许多当前流行的前端技术，提供了“入门学习→实例应用→项目开发→能力测试→面试”等各个阶段的海量开发资源库，实战容量更大，以帮助读者快速掌握前端开发所需要的核心精髓内容。

随着HTML5技术的不断发展与成熟，移动应用开发领域迎来了崭新的时代。当然HTML5也不是万能的，毕竟iOS和Android作为原生技术有着不可替代的地位，如果将HTML5+CSS3的前端技术发挥到极致，也会让移动应用开发更上一层楼。如何在多平台上创建高性能、响应式移动网站？对于网页设计人员来说，由于智能移动设备快速增加、屏幕尺寸各不相同、性能仍有局限性，这个问题就显得非常重要。本书提供了答案。通过阅读本书，你会知道如何有效地利用最新的HTML5+CSS3技术，针对移动网站的功能来设计网页，横跨多个移动平台，设计可靠的移动版Web页面，并借助CSS3技术让页面能够适应不同的设备，展现最完美的移动效果。

本书内容

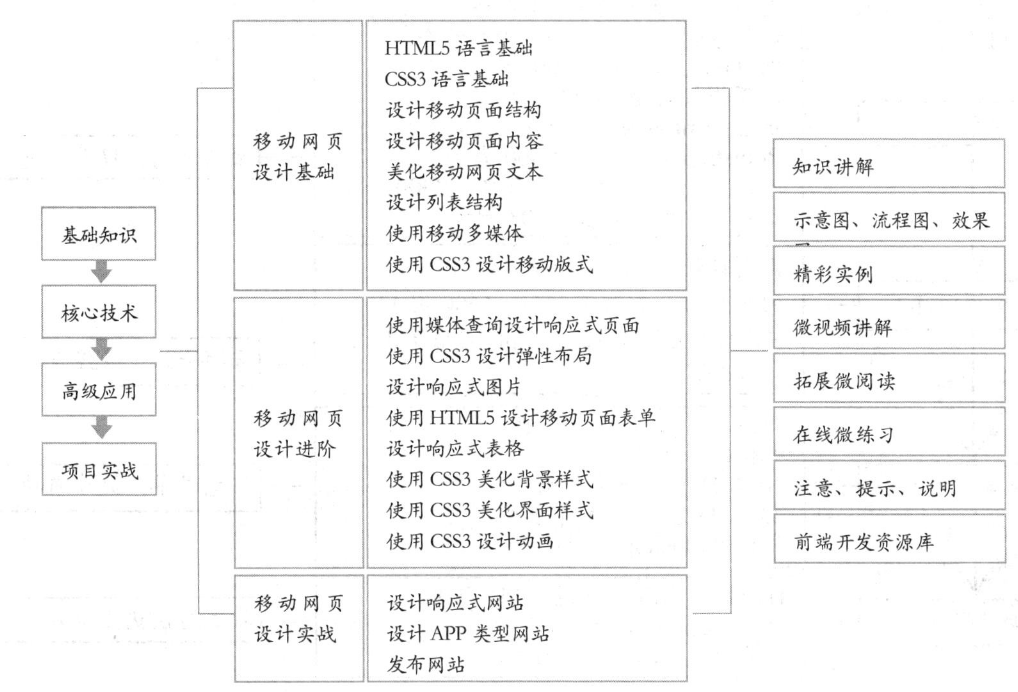

本书特点

1. 由浅入深，编排合理，实用易学

本书系统地讲解了 HTML5 移动 Web 开发技术，同时配合大量实例，循序渐进地为读者深入讲解移动网页设计和开发技术。

2. 跟着案例和视频学，入门更容易

跟着例子学习，通过训练提升，是初学者最好的学习方式。本书案例丰富详尽，且都附有详尽的代码注释及清晰的视频讲解。跟着这些案例边做边学，可以避免学到的知识流于表面、限于理论，尽情感受编程带来的快乐和成就感。

3. 4 大类线上资源，多元化学习体验

为了传递更多知识，本书力求突破传统纸质书的厚度限制。本书提供了 4 大类线上微资源，通过手机扫码，读者可随时观看讲解视频，拓展阅读相关知识，在线练习强化提升，还可以查阅官方权威资料，全程便捷、高效，感受不一样的学习体验。

4. 精彩栏目，易错点、重点、难点贴心提醒

本书根据初学者特点，在一些易错点、重点、难点位置精心设置了“注意”“提示”等小栏目。通过这些小栏目，读者会更留心相关的知识点和概念，绕过陷阱，掌握很多应用技巧。

本书配套资源

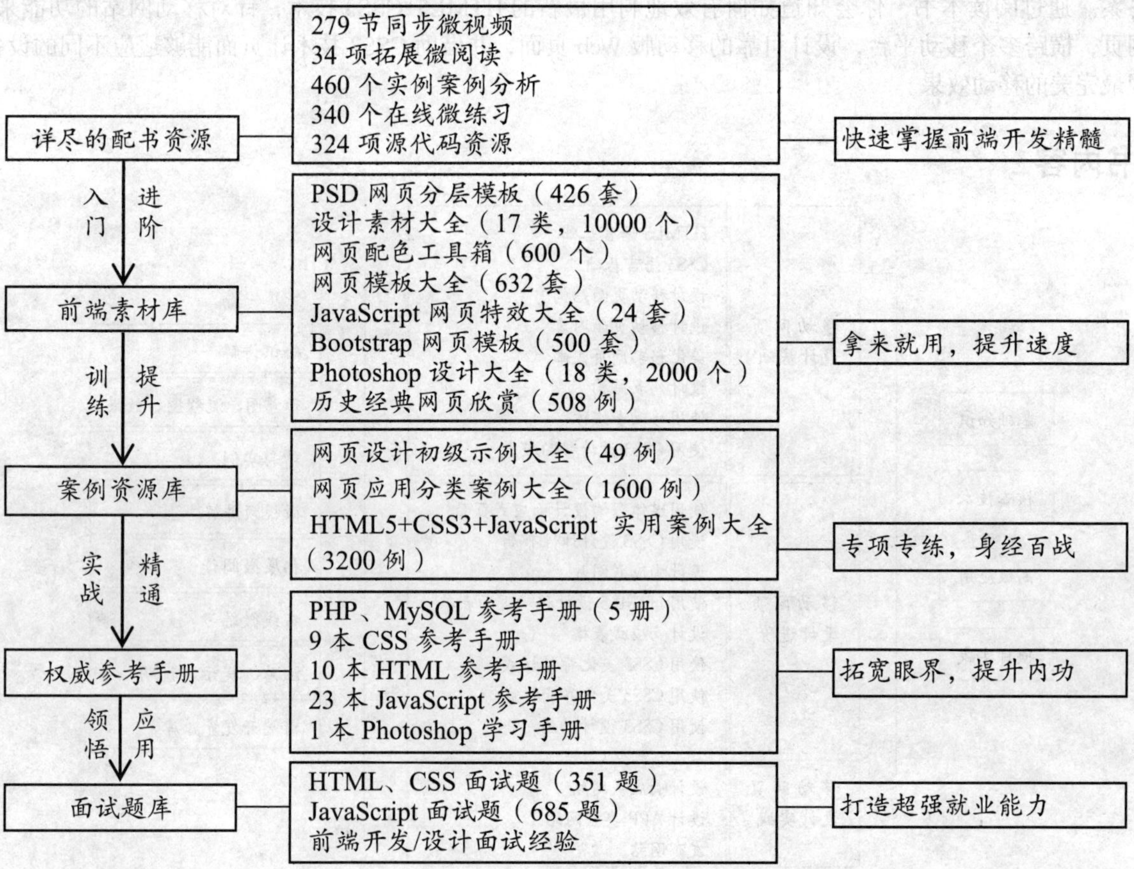

详尽的配书资源
- 279 节同步微视频
- 34 项拓展微阅读
- 460 个实例案例分析
- 340 个在线微练习
- 324 项源代码资源

→ 快速掌握前端开发精髓

入门　进阶 ↓

前端素材库
- PSD 网页分层模板（426 套）
- 设计素材大全（17 类，10000 个）
- 网页配色工具箱（600 个）
- 网页模板大全（632 套）
- JavaScript 网页特效大全（24 套）
- Bootstrap 网页模板（500 套）
- Photoshop 设计大全（18 类，2000 个）
- 历史经典网页欣赏（508 例）

→ 拿来就用，提升速度

训练　提升 ↓

案例资源库
- 网页设计初级示例大全（49 例）
- 网页应用分类案例大全（1600 例）
- HTML5+CSS3+JavaScript 实用案例大全（3200 例）

→ 专项专练，身经百战

实战　精通 ↓

权威参考手册
- PHP、MySQL 参考手册（5 册）
- 9 本 CSS 参考手册
- 10 本 HTML 参考手册
- 23 本 JavaScript 参考手册
- 1 本 Photoshop 学习手册

→ 拓宽眼界，提升内功

领悟　应用 ↓

面试题库
- HTML、CSS 面试题（351 题）
- JavaScript 面试题（685 题）
- 前端开发/设计面试经验

→ 打造超强就业能力

读者对象

☑ HTML 5 初学者和进阶者。
☑ 网站开发和网页设计的从业人员。
☑ 大、中专院校，以及相关培训机构的教师和学生。

读前须知

本书所有 HTML 示例都应该嵌套在一个有效文档的 <body> 标签中，同时，CSS 包含在内部或外部样式表中。对于包含重复内容的 HTML 示例，本书可能不会列出每一行代码，而是适时地使用省略号表示部分代码，详细代码需要参阅本书源码示例。

本书所列出的插图可能会与读者实际环境中的操作界面有所差别，这可能是由于操作系统平台、浏览器版本等不同而引起的，在此特别说明，读者应该以实际情况为准。

本书所有案例代码都是在 HTML5 类型文档中编写。所有示例也能够兼容 HTML 4.01 和 XHTML 1.0。

由于 CSS3 技术还在不断地完善与更新中，建议根据本书提供的参考地址，获取有关 CSS3 的最新信息与更新。

读者服务

学习本书时，请先扫描封底的权限二维码（需要刮开涂层）获取学习权限，然后即可免费学习书中的所有线上线下资源。

本书所附赠的超值资源库内容，读者可登录清华大学出版社网站（www.tup.com.cn），在对应图书页面下获取其下载方式。也可扫描图书封底的“文泉云盘”二维码，获取其下载方式。

本书提供 QQ 群（668118468、697651657）、微信公众号（qianduankaifa_cn）、服务网站（www.qianduankaifa.cn）等互动渠道，提供在线技术交流、学习答疑、技术资讯、视频课堂、在线勘误等功能。在这里，您可以结识大量志同道合的朋友，在交流和切磋中不断成长。

读者对本书有什么好的意见和建议，也可以通过邮箱（qianduanjiaoshi@163.com）发邮件给我们。

关于作者

前端科技是由一群在校教师和开发人员组成的团队，主要从事 Web 开发、教学和培训，所编写的图书在网店及实体店的销量名列前茅，受到了广大读者的好评，让数十万的读者轻松跨进了 Web 开发的大门，为 IT 技术的普及和应用做出了积极贡献。由于水平有限，书中疏漏和不足之处在所难免，欢迎各位读者朋友批评、指正。

编　者
2019 年 4 月

目 录 

Contents

Note

Note

Note

第 1 章

HTML5 基础

（视频讲解：27 分钟）

随着互联网技术的不断更新迭代，网页变得越来越复杂，但是其底层结构依然相当简单。创建网页离不开 HTML（Hypertext Markup Language，超文本标记语言），HTML 包含网页内容，并说明这些内容的意义。本章简单介绍 HTML5 基础知识，帮助读者轻松跨入 HTML5 的门槛。对于继承自 HTML4 的大部分内容就不再赘述。

【学习重点】

- 了解 HTML 版本和 HTML5 开发历史。
- 了解 HTML5 设计原则。
- 熟悉基本的 HTML5 页面结构。
- 认识标签、元素、属性和值。
- 了解网页文本内容。

1.1　HTML5 概述

Note

2014 年 10 月 28 日，W3C（万维网联盟）的 HTML 工作组发布了 HTML5 的正式推荐标准。HTML5 是构建开放 Web 平台的核心，是万维网的核心语言——超文本标记语言的第 5 版。在这一版本中，增加了支持 Web 应用的许多新特性，以及更符合开发者使用习惯的新元素，并重点关注定义清晰的、一致的准则，以确保 Web 应用和内容在不同浏览器中的互操作性。

HTML5 发展的速度非常快，因此不用担心浏览器的支持问题。用户可以访问 www.caniuse.com 网站，该网站按照浏览器的版本提供了详尽的 HTML5 功能支持情况。

如果通过浏览器访问 www.html5test.com，该网站会直接显示用户浏览器对 HTML5 规范的支持情况。另外，还可以使用 Modernizr（JavaScript 库）进行特性检测，它提供了非常先进的 HTML5 和 CSS3 检测功能。建议使用 Modernizr 检测当前浏览器是否支持某些特性。

【拓展】

HTML 从诞生至今，经历了近 30 年的发展，其中经历的版本及发布日期如表 1.1 所示。

表 1.1　HTML 的发展过程

版　本	发布日期	说　明
超文本标记语言(第一版)	1993 年 6 月	作为互联网工程工作小组 (IETF) 工作草案发布，非标准
HTML 2.0	1995 年 11 月	作为 RFC 1866 发布，在 RFC 2854 于 2000 年 6 月发布之后被宣布已经过时
HTML 3.2	1996 年 1 月 14 日	W3C 推荐标准
HTML4.0	1997 年 12 月 18 日	W3C 推荐标准
HTML4.01	1999 年 12 月 24 日	微小改进，W3C 推荐标准
ISO HTML	2000 年 5 月 15 日	基于严格的 HTML4.01 语法，是国际标准化组织和国际电工委员会的标准
XHTML 1.0	2000 年 1 月 26 日	W3C 推荐标准，修订后于 2002 年 8 月 1 日重新发布
XHTML 1.1	2001 年 5 月 31 日	较 1.0 有微小改进
XHTML 2.0 草案	没有发布	2009 年，W3C 停止了 XHTML 2.0 工作组的工作
HTML5 草案	2008 年 1 月	HTML5 规范先是以草案发布，经历了漫长的过程
HTML5	2014 年 10 月 28 日	W3C 推荐标准
HTML5.1	2017 年 10 月 3 日	W3C 发布 HTML5 第 1 个更新版本（http://www.w3.org/TR/html51/）
HTML5.2	2017 年 12 月 14 日	W3C 发布 HTML5 第 2 个更新版本（http://www.w3.org/TR/html52/）
HTML5.3	2018 年 3 月 15 日	W3C 发布 HTML5 第 3 个更新版本（http://www.w3.org/TR/html53/）

提示：从上面 HTML 发展列表来看，HTML 没有 1.0 版本，这主要是因为当时有很多不同的版本。有些人认为 Tim Berners-Lee 的版本应该算初版，他的版本中还没有 img 元素，也就是说 HTML 刚开始时仅能够显示文本信息。

Note

1.2　HTML5 设计原则

从 HTML 2.0 到 XHTML 2.0，XHTML 2.0 由于语法解析过于严格，因此不太适合互联网开放、自由的精神。Jeremy Keith 认为所有的项目都应该先有设计原则，HTML5 也同样如此，W3C 为此发布了 HTML 设计原则（http://www.w3.org/TR/html-design-principles/），强调了 HTML5 规范的兼容性、实用性和互操作性。简单说明如下。

1.2.1　避免不必要的复杂性

规范可以写得十分复杂，但浏览器的实现应该非常简单。把复杂的工作留给浏览器后台去处理，用户仅需要输入最简单的字符，甚至不需要输入，才是最佳文档规范。因此，HTML5 首先采用化繁为简的思路进行设计。

【示例 1】 在 HTML4.01 中定义文档类型的代码如下。

```
<!DOCTYPE html PUBLIC "-//W3C/DTD HTML4.01//EN" "http://www.w3.org/TR/html4/strict.dtd">
```

HTML5 简化如下。

```
<!DOCTYPE html>
```

HTML4.01 中的 DOCTYPE 过于冗长，很难记住这些内容，但在 HTML5 中只需要简单的 <!DOCTYPE html> 就可以了。DOCTYPE 是给验证器用的，而非浏览器，浏览器只在做 DOCTYPE 切换时关注它，因此并不需要写得太复杂。

【示例 2】 在 HTML4.01 中定义字符编码的代码如下。

```
<meta http-equiv="Content-Type" content="text/html; charset=utf-8">
```

在 XHTML 1.0 中还需要再声明 XML 标签，并在其中指定字符编码。

```
<?xml version="1.0" encoding="UTF-8" ?>
<meta http-equiv="Content-Type" content="text/html; charset=utf-8" />
```

HTML5 简化如下。

```
<meta charset="utf-8">
```

关于省略不必要的复杂性，或者说避免不必要的复杂性的例子还有不少。但关键是既能避免不必要的复杂性，还不会妨碍在现有浏览器中使用。

在 HTML5 中，如果使用 link 元素链接到一个样式表，先定义 rel="stylesheet"，然后再定义 type="text/css"，这样就重复了。对浏览器而言，只要设置 rel="stylesheet" 就够了，因为它可以猜出要链接的是一个

CSS 样式表，不必再指定 type 属性。

对 Web 开发而言，开发者都使用 JavaScript 脚本语言，它是默认的通用语言，用户可以为 script 元素定义 type="text/javascript" 属性，也可以什么都不写，浏览器自然会假设在使用 JavaScript。

Note

1.2.2 支持已有内容

XHTML 2.0 最大的问题就是不支持已经存在的内容，这违反了 Postel 法则（即对自己发送的东西要严格，对接收的东西则要宽容）。现实情况中，开发者可以写出各种风格的 HTML，浏览器遇到这些代码时，在内部所构建出的结构应该是一样的，呈现的效果也应该是一样的。

【示例】下面的示例展示了编写同样内容的 4 种不同写法，4 种写法唯一的不同点就是语法。

```
<img src="foo" alt="bar" />
<p class="foo">Hello world</p>

<img src="foo" alt="bar">
<p class="foo">Hello world

<IMG SRC="foo" ALT="bar">
<P CLASS="foo">Hello world</P>

<img src=foo alt=bar>
<p class=foo>Hello world</p>
```

从浏览器解析的角度分析，这些写法实际上都是一样的。HTML5 必须支持已经存在的约定，适应不同的用户习惯，而不是用户适应浏览器的严格解析标准。

1.2.3 解决实际问题

规范应该去解决现实中实际遇到的问题，而不该考虑那些复杂的理论问题。

【示例】既然有在 a 中嵌套多个段落元素的需要，那就让规范支持它。

这块内容包含一个标题，一个段落。按照 HTML4 规范，必须至少使用两个链接。

```
<h2><a href="#"> 标题文本 </a></h2>
<p><a href="#"> 段落文本 </a></p>
```

在 HTML5 中，只需要把所有内容都包裹在一个链接中就可以了。

```
<a href="#">
  <h2> 标题文本 </h2>
  <p> 段落文本 </p>
</a>
```

其实这种写法早已经存在，当然以前这样写是不符合规范的。所以说，HTML5 解决现实的问题，其本质是纠正因循守旧的规范标准，现在把标准改了，允许用户这样写了。

1.2.4　用户怎么使用就怎么设计规范

当一个实践已经被广泛接受时，就应该考虑将它吸纳进来，而不是禁止它或搞一个新的实践出来。例如，HTML5 新增了 nav、section、article、aside 等标签，它们引入了新的文档模型，即文档中的文档。在 section 中，可以嵌套 h1 到 h6 的元素，这样就有了无限的标题层级，这也是很早之前 Tim Berners-Lee 所设想的。

【示例】下面的代码相信读者都不会陌生，这些都是频繁被使用过的 ID 名称。

```
<div id="header">...</div>
<div id="navigation">...</div>
<div id="main">...</div>
<div id="aside">...</div>
<div id="footer">...</div>
```

在 HTML5 中，可以用新的元素代替使用。

```
<header>...</header>
<nav>...</nav>
<div id="main">...</div>
<aside>...</aside>
<footer>...</footer>
```

实际上，这并不是 HTML5 工作组想出来的，也不是 W3C 提出来的，而是谷歌公司根据大数据分析用户习惯得出来的。

1.2.5　优雅地降级

渐进增强的另一面就是优雅地回退。最典型的例子就是使用 type 属性增强表单。

【示例 1】下面的代码列出了可以为 type 属性指定的新值，如 number、search、range 等。

```
<input type="number" />
<input type="search" />
<input type="range" />
<input type="email" />
<input type="date" />
<input type="url" />
```

最关键的问题在于：当浏览器看到这些新 type 值时会如何处理。老版本浏览器是无法理解这些新 type 值的。但是当它们看到自己不理解的 type 值时，会将 type 的值解释为 text。

【示例 2】对于新的 video 元素，它设计得很简单、实用。针对不支持 video 元素的浏览器可以这样写。

```
<video src="movie.mp4">
    <!-- 回退内容 -->
</video>
```

这样 HTML5 视频与 Flash 视频就可以协同起来，用户不用纠结如何选择。

```
<video src="movie.mp4">
    <object data="movie.swf">
```

```
        <!-- 回退内容 -->
    </object>
</video>
```

Note

如果愿意的话，还可以使用 source 元素，而非 src 属性来指定不同的视频格式。

```
<video>
    <source src="movie.mp4">
    <source src="movie.ogv">
    <object data="movie.swf">
        <a href="movie.mp4">download</a>
    </object>
</video>
```

上面代码包含了 4 个不同的层次。

- ☑ 如果浏览器支持 video 元素，也支持 H.264 视频编码格式，用第一个视频。
- ☑ 如果浏览器支持 video 元素，支持 Ogg 视频编码格式，那么用第二个视频。
- ☑ 如果浏览器不支持 video 元素，那么就要试试 Flash 视频。
- ☑ 如果浏览器不支持 video 元素，也不支持 Flash 视频，还可以给出下载链接。

总之，无论是 HTML5，还是 Flash，一个也不能少。如果只使用 video 元素提供视频，难免会遇到问题。而如果只提供 Flash 影片，性质是一样的。所以还是应该两者兼顾。

1.2.6 支持的优先级

用户与开发者的重要性要远远高于规范和理论。在考虑优先级时，应该遵循下面的顺序：

用户→编写 HTML 的开发者→浏览器厂商→规范制定者→理论

这个设计原则本质上是一种解决冲突的机制。例如，当面临一个要解决的问题时，如果 W3C 给出了一种解决方案，而 WHATWG（网页超文本技术工作小组）给出了另一种解决方案。一旦遇到冲突，最终用户优先，其次是开发人员，再次是实现者，然后是规范制定者，最后才是理论上的完美。

根据最终用户优先的原则，开发人员在链条中的位置高于实现者，假如开发人员发现规范中的特性某些地方有问题，从而不支持实现该特性，那么等于把相应的特性给否定了，相应地，规范里就得删除该特性，因为开发人员有更高的权重。本质上用户拥有了更大的发言权，开发人员也拥有了更多的主动性。

视频讲解

1.3 HTML5 语法特性

HTML5 以 HTML4 为基础，对 HTML4 进行了全面升级改造。与 HTML4 相比，HTML5 在语法上有很大的变化，具体说明如下。

1.3.1 文档和标记

1．内容类型

HTML5 的文件扩展名和内容类型保持不变。例如，扩展名仍然为“.html”或“.htm”，内容类型

（content-type）仍然为“text/html”。

2．文档类型

在 HTML4 中，文档类型的声明方法如下。

```
<!DOCTYPE html PUBLIC "-//W3C//DTD XHTML 1.0 Transitional//EN" "http://www.w3.org/TR/xhtml1/DTD/xhtml1-transitional.dtd">
```

在 HTML5 中，文档类型的声明方法如下。

```
<!DOCTYPE html>
```

当使用工具时，也可以在 DOCTYPE 声明中加入 SYSTEM 识别符，声明方法如下。

```
<!DOCTYPE HTML SYSTEM "about:legacy-compat">
```

在 HTML5 中，DOCTYPE 声明方式是不区分大小写的，引号也不区分是单引号还是双引号。

注意：使用 HTML5 的 DOCTYPE 会触发浏览器以标准模式显示页面。众所周知，网页有多种显示模式，如怪异模式（Quirks）、标准模式（Standards）。浏览器根据 DOCTYPE 来识别该使用哪种解析模式。

3．字符编码

在 HTML4 中，使用 meta 元素定义文档的字符编码，如下所示。

```
<meta http-equiv="Content-Type" content="text/html;charset=UTF-8">
```

在 HTML5 中，继续沿用 meta 元素定义文档的字符编码，但是简化了 charset 属性的写法，如下所示。

```
<meta charset="UTF-8">
```

对于 HTML5 来说，上述两种方法都有效，用户可以继续使用前面一种方式，即通过 content 元素的属性来指定。但是不能同时混用两种方式。

注意：在传统网站中，可能会存在下面的标记。在 HTML5 中，这种字符编码方式将被认为是错误的。

```
<meta charset="UTF-8" http-equiv="Content-Type" content="text/html;charset=UTF-8">
```

从 HTML5 开始，对于文件的字符编码推荐使用 UTF-8。

1.3.2 宽松的约定

HTML5 的语法是为了保证与之前的 HTML4 的语法达到最大程度的兼容而设计的。

1．标记省略

在 HTML5 中，元素的标记可以分为 3 种类型：不允许写结束标记、可以省略结束标记、开始标记和结束标记全部可以省略。下面简单介绍这 3 种类型各包括哪些 HTML5 新元素。

第一，不允许写结束标记的元素有：area、base、br、col、command、embed、hr、img、input、keygen、link、meta、param、source、track、wbr。

第二，可以省略结束标记的元素有：li、dt、dd、p、rt、rp、optgroup、option、colgroup、thead、tbody、tfoot、tr、td、th。

第三，可以省略全部标记的元素有：html、head、body、colgroup、tbody。

提示：不允许写结束标记的元素是指，不允许使用开始标记与结束标记将元素括起来的形式，只允许使用<元素 />的形式进行书写。例如：

☑ 错误的书写方式

</br>

☑ 正确的书写方式

HTML5之前的版本中
这种写法可以继续沿用。

可以省略全部标记的元素是指元素可以完全被省略。注意，该元素还是以隐式的方式存在的。例如，将body元素省略时，但它在文档结构中还是存在的，可以使用document.body进行访问。

2．布尔值

对于布尔型属性，如disabled、readonly等，当只写属性而不指定属性值时，表示属性值为true；如果属性值为false，可以不使用该属性。另外，要想将属性值设定为true时，也可以将属性名设定为属性值，或将空字符串设定为属性值。

【示例1】下面是几种正确的书写方法。

```
<!-- 只写属性，不写属性值，代表属性为true-->
<input type="checkbox" checked>
<!-- 不写属性，代表属性为false-->
<input type="checkbox">
<!-- 属性值 = 属性名，代表属性为true-->
<input type="checkbox" checked="checked">
<!-- 属性值 = 空字符串，代表属性为true-->
<input type="checkbox" checked="">
```

3．属性值

属性值可以加双引号，也可以加单引号。HTML5在此基础上做了一些改进，当属性值不包括空字符串、<、>、=、单引号、双引号等字符时，属性值两边的引号可以省略。

【示例2】下面的写法都是合法的。

```
<input type="text">
<input type='text'>
<input type=text>
```

1.4 HTML5基本结构

HTML是一种标记语言，不是编程语言。标记内容需要用到元素，元素描述内容是什么，而非内容显示效果。CSS才负责控制内容的外观（如字体、颜色、阴影等）。因此，不管用户最后让段落显示为绿色，还是红色，它们都是p元素，这是HTML唯一关心的焦点。在学习和创建HTML网页时，应该始终牢记这一原则。

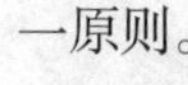

1.4.1　新建 HTML5 文档

使用记事本新建一个文本文件，保存为 index.html。注意，扩展名为 .html，而不是 .txt。然后输入下面的代码。

```
<!DOCTYPE html>
<html lang="en">
<head>
<meta charset="utf-8" />
<title> 网页标题 </title>
</head>
<body>
</body>
</html>
```

提示： 如果使用专业网页编辑器，如 Dreamweaver 等，新建网页文件时，它会自动帮助完成上面代码的输入。

通过上面的代码，可以看到每个网页都由固定的结构开始构建。这段 HTML 代码创建的网页相当于一张白纸，因为访问者看到的内容位于主体部分（即 <body> 和 </body> 之间的部分），而这一部分现在是空的，如图 1.1 所示。

图 1.1　空白页面

每个网页都包含 DOCTYPE、html、head 和 body 元素，它们是网页的基础。在这个页面中，可以定制的内容包括两项：一是设置 lang 属性的语言代码，二是 <title> 和 </title> 之间的文字。HTML 使用“<”和“>”字符包围 HTML 标签。开始标签（如 <head>）用于标记元素的开始，结束标签（如 </head>）用于标记元素的结束。有的元素没有结束标签，如 meta。

【拓展】

完整的 HTML 文档应该包含两部分结构：头部信息（<head>）和主体内容（<body>）。为了使网页内容更加清晰、明确，容易被他人阅读，或者被浏览器以及各种设备所理解，新建 HTML5 文档之后，需要完善这两部分内容，构建基本的网页框架。

一个网页主要包括以下 3 个部分。

☑ 文本内容：在页面上让访问者了解页面内容的纯文字，如关于产品、资讯的内容，以及其他任何内容。

☑ 外部引用：使用这些引用来加载图像、音频、视频文件，以及样式表（控制页面的显示效果）和 JavaScript 文件（为页面添加行为）。这些引用还可以指向其他的 HTML 页面和资源。

☑ 标记：对文本内容进行描述，并确保浏览器能够正确显示。提示，HTML 一词中的字母 M 就代表

标记。

每一个 HTML 页面的开头部分，还会包含一些信息，主要用于浏览器和搜索引擎（如百度、Google 等）的解析。浏览器不会将这些信息呈现给访问者。

网页内容都由文本构成，因此网页可以保存为纯文本格式，可以在任何平台上使用任何浏览器查看，无论是台式机、手机、平板电脑，还是其他平台。这个特性也确保了用户很容易创建 HTML 页面。

> **提示：** 本书使用 HTML 泛指这门语言本身。如果需要突出 HTML 某一版本独有的特殊属性，则使用它们各自的名称。例如，HTML5 引入了一些新的元素，并重新定义或删除了 HTML4 和 XHTML 1.0 中的某些元素。

1.4.2 网页顶部和头部

完整的 HTML 文档应该包含以下两部分结构。

☑ 头部信息（head）

☑ 主体内容（body）

为了使网页内容更加清晰、明确，容易被他人阅读，或者被浏览器，以及各种设备所理解，新建 HTML5 文档之后，需要完善这两部分内容，构建基本的网页框架。

页面内容位于主体部分，<body> 开始标签以上的内容都是为浏览器和搜索引擎准备的。<!DOCTYPE html> 部分（简称为 DOCTYPE）告诉浏览器这是一个 HTML5 页面。DOCTYPE 应该始终位于代码的第一行，写在 HTML 页面的顶部。

html 元素包着页面的其余部分，即 <html> 开始标签和 </html> 结束标签（表示页面的结尾）之间的内容。

<head> 和 </head> 标签之间的区域表示网页文档的头部。头部代码中，有一部分是浏览者可见的，即 <title> 和 </title> 之间的文本。这些文本会出现在浏览器标签页中。某些浏览器会在窗口的顶部显示这些文本，作为网页的标题显示。此外，这些文本通常还是浏览器书签的默认名称，它们对搜索引擎来说也是非常重要的信息。

1.4.3 网页主体

尝试为页面添加一些主体内容。

```
<!DOCTYPE html>
<html lang="en">
<head>
<meta charset="utf-8" />
<title> 从今天开始努力学习 HTML5</title>
</head>
<body>
<article>
    <h1> 小白自语 </h1>
    <img src="images/xiaobai.jpg" width="50" alt=" 小白者，我也 " />
    <p> 我是 <em> 小白 </em>, 现在准备学习 <a href="https://www.w3.org/TR/html5/" rel="external" title="HTML5
        参考手册 ">HTML5</a></p>
```

```
</article>
</body>
</html>
```

在桌面浏览器中呈现这段 HTML 代码效果，如图 1.2 所示。这是页面在 IE 中显示的效果，在其他浏览器中的效果也是相似的。使用浏览器查看网页时，不会显示包围文本内容的标记，但是这些标记是非常有用的，我们使用它们来描述内容，如 <p> 标记用于表示段落的开始。

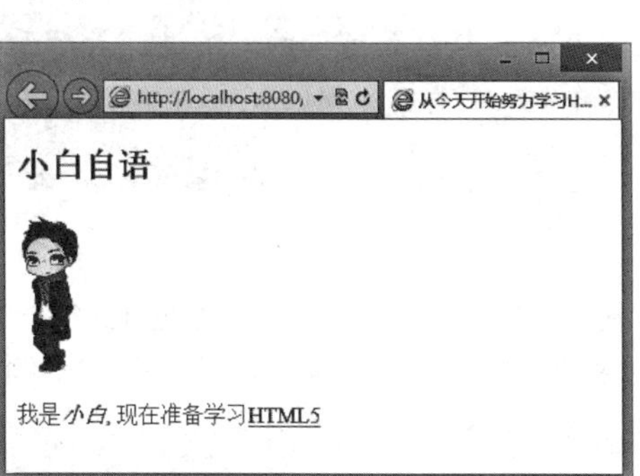

图 1.2　添加主体内容

整个页面包含了 3 部分：文本内容、外部文件的引用（图像的 src 值和链接的 href 值）和标记。HTML 提供了很多元素，上面的示例演示了 6 种最为常见的元素：a、article、em、h1、img 和 p。每个元素都有各自的含义，例如，h1 是标题，a 是链接，img 是图像。

> **注意：** 在代码中行与行之间通过回车符分开，不过它不会影响页面的呈现效果。对 HTML 进行代码缩进显示，与内容在浏览器中的显示效果没有任何关系，但是 pre 元素是一个例外。习惯上，我们会对嵌套结构的代码进行缩进排版，这样会更容易看出元素之间的层级关系。

1.4.4　认识标签

标签和元素是两个不同的概念，一个标签由 3 部分组成：元素名、属性和值。

1．元素

元素就是用来描述网页不同部分的标签名称：这是一个标题，那是一个段落，而那一组链接是一个导航。有的元素可以包含一个或多个属性，属性用来进一步描述元素。

大多数标签由开始标签、包含内容和结束标签组成。开始标签是放在一对尖括号中的元素名，以及可能包含的属性，结束标签是放在一对尖括号中的斜杠加元素名。例如：

```
<em> 小白 </em>
```

☑ 开始标签：<em>

☑ 内容文本：小白

☑ 结束标签：</em>

这是一个典型的 HTML 元素。开始标签、结束标签，以及包含描述元素的文字。习惯上，标签采用小写字母。

还有一些元素是空元素，既不包含文本，也不包含其他元素。它们看起来像是开始标签和结束标签的

结合，由左尖括号开头，然后是元素的名称和可能包含的属性，接着是一个可选的空格和一个可选的斜杠，最后是必有的右尖括号。例如：

```
<img src="images/xiaobai.jpg" width="50" alt=" 小白者，我也 " />
```

Note

img 元素并不包含任何文本内容。alt 属性中的文字是元素的一部分，并非显示在网页中的内容。空元素只有一个标签，同时作为元素的开始标签和结束标签使用。

提示：在 HTML5 中，结尾处的空格和斜杠是可选的。不过，最后面的“>”是必需的。元素的名称都用小写字母。不过，HTML5 对此未做要求，也可以使用大写字母。除非特殊需要，否则不推荐使用大写字母。

2．属性和值

属性包含了元素的额外信息。在 HTML5 中，属性值（参见 1.3.2 小节）两边的引号是可选的，但习惯上建议写上。与元素的名称一样，尽量使用小写字母编写属性的名称。例如：

```
<label  for="email"> 电子邮箱 </label>
```

这是一个 label 元素（关联文本标签与表单字段）。属性总是位于元素的开始标签内，属性的值通常放在一对引号中。

元素（如 a 和 img）可以有多个属性，每个属性都有各自的值。属性的顺序并不重要。不同的“属性 / 值”对之间用空格隔开。例如：

```
<a href="https://www.w3.org/TR/html5/" rel="external" title="HTML5 参考手册 ">HTML5</a>
```

有的属性可以接受任何值，有的属性则有限制。最常见的是那些仅接受预定义值（即枚举值）的属性。此时，用户必须从一个标准列表中选一个值，枚举值一般用小写字母编写。例如：

```
<link  rel="stylesheet"  media="screen" href="style.css"  />
```

用户只能将 link 元素的 media 属性设为 all、screen、print 等值中的一个，不能像 href 属性和 title 属性那样可以输入任意值。

有很多属性的值需要设置为数值，特别是那些描述大小和长度的属性。数值不需要包含单位，只需输入数字本身。图像和视频的宽度和高度是有单位的，默认为像素。

有的属性（如 href 和 src）用于引用其他文件，它们只能包含 URL 形式的字符串值。

还有一种特殊的属性称为布尔属性（参见 1.3.2 小节），这种属性的值是可选的，因为只要这种属性出现就表示其值为真。如果要包含一个值，可写上属性名本身。布尔属性也是预定义好的，无法自创。例如：

```
<input  type="email"  name="emailaddr"  required />
```

上面代码提供了一个让用户输入电子邮件地址的输入框。布尔属性 required 表示用户必须填写该输入框。布尔属性不需要属性值，如果一定要加上属性值，则可以编写为 required= “required”。

3．父元素和子元素

如果一个元素包含另一个元素，它就是被包含元素的父元素，被包含元素称为子元素。子元素中包含的任何元素都是外层的父元素的后代。这种类似家谱结构是 HTML 代码的结构特性，它有助于在元素上添加样式和应用 JavaScript 行为。

注意：当元素中包含其他元素时，每个元素都必须嵌套正确，也就是子元素必须完全被包含在父元素中，不能把子元素的结束标签放在外面。例如：

```
<article>
  <h1> 小白自语 </h1>
  <img src="images/xiaobai.jpg" width="50" alt=" 小白者，我也 " />
  <p> 我是 <em> 小白 </em>, 现在准备学习 <a href="https://www.w3.org/TR/html5/"
  rel="external" title="HTML5 参考手册 ">HTML5</a></p>
</article>
```

在这段 HTML 代码中，article 元素是 h1、img 和 p 元素的父元素。反过来，h1、img 和 p 元素是 article 元素的子元素（也是后代）。p 元素是 em 和 a 元素的父元素。em 和 a 元素是 p 元素的子元素，也是 article 元素的后代（但不是子元素）。反过来，article 元素是它们的祖先元素。

1.4.5 网页文本内容

网页中显示的文本内容，就是元素中包含的文本，它是网页上最基本的构成成分。在 HTML 早期版本中，只能使用 ASCII 字符集。

ASCII 字符集仅包括英语字母、数字和少数几个常用符号。开发人员必须用特殊的字符引用来创建很多日常符号。例如， 表示空格，© 表示版权符号 ©，® 表示注册商标符号 ® 等。完整列表请参考 http://www.elizabethcastro.com/html/extras/entities.html。

注意：浏览器在呈现 HTML 页面时，会把文本内容中的多个空格或制表符压缩成单个空格，把回车符和换行符转换成单个空格，或者忽略。字符引用也替换成对应的符号，如把 © 显示为 ©。Unicode 字符集极大缓解了特殊字符的显示问题。使用 UTF-8 对页面进行编码，并用同样的编码保存 HTML 文件已成为一种标准做法。推荐在网页中将 charset 值指定为 UTF-8。HTML5 不区分大小写，UTF-8 和 utf-8 的结果是一样的。

1.4.6 网页非文本内容

在网页中除了大量的文本内容外，还有很多非文本内容，如图像、链接、视频、音频等。从网页外引用图像和其他非文本内容时，浏览器会将这些内容与文本一起显示。在默认情况下，链接文本的颜色与其他文本的颜色是不一样的，而且还带有下画线。

外部文件（如图像）实际上并没有存储在 HTML 文件中，而是单独保存，页面只是简单地引用了这些文件。例如：

```
<article>
  <h1> 小白自语 </h1>
  <img src="images/xiaobai.jpg" width="50" alt=" 小白者，我也 " />
  <p> 我是 <em> 小白 </em>, 现在准备学习 <a href="https://www.w3.org/TR/html5/" rel="external" title="HTML5
    参考手册 ">HTML5</a></p>
</article>
```

在基本 HTML 文档中，有一个对图像文件 xiaobai.jpg 的引用（img 元素的 src 属性），浏览器在加载页面其他部分的同时，会请求、加载和显示这个图像。该页面还包括一个指向关于 HTML5 参考页面的链接（a 元素的 href 属性）。

Note

浏览器可以处理图像和链接，不过无法处理其他文件类型。例如，对于一般浏览器来说，要查看 PDF 格式的外部文件，就需要在系统中预先安装好 Adobe Reader；要查看电子表格，就需要预先安装好 Open Office 等软件。早期 HTML 没有内置的方法播放视频和音频文件，各软件厂商都开发出相应的软件，用户可以下载并安装这些软件，从而弥补浏览器缺失的功能。这样的软件称为插件。

在浏览器插件中，使用最为广泛的是 Flash。多年以来，Flash 插件是播放网页视频必备的工具。不过，这个插件也有一些问题，如它会耗费较多的计算资源。HTML5 新增加了 audio 和 video 元素，无需使用插件就可以播放视频和音频了。不过，现代浏览器也提供了内置的媒体播放器，用户仍然可以使用 Flash 播放器作为旧浏览器的备用工具。

视频讲解

1.5 案例实战

目前最新主流浏览器对 HTML5 都提供了很好的支持，下面结合示例介绍如何正确创建 HTML5 文档。

1.5.1 编写第一个 HTML5 文档

本节示例将遵循 HTML5 语法规范编写一个文档。本例文档省略了 html、head、body 等元素，使用 HTML5 的 DOCTYPE 声明文档类型，简化 meta 元素的 charset 属性设置，省略 p 元素的结束标签，使用 < 元素 /> 的方式来结束 br 元素等。

```
<!DOCTYPE html>
<meta charset="UTF-8">
<title>HTML5 基本语法 </title>
<h1>HTML5 的目标 </h1>
<p>HTML5 的目标是为了能够创建更简单的 Web 程序，书写出更简洁的 HTML 代码。
<br/> 例如，为了使 Web 应用程序的开发变得更容易，提供了很多 API；为了使 HTML 变得更简洁，开发出了新
    的属性、新的元素等。总体来说，为下一代 Web 平台提供了许许多多新的功能。
```

这段代码在 IE 浏览器中的运行结果如图 1.3 所示

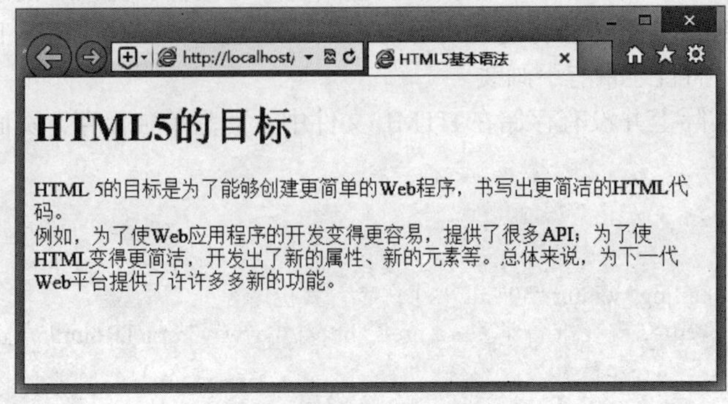

图 1.3 编写 HTML5 文档

通过短短几行代码就完成了一个页面的设计，这充分说明了 HTML5 语法的简洁。同时，HTML5 不是一种 XML 语言，其语法也很随意，下面从这两方面进行逐句分析。

第一行代码如下。

```
<!DOCTYPE html>
```

不需要包括版本号，仅告诉浏览器需要一个 DOCTYPE 来触发标准模式，可谓简明扼要。

接下来说明文档的字符编码，否则将出现浏览器不能正确解析的情况。

```
<meta charset="utf-8">
```

同样也很简单，HTML5 不区分大小写，不需要标记结束符，不介意属性值是否加引号，即下列代码是等效的。

```
<meta charset="utf-8">
<META charset="utf-8" />
<META charset=utf-8>
```

在主体中，可以省略主体标记，直接编写需要显示的内容。虽然在编写代码时省略了 html、head 和 body 元素，但在浏览器进行解析时，将会自动进行添加。 但是，考虑到代码的可维护性，在编写代码时，应该尽量增加这些基本结构元素。

1.5.2 比较 HTML4 与 HTML5 文档结构

下面通过示例具体说明 HTML5 是如何使用全新的元素编写网页的。

【示例 1】本例设计将页面分成上、中、下 3 部分：上面显示网站标题；中间分两部分，左侧为辅助栏，右侧显示网页正文内容；下面显示版权信息，如图 1.4 所示。使用 HTML4 构建文档基本结构如下。

```
<div id="header">[ 标题栏 ]</div>
<div id="aside">[ 侧边栏 ]</div>
<div id="article">[ 正文内容 ]</div>
<div id="footer">[ 页脚栏 ]</div>
```

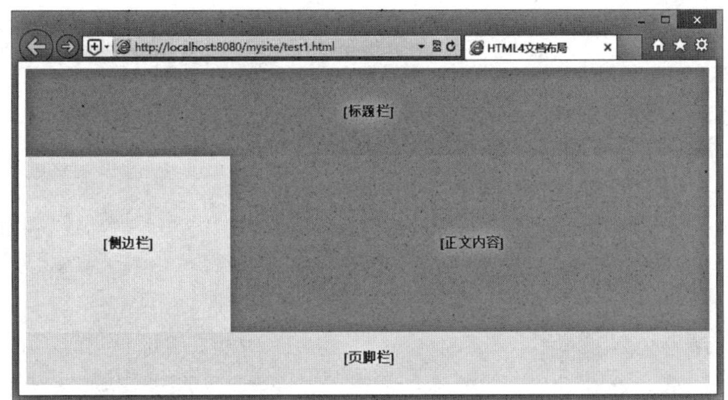

图 1.4 简单的网页布局

尽管上述代码不存在任何语法错误，也可以在 HTML5 中很好地解析，但该页面结构对于浏览器来说

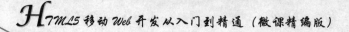

是不具有区分度的。对于不同的用户来说，ID 命名可能因人而异，这对浏览器来说，就无法辨别每个 div 元素在页面中的作用，因此也必然会影响其对页面的语义解析。

Note

【示例 2】下面使用 HTML5 新增元素重新构建页面结构，明确定义每部分在页面中的作用。

```
<header>[ 标题栏 ]</header>
<aside>[ 侧边栏 ]</aside>
<article>[ 正文内容 ]</article>
<footer>[ 页脚栏 ]</footer>
```

虽然两段代码不一样，但比较上述两段代码，使用 HTML5 新增元素创建的页面代码更简洁、明晰。可以看出，使用 <div id="header">、<div id="aside">、<div id="article"> 和 <div id="footer"> 这些标记元素没有任何语义，浏览器也不能根据标记的 ID 名称来推断它的作用，因为 ID 名称是随意变化的。

而 HTML5 新增元素 header，明确地告诉浏览器此处是页头，aide 元素用于构建页面辅助栏目，article 元素用于构建页面正文内容，footer 元素定义页脚注释内容。这样极大地提高了开发者的便利性和浏览器的解析效率。

在线练习

1.6 在线练习

本节将通过上机示例，帮助初学者熟悉 HTML 文档结构和 HTML5 基础，感兴趣的读者可以扫码做练习。

第 2 章

CSS3 基础

（视频讲解：1 小时 1 分钟）

CSS3 在 CSS 2.1 基础上新增了很多功能，如圆角、阴影、多图背景、渐变背景、弹性布局、变形、动画、设备响应等。本章先简单介绍 CSS3 的基本概念，然后重点讲解 CSS3 选择器，它可以让设计师更方便地定义样式，减少对 HTML 结构的依赖，使 CSS 代码更简洁。

【学习重点】

⏭ 了解 CSS 发展历史。

⏭ 熟悉 CSS 基本语法和用法。

⏭ 灵活使用 CSS 选择器。

⏭ 了解 CSS 基本特性。

2.1 CSS3 概述

CSS（Cascading Style Sheet，层叠样式表），定义如何渲染 HTML 元素，设计网页显示效果。使用 CSS 可以实现网页内容与表现的分离，以便提升网页执行效率，方便后期管理和代码维护。

1996 年 12 月，CSS1 正式出版（http://www.w3.org/TR/CSS1/）；1998 年 5 月，CSS 2 版本正式出版（http://www.w3.org/TR/CSS2/）。

CSS3 的开发工作在 2000 年之前就已经开始，但各方博弈时间太久，2002 年 W3C 启动了 CSS 2.1 的开发，这是 CSS2 的修订版，它纠正了 CSS2 版本中的一些缺陷，更精确地描述了 CSS 的浏览器实现，2004 年 CSS 2.1 正式发布，到 2006 年年底得到完善，它成为浏览器支持最完整的版本。为了方便各主流浏览器根据需要渐进式支持，CSS3 按模块化进行全新设计，这些模块可以独立发布和实现，这也为日后 CSS 的扩展奠定了基础。

到目前为止，CSS3 还没有推出正式的完整版，但是已经陆续推出了不同的模块，这些模块已经被大部分浏览器支持或部分实现。

CSS3 属性支持情况请访问 http://fmbip.com/litmus/ 详细了解。可以看出，完全支持 CSS3 属性的浏览器包括 Chrome 和 Safari，其他主流浏览器也基本支持。

CSS3 选择器支持情况请访问 http://fmbip.com/litmus/ 详细了解。除了 IE 早期版本和 Firefox 3，其他主流浏览器几乎全部支持，如 Chrome、Safari、Firefox、Opera。

提示：部分浏览器允许使用私有属性支持 CSS3 的新特性，简单说明如下。

- ☑ Webkit 类型浏览器（如 Safari、Chrome）的私有属性是以 -webkit- 前缀开始。
- ☑ Gecko 类型的浏览器（如 Firefox）的私有属性是以 -moz- 前缀开始。
- ☑ Konqueror 类型的浏览器的私有属性是以 -khtml- 前缀开始。
- ☑ Opera 浏览器的私有属性是以 -o- 前缀开始。
- ☑ Internet Explorer 浏览器的私有属性是以 -ms- 前缀开始，IE8+ 支持 -ms- 前缀。

2.2 CSS3 基本用法

CSS3 也是一种标记语言，可以在任何文本编辑器中编辑。下面简单介绍 CSS3 的基本用法。

2.2.1　CSS 样式

CSS 的语法单元是样式，每个样式包含两部分内容：选择器和声明（或称为规则），如图 2.1 所示。

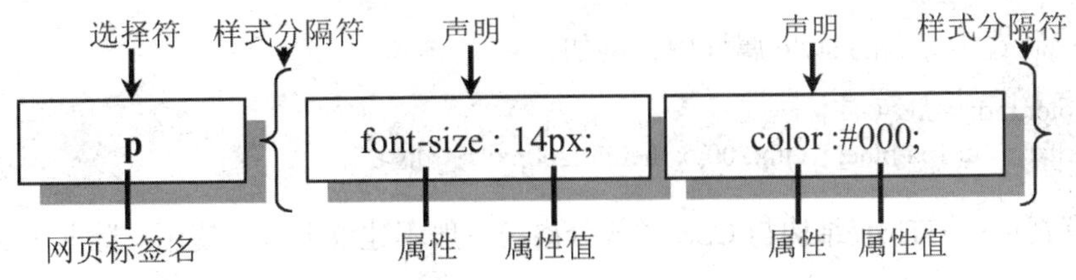

图 2.1　CSS 样式基本格式

☑ 选择器（Selector）：指定样式作用于哪些对象，这些对象可以是某个标签、指定 Class 或 ID 值的元素等。浏览器在解析这个样式时，根据选择器来渲染对象的显示效果。
☑ 声明（Declaration）：指定浏览器如何渲染选择器匹配的对象。声明包括两部分：属性和属性值，并用分号来标识一个声明的结束，在一个样式中的最后一个声明可以省略分号。所有声明被放置在一对大括号内，然后位于选择器的后面。
☑ 属性（Property）：CSS 预设的样式选项。属性名是由一个或多个单词组成，多个单词之间通过连字符相连。这样能够很直观地了解属性所要设置样式的类型。
☑ 属性值（Value）：定义显示效果的值，包括值和单位，或者仅定义一个关键字。

【示例】下面的示例简单演示了如何在网页中设计 CSS 样式。

第 1 步，启动 Dreamweaver，新建一个网页，保存为 test.html。

第 2 步，在 <head> 标签内添加 <style type="text/css"> 标签，定义一个内部样式表。

第 3 步，在 <style> 标签内输入下面的样式代码，定义网页字体大小为 24 像素，字体颜色为白色。

```
body{font-size: 24px; color: #fff;}
```

第 4 步，输入下面的样式代码，定义段落文本的背景色为蓝色。

```
p { background-color: #00F; }
```

第 5 步，在 <body> 标签内输入下面一行代码，然后在浏览器中预览，效果如图 2.2 所示。

```
<p> 莫等闲、白了少年头，空悲切。</p>
```

图 2.2　使用 CSS 定义段落文本样式

2.2.2 引入CSS样式

在网页中，有3种方法可以正确引入CSS样式，让浏览器能够识别和解析。

☑ 行内样式

把CSS样式代码置于标签的style属性中，例如：

```
<span style="color:red;"> 红色字体 </span>
<div style="border:solid 1px blue; width:200px; height:200px;"></div>
```

这种用法没有真正把HTML结构与CSS样式分离，一般不建议大规模使用。除非为页面中某个元素临时设置特定样式。

☑ 内部样式

```
<style type="text/css">
body {/* 页面基本属性 */
    font-size: 12px;
    color: #CCCCCC;
}
/* 段落文本基础属性 */
p { background-color: #FF00FF; }
</style>
```

把CSS样式代码放在<style>标签内。这种用法也称为网页内部样式。该方法适合为单页面定义CSS样式，不适合为一个网站或多个页面定义样式。

内部样式一般位于网页的头部区域，目的是让CSS源代码早于页面源代码下载并被解析，避免当网页下载之后，还无法正常显示。

☑ 外部样式

把样式放在独立的文件中，然后使用<link>标签或者@import关键字导入。一般网站都采用这种方法来设计样式，真正实现HTML结构和CSS样式的分离，以便统筹规划、设计、编辑和管理CSS样式。

2.2.3 CSS样式表

样式表是一个或多个CSS样式组成的样式代码段。样式表包括内部样式表和外部样式表，它们没有本质不同，只是存放位置不同。

内部样式表包含在<style>标签内，一个<style>标签就表示一个内部样式表。而通过标签的style属性定义的样式属性不是样式表。如果一个网页文档中包含多个<style>标签，就表示该文档包含了多个内部样式表。

如果CSS样式被放置在网页文档外部的文件中，则称为外部样式表，一个CSS样式表文档就表示一个外部样式表。实际上，外部样式表也就是一个文本文件，其扩展名为.css。当把不同的样式复制到一个文本文件中后，另存为.css文件，则它就是一个外部样式表。

在外部样式表文件顶部可以定义CSS源代码的字符编码。例如，下面的代码定义样式表文件的字符编码为中文简体。

```
@charset "gb2312";
```

如果不设置 CSS 文件的字符编码，可以保留默认设置，则浏览器会根据 HTML 文件的字符编码来解析 CSS 代码。

2.2.4　导入外部样式表

外部样式表文件可以通过两种方法导入 HTML 文档中。

1．使用 <link> 标签

使用 <link> 标签导入外部样式表文件的代码如下。

```
<link href="001.css" rel="stylesheet" type="text/css" />
```

该标签必须设置的属性说明如下。

☑　href：定义样式表文件 URL。

☑　rel：用于定义文档关联，这里表示关联样式表。

☑　type：定义导入文件类型，同 style 元素一样。

2．使用 @import 命令

在 <style> 标签内使用 @import 关键字导入外部样式表文件的方法如下。

```
<style type="text/css">
@import url( “001.css");
</style>
```

在 @import 关键字后面，利用 url() 函数包含具体的外部样式表文件的地址。

2.2.5　CSS 格式化

在 CSS 中增加注释很简单，所有被放在“/*”和“*/”分隔符之间的文本信息都被称为注释。例如：

```
/* 注释 */
```

或

```
/*
注释
*/
```

在 CSS 中，各种空格是不被解析的，因此用户可以利用 Tab 键、空格键对样式表和样式代码进行格式化排版，以方便阅读和管理。

2.2.6　CSS 属性

权威参考

CSS 属性众多，在 W3C CSS2 版本中共有 122 个标准属性（http://www.w3.org/TR/CSS2/propidx.html），在 W3C CSS2.1 版本中共有 115 个标准属性（http://www.w3.org/TR/CSS21/propidx.html），其中删除了 CSS2 版本中 7 个属性：font-size-adjust、font-stretch、marker-offset、marks、page、size 和 text-shadow。在 W3C

CSS3 版本中又新增加了 20 多个属性（http://www.w3.org/Style/CSS/current-work#CSS3）。

本节不准备逐个介绍每个属性的用法，我们将在后面各章节中详细说明，读者也可以参考 CSS3 参考手册具体了解。

Note

2.2.7 CSS 属性值

CSS 属性取值比较多，具体类型包括长度、角度、时间、频率、布局、分辨率、颜色、文本、函数、生成内容、图像和数字。常用的是长度值，其他类型值将在相应属性中具体说明。

下面重点介绍一下长度值，它包括以下两类。

1. **绝对值**

绝对值在网页中很少使用，一般用在特殊的场合。常见绝对单位如下。

☑ 英寸（in）：使用最广泛的长度单位。

☑ 厘米（cm）：最常用的长度单位。

☑ 毫米（mm）：在研究领域使用广泛。

☑ 磅（pt）：也称点，在印刷领域使用广泛。

☑ pica（pc）：在印刷领域使用。

2. **相对值**

根据屏幕分辨率、可视区域、浏览器设置以及相关元素的大小等因素确定值的大小。常见相对单位包括如下 4 个。

☑ em

em 表示字体高度，它能够根据字体的 font-size 值来确定大小，例如：

```
p{/* 设置段落文本属性 */
    font-size:12px;
    line-height:2em;/* 行高为 24px*/
}
```

从上面样式代码中可以看出：1em 等于 font-size 的属性值，如果设置 font-size:12pt，则 line-height:2em 就会等于 24pt。如果设置 font-size 属性的单位为 em，则 em 的值将根据父元素的 font-size 属性值来确定。例如，定义如下 HTML 局部结构。

```
<div id="main">
    <p>em 相对长度单位使用 </p>
</div>
```

再定义如下样式。

```
#main {    font-size:12px;}
p {font-size:2em;} /* 字体大小将显示为 24px*/
```

同理，如果父元素的 font-size 属性的单位也为 em，则将依次向上级元素寻找参考的 font-size 属性值，如果都没有定义，则会根据浏览器默认字体大小进行换算，默认字体大小一般为 16px。

☑ ex

ex 表示字母 x 的高度。

☑ px

px 根据屏幕像素点来确定大小。这样不同的显示分辨率就会使相同取值的 px 单位所显示出来的效果截然不同。

☑ %

百分比也是一个相对单位值。百分比值总是通过另一个值来确定当前值，一般参考父元素中相同属性的值。例如，如果父元素宽度为 500px，子元素的宽度为 50%，则子元素的实际宽度为 250px。

2.3　元素选择器

元素选择器包括标签选择器、类选择器、ID 选择器和通配选择器。

2.3.1　标签选择器

标签选择器也称为类型选择器，它直接引用 HTML 标签名称，用来匹配同名的所有标签。

☑ 优点：使用简单，直接引用，不需要为标签添加属性。

☑ 缺点：匹配的范围过大，精度不够。

因此，一般常用标签选择器重置各个标签的默认样式。

【示例】下面的示例统一定义网页中段落文本的样式为：段落内文本字体大小为 12 像素，字体颜色为红色。实现该效果，可以考虑选用标签选择器定义如下样式。

```
p {
    font-size:12px;                                    /* 字体大小为 12 像素 */
    color:red;                                         /* 字体颜色为红色 */
}
```

2.3.2　类选择器

类选择器以点号（.）为前缀，后面是一个类名。应用方法：在标签中定义 class 属性，然后设置属性值为类选择器的名称。

☑ 优点：能够为不同标签定义相同样式；使用灵活，可以为同一个标签定义多个类样式。

☑ 缺点：需要为标签定义 class 属性，影响文档结构，操作相对麻烦。

【示例】下面的示例演示了如何在对象中应用多个样式类。

第 1 步，新建 HTML5 文档，保存为 test.html。

第 2 步，在 <head> 标签内添加 <style type="text/css"> 标签，定义一个内部样式表。

第 3 步，在 <style> 标签内输入下面的样式代码，定义 3 个类样式：red、underline 和 italic。

```
/* 颜色类 */
.red { color: red; }                                   /* 红色 */
/* 下画线类 */
.underline { text-decoration: underline; }             /* 下画线 */
```

```
/* 斜休类 */
.italic { font-style: italic; }
```

第 4 步，在段落文本中分别引用这些类，其中第 2 段文本标签引用了 3 个类样式，演示效果如图 2.3 所示。

```
<p class="underline"> 问君能有几多愁，恰似一江春水向东流。</p>
<p class="red italic underline"> 剪不断，理还乱，是离愁。别是一般滋味在心头。</p>
<p class="italic"> 独自莫凭栏，无限江山，别时容易见时难。流水落花春去也，天上人间。</p>
```

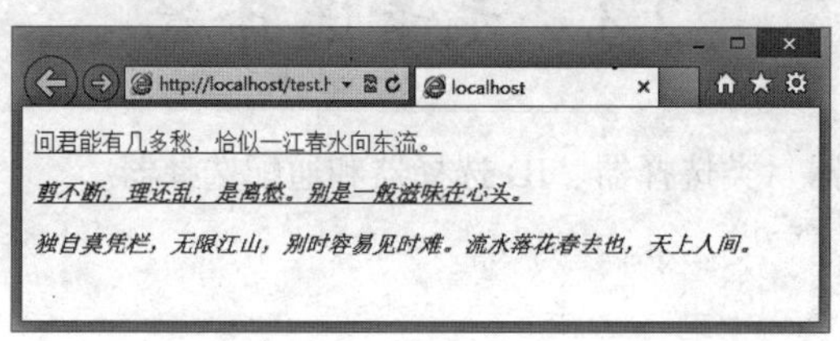

图 2.3　多类应用效果

2.3.3　ID 选择器

ID 选择器以井号（#）为前缀，后面是一个 ID 名。应用方法：在标签中定义 id 属性，然后设置属性值为 ID 选择器的名称。

☑　优点：精准匹配。

☑　缺点：需要为标签定义 id 属性，影响文档结构，相对于类选择器，缺乏灵活性。

【示例】下面的示例演示了如何在文档中应用 ID 选择器。

第 1 步，启动 Dreamweaver，新建一个网页，在 <body> 标签内输入 <div> 标签。

```
<div id="box"> 问君能有几多愁，恰似一江春水向东流。</div>
```

第 2 步，在 <head> 标签内添加 <style type="text/css"> 标签，定义一个内部样式表。

第 3 步，输入下面的样式代码，为 id 属性值为 box 的元素定义固定的宽和高，并设置背景图像，以及边框和内边距大小。

```
#box {/* ID 样式 */
    background:url(images/1.png) center bottom;    /* 定义背景图像并居中、底部对齐 */
    height:200px;                                  /* 固定的高度 */
    width:400px;                                   /* 固定的宽度 */
    border:solid 2px red;                          /* 边框样式 */
    padding:100px;                                 /* 增加内边距 */
}
```

第 4 步，在浏览器中预览，效果如图 2.4 所示。

图 2.4　ID 选择器的应用

提示：不管是类选择器，还是 ID 选择器，都可以指定一个限定标签名，用于限定它们的应用范围。例如，针对上面的示例，在 ID 选择器前面增加一个 div 标签，这样 div#box 选择器的优先级会大于 #box 选择器的优先级。在同等条件下，浏览器会优先解析 div#box 选择器定义的样式。对于类选择器，也可以使用这种方式限制类选择器的应用范围，并增加其优先级。

2.3.4　通配选择器

通配选择器使用星号（*）表示，用来匹配文档中的所有标签。

【示例】使用下面的样式可以清除所有标签的边距。

```
* { margin: 0; padding: 0; }
```

2.4　关系选择器

当把两个简单的选择器组合在一起，就形成了一个复杂的关系选择器，通过关系选择器可以精确匹配 HTML 结构中特定范围的元素。

2.4.1　包含选择器

包含选择器通过空格连接两个简单的选择器，前面选择器表示包含的元素，后面选择器表示被包含的元素。

☑　优点：可以缩小匹配范围。

☑　缺点：匹配范围相对较大，影响的层级不受限制。

【示例】启动 Dreamweaver，新建一个网页，在 <body> 标签内输入如下代码。

```
<div id="wrap">
    <div id="header">
        <p> 头部区域段落文本 </p>
```

```
    </div>
    <div id="main">
        <p> 主体区域段落文本 </p>
    </div>
</div>
```

Note

在 <head> 标签内添加 <style type="text/css"> 标签，定义一个内部样式表。然后定义样式，希望实现如下设计目标。

☑ 定义 <div id="header"> 包含框内的段落文本字体大小为 14 像素。

☑ 定义 <div id="main"> 包含框内的段落文本字体大小为 12 像素。

这时可以利用包含选择器来快速定义样式，代码如下。

```
#header p { font-size:14px;}
#main p {font-size:12px;}
```

2.4.2 子选择器

子选择器使用尖角号（>）连接两个简单的选择器，前面选择器表示包含的父元素，后面选择器表示被包含的子元素。

☑ 优点：相对包含选择器，匹配的范围更小，从层级结构上看，匹配目标更明确。

☑ 缺点：相对于包含选择器，匹配范围有限，需要熟悉文档结构。

【示例】 新建网页，在 <body> 标签内输入如下代码。

```
<h2><span> 虞美人· 春花秋月何时了 </span></h2>
<div><span> 春花秋月何时了？往事知多少。小楼昨夜又东风，故国不堪回首月明中。雕栏玉砌应犹在，只是朱
    颜改。问君能有几多愁？恰似一江春水向东流。 </span></div>
```

在 <head> 标签内添加 <style type="text/css"> 标签，在内部样式表中定义所有 span 元素的字体大小为 18 像素，再用子选择器定义 h2 元素包含的 span 子元素的字体大小为 28 像素。

```
span { font-size: 18px; }
h2 > span { font-size: 28px; }
```

在浏览器中预览，显示效果如图 2.5 所示。

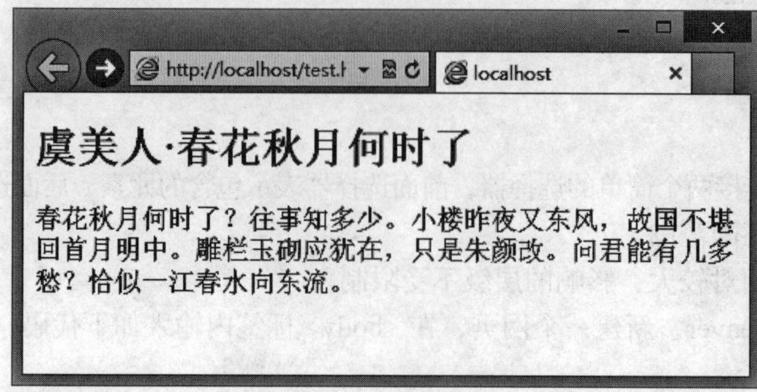

图 2.5　子选择器应用

2.4.3 相邻选择器

相邻选择器使用加号（+）连接两个简单的选择器，前面选择器指定相邻的前面一个元素，后面选择器指定相邻的后面一个元素。

☑ 优点：在结构中能够快速、准确地找到同级、相邻元素。

☑ 缺点：使用前需要熟悉文档结构。

【示例】下面的示例通过相邻选择器快速匹配出标题下面相邻的 p 元素，并设计其包含的文本居中显示，效果如图 2.6 所示。

```
<style type="text/css">
h2, h2 + p { text-align: center; }
</style>
<h2> 虞美人· 春花秋月何时了 </h2>
<p> 李煜 </p>
<p> 春花秋月何时了？ 往事知多少。小楼昨夜又东风，故国不堪回首月明中。 </p>
<p> 雕栏玉砌应犹在，只是朱颜改。问君能有几多愁？ 恰似一江春水向东流。 </p>
```

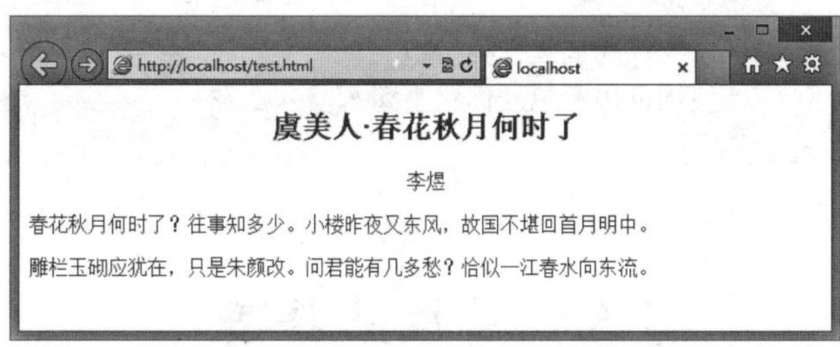

图 2.6　相邻选择器的应用

如果不使用相邻选择器，用户需要使用类选择器来设计，这样就相对麻烦很多。

2.4.4 兄弟选择器

兄弟选择器使用波浪符号（ ~ ）连接两个简单的选择器，前面选择器指定同级的前置元素，后面选择器指定其后同级所有匹配的元素。

☑ 优点：在结构中能够快速、准确地找到同级靠后的元素。

☑ 缺点：使用前需要熟悉文档结构，匹配精度没有相邻选择器具体。

【示例】以上节示例为基础，添加如下样式，定义标题后面所有段落文本的字体大小为 14 像素，字体颜色为红色。

```
h2 ~ p { font-size: 14px; color:red; }
```

在浏览器中预览，页面效果如图 2.7 所示。可以看到兄弟选择器匹配的范围包含了相邻选择器匹配的元素。

Note

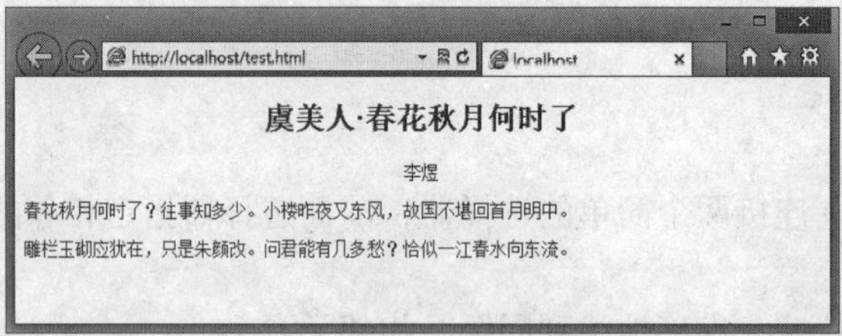

图 2.7　兄弟选择器的应用

2.4.5　分组选择器

分组选择器使用逗号（,）连接两个简单的选择器，前面选择器匹配的元素与后面选择器匹配的元素混合在一起作为分组选择器的结果集。

☑　优点：可以合并相同样式，减少代码冗余。

☑　缺点：不方便个性管理和编辑。

【示例】下面的示例使用分组将所有标题元素统一样式。

```
h1, h2, h3, h4, h5, h5, h6 {
    margin: 0;                      /* 清除标题的默认外边距 */
    margin-bottom: 10px;            /* 使用下边距拉开标题距离 */
}
```

视频讲解

2.5　属性选择器

属性选择器是根据标签的属性来匹配元素，使用中括号进行标识。

```
[属性表达式]
```

CSS3 包括 7 种属性选择器形式，结合示例具体说明如下。

【示例】下面的示例设计了一个简单的图片灯箱导航，其中 HTML 结构代码如下。

```
<div class="pic_box">
    <img src="images/bg1.jpg" />
    <div class="nav">
        <a href="#1" class="links item first" title="w3cplus" target="_blank" id="first" >1</a>
        <a href="#2" class="links active item" title="test website" target="_blank" lang="zh">2</a>
        <a href="#3" class="links item" title="this is a link" lang="zh-cn">3</a>
        <a href="#4" class="links item" target="_balnk" lang="zh-tw">4</a>
        <a href="#5" class="links item" title="zh-cn">5</a>
        <a href="#6" class="links item" title="website link" lang="zh">6</a>
        <a href="#7" class="links item" title="open the website" lang="cn">7</a>
        <a href="#8" class="links item" title="close the website" lang="en-zh">8</a>
        <a href="#9" class="links item" title="http://www.baidu.com">9</a>
        <a href="#10" class="links item last" id="last">10</a>
```

```
    </div>
</div>
```

使用 CSS 适当美化，具体样式代码请参考本节示例源代码，初始预览效果如图 2.8 所示。

图 2.8　设计的灯箱广告效果图

1．E[attr]

选择具有 attr 属性的 E 元素。例如：

```
.nav a[id] {background: blue; color:yellow;font-weight:bold;}
```

上面的代码表示：选择 div.nav 下所有带有 id 属性的 a 元素，并在这个元素上使用背景色为蓝色，前景色为黄色，字体加粗的样式。对照上面的 HTML 结构代码，不难发现，只有第一个和最后一个 a 元素使用了 id 属性，所以选中这两个 a 元素，效果如图 2.9 所示。

也可以指定多属性。

```
.nav a[href][title] {background: yellow; color:green;}
```

上面的代码表示的是选择 div.nav 下的同时具有 href 和 title 两个属性的 a 元素，效果如图 2.10 所示。

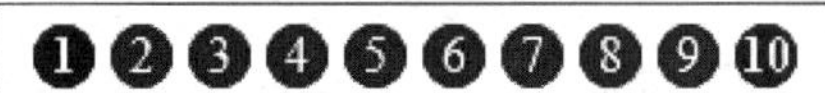

图 2.9　属性快速匹配

1 2 3 4 5 6 7 8 9 10

图 2.10　多属性快速匹配

2．E[attr="value"]

选择具有 attr 属性，且属性值等于 value 的 E 元素。例如：

```
.nav a[id="first"] {background: blue; color:yellow;font-weight:bold;}
```

上面的代码表示选中 div.nav 中的 a 元素，且这个元素有一个 id="first" 属性值，则预览效果如图 2.11 所示。

E[attr="value"] 属性选择器也可以多个属性并写，进一步缩小选择范围，用法如下所示，则预览效果如图 2.12 所示。

```
.nav a[href="#1"][title] {background: yellow; color:green;}
```

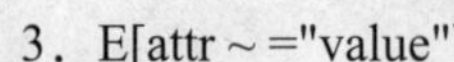

图 2.11　属性值快速匹配

图 2.12　多属性值快速匹配

3．E[attr～="value"]

选择具有 attr 属性，且属性值为一用空格分隔的字词列表，其中一个等于 value 的 E 元素。包含只有一个值，且该值等于 value 的情况。例如：

```
.nav a[title～="website"]{background:orange;color:green;}
```

上面的代码表示在 div.nav 下的 a 元素的 title 属性中，只要其属性值中含有 "website" 这个词就会被选择，结果 a 元素中“2”“6”“7”“8”这 4 个 a 元素的 title 中都含有，所以被选中，如图 2.13 所示。

4．E[attr^="value"]

选择具有 attr 属性，且属性值为以 value 开头的字符串的 E 元素。例如：

```
.nav a[title^="http://"]{background:orange;color:green;}
.nav a[title^="mailto:"]{background:green;color:orange;}
```

上面的代码表示的是选择了以 title 属性，并且以 "http://" 和 "mailto:" 开头的属性值的所有 a 元素，匹配效果如图 2.14 所示。

图 2.13　属性值局部词匹配

图 2.14　匹配属性值开头字符串的元素

5．E[attr$="value"]

选择具有 attr 属性，且属性值为以 value 结尾的字符串的 E 元素。例如：

```
.nav a[href$="png"]{background:orange;color:green;}
```

上面的代码表示选择 div.nav 中元素有 href 属性，并以 "png" 结尾的 a 元素。

6．E[attr*="value"]

选择具有 attr 属性，且属性值为包含 value 的字符串的 E 元素。例如：

```
.nav a[title*="site"]{background:black;color:white;}
```

上面的代码表示选择 div.nav 中 a 元素的 title 属性中只要有 "site" 字符串就可以。上面样式的预览效果如图 2.15 所示。

7．E[attr|="value"]

选择具有 attr 属性，其值是以 value 开头，并用连接符（-）分隔的字符串的 E 元素；如果值仅为 value，也将被选择。例如：

```
.nav a[lang|="zh"]{background:gray;color:yellow;}
```

上面的代码会选中 div.nav 中 lang 属性等于 zh 或以 zh- 开头的所有 a 元素，如图 2.16 所示。

图 2.15　匹配属性值中的特定子串

图 2.16　匹配属性值开头字符串的元素

2.6　伪选择器

伪选择器包括伪类选择器和伪对象选择器，伪选择器能够根据元素或对象的特征、状态、行为进行匹配。

伪选择器以冒号 (:) 作为前缀标识符。冒号前可以添加限定选择符，限定伪类应用的范围，冒号后为伪类和伪对象名，冒号前后没有空格。

CSS 伪类选择器有以下两种用法方式。

☑ 单纯式

```
E:pseudo-class { property:value}
```

其中 E 为元素，pseudo-class 为伪类名称，property 是 CSS 的属性，value 为 CSS 的属性值。例如：

```
a:link {color:red;}
```

☑ 混用式

```
E.class:pseudo-class{property:value}
```

其中 .class 表示类选择符。把类选择符与伪类选择符组成一个混合式的选择器，能够设计更复杂的样式，以精准匹配元素。例如：

```
a.selected:hover {color: blue;}
```

CSS3 支持的伪类选择器具体说明如表 2.1 所示，CSS3 支持的伪对象选择器具体说明如表 2.2 所示。

表 2.1　伪类选择器列表

选择器	说　　明
E:link	设置超链接 a 在未被访问前的样式
E:visited	设置超链接 a 在其链接地址已被访问过时的样式
E:hover	设置元素在其鼠标悬停时的样式
E:active	设置元素在被用户激活（在鼠标点击与释放之间发生的事件）时的样式
E:focus	设置对象在成为输入焦点时的样式
E:lang(fr)	匹配使用特殊语言的 E 元素
E:not(s)	匹配不含有 s 选择符的元素 E。CSS3 新增
E:root	匹配 E 元素在文档的根元素。在 HTML 中，根元素永远是 HTML。CSS3 新增
E:first-child	匹配父元素的第一个子元素 E。CSS3 新增
E:last-child	匹配父元素的最后一个子元素 E。CSS3 新增
E:only-child	匹配父元素仅有的一个子元素 E。CSS3 新增
E:nth-child(n)	匹配父元素的第 n 个子元素 E，假设该子元素不是 E，则选择符无效。CSS3 新增
E:nth-last-child(n)	匹配父元素的倒数第 n 个子元素 E，假设该子元素不是 E，则选择符无效。CSS3 新增

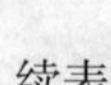

续表

选择器	说　明
E:first-of-type	匹配同类型中的第一个同级兄弟元素 E。CSS3 新增
E:last-of-type	匹配同类型中的最后一个同级兄弟元素 E。CSS3 新增
E:only-of-type	匹配同类型中的唯一的一个同级兄弟元素 E。CSS3 新增
E:nth-of-type(n)	匹配同类型中的第 n 个同级兄弟元素 E。CSS3 新增
E:nth-last-of-type(n)	匹配同类型中的倒数第 n 个同级兄弟元素 E。CSS3 新增
E:empty	匹配没有任何子元素（包括 text 节点）的元素 E。CSS3 新增
E:checked	匹配用户界面处于选中状态的元素 E。注意，用于 input 的 type 为 radio 与 checkbox 时。CSS3 新增
E:enabled	匹配用户界面上处于可用状态的元素 E。CSS3 新增
E:disabled	匹配用户界面上处于禁用状态的元素 E。CSS3 新增
E:target	匹配相关 URL 指向的 E 元素。CSS3 新增
@page :first	设置在打印时页面容器第一页使用的样式。注意，仅用于 @page 规则
@page :left	设置页面容器位于装订线左边的所有页面使用的样式。注意，仅用于 @page 规则
@page :right	设置页面容器位于装订线右边的所有页面使用的样式。注意，仅用于 @page 规则

表 2.2　伪对象选择器列表

选择器	说　明
E:first-letter/E::first-letter	设置对象内的第一个字符的样式。注意，仅作用于块对象。CSS3 完善
E:first-line/E::first-line	设置对象内的第一行的样式。注意，仅作用于块对象。CSS3 完善
E:before/E::before	设置在对象前发生的内容。与 content 属性一起使用，且必须定义 content 属性。CSS3 完善
E:after/E::after	设置在对象后发生的内容。与 content 属性一起使用，且必须定义 content 属性。CSS3 完善
E::placeholder	设置对象文字占位符的样式。CSS3 新增
E::selection	设置对象被选择时的样式。CSS3 新增

由于 CSS3 伪选择器众多，下面仅针对 CSS3 中新增的伪类选择器进行说明，其他选择器请读者参考 CSS3 参考手册详细了解。

2.6.1　结构伪类

结构伪类是根据文档结构的相互关系来匹配特定的元素，从而减少文档元素的 class 属性和 ID 属性的无序设置，使得文档更加简洁。

结构伪类形式多样，但用法固定，以便设计各种特殊样式效果，结构伪类主要包括下面几种，简单说明如下。

☑　:fist-child：第一个子元素。

☑　:last-child：最后一个子元素。

☑　:nth-child()：按正序匹配特定子元素。

- ☑ :nth-last-child()：按倒序匹配特定子元素。
- ☑ :nth-of-type()：在同类型中匹配特定子元素。
- ☑ :nth-last-of-type()：按倒序在同类型中匹配特定子元素。
- ☑ :first-of-type：第一个同类型子元素。
- ☑ :last-of-type：最后一个同类型子元素。
- ☑ :only-child：唯一子元素。
- ☑ :only-of-type：同类型的唯一子元素。
- ☑ :empty：空元素。

【示例 1】下面的示例设计了排行榜栏目列表样式，效果如图 2.17 所示。在列表框中为每个列表项定义相同的背景图像。

图 2.17 设计推荐栏目样式

设计列表结构，代码如下。

```
<div id="wrap">
    <ul id="container">
        <li><a href="#"> 送君千里 终须一别 </a></li>
        <li><a href="#"> 旅行的意义 </a></li>
        <li><a href="#"> 南师虽去，精神永存 </a></li>
        <li><a href="#"> 榴莲糯米糍 </a></li>
        <li><a href="#"> 阿尔及利亚 天命之年 </a></li>
        <li><a href="#"> 白菜鸡肉粉丝包 </a></li>
        <li><a href="#">《展望塔上的杀人》</a></li>
        <li><a href="#"> 我们，只会在路上相遇 </a></li>
    </ul>
</div>
```

设计的列表样式请参考本节示例源代码。下面结合本示例分析结构伪类选择器的用法。

1．:first-child

【示例 2】如果设计第一个列表项前的图标为 1，且字体加粗显示，则使用 :first-child 匹配。

```
#wrap li:first-child {
    background-position:2px 10px;
    font-weight:bold;
}
```

2．: last-child

【示例 3】如果单独给最后一个列表项定义样式，就可以使用 :last-child 来匹配。

#wrap li:last-child {background-position:2px -277px;}

显示效果如图 2.18 所示。

3．:nth-child()

:nth-child() 可以选择一个或多个特定的子元素。它有如下多种用法。

```
:nth-child(length);/* 参数是具体数字 */
:nth-child(n);/* 参数是 n，n 从 0 开始计算 */
:nth-child(n*length); /*n 的倍数选择，n 从 0 开始计算 */
:nth-child(n+length); /* 选择大于或等于 length 的元素 */
:nth-child(-n+length); /* 选择小于或等于 length 的元素 */
:nth-child(n*length+1);/* 表示隔几选一 */
```

在 :nth-child() 中，参数 length 为一个整数，n 表示一个从 0 开始的自然数。

:nth-child() 可以定义值，值可以是整数，也可以是表达式，用来选择特定的子元素。

【示例 4】下面 6 个样式分别匹配列表中第 2 ~ 7 个列表项，并分别定义它们的背景图像 Y 轴坐标位置，显示效果如图 2.19 所示。

```
#wrap li:nth-child(2) { background-position: 2px -31px; }
#wrap li:nth-child(3) { background-position: 2px -72px; }
#wrap li:nth-child(4) { background-position: 2px -113px; }
#wrap li:nth-child(5) { background-position: 2px -154px; }
#wrap li:nth-child(6) { background-position: 2px -195px; }
#wrap li:nth-child(7) { background-position: 2px -236px; }
```

图 2.18　设计最后一个列表项样式

图 2.19　设计每个列表项样式

注意，这种函数参数用法不能引用负值，也就是说 li:nth-child(-3) 是不正确的使用方法。

☑　:nth-child(n)

在 :nth-child(n) 中，n 是一个简单的表达式，它取值是从 0 开始计算的，到什么时候结束是不确定的，需结合文档结构而定，如果在实际应用中直接这样使用的话，将会选中所有子元素。

【示例 5】在上面的示例中，如果在 li 中使用 :nth-child(n), 那么将选中所有的 li 元素。

```
#wrap li:nth-child(n) {text-decoration:underline;}
```

则这个样式类似于：

```
#wrap li {text-decoration:underline;}
```

其实，nth-child(n) 是这样计算的：

n=0：表示没有选择元素。

n=1：表示选择第一个 li 元素。

n=2：表示选择第二个 li 元素。

依此类推，这样下来就选中了所有的 li 元素。

☑　:nth-child(2n)

【示例 6】:nth-child(2n) 是 :nth-child(n) 的一种变体，使用它可以选择 n 的 2 倍数，当然其中 2 可以换成需要的数字，分别表示不同的倍数。

```
#wrap li:nth-child(2n) {font-weight:bold;}
```

等价于：

```
#wrap li:nth-child(even) {font-weight:bold;}
```

预览效果如图 2.20 所示。

图 2.20　设计偶数行列表项样式

其实现过程如下。

当 n=0，则 2n=0，表示没有选中任何元素。

当 n=1，则 2n=2，表示选择了第二个 li 元素。

当 n=2，则 n = 4，表示选择了第四个 li 元素。

依此类推。

如果是 2n，这样与使用 even 命名 class 定义样式所起到的效果是一样的。

☑　:nth-child(2n-1)

【示例 7】:nth-child(2n-1) 是在 :nth-child(2n) 基础上演变来的，既然 :nth-child(2n) 表示选择偶数，那么在它的基础上减去 1 就变成奇数选择。

```
#wrap li:nth-child(2n-1) {font-weight:bold;}
```

等价于：

Note

```
#wrap li:nth-child(odd) {font-weight:bold;}
```

其实现过程如下。

当 n=0，则 2n-1=-1，表示没有选中任何元素。

当 n=1，则 2n-1=1，表示选择第一个 li 元素。

当 n=2，则 2n-1=3，表示选择第三个 li 元素。

依此类推。

其实这种奇数效果，还可以使用 :nth-child(2n+1) 和 :nth-child(odd) 来实现。

☑ :nth-child(n+5)

【示例 8】:nth-child(n+5) 是从第五个子元素开始选择。

```
li:nth-child(n+5) {font-weight:bold;}
```

其实现过程如下。

当 n=0，则 n+5=5，表示选中第五个 li 元素。

当 n=1，则 n+5=6，表示选择第六个 li 元素。

依此类推。

可以使用这种方法选择需要开始选择的元素位置，也就是说换了数字，起始位置就变了。

☑ :nth-child(-n+5)

【示例 9】:nth-child(-n+5) 刚好和 :nth-child(n+5) 相反，是选择第五个前面的子元素。

```
li:nth-child(-n+5) {font-weight:bold;}
```

其实现过程如下。

当 n=0，则 -n+5=5，表示选择了第五个 li 元素。

当 n=1，则 -n+5=4，表示选择了第四个 li 元素。

当 n=2，则 -n+5=3，表示选择了第三个 li 元素。

当 n=3，则 -n+5=2，表示选择了第二个 li 元素。

当 n=4，则 -n+5=1，表示选择了第一个 li 元素。

当 n=5，则 -n+5=0，表示没有选择任何元素。

☑ :nth-child(5n+1)

:nth-child(5n+1) 是实现隔几选一的效果。

【示例 10】如果是隔三选一，则定义的样式如下。

```
li:nth-child(3n+1) {font-weight:bold;}
```

其实现过程如下。

当 n=0，则 3n+1=1，表示选择了第一个 li 元素。

当 n=1，则 3n+1=4，表示选择了第四个 li 元素。

当 n=2，则 3n+1=7，表示选择了第七个 li 元素。

设计效果如图 2.21 所示。

Note

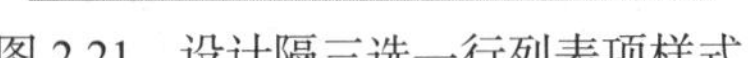

图 2.21　设计隔三选一行列表项样式

4．:nth- last-child()

【示例 11】:nth-last-child() 与 :nth-child() 相似，但作用与 :nth-child 不一样，:nth-last-child() 只是从最后一个元素开始计算，来选择特定元素。

```
li:nth-last-child(4) {font-weight:bold;}
```

上面代码表示选择倒数第四个列表项。

其中 :nth-last-child(1) 和 :last-child 所起的作用是一样的，都表示选择最后一个元素。

另外，:nth-last-child() 与 :nth-child() 用法相同，可以使用表达式来选择特定元素，下面来看几个特殊的表达式所起的作用。

:nth-last-child(2n) 表示从元素后面计算，选择的是偶数个数，反过来说就是选择元素的奇数，与前面的 :nth-child(2n+1)、:nth-child(2n-1)、:nth-child(odd) 所起的作用是一样的。例如：

```
li:nth-last-child(2n) { font-weight:bold;}
li:nth-last-child(even) {font-weight:bold;}
```

等价于：

```
li:nth-child(2n+1) {font-weight:bold;}
li:nth-child(2n-1) {font-weight:bold;}
li:nth-child(odd) {font-weight:bold;}
```

:nth-last-child(2n-1) 刚好与上面相反，从后面计算选择的是奇数，而从前面计算选择的就是偶数了，例如：

```
li:nth-last-child(2n+1) {font-weight:bold;}
li:nth-last-child(2n-1) {font-weight:bold;}
li:nth-last-child(odd) {font-weight:bold;}
```

等价于：

```
li:nth-child(2n) {font-weight:bold;}
li:nth-child(even) {font-weight:bold;}
```

总之，:nth-last-child() 和 nth-child() 的使用方法是一样的，只不过它们的区别是：:nth-child() 是从元素的第一个开始计算，而 :nth-last-child() 是从元素的最后一个开始计算，它们的计算方法都是一样的。

5．:nth-of-type()

:nth-of-type() 类似 :nth-child()，不同的是它只计算选择器中指定的那个元素。它适合用于过滤中包含了多种不同类型的子元素。

Note

【示例 12】在 div#wrap 中包含有 p、li、img 等元素，但现在只需要选择 p 元素，并让它每隔一个 p 元素就有不同的样式，可以简单地写成：

```
div#wrap p:nth-of-type(even) { font-weight:bold;}
```

其实，这种用法与 :nth-child() 是一样的，也可以使用 :nth-child() 来实现，唯一不同的是 :nth-of-type() 指定了元素的类型。

6．:nth-last-of-type()

:nth-last-of-type() 与 :nth-last-child() 用法相同，但它指定了子元素的类型，除此之外，语法形式和用法基本相同。

7．:first-of-type 和 :last-of-type

:first-of-type 和 :last-of-type 类似于 :first-child 和 :last-child，不同之处是它们指定了元素的类型。

8．:only-child 和 :only-of-type

:only-child 表示一个元素是它的父元素的唯一一个子元素。

【示例 13】在文档中设计 HTML 结构，代码如下。

```
<div class="post">
    <p> 第一段文本内容 </p>
    <p> 第二段文本内容 </p>
</div>
<div class="post">
    <p> 第三段文本内容 </p>
</div>
```

如果需要在 div.post 只有一个 p 元素的时候，改变这个 p 元素的样式，可以使用 :only-child 来实现。例如：

```
.post p {font-weight:bold;}
.post p:only-child {background: red;}
```

此时 div.post 只有一个子元素 p 时，它的背景色将会显示为红色。

:only-of-type 表示一个元素包含很多个子元素，而其中只有一个子元素是唯一的，那么使用这种选择方法就可以选中这个唯一的子元素。例如：

```
<div class="post">
  <div> 子块一 </div>
  <p> 文本段 </p>
  <div> 子块二 </div>
</div>
```

如果只想选择上面结构块中的 p 元素，可以这样写：

```
.post p:only-of-type{background-color:red;}
```

Note

9．:empty

:empty 是用来选择没有任何内容的元素，这里没有内容指的是一点内容都没有，包括空格。

【示例 14】下面的示例有 3 个段落，其中一个段落什么都没有，完全是空的。

```
<div class="post">
    <p> 第一段文本内容 </p>
    <p> 第二段文本内容 </p>
</div>
<div class="post">
    <p> </p>
</div>
```

如果想设计这个 p 元素不显示，可以这样来写：

```
.post p:empty {display: none;}
```

2.6.2　否定伪类

:not() 表示否定选择器，即过滤掉 not() 匹配的特定元素。

【示例】下面的示例为页面中所有段落文本设置字体大小为 24 像素，然后使用 :not(.author) 排出第一段文本，设置其他段落文本的字体大小为 14 像素，显示效果如图 2.22 所示。

```
<style type="text/css">
p { font-size: 24px; }
p:not(.author){ font-size: 14px; }
</style>
<h2> 虞美人· 春花秋月何时了 </h2>
<p class="author"> 李煜 </p>
<p> 春花秋月何时了？往事知多少。小楼昨夜又东风，故国不堪回首月明中。 </p>
<p> 雕栏玉砌应犹在，只是朱颜改。问君能有几多愁？恰似一江春水向东流。 </p>
```

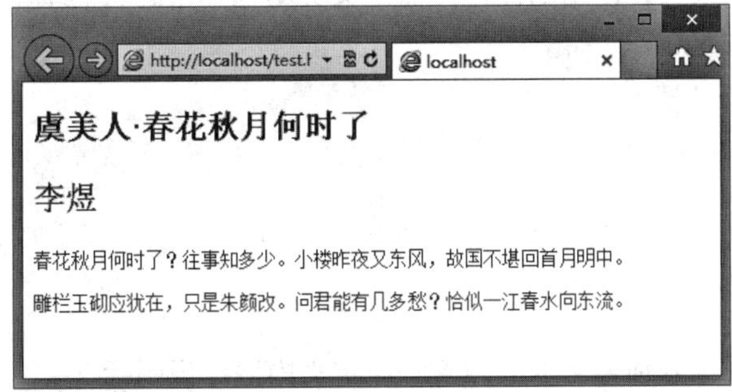

图 2.22　否定伪类的应用

2.6.3　状态伪类

CSS3 包含 3 个 UI 状态伪类选择器，简单说明如下。

☑ : enabled：匹配指定范围内所有可用 UI 元素。

☑ :disabled：匹配指定范围内所有不可用 UI 元素。

☑ :checked：匹配指定范围内所有可用 UI 元素。

Note

【示例】下面的示例设计了一个简单的登录表单，效果如图 2.23 所示。在实际应用中，当用户登录完毕，不妨通过脚本把文本框设置为不可用（disabled="disabled"）状态，这时可以通过 :disabled 选择器让文本框显示为灰色，以告诉用户该文本框不可用了，这样就不用设计“不可用”样式类，并把该类添加到 HTML 结构中。

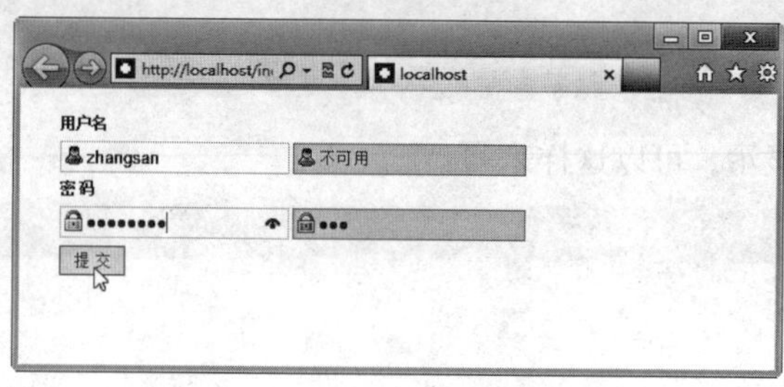

图 2.23　设计登录表单样式

第 1 步，新建一个 HTML 文档，在文档中构建一个简单的登录表单结构，代码如下。

```
<form action="#">
    <label for="username"> 用户名 </label>
    <input type="text" name="username" id="username" />
    <input type="text" name="username1" disabled="disabled" value=" 不可用 " />
    <label for="password"> 密 码 </label>
    <input type="password" name="password" id="password"  />
    <input type="password" name="password1" disabled="disabled" value=" 不可用 "  />
    <input type="submit" value=" 提 交 " />
</form>
```

在这个表单结构中，使用 HTML 的 disabled 属性分别定义两个不可用的文本框对象。

第 2 步，内建一个内部样式表，使用属性选择器定义文本框和密码域的基本样式。

```
input[type="text"], input[type="password"] {
    border:1px solid #0f0;
    width:160px;
    height:22px;
    padding-left:20px;
    margin:6px 0;
    line-height:20px;}
```

第 3 步，利用属性选择器，分别为文本框和密码域定义内嵌标识图标。

```
input[type="text"] { background:url(images/name.gif) no-repeat 2px 2px; }
input[type="password"] { background:url(images/password.gif) no-repeat 2px 2px; }
```

第 4 步，使用状态伪类选择器，定义不可用表单对象显示为灰色，以提示用户该表单对象不可用。

```
input[type="text"]:disabled {
    background:#ddd url(images/name1.gif) no-repeat 2px 2px;
```

```
    border:1px solid #bbb;}
input[type="password"]:disabled {
    background:#ddd url(images/password1.gif) no-repeat 2px 2px;
    border:1px solid #bbb;}
```

Note

2.6.4 目标伪类

目标伪类选择器类型形式如 E:target，它表示选择匹配 E 的所有元素，且匹配元素被相关 URL 指向。该选择器是动态选择器，只有当存在 URL 指向该匹配元素时，样式效果才有效。

【示例】下面的示例设计了当单击页面中的锚点链接，跳转到指定标题位置时，该标题会自动高亮显示，以提醒用户，当前跳转的位置，效果如图 2.24 所示。

```
<style type="text/css">
/* 设计导航条固定在窗口右上角位置显示 */
h1{ position:fixed; right:12px; top:24px;}
/* 让锚点链接堆叠显示 */
h1 a{ display:block;}
/* 设计锚点链接的目标高亮显示 */
h2:target { background:hsla(93,96%,62%,1.00); }
</style>
<h1><a href="#p1"> 图片 1</a><a href="#p2"> 图片 2</a><a href="#p3"> 图片 3</a><a href="#p4"> 图片 4</a></h1>
<h2 id="p1"> 图片 1</h2>
<p><img src="images/1.jpg" /></p>
<h2 id="p2"> 图片 2</h2>
<p><img src="images/2.jpg" /></p>
<h2 id="p3"> 图片 3</h2>
<p><img src="images/3.jpg" /></p>
<h2 id="p4"> 图片 4</h2>
<p><img src="images/4.jpg" /></p>
```

图 2.24　目标伪类样式应用效果

视频讲解

Note

2.7 CSS 特性

CSS 样式具有两个特性：继承性和层叠性，下面分别进行说明。

2.7.1 CSS 继承性

CSS 继承性是指后代元素可以继承祖先元素的样式。继承样式主要包括字体、文本等基本属性，如字体、字号、颜色、行距等，对于边框、边界、补白、背景、定位、布局、尺寸等类型属性是不允许继承的。

提示： 灵活应用 CSS 继承性，可以优化 CSS 代码，但是继承的样式的优先级是最低的。

【示例】 下面的示例在 body 元素中定义整个页面的字体大小、字体颜色等基本页面属性，这样包含在 body 元素内的其他元素都将继承该基本属性，以实现页面显示效果的统一。

新建网页，保存为 test.html，在 <body> 标签内输入如下代码，设计一个多级嵌套结构。

```
<div id="wrap">
    <div id="header">
        <div id="menu">
            <ul>
                <li><span> 首页 </span></li>
                <li> 菜单项 </li>
            </ul>
        </div>
    </div>
    <div id="main">
        <p> 主体内容 </p>
    </div>
</div>
```

在 <head> 标签内添加 <style type="text/css"> 标签，定义内部样式表，然后为 body 元素定义字体大小为 12 像素，通过继承性，则包含在 body 元素的所有其他元素都将继承该属性，并显示包含的字体大小为 12 像素。在浏览器中预览，显示效果如图 2.25 所示。

```
body {font-size:12px;}
```

图 2.25　CSS 继承性演示效果

2.7.2　CSS 层叠性

CSS 层叠性是指 CSS 能够对同一个对象应用多个样式的能力。

【示例 1】 新建网页，保存为 test.html，在 <body> 标签内输入如下代码。

```
<div id="wrap"> 看看我的样式效果 </div>
```

在 <head> 标签内添加 <style type="text/css"> 标签，定义一个内部样式表，分别添加以下两个样式。

```
div {font-size:12px;}
div {font-size:14px;}
```

两个样式中都声明了相同的属性，并应用于同一个元素上。在浏览器中测试，则会发现最后字体显示为 14 像素，也就是说 14 像素字体大小覆盖了 12 像素字体大小，这就是样式层叠。

当多个样式作用于同一个对象，则根据选择器的优先级，确定对象最终应用的样式。

☑ 标签选择器：权重值为 1。

☑ 伪元素或伪对象选择器：权重值为 1。

☑ 类选择器：权重值为 10。

☑ 属性选择器：权重值为 10。

☑ ID 选择器：权重值为 100。

☑ 其他选择器：权重值为 0，如通配选择器等。

然后，以上面权值数为起点来计算每个样式中选择器的总权值数。计算规则如下。

☑ 统计选择器中 ID 选择器的个数，然后乘以 100。

☑ 统计选择器中类选择器的个数，然后乘以 10。

☑ 统计选择器中标签选择器的个数，然后乘以 1。

以此类推，最后把所有权重值数相加，即可得到当前选择器的总权重值，最后根据权重值来决定哪个样式的优先级大。

【示例 2】 新建网页，保存为 test.html，在 <body> 标签内输入如下代码。

```
<div id="box" class="red">CSS 选择器的优先级 </div>
```

在 <head> 标签内添加 <style type="text/css"> 标签，定义一个内部样式表，添加如下样式。

```
body div#box { border:solid 2px red;}
#box {border:dashed 2px blue;}
div.red {border:double 3px red;}
```

对于上面的样式表，可以这样计算它们的权重值：

body div#box 的权重值 = 1 + 1 + 100 = 102。

#box 的权重值 = 100。

di.red 的权重值 = 1 + 10 = 11。

因此，最后选择器的优先级为 body div#box 大于 #box，#box 大于 di.red。所以最终看到的显示效果为 2 像素宽的红色实线，在浏览器中预览，显示效果如图 2.26 所示。

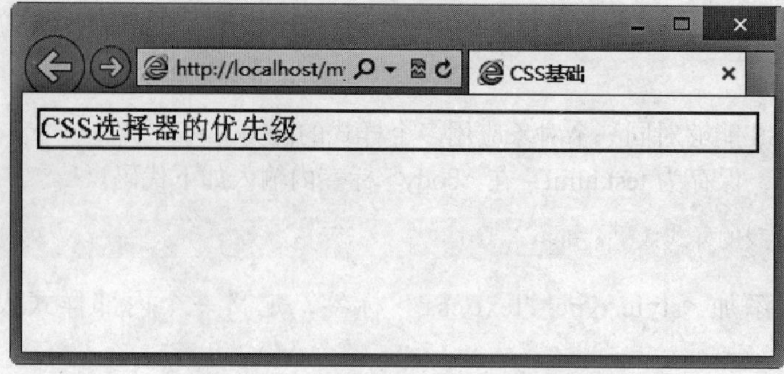

图 2.26　CSS 优先级的样式演示效果

提示：与样式表中样式相比，行内样式优先级最高。相同权重值时，样式最近的优先级最高。使用 !important 命令定义的样式优先级绝对高。!important 命令必须位于属性值和分号之间，如 #header{color:Red!important;}，否则无效。

在线练习

2.8　在线练习

本节为课后练习，感兴趣的读者请扫码进一步强化训练。

第 3 章

设计移动页面结构

（视频讲解：36分钟）

创建清晰、一致的结构不仅可以为页面建立良好的语义化基础，也可以大大降低在文档中应用CSS样式的难度。本章介绍构建HTML5移动应用文档结构所需的HTML元素，以及这些元素的使用方法。

【学习重点】

- 创建页面标题。
- 普通页面构成。
- 定义页眉、导航和页脚。
- 定义网页主要区域。
- 定义文章块和区块。

视频讲解

Note

3.1 头部信息

在 HTML 文档的头部区域，存储着各种网页基本信息（也称元信息），这些信息主要被浏览器所采用，不会显示在网页中。另外，搜索引擎也会检索这些信息，因此重视并设置这些头部信息非常重要。

3.1.1 定义网页标题

使用 title 元素可定义网页标题。例如：

```
<html>
<head>
<title>HTML5 标签说明 </title>
</head>
<body>
HTML5 标签列表
</body>
</html>
```

浏览器会把它放在窗口的标题栏或状态栏中显示，如图 3.1 所示。当把文档加入用户的链接列表、收藏夹或书签列表时，标题将作为该文档链接的默认名称。

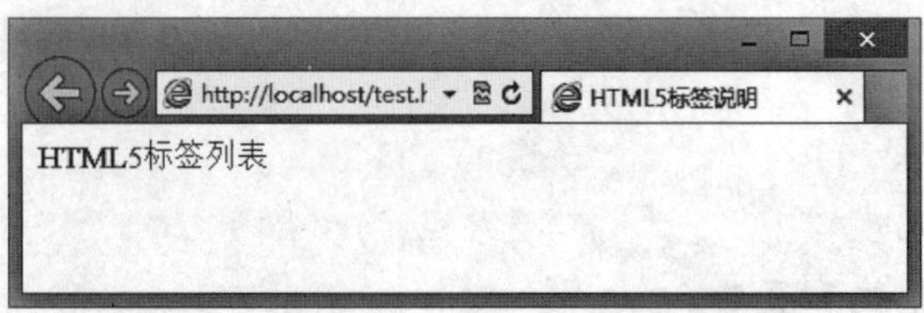

图 3.1 显示网页标题

title 元素必须位于 head 部分。页面标题会被 Google、百度等搜索引擎采用，从而能够大致了解页面内容，并将页面标题作为搜索结果中的链接显示，如图 3.2 所示。它也是判断搜索结果中页面相关度的重要因素。

图 3.2 网页标题在搜索引擎中的作用

总之，让每个页面的 title 是唯一的，从而提升搜索引擎结果排名，并让访问者获得更好的体验。

【补充】

title 元素是必需的，title 中不能包含任何格式、HTML、图像或指向其他页面的链接。一般网页编辑器会预先为页面标题填上默认文字，要确保用自己的标题替换它们。

很多开发人员不太重视 title 文字，仅简单地输入网站名称，并将其复制到全站每一个网页中。如果流量是网站追求的指标之一，这样做会对网站造成很大的损失。不同搜索引擎确定网页排名和内容索引规则的算法是不一样的。不过，title 通常都扮演着重要的角色。搜索引擎会将 title 作为判断页面主要内容的指标，并将页面内容按照与之相关的文字进行索引。

有效的 title 应包含几个与页面内容密切相关的关键字。作为一种最佳实践，选择能简要概括文档内容的文字作为 title 文字。这些文字既要对屏幕阅读器用户友好，又要有利于搜索引擎排名。

将网站名称放入 title，但将页面特有的关键字放在网站名称的前面会更好。建议将 title 的核心内容放在前 60 个字符中，因为搜索引擎通常将超过此数目（作为基准）的字符截断。不同浏览器显示在标题栏中的字符数上限不尽相同。浏览器标签页会将标题截得更短，因为它占的空间较少。

3.1.2　定义网页元信息

使用 meta 元素可以定义网页的元信息，例如，定义针对搜索引擎的描述和关键词，一般网站都必须设置这两条元信息，以方便搜索引擎检索。

☑　定义网页的描述信息。

```
<meta name="description" content=" 标准网页设计专业技术资讯 " />
```

☑　定义页面的关键词。

```
<meta name="keywords" content="HTML,DHTML, CSS, XML, XHTML, JavaScript" />
```

<meta> 标签位于文档的头部，<head> 标签内，不包含任何内容。使用 meta 元素的属性可以定义与文档相关联的名称 / 值对。<meta> 标签可用属性说明，如表 3.1 所示。

表 3.1　<meta> 标签属性列表

属性	说　明
content	必需的，定义与 http-equiv 或 name 属性相关联的元信息
http-equiv	把 content 属性关联到 HTTP 头部。取值包括 content-type、refresh、expires、set-cookie 等
name	把 content 属性关联到一个名称。取值包括 author、description、keywords、generator、revised 等
scheme	定义用于翻译 content 属性值的格式
charset	定义文档的字符编码

【示例】下面列举常用元信息的设置代码，更多元信息的设置读者可以参考 HTML 参考手册。

使用 http-equiv 等于 content-type，可以设置网页的编码信息。

☑　设置 UTF-8 编码。

```
<meta http-equiv="content-type" content="text/html; charset=UTF-8" />
```

提示：HTML5 简化了字符编码设置方式：<meta charset="utf-8">，其作用是相同的。

☑ 设置简体中文 gb2312 编码。

```
<meta http-equiv="content-type" content="text/html; charset=gb2312" />
```

Note

注意：每个 HTML 文档都需要设置字符编码类型，否则可能会出现乱码，其中 UTF-8 是国家通用编码，独立于任何语言，因此都可以使用。

使用 content-language 属性值定义页面语言的代码。如下所示为设置中文版本语言。

```
<meta http-equiv="content-language" content="zh-CN" />
```

使用 refresh 属性值可以设置页面刷新时间或跳转页面，如 5 秒钟之后刷新页面。

```
<meta http-equiv="refresh" content="5" />
```

5 秒钟之后跳转到百度首页。

```
<meta http-equiv="refresh" content="5; url= https://www.baidu.com/" />
```

使用 expires 属性值设置网页缓存时间。

```
<meta http-equiv="expires" content="Sunday 20 October 2019 01:00 GMT" />
```

也可以使用如下方式设置页面不缓存。

```
<meta http-equiv="pragma" content="no-cache" />
```

类似设置还有：

```
<meta name="author" content="https://www.baidu.com/" />                <!-- 设置网页作者 -->
<meta name="copyright" content=" https://www.baidu.com/" />                    <!-- 设置网页版权 -->
<meta name="date" content="2019-01-12T20:50:30+00:00" />               <!-- 设置创建时间 -->
<meta name="robots" content="none" />                                  <!-- 设置禁止搜索引擎检索 -->
```

3.1.3 定义文档视口

在移动 Web 开发中，经常会遇到 viewport（视口）问题，就是浏览器显示页面内容的屏幕区域。一般移动设备的浏览器默认都设置一个 <meta name="viewport"> 标签，定义一个虚拟的布局视口，用于解决早期的页面在手机上显示的问题。

iOS、Android 基本都将这个视口分辨率设置为 980px，所以桌面网页基本能够在手机上呈现，只不过看上去很小，用户可以通过手动缩放网页进行阅读。这种方式用户体验很差，建议使用 <meta name="viewport"> 标签设置视图大小。

<meta name="viewport"> 标签的设置代码如下。

```
<meta id="viewport" name="viewport" content="width=device-width; initial-scale=1.0; maximum-scale=1;
    user-scalable=no;">
```

各属性说明如表 3.2 所示。

表 3.2　<meta name="viewport"> 标签的设置说明

属性	取　值	说　明
width	正整数或 device-width	定义视口的宽度，单位为像素
height	正整数或 device-height	定义视口的高度，单位为像素，一般不用
initial-scale	[0.0—10.0]	定义初始缩放值
minimum-scale	[0.0—10.0]	定义缩小最小比例，它必须小于或等于 maximum-scale 设置
maximum-scale	[0.0—10.0]	定义放大最大比例，它必须大于或等于 minimum-scale 设置
user-scalable	yes/no	定义是否允许用户手动缩放页面，默认值 yes

【示例】下面的示例是在页面中输入一个标题和两段文本，如果没有设置文档视口，则在移动设备中所呈现的效果如图 3.3 所示，而设置了文档视口之后，所呈现的效果如图 3.4 所示。

```
<!doctype html>
<html>
<head>
<meta charset="utf-8">
<title> 设置文档视口 </title>
<meta name="viewport" content="width=device-width, initial-scale=1">
</head>
<body>
<h1>width=device-width, initial-scale=1</h1>
<p>width=device-width 将 layout viewport（布局视口）的宽度设置为 ideal viewport（理想视口）的宽度。</p>
<p>initial-scale=1 表示将 layout viewport（布局视口）的宽度设置为 ideal viewport（理想视口）的宽度。</p>
</body>
</html>
```

提示：ideal viewport（理想视口）通常就是我们说的设备的屏幕分辨率。

图 3.3　默认被缩小的页面视图

图 3.4　保持正常的布局视图

3.1.4　移动应用的 head 头信息说明

线 上 阅 读

Note

本节为线上拓展内容，介绍移动端HTML5 head头部信息设置说明。本节内容相对专业，适合专业开发人员阅读或参考，对于初级读者来说，建议有选择性地跳读，或者作为案头参考资料，需要时备查使用。详细内容请扫码阅读。

视 频 讲 解

3.2　构建基本结构

HTML 文档的主体部分包括了要在浏览器中显示的所有信息。这些信息需要在特定的结构中呈现，下面介绍网页通用结构的设计方法。

3.2.1　定义文档结构

HTML5 包含一百多个元素，大部分继承自 HTML4，新增加 30 个元素。这些元素基本上都被放置在主体区域内（<body>），我们将在各章节中逐一进行说明。

正确选用 HTML5 元素可以避免代码冗余。在设计网页时不仅需要使用 div 元素来构建网页通用结构，还要使用下面几类元素完善网页结构。

☑ h1、h2、h3、h4、h5、h6：定义文档标题，1 表示一级标题，6 表示六级标题，常用标题包括一级、二级和三级。

☑ p：定义段落文本。

☑ ul、ol、li 等：定义信息列表、导航列表、榜单结构等。

☑ table、tr、td 等：定义表格结构。

☑ form、input、textarea 等：定义表单结构。

☑ span：定义行内包含框。

【示例】下面的示例是一个简单的 HTML 页面，使用了少量的 HTML 元素。它演示了一个简单的文档应该包含的内容，以及主体内容是如何在浏览器中显示的。

第 1 步，新建文本文件，输入下面的代码。

```
<html>
    <head>
        <meta charset="utf-8">
        <title> 一个简单的文档包含内容 </title>
    </head>
    <body>
        <h1> 我的第一个网页文档 </h1>
        <p>HTML 文档必须包含三个部分：</p>
        <ul>
            <li>html——网页包含框 </li>
            <li>head——头部区域 </li>
            <li>body——主体内容 </li>
        </ul>
```

```
    </body>
</html>
```

第 2 步，保存文本文件，命名为 test，设置扩展名为 .html。

第 3 步，使用浏览器打开 test.html，可以看到如图 3.5 所示的预览效果。

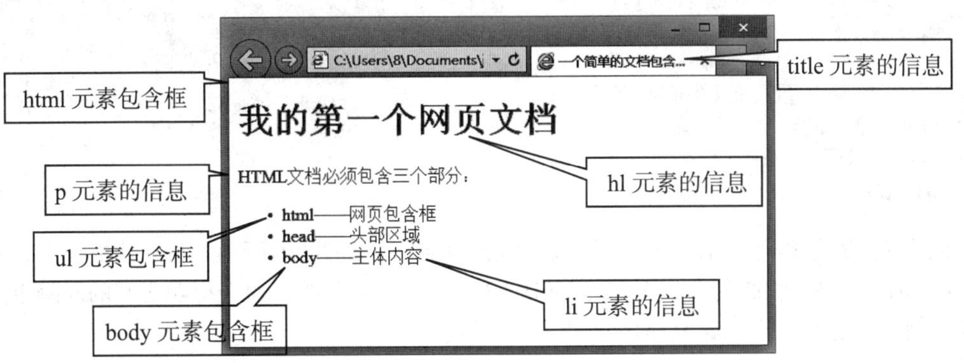

图 3.5　网页文档演示效果

为了更好地选用元素，读者可以参考 w3school 网站的 http://www.w3school.com.cn/tags/index.asp 页面信息。其中 DTD 列描述的是元素在哪一种 DOCTYPE 文档类型是允许使用的：S=Strict，T=Transitional，F=Frameset。

3.2.2　定义内容标题

HTML 提供了六级标题用于创建页面信息的层级关系。使用 h1、h2、h3、h4、h5 或 h6 元素对各级标题进行标记，其中 h1 是最高级别的标题，h2 是 h1 的子标题，h3 是 h2 的子标题，以此类推。

【示例 1】标题代表了文档的大纲。当设计网页内容时，可以根据需要为内容的每个主要部分指定一个标题和任意数量的子标题，以及子子标题等。

```
<h1> 唐诗欣赏 </h1>
<h2> 春晓 </h2>
<h3> 孟浩然 </h3>
<p> 春眠不觉晓，处处闻啼鸟。</p>
<p> 夜来风雨声，花落知多少。</p>
```

在上面的示例中，标记为 h2 的“春晓”是标记为 h1 的顶级标题“唐诗欣赏”的子标题，而“孟浩然”是 h3，它就成了“春晓”的子标题，也是 h1 的子子标题。如果继续编写页面其余部分的代码，相关的内容（段落、图像、视频等）就要紧跟在对应的标题后面。

对任何页面来说，分级标题都可以说是最重要的 HTML 元素。由于标题通常传达的是页面的主题，因此，对搜索引擎而言，如果标题与搜索词匹配，这些标题就会被赋予很高的权重，尤其是等级最高的 h1，当然不是说页面中的 h1 越多越好，搜索引擎还是足够聪明的。

【示例 2】使用标题组织内容。在下面的示例中，产品指南有 3 个主要的部分，每个部分都有不同层级的子标题。标题之间的空格和缩进只是为了让层级关系更清楚一些，它们不会影响最终的显示效果。

Note

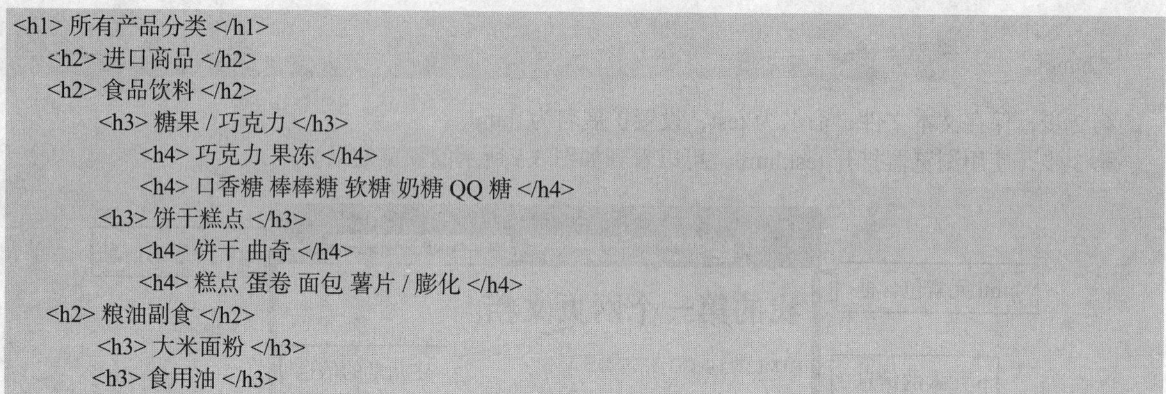

```
<h1> 所有产品分类 </h1>
    <h2> 进口商品 </h2>
    <h2> 食品饮料 </h2>
        <h3> 糖果 / 巧克力 </h3>
            <h4> 巧克力 果冻 </h4>
            <h4> 口香糖 棒棒糖 软糖 奶糖 QQ 糖 </h4>
        <h3> 饼干糕点 </h3>
            <h4> 饼干 曲奇 </h4>
            <h4> 糕点 蛋卷 面包 薯片 / 膨化 </h4>
    <h2> 粮油副食 </h2>
        <h3> 大米面粉 </h3>
        <h3> 食用油 </h3>
```

在默认情况下，浏览器会从 h1 ~ h6 逐级减小标题的字号，如图 3.6 所示。在默认情况下，所有的标题都以粗体显示，h1 的字号比 h2 的大，而 h2 的又比 h3 的大，以此类推。每个标题之间的间隔也是由浏览器默认的 CSS 定制的，它们并不代表 HTML 文档中有空行。

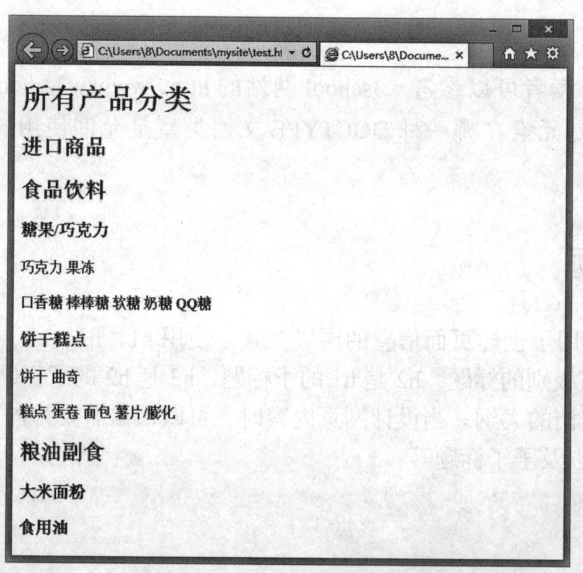

图 3.6　网页内容标题的层级

提示： 在创建分级标题时，要避免跳过某些级别，如从 h3 直接跳到 h5。不过，允许从低级别跳到高级别的标题。例如，在“<h4> 糕点 蛋卷 面包 薯片 / 膨化 </h4>”后面紧跟着“<h2> 粮油副食 </h2>”是没有问题的，因为包含“<h4> 糕点 蛋卷 面包 薯片 / 膨化 </h4>”的“<h2> 食品饮料 </h2>”在这里结束了，而“<h2> 粮油副食 </h2>”的内容开始了。

不要使用 h1 ~ h6 标记副标题、标语以及无法成为独立标题的子标题。例如，假设有一篇新闻报道，它的主标题后面紧跟着一个副标题，这时，这个副标题就应该使用段落，或其他非标题元素。

```
<h1> 天猫超市 </h1>
<p> 在乎每件生活小事 </p>
```

> 提示：HTML5 包含了一个名为 hgroup 的元素，用于将连续的标题组合在一起，后来 W3C 将这个元素从 HTML5.1 规范中移除了。

```
<h1> 客观地看日本，理性地看中国 </h1>
<p class="subhead"> 日本距离我们并不远，但是如果真的要说它在这十年、二十年有什么样的发展和变化，又好像对它了解得并不多，本文出自一个在日本呆了快 10 年的中国作者，来看看他描述的日本，那个除了老龄化和城市干净这些标签之外的真实国度。</p>
```

上面的代码是标记文章副标题的一种方法。可以定义 class 属性，从而能够应用相应的 CSS。该 class 属性可以命名为 subhead 等名称。

> 提示：曾有人提议在 HTML5 中引入 subhead 元素，用于对子标题、副标题、标语、署名等内容进行标记，但是未被 W3C 采纳。

3.2.3 使用 div 元素

有时需要在一段内容外围包一个容器，从而可以为其应用 CSS 样式或 JavaScript 效果。如果没有这个容器，页面就会不一样。在评估内容的时候，考虑使用 article、section、aside、nav 等元素，却发现它们从语义上来讲都不合适。

这时，真正需要的是一个通用容器，一个完全没有任何语义含义的容器。这个容器就是 div 元素，用户可以为其添加样式或 JavaScript 效果。

【示例 1】下面的示例为页面内容加上 div 元素以后，可以添加更多样式的通用容器。

```
<div>
    <article>
        <h1> 文章标题 </h1>
        <p> 文章内容 </p>
        <footer>
            <p> 注释信息 </p>
            <address><a href="#">W3C</a></address>
        </footer>
    </article>
</div>
```

现在有一个 div 元素包着所有的内容，页面的语义没有发生改变，但现在我们有了一个可以用 CSS 添加样式的通用容器。

与 header、footer、main、article、section、aside、nav、h1 ~ h6、p 等元素一样，在默认情况下，div 元素自身没有任何默认样式，只是其包含的内容从新的一行开始。不过，我们可以对 div 添加样式以实现设计。

div 元素对使用 JavaScript 实现一些特定的交互行为或效果也是有帮助的。例如，在页面中展示一张照片或一个对话框，同时让背景页面覆盖一个半透明的层（这个层通常是一个 div 元素）。

尽管 HTML 用于对内容的含义进行描述，但 div 元素并不是唯一没有语义价值的元素。span 元素是与 div 元素对应的一个元素：div 元素是块级内容的无语义容器，而 span 元素则是短语内容的无语义容器，例如，它可以放在段落元素 p 之内。

Note

【示例 2】下面的代码为段落文本中的部分信息进行分隔显示，以便应用不同的类样式。

```
<h1> 新闻标题 </h1>
<p> 新闻内容 </p>
<p>......</p>
<p> 发布于 <span class="date">2016 年 12 月 </span>，由 <span class="author"> 张三 </span> 编辑 </p>
```

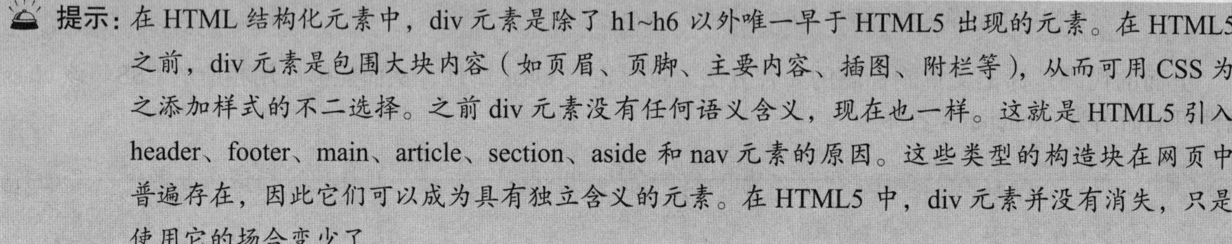

提示：在 HTML 结构化元素中，div 元素是除了 h1~h6 以外唯一早于 HTML5 出现的元素。在 HTML5 之前，div 元素是包围大块内容（如页眉、页脚、主要内容、插图、附栏等），从而可用 CSS 为之添加样式的不二选择。之前 div 元素没有任何语义含义，现在也一样。这就是 HTML5 引入 header、footer、main、article、section、aside 和 nav 元素的原因。这些类型的构造块在网页中普遍存在，因此它们可以成为具有独立含义的元素。在 HTML5 中，div 元素并没有消失，只是使用它的场合变少了。

对 article 和 aside 元素分别添加一些 CSS，让它们各自成为一栏。然而，大多数情况下，每一栏都有不止一个区块的内容。例如，主要内容区第一个 article 元素下面可能还有另一个 article 元素（或 section、aside 元素等）。又如，也许想在第二栏再放一个 aside 元素显示指向关于其他网站的链接，或许再加一个其他类型的元素。这时可以将期望出现在同一栏的内容包在一个 div 元素里，然后对这个 div 元素添加相应的样式。但是不可以用 section 元素，因为该元素并不能作为添加样式的通用容器。

div 元素没有任何语义。大多数时候，使用 header、footer、main（仅使用一次）、article、section、aside 或 nav 元素代替 div 元素会更合适。但是，如果语义上不合适，也不必为了刻意避免使用 div 元素，而使用上述元素。div 元素适合所有页面容器，可以作为 HTML5 的备用容器使用。

3.2.4 使用 id 和 class

HTML 是简单的文档标记语言，而不是界面语言。文档结构大部分使用 div 元素来完成，为了能够识别不同的结构，一般通过定义 id 或 class 给它们赋予额外的语义，给 CSS 样式提供有效的“钩子”。

【示例 1】构建一个简单的列表结构，并给它分配一个 id，自定义导航模块。

```
<ul id="nav">
  <li><a href="#"> 首页 </a></li>
  <li><a href="#"> 关于 </a></li>
  <li><a href="#"> 联系 </a></li>
</ul>
```

使用 id 标识页面上的元素时，id 名必须是唯一的。id 可以用来标识持久的结构性元素，如主导航或内容区域；id 还可以用来标识一次性元素，如某个链接或表单元素。

在整个网站上，id 名应该应用于语义相似的元素以避免混淆。例如，如果联系人表单和联系人详细信息在不同的页面上，那么可以给它们分配同样的 id 名 contact，但是如果在外部样式表中给它们定义样式，就会遇到问题，因此使用不同的 id 名（如 contact_form 和 contact_details）就会简单得多。

与 id 不同，同一个 class 可以应用于页面上任意数量的元素，因此 class 非常适合标识样式相同的对象。例如，设计一个新闻页面，其中包含每条新闻的日期。此时不必给每个日期分配不同的 id，而是可以给所有日期分配类名 date。

提示：id 和 class 的名称一定要保持语义性，并与表现方式无关。例如，可以给导航元素分配 id 名为 right_nav，因为希望它出现在右边。但是，如果以后将它的位置改到左边，那么 CSS 和 HTML 就会发生歧义。所以，将这个元素命名为 sub_nav 或 nav_main 更合适。这种名称解释就不再涉及如何表现它。

对于 class 名称，也是如此。例如，如果定义所有错误消息以红色显示，不要使用类名 red，而应该选择更有意义的名称，如 error 或 feedback。

注意：class 和 id 名称需要区分大小写，虽然 CSS 不区分大小写，但是在标签中是否区分大小写取决于 HTML 文档类型。如果使用 XHTML 严谨型文档，那么 class 和 id 名是区分大小写的。最好的方式是保持一致的命名约定，如果在 HTML 中使用驼峰命名法，那么在 CSS 中也采用这种形式。

【示例 2】在实际设计中，class 被广泛使用，这就容易产生滥用现象。例如，很多初学者为所有的元素定义 class，以便更方便地控制它们。这种现象被称为“多类症”，在某种程度上，这和使用基于表格的布局一样糟糕，因为它在文档中添加了无意义的代码。

```
<h1 class="newsHead"> 标题新闻 </h1>
<p class="newsText"> 新闻内容 </p>
<p>......</p>
<p class="newsText"><a href="news.php" class="newsLink"> 更多 </a></p>
```

【示例 3】在上面的示例中，每个元素都使用一个与新闻相关的 class 名称进行标识。这使得新闻标题和正文可以采用与页面其他部分不同的样式。但是，不需要用这么多 class 来区分每个元素。可以将新闻条目放在一个包含框中，并加上 class 名称 news，从而标识整个新闻条目。然后，可以使用包含框选择器识别新闻标题或文本。

```
<div class="news">
  <h1> 标题新闻 </h1>
  <p> 新闻内容 </p>
  <p>......</p>
  <p><a href="news.php"> 更多 </a></p>
</div>
```

以这种方式删除不必要的类有助于简化代码，使页面更简洁。过度依赖 class 名称是不必要的，我们只需要在不适合使用 id 的情况下对元素应用 class，而且尽可能少使用 class。实际上，创建大多数文档常常只需要定义几个 class。如果初学者发现自己定义了许多 class，那么这很可能意味着自己创建的 HTML 文档结构有问题。

3.2.5 使用 title

可以使用 title 属性为文档中任何部分加上提示标签。不过，它们并不只是提示标签，加上它们之后屏幕阅读器可以为用户朗读 title 文本，因此使用 title 可以提升无障碍访问功能。

【示例】可以为任何元素添加 title，不过用得最多的是链接。

```
<ul title=" 列表提示信息 ">
    <li><a href="#" title=" 链接提示信息 "> 列表项目 </a></li>
</ul>
```

当访问者将鼠标指向加了说明标签的元素时，就会显示 title。如果 img 元素同时包括 title 和 alt 属性，则提示框会采用 title 属性的内容，而不是 alt 属性的内容。

3.2.6 HTML 注释

可以在 HTML 文档中添加注释，标明区块开始和结束的位置，提示某段代码的意图，或者阻止内容显示等。这些注释只会在源代码中可见，访问者在浏览器中是看不到它们的。

【示例】下面的代码使用“<!--”和“-->”分隔符定义了 6 处注释。

```
<!-- 开始页面容器 -->
<div class="container">
    <header role="banner"></header>
    <!-- 应用 CSS 后的第一栏 -->
    <main role="main"></main>
    <!-- 结束第一栏 -->
    <!-- 应用 CSS 后的第二栏 -->
    <div class="sidebar"></div>
    <!-- 结束第二栏 -->
    <footer role="contentinfo"></footer>
</div>
<!-- 结束页面容器 -->
```

在主要区块的开头和结尾处添加注释是一种常见的做法，这样可以让一起合作的开发人员将来修改代码变得更加容易。

在发布网站之前，应该用浏览器查看一下加了注释的页面。这样能帮我们避免由于弄错注释格式导致注释内容直接暴露给访问者的情况。

视频讲解

3.3 构建语义结构

HTML5 新增多个结构化元素，以方便用户创建更友好的页面主体框架，下面来详细学习。

3.3.1 定义页眉

header 表示页眉，用来标识页面标题栏。header 元素是一种具有引导和导航作用的结构元素，通常用来放置整个页面，或者一个内容块的标题。

header 也可以包含其他内容，如数据表格、表单或相关的 LOGO 信息，一般整个页面的标题应该放在页面的前面。

【示例 1】在一个网页内可以多次使用 header 元素，下面的示例显示为每个内容区块添加一个 header。

```
<header>
  <h1> 网页标题 </h1>
</header>
<article>
  <header>
    <h1> 文章标题 </h1>
  </header>
  <p> 文章正文 </p>
</article>
```

在 HTML5 中，header 内部可以包含 h1 ~ h6 元素，也可以包含 hgroup、table、form、nav 等元素，只要应该显示在头部区域的元素，都可以包含在 header 元素中。

【示例 2】下面的示例是个人博客首页的头部区域，整个头部内容都放在 header 元素中。

```
<header>
  <hgroup>
    <h1>LOGO</h1>
    <a href="#">[URL]</a> <a href="#">[ 订阅 ]</a> <a href="#">[ 手机订阅 ]</a> </hgroup>
  <nav>
    <ul>
      <li> 首页 </li>
      <li><a href="#"> 目录 </a></li>
      <li><a href="#"> 社区 </a></li>
      <li><a href="#"> 微博我 </a></li>
    </ul>
  </nav>
</header>
```

3.3.2　定义导航

nav 表示导航条，用来标识页面导航的链接组。一个页面中可以拥有多个 nav 元素，作为页面整体或不同部分的导航。具体应用场景如下：

- ☑ 主菜单导航。一般网站都设置有不同层级的导航条，其作用是在站内快速切换，如主菜单、置顶导航条、主导航图标等。
- ☑ 侧边栏导航。现在主流博客网站及商品网站上都有侧边栏导航，其作用是将页面从当前文章或当前商品跳转到相关文章或商品页面上去。
- ☑ 页内导航。就是页内锚点链接，其作用是在本页面几个主要的组成部分之间进行跳转。
- ☑ 翻页操作。翻页操作是指在多个页面的前后页或博客网站的前后篇文章滚动。

并不是所有的链接组都要被放进 nav 元素中，只需要将主要的、基本的链接组放进 nav 即可。例如，在页脚中通常会有一组链接，包括服务条款、首页、版权声明等，这时使用 footer 元素是最恰当的。

【示例 1】在 HTML5 中，只要是导航性质的链接，我们就可以很方便地将其放入 nav 元素中。该元素可以在一个文档中多次出现，作为页面或部分区域的导航。

```
<nav draggable="true">
  <a href="index.html"> 首页 </a>
  <a href="book.html"> 图书 </a>
```

```
  <a href="bbs.html"> 论坛 </a>
</nav>
```

上述代码创建了一个可以拖动的导航区域，nav 元素中包含了 3 个用于导航的超级链接，即“首页”“图书”和“论坛”。该导航可用于全局导航，也可放在某个段落，作为区域导航。

【示例 2】下面的示例页面由多部分组成，每部分都带有链接，但只将最主要的链接放入了 nav 元素中。

```
<h1> 技术资料 </h1>
<nav>
  <ul>
    <li><a href="/"> 主页 </a></li>
    <li><a href="/blog"> 博客 </a></li>
  </ul>
</nav>
<article>
  <header>
    <h1>HTML5+CSS3</h1>
    <nav>
      <ul>
        <li><a href="#HTML5">HTML5</a></li>
        <li><a href="#CSS3">CSS3</a></li>
      </ul>
    </nav>
  </header>
  <section id="HTML5">
    <h1>HTML5</h1>
    <p>HTML5 特性说明 </p>
  </section>
  <section id="CSS3">
    <h1>CSS3</h1>
    <p>CSS3 特性说明。</p>
  </section>
  <footer>
    <p> <a href="?edit"> 编辑 </a> | <a href="?delete"> 删除 </a> | <a href="?add"> 添加 </a> </p>
  </footer>
</article>
<footer>
  <p><small> 版权信息 </small></p>
</footer>
```

在这个例子中，第一个 nav 元素用于页面导航，将页面跳转到其他页面上去，如跳转到网站主页或博客页面；第二个 nav 元素放置在 article 元素中，表示在文章中内进行导航。除此之外，nav 元素也可以用于其他所有你觉得是重要的、基本的导航链接组中。

注意，不要用 menu 元素代替 nav 元素。menu 主要用在一系列交互命令的菜单上，如快捷菜单。

3.3.3　定义主要区域

main 表示主要，用来标识网页中的主要内容。main 元素内容对于文档来说应当是唯一的，它不应包含在网页中重复出现的内容，如侧栏、导航栏、版权信息、站点标志或搜索表单等。

注意，由于 main 元素不对页面内容进行分区或分块，所以不会对网页大纲产生影响。

【示例】下面的页面是一个完整的主体结构。main 元素包围着代表页面主题的内容。

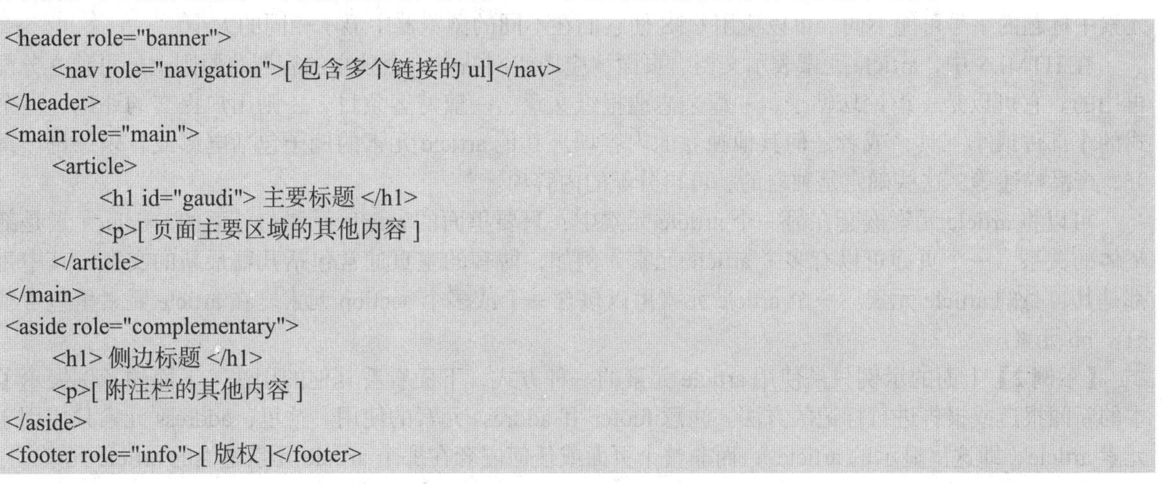

```
<header role="banner">
    <nav role="navigation">[ 包含多个链接的 ul]</nav>
</header>
<main role="main">
    <article>
        <h1 id="gaudi"> 主要标题 </h1>
        <p>[ 页面主要区域的其他内容 ]
    </article>
</main>
<aside role="complementary">
    <h1> 侧边标题 </h1>
    <p>[ 附注栏的其他内容 ]
</aside>
<footer role="info">[ 版权 ]</footer>
```

main 元素在一个页面里仅使用一次。在 main 开始标签中加上 role="main"，这样可以帮助屏幕阅读器定位页面的主要区域。

与 p、header、footer 等元素一样，main 元素的内容显示在新的一行，除此之外不会影响页面的任何样式。如果创建的是 Web 应用，应该使用 main 包围其主要的功能。

注意，不能将 main 放置在 article、aside、footer、header 或 nav 元素中。

3.3.4　定义文章块

article 表示文章，用来标识页面中一块完整的、独立的、可以被转发的内容。

【示例 1】下面的示例演示了 article 元素的应用。

```
<header role="banner">
    <nav role="navigation">[ 包含多个链接的 ul]</nav>
</header>
<main role="main">
    <article>
        <h1 id="news"> 区块链“时代号 " 列车驶来 </h1>
        <p> 对于精英们来说，这个春节有点特殊。</p>
        <p> 他们身在曹营心在汉，他们被区块链搅动得燥热难耐，在兴奋、焦虑、恐慌、质疑中度过一个漫长
          春节。</p>
        <h2 id="sub1">1. 三点钟无眠 </h2>
        <p><img src="images/0001.jpg" width="200" />春节期间，一个大佬云集的区块链群建立，因为有蔡文胜、
            薛蛮子、徐小平等人的参与，群被封上了“市值万亿 "。这个名为“三点钟无眠区块链 " 的群，搅
            动了一池春水。</p>
        <h2 id="sub2">2. 被碾压的春节 </h2>
```

```
        <p>......</p>
    </article>
</main>
```

Note

为了精简，本示例对文章内容进行了缩写，并略去了与上一节相同的 nav 元素代码。尽管在这个例子里只有段落和图像，但 article 元素可以包含各种类型的内容。

现在，页面有了 header、nav、main 和 article 元素，以及它们各自的内容。在不同的浏览器中，article 元素中标题的字号可能不同。可以应用 CSS 使它们在不同的浏览器中显示相同的大小。

在 HTML5 中，article 元素表示文档、页面、应用或网站中一个独立的容器，原则上是可独立分配或可再用的。它可以是一篇论坛帖子、一篇杂志或报纸文章、一篇博客条目、一则用户提交的评论、一个交互式的小部件或小工具，或者任何其他独立的内容项。其他 article 元素的例子包括电影或音乐评论、案例研究、产品描述等。这些确定是独立的、可再分配的内容项。

可以将 article 元素嵌套在另一个 article 元素中，只要里面的 article 元素与外面的 article 元素是部分与整体的关系。一个页面可以有多个 article 元素。例如，博客的主页通常包括几篇最新的文章，其中每一篇都是其自身的 article 元素。一个 article 元素可以包含一个或多个 section 元素。在 article 元素里包含独立的 h1 ~ h6 元素。

【示例 2】上面的示例只是使用 article 元素的一种方式，下面看看其他的用法。下面的示例展示了对基本的新闻报道或报告进行标记的方法。注意 footer 和 address 元素的使用。这里，address 元素只应用于其父元素 article（即这里显示的 article），而非整个页面或任何嵌套在那个 article 元素里面的 article 元素。

```
<article>
    <h1 id="news"> 区块链“时代号 " 列车驶来 </h1>
    <p> 对于精英们来说，这个春节有点特殊。</p>
    <!-- 文章的页脚，并非页面级的页脚 -->
    <footer>
        <p> 出处说明 </p>
        <address>
        访问网址 <a href="https://www.huxiu.com/article/233472.html"> 虎嗅 </a>
        </address>
    </footer>
</article>
```

【示例 3】下面的示例展示了嵌套在父元素 article 里面的 article 元素。本例中嵌套的 article 元素是用户提交的评论，就像在博客或新闻网站上见到的评论部分。本例还显示了 section 元素和 time 元素的用法。这些只是使用 article 及有关元素的几个常见方式。

```
<article>
    <h1 id="news"> 区块链“时代号 " 列车驶来 </h1>
    <p> 对于精英们来说，这个春节有点特殊。</p>
    <section>
        <h2> 读者评论 </h2>
        <article>
            <footer> 发布时间
              <time datetime="2018-02-20">2018-2-20</time>
            </footer>
            <p> 评论内容 </p>
        </article>
```

```
        <article>[ 下一则评论 ]</article>
    </section>
</article>
```

每条读者评论都包含在一个 article 元素里，这些 article 元素则嵌套在主 article 元素里。

Note

3.3.5　定义区块

section 表示区块，用于标识文档中的节，在页面上多对内容进行分区，例如，章节、页眉、页脚或文档中的其他部分。

【辨析】

div 元素也可以用来对页面进行分区，但 section 元素并非一个普通的容器。当一个容器需要被直接定义样式或通过脚本定义行为时，推荐使用 div，而非 section 元素。

div 元素关注结构的独立性，而 section 元素关注内容的独立性，section 元素包含的内容可以单独存储到数据库中，或输出到 Word 文档中。

【示例 1】一个 section 区块通常由标题和内容组成。下面的示例使用 section 元素包围排行版的内容，作为一个独立的内容块进行定义。

```
<section cite="http://music.baidu.com/">
    <h1> 新歌榜 </h1>
    <ol>
      <li><a href="#"> 爸爸去哪儿 <p class="ui-li-aside"> 群星 </p></a></li>
      <li><a href="#"> 爱，不解释 <p class="ui-li-aside"> 张杰 </p></a></li>
      <li><a href="#"> 爱无反顾 <p class="ui-li-aside"> 姚贝娜 </p></a></li>
      <li><a href="#"> 房间 <p class="ui-li-aside"> 刘瑞琦 </p></a></li>
      <li><a href="#"> 动人的传说 <p class="ui-li-aside"> 杭娇 </p></a></li>
      <li><a href="#"> 泼墨 <p class="ui-li-aside"> 周华健 </p></a></li>
      <li><a href="#"> 一起摇摆 <p class="ui-li-aside"> 汪峰 </p></a></li>
      <li><a href="#"> 就当是你为了我 <p class="ui-li-aside"> 许诺 </p> </a></li>
      <li><a href="#">Summer Time<p class="ui-li-aside"> 吉克隽逸 </p></a></li>
      <li><a href="#"> 不值得 <p class="ui-li-aside"> 曾一鸣 </p></a></li>
    </ol>
</section>
```

section 元素包含 cite 属性，用来定义 section 的 URL。如果 section 摘自 Web 的话，可以设置该属性。

【辨析】

article 和 section 都是 HTML5 新增的元素，它们都是用来区分不同内容，用法也相似，从语义角度分析两者区分很大。

☑ article 代表文档、页面或者应用程序中独立、完整的可以被外部引用的内容。因为 article 是一段独立的内容，所以 article 通常包含 header 和 footer 结构。

☑ section 用于对网站或者应用程序中页面上的内容进行分块。一个 section 通常由内容和标题组成。因此，需要包含一个标题，一般不用包含 header 或者 footer 结构。

通常使用 section 元素为那些有标题的内容进行分段，类似文章分段操作。相邻的 section 内容，应当是相关的，而不像 article 之间各自独立。

【示例 2】下面的示例混用 article 和 section 元素，从语义上比较两者不同。article 内容强调独立性、完

Note

整性，section 内容强调相关性。

```
<article>
  <header>
    <h1> 蝶恋花 </h1>
    <h2> 晏殊 </h2>
  </header>
  <p> 槛菊愁烟兰泣露，罗幕轻寒，燕子双飞去。明月不谙离恨苦，斜光到晓穿朱户。</p>
  <p> 昨夜西风凋碧树，独上高楼，望尽天涯路。欲寄彩笺兼尺素，山长水阔知何处。</p>
  <section>
    <h2> 解析 </h2>
    <article>
      <h3> 注释 </h3>
      <p> 槛：栏杆。</p>
      <p> 罗幕：丝罗的帷幕，富贵人家所用。</p>
      <p> 朱户：犹言朱门，指大户人家。</p>
      <p> 尺素：书信的代称。</p>
    </article>
    <article>
      <h3> 评析 </h3>
      <p> 此词经疏澹的笔墨、温婉的格调、谨严的章法，传达出作者的暮秋怀人之情。 </p>
      <p> 上片由苑中景物起笔，下片写登楼望远。以无可奈何的怅问作结，给人情也悠悠、恨也悠悠之感。 </p>
    </article>
  </section>
</article>
```

【追问】

既然 article、section 是用来划分区域的，又是 HTML5 的新元素，那么是否可以用 article、section 取代 div 来布局网页呢？

答案是否定的，div 的用处就是用来布局网页，划分大的区域，所以我们习惯性地把 div 当成了一个容器。而 HTML5 改变了这种用法，它让 div 的工作更纯正。div 就是用来布局的，在不同的内容块中，我们按照需求添加 article、section 等内容块，并且显示其中的内容，这样才是合理的使用这些元素。

因此，在使用 section 元素时应该注意几个问题：

☑ 不要将 section 元素当作设置样式的结构容器，对于此类操作应该使用 div 元素实现。

☑ 如果 article、aside 或 nav 元素更符合语义使用条件，不要首选使用 section 元素。

☑ 不要为没有标题的内容区块使用 section 元素。

【补充】

使用 HTML5 大纲工具（http://gsnedders.html5.org/outliner/）来检查页面中是否有没标题的 section，如果使用该工具进行检查后，发现某个 section 的说明中有“untitiled section”（没有标题的 section），这个 section 就有可能使用不当，但是 nav 元素和 aside 元素没有标题是合理的。

【示例 3】下面的示例进一步演示了 article 和 section 混用的情景。

```
<article>
  <h1>W3C</h1>
  <p> 万维网联盟（World Wide Web Consortium，W3C），又称 W3C 理事会。1994 年 10 月在麻省理工学院计算
       机科学实验室成立。建立者是万维网的发明者蒂姆 &middot; 伯纳斯 - 李。</p>
  <section>
```

```
      <h2>CSS</h2>
      <p> 全称 Cascading Style Sheet（级联样式表），通常又称为“风格样式表（Style Sheet）”，它是用来进行网页
          风格设计的。</p>
    </section>
    <section>
      <h2>HTML</h2>
      <p> 全称 Hypertext Markup Language（超文本标记语言），用于描述网页文档的一种标记语言。</p>
    </section>
</article>
```

在上面的示例中，首先可以看到整个版块是一段独立的、完整的内容，因此使用 article 元素标识。该内容是一篇关于 W3C 的简介，该文章分为 3 段，每一段都有一个独立的标题，因此使用了两个 section 元素区分。

【追问】

为什么没有对第一段使用 section 元素呢？

其实是可以使用的，但是由于其结构比较清晰，浏览器能够识别第一段内容在一个 section 内，所以也可以将第一个 section 元素省略，但是如果第一个 section 元素里还要包含子 section 元素或子 article 元素，那么就必须标识 section 元素。

【示例 4】下面是一个包含 article 元素的 section 元素示例。

```
<section>
  <h1>W3C</h1>
  <article>
    <h2>CSS</h2>
    <p> 全称 Cascading Style Sheet（级联样式表），通常又称为“风格样式表（Style Sheet）”，它是用来进行网页
          风格设计的。</p>
  </article>
  <h2>HTML</h2>
  <p> 全称 Hypertext Markup Language，超文本标记语言，用于描述网页文档的一种标记语言。</p>
</section>
```

这个示例比第一个示例复杂了一些。首先，它是一篇文章中的一段，因此没有使用 article 元素。但是，在这一段中有几块独立的内容，所以嵌入了几个独立的 article 元素。

在 HTML5 中，article 可以是一种特殊功能的 section 元素，它比 section 元素更强调独立性。即 section 元素强调分段或分块，而 article 强调独立性。具体来说，如果一块内容相对来说比较独立、完整的时候，应该使用 article 元素，但是如果想将一块内容分成几段的时候，应该使用 section 元素。

在 HTML5 中，div 变成了一种容器，当应用 CSS 样式的时候，可以对这个容器进行一个总体的 CSS 样式的套用。因此，可以将页面的所有从属部分，如导航条、菜单、版权说明等，包含在一个统一的页面结构中，以便统一使用 CSS 样式来进行装饰。

3.3.6　定义附栏

aside 表示侧边，用来标识所处内容之外的内容。aside 内容应该与所处的附近内容相关。例如，当前页面或文章的附属信息部分，它可以包含与当前页面或主要内容相关的引用、侧边广告、导航条，以及其他类似的有别于主要内容的部分。

aside元素主要有以下两种用法。

☑ 作为主体内容的附属信息部分，包含在article中，aside内容可以是与当前内容有关的参考资料、名词解释等。

【示例1】下面的示例设计了一篇文章，文章标题放在header中，在header后面将所有关于文章的部分放在了一个article中，将文章正文放在一个p元素中。该文章包含一个名词注释的附属部分，因此在正文下面放置了一个aside元素，用来存放名词解释的内容。

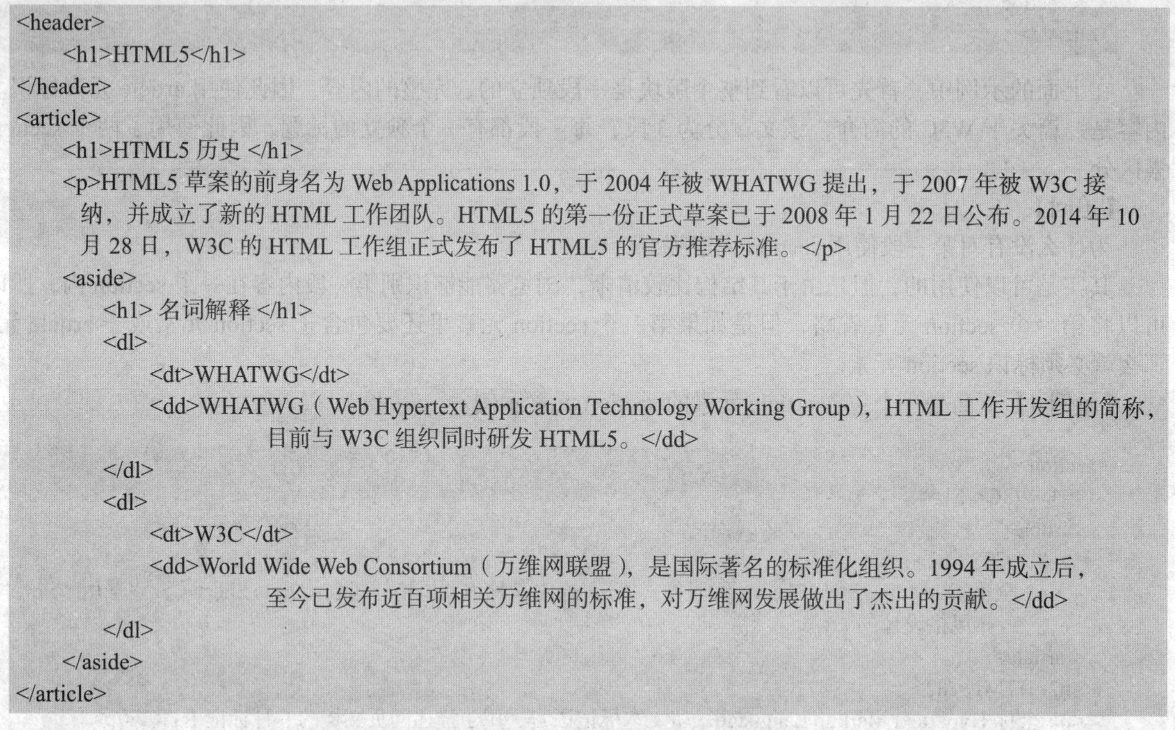

```
<header>
    <h1>HTML5</h1>
</header>
<article>
    <h1>HTML5 历史 </h1>
    <p>HTML5 草案的前身名为 Web Applications 1.0，于 2004 年被 WHATWG 提出，于 2007 年被 W3C 接
      纳，并成立了新的 HTML 工作团队。HTML5 的第一份正式草案已于 2008 年 1 月 22 日公布。2014 年 10
      月 28 日，W3C 的 HTML 工作组正式发布了 HTML5 的官方推荐标准。</p>
    <aside>
        <h1> 名词解释 </h1>
        <dl>
            <dt>WHATWG</dt>
            <dd>WHATWG（Web Hypertext Application Technology Working Group），HTML 工作开发组的简称，
                        目前与 W3C 组织同时研发 HTML5。</dd>
        </dl>
        <dl>
            <dt>W3C</dt>
            <dd>World Wide Web Consortium（万维网联盟），是国际著名的标准化组织。1994 年成立后，
                        至今已发布近百项相关万维网的标准，对万维网发展做出了杰出的贡献。</dd>
        </dl>
    </aside>
</article>
```

aside被放置在一个article内部，因此引擎将这个aside内容理解为与article内容相关联的。

☑ 作为页面或站点辅助功能部分，在article之外使用。最典型的形式是侧边栏，其中的内容可以是友情链接、最新文章列表、最新评论列表、历史存档、日历等。

【示例2】下面的示例使用aside元素为个人博客添加一个友情链接辅助版块。

```
<aside>
   <nav>
       <h2> 友情链接 </h2>
       <ul>
           <li> <a href="#"> 网站 1</a></li>
           <li> <a href="#"> 网站 2</a></li>
           <li> <a href="#"> 网站 3</a></li>
       </ul>
   </nav>
</aside>
```

友情链接在博客网站中比较常见，一般放在左右两侧的边栏中，因此可以使用aside来实现，但是这个版块又具有导航作用，因此嵌套了一个nav元素，该侧边栏的标题是“友情链接”，放在了h2元素中，在标题之后使用了一个ul列表，用来存放具体的导航链接列表。

3.3.7　定义页脚

footer 表示脚注，用来标识文档或节的页脚。footer 元素表示嵌套它的最近的 article、aside、blockquote、body、details、fieldset、figure、nav、section 或 td 元素的页脚。只有当它最近的祖先是 body 元素时，它才是整个页面的页脚。

如果一个 footer 元素包着它所在区块（如一个 article 元素）的所有内容，它代表的是像附录、索引、版权页、许可协议这样的内容。

页脚通常包含关于它所在区块的信息，如指向相关文档的链接、版权信息、作者及其他类似条目。页脚并不一定要位于所在元素的末尾，不过通常是这样的。

【示例 1】下面的示例中的 footer 元素代表页面的页脚，因为它最近的祖先是 body 元素。

```
<header role="banner">
    <nav role="navigation"> 链接列表 </nav>
</header>
<main role="main">
    <article>
        <h1 id="gaudi"> 主要标题 </h1>
        <h2> 次标题 </h2>
    </article>
</main>
<aside role="complementary">
    <h1> 次标题 </h1>
</aside>
<footer>
    <p><small> 版权信息 </small></p>
</footer>
```

页面有了 header、nav、main、article、aside 和 footer 元素，当然并非每个页面都需要以上所有元素，但它们代表了 HTML 中的主要页面构成要素。

footer 元素本身不会为文本添加任何默认样式。这里，版权信息的字号比普通文本的小，这是因为它嵌套在 small 元素里。像其他内容一样，可以通过 CSS 修改 footer 元素所含内容的字号。

> **提示：**不能在 footer 元素里嵌套 header 元素或另一个 footer 元素。同时，也不能将 footer 元素嵌套在 header 或 address 元素里。

【示例 2】在下面的示例中，第一个 footer 元素包含在 article 元素内，因此是属于该 article 元素的页脚。第二个 footer 元素是页面级的。只能对页面级的 footer 元素使用 role="contentinfo"，且一个页面只能使用一次。

```
<article>
    <h1> 文章标题 </h1>
    <p> 文章内容 </p>
    <footer>
        <p> 注释信息 </p>
        <address><a href="#">W3C</a></address>
    </footer>
</article>
```

```
<footer role="contentinfo"> 版权信息 </footer>
```

Note

3.3.8 使用 role

role 是 HTML5 新增属性，其作用是告诉 Accessibility 类应用（如屏幕阅读器等）当前元素所扮演的角色，主要是供残疾人使用。使用 role 可以增强文本的可读性和语义化。

在 HTML5 元素内，标签本身就是有语义的，因此 role 作为可选属性使用，但是在很多流行的框架（如 Bootstrap）中都很重视类似的属性和声明，目的是为了兼容老版本的浏览器（用户代理）。

role 属性主要应用于文档结构和表单中。例如，设置输入密码框，对于正常人可以用 placaeolder 提示输入密码，但是对于残障人士是无效的，这个时候就需要 role 了。另外，在老版本的浏览器中，由于不支持 HTML5 元素，所以有必要使用 role 属性。

例如，下面的代码告诉屏幕阅读器，此处有一个复选框，且已经被选中。

```
<div role="checkbox" aria-checked="checked"> <input type="checkbox" checked></div>
```

下面是常用的 role 角色值。

☑ role="banner"（横幅）

面向全站的内容，通常包含网站标志、网站赞助者标志、全站搜索工具等。横幅通常显示在页面的顶端，而且通常横跨整个页面的宽度。

使用方法：将其添加到页面级的 header 元素，每个页面只用一次。

☑ role="navigation"（导航）

文档内不同部分或相关文档的导航性元素（通常为链接）的集合。

使用方法：与 nav 元素是对应关系。应将其添加到每个 nav 元素，或其他包含导航性链接的容器。这个角色可在每个页面上使用多次，但是同 nav 元素一样，不要过度使用该属性。

☑ role="main"（主体）

文档的主要内容。

使用方法：与 main 元素是对应关系。最好将其添加到 main 元素，也可以添加到其他表示主体内容的元素（可能是 div）。在每个页面仅使用一次。

☑ role="complementary"（补充性内容）

文档中作为主体内容补充的支撑部分。它对区分主体内容是有意义的。

使用方法：与 aside 元素是对应关系。应将其添加到 aside 或 div 元素（前提是该 div 仅包含补充性内容）。可以在一个页面里包含多个 complementary 角色，但不要过度使用。

☑ role="contentinfo"（内容信息）

包含关于文档的信息的大块、可感知区域。这类信息的例子包括版权声明和指向隐私权声明的链接等。

使用方法：将其添加至整个页面的页脚（通常为 footer 元素）。每个页面仅使用一次。

【示例】下面的代码演示了文档结构中如何应用 role。

```
<!-- 开始页面容器 -->
<div class="container">
    <header role="banner">
        <nav role="navigation">[ 包含多个链接的列表 ]</nav>
    </header>
```

```
    <!-- 应用 CSS 后的第一栏 -->
    <main role="main">
        <article></article>
        <article></article>
        [ 其他区块 ]
    </main>
    <!-- 结束第一栏 -->
    <!-- 应用 CSS 后的第二栏 -->
    <div class="sidebar">
        <aside role="complementary"></aside>
        <aside role="complementary"></aside>
        [ 其他区块 ]
    </div>
    <!-- 结束第二栏 -->
    <footer role="contentinfo"></footer>
</div>
<!-- 结束页面容器 -->
```

注意，即便不使用 role，页面看起来也没有任何差别，但是使用它们可以提升使用辅助设备的用户的体验。出于这个理由，推荐使用它们。

对表单元素来说，form 是多余的；search 用于标记搜索表单；application 则属于高级用法。当然，不要在页面上过多地使用地标角色。过多的 role 角色会让屏幕阅读器用户感到累赘，从而降低 role 的作用，影响整体体验。

3.4　案例实战

视频讲解

本节将借助 HTML5 新元素设计一个博客首页。

第 1 步，新建 HTML5 文档，保存为 test1.html。

第 2 步，根据上面各节介绍的知识，开始构建个人博客首页的框架结构。在设计结构时，最大限度地选用 HTML5 新结构元素，所设计的模板页面基本结构代码如下所示。

```
<header>
    <h1>[ 网页标题 ]</h1>
    <h2>[ 次级标题 ]</h2>
    <h4>[ 标题提示 ]</h4>
</header>
<main>
    <nav>
        <h3>[ 导航栏 ]</h3>
        <a href="#"> 链接 1</a> <a href="#"> 链接 2</a> <a href="#"> 链接 3</a>
    </nav>
    <section>
        <h2>[ 文章块 ]</h2>
        <article>
            <header>
                <h1>[ 文章标题 ]</h1>
```

```
                </header>
                <p>[ 文章内容 ]</p>
                <footer>
                    <h2>[ 文章脚注 ]</h2>
                </footer>
            </article>
        </section>
        <aside>
            <h3>[ 辅助信息 ]</h3>
        </aside>
        <footer>
            <h2>[ 网页脚注 ]</h2>
        </footer>
</main>
```

整个页面包括两个部分：标题部分和主要内容部分。标题部分又包括网站标题、次级标题和标题提示信息；主要内容包括 4 个部分：导航、文章块、侧边栏、脚注。文章块包括 3 个部分：标题部分、正文部分和脚注部分。

第 3 步，在模板页面基础上，开始细化本示例博客首页。下面仅给出本例首页的静态页面结构，如果用户需要后台动态生成内容，则可以考虑在模板结构基础上另外设计。把 test1.html 另存为 test2.html，细化后的静态首页效果如图 3.7 所示。

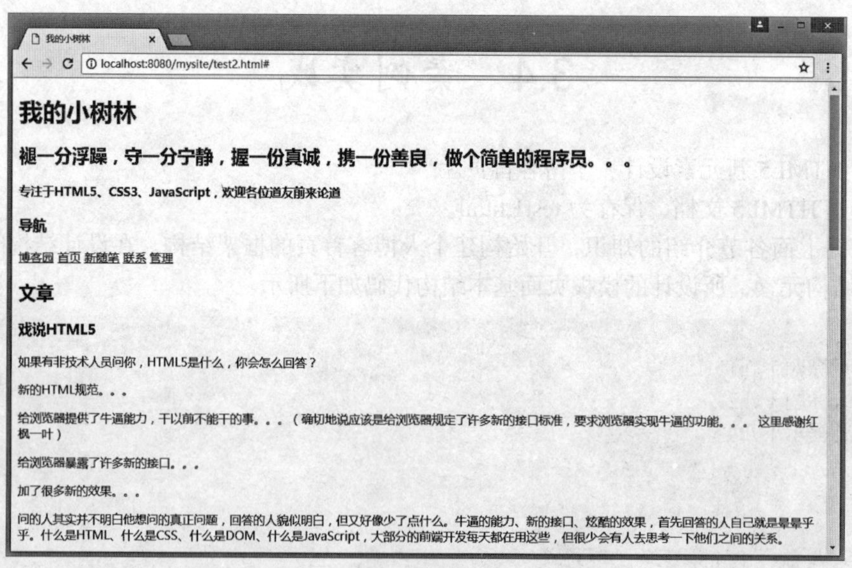

图 3.7　细化后的首页页面效果

提示： 限于篇幅，本节没有展示完整的页面代码，读者可以通过本节示例源代码了解完整的页面结构。

第 4 步，设计页面样式部分代码。这里主要使用了 CSS3 的一些新特性，如圆角（border-radius）和旋转变换等，通过 CSS 设计的页面显示效果如图 3.8 所示。相关 CSS3 技术介绍请参阅后面的章节内容。

> 提示：考虑到本章重点学习 HTML5 新元素的应用，所以本节示例并不深入讲解 CSS 样式代码的设计过程，感兴趣的读者可以参考本节示例源代码中的 test3.html 文档。

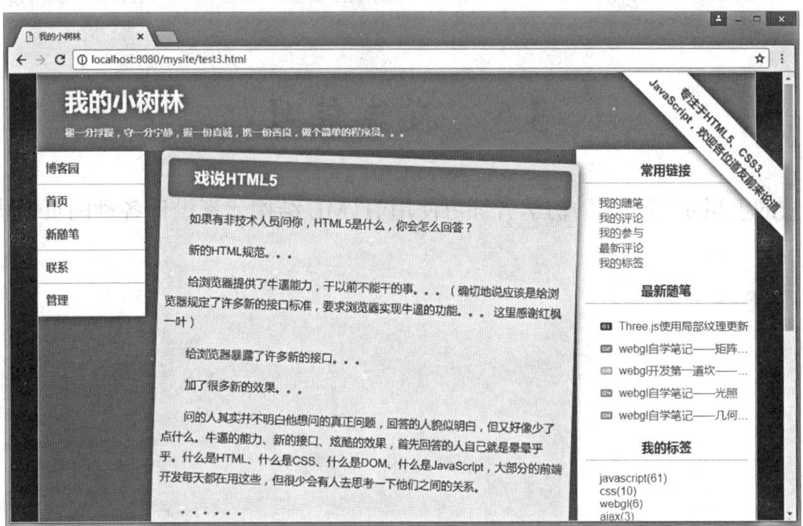

图 3.8　博客首页的页面完成效果

第 5 步，对于早期版本的浏览器，或者不支持 HTML5 的浏览器，需要添加一个 CSS 样式，因为未知元素默认为行内显示（display:inline），对于 HTML5 结构元素来说，我们需要让它们默认为块状显示。

```
article, section, nav, aside, main, header, hgroup, footer {
    display: block;
}
```

第 6 步，一些浏览器不允许样式化不支持的元素。这种情形出现在 IE8 及以前的浏览器中，因此还需要使用下面的 JavaScript 脚本进行兼容。

```
<!--[if lt IE 9]>
    <script>
        document.createElement("article");
        document.createElement("section");
        document.createElement("nav"    );
        document.createElement("aside"  );
        document.createElement("main"   );
        document.createElement("header" );
        document.createElement("hgroup" );
        document.createElement("footer" );
    </script>
<![endif]-->
```

第 7 步，如果浏览器禁用了脚本，则不会显示，可能会出问题。因为这些元素定义整个页面的结构。为了预防这种情况，可以加上 <noscript> 标签进行提示。

```
<noscript>
```

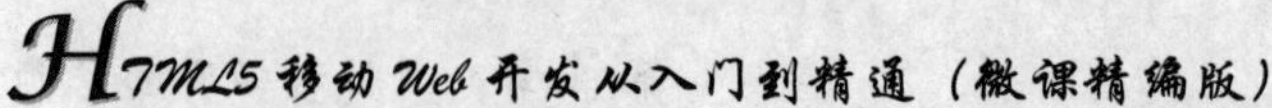

```
    <h1> 警告 </h1>
    <p> 因为你的浏览器不支持 HTML5，一些元素是模拟使用 JavaScript。不幸的是，您的浏览器已禁用脚本。
        请启用它以显示此页。</p>
</noscript>
```

Note

在线练习

3.5 在线练习

本节将通过大量的上机示例，帮助初学者练习使用 HTML 结构元素设计各种网页模块。

第 4 章

设计移动页面正文

（视频讲解：1 小时 1 分钟）

移动网页文本内容丰富，形式多样，通过不同的版式显示在页面中，为用户提供了丰富的信息。HTML5 新增了很多新的文本元素，它们都有特殊的语义，正确使用这些元素，可以让网页文本严谨、科学。本章将介绍各种 HTML5 文本元素的使用，帮助读者有效设计正文信息。

【学习重点】

- 段落文本。
- 强调文本、引述文本、引用或参考文本。
- 时间文本、解释缩写词。
- 定义上标和下标、术语。
- 联系信息、标注文本。
- 标记代码、预定义格式。
- 突出显示文本。

视频讲解

Note

4.1 通用文本

在网页中，通用文本主要包括标题和正文，下面分别进行介绍。

4.1.1 标题文本

h1、h2、h3、h4、h5、h6 元素可以定义标题文本，按级别高低从大到小分别为：h1、h2、h3、h4、h5、h6，它们包含的信息依据重要性逐渐递减。其中 h1 表示最重要的信息，而 h6 表示最次要的信息。

【**示例**】下面的示例根据文档结构层次，定义了不同级别的标题文本。

```
<div id="wrapper">
    <h1> 网页标题 </h1>
    <div id="box2">
        <h2> 栏目标题 </h2>
        <div id="sub_box1">
            <h3> 子栏目标题 </h3>
            <p> 正文 </p>
        </div>
    </div>
</div>
```

h1、h2 和 h3 比较常用，h4、h5 和 h6 不是很常用，除非在结构层级比较深的文档中才会考虑选用，因为一般文档的标题层次在三级左右。对于标题元素的位置，应该出现在正文内容的顶部，一般处于容器的第一行。

4.1.2 段落文本

在网页中输入段落文本，应该使用 p 元素，它是最常用的 HTML 元素之一。默认情况下，浏览器会在标题和段落之间，以及不同的段落之间添加垂直间距。

【**示例**】下面的示例使用 p 元素设计了两段诗句。

```
<article>
  <h1> 枫桥夜泊 </h1>
  <h2> 唐代：张继 </h2>
  <p> 月落乌啼霜满天，江枫渔火对愁眠。</p>
  <p> 姑苏城外寒山寺，夜半钟声到客船。</p>
</article>
```

可以为段落添加样式，包括字体、字号、颜色等，也可以通过 CSS 改变段落文本的对齐方式，包括左对齐、右对齐和居中对齐。

视频讲解

4.2　描述文本

HTML5 淡化了元素的修饰功能，强调其固有的语义性，对于极个别的过时的、纯样式元素，不再建议使用，如 font、center、s、strike。

4.2.1　强调文本

strong 元素表示内容的重要性，而 em 元素则表示内容的着重点。根据内容需要，这两个元素既可以单独使用，也可以一起使用。

【示例 1】在下面的代码中既有 strong 元素，又有 em 元素。浏览器通常将 strong 文本以粗体显示，而将 em 文本以斜体显示。如果 em 是 strong 的子元素，将同时以斜体和粗体显示文本。

```
<p><strong> 警告：不要接近展品 <em> 在任何情况下 </em></strong></p>
```

不要使用 b 元素代替 strong，也不要使用 i 元素代替 em。尽管它们在浏览器中显示的样式是一样的，但它们的含义却很不一样。

em 元素在句子中的位置会影响句子的含义。例如，“<p><em> 你 </em> 看着我 </p>”和“<p> 你看着 <em> 我 </em></p>”表达的意思是不一样的。

【示例 2】可以在标记为 strong 的短语中再嵌套 strong 文本。如果这样做，作为另一个 strong 的子元素的 strong 文本的重要程度会递增。这种规则对嵌套在另一个 em 里的 em 文本也适用。

```
<p><strong> 记住密码是 <strong>111222333</strong></strong></p>
```

其中，111222333 文本要比其他 strong 文本更为重要。

可以用 CSS 将任何文本变为粗体或斜体，也可以覆盖 strong 和 em 等元素的浏览器默认显示样式。

注意，在旧版本的 HTML 中，strong 所表示文本的强调程度比 em 表示的文本要高。不过，在 HTML5 中，em 是表示强调的唯一元素，而 strong 元素表示的则是重要程度。

4.2.2　标记细则

HTML5 使用 small 元素表示细则一类的旁注，例如，免责声明、注意事项、法律限制、版权信息等。有时我们还可以用它来表示署名，或者满足许可要求。

【示例 1】small 元素通常是行内文本中的一小块，而不是包含多个段落或其他元素的大块文本。

```
<dl>
    <dt> 单人间 </dt>
    <dd>399 元 <small> 含早餐，不含税 </small></dd>
    <dt> 双人间 </dt>
    <dd>599 元 <small> 含早餐，不含税 </small></dd>
</dl>
```

一些浏览器会将 small 元素包含的文本显示为小字号。不过，一定要在符合内容语义的情况下使用该元素，而不是为了减小字号而使用。

Note

【示例2】在下面的示例中，第一个small元素表示简短的提示声明，第二个small元素表示包含在页面级footer里的版权声明，这是一种常见的用法。

```
<p> 现在订购免费送货。<small>（仅限于五环以内）</small></p>
<footer role="contentinfo">
  <p><small>&copy; 2018 Baidu 使用百度前必读 </small></p>
</footer>
```

small元素只适用于短语，因此不要用它标记长的法律声明，如“使用条款”和“隐私政策”页面。根据需要，应该用段落或其他语义元素标记这些内容。

提示：HTML5还支持big元素，用来定义大号字体。big元素包含的文字字体比周围的文字要大一号，如果文字已经是最大号字体，则big元素将不起任何作用。用户可以嵌套使用big元素逐步放大文本，每一个big元素都可以使字体大一号，直到上限7号文本。

4.2.3 特殊格式

b和i是HTML4遗弃的两个元素，分别表示粗体和斜体。HTML5重新启用这两个元素，作为其他语义元素都不适应的场景，即作为最后备选项使用。

- ☑ b：表示出于实用目的提醒注意的文字，不传达任何额外的重要性，也不表示其他的语态和语气，用于如文档摘要里的关键词、评论中的产品名、基于文本的交互式软件中指示操作的文字、文章导语等。
- ☑ i：表示不同于其他文字的文字，具有不同的语态或语气，或其他不同于常规之处，用于如分类名称、技术术语、外语里的惯用词、翻译的散文、西方文字中的船舶名称等。

【示例】下面的示例简单演示了b和i应用场景。

```
<p> 这是一个 <b> 红 </b> 盒子，那是一个 <b> 蓝 </b> 盒子。</p>
<p> 这块 <i class="taxonomy"> 玛瑙 </i> 来自西亚。</p>
<p> 这篇 <i> 散文 </i> 已经发表。</p>
<p>There is a certain <i lang="fr">je ne sais quoi</i> in the air.</p>
```

b文本默认显示为粗体，i文本默认显示为斜体，可以使用CSS重置它们的样式。

提示：b和i不包含任何明显的语义，但浏览者能够区分它们与周围的文字。在传统印刷中某些排版规则在现有的HTML语义中还没有对应的语义元素。例如，以斜体表示植物学名、具体的交通工具名称及外来语。这些词语不是为了强调而加上斜体的，只是排版惯例。为此，HTML5启用了早被废弃的b和i。

4.2.4 定义上标和下标

在传统印刷中，上标和下标是很重要的排版格式。HTML5使用sup和sub来定义上标文本和下标文本。上标和下标文本比主体文本稍高或稍低。常见的上标包括商标符号、指数和脚注编号等；常见的下标包括化学符号等。

【示例1】sup元素的一种用法就是表示脚注编号。根据从属关系，将脚注放在article的footer元素里，

而不是整个页面的 footer 元素里。

```
<article>
    <h1> 王维 </h1>
    <p> 王维参禅悟理，学庄信道，精通诗、书、画、音乐等，以诗名盛于开元、天宝间，尤长五言，多咏山水
        田园，与孟浩然合称“王孟”，有“诗佛”之称 <a href="#footnote-1" title=" 参考注释 "><sup>[1]</sup>
        </a> 。</p>
    <footer>
        <h2> 参考资料 </h2>
        <p id="footnote-1"><sup>[1]</sup> 孙昌武《佛教与中国文学》第二章:“王维的诗歌受佛教影响是很显著的。
            因此早在生前，就得到‘当代诗匠，又精禅理’的赞誉。后来，更得到‘诗佛’的称号。"</p>
    </footer>
</article>
```

为文章中每个脚注编号创建了链接，指向 footer 元素内对应的脚注，从而让访问者更容易找到它们。同时，注意链接中的 title 属性也提供了一些提示。

上标是对某些外语缩写词进行格式化的理想方式，例如，法语中用 Mlle 表示 Mademoiselle（小姐），西班牙语中用 3^a 表示 tercera（第三）。此外，一些数字形式也要用到上标，如 2nd、5th。下标适用于化学分子式，如 H_2O。

提示： sub 和 sup 元素会轻微地增大行高。不过使用 CSS 可以修复这个问题。修复样式代码如下。

```
<style type="text/css">
sub, sup {
    font-size: 75%;
    line-height: 0;
    position: relative;
    vertical-align: baseline;
}
sup { top: -0.5em; }
sub { bottom: -0.25em; }
</style>
```

用户还可以根据内容的字号对上述样式做一些调整，使各行行高保持一致。

【示例 2】 对于下面的数学解题演示的段落文本，使用格式化语义结构能够很好地解决数学公式中各种特殊格式的要求。对于机器来说，也能够很好地理解它们的用途，效果如图 4.1 所示。

```
<div id="maths">
    <h1> 解一元二次方程 </h1>
    <p> 一元二次方程求解有四种方法: </p>
    <ul>
        <li> 直接开平方法 </li>
        <li> 配方法 </li>
        <li> 公式法 </li>
        <li> 分解因式法 </li>
    </ul>
    <p> 例如，针对下面这个一元二次方程: </p>
    <p><i>x</i><sup>2</sup>-<b>5</b><i>x</i>+<b>4</b>=0</p>
    <p> 我们使用 <big><b> 分解因式法 </b></big> 来演示解题思路如下: </p>
```

Note

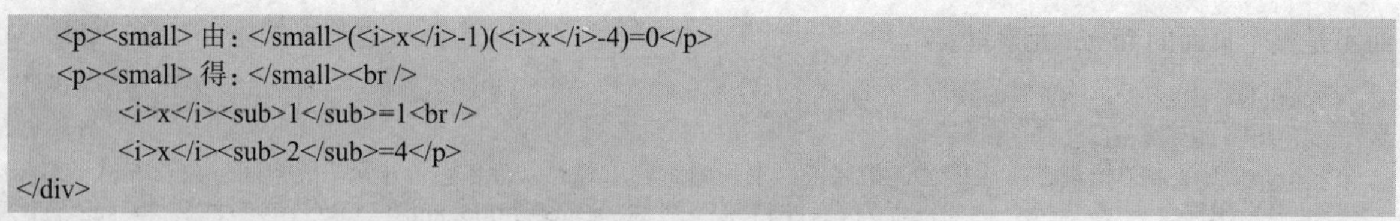

```
    <p><small> 由：</small>(<i>x</i>-1)(<i>x</i>-4)=0</p>
    <p><small> 得：</small><br />
        <i>x</i><sub>1</sub>=1<br />
        <i>x</i><sub>2</sub>=4</p>
</div>
```

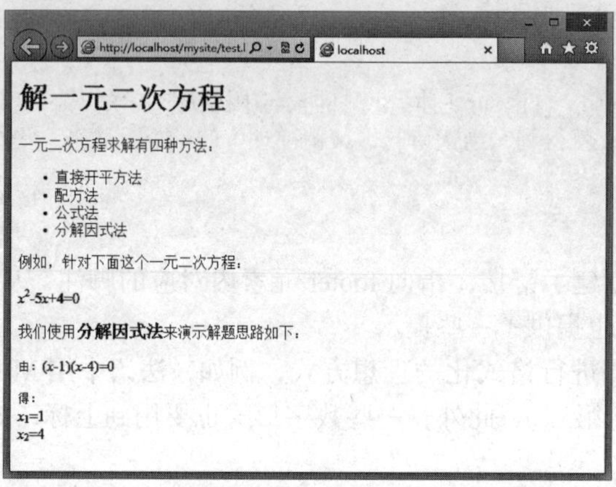

图 4.1　格式化文本的语义结构效果

在上面的代码中，使用 i 元素定义变量 x 以斜体显示；使用 sup 元素定义二元一次方程中的二次方；使用 b 元素加粗显示常量值；使用 big 元素和 b 元素加大加粗显示“分解因式法”这个短语；使用 small 元素缩写操作谓词“由”和“得”的字体大小；使用 sub 元素定义方程的两个解的下标。

4.2.5　定义术语

在 HTML 中定义术语时，可以使用 dfn 元素对其做语义上的区分。例如：

```
<p><dfn id="def-internet">Internet</dfn> 是一个全球互联网络系统，使用因特网协议套件（TCP/IP）为全球数十
    亿用户提供服务。</p>
```

通常，dfn 元素默认以斜体显示。由 dfn 标记的术语与其定义的距离远近相当重要。如 HTML5 规范所述：“如果一个段落、描述列表或区块是某 dfn 元素距离最近的祖先，那么该段落、描述列表或区块必须包含该术语的定义。”简言之，dfn 元素及其定义必须挨在一起，否则便是错误的用法。

【示例】可以在描述列表（dl 元素）中使用 dfn 元素。

```
<p><dfn id="def-internet">Internet</dfn> 是一个全球互联网络系统，使用因特网协议套件（TCP/IP）为全球数十
亿用户提供服务。</p>
<dl>
    <!-- 定义“万维网 " 和“因特网 " 的参考定义 -->
    <dt> <dfn> <abbr title="World-Wide Web">WWW</abbr> </dfn> </dt>
    <dd> 万维网（WWW）是一个互连的超文本文档访问系统，它建立在 <a href="#def-internet">Internet</a> 之上。
        </dd>
</dl>
```

仅在定义术语时使用 dfn 元素，而不能为了让文字以斜体显示就使用该元素。使用 CSS 可以将任何文字变为斜体。

dfn 元素可以在适当的情况下包住其他的短语元素，如 abbr。例如：

```
<p><dfn><abbr title="Junior">Jr.</abbr></dfn> 他儿子的名字和他父亲的名字一样吗？ </p>
```

如果在 dfn 元素中添加可选的 title 属性，其值应与 dfn 术语一致。如果只在 dfn 元素里嵌套一个单独的 abbr 元素，dfn 本身没有文本，那么可选的 title 只能出现在 abbr 里。

4.2.6　标记代码

使用 code 元素可以标记代码或文件名。如果代码中包含“<”或“>”字符，应使用 < 和 > 表示。如果直接使用“<”或“>”字符，将被视为 HTML 源代码处理。

【示例】本例使用 code 显示一块代码，为了格式化显示，这里同时使用 pre 元素包围 code 文本。

```
<pre>
<code>
code{
    margin:2em;
}
</code>
</pre>
```

【拓展】

除了 code 外，其他与计算机相关的元素简要说明如下。

☑　kbd：用户输入指示。例如：

```
<ol>
    <li> 使用 <kbd>TAB</kbd> 键，切换到提交按钮 </li>
    <li> 点按 <kbd>RETURN</kbd> 或 <kbd>ENTER</kbd> 键 </li>
</ol>
```

与 code 一样，kbd 默认以等宽字体显示。

☑　samp：程序或系统的示例输出。例如：

```
<p> 一旦在浏览器中预览，则显示 <samp>Hello,World</samp></p>
```

samp 默认以等宽字体显示。

☑　var：变量或占位符的值。例如：

```
<p> 爱因斯坦称为是最好的 <var>E</var>=<var>m</var><var>c</var><sup>2</sup>.</p>
```

var 也可以作为占位符的值，例如，在填词游戏的答题纸上可以这样定义：<var>adjective</var>, <var>verb</var>。

var 默认以斜体显示。

注意，可以在 HTML5 页面中使用 math 等 MathML 元素表示高级的数学相关的标记。

4.2.7　预定义格式

预定义文本就是可以保持文本固有的换行和空格。使用 pre 元素可以定义预定义文本。

【示例】下面的示例使用 pre 显示 CSS 样式代码，显示效果如图 4.2 所示。

```
<pre>
pre {
    margin: 20px auto;
    padding: 20px;
    background-color: #aea8a8;/* 根据自己需要修改背景底色颜色 */
    white-space: pre-wrap;
    word-wrap: break-word;
    letter-spacing: 0;
    font: 14px/26px 'courier new';
    position: relative;
    border-radius: 4px;
}
</pre>
```

预定义文本默认以等宽字体显示，可以使用 CSS 改变字体样式。如果要显示包含 HTML 元素的内容，应将包围元素名称的“<”和“>”分别改为其对应的字符实体 < 和 >。

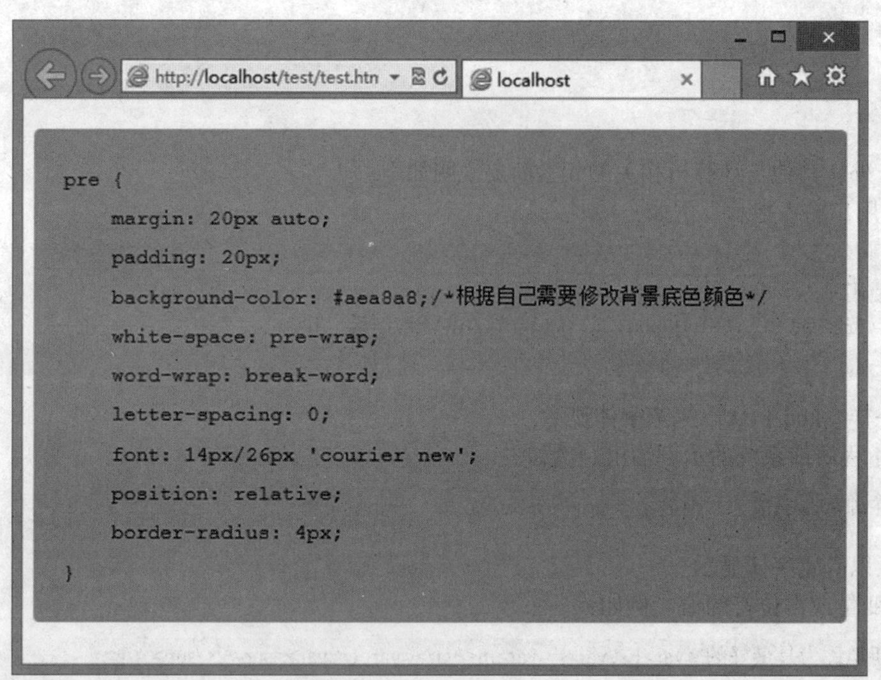

图 4.2　定制 pre 预定义格式效果

pre 默认为块显示，即从新一行开始显示，浏览器通常会对 pre 文本关闭自动换行，因此，如果包含很长的单词，就会影响页面的布局，或产生横向滚动条。使用下面的 CSS 样式可以对 pre 包含内容打开自动换行。

```
pre { white-space: pre-wrap;}
```

注意：不要使用 CSS 的 white-space:pre 代替 pre 的效果，这样会破坏预定义格式文本的语义性。

4.2.8 定义缩写词

使用abbr元素可以标记缩写词并解释其含义，还可以使用abbr的title属性提供缩写词的全称。提示，也可以将全称放在缩写词后面的括号里，或混用这两种方式。如果使用复数形式的缩写词，全称也要使用复数形式。

【示例】 部分浏览器对于设置了title的abbr文本会显示为下画虚线样式，如果看不到，可以为abbr的包含框添加line-height样式。本例使用CSS主要设计下画虚线样式，以便兼容所有浏览器。

```
<style>
abbr[title] { border-bottom: 1px dotted #000; }
</style>
<p><abbr title=" HyperText Markup Language">HTML</abbr> 是一门标识语言。</p>
```

当访问者将鼠标移至abbr上，浏览器都会以提示框的形式显示title文本，类似于a的title。

abbr使用场景：仅在缩写词第一次在视图中出现时使用。使用括号提供缩写词的全称是解释缩写词最直接的方式，能够让访问者更直观地看到这些内容。例如，使用智能手机和平板电脑等触摸屏设备的用户可能无法移到abbr元素上查看title的提示框。因此，如果要提供缩写词的全称，应该尽量将它放在括号里。

> **提示：** 在HTML5之前有acronym（首字母缩写词）元素，但设计和开发人员常常分不清楚缩写词和首字母缩写词，因此HTML5废除了acronym元素，让abbr适用于所有的场合。

4.2.9 标注编辑或不用文本

HTML5使用下面两个元素来标记内容编辑的操作。

☑ ins：已添加的内容。

☑ del：已删除的内容。

这两个元素可以单独使用，也可以搭配使用。

【示例1】 在下面的列表中，上一次发布之后，又增加了一个条目，同时根据del元素的标注，移除了一些条目。使用ins元素的时候不一定要使用del元素，反之亦然。浏览器通常会让它们看起来与普通文本不一样。同时，s元素用于标注不再准确或不再相关的内容（一般不用于标注编辑内容）。

```
<ul>
    <li><del> 删除项目 </del></li>
    <li> 列表项目 </li>
    <li><del> 删除项目 </del></li>
    <li><ins> 插入项目 </ins></li>
</ul>
```

浏览器通常对已删除的文本加上删除线，对插入的文本加上下画线。可以用CSS修改这些样式。

【示例2】 del和ins是少有的既可以包围短语内容（行内元素），又可以包围块级内容的元素。

```
<ins>
    <p> 文本 1</p>
</ins>
```

Note

```
<del>
    <ul>
        <li><del> 删除项目 </del></li>
        <li> 列表项目 </li>
        <li><del> 删除项目 </del></li>
        <li><ins> 插入项目 </ins></li>
    </ul>
</del>
```

del 和 ins 元素都支持两个属性：cite 和 datetime。cite 属性（区别于 cite 元素）用于提供一个 URL，指向说明编辑原因的页面。

【示例 3】下面的示例演示了 del 和 ins 两个元素的显示效果，如图 4.3 所示。

```
<p> <cite> 因为懂得，所以慈悲 </cite>。<ins cite="http://news.sanwen8.cn/a/2014-07-13/9518.html"
    datetime="2018-8-1"> 这是张爱玲对胡兰成说的话 </ins>。</p>
<p> <cite> 笑，全世界便与你同笑；哭，你便独自哭 </cite>。<del datetime="2018-8-8"> 出自冰心的《遥寄印度哲
    人泰戈尔》</del>，<ins cite="http://news.sanwen8.cn/a/2014-07-13/9518.html" datetime="2018-8-1"> 出自张爱玲
    的小说《花凋》</ins> </p>
```

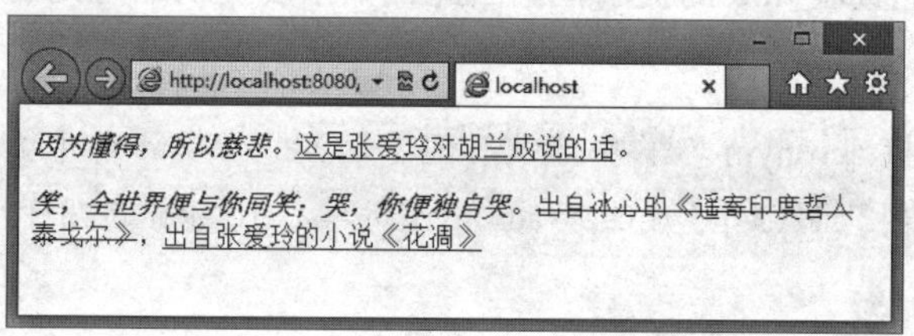

图 4.3　插入和删除信息的语义结构效果

datetime 属性提供编辑的时间。浏览器不会将这两个属性的值显示出来，因此它们的使用并不广泛。不过，应该尽量包含它们，从而为内容提供一些背景信息。它们的值可以通过 JavaScript 或分析页面的程序提取出来。

提示：HTML5 指出：s 元素不适用于指示文档的编辑，要标记文档中一块已移除的文本，应使用 del 元素。有时，这之间的差异是很微妙的，只能由个人决定哪种选择更符合内容的语义。仅在有语义价值的时候使用 del、ins 和 s 元素。如果只是出于装饰的原因要给文字添加下画线或删除线，可以用 CSS 实现这些效果。

4.2.10　指明引用或参考

使用 cite 元素可以标识引用或参考的对象，如图书、歌曲、电影、演唱会或音乐会、规范、报纸或法律文件等名称。

【示例】在下面的示例中，使用 cite 元素标记图书名称。

```
<p> 他正在看 <cite> 红楼梦 </cite></p>
```

注意：要引述源中内容，应该使用 blockquote 或 q 元素，cite 只用于参考源本身，而不是源的内容。

HTML4 允许使用 cite 引用人名，HTML5 不再建议使用。例如，很多网站常用 cite 在博客或文章中引用作者或评论者的名字。

```
<p><cite> 鲁迅 </cite> 说过：<q> 地上本没有路，走的人多了就成了路。</q></p>
```

4.2.11 引述文本

blockquote 元素表示单独存在的引述（通常很长），它默认显示在新的一行。而 q 元素则用于短的引述，如句子里面的引述。例如：

```
<p> 毛泽东说过：
  <blockquote> 帝国主义都是纸老虎 ... </blockquote>
</p>
<p> 世界自然基金会的目标是 : <q cite="http://www.wwf.org"> 建设一个与自然和谐相处的未来。</q> 我们希望他
    们成功。</p>
```

如果要添加署名，署名应该放在 blockquote 元素外面。可以把署名放在 p 元素里面，不过使用 figure 和 figcaption 元素可以更好地将引述文本与其来源关联起来。如果 blockquote 元素中仅包含一个单独的段落或短语，可以不必将其包在 p 元素中再放入 blockquote 元素。

浏览器应对 q 元素中的文本自动加上特定语言的引号，对 blockquote 元素文本进行缩进，cite 元素属性的值则不会显示出来。不过，所有的浏览器都支持 cite 元素，通常对其中的文本以斜体显示。

【示例】下面这个结构综合展示了 cite、q 和 blockquote 元素以及 cite 引文属性的用法，演示效果如图 4.4 所示。

```
<div id="article">
    <h1> 智慧到底是什么呢？ </h1>
    <h2>《卖拐》智慧摘录 </h2>
    <blockquote cite="http://www.szbf.net/Article_Show.asp?ArticleID=1249">
        <p> 有人把它说成是知识，以为知识越多，就越有智慧。我们今天无时无处不在受到信息的包围和信息
            的轰炸，似乎所有的信息都是真理，仿佛离开了这些信息，就不能生存下去了。但是你掌握的信息
            越多，只能说明你知识的丰富，并不等于你掌握了智慧。有的人，知识丰富，智慧不足，难有大用；
            有的人，知识不多，但却无所不能，成为奇才。</p>
    </blockquote>
    <p> 下面让我们看看 <cite> 大忽悠 </cite> 赵本山的这段台词，从中可以体会到语言的智慧。</p>
    <div id="dialog">
        <p> 赵本山：<q> 对头，就是你的腿有病，一条腿短！ </q></p>
        <p> 范　伟：<q> 没那个事儿！我要一条腿长，一条腿短的话，那卖裤子人就告诉我了！ </q> </p>
        <p> 赵本山：<q> 卖裤子的告诉你你还买裤子么，谁像我心眼这么好哇？这老余，我给你调调。信不信，
            你的腿随着我的手往高抬，能抬多高抬多高，往下使劲落，好不好？信不信？腿指定有病，右腿
            短！来，起来！ </q> </p>
        <p class="action">（范伟配合做动作）</p>
        <p> 赵本山：<q> 停！麻没？ </q> </p>
        <p> 范　伟：<q> 麻了 </q> </p>
        <p> 高秀敏：<q> 哎，他咋麻了呢？ </q> </p>
        <p> 赵本山：<q> 你躲，你也麻！ </q> </p>
    </div>
</div>
```

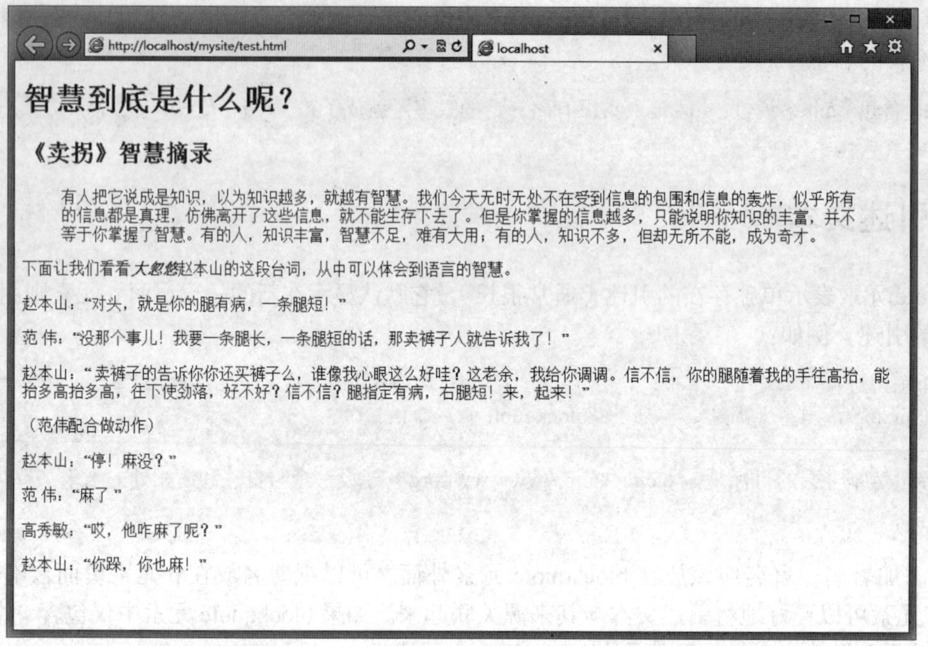

图 4.4　引用信息的语义结构效果

提示： blockquote 和 q 元素都有一个可选的 cite 属性，提供引述内容来源的 URL。该属性对搜索引擎或其他收集引述文本及其引用的脚本来说是有用的。默认 cite 属性值不会显示出来，如果要让访问者看到这个 URL，可以在内容中使用链接（a 元素）重复这个 URL。也可以使用 JavaScript 将 cite 的值暴露出来，但这样做的效果稍差一些。

blockquote 和 q 元素可以嵌套。嵌套的 q 元素应该自动加上正确的引号。由于内外引号在不同语言中的处理方式不一样，因此要根据需要在 q 元素中加上 lang 属性，不过浏览器对嵌套 q 元素的支持程度并不相同，其实浏览器对非嵌套 q 元素的支持也不同。

4.2.12　换行显示

使用 br 元素可以实现文本换行显示。要确保使用 br 元素是最后的选择，因为该元素将表现样式带入了 HTML，而不是让所有的呈现样式都交由 CSS 控制。例如，不要使用 br 元素模拟段落之间的距离。相反，应该用 p 标记两个段落并通过 CSS 的 margin 属性规定两段之间的距离。

【示例】 对于诗歌、街道地址等应该紧挨着出现的短行，都适合用 br 元素。

```
<p> 北京市 <br />
海淀区 <br />
北京大学 <br />
32 号楼 </p>
```

每个 br 元素强制让接下来的内容在新的一行显示。如果没有 br 元素，整个地址都会显示在同一行。可以使用 CSS 控制段落中的行间距以及段落之间的距离。

4.2.13 修饰文本

span 是没有任何语义的行内元素，适合包围短语、流动对象等内容，而 div 适合包含块级内容。如果希望为行内对象应用下面项目，则可以考虑使用 span 元素。

☑ HTML5 属性，如 class、dir、id、lang、title 等。

☑ CSS 样式。

☑ JavaScript 脚本。

【示例】下面的示例使用 span 元素为行内文本“HTML”应用 CSS 样式，设计其显示为红色。

```
<style type="text/css">
.red { color: red; }
</style>
<p><span class="red">HTML</span> 是通向 WEB 技术世界的钥匙。</p>
```

在上面的示例中，想对一小块文字指定不同的颜色，但从句子的上下文看，没有一个语义上适合的 HTML 元素，因此额外添加了 span 元素，定义一个类样式。

span 没有语义，也没有默认格式，用户可以使用 CSS 添加类样式。可以对一个 span 元素同时添加 class 和 id 属性，两者区别：class 用于一组元素，而 id 用于页面中单独的、唯一的元素。在 HTML5 中，没有提供合适的语义化元素时，微格式经常使用 span 为内容添加语义化类名，以填补语义上的空白。

4.2.14 非文本注解

在 HTML4 中，u 为纯样式元素，用来为文本添加下画线。在 HTML5 中，u 元素为一块文字添加明显的非文本注解，如在中文中将文本标为专有名词（即中文的专名号，用于表示人名、地名、朝代名等专名），或者标明文本拼写有误。

【示例】下面的示例演示了 u 的应用。

```
<p>When they <u class="spelling"> recieved</u> the package, they put it with <u class="spelling">there</u></p>
```

class 是可选的，u 文本默认仍以下画线显示，通过 title 属性可以为该元素包含的内容添加注释。

只有当 cite、em、mark 等其他语义元素不适用的情况下使用 u 元素。同时，建议重置 u 文本的样式，以免与同样默认添加下画线的链接文本混淆。

视频讲解

4.3 特殊文本

HTML5 为标识特定功能的信息，新增很多文本元素，具体说明如下。

4.3.1 标记高亮显示

HTML5 使用新的 mark 元素实现突出显示文本。可以使用 CSS 对 mark 元素里的文字应用样式（不应用样式也可以），但应仅在合适的情况下使用该元素。无论何时使用 mark 元素，它总是用于提起浏览者对特定文本的注意。

Note

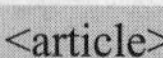

最能体现 mark 元素作用的应用：在网页中检索某个关键词时，呈现的检索结果，现在许多搜索引擎都用其他方法实现了 mark 元素的功能。

【示例 1】下面的示例使用 mark 元素高亮显示对 HTML5 关键词的搜索结果，演示效果如图 4.5 所示。

```
<article>
    <h2><mark>HTML5</mark> 中国 : 中国最大的 <mark>HTML5</mark> 中文门户 - Powered by Discuz! 官网 </h2>
    <p><mark>HTML5</mark> 中国 , 是中国最大的 <mark>HTML5</mark> 中文门户。为广大 <mark>html5</mark> 开发者提供 <mark>html5</mark> 教程、<mark>html5</mark> 开发工具、<mark>html5</mark> 网站示例、<mark>html5</mark> 视频、js 教程等多种 <mark>html5</mark> 在线学习资源。</p>
    <p>www.html5cn.org/  - 百度快照 - 86% 好评 </p>
</article>
```

mark 元素还可以用于标识引用原文，为了某种特殊目的而把原文作者没有重点强调的内容标示出来。

【示例 2】下面的示例使用 mark 元素将唐诗中韵脚特意高亮显示出来，效果如图 4.6 所示。

```
<article>
    <h2> 静夜思 </h2>
    <h3> 李白 </h3>
    <p> 床前明月 <mark> 光 </mark>，疑是地上 <mark> 霜 </mark>。</p>
    <p> 举头望明月，低头思故乡 <mark> 乡 </mark>。</p>
</article>
```

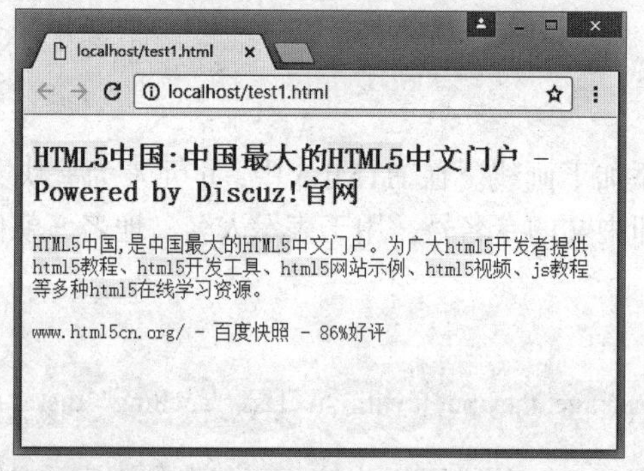

图 4.5　使用 mark 元素高亮显示关键字

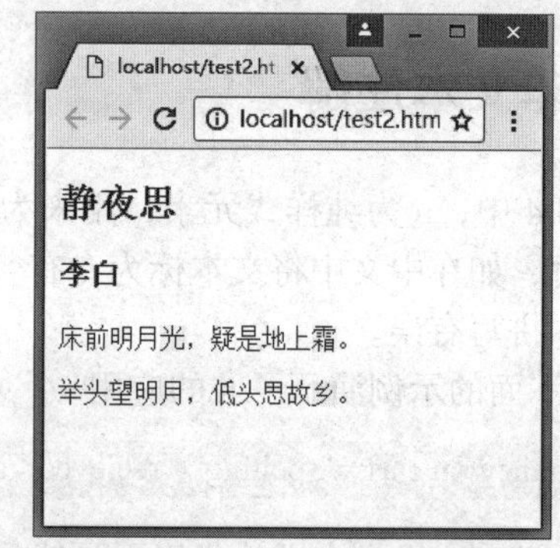

图 4.6　使用 mark 元素高亮显示韵脚

注意：在 HTML4 中，用户习惯使用 em 或 strong 元素来突出显示文字，但是 mark 元素的作用与这两个元素的作用是有区别的，不能混用。

mark 元素的标示目的与原文作者无关，或者说它不是被原文作者用来标示文字的，而是后来被引用时添加上去的，它的目的是吸引当前用户的注意力，供用户参考，希望能够对用户有帮助。而 strong 元素是原文作者用来强调一段文字的重要性的，如错误信息等，em 元素是作者为了突出文章重点文字而使用的。

提示：目前，所有最新版本的浏览器都支持 mark 元素。IE8 以及更早的版本不支持 mark 元素。

4.3.2　标记进度信息

progress 是 HTML5 的新元素，它指示某项任务的完成进度。可以用它表示一个进度条，就像在 Web

应用中看到的指示保存或加载大量数据操作进度的那种组件。

支持 progress 元素的浏览器会根据属性值自动显示一个进度条，并根据值对其进行着色。<progress> 和 </progress> 之间的文本不会显示出来。例如：

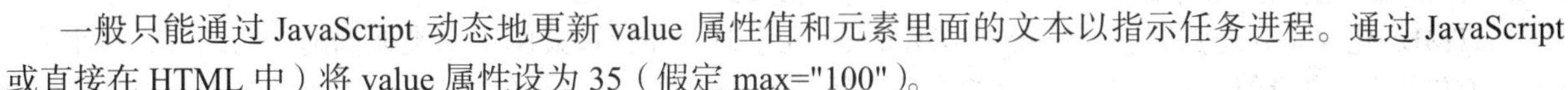

```
<p> 安装进度 : <progress max="100" value="35">35%</progress></p>
```

一般只能通过 JavaScript 动态地更新 value 属性值和元素里面的文本以指示任务进程。通过 JavaScript（或直接在 HTML 中）将 value 属性设为 35（假定 max="100"）。

progress 元素支持 3 个属性：max、value 和 form。它们都是可选的，max 属性指定任务的总工作量，其值必须大于 0。value 是任务已完成的量，值必须大于 0、小于或等于 max 属性值。如果 progress 没有嵌套在 form 元素里面，又需要将它们联系起来，可以添加 form 属性并将其值设为该 form 的 id。

目前，Firefox 8+、Opera 11+、IE 10+、Chrome 6+、Safari 5.2+ 版本的浏览器都以不同的表现形式对 progress 元素提供了支持。

【示例】下面的示例简单演示了如何使用 progress 元素，演示效果如图 4.7 所示。

```
<section>
  <p> 百分比进度 : <progress id="progress" max="100"><span>0</span>%</progress></p>
  <input type="button" onclick="click1()"  value=" 显示进度 "/>
</section>
<script>
function click1(){
  var progress = document.getElementById( ‘progress');
  progress.getElementsByTagName( ‘span')[0].textContent ="0";
  for(var i=0;i<=100;i++)
     updateProgress(i);
}
function updateProgress(newValue){
  var progress = document.getElementById( ‘progress');
  progress.value = newValue;
  progress.getElementsByTagName( ‘span')[0].textContent = newValue;
}
</script>
```

图 4.7　使用 progress 元素

注意：progress 元素不适合用来表示度量衡，例如，磁盘空间使用情况或查询结果。如需表示度量衡，应使用 meter 元素。

Note

4.3.3 标记刻度信息

meter 也是 HTML5 的新元素，它很像 progress 元素。可以用 meter 元素表示分数的值或已知范围的测量结果。简单地说，它代表的是投票结果。例如，已售票数（共 850 张，已售 811 张）、考试分数（百分制的 90 分）、磁盘使用量（如 256 GB 中的 74 GB）等测量数据。

HTML5 建议（并非强制）浏览器在呈现 meter 元素时，在旁边显示一个类似温度计的图形，一个表示测量值的横条，测量值的颜色与最大值的颜色有所区别（相等除外）。作为当前少数几个支持 meter 元素的浏览器，Firefox 正是这样显示的。对于不支持 meter 元素的浏览器，可以通过 CSS 对 meter 元素添加一些额外的样式，或用 JavaScript 进行改进。

【示例】下面的示例简单演示了如何使用 meter 元素，演示效果如图 4.8 所示。

```
<p> 项目的完成状态 : <meter value="0.80">80% 完成 </meter></p>
<p> 汽车损耗程度 : <meter low="0.25" high="0.75" optimum="0" value="0.21">21%</meter></p>
<p> 十公里竞走里程 :<meter min="0" max="13.1" value="5.5" title="Miles">4.5</meter></p>
```

支持 meter 元素的浏览器（如 Firefox）会自动显示测量值，并根据属性值进行着色。<meter> 和 </meter> 之间的文字不会显示出来。如上面示例中的最后一个 p 元素所示，如果包含 title 文本，会在鼠标悬停在横条上时显示出来。虽然并非必需，但最好在 meter 元素里包含一些反映当前测量值的文本，供不支持 meter 元素的浏览器显示。

图 4.8　刻度值

IE 不支持 meter 元素，它会将 meter 元素里的文本内容显示出来，而不是显示一个彩色的横条。可以通过 CSS 改变其外观。

meter 元素不提供定义好的单位，但可以使用 title 属性指定单位，如上面示例中的最后一个 P 元素所示。通常，浏览器会以提示框的形式显示 title 文本。meter 元素并不用于标记没有范围的普通测量值，如高度、宽度、距离、周长等。

meter 元素包含 7 个属性，简单说明如下。

- ☑ value：在元素中特别标示出来的实际值。该属性值默认为 0，可以为该属性指定一个浮点小数值。唯一必须包含的属性。
- ☑ min：设置规定范围时，允许使用的最小值，默认为 0，设定的值不能小于 0。
- ☑ max：设置规定范围时，允许使用的最大值。如果设定时，该属性值小于 min 属性的值，那么把 min 属性的值视为最大值。max 属性的默认值为 1。
- ☑ low：设置范围的下限值，必须小于或等于 high 属性的值。同样，如果 low 属性值小于 min 属性的值，那么把 min 属性的值视为 low 属性的值。
- ☑ high：设置范围的上限值。如果该属性值小于 low 属性的值，那么把 low 属性的值视为 high 属性的值，同样，如果该属性值大于 max 属性的值，那么把 max 属性的值视为 high 属性的值。

☑ optimum：设置最佳值，该属性值必须在 min 属性值与 max 属性值之间，可以大于 high 属性值。

☑ form：设置 meter 元素所属的一个或多个表单。

提示：目前，Safari 5.2+、Chrome 6+、Opera 11+、Firefox 16+ 版本的浏览器支持 meter 元素。浏览器对 meter 元素的支持情况还在变化，关于最新的浏览器支持情况，参见 http://caniuse.com/#feat=progressmeter。

有人尝试过针对支持 meter 元素的浏览器和不支持的浏览器统一编写 meter 元素的 CSS。在网上搜索“style HTML5 meter with CSS”可以找到一些解决方案，其中的一些用到了 JavaScript。

4.3.4 标记时间信息

使用 time 元素标记时间、日期或时间段，time 元素是 HTML5 新增的元素。呈现这些信息的方式有多种。例如：

```
<p> 我们在每天早上 <time>9:00</time> 开始营业。</p>
<p> 我在 <time datetime="2018-02-14"> 情人节 </time> 有个约会。</p>
```

time 元素最简单的用法是不包含 datetime 属性。在忽略 datetime 属性的情况下，它的确提供了具备有效的机器可读格式的时间和日期。如果提供了 datetime 属性，time 元素中的文本可以不严格使用有效的格式；如果忽略 datetime 属性，文本内容就必须是合法的日期或时间格式。

time 元素中包含的文本内容会出现在屏幕上，对用户可见，而可选的 datetime 属性则是为机器准备的。该属性需要遵循特定的格式。浏览器只显示 time 元素的文本内容，而不会显示 datetime 的值。

datetime 属性不会单独产生任何效果，但可以用于在 Web 应用（如日历应用）之间同步日期和时间。这就是必须使用标准的机器可读格式的原因，这样程序之间就可以使用相同的“语言”来共享信息。

提示：不能在 time 元素中嵌套另一个 time 元素，也不能在没有 datetime 属性的 time 元素中包含其他元素（只能包含文本）。

在早期的 HTML5 说明中，time 元素可以包含一个名为 pubdate 的可选属性。不过，后来 pubdate 已不再是 HTML5 的一部分。读者可能在早期的 HTML5 示例中遇到过该属性。

【拓展】

datetime 属性（或者没有 datetime 属性的 time 元素）必须提供特定的机器可读格式的日期和时间。这可以简化为下面的形式。

```
YYYY-MM-DDThh:mm:ss
```

例如（当地时间）：

```
2018-11-03T17:19:10
```

表示“当地时间 2018 年 11 月 3 日下午 5 时 19 分 10 秒”。小时部分使用 24 小时制，因此表示下午 5 点应使用 17，而非 05。如果包含时间，秒是可选的。也可以使用 hh:mm.sss 格式提供时间的毫秒数。注意，毫秒数之前的符号是一个点。

如果要表示时间段，则格式稍有不同。有几种语法，不过最简单的形式如下。

```
nh nm ns
```

Note

其中，3 个 n 分别表示小时数、分钟数和秒数。

也可以将日期和时间表示为世界时。在末尾加上字母 Z，就成了 UTC（Coordinated Universal Time，全球标准时间）。UTC 是主要的全球时间标准。例如（使用 UTC 的世界时）：

```
2018-11-03T17:19:10Z
```

也可以通过相对 UTC 时差的方式表示时间。这时不写字母 Z，写上 –（减）或 +（加）及时差即可。例如，含相对 UTC 时差的世界时。

```
2018-11-03T17:19:10-03:30
```

表示"纽芬兰标准时（NST）2018 年 11 月 3 日下午 5 时 19 分 10 秒"（NST 比 UTC 晚 3 个半小时）。

提示：如果确实要包含 datetime，不必提供时间的完整信息。

4.3.5 标记联系信息

HTML 没有专门用于标记通讯地址的元素，address 元素是用于定义与 HTML 页面或页面一部分（如一篇报告或新文章）有关的作者、相关人士或组织的联系信息，通常位于页面底部或相关部分内。至于 address 元素具体表示的是哪一种信息，取决于该元素出现的位置。

【示例】下面是一个简单的联系信息演示示例。

```
<main role="main">
    <article>
        <h1> 文章标题 </h1>
        <p> 文章正文 </p>
        <footer>
            <p> 说明文本 </p>
            <address>
            <a href="mailto:zhangsan@163.com">zhangsan@163.com</a>.
            </address>
        </footer>
    </article>
</main>
<footer role="contentinfo">
    <p><small>&copy; 2018 baidu, Inc.</small></p>
    <address>
    北京 8 号 <a href="index.html"> 首页 </a>
    </address>
</footer>
```

大多数时候，联系信息的形式是作者的电子邮件地址或指向联系信息页的链接。联系信息也有可能是作者的通讯地址，这时将地址用 address 标记就是有效的。但是用 address 标记公司网站"联系我们"页面中的办公地点，则是错误的用法。

在上面示例中，页面有两个 address 元素：一个用于 article 元素的作者，另一个位于页面级的 footer 元素里，用于整个页面的维护者。注意 article 的 address 元素只包含联系信息。尽管 article 的 footer 元素里也有关于作者的背景信息，但这些信息位于 address 元素外面。

address 元素中的文字默认以斜体显示。如果 address 嵌套在 article 元素里，则属于其所在的最近的 article 元素；否则属于页面的 body。说明整个页面的作者的联系信息时，通常将 address 放在 footer 元素里。article 里的 address 元素提供的是该 article 作者的联系信息，而不是嵌套在该 article 里的其他任何 article（如用户评论）的作者的联系信息。

address 元素只能包含作者的联系信息，不能包括其他内容，如文档或文章的最后修改时间。此外，HTML5 禁止在 address 里包含以下元素：h1 ~ h6、article、address、aside、footer、header、hgroup、nav 和 section。

4.3.6　标记显示方向

如果在 HTML 页面中混合了从左到右书写的字符（如大多数语言所用的拉丁字符）和从右到左书写的字符（如阿拉伯语或希伯来语字符），就可能要用到 bdi 和 bdo 元素。

要使用 bdo 元素，必须包含 dir 属性，取值包括 ltr（由左至右）或 rtl（由右至左），指定希望呈现的显示方向。

bdo 元素适用于段落里的短语或句子，不能用它包含多个段落。bdi 元素是 HTML5 中新加的元素，用于内容的方向未知的情况，不必包含 dir 属性，因为默认已设为自动判断。

【示例】下面的示例设置用户名根据语言不同自动调整显示顺序。

```
<ul>
    <li><bdi>jcranmer</bdi></li>
    <li><bdi>hober</bdi></li>
    <li><bdi>          </bdi></li>
</ul>
```

目前，只有 Firefox 和 Chrome 浏览器支持 bdi 元素。

4.3.7　标记换行断点

HTML5 为 br 元素引入了一个相近的元素：wbr。它代表“一个可换行处”。可以在一个较长的无间断短语（如 URL）中使用该元素，表示此处可以在必要的时候进行换行，从而让文本在有限的空间内更具可读性。因此，与 br 元素不同，wbr 元素不会强制换行，而是让浏览器知道哪里可以根据需要进行换行。

【示例】下面的示例为 URL 字符串添加 wbr 元素，这样当窗口宽度变化时，浏览器会自动根据断点确定换行位置，效果如图 4.9 所示。

```
<p> 本站旧地址为：https:<wbr>//<wbr>www.old_site.com/，新地址为：https:<wbr>//<wbr>www.new_site.com/。</p>
```

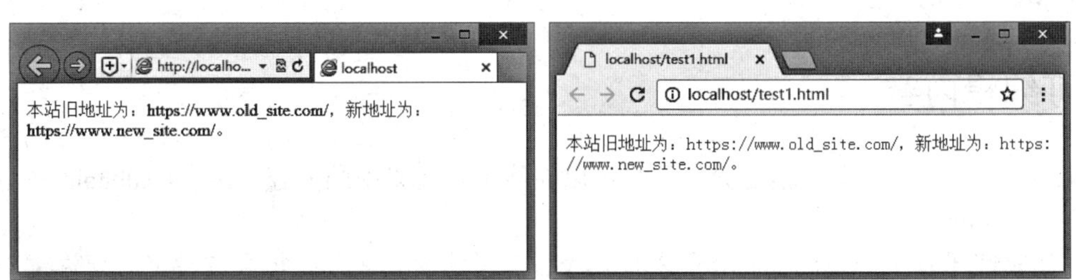

IE 中换行断点无效　　Chrome 中换行断点有效

图 4.9　定义换行断点

4.3.8 标记旁注

旁注标记是东亚语言（如中文和日文）中一种惯用符号，通常用于表示生僻字的发音。这些小的注解字符出现在它们标注的字符的上方或右方。它们常简称为旁注（ruby 或 rubi）。日语中的旁注字符称为振假名。

ruby 元素以及它的子元素 rt 和 rp 是 HTML5 中为内容添加旁注标记的机制。rt 元素指明对基准字符进行注解的旁注字符。可选的 rp 元素用于在不支持 ruby 元素的浏览器中的旁注文本周围显示括号。

【示例】下面的示例演示了如何使用 ruby 和 rt 元素为词语旁注，效果如图 4.10 所示。

```
<ruby>
北 <rp>(</rp><rt> ㄅㄟˇ</rt><rp>)</rp>
京 <rp>(</rp><rt> ㄐㄧㄥ </rt><rp>)</rp>
</ruby>
```

可以看到在不支持 ruby 元素的浏览器中括号的重要性。没有它们，基准字符和旁注文本就会显示在一起，让内容变得混乱。

图 4.10 旁注标记

支持旁注标记的浏览器会将旁注文本显示在基准字符的上方（也可能在旁边），不显示括号。不支持旁注标记的浏览器会将旁注文本显示在括号里，就像普通的文本一样。

目前，IE 9+、Firefox、Opera、Chrome 和 Safari 都支持 ruby、rt 和 rp 元素。

视频讲解

4.4 HTML5 全局属性

HTML5 除了支持 HTML4 原有的全局属性之外，还添加了 8 个新的全局属性。所谓全局属性是指可以用于任何 HTML 元素的属性。

4.4.1 可编辑内容

contenteditable 属性的主要功能是允许用户可以在线编辑元素中的内容。contenteditable 是一个布尔值属性，可以指定为 true 或 false。

注意，该属性还有个隐藏的 inherit（继承）状态，属性为 true 时，元素被指定为允许编辑；属性为 false 时，元素被指定为不允许编辑；未指定 true 或 false 时，则由 inherit 状态来决定，如果元素的父元素是可编辑的，则该元素就是可编辑的。

【示例】 在下面的示例中为正文文本包含框 <div> 标签加上 contenteditable 属性后，该包含框包含的文本就变成可编辑的了，浏览者可自行在浏览器中修改内容，执行结果如图 4.11 所示。

```
<div contenteditable="true">
    <p> 旧有全局属性：id、class、style、title、accesskey、tabindex、lang、dir</p>
    <p> 新增全局属性：contenteditable、contextmenu、data-*、draggable、dropzone、hidden、spellcheck、translate</p>
</div>
```

原始列表　　　　　　　　编辑列表项项目

图 4.11　可编辑文本

在编辑完元素中的内容后，如果想要保存其中内容，只能使用 JavaScript 脚本把该元素的 innerHTML 发送到服务器端进行保存，因为改变元素内容后该元素的 innerHTML 内容也会随之改变，目前还没有特别的 API 来保存编辑后元素中的内容。

> **提示：** 在 JavaScript 脚本中，元素还具有一个 isContentEditable 属性，当元素可编辑时，该属性值为 true；当元素不可编辑时，该属性值为 false。利用这个属性，可以实现对编辑数据的后期操作。

4.4.2　快捷菜单

contextmenu 属性用于定义元素的上下文菜单。所谓上下文菜单，就是会在用户右键单击元素时出现。

【示例】 下面的示例是使用 contextmenu 属性定义 div 元素的上下文菜单，其中 contextmenu 属性的值是要打开的 menu 元素的 id 属性值。

```
<div contextmenu="mymenu"> 上下文菜单
  <menu type="context" id="mymenu">
    <menuitem label=" 微信分享 "></menuitem>
    <menuitem label=" 微博分享 "></menuitem>
  </menu>
</div>
```

当用户右键单击元素时，会弹出一个上下文菜单，从中可以选择指定的快捷菜单项目，如图 4.12 所示。

Note

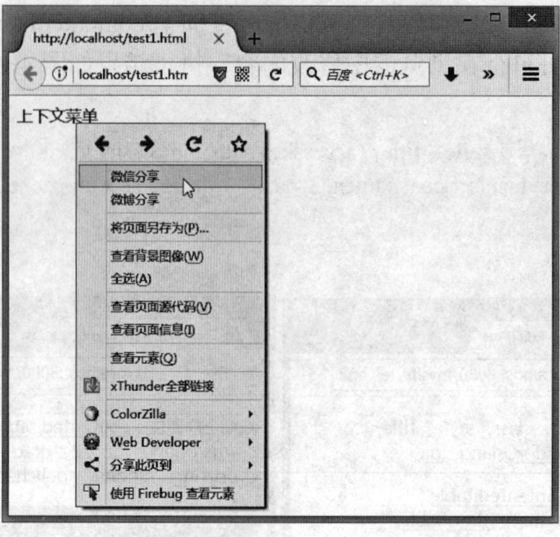

图 4.12　打开上下文菜单

提示：目前只有 Firefox 支持 contextmenu 属性。

4.4.3　自定义属性

使用 data-* 属性可以自定义用户数据。具体应用包括如下两点。

☑　data-* 属性用于存储页面或元素的私有数据。

☑　data-* 属性赋予所有 HTML 元素嵌入自定义属性的能力。

存储的自定义数据能够被页面的 JavaScript 脚本利用，以创建更好的用户体验，方便 Ajax 调用或服务器端数据库查询。

data-* 属性包括以下两部分。

☑　属性名：不应该包含任何大写字母，并且在前缀 "data-" 之后必须有至少一个字符。

☑　属性值：可以是任意字符串。

当浏览器解析时，会忽略前缀 "data-"，取用其后的自定义属性。

【示例 1】下面的示例是使用 data-* 属性为每个列表项目定义一个自定义属性 type。这样在 JavaScript 脚本中可以判断每个列表项目包含信息的类型。

```
<ul>
    <li data-animal-type="bird"> 猫头鹰 </li>
    <li data-animal-type="fish"> 鲤鱼 </li>
    <li data-animal-type="spider"> 蜘蛛 </li>
</ul>
```

【示例 2】以上面的示例为基础，下面的示例是使用 JavaScript 脚本访问每个列表项目的 type 属性值，演示效果如图 4.13 所示。

```
<ul>
    <li data-animal-type="bird"> 猫头鹰 </li>
    <li data-animal-type="fish"> 鲤鱼 </li>
```

```
  <li data-animal-type="spider"> 蜘蛛 </li>
</ul>
<script>
var lis = document.getElementsByTagName( "li");
for(var i=0; i<lis.length; i++){
  console.log(lis[i].dataset.animalType);
}
</script>
```

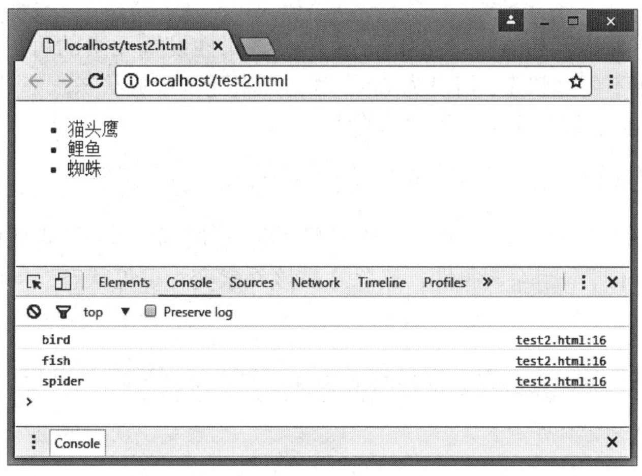

图 4.13　访问列表项目的 type 属性值

访问元素的自定义属性，可以通过元素的 dataset. 对象获取，该对象存储了元素所有自定义属性的值。访问规则与 CSS 脚本化访问相同。对于复合属性名，通过驼峰命名法访问，如 animal-type，访问时使用 animalType，避免连字符在脚本中引发的歧义。

注意，目前 IE 暂不支持这种访问方式。

4.4.4　定义可拖动操作

draggable 属性可以定义元素是否可以被拖动。属性取值说明如下。

☑　true：定义元素可拖动。

☑　false：定义元素不可拖动。

☑　auto：定义使用浏览器的默认行为。

draggable 属性常用在拖放操作中，详细说明请参考后面章节的“拖放 API”。

4.4.5　拖动数据

dropzone 属性定义在元素上拖动数据时，是否复制、移动或链接被拖动数据。属性取值说明如下。

☑　copy：拖动数据会产生被拖动数据的副本。

☑　move：拖动数据会导致被拖动数据被移动到新位置。

☑　link：拖动数据会产生指向原始数据的链接。

例如：

```
<div dropzone="copy"></div>
```

Note

提示：目前所有主流浏览器都不支持 dropzone 属性。

4.4.6 隐藏元素

在 HTML5 中，所有元素都包含一个 hidden 属性。该属性设置元素的可见状态，取值为一个布尔值，当设为 true 时，元素处于不可见状态；当设为 false 时，元素处于可见状态。

【示例】下面使用 hidden 属性定义段落文本隐藏显示。

```
<p hidden><img src="images/1.jpg" width="200" /></p>
```

hidden 属性可用于防止用户查看元素，直到匹配某些条件，如选择了某个复选框。然后，在页面加载之后，可以使用 JavaScript 脚本删除该属性，删除之后该元素变为可见状态，同时元素中的内容也即时显示出来。

提示：除了 IE，所有主流浏览器都支持 hidden 属性。

4.4.7 语法检查

spellcheck 属性定义是否对元素进行拼写和语法检查。可以对以下内容进行拼写检查。

- ☑ input 元素中的文本值（非密码）。
- ☑ textarea 元素中的文本。
- ☑ 可编辑元素中的文本。

spellcheck 属性是一个布尔值的属性，取值包括 true 和 false，为 true 时表示对元素进行拼写和语法检查，为 false 时则不检查元素。用法如下。

```
<!-- 以下两种书写方法正确 -->
<textarea spellcheck="true" >
<input type=text spellcheck=false>
<!-- 以下书写方法错误 -->
<textarea spellcheck >
```

注意，如果元素的 readonly 属性或 disabled 属性设为 true，则不执行拼写检查。

【示例】下面的示例设计两段文本，第一段文本可编辑、可语法检查；第二段文本可编辑，但不允许语法检查。当编辑文本时，第一段文本显示检查状态，而第二段忽略，效果如图 4.14 所示。

```
<div contenteditable="true">
    <p spellcheck="true">旧有全局属性：id、class、style、title、accesskey、tabindex、lang、dir</p>
    <p spellcheck="false">新增全局属性：contenteditable、contextmenu、data-*、draggable、dropzone、hidden、
        spellcheck、translate</p>
</div>
```

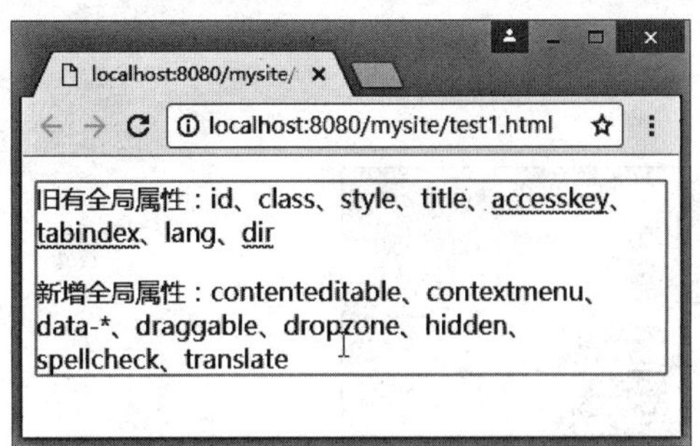

图 4.14　段落文本检查状态比较

4.4.8　翻译内容

translate 属性定义是否应该翻译元素内容。取值说明如下。

☑　yes：定义应该翻译元素内容。

☑　no：定义不应翻译元素内容。

【示例】下面的示例演示了如何使用 translate 属性。

```
<p translate="no"> 请勿翻译本段。</p>
<p> 本段可被译为任意语言。</p>
```

提示：目前，所有主流浏览器都无法正确地支持 translate 属性。

在线练习

4.5　在线练习

本节将通过大量的上机示例，帮助初学者练习使用 HTML5 语义元素灵活定义网页文本样式和版式。

第 5 章

美化页面文本

（视频讲解：2 小时 6 分钟）

CSS3 优化并增强了 CSS 2.1 的字体和文本属性，使网页文字更具表现力和感染力，丰富了网页文本的样式和版式。用户可以使用网络字体定义特殊的字体类型，摆脱浏览器所在系统字体的局限；可以选择更多的色彩模式，创建灵活的网页配色体系；通过文本阴影，让字体看起来更美观；通过动态内容，让网页内容不再单一，CSS 控制网页内容的显示能力更强。

【学习重点】

- 能够设计字体和文本的基本样式。
- 正确处理文本溢出和换行问题。
- 能够使用 CSS3 新色彩模式。
- 灵活定义文本阴影样式。
- 灵活添加动态内容。
- 正确使用网络字体。

5.1　设计字体样式

字体样式包括字体类型、大小、颜色、粗细、下画线、斜体、大小写等。下面分别进行介绍。

5.1.1　定义字体类型

使用 font-family 属性可以定义字体类型，用法如下。

```
font-family : name
```

name 表示字体名称，可以设置字体列表，多个字体按优先顺序排列，以逗号隔开。

如果字体名称包含空格，则应使用引号括起。第二种声明方式使用所列出的字体序列名称，如果使用 fantasy 序列，将提供默认字体序列。

【示例】新建 HTML5 文档，保存为 test1.html，在 <body> 标签内输入如下两行段落文本代码。

```
<p> 月落乌啼霜满天，江枫渔火对愁眠。 </p>
<p> 姑苏城外寒山寺，夜半钟声到客船。</p>
```

在 <head> 标签内添加 <style type="text/css"> 标签，定义一个内部样式表，然后输入下面的样式代码，用来定义网页字体的类型。

```
p {/* 段落样式 */
    font-family: "隶书 ";                          /* 隶书字体 */
}
```

在浏览器中预览效果如图 5.1 所示。

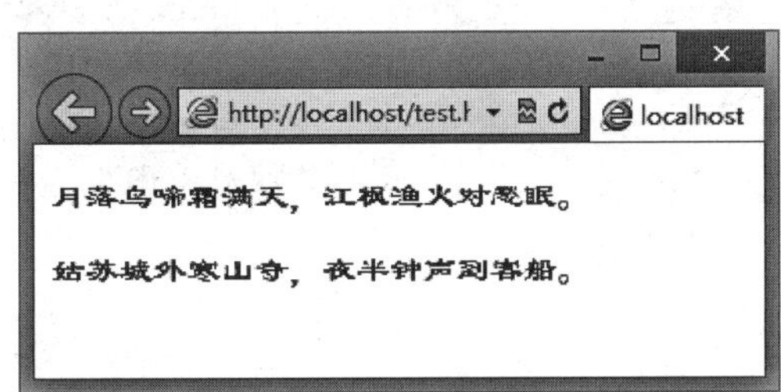

图 5.1　设计隶书字体效果

5.1.2　定义字体大小

使用 CSS3 的 font-size 属性可以定义字体大小，用法如下。

```
font-size : xx-small | x-small | small | medium | large | x-large | xx-large | larger | smaller | length
```

其中，xx-small（最小）、x-small（较小）、small（小）、medium（正常）、large（大）、x-large（较大）、

Note

xx-large（最大）表示绝对字体尺寸，这些特殊值将根据对象字体进行调整。

larger（增大）和 smaller（减小）这对特殊值能够根据父对象中字体尺寸进行相对增大或者缩小处理，使用成比例的 em 单位进行计算。

length 可以是百分数，或者浮点数字和单位标识符组成的长度值，但不可为负值。其百分比取值是基于父对象中字体的尺寸来计算，与 em 单位计算相同。

【示例】下面的示例演示了如何为网页定义字体大小。

首先，新建 HTML5 文档，保存为 test.html，在 <head> 标签内添加 <style type="text/css"> 标签，定义一个内部样式表。

然后，输入下面的样式代码，分别设置网页字体默认大小，段落文本字体大小，以及 <div> 标签中的字体大小。

```
body {font-size:12px;}                                /* 以像素为单位设置字体大小 */
p {font-size:0.75em;}                                 /* 以父对象字体大小为参考设置大小 */
div {font:9pt Arial, Helvetica, sans-serif;}          /* 以点为单位设置字体大小 */
```

5.1.3 定义字体颜色

使用 CSS3 的 color 属性可以定义字体颜色，用法如下。

```
color : color
```

参数 color 表示颜色值，取值包括颜色名、十六进制值、RGB 等颜色函数，详细说明请参考 CSS3 参考手册。

【示例】下面的示例演示了在文档中定义字体颜色。

首先，新建 HTML5 文档，保存为 test.html，在 <head> 标签内添加 <style type="text/css"> 标签，定义一个内部样式表。

然后，输入下面的样式代码，分别定义页面、段落文本、<div> 标签、<span> 标签包含的字体颜色。

```
body { color:gray;}                                   /* 使用颜色名 */
p { color:#666666;}                                   /* 使用十六进制 */
div { color:rgb(120,120,120);}                        /* 使用 RGB */
span { color:rgb(50%,50%,50%);}                       /* 使用 RGB */
```

5.1.4 定义字体粗细

使用 CSS3 的 font-weight 属性可以定义字体粗细，用法如下。

```
font-weight : normal | bold | bolder | lighter | 100 | 200 | 300 | 400 | 500 | 600 | 700 | 800 | 900
```

其中，normal 为默认值，表示正常的字体，相当于取值为 400。bold 表示粗体，相当于取值为 700，或者使用 b 元素定义的字体效果。

bolder（较粗）和 lighter（较细）相对于 normal 字体粗细而言。

另外也可以设置值为 100、200、300、400、500、600、700、800、900，它们分别表示字体的粗细，是对字体粗细的一种量化方式，值越大就表示越粗，相反就表示越细。

【示例】新建 HTML5 文档，定义一个内部样式表，然后输入下面的样式代码，分别定义段落文本、一级标题、<div> 标签包含字体的粗细效果，同时定义一个粗体样式类。

```
p { font-weight: normal }                    /* 等于 400 */
h1 { font-weight: 700 }                      /* 等于 bold */
div{ font-weight: bolder }                   /* 可能为 500 */
.bold {font-weight:bold;}                    /* 粗体样式类 */
```

注意，设置字体粗细也可以称为定义字体的重量。对于中文网页设计来说，一般仅用到 bold（加粗）、normal（普通）两个属性值。

5.1.5 定义艺术字体

使用 CSS3 的 font-style 属性可以定义字体倾斜效果，用法如下。

```
font-style : normal | italic | oblique
```

其中，normal 为默认值，表示正常的字体，italic 表示斜体，oblique 表示倾斜的字体。italic 和 oblique 两个取值只能在英文等西方文字中有效。

【示例】新建 test.html 文档，输入下面的样式代码，定义一个斜体样式类。

```
.italic {/* 斜体样式类 */
    font-style:italic;
}
```

在 <body> 标签中输入以下两行段落文本代码，并把斜体样式类应用到其中一段文本中。

```
<p> 知我者，谓我心忧，不知我者，谓我何求。</p>
<p class="italic"> 君子坦荡荡，小人长戚戚。</p>
```

最后，在浏览器中预览，比较效果如图 5.2 所示。

图 5.2　比较正常字体和斜体效果

5.1.6 定义修饰线

使用 CSS3 的 text-decoration 属性可以定义字体修饰线效果，用法如下。

```
text-decoration : none || underline || blink || overline || line-through
```

其中，normal 为默认值，表示无装饰线，underline 表示下画线效果，blink 表示闪烁效果，overline 表示上画线效果，line-through 表示贯穿线效果。

Note

【示例】新建 test.html 文档，在内部样式表定义装饰字体样式类。

第 1 步，新建 test.html 文档，在 <head> 标签内添加 <style type="text/css"> 标签，定义一个内部样式表。

第 2 步，输入下面的样式代码，定义 3 个装饰字体样式类。

```
.underline {text-decoration:underline;}                    /* 下画线样式类 */
.overline {text-decoration:overline;}                      /* 上画线样式类 */
.line-through {text-decoration:line-through;}              /* 删除线样式类 */
```

第 3 步，在 <body> 标签中输入以下 3 行段落文本代码，并分别应用上面的装饰类样式。

```
<p class="underline"> 昨夜西风凋碧树，独上高楼，望尽天涯路 </p>
<p class="overline"> 衣带渐宽终不悔，为伊消得人憔悴 </p>
<p class="line-through"> 众里寻他千百度，蓦然回首，那人却在灯火阑珊处 </p>
```

第 4 步，再定义一个样式，在该样式中，同时声明多个装饰值，定义的样式如下。

```
.line { text-decoration:line-through overline underline; }
```

第 5 步，在 <body> 标签中输入一行段落文本代码，并把第 4 步创建的样式类应用到本行文本中。

```
<p class="line"> 古今之成大事业、大学问者，必经过三种之境界。</p>
```

第 6 步，在浏览器中预览，多种修饰线比较效果如图 5.3 所示。

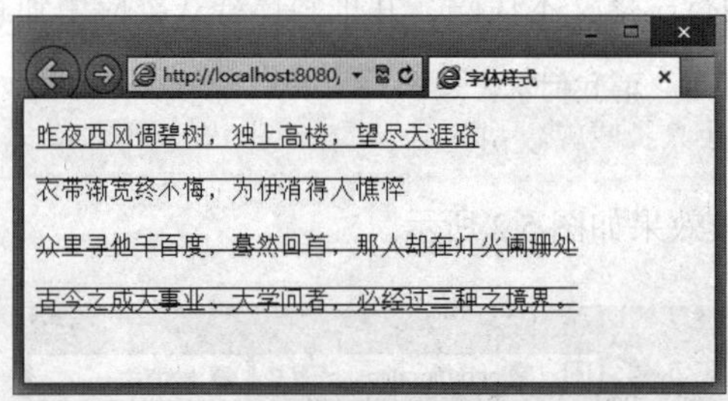

图 5.3　多种下画线的应用效果

提示： CSS3 增强 text-decoration 功能，新增如下 5 个子属性。

- ☑ text-decoration-line：设置装饰线的位置，取值包括 none（无）、underline、overline、line-through、blink。
- ☑ text-decoration-color：设置装饰线的颜色。
- ☑ text-decoration-style：设置装饰线的形状，取值包括 solid、double、dotted、dashed、wavy（波浪线）。
- ☑ text-decoration-skip：设置文本装饰线条必须略过内容中的哪些部分。
- ☑ text-underline-position：设置对象中的下画线的位置。

关于这些子属性的详细取值说明和用法，请参考 CSS3 参考手册。由于目前大部分浏览器暂不支持这些子属性，可以暂时忽略。

Note

5.1.7　定义字体的变体

使用 CSS3 的 font-variant 属性可以定义字体的变体效果，用法如下。

```
font-variant : normal | small-caps
```

其中，normal 为默认值，表示正常的字体，small-caps 表示小型的大写字母字体。

【示例】新建 test.html 文档，在内部样式表中定义一个类样式。

```
.small-caps {/* 小型大写字母样式类 */
    font-variant:small-caps;}
```

在 <body> 标签中输入一行段落文本代码，并应用上面定义的类样式。

```
<p class="small-caps">font-variant </p>
```

注意，font-variant 仅支持拉丁字体，中文字体没有大小写效果区分。如果设置了小型大写字体，但是该字体没有找到原始小型大写字体，则浏览器会模拟一个。例如，可通过使用一个常规字体，并将其小写字母替换为缩小过的大写字母。

5.1.8　定义大小字体

使用 CSS3 的 text-transform 属性可以定义字体大小写效果。用法如下。

```
text-transform : none | capitalize | uppercase | lowercase
```

其中，none 为默认值，表示无转换发生；capitalize 表示将每个单词的第一个字母转换成大写，其余无转换发生；uppercase 表示把所有字母都转换成大写；lowercase 表示把所有字母都转换成小写。

【示例】新建 test.html 文档，在内部样式表中定义 3 个类样式。

```
.capitalize {text-transform:capitalize;}          /* 首字母大小样式类 */
.uppercase {text-transform:uppercase;}            /* 大写样式类 */
.lowercase {text-transform:lowercase;}            /* 小写样式类 */
```

在 <body> 标签中输入 3 行段落文本代码，并分别应用上面定义的类样式。

```
<p class="capitalize">text-transform:capitalize;</p>
<p class="uppercase">text-transform:uppercase;</p>
<p class="lowercase">text-transform:lowercase;</p>
```

分别在 IE 和 Firefox 浏览器中预览，则比较效果如图 5.4 和图 5.5 所示。

Note

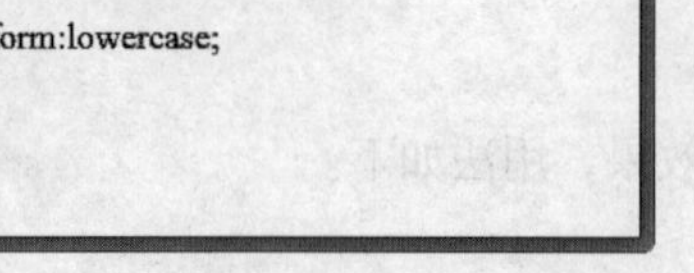

图 5.4　IE 中解析的大小效果

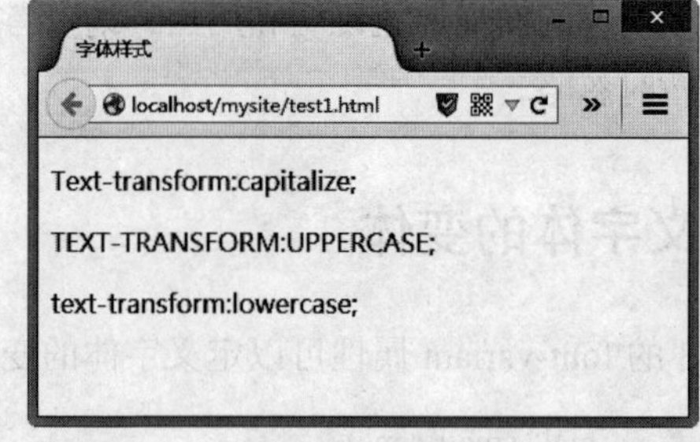

图 5.5　Firefox 中解析的大小效果

比较发现：IE 认为只要是单词就把首字母转换为大写，而 Firefox 认为只有单词通过空格间隔之后，才能够成为独立意义上的单词，所以几个单词连在一起时就算作一个词。

视频讲解

5.2　设计文本样式

文本样式主要设计正文的排版效果，属性名以 text 为前缀进行命名，下面分别进行介绍。

5.2.1　定义文本对齐

使用 CSS3 的 text-align 属性可以定义文本的水平对齐方式，用法如下。

```
text-align : left | right | center | justify
```

其中，left 为默认值，表示左对齐；right 为右对齐；center 为居中对齐；justify 为两端对齐。

【示例】新建 test.html 文档，在内部样式表中定义 3 个对齐类样式。

```
.left { text-align: left; }
.center { text-align: center; }
.right { text-align: right; }
```

在 <body> 标签中输入 3 行段落文本代码，并分别应用上面定义的 3 个类样式。

```
<p align="left"> 昨夜西风凋碧树，独上高楼，望尽天涯路 </p>
<p class="center"> 衣带渐宽终不悔，为伊消得人憔悴 </p>
<p class="right"> 众里寻他千百度，蓦然回首，那人却在灯火阑珊处 </p>
```

在浏览器中预览，比较效果如图 5.6 所示。

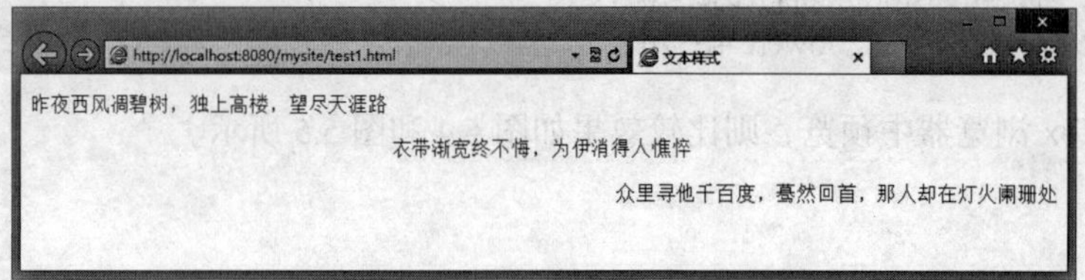

图 5.6　比较 3 种文本对齐效果

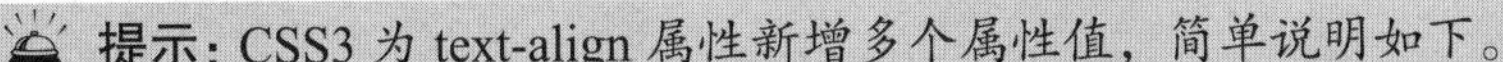

> 提示：CSS3 为 text-align 属性新增多个属性值，简单说明如下。
>
> ☑ justify：内容两端对齐。CSS2 曾经支持过，后来放弃。
>
> ☑ start：内容对齐开始边界。
>
> ☑ end：内容对齐结束边界。
>
> ☑ match-parent：与 inherit（继承）表现一致。
>
> ☑ justify-all：效果等同于 justify，但还会让最后一行也两端对齐。
>
> 由于大部分浏览器对这些新属性值支持不是很友好，读者可以暂时忽略。

5.2.2　定义垂直对齐

使用 CSS3 的 vertical-align 属性可以定义文本垂直对齐，用法如下。

```
vertical-align : auto | baseline | sub | super | top | text-top | middle | bottom | text-bottom | length
```

取值简单说明如下。

☑ auto 将根据 layout-flow 属性的值对齐对象内容；

☑ baseline 表示默认值，表示将支持 valign 特性的对象内容与基线对齐；

☑ sub 表示垂直对齐文本的下标；

☑ super 表示垂直对齐文本的上标；

☑ top 表示将支持 valign 特性的对象的内容对象顶端对齐；

☑ text-top 表示将支持 valign 特性的对象的文本与对象顶端对齐；

☑ middle 表示将支持 valign 特性的对象的内容与对象中部对齐；

☑ bottom 表示将支持 valign 特性的对象的内容与对象底端对齐；

☑ text-bottom 表示将支持 valign 特性的对象的文本与对象顶端对齐；

☑ length 表示由浮点数字和单位标识符组成的长度值或者百分数，可为负数，定义由基线算起的偏移量，基线对于数值来说为 0，对于百分数来说就是 0%。

【示例】新建 test1.html 文档，在 <head> 标签内添加 <style type="text/css"> 标签，定义一个内部样式表，然后输入下面的样式代码，定义上标类样式。

```
.super {vertical-align:super;}
```

在 <body> 标签中输入一行段落文本代码，并应用上面定义的上标类样式。

```
<p>vertical-align 表示垂直 <span class=" super "> 对齐 </span> 属性 </p>
```

在浏览器中预览，显示效果如图 5.7 所示。

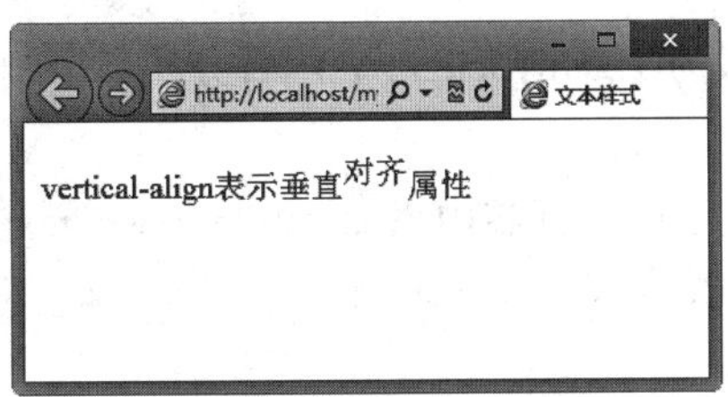

图 5.7　文本上标样式效果

5.2.3 定义文本间距

使用 CSS3 的 letter-spacing 属性可以定义字距，使用 CSS3 的 word-spacing 属性可以定义词距。这两个属性的取值都是长度值，由浮点数字和单位标识符组成，默认值为 normal，表示默认间隔。

定义词距时，以空格为基准进行调节，如果多个单词被连在一起，则被 word-spacing 视为一个单词；如果汉字被空格分隔，则分隔的多个汉字就被视为不同的单词，word-spacing 属性此时有效。

【示例】下面的示例演示了如何定义字距和词距样式。新建一个网页，保存为 test.html，在 <head> 标签内添加 <style type="text/css"> 标签，定义一个内部样式表，然后输入下面的样式代码，定义两个类样式。

```
.lspacing {letter-spacing:1em;}                    /* 字距样式类 */
.wspacing {word-spacing:1em;}                      /* 词距样式类 */
```

在 <body> 标签中输入两行段落文本代码，并应用上面定义的两个类样式。

```
<p class="lspacing">letter spacing word spacing（字间距）</p>
<p class="wspacing">letter spacing word spacing（词间距）</p>
```

在浏览器中预览，显示效果如图 5.8 所示。从图中可以直观地看到，所谓字距就是定义字母之间的间距，而词距就是定义西文单词的距离。

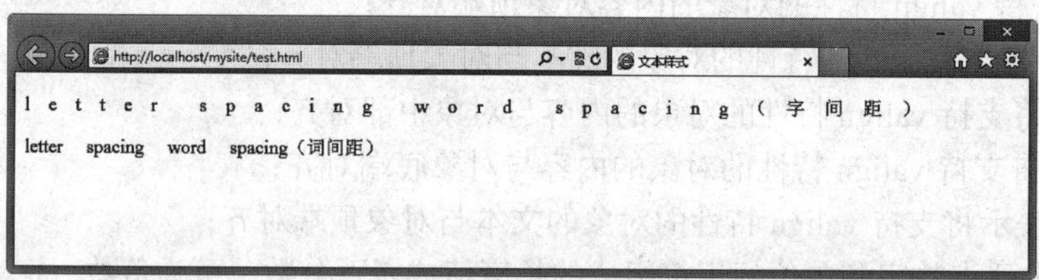

图 5.8　字距和词距演示效果比较

注意，字距和词距一般很少使用，使用时应慎重考虑用户的阅读体验和感受。对于中文用户来说，letter-spacing 属性有效，而 word-spacing 属性无效。

5.2.4 定义行高

使用 CSS3 的 line-height 属性可以定义行高，用法如下。

```
line-height : normal | length
```

其中，normal 表示默认值，一般为 1.2em；length 表示百分比数字，或者由浮点数字和单位标识符组成的长度值，允许为负值。

【示例】新建 test.html 文档，在 <head> 标签内添加 <style type="text/css"> 标签，定义一个内部样式表，输入下面的样式代码，定义两个行高类样式。

```
.p1 {/* 行高样式类 1 */
    }line-height:1em;                    /* 行高为一个字大小 */
.p2 {/* 行高样式类 2 */
    }line-height:2em;                    /* 行高为两个字大小 */
```

在 <body> 标签中输入两行段落文本代码，并应用上面定义的两个类样式。

```
<h1> 人生三境界 </h1>
<h2> 出自王国维《人间词话》</h2>
<p class="p1"> 古今之成大事业、大学问者，必经过三种之境界："昨夜西风凋碧树。独上高楼，望断天涯路。" 此
    第一境也。" 衣带渐宽终不悔，为伊消得人憔悴。" 此第二境也。" 众里寻他千百度，蓦然回首，那人却在灯
    火阑珊处。" 此第三境也。此等语皆非大词人不能道。然遽以此意解释诸词，恐为晏欧诸公所不许也。</p>
<p class="p2"> 笔者认为，凡人都可以从容地做到第二境界，但要想逾越它却不是那么简单。成功人士果敢坚忍，
    不屈不挠，造就了他们不同于凡人的成功。他们逾越的不仅仅是人生的境界，更是他们自我的极限。成功后
    回望来路的人，才会明白另解这三重境界的话：看山是山，看水是水；看山不是山，看水不是水；看山还是山，
    看水还是水。</p>
```

在浏览器中预览，显示效果如图 5.9 所示。

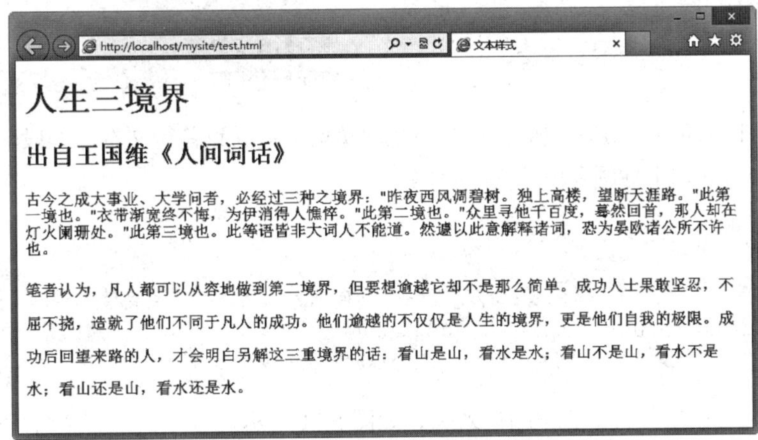

图 5.9　段落文本的行高演示效果

5.2.5　定义首行缩进

使用 CSS3 的 text-indent 属性可以定义文本首行缩进，用法如下。

```
text-indent : length
```

length 表示百分比数字，或者由浮点数字和单位标识符组成的长度值，允许为负值。建议在设置缩进单位时，以 em 为设置单位，它表示一个字距，这样比较精确确定首行缩进效果。

【示例 1】新建 test.html 文档，在 <head> 标签内添加 <style type="text/css"> 标签，定义一个内部样式表，输入下面的样式代码，定义段落文本首行缩进两个字符。

```
p { text-indent:2em;}                    /* 首行缩进两个字距 */
```

Note

在 <body> 标签中输入如下标题和段落文本代码。

```
<h1> 人生三境界 </h1>
<h2> 出自王国维《人间词话》</h2>
<p> 古今之成大事业、大学问者，必经过三种之境界:" 昨夜西风凋碧树。独上高楼，望断天涯路。" 此第一境也。
    " 衣带渐宽终不悔，为伊消得人憔悴。" 此第二境也。" 众里寻他千百度，蓦然回首，那人却在灯火阑珊处。"
    此第三境也。此等语皆非大词人不能道。然遽以此意解释诸词，恐为晏欧诸公所不许也。</p>
<p> 笔者认为，凡人都可以从容地做到第二境界，但要想逾越它却不是那么简单。成功人士果敢坚忍，不屈不挠，
    造就了他们不同于凡人的成功。他们逾越的不仅仅是人生的境界，更是他们自我的极限。成功后回望来路的
    人，才会明白另解这三重境界的话：看山是山，看水是水；看山不是山，看水不是水；看山还是山，看水还是
    水。</p>
```

在浏览器中预览，可以看到文本缩进效果，如图 5.10 所示。

【示例 2】使用 text-indent 属性可以设计悬垂缩进效果。

新建一个网页，保存为 test1.html，在 <head> 标签内添加 <style type="text/css"> 标签，定义一个内部样式表。

输入下面的样式代码，定义段落文本首行缩进负的两个字符，并定义左侧内部补白为两个字符。

```
p {/* 悬垂缩进 2 个字距 */
   text-indent:-2em;                                  /* 首行缩进 */
 }  padding-left:2em;                                 /* 左侧补白 */
```

text-indent 属性可以取负值，定义左侧补白，防止取负值缩进导致首行文本伸到段落的边界外边。

在 <body> 标签中输入如下标题和段落文本代码。

```
<h1>《人间词话》节选 </h1>
<h2> 王国维 </h2>
<p> 古今之成大事业、大学问者，必经过三种之境界:" 昨夜西风凋碧树。独上高楼，望断天涯路。" 此第一境也。
      " 衣带渐宽终不悔，为伊消得人憔悴。" 此第二境也。" 众里寻他千百度，蓦然回首，那人却在灯火阑珊处。
      " 此第三境也。此等语皆非大词人不能道。然遽以此意解释诸词，恐为晏欧诸公所不许也。</p>
```

在浏览器中预览，可以看到文本悬垂缩进效果，如图 5.11 所示。

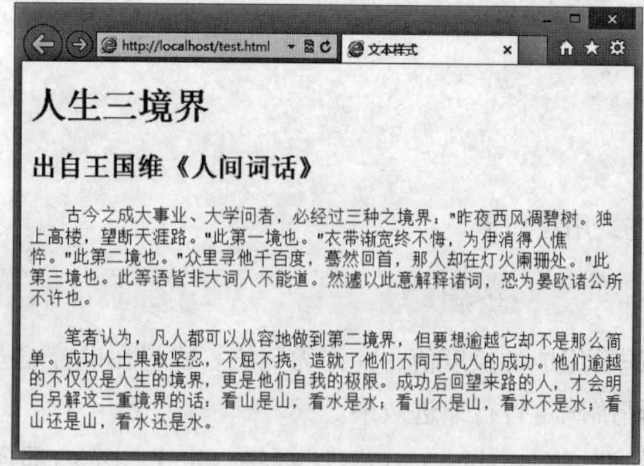

图 5.10　首行缩进效果

图 5.11　悬垂缩进效果

线上阅读

5.3　CSS3 文本模块

视频讲解

CSS3 文本模块把与文本相关的属性单独进行规范，具体介绍请扫码了解。CSS3 文本模块不再局限于字体、字号、颜色、样式、粗细、间距等基本字体设置，它优化了已经定义的属性，整合了各种私有属性，给文本添加一些高级功能。下面重点介绍 CSS3 一些常用的文本属性。

5.3.1　文本溢出

线上阅读

text-overflow 属性可以设置超长文本省略显示。基本语法如下所示。

```
text-overflow：clip | ellipsis
```

适用于块状元素，取值简单说明如下。

☑　clip：当内联内容溢出块容器时，将溢出部分裁切掉，为默认值。

☑　ellipsis：当内联内容溢出块容器时，将溢出部分替换为（...）。

提示： 要实现溢出时产生省略号的效果，还应定义两个样式：强制文本在一行内显示（white-space:nowrap）和溢出内容为隐藏（overflow:hidden），只有这样才能实现溢出文本显示省略号的效果。

【示例】 下面的示例设计了新闻列表有序显示，对于超出指定宽度的新闻项，则使用 text-overflow 属性省略并附加省略号，避免新闻换行或者撑开版块，演示效果如图 5.12 所示。

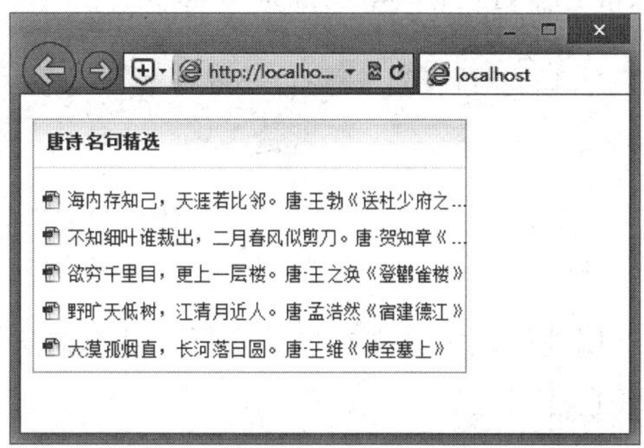

图 5.12　设计固定宽度的新闻栏目

示例代码如下。

```
<style type="text/css">
dl {/* 定义新闻栏目外框，设置固定宽度 */
    width:300px;
    border:solid 1px #ccc;
}
dt {/* 设计新闻栏目标题行样式 */
    padding:8px 8px;                                    /* 增加文本周围空隙 */
```

Note

```
    margin-bottom:12px;                                          /* 调整底部间距 */
    background:#7FECAD url(images/green.gif) repeat-x;           /* 设计标题栏背景图 */
    /* 定义字体样式 */
    font-size:13px; font-weight:bold; color:#71790C;
    text-align:left;                                             /* 恢复文本默认左对齐 */
    border-bottom:solid 1px #efefef;                             /* 定义浅色边框线 */
}
dd {/* 设新闻列表项样式 */
    font-size:0.78em;
    /* 固定每个列表项的大小 */
    height:1.5em;width:280px;
    /* 为添加新闻项目符号腾出空间 */
    padding:2px 2px 2px 18px;
    /* 以背景方式添加项目符号 */
    background: url(images/icon.gif) no-repeat 6px 25%;
    margin:2px 0;
    /* 为应用 text-overflow 进行准备，禁止换行 */
    white-space: nowrap;
    /* 为应用 text-overflow 进行准备，禁止文本溢出显示 */
    overflow: hidden;
    -o-text-overflow: ellipsis;                                  /* 兼容 Opera */
    text-overflow: ellipsis;                                     /* 兼容 IE, Safari (WebKit) */
    -moz-binding: url( 'images/ellipsis.xml#ellipsis');          /* 兼容 Firefox */
}</style>
<dl>
    <dt> 唐诗名句精选 </dt>
    <dd> 海内存知己，天涯若比邻。唐· 王勃《送杜少府之任蜀州》</dd>
    <dd> 不知细叶谁裁出，二月春风似剪刀。唐· 贺知章《咏柳》</dd>
    <dd> 欲穷千里目，更上一层楼。唐· 王之涣《登鹳雀楼》</dd>
    <dd> 野旷天低树，江清月近人。唐· 孟浩然《宿建德江》</dd>
    <dd> 大漠孤烟直，长河落日圆。唐· 王维《使至塞上》</dd>
</dl>
```

5.3.2　文本换行

线上阅读

在 CSS 3 中，使用 word-break 属性可以定义文本自动换行。基本语法如下所示。

```
word-break：normal | keep-all | break-all
```

取值简单说明如下。

☑ normal：为默认值，依照亚洲语言和非亚洲语言的文本规则，允许在字内换行。

☑ keep-all：对于中文、韩文、日文不允许字断开。适合包含少量亚洲文本的非亚洲文本。

☑ break-all：与 normal 相同，允许非亚洲语言文本行的任意字内断开。该值适合包含一些非亚洲文本的亚洲文本，如使连续的英文字母间断行。

word-wrap 属性没有被广泛支持，特别是 Firefox 和 Opera 浏览器对其支持比较消极，这是因为在早期的 W3C 文本模型中（http://www.w3.org/TR/2003/CR-css3-text-20030514/）放弃了对其支持，而是定义了 wrap-option 属性代替 word-wrap 属性。但是在最新的文本模式中（http://www.w3.org/TR/css3-text/）继续支

持该属性，并重定义了属性值。

【示例】下面的示例在页面中插入一个表格，由于标题行文字较多，标题行常被撑开，影响了浏览体验。为了解决这个问题，借助 word-break 属性进行处理，比较效果如图 5.13 所示。

```
<style type="text/css">
table {
    width: 100%;
    font-size: 14px;
    border-collapse: collapse;                    /* 定义细线表格 */
    border: 1px solid #cad9ea;                    /* 添加淡色细线边框 */
    table-layout: fixed;                          /* 定义表格逐步解析呈现，避免破坏布局 */
}
th {
    background-image: url(images/th_bg1.gif);     /* 使用背景图模拟渐变背景 */
    background-repeat: repeat-x;                  /* 定义背景图平铺方式 */
    height: 30px;
    vertical-align:middle;                        /* 垂直居中显示 */
    border: 1px solid #cad9ea;                    /* 添加淡色细线边框 */
    padding: 0 1em 0;
    overflow: hidden;                             /* 超出范围隐藏显示，避免撑开单元格 */
    word-break: keep-all;                         /* 禁止词断开显示 */
    white-space: nowrap;                          /* 强迫在一行内显示 */
}
td {
    height: 20px;
    border: 1px solid #cad9ea;                    /* 添加淡色细线边框 */
    padding: 6px 1em;                             /* 增加单元格空隙，避免文本挤在一起 */
}
tr:nth-child(even) { background-color: #f5fafe; }
.w4 { width: 4em; }
</style>
<table>
    <tr><th class="w4"> 与文本换行相关的属性 </th> <th> 使用说明 </th></tr>
    <tr><td>line-break</td><td>......</td></tr>
    <tr><td>word-wrap</td> <td>......</td></tr>
    <tr><td>word-break</td><td>......</td></tr>
    table>
```

与文本换行相关的属性	使用说明
line-break	用于指定如何（或是否）断行。除了Firefox，其它浏览器都支持。取值包括： auto，使用缺省的断行规则分解文本； loose，使用最松散的断行规则分解文本，一般用于短行的情况，如报纸； normal，使用最一般的断行规则分解文本； strict，使用最严格的断行原则分解文本。
word-wrap	允许长单词或URL地址换行到下一行。所有浏览器都支持。取值包括： normal，只在允许的断字点换行（浏览器保持默认处理）； break-word，在长单词或 URL 地址内部进行换行。
word-break	定义文本自动换行。Chrome和Safari浏览器支持不够友好。取值包括： normal：为默认值，允许在字内换行； keep-all,对于中文、韩文、日文，不允许字断开； break-all，与normal相同，允许非亚洲语言文本行的任意字内断开。
white-space	设置如何处理元素中的空格。所有浏览器都支持。取值包括： normal，默认处理方式； pre，显示预先格式化的文本，当文字超出边界时不换行； nowrap，强制在同一行内显示所有文本，合并文本间的多余空白，直到文本结束或者遭遇br对象； pre-wrap，显示预先格式化的文本，不合并文字间的空白距离，当文字碰到边界时发生换行； pre-line，保持文本的换行，不保留文字间的空白距离，当文字碰到边界时发生换行。

处理前

与文本换行	使用说明
line-break	用于指定如何（或是否）断行。除了Firefox，其它浏览器都支持。取值包括： auto，使用缺省的断行规则分解文本； loose，使用最松散的断行规则分解文本，一般用于短行的情况，如报纸； normal，使用最一般的断行规则分解文本； strict，使用最严格的断行原则分解文本。
word-wrap	允许长单词或URL地址换行到下一行。所有浏览器都支持。取值包括： normal，只在允许的断字点换行（浏览器保持默认处理）； break-word，在长单词或 URL 地址内部进行换行。
word-break	定义文本自动换行。Chrome和Safari浏览器支持不够友好。取值包括： normal：为默认值，允许在字内换行； keep-all,对于中文、韩文、日文，不允许字断开； break-all，与normal相同，允许非亚洲语言文本行的任意字内断开。
white-space	设置如何处理元素中的空格。所有浏览器都支持。取值包括： normal，默认处理方式； pre，显示预先格式化的文本，当文字超出边界时不换行； nowrap，强制在同一行内显示所有文本，合并文本间的多余空白，直到文本结束或者遭遇br对象； pre-wrap，显示预先格式化的文本，不合并文字间的空白距离，当文字碰到边界时发生换行； pre-line，保持文本的换行，不保留文字间的空白距离，当文字碰到边界时发生换行。

处理后

图 5.13　禁止表格标题文本换行显示

权威参考

5.3.3　书写模式

CSS3 增强了文本布局中的书写模式，在 CSS 2.1 定义的 direction 和 unicode-bidi 属性基础上，新增 writing-mode 属性。基本语法如下。

```
writing-mode：horizontal-tb | vertical-rl | vertical-lr | lr-tb | tb-rl
```

取值简单说明如下。

☑ horizontal-tb：水平方向自上而下的书写方式，类似 IE 私有值 lr-tb。

☑ vertical-rl：垂直方向自右而左的书写方式，类似 IE 私有值 tb-rl。

☑ vertical-lr：垂直方向自左而右的书写方式。

☑ lr-tb：从左到右，从上到下。对象中的内容在水平方向上从左向右流入，后一行在前一行的下面显示。

☑ tb-rl：从上到下，从右到左。对象中的内容在垂直方向上从上向下流入，自右向左。后一竖行在前一竖行的左面。全角字符是竖直向上的，半角字符如拉丁字母或片假名顺时针旋转 90°。

提示：direction 设置文本流方向，取值包括 ltr（文本流从左到右）和 rtl（文本流从右到左）。unicode-bidi 用于在同一个页面内显示不同方向的文本，与 direction 属性一起使用。

【示例 1】下面的示例设计唐诗从右侧流入，自上而下显示，效果如图 5.14 所示。

```
<style type="text/css">
#box {
    float: right;
    writing-mode: tb-rl;
    -webkit-writing-mode: vertical-rl;
    writing-mode: vertical-rl;
}
```

```
</style>
<div id="box">
    <h2> 春晓 </h2>
    <p> 春眠不觉晓，处处闻啼鸟。夜来风雨声，花落知多少。</p>
</div>
```

【示例 2】配合 margin-top: auto 和 margin-bottom: auto 声明，可以设计栏目垂直居中效果，如图 5.15 所示。

```
<style type="text/css">
.box {
    width: 400px; height: 300px;
    background-color: #f0f3f9;
    writing-mode: tb-rl;
    -webkit-writing-mode: vertical-rl;
    writing-mode: vertical-rl;
}
.auto {
    margin-top: auto;                    /* 垂直居中 */
    margin-bottom: auto;                 /* 垂直居中 */
    height:120px;
}
img { height:120px;}
</style>

<div class="box">
    <div class="auto"><img src="images/bg.png"></div>
</div>
```

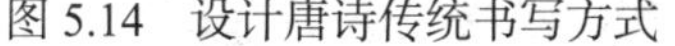

图 5.14　设计唐诗传统书写方式

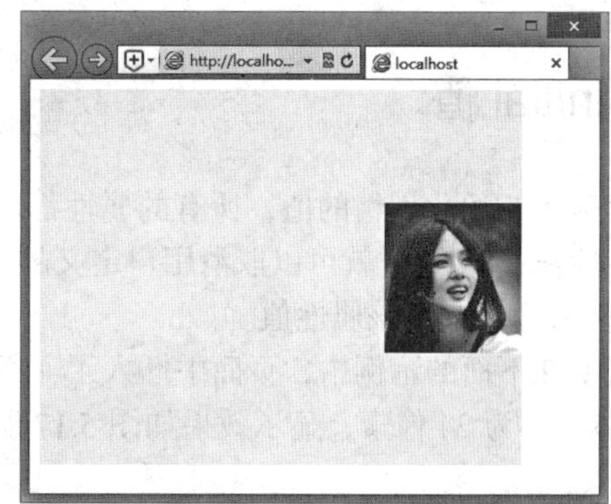

图 5.15　设计垂直居中布局

【示例 3】下面的示例设计一个象棋棋子，然后定义当超链接被激活时，首行文本缩进 4 个像素。由于使用了垂直书写模式，则文本向下移动 4 个像素，这样就可以模拟一种动态下沉效果，如图 5.16 所示。

```
<style type="text/css">
.btn {
    width: 80px; height: 80px;           /* 固定大小 */
    line-height: 80px;                   /* 垂直居中 */
    font-size: 62px;                     /* 大字体 */
    cursor: pointer;                     /* 手形指针样式 */
```

```
    text-align: center;                          /* 文本居中显示 */
    text-decoration:none;                        /* 清除下划线 */
    color: #a78252;                              /* 字体颜色 */
    background-color: #ddc390;                   /* 增加背景色 */
    border: 6px solid #ddc390;                   /* 增加粗边框 */
    border-radius: 50%;                          /* 定义圆形显示 */
    /* 定义阴影和内阴影边线 */
    box-shadow: inset 0 0 0 1px #d6b681, 0 1px, 0 2px, 0 3px, 0 4px;
    writing-mode: tb-rl;
    -webkit-writing-mode: vertical-rl;
    writing-mode: vertical-rl;
}
.btn:active { text-indent: 4px;}
</style>

<a href="#" class="btn"> 将 </a>
```

图 5.16　设计首字下沉特效

5.3.4　initial 值

initial 表示初始化属性的值，所有的属性都可以接受该值。如果想重置某个属性为浏览器默认设置，那么就可以使用该值，这样就可以取消用户定义的 CSS 样式。

注意，IE 暂不支持该属性值。

【示例】在下面的示例中，页面中插入了 4 段文本，然后在内部样式表中定义这 4 段文本为蓝色、加粗显示，字体大小为 24 像素，显示效果如图 5.17 所示。

```
<style type="text/css">
p {
    color: blue;
    font-size:24px;
    font-weight:bold;
}
</style>
<p> 春眠不觉晓，</p>
<p> 处处闻啼鸟。</p>
<p> 夜来风雨声，</p>
<p> 花落知多少。</p>
```

如果想禁止段落文本第一行和第三行用户定义的样式，只需在内部样式表中添加一个独立样式，然后把文本样式的值都设为 initial 值就可以了，具体代码如下，运行结果如图 5.18 所示。

```
p:nth-child(odd){
    color: initial;
    font-size:initial;
    font-weight:initial;
}
```

图 5.17　定义段落文本样式

图 5.18　恢复段落文本样式

在浏览器中可以看到，第一句和第三句文本恢复为默认的黑色、常规字体，大小为 16 像素。

5.3.5　inherit 值

inherit 表示属性能够继承祖先的设置值，所有的属性都可以接受该值。

【示例】下面的示例设置了一个包含框，高度为 200 像素，包含两个盒子，定义盒子高度分别为 100% 和 inherit，正常情况下都会显示 200 像素，但是在特定情况下，如当盒子被定义为绝对定位显示，则设置 height: inherit; 能够按预定效果显示，而 height: 100%; 就可能撑开包含框，效果如图 5.19 所示。

```
<style type="text/css">
.box {
    display: inline-block;
    height: 200px;
    width: 45%;
    border: 2px solid #666;
}
.box  div{
    width: 200px;
    background-color: #ccc;
    position: absolute;
}
.height1 { height: 100%;}
.height2 {height: inherit;}
</style>
<div class="box">
    <div class="height1">height: 100%;</div>
</div>
```

```
<div class="box">
    <div class="height2">height: inherit;</div>
</div>
```

Note

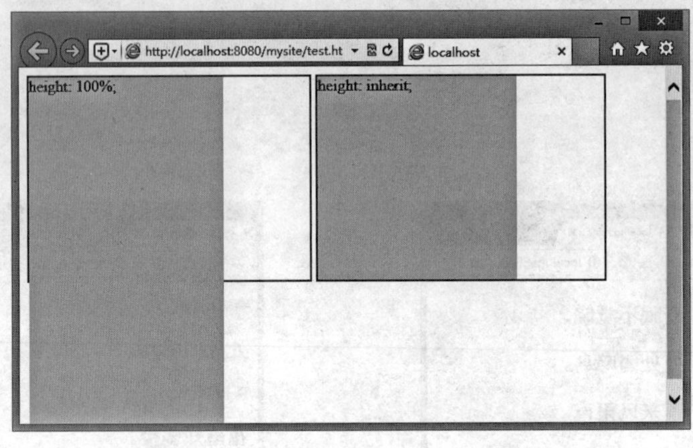

图 5.19　比较 inherit 和 100% 高度效果

提示： inherit 表示继承属性值，一般用于字体、颜色、背景等；auto 表示自适应，一般用于高度、宽度、外边距和内边距等关于长度的属性。

5.3.6　unset 值

unset 表示擦除用户声明的属性值，所有的属性都可以接受该值。如果属性有继承的值，则该属性的值等同于 inherit，即继承的值不被擦除；如果属性没有继承的值，则该属性的值等同于 initial，即擦除用户声明的值，恢复初始值。

注意，IE 和 Safari 暂时不支持该属性值。

【示例】 下面的示例设计了 4 段文本，第一段和第二段位于 <div class="box"> 容器中，设置段落文本显示为 30 像素的蓝色字体，现在擦除第二段和第四段文本样式，则第二段文本显示继承样式，即 12 像素的红色字体，而第四段文本显示初始化样式，即 16 像素的黑色字体，效果如图 5.20 所示。

```
<style type="text/css">
.box {color: red; font-size: 12px;}
p {color: blue; font-size: 30px;}
p.unset {
    color: unset;
    font-size: unset;
}
</style>
<div class="box">
    <p> 春眠不觉晓，</p>
    <p class="unset"> 处处闻啼鸟。</p>
</div>
<p> 夜来风雨声，</p>
<p class="unset"> 花落知多少。</p>
```

图 5.20　比较擦除后文本效果

5.3.7　all 属性

all 属性表示所有 CSS 的属性，但不包括 unicode-bidi 和 direction 这两个 CSS 属性。

注意，IE 暂时不支持该属性。

【示例】 针对上节示例，我们可以简化 p.unset 类样式。

```
p.unset {
    all: unset;
}
```

如果在样式中，声明的属性非常多，使用 all 会极为方便，避免逐个设置每个属性。

权威参考

5.4　色彩模式

视频讲解

CSS 2.1 支持 Color Name（颜色名称）、HEX（十六进制颜色值）、RGB，CSS 3 新增 3 种颜色模式为 RGBA、HSL 和 HSLA，下面分别进行介绍。

5.4.1　rgba() 函数

RGBA 是 RGB 色彩模式的扩展，它在红、绿、蓝三原色通道基础上增加了 Alpha 通道。其语法格式如下所示。

```
rgba(r,g,b,<opacity>)
```

参数说明如下。

☑ r、g、b：分别表示红色、绿色、蓝色 3 种原色所占的比重。取值为正整数或者百分数。正整数值的取值范围为 0 ~ 255，百分数值的取值范围为 0.0% ~ 100.0%。超出范围的数值将被截至其最接近的取值极限。注意，并非所有浏览器都支持使用百分数值。

☑ <opacity>：表示不透明度，取值在 0 ~ 1。

【示例】 下面的示例使用 CSS3 的 box-shadow 属性和 rgba() 函数为表单控件设置半透明度的阴影，来模拟柔和的润边效果。示例主要代码如下，预览效果如图 5.21 所示。

```
<style type="text/css">
input, textarea {/* 统一文本框样式 */
    padding: 4px;                                  /* 增加内补白，增大表单对象尺寸，看起来更大方 */
    border: solid 1px #E5E5E5;                     /* 增加淡淡的边框线 */
    outline: 0;                                    /* 清除轮廓线 */
    font: normal 13px/100% Verdana, Tahoma, sans-serif;
    width: 200px;                                  /* 固定宽度 */
    background: #FFFFFF;                           /* 白色背景 */
    /* 设置边框阴影效果 */
    box-shadow: rgba(0, 0, 0, 0.1) 0px 0px 8px;
}
/* 定义表单对象获取焦点、鼠标经过时，高亮显示边框 */
input:hover, textarea:hover, input:focus, textarea:focus { border-color: #C9C9C9; }
label {/* 定义标签样式 */
    margin-left: 10px;
    color: #999999;
    display:block; /* 以块状显示，实现分行显示 */
}
.submit input {/* 定义提交按钮样式 */
    width:auto;                                    /* 自动调整宽度 */
    padding: 9px 15px;                             /* 增大按钮尺寸，看起来更大气 */
    background: #617798;                           /* 设计扁平化单色背景 */
    border: 0;                                     /* 清除边框线 */
    font-size: 14px;                               /* 固定字体大小 */
    color: #FFFFFF;                                /* 白色字体 */
}
</style>
<form>
    <p class="name">
        <label for="name"> 姓名 </label>
        <input type="text" name="name" id="name" />
    </p>
    <p class="email">
        <label for="email"> 邮箱 </label>
        <input type="text" name="email" id="email" />
    </p>
    <p class="submit">
        <input type="submit" value=" 提交 " />
    </p>
</form>
```

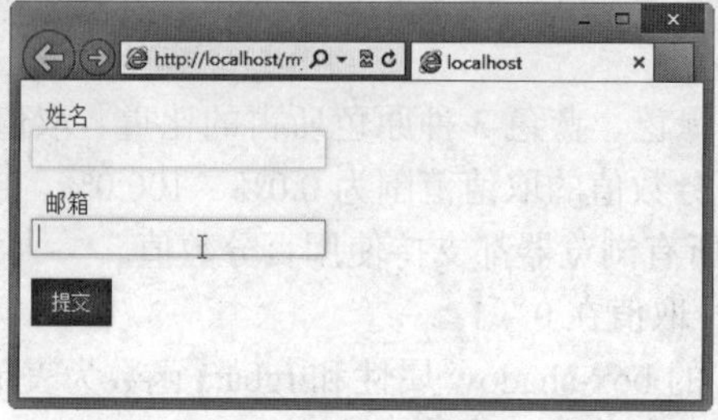

图 5.21　设计带有阴影边框的表单效果

提示：rgba(0,0,0,0.1) 表示不透明度为 0.1 的黑色，这里不宜直接设置为浅灰色，因为对于非白色背景来说，灰色发虚，而半透明效果可以避免这样的情况。

5.4.2 hsl() 函数

HSL 是一种标准的色彩模式，包括了人类视力所能感知的所有颜色，在屏幕上可以重现 16777216 种颜色，是目前运用最广泛的颜色系统。它通过色调（Hue）、饱和度（Saturation）和亮度（Lightness）3 个颜色通道的叠加来获取各种颜色。其语法格式如下所示。

```
hsl(<length>,<percentage>,<percentage>)
```

参数说明如下。

☑ <length> 表示色调（Hue）。可以为任意数值，用以确定不同的颜色。其中 0（或 360、-360）表示红色，60 表示黄色，120 表示绿色，180 表示青色，240 表示蓝色，300 表示洋红。

☑ <percentage>（第一个）表示饱和度 (Saturation)，可以为 0 ~ 100% 的值。其中 0 表示灰度，即没有使用该颜色；100% 饱和度最高，即颜色最艳。

☑ <percentage>（第二个）表示亮度 (Lightness)。取值为 0 ~ 100% 的值。其中 0 最暗，显示为黑色，50% 表示均值，100% 最亮，显示为白色。

【示例】设计颜色表。先选择一个色值，然后利用调整颜色的饱和度和亮度比重，分别设计不同的配色方案表。在网页设计中，利用这种方法就可以根据网页需要选择恰当的配色方案。使用 HSL 颜色表现方式，可以很轻松地设计网页配色方案表，模拟演示效果如图 5.22 所示。

```
<style type="text/css">
/* 设计表格边框样式，并增加内部间距，以方便观看 */
table{ border: solid 1px red; background:#eee; padding:6px;}
/* 设计列标题字体样式 */
th{ color:red; font-size:12px; font-weight:normal;}
/* 设计单元格大小尺寸 */
td{ width:80px; height:30px;}
/* 第 1 行 */
tr:nth-child(4) td:nth-of-type(1){background:hsl(0,100%,100%);}/* 第 1 列 */
tr:nth-child(4) td:nth-of-type(2){background:hsl(0,75%,100%);}/* 第 2 列 */
tr:nth-child(4) td:nth-of-type(3){background:hsl(0,50%,100%);}/* 第 3 列 */
tr:nth-child(4) td:nth-of-type(4){background:hsl(0,25%,100%);}/* 第 4 列 */
tr:nth-child(4) td:nth-of-type(5){background:hsl(0,0%,100%);}/* 第 5 列 */
/* 第 2 行 */
tr:nth-child(5) td:nth-of-type(1){background:hsl(0,100%,88%);}/* 第 1 列 */
tr:nth-child(5) td:nth-of-type(2){background:hsl(0,75%,88%);}/* 第 2 列 */
tr:nth-child(5) td:nth-of-type(3){background:hsl(0,50%,88%);}/* 第 3 列 */
tr:nth-child(5) td:nth-of-type(4){background:hsl(0,25%,88%);}/* 第 4 列 */
tr:nth-child(5) td:nth-of-type(5){background:hsl(0,0%,88%);}/* 第 5 列 */
/* 第 3 行 */
tr:nth-child(6) td:nth-of-type(1){background:hsl(0,100%,75%);}/* 第 1 列 */
tr:nth-child(6) td:nth-of-type(2){background:hsl(0,75%,75%);}/* 第 2 列 */
tr:nth-child(6) td:nth-of-type(3){background:hsl(0,50%,75%);}/* 第 3 列 */
```

Note

```
tr:nth-child(6) td:nth-of-type(4){background:hsl(0,25%,75%);}/* 第 4 列 */
tr:nth-child(6) td:nth-of-type(5){background:hsl(0,0%,75%);}/* 第 5 列 */
/* 第 4 行 */
tr:nth-child(7) td:nth-of-type(1){background:hsl(0,100%,63%);}/* 第 1 列 */
tr:nth-child(7) td:nth-of-type(2){background:hsl(0,75%,63%);}/* 第 2 列 */
tr:nth-child(7) td:nth-of-type(3){background:hsl(0,50%,63%);}/* 第 3 列 */
tr:nth-child(7) td:nth-of-type(4){background:hsl(0,25%,63%);}/* 第 4 列 */
tr:nth-child(7) td:nth-of-type(5){background:hsl(0,0%,63%);}/* 第 5 列 */
/* 第 5 行 */
tr:nth-child(8) td:nth-of-type(1){background:hsl(0,100%,50%);}/* 第 1 列 */
tr:nth-child(8) td:nth-of-type(2){background:hsl(0,75%,50%);}/* 第 2 列 */
tr:nth-child(8) td:nth-of-type(3){background:hsl(0,50%,50%);}/* 第 3 列 */
tr:nth-child(8) td:nth-of-type(4){background:hsl(0,25%,50%);}/* 第 4 列 */
tr:nth-child(8) td:nth-of-type(5){background:hsl(0,0%,50%);}/* 第 5 列 */
/* 第 6 行 */
tr:nth-child(9) td:nth-of-type(1){background:hsl(0,100%,38%);}/* 第 1 列 */
tr:nth-child(9) td:nth-of-type(2){background:hsl(0,75%,38%);}/* 第 2 列 */
tr:nth-child(9) td:nth-of-type(3){background:hsl(0,50%,38%);}/* 第 3 列 */
tr:nth-child(9) td:nth-of-type(4){background:hsl(0,25%,38%);}/* 第 4 列 */
tr:nth-child(9) td:nth-of-type(5){background:hsl(0,0%,38%);}/* 第 5 列 */
/* 第 7 行 */
tr:nth-child(10) td:nth-of-type(1){background:hsl(0,100%,25%);}/* 第 1 列 */
tr:nth-child(10) td:nth-of-type(2){background:hsl(0,75%,25%);}/* 第 2 列 */
tr:nth-child(10) td:nth-of-type(3){background:hsl(0,50%,25%);}/* 第 3 列 */
tr:nth-child(10) td:nth-of-type(4){background:hsl(0,25%,25%);}/* 第 4 列 */
tr:nth-child(10) td:nth-of-type(5){background:hsl(0,0%,25%);}/* 第 5 列 */
/* 第 8 行 */
tr:nth-child(11) td:nth-of-type(1){background:hsl(0,100%,13%);}/* 第 1 列 */
tr:nth-child(11) td:nth-of-type(2){background:hsl(0,75%,13%);}/* 第 2 列 */
tr:nth-child(11) td:nth-of-type(3){background:hsl(0,50%,13%);}/* 第 3 列 */
tr:nth-child(11) td:nth-of-type(4){background:hsl(0,25%,13%);}/* 第 4 列 */
tr:nth-child(11) td:nth-of-type(5){background:hsl(0,0%,13%);}/* 第 5 列 */
/* 第 9 行 */
tr:nth-child(12) td:nth-of-type(1){background:hsl(0,100%,0%);}/* 第 1 列 */
tr:nth-child(12) td:nth-of-type(2){background:hsl(0,75%,0%);}/* 第 2 列 */
tr:nth-child(12) td:nth-of-type(3){background:hsl(0,50%,0%);}/* 第 3 列 */
tr:nth-child(12) td:nth-of-type(4){background:hsl(0,25%,0%);}/* 第 4 列 */
tr:nth-child(12) td:nth-of-type(5){background:hsl(0,0%,0%);}/* 第 5 列 */
</style>
<table class="hslexample">
    <tbody>
        <tr>
            <th> </th><th colspan="5"> 色相：H=0 Red </th>
        </tr>
        <tr>
            <th> </th><th colspan="5"> 饱和度 (&rarr;)</th>
        </tr>
        <tr>
            <th> 亮度 (&darr;)</th>
```

```
        <th>100% </th><th>75% </th><th>50% </th><th>25% </th><th>0% </th>
    </tr>
    ......
  </tbody>
</table>
```

Note

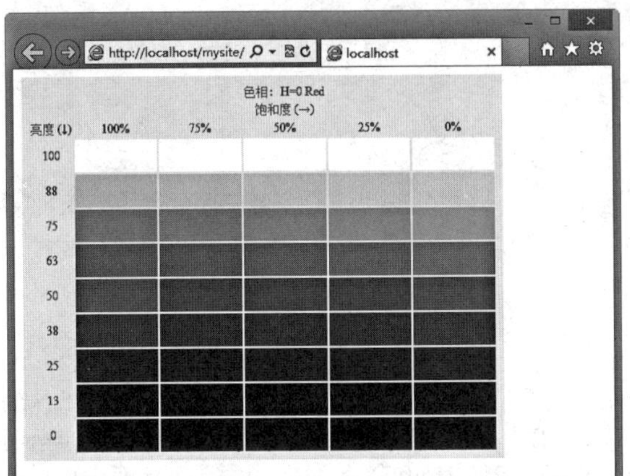

图 5.22　使用 HSL 颜色值设计颜色表

在上面的代码中，tr:nth-child(4) td:nth-of-type(1) 中的 tr:nth-child(4) 子选择器表示选择行，而 td:nth-of-type(1) 表示选择单元格（列）。其他行选择器结构依此类推。在 background:hsl(0,0%,0%); 声明中，hsl() 函数的第一个参数值 0 表示色相值，第二个参数值 0% 表示饱和度，第三个参数值 0% 表示亮度。

5.4.3　hsla() 函数

HSLA 是 HSL 色彩模式的扩展，在色相、饱和度、亮度三要素基础上增加了不透明度参数。使用 HSLA 色彩模式，可以定义不同的透明效果。其语法格式如下。

```
hsla(<length>,<percentage>,<percentage>,<opacity>)
```

其中，前 3 个参数与 hsl() 函数参数含义和用法相同，第四个参数 <opacity> 表示不透明度，取值在 0 ~ 1。

【示例】下面的示例设计了一个简单的登录表单，表单对象的边框色使用 #fff 值进行设置，定义为白色；表单对象的阴影色使用 rgba(0,0,0,0.1) 值进行设置，定义为非常透明的黑色；字体颜色使用 hsla(0,0%,100%,0.9) 值进行设置，定义为轻微透明的白色，预览效果如图 5.23 所示。

```
<style type="text/css">
body{ /* 为页面添加背景图像，显示在中央顶部位置，并完全覆盖窗口 */
    background: #eedfcc url(images/bg.jpg) no-repeat center top;
    background-size: cover;
}
.form { /* 定义表单框的样式 */
    width: 300px;                              /* 固定表单框的宽度 */
    margin: 30px auto;                         /* 居中显示 */
    border-radius: 5px;                        /* 设计圆角效果 */
    box-shadow: 0 0 5px rgba(0,0,0,0.1),       /* 设计润边效果 */
```

Note

```
                0 3px 2px rgba(0,0,0,0.1);                              /* 设计淡淡的阴影效果 */
}
.form p { /* 定义表单对象外框圆角、白边显示 */
    width: 100%;
    float: left;
    border-radius: 5px;
    border: 1px solid #fff;
}
/* 定义表单对象样式 */
.form input[type=text],
.form input[type=password] {
    /* 固定宽度和大小 */
    width: 100%;
    height: 50px;
    padding: 0;
    /* 增加修饰样式 */
    border: none;                                                       /* 移出默认的边框样式 */
    background: rgba(255,255,255,0.2);                                  /* 增加半透明的白色背景 */
    box-shadow: inset 0 0 10px rgba(255,255,255,0.5);                   /* 为表单对象设计高亮效果 */
    /* 定义字体样式 */
    text-indent: 10px;
    font-size: 16px;
    color:hsla(0,0%,100%,0.9);
    text-shadow: 0 -1px 1px rgba(0,0,0,0.4);                            /* 为文本添加阴影，设计立体效果 */
}
.form input[type=text] {                    /* 设计用户名文本框底部边框样式，并设计顶部圆角 */
    border-bottom: 1px solid rgba(255,255,255,0.7);
    border-radius: 5px 5px 0 0;
}
.form input[type=password] {                        /* 设计密码域文本框顶部边框样式，并设计底部圆角 */
    border-top: 1px solid rgba(0,0,0,0.1);
    border-radius: 0 0 5px 5px;
}
/* 定义表单对象被激活，或者鼠标经过时，增亮背景色，并清除轮廓线 */
.form input[type=text]:hover,
.form input[type=password]:hover,
.form input[type=text]:focus,
.form input[type=password]:focus {
    background: rgba(255,255,255,0.4);
    outline: none;
}
</style>
<form class="form">
    <p>
        <input type="text" id="login" name="login" placeholder=" 用户名 ">
        <input type="password" name="password" id="password" placeholder=" 密码 ">
    </p>
</form>
```

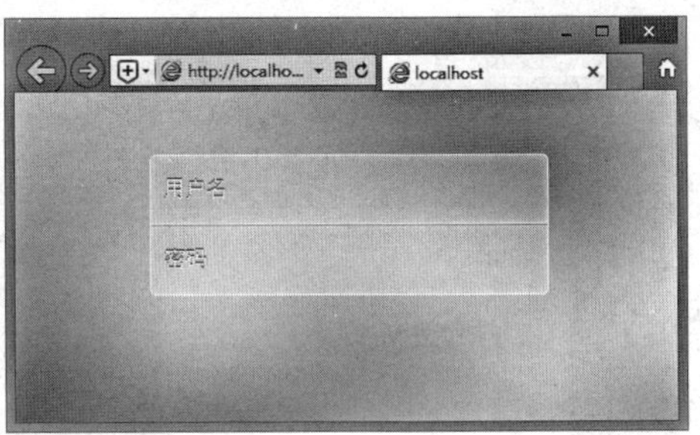

图 5.23　设计登录表单

5.4.4　opacity 属性

opacity 属性定义元素对象的不透明度。其语法格式如下。

```
opacity: <alphavalue> | inherit;
```

取值简单说明如下。

☑ <alphavalue> 是由浮点数字和单位标识符组成的长度值。不可为负值，默认值为 1。opacity 取值为 1 时，则元素是完全不透明的；取值为 0 时，元素是完全透明的，不可见的；介于 1 ~ 0 的任何值都表示该元素的不透明程度。如果超过了这个范围，其计算结果将截取到与之最相近的值。

☑ inherit 表示继承父辈元素的不透明性。

【示例】下面的示例设计 <div class="bg"> 对象铺满整个窗口，显示为黑色背景，不透明度为 0.7，这样可以模拟一种半透明的遮罩效果；再使用 CSS 定位属性设计 <div class="login"> 对象显示在上面。示例主要代码如下，演示效果如图 5.24 所示。

```
<style type="text/css">
body {margin: 0; padding: 0;}
div { position: absolute; }
.bg {
   width: 100%;
   height: 100%;
   background: #000;
   opacity: 0.7;
   filter: alpha(opacity=70);
} login {
   text-align:center;
   width:100%;
   top: 20%;
}
</style>
<div class="web"><img src="images/bg.png" /></div>
<div class="bg"></div>
<div class="login"><img src="images/login.png"  /></div>
```

Note

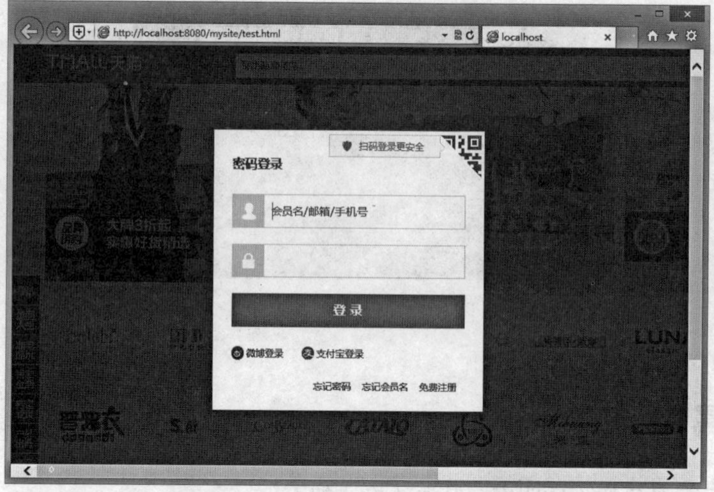

图 5.24　设计半透明的背景布效果

注意： 使用色彩模式函数的 alpha 通道可以针对元素的背景色或文字颜色单独定义不透明度，而 opacity 属性只能为整个对象定义不透明度。

5.4.5　transparent 值

transparent 属性值用来指定全透明色彩，等效于 rgba(0,0,0,0) 值。

【示例】 下面的示例使用 CSS 的 border 属性设计三角形效果，通过 transparent 颜色值让部分边框透明显示，代码如下，效果如图 5.25 所示。

```
<style type="text/css">
#demo {
    width: 0; height: 0;
    border-left: 50px solid transparent;
    border-right: 50px solid transparent;
    border-bottom: 100px solid red;
}
</style>
<div id="demo"></div>
```

通过调整各边颜色设置，或者调整各边宽度，可以设计不同角度的三角形，或者设计直角等不同形状。

☑　设计向右三角形

```
#demo {
  width: 0; height: 0;
  border-top: 50px solid transparent;
  border-left: 100px solid red;
  border-bottom: 50px solid transparent;
}
```

☑　设计直角三角形

```
#demo {
    width: 0; height: 0;
    border-top: 100px solid red;
    border-right: 100px solid transparent;
}
```

☑　设计梯形

```
#demo {
    height: 0;
    width: 120px;
    border-bottom: 120px solid #ec3504;
    border-left: 60px solid transparent;
    border-right: 60px solid transparent;
}
```

效果如图 5.26 所示。

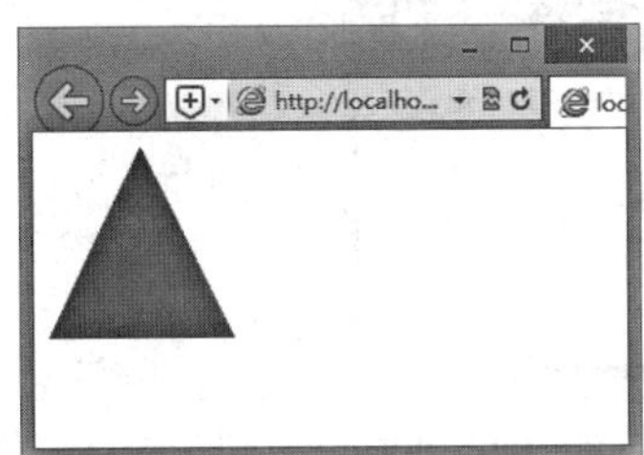

图 5.25　设计三角形效果

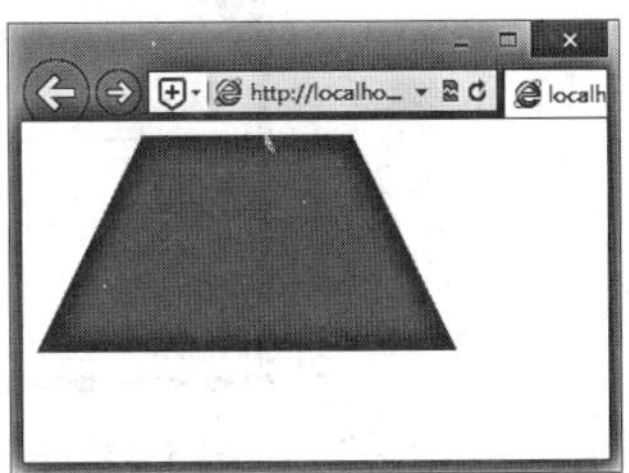

图 5.26　设计梯形效果

5.4.6　currentColor 值

在 CSS 中，border-color、box-shadow 和 text-decoration-color 属性的默认值是 color 属性的值。

【示例 1】 下面的示例中，为段落文本增加边框线，边框线的颜色设置为 color:red;，显示为红色。

```
<style type="text/css">
p {
  border:solid 2px;
  color:red;
}
</style>
<p> 春眠不觉晓，处处闻啼鸟。夜来风雨声，花落知多少。</p>
```

在 CSS1 和 CSS2 中，没有为此定义一个相应的关键字。为此 CSS3 扩展了颜色值，包含 currentColor 关键字，并用于所有接受颜色的属性上。currentColor 表示 color 属性的值。

【示例 2】 在下面的示例中，设计图标背景颜色值为 currentColor，这样在网页中随着链接文本的字体颜色不断变化，图标的颜色也跟随链接文本的颜色变化而变化，确保整体导航条色彩一致性，达到图文合一的境界，效果如图 5.27 所示。

```
<style type="text/css">
.icon {
```

Note

```
    display: inline-block;
    width: 16px; height: 20px;
    background-image: url(images/sprite_icons.png);
    background-color: currentColor; /* 使用当前颜色控制图标的颜色 */
}
.icon1 { background-position: 0 0; }
.icon2 { background-position: -20px 0; }
.icon3 { background-position: -40px 0; }
.icon4 { background-position: -60px 0; }
.link { margin-right: 15px; }
.link:hover { color: red; }/* 虽然改变的是文字颜色，但是图标颜色也一起变化了 */
</style>
<a href="##" class="link"><i class="icon icon1"></i> 首页 </a>
<a href="##" class="link"><i class="icon icon2"></i> 刷新 </a>
<a href="##" class="link"><i class="icon icon3"></i> 收藏 </a>
<a href="##" class="link"><i class="icon icon4"></i> 展开 </a>
```

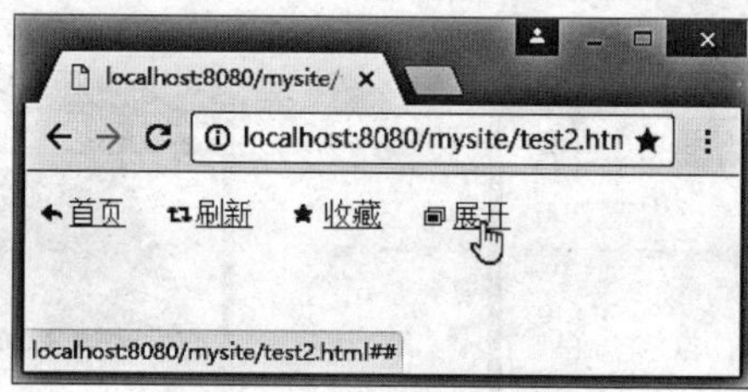

图 5.27　设计图标背景色为 currentColor

提示：如果 color 属性设置为 currentColor，则相当于 color: inherit。

视频讲解

5.5　文本阴影

CSS 3 使用 text-shadow 属性可以给文本添加阴影效果，到目前为止，Safari、Firefox、Chrome 和 Opera 等主流浏览器都支持该功能。

5.5.1　定义 text-shadow

text-shadow 属性是在 CSS2 中定义的，在 CSS 2.1 中被删除，在 CSS3 的 Text 模块中又恢复。基本语法如下。

```
text-shadow：none | <length>{2,3} && <color>?
```

取值简单说明如下。

☑　none：无阴影，为默认值。

☑　<length> ①：第 1 个长度值用来设置对象的阴影水平偏移值，可以为负值。

☑　<length> ②：第 2 个长度值用来设置对象的阴影垂直偏移值，可以为负值。

☑ <length>③：如果提供了第 3 个长度值则用来设置对象的阴影模糊值，不允许负值。

☑ <color>：设置对象的阴影的颜色。

【示例】下面的示例为段落文本定义一个简单的阴影效果，演示效果如图 5.28 所示。

```
<style type="text/css">
p {
    text-align: center;
    font: bold 60px helvetica, arial, sans-serif;
    color: #999;
    text-shadow: 0.1em 0.1em #333;
}
</style>
<p>HTML5+CSS3</p>
```

图 5.28　定义文本阴影

text-shadow: 0.1em 0.1em #333; 声明了右下角文本阴影效果，如果把投影设置到右上角，则可以做如下声明，效果如图 5.29 所示。

```
p {text-shadow: -0.1em -0.1em #333;}
```

同理，如果设置阴影在文本的左下角，则可以设置如下样式，演示效果如图 5.30 所示。

```
p {text-shadow: -0.1em 0.1em #333;}
```

图 5.29　定义左上角阴影

图 5.30　定义左下角阴影

也可以增加模糊效果的阴影，效果如图 5.31 所示。

```
p{ text-shadow: 0.1em 0.1em 0.3em #333; }
```

或者定义如下模糊阴影效果，如图 5.32 所示。

```
p{ text-shadow: 0.1em 0.1em 0.2em black; }
```

Note

Note

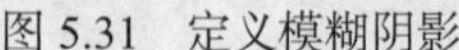

图 5.31　定义模糊阴影

图 5.32　定义模糊阴影

提示： 在 text-shadow 属性的第一个值和第二个值中，正值偏右或偏下，负值偏左或偏上。在阴影偏移之后，可以指定一个模糊半径。模糊半径是个长度值，指出模糊效果的范围。如何计算模糊效果的具体算法并没有指定。在阴影效果的长度值之前或之后还可以选择指定一个颜色值。颜色值会被用作阴影效果的基础。如果没有指定颜色，那么将使用 color 属性值来替代。

5.5.2　案例：设计特效字

下面结合示例介绍如何灵活使用 text-shadow 属性设计特效文字效果。

【示例 1】 下面的示例通过阴影把文本颜色与背景色区分开来，让字体看起来更清晰，代码如下，演示效果如图 5.33 所示。

```
<style type="text/css">
p {
    text-align: center;
    font: bold 60px helvetica, arial, sans-serif;
    color: #fff;
    text-shadow: black 0.1em 0.1em 0.2em;
}
</style>
<p>HTML5+CSS3</p>
```

【示例 2】 下面的示例演示了如何为红色文本定义 3 个不同颜色的阴影，演示效果如图 5.34 所示。当使用 text-shadow 属性定义多色阴影时，每个阴影效果必须指定阴影偏移，而模糊半径、阴影颜色是可选参数。

```
<style type="text/css">
p {
    text-align: center;
    font:bold 60px helvetica, arial, sans-serif;
    color: red;
    text-shadow: 0.2em 0.5em 0.1em #600,
            -0.3em 0.1em 0.1em #060,
            0.4em -0.3em 0.1em #006;
}
</style>
<p>HTML5+CSS3</p>
```

图 5.33 使用阴影增加前景色和背景色对比度

图 5.34 定义多色阴影

提示：text-shadow 属性可以接受以逗号分隔的阴影效果列表，并应用到该元素的文本上。阴影效果按照给定的顺序应用，因此可能会互相覆盖，但是它们永远不会覆盖文本本身。阴影效果不会改变框的尺寸，但可能延伸到它的边界之外。阴影效果的堆叠层次和元素本身的层次是一样的。

【示例 3】下面演示把阴影设置到文本线框的外面，代码如下，演示效果如图 5.35 所示。

```
<style type="text/css">
p {
    text-align: center;
    font:bold 60px helvetica, arial, sans-serif;
    color: red;
    border:solid 1px red;
    text-shadow: 0.5em 0.5em 0.1em #600,
          -1em 1em 0.1em #060,
          0.8em -0.8em 0.1em #006;
}
</style>
<p>HTML5+CSS3</p>
```

【示例 4】借助阴影效果列表机制，可以使用阴影叠加出燃烧的文字特效，代码如下，演示效果如图 5.36 所示。

```
<style type="text/css">
body {background:#000;}
p {
    text-align: center;
    font:bold 60px helvetica, arial, sans-serif;
    color: red;
    text-shadow: 0 0 4px white,
          0 -5px 4px #ff3,
          2px -10px 6px #fd3,
          -2px -15px 11px #f80,
          2px -25px 18px #f20;
}
</style>
<p>HTML5+CSS3</p>
```

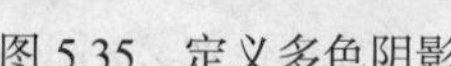

图 5.35　定义多色阴影

图 5.36　定义燃烧的文字影

【示例 5】 text-shadow 属性可以使用在 :first-letter 和 :first-line 伪元素上。同时还可以利用该属性设计立体文本。使用阴影叠加出立体文本特效代码如下，演示效果如图 5.37 所示。通过左上和右下各添加一个 1 像素错位的补色阴影，营造一种淡淡的立体效果。

```
<style type="text/css">
body { background: #000; }
p {
    text-align: center;
    padding: 24px;
    margin: 0;
    font-family: helvetica, arial, sans-serif;
    font-size: 80px;
    font-weight: bold;
    color: #D1D1D1;
    background: #CCC;
    text-shadow: -1px -1px white,
           1px 1px #333;
}
</style>
<p>HTML5+CSS3</p>
```

【示例 6】 反向思维，利用上面示例的设计思路，也可以设计一种凹体效果，设计方法就是把上面示例中左上和右下阴影颜色颠倒即可，主要代码如下，演示效果如图 5.38 所示。

```
<style type="text/css">
body { background: #000; }
p {
    text-align: center;
    padding: 24px;
    margin: 0;
    font-family: helvetica, arial, sans-serif;
    font-size: 80px;
    font-weight: bold;
    color: #D1D1D1;
    background: #CCC;
    text-shadow: 1px 1px white,
           -1px -1px #333;
}
</style>
<p>HTML5+CSS3</p>
```

图 5.37 定义凸起的文字效果

图 5.38 定义凹下的文字效果

【示例 7】 使用 text-shadow 属性还可以为文本描边，设计方法是分别为文本四个边添加 1 像素的实体阴影，代码如下，演示效果如图 5.39 所示。

```
<style type="text/css">
body { background: #000; }
p {
    text-align: center;
    padding:24px;
    margin:0;
    font-family: helvetica, arial, sans-serif;
    font-size: 80px;
    font-weight: bold;
    color: #D1D1D1;
    background:#CCC;
    text-shadow: -1px 0 black,
            0 1px black,
            1px 0 black,
            0 -1px black;
}
</style>
<p>HTML5+CSS3</p>
```

【示例 8】 设计阴影不发生位移，同时定义阴影模糊显示，这样就可以模拟出文字外发光效果，代码如下，演示效果如图 5.40 所示。

```
<style type="text/css">
body { background: #000; }
p {
    text-align: center;
    padding:24px;
    margin:0;
    font-family: helvetica, arial, sans-serif;
    font-size: 80px;
    font-weight: bold;
    color: #D1D1D1;
    background:#CCC;
    text-shadow: 0 0 0.2em #F87,
            0 0 0.2em #F87;
}
</style>
<p>HTML5+CSS3</p>
```

Note

图 5.39　定义描边文字效果

图 5.40　定义外发光文字效果

视频讲解

5.6　动态内容

权威参考

content 属性属于内容生成和替换模块，可以为匹配的元素动态生成内容。这样就能够满足在 CSS 样式设计中临时添加非结构性的样式服务元素，或者添加补充说明性内容等。

5.6.1　定义 content

content 属性的简明语法如下。

```
content: normal | string | attr() | uri() | counter() | none;
```

取值简单说明如下。

☑ normal：默认值。表现与 none 值相同。
☑ string：插入文本内容。
☑ attr()：插入元素的属性值。
☑ uri()：插入一个外部资源，如图像、音频、视频或浏览器支持的其他任何资源。
☑ counter()：计数器，用于插入排序标识。
☑ none：无任何内容。

提示： content 属性早在 CSS 2.1 中就被引入，可以使用 :before 和 :after 伪元素生成内容。此特性目前已被大部分的浏览器支持，另外 Opera 9.5+ 和 Safari 4 已经支持所有元素的 content 属性，而不仅仅是 :before 和 :after 伪元素。

在 CSS 3 Generated Content 工作草案中，content 属性添加了更多的特征，例如，插入以及移除文档内容的能力，可以创建脚注、段落注释等。但目前还没有浏览器支持 content 的扩展功能。

【示例 1】 下面的示例使用 content 属性为页面对象添加外部图像，演示效果如图 5.41 所示。

```
<style type="text/css">
div:after {
    border: solid 10px red;
    content: url(images/bg.png); /* 在 div 元素内添加图片 */
}
</style>
<div>
    <h2> 动态生成的图片 </h2>
</div>
```

注意，content 属性通常与 :after 及 :before 伪元素一起使用，在对象前或后显示内容。

【示例 2】下面的示例使用 content 属性把超链接的 URL 字符串动态显示在页面中，演示效果如图 5.42 所示。

```
<style type="text/css">
a:after {
    content: attr(href);
}
</style>
<a  href="http://www.baidu.com/"> 百度 </a>
```

图 5.41　动态生成图像演示效果

图 5.42　把超链接的 URL 字符串动态显示在页面中

5.6.2　案例：应用 content

下面结合多个示例，练习 content 在网页中的应用。

【示例 1】下面的示例使用 content 属性，配合 CSS 计数器进行多层嵌套有序列表序号设计，效果如图 5.43 所示。

```
<style type="text/css">
ol { list-style:none;}                                                  /* 清除默认的序号 */
li:before {color:#f00; font-family:Times New Roman;}                    /* 设计层级目录序号的字体样式 */
li{counter-increment:a 1;}                                              /* 设计递增函数 a，递增起始值为 1 */
li:before{content:counter(a)". ";}                                      /* 把递增值添加到列表项前面 */
li li{counter-increment:b 1;}                                           /* 设计递增函数 b，递增起始值为 1 */
li li:before{content:counter(a)"."counter(b)". ";}                      /* 把递增值添加到二级列表项前面 */
li li li{counter-increment:c 1;}                                        /* 设计递增函数 c，递增起始值为 1 */
li li li:before{content:counter(a)"."counter(b)"."counter(c)". ";}      /* 把递增值添加到三级列表项前面 */
</style>
<h1> 网站导航 </h1>
<ol>
    <li> 新闻
        <ol>
            <li> 国际新闻 </li>
            <li> 国内新闻
```

```
                <ol>
                    <li> 互联网 / 科技 </li>
                    <li> 财经 / 理财 </li>
                </ol>
            </li>
        </ol>
    </li>
    <li> 交互 </li>
</ol>
```

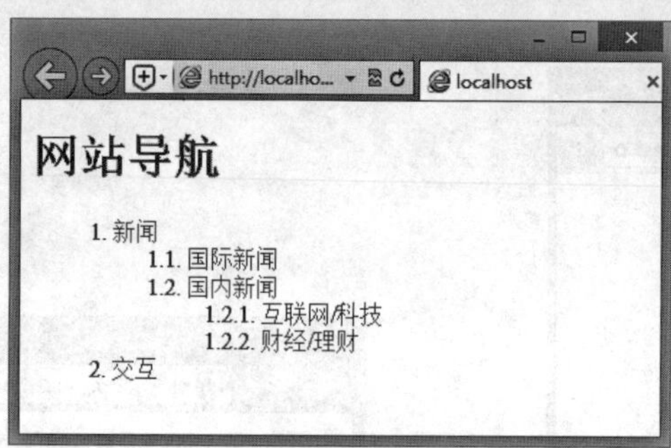

图 5.43　使用 CSS 技巧设计多层级目录序号

【示例 2】下面的示例使用 content 属性为引文动态添加引号，演示效果如图 5.44 所示。

```
<style type="text/css">
/* 为不同语言指定引号的表现 */
:lang(en) > q {quotes:'"' '"';}
:lang(no) > q {quotes:"«" "»";}
:lang(ch) > q {quotes:"“" "”";}
/* 在 q 元素的前后插入引号 */
q:before {content:open-quote;}
q:after  {content:close-quote;}
</style>
<p lang="no"><q>HTML5+CSS3 从入门到精通 </q></p>
<p lang="en"><q>CSS Generated Content Module Level 3</p>
<p lang="ch"><q>CSS 生成内容模块 3.0</q></p>
```

【示例 3】下面的示例使用 content 属性为超链接动态添加类型图标，演示效果如图 5.45 所示。

```
<style type="text/css">
a[href $=".pdf"]:after {
    content:url(images/icon_pdf.png);
}
a[rel = "external"]:after {
    content:url(images/icon_link.png);
}
</style>
<a href="http://www.book.com/1688.pdf">《HTML5+CSS3 从入门到精通》</a><br>
<a href="http://www.book.com/1688/" rel="external">《HTML5+CSS3 从入门到精通》</a>
```

图 5.44　动态生成引号

图 5.45　动态生成超链接类型图标

权威参考

5.7　网络字体

视频讲解

CSS3 允许用户通过 @font-face 规则，加载网络字体文件，实现自定义字体类型的功能。@font-face 规则在 CSS3 规范中属于字体模块。

5.7.1　使用 @font-face

@font-face 规则的语法格式如下。

```
@font-face { <font-description> }
```

@font-face 规则的选择符是固定的，用来引用网络字体文件。<font-description> 是一个属性名值对，格式类似如下样式，

```
font-forrily: value;
font-style: value;
font-variant: value;
font-weight: value;
[...]
src: value;
```

属性及其取值说明如下。

☑ font-family：设置文本的字体名称。
☑ font-style：设置文本样式。
☑ font-variant：设置文本是否大小写。
☑ font-weight：设置文本的粗细。
☑ font-stretch：设置文本是否横向的拉伸变形。
☑ font-size：设置文本字体大小。
☑ src：设置自定义字体的相对或者绝对路径。注意，该属性只用在 @font-face 规则里。

提示：事实上，IE 5 已经开始支持该属性，但是只支持微软公司自有的 .eot（Embedded Open Type）字体格式，而其他浏览器直到现在都不支持这一字体格式。不过，从 Safari 3.1 开始，用户可以设置 .ttf（TrueType）和 .otf（OpenType）两种字体作为自定义字体了。考虑到浏览器的兼容性，在使用时建议同时定义 .eot 和 .ttf，以便能够兼容所有主流浏览器。

Note

【示例】下面是一个简单的示例，演示如何使用 @font-face 规则在页面中使用网络字体。示例代码如下，演示效果如图 5.46 所示。

```
<style type="text/css">
/* 引入外部字体文件 */
@font-face {
    /* 选择默认的字体类型 */
    font-family: "lexograph";
    /* 兼容 IE */
    src: url(http://randsco.com//fonts/lexograph.eot);
    /* 兼容非 IE */
    src: local( "Lexographer"), url(http://randsco.com/fonts/lexograph.ttf) format("truetype");
}
h1 {
    /* 设置引入字体文件中的 lexograph 字体类型 */
    font-family: lexograph, verdana, sans-serif;
    font-size:4em;
}
</style>
<h1>http://www.baidu.com/</h1>
```

图 5.46　设置为 lexograph 字体类型的文字

提示： 嵌入外部字体需要考虑用户带宽问题，因为一个中文字体文件小的有几 MB，大的有十几 MB，这么大的字体文件下载过程会出现延迟，同时服务器也不能忍受如此频繁的申请下载。如果只是想标题使用特殊字体，最好设计成图片。

5.7.2　案例：设计字体图标

本节示例通过 @font-face 规则引入外部字体文件 glyphicons-halflings-regular.eot，然后定义几个字体图标，嵌入在导航菜单项目中，效果如图 5.47 所示。

图 5.47　设计包含字体图标的导航菜单

示例主要代码如下。

```
<style type="text/css">
/* 引入外部字体文件 */
@font-face {
    font-family: 'Glyphicons Halflings';    /* 选择默认的字体类型 */
    /* 外部字体文件列表 */
    src: url('fonts/glyphicons-halflings-regular.eot');
    src: url('fonts/glyphicons-halflings-regular.eot?#iefix') format('embedded-opentype'),
        url('fonts/glyphicons-halflings-regular.woff2') format('woff2'),
        url('fonts/glyphicons-halflings-regular.woff') format('woff'),
        url('fonts/glyphicons-halflings-regular.ttf') format('truetype'),
        url('fonts/glyphicons-halflings-regular.svg#glyphicons_halflingsregular') format('svg');
}
/* 定义字体图标样式 */
.glyphicon {
    position: relative;                              /* 相对定位 */
    top: 1px;                                        /* 相对向上偏移 1 个像素 */
    display: inline-block;                           /* 行内块显示 */
    font-family: 'Glyphicons Halflings';             /* 定义字体类型 */
    font-style: normal;                              /* 字体样式 */
    font-weight: normal;                             /* 字体粗细 */
    line-height: 1;                                  /* 定义行高，清除文本行对图标的影响 */
    -webkit-font-smoothing: antialiased;             /* 兼容 Chrome 浏览器解析 */
    -moz-osx-font-smoothing: grayscale;              /* 兼容 Firefox 浏览器解析 */
}
.glyphicon-home:before { content: "\e021"; }
.glyphicon-user:before { content: "\e008"; }
.glyphicon-search:before { content: "\e003"; }
.glyphicon-plus:before { content: "\e081"; }
span {/* 定义字体图标元素样式 */
    font-size: 16px;
    color: red;
}
ul {/* 定义导航列表框样式，清除默认样式 */
    margin: 0;
    padding: 0;
    list-style: none;
}
li {/* 定义列表项目样式，水平并列显示 */
    float: left;
    padding: 6px 12px;
    margin: 3px;
    border: solid 1px hsla(359,93%,69%,0.6);
    border-radius: 6px;
```

```
}
li a {/* 定义超链接文本样式 */
    font-size: 16px;
    color: red;
    text-decoration: none;
}
</style>
<ul>
    <li><span class="glyphicon glyphicon-home"></span> <a href="#"> 主页 </a></li>
    <li><span class="glyphicon glyphicon-user"></span> <a href="#"> 登录 </a></li>
    <li><span class="glyphicon glyphicon-search"></span> <a href="#"> 搜索 </a></li>
    <li><span class="glyphicon glyphicon-plus"></span> <a href="#"> 添加 </a></li>
</ul>
```

视频讲解

5.8 案例实战

本节将以案例形式实战练习 CSS3 新增的文本属性。

5.8.1 设计文本新闻页

本例模拟手机搜狐网的文本新闻网页，效果如图 5.48 所示。整个页面主体为上、中、下结构。顶部内容包括标题文字和主页链接按钮，中部内容包括文本新闻的标题和正文，底部内容包括多个超链接和版权信息。

图 5.48　设计文本新闻页面

页面顶部结构使用 <header> 标签实现，中部结构使用 <article> 标签实现，底部结构使用 <footer> 标签实现。主体结构如下。

```
<header class="h_min">
    <div class="h_min_w"> </div>
</header>
<article class="fin"> </article>
<footer class="site"> </footer>
```

在 <article class="fin"> 容器中，包含了一个完整的新闻内容。使用 <h1 class="finTit"> 定义新闻标题，使用 <div class="finCnt"> 包含正文多段段落文本。

```
<article class="fin">
    <h1 class="finTit"><strong> 未来 10 年，苹果会输给亚马逊？ </strong></h1>
    <div class="finCnt" style="font-size: 16px;">
        <p class="para"><strong> 苹果 </strong></p>
        <p class="para"> 作为目前市值最高的公司，苹果始终在向投资者证明，它有能力继续发展自己的业务，
            即便是在产品细分成熟的时候。当 Mac 销量增长放缓时，苹果的增长是由 iTunes 和 iPod 推动的。
            iPod 之后是 iPhone、苹果应用店、iPad、Apple Pay、Apple Watch、Apple Music 等等。</p>
    ……
  </div>
</article>
```

本页包含两个外部样式表文件：main.css 和 common.css，其中 main.css 为页面主样式表，common.css 为通用样式表，重置常用标签默认样式。具体说明如下。

第 1 步，清除所有标签的间距、边框。

```
a img, body, button, div, fieldset, form, h1, h2, h3, h4, h5, h6, html, img, input, li, menu, ol, p, textarea, ul { padding: 0;
margin: 0; border: 0 }
```

第 2 步，清除列表结构的项目符号。

```
li, ol, ul { list-style: none }
```

第 3 步，统一所有文本标签的字体大小、粗细等文本样式。

```
b, em, h1, h2, h3, h4, h5, h6, i { font-size: 1em; font-weight: 400; font-style: normal }
```

第 4 步，设计表单对象的基本样式。

```
body, button, input, select, textarea { -webkit-text-size-adjust: none; font: 400 14px/1.5 helvetica, verdana, san-serif;
outline: 0; color: #333 }
button, input[type=button], input[type=password], input[type=submit], input[type=text], textarea { -webkit-appearance:
none }
```

第 5 步，清除超链接的下画线样式。

```
a, a:visited { text-decoration: none; color: #333 }
```

第 6 步，设计多媒体对象垂直居中。

```
.img img, video { vertical-align: middle }
```

第 7 步，设计网页最小宽度为 320 像素，并居中显示。

```
body { min-width: 320px; margin: 0 auto; background: #fff }
```

第 8 步，清除超链接被激活时的轮廓线。

```
a:active { outline: none!important }
```

Note

第 9 步，在 main.css 样式表文件中，定义新闻正文的样式。

```
/* 文章框样式：增加边沿空隙 */
.fin { padding: 15px 10px }
/* 文章标题样式：增大字号显示，增大行距 */
.finTit { font-size: 22px; line-height: 30px }
/* 文章正文样式：字体 16 像素，间距 10 像素，允许换行显示，加上边框线 */
.finCnt { font-size: 16px; padding: 10px 0; word-break: break-all; border-top: 1px solid #efefef }
/* 段落文本样式：首行缩进 32 像素，设置字体、行高、颜色等基本样式 */
.finCnt .para { text-indent: 32px; margin-bottom: 5px; text-align: justify; line-height: 1.5em; color: #333; font-family: "Microsoft YaHei", "Microsoft JhengHei", STHeiti, MingLiu }
```

5.8.2 设计正文内页

本例模拟新华网移动版的文本新闻网页，效果如图 5.49 所示。在网页中单击 A+ 超链接，可以将文本新闻的文字大小设置为 24px，单击 A- 超链接，可以将文本新闻的文字大小重新设置为 16px，即该网页中文本新闻的文字大小可以在 24px 和 16px 之间进行动态切换。

图 5.49 设计文本新闻页面

新华网移动版的文本新闻网页的主体结构为上、中、下结构。顶部内容包括返回首页超链接和标题文字，中部内容包括文本新闻的标题、来源和正文，底部内容包括多个超链接和版权信息。

页面顶部结构使用 <header> 标签实现，中部结构使用 <article> 标签实现，底部结构使用 <footer> 标签实现。主体结构如下。

```
<div id="mainhtml" class="item">
  <header id="header"> </header>
  <!-- 正文 -->
  <article id="mainbox">
    <section class="news-content" id="newsDetail"> </section>
    <div id="ydstart" class="ydstart"> </div>
    <div id="contentblock"> </div>
    <div id="contont"> </div>
  </article>
</div>
<footer>
  <nav> </nav>
  <div class="copyright"> </div>
</footer>
```

在 <article id="mainbox"> 容器中，包含了一个完整的正文内容。使用 <section class="news-content" id="newsDetail"> 定义新闻标题，其中包括新闻标题，以及描述信息；使用 <div id="ydstart" class="ydstart"> 包含附加工具条，可以单击查看全文，以及放大或缩小正文字体。

正文内容包裹在 <div id="contentblock"> 容器中，内部又嵌入了一层 <div id="content"> 结构，以便于页面设计。里面包含多段段落文本。

本页包含两个外部样式表文件：main.css 和 common.css，其中 main.css 为页面主样式表，common.css 为通用样式表，重置常用标签默认样式，与上一节相同，就不再重复说明。下面重点介绍正文 CSS 样式的设计。

在 main.css 样式表文件中，找到下面的 CSS 代码。该样式主要定义字体大小为 16 像素，正文行高为 1.8 倍字体大小，首行缩进两个字符，通过 margin 属性调整左右两侧的空隙。

```
#contentblock {
    font-size: 16px;
    line-height: 180%;
    margin: 10px auto 20px;
    text-align: left;
    width: 99%;
    text-indent: 2em;
}
```

5.8.3　设计列表文本样式

本例模拟新华网手机版的新闻标题及导航网页，效果如图 5.50 所示。在新闻标题及导航网页中单击“显示更多”超链接，可以显示更多的新闻标题。

Note

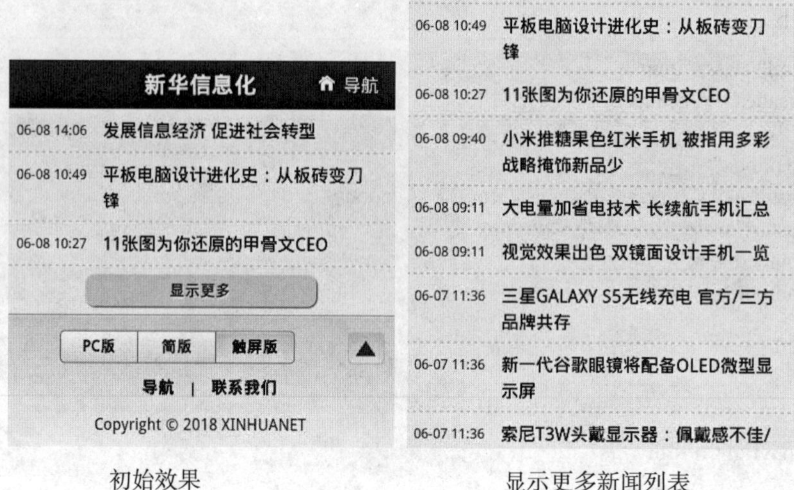

初始效果　　　　显示更多新闻列表

图 5.50　设计列表文本样式

本例通过对新闻标题导航文本的设计，重点训练 HTML5 中常用的文本标签、CSS 文本属性、字体属性、颜色值及颜色表示方法、CSS 链接属性等，了解网页元素的水平对齐、CSS 导航栏的设计，熟悉文本新闻网页和导航网页的设计方法。对于页面其他样式和功能的设计，限于篇幅就不再展开，感兴趣的读者可以参考示例源代码。

页面主体为上、中、下结构。顶部内容包括返回首页超链接和标题文字，中部内容包括新闻标题和发布时间，底部内容包括多个超链接和版权信息。

页面顶部结构使用 <header> 标签实现，中部结构使用 <section> 标签实现，底部结构使用 <nav> 标签实现。主体结构如下。

```
<div id="mainpage">
    <!-- 新闻标题 -->
    <header class="h"> </header>
    <!-- 新闻频道 -->
    <section class="ls"> </section>
    <section class="ls" style=" display:none"> </section>
    <section class="ls" style=" display:none"> </section>
    <div class="list_more" id="showmoren"> </div>
    <!-- 页尾信息 -->
    <nav class="footbox"> </nav>
    <!-- footbox end -->
</div>
```

本页包含两个外部样式表文件：main.css 和 common.css，其中 main.css 为页面主样式表，common.css 为通用样式表，重置常用标签默认样式，与上一节相同，就不再重复说明。下面重点介绍新闻标题文本的 CSS 样式的设计。

在 main.css 样式表文件中，找到下面的 CSS 代码，然后分析列表文本的样式设计。

第 1 步，统一列表框包含文本的字体大小。

```
.list { font-size: 18px; display: -webkit-box; float: left; width: 100% }
```

第 2 步，清除最后一个列表框的底边框。

```
.list:last-child { border-bottom: none }
```

第 3 步，定义当标题文本被访问后的字体颜色。

```
.list a:visited { color: #551a8b }
```

第 4 步，设计列表框居中显示。

```
.list ul { width: 100%; margin: 0 auto; text-align: center }
```

第 5 步，设计新闻时间文本的样式：大小为 14 像素，灰色字体，左对齐。

```
.list li span { float: left; font-size: 14px; width: 90px; line-height: 27px; color: #999999; text-align: left }
```

第 6 步，设计新闻标题向左浮动显示，文本左对齐，添加下边框线，灰色虚线。

```
.list li { float: left; -webkit-box-flex: 1; text-align: left; border-bottom: 1px dashed #d6d6d6; display: block; padding: 8px; width: 100% }
```

第 7 步，调整链接文本与左侧时间文本的距离，并定义左对齐。

```
.list li a { text-align: left; padding-right: 10px; }
```

5.8.4　设计黑科技首页

线 上 阅 读

本书示例将模拟一个黑科技网站的首页，借助 text-shadow 属性设计阴影效果，通过颜色的搭配，设计一种静谧而又神秘的画面，使用两幅 PNG 图像对页面效果进行装饰和点缀，最后演示效果如图 5.51 所示。具体代码解析请扫码学习。

图 5.51　设计黑科技首页

线上阅读

5.8.5 设计消息提示框

Note

本节示例将借助 CSS3 增强的文本特性，以及相关动画功能，设计一个纯 CSS 的消息提示框，效果如图 5.52 所示。具体操作步骤请扫码学习。

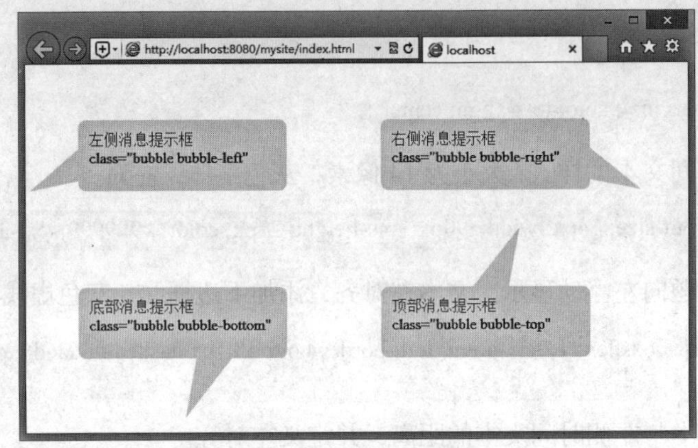

图 5.52 设计消息提示框

在线练习

5.9 在线练习

本节将通过大量的上机示例，帮助初学者练习使用 CSS3 灵活定义移动网页文本样式和版式。

第 6 章

设计列表结构

（视频讲解：52 分钟）

在网页中，大部分信息都需要列表结构来进行管理，如菜单栏、图文列表、分类导航、列表页、栏目列表等。HTML5 定义了一套列表元素，通过列表结构实现对网页信息的合理排版。另外，列表中还会包含大量链接，通过它实现页面或位置跳转，最终把整个网站、整个互联网连在一起。列表结构与链接关系紧密，因此本章将详细讲解这两类对象的定义和设计。

【学习重点】

- 创建有序列表和无序列表。
- 设置列表编号。
- 定义列表样式。
- 定义网页链接。
- 定义锚链接。
- 定义其他类型链接。

视频讲解

Note

6.1 定义列表

HTML5 支持创建普通列表、编号列表，以及描述列表等，可以在一个列表中嵌套另外一个或多个列表。下面就来详细介绍。

6.1.1 无序列表

无序列表是一种不分排序的列表结构，使用 ul 元素定义，在 ul 元素中可以包含多个 li 元素定义的列表项目。

【示例 1】下面的示例使用无序列表定义一元二次方程的求解方法，预览效果如图 6.1 所示。

```
<h1> 解一元二次方程 </h1>
<p> 一元二次方程求解有四种方法：</p>
<ul>
    <li> 直接开平方法 </li>
    <li> 配方法 </li>
    <li> 公式法 </li>
    <li> 分解因式法 </li>
</ul>
```

无序列表可以分为一级无序列表和多级无序列表，一级无序列表在浏览器中解析后，会在每个列表项目前面添加一个小黑点的修饰符，而多级无序列表则会根据级数调整列表项目修饰符。

【示例 2】下面的示例在页面中设计了三层嵌套的多级列表结构，浏览器默认解析时显示效果如图 6.2 所示。

```
<ul>
    <li> 一级列表项目 1
        <ul>
            <li> 二级列表项目 1</li>
            <li> 二级列表项目 2
                <ul>
                    <li> 三级列表项目 1</li>
                    <li> 三级列表项目 2</li>
                </ul>
            </li>
        </ul>
    </li>
    <li> 一级列表项目 2</li>
</ul>
```

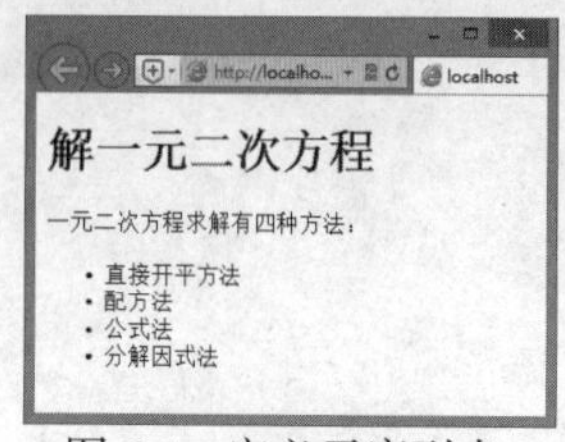

图 6.1　定义无序列表

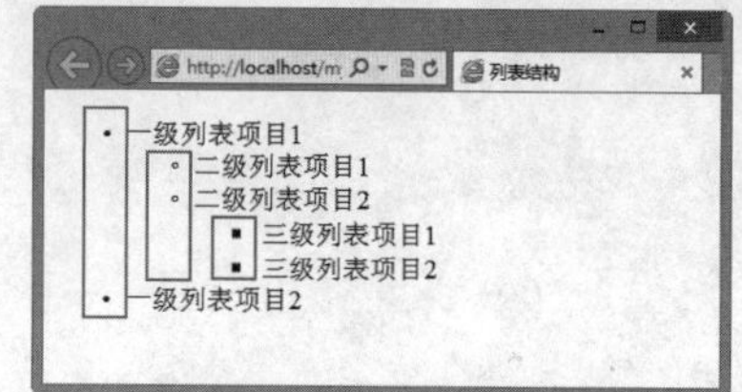

图 6.2　多级无序列表的默认解析效果

通过观察图 6.2，可以发现无序列表在嵌套结构中随着其所包含的列表级数的增加而逐渐缩进，并且随着列表级数的增加而改变不同的修饰符。合理使用列表结构能让页面的结构更加清晰。

6.1.2　有序列表

有序列表是一种在意排序位置的列表结构，使用 ol 元素定义，其中包含多个 li 列表项目元素构成。

一般网页设计中，列表结构可以互用有序或无序列表元素。但是，在强调项目排序的栏目中，选用有序列表会更科学，如新闻列表（根据新闻时间排序）、排行榜（强调项目的名次）等。

【示例 1】列表结构在网页中比较常见，其应用范畴比较宽泛，可以是新闻列表、产品列表，也可以是导航、菜单、图表等。下面的示例显示了 3 种列表应用形式，效果如图 6.3 所示。

```
<h1> 列表应用 </h1>
<h2> 百度互联网新闻分类列表 </h2>
<ol>
    <li> 网友热论网络文学：渐入主流还是刹那流星？ </li>
    <li> 电信封杀路由器？消费者质疑：强迫交易 </li>
    <li> 大学生创业俱乐部为大学生自主创业助力 </li>
</ol>
<h2> 焊机产品型号列表 </h2>
<ul>
    <li> 直流氩弧焊机系列 </li>
    <li> 空气等离子切割机系列 </li>
    <li> 氩焊 / 手弧 / 切割三用机系列 </li>
</ul>
<h2> 站点导航菜单列表 </h2>
<ul>
    <li> 微博 </li>
    <li> 社区 </li>
    <li> 新闻 </li>
</ul>
```

【示例 2】有序列表也可分为一级有序列表和多级有序列表，浏览器默认解析时都是将有序列表以阿拉伯数字表示，并增加缩进，如图 6.4 所示。

```
<ol>
    <li> 一级列表项目 1
        <ol>
            <li> 二级列表项目 1</li>
            <li> 二级列表项目 2
                <ol>
                    <li> 三级列表项目 1</li>
                    <li> 三级列表项目 2</li>
                </ol>
            </li>
        </ol>
    </li>
    <li> 一级列表项目 2</li>
</ol>
```

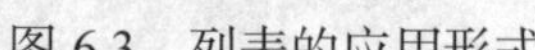

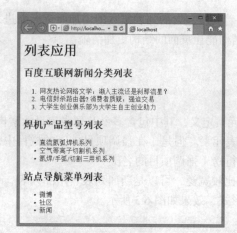

图 6.3　列表的应用形式

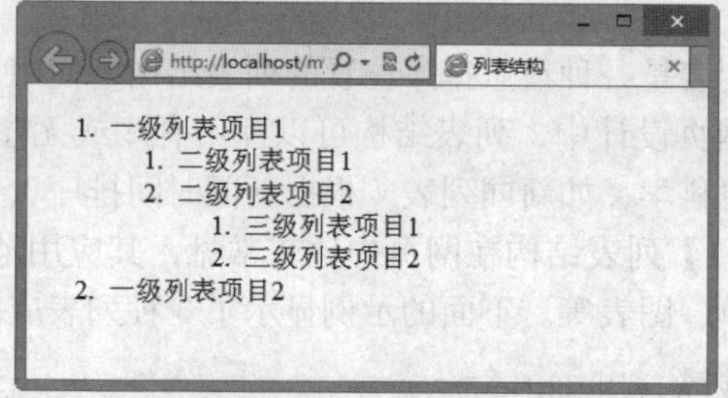

图 6.4　多级有序列表默认解析效果

6.1.3　项目编号

ol 元素包含 3 个比较实用的属性，这些属性同时获得 HTML5 支持，且其中 reversed 为新增属性。具体说明如表 6.1 所示。li 元素也包含两个实用属性 type 和 value，其中 value 可以设置项目编号的值。

表 6.1　ol 元素属性

属　性	取　值	说　明
reversed	reversed	定义列表顺序为降序，如 9、8、7……
start	number	定义有序列表的起始值
type	1、A、a、I、i	定义在列表中使用的标记类型

【示例】新建 HTML5 文档，输入下面的代码，设计一个有序列表结构。

使用 value 属性可以对某个列表项目的编号进行修改，后续的列表项目会相应地重新编号。因此，可以使用 value 在有序列表中指定两个或两个以上位置相同的编号。例如，在分数排名的列表中，通常该列表会显示为 1、2、3、4、5，但如果存在两个并列第二名，则可以将第三个项目设置为 <li value="2">，将第四个项目设置为 <li value="4">，这时列表将显示为 1、2、2、4、5。效果如图 6.5 所示。

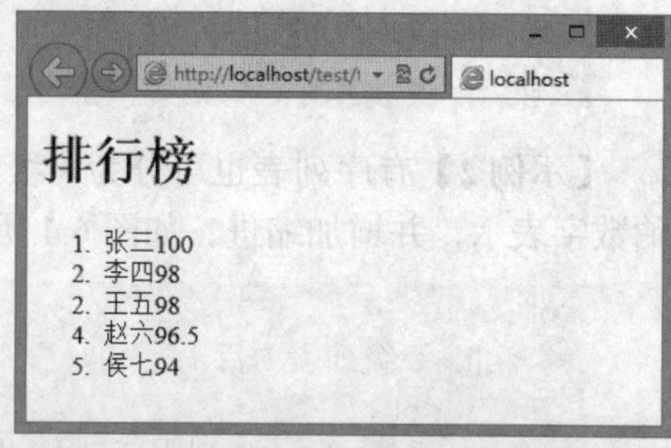

图 6.5　排名列表中并列排名的效果

```
<h1> 排行榜 </h1>
<ol>
    <li> 张三 <span>100</span> </li>
    <li> 李四 <span>98</span> </li>
    <li value="2"> 王五 <span>98</span> </li>
    <li value="4"> 赵六 <span>96.5</span> </li>
    <li> 侯七 <span>94</span> </li>
</ol>
```

提示：start 和 type 是两个重要的属性，建议始终使用数字。即便使用字母或罗马数字对列表进行编号，也应使用数字，因为这对于用户和搜索引擎都比较友好。页面呈现效果可以通过 CSS 设计预期的标记样式。

下面的代码设计了有序列表降序显示，序列的起始值为 5，类型为大写罗马数字。

```
<ol type="I" start="5" reversed >
    <li>……</li>
</ol>
```

6.1.4　设计 CSS 样式

用户也可以使用 CSS 设计列表样式，通过背景图像创建自定义的项目符号类型。

第 1 步，在目标列表或列表项的样式规则中，输入下面的样式取消默认的项目符号。

```
list-style: none;
```

第 2 步，在目标列表的样式中，设置 margin-left 或 padding-left 属性，指定列表项目缩进的大小。为了在不同的浏览器上实现相似的效果，通常需要同时设置这两个属性。

注意，如果为内容设置了 dir="rtl"，那么就应该设置 margin-right 和 padding-right 属性。

第 3 步，在目标列表的 li 元素的样式中定义背景图像，使用背景图像模拟项目符号。

```
background: url(image.gif ) repeat-type horizontal vertical;
```

其中，image.gif 是要作为定制标记的图像的路径和文件名；repeat-type 是 no-repeat、repeat-x 和 repeat-y 中的一种，通常设为 no-repeat；horizontal 和 vertical 值表示列表项目中背景图像的位置。

第 4 步，输入 padding-left:value ;，这里的 value 应不小于背景图像的宽度，以防列表项目的内容覆盖到定制标记的上面。

完整样式代码如下：

```
ul {/* 取消默认标记 */
   list-style: none;
   /* 删除列表项的缩进 */
   margin-left: 0;
   padding-left: 0;
}
li { /* 显示定制的标记 */
   background: url(images/checkmark.png)  no-repeat 0 0;
}
```

如果想删除列表项目的缩进，应该将 margin-left 和 padding-left 都设为 0。

提示：也可以使用 list-style-image 设计项目符号。例如：

li { list-style-image:url(image.png); }

因为不同浏览器的显示效果并不一致，并且相比前面展示的背景图像方法，开发者更难控制图像标记的位置。

6.1.5 嵌套列表

Note

嵌套列表比较常用。所谓嵌套列表，就是在一个列表中可以插入另一个列表。

有序列表和无序列表都可以创建嵌套列表。例如，使用有序列表结构进行嵌套，创建分级大纲（如目录页）；使用无序列表结构创建带子菜单的导航（如多级菜单）。

注意，每个嵌套的 ul 都包含在其父元素的开始标签 <li> 和结束标签 </li> 之间。

【示例】新建 HTML5 文档，使用无序列表构建导航菜单（<ul class="nav">），同时使用两个嵌套的无序列表构建子菜单（<ul class="subnav">）。

```
<nav role="navigation">
    <ul class="nav">
        <li><a href="#"> 首页 </a></li>
        <li><a href="#"> 产品 </a>
            <ul class="subnav">
                <li><a href="#"> 手机 </a></li>
                <li><a href="#"> 配件 </a></li>
            </ul>
        </li>
        <li><a href="#"> 支持 </a>
            <ul class="subnav">
                <li><a href="#"> 社区 </a></li>
                <li><a href="#"> 联系 </a></li>
            </ul>
        </li>
        <li><a href="#"> 关于 </a></li>
    </ul>
</nav>
```

最后可以通过 CSS 让导航水平排列，同时让子菜单在默认情况下隐藏起来，并在访问者激活它们时显示出来。

6.1.6 描述列表

HTML 提供了专门用于描述成组的名称或术语，及其值之间关联的列表类型。这种类型在 HTML5 中称为描述列表，在 HTML4 中称为定义列表。

描述列表是一种特殊的列表结构，它可以是术语和定义、元数据主题和值、问题和答案，以及任何其他的名 / 值对。每个描述列表都包含在 dl 元素中，其中每个名 / 值对都有一个或多个 dt 元素（名称或术语），以及一个或多个 dd 元素（值）。

【示例 1】下面的示例定义了一个中药词条列表。

```
<h2> 中药词条列表 </h2>
<dl>
    <dt> 丹皮 </dt>
    <dd> 为毛茛科多年生落叶小灌木植物牡丹的根皮。产于安徽、山东等地。秋季采收，晒干。生用或炒用。</dd>
</dl>
```

在上面结构中，“丹皮”是词条，而“为毛茛科多年生落叶小灌木植物牡丹的根皮。产于安徽、山东等

地。秋季采收，晒干。生用或炒用。”是对词条进行的描述（或解释）。

【示例 2】下面的示例使用描述列表显示了两个成语的解释。

```
<h1> 成语词条列表 </h1>
<dl>
  <dt> 知无不言，言无不尽 </dt>
  <dd> 知道的就说，要说就毫无保留。</dd>
  <dt> 智者千虑，必有一失 </dt>
  <dd> 不管多聪明的人，在很多次的考虑中，也一定会出现个别错误。</dd>
</dl>
```

提示：描述列表与无序列表和有序列表存在着结构上的差异性，相同点就是HTML结构必须是如下形式：

```
<dl>
        <dt> 描述列表标题 </dt>
        <dd> 描述列表内容 </dd>
</dl>
```

或者：

```
<dl>
        <dt> 描述列表标题 1</dt>
        <dd> 描述列表内容 1.1</dd>
        <dd> 描述列表内容 1.2</dd>
</dl>
```

也可以是多个组合形式：

```
<dl>
        <dt> 描述列表标题 1</dt>
        <dd> 描述列表内容 1</dd>
        <dt> 描述列表标题 2</dt>
        <dd> 描述列表内容 2</dd>
</dl>
```

【示例 3】可以对描述列表进行嵌套，并通过 CSS 对它们添加所需的样式。在默认情况下，如果一个 dl 嵌套在另一个 dl 中，它会自动进行缩进，当然也可以通过 CSS 对此进行修改。

```
<h1> 标题说明 </h1>
<dl>
    <dt> 名词 1</dt>
    <dd> 解释 1</dd>
    <dd>
        <!-- 开始嵌套列表 -->
        <dl>
            <dt> 子名词 1</dt>
            <dd> 子解释 1</dd>
        </dl>
        <!-- 结束嵌套列表 -->
    </dd>
</dl>
```

Note

输入下面的 CSS 控制样式：

```
<style type="text/css">
body { font-family: Verdana, Geneva, sans-serif; }
h1 { font-size: 1.75em; }
dt {
    font-weight: bold;
    text-transform: uppercase;
}
/* 为位于另一个 dl 中的任意 dl 的 dt 设置样式 */
dl dl dt { text-transform: none; }
dd + dt { margin-top: 1em; }
</style>
```

对主要列表中的术语和嵌套列表中的术语进行区分，对 dt 元素使用了大写字母样式，再将位于嵌套 dl 中的 dt 元素重新设为常规样式（使用 text-transform: none; 声明）。不过，注意所有的术语均以粗体显示，这是因为第一条样式规则中的声明适用于所有的 dt 元素，同时并未在嵌套列表的样式中清除这一样式，演示效果如图 6.6 所示。

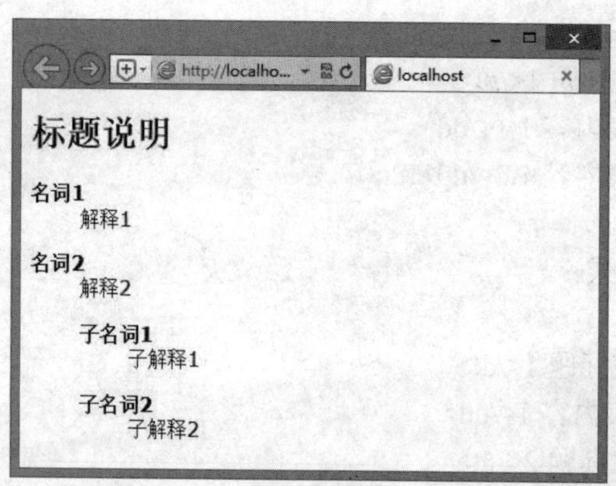

图 6.6　设计嵌套描述列表

在默认情况下，当一个 dl 嵌套在另一个 dl 中时，嵌套的列表会自动进行缩进。第一级 dt 元素使用大写字母，而嵌套列表中的 dt 元素则使用常规样式。所有的 dt 元素均以粗体显示。

对于描述（值），浏览器通常会在其术语（名称）下面新的一行对其进行缩进。可以通过自定义 dd 元素的 margin-left 值改变缩进。如 dd { marginleft:0; } 会将描述跟术语左对齐。

注意，不应使用 p 元素对 dd 元素中的单个文本段落进行标记。不过，如果单个描述是由一个以上的段落构成的，就应该在一个 dd 元素中使用多个 p 元素对其进行标记，而不是将每个段落（不使用 p 元素）放入单独的 dd。

6.1.7　菜单列表

HTML5 重新定义了被 HTML4 弃用的 menu 元素。使用 menu 元素可以定义命令的列表或菜单，如上下文菜单、工具栏，以及列出表单控件和命令。menu 元素中可以包含 command 和 menuitem 元素，用于定义命令和项目。

【示例1】下面的示例配合使用 menu 和 command 元素，定义一个命令，当单击该命令时，将弹出提示对话框，如图 6.7 所示。

```
<menu>
    <command onclick="alert('Hello World')"> 命令 </command>
</menu>
```

command 元素可以定义命令按钮，如单选按钮、复选框或按钮。只有当 command 元素位于 menu 元素内时，该元素才是可见的。否则不会显示这个元素，但是可以用它定义键盘快捷键。

目前，只有 IE 9（更早或更晚的版本都不支持）和最新版本的 Firefox 支持 command 元素。

command 元素包含很多属性，专门用来定制命令的显示样式和行为，说明如表 6.2 所示。

表 6.2　command 元素属性

属　　性	取　　值	说　　明
checked	checked	定义是否被选中。仅用于 radio 或 checkbox 类型
disabled	disabled	定义 command 是否可用
icon	url	定义作为 command 来显示的图像的 url
label	text	为 command 定义可见的 label
radiogroup	groupname	定义 command 所属的组名。仅在类型为 radio 时使用
type	checkbox、command、radio	定义该 command 的类型。默认值为 command

【示例2】下面的示例使用 command 元素各种属性定义一组单选按钮命令组，演示效果如图 6.8 所示。目前还没有浏览器完全支持这些属性。

```
<menu>
    <command icon="images/1.png" onclick="alert(' 男 士 ')" type="radio" radiogroup="group1" label=" 男 士 "> 男 士
        </command>
    <command icon="images/2.png" onclick="alert(' 女 士 ')" type="radio" radiogroup="group1" label=" 女 士 "> 女 士
        </command>
    <command icon="images/3.png" onclick="alert(' 未 知 ')" type="radio" radiogroup="group1" label=" 未 知 "> 未 知
        </command>
</menu>
```

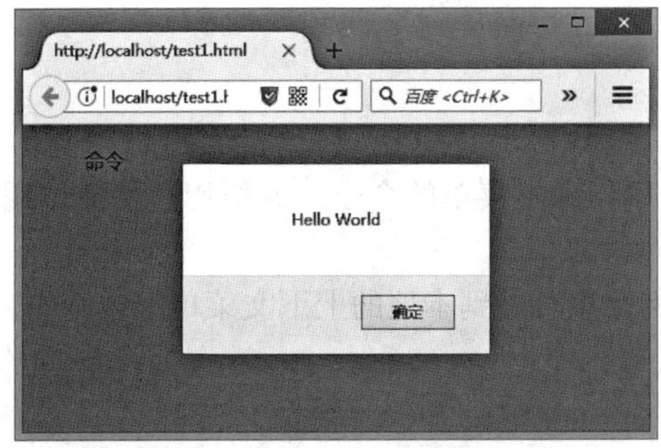

图 6.7　定义菜单命令

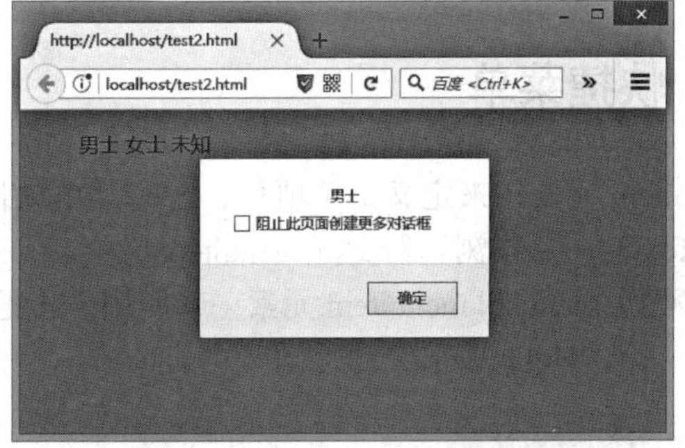

图 6.8　定义单选按钮命令组

Note

menu 元素也包含两个专用属性，简单说明如下。

☑ label：定义菜单的可见标签。

☑ type：定义要显示哪种菜单类型，取值说明如下。

- list：默认值，定义列表菜单。一个用户可执行或激活的命令列表（li 元素）。
- context：定义上下文菜单。该菜单必须在用户能够与命令进行交互之前被激活。
- toolbar：定义工具栏菜单。活动式命令，允许用户立即与命令进行交互。

【示例 3】下面的示例使用 type 属性定义了两组工具条按钮，演示效果如图 6.9 所示。

```
<menu type="toolbar">
    <li>
        <menu label="File" type="toolbar">
            <button type="button" onclick="file_new()"> 新建 ...</button>
            <button type="button" onclick="file_open()"> 打开 ...</button>
            <button type="button" onclick="file_save()"> 保存 </button>
        </menu>
    </li>
    <li>
        <menu label="Edit" type="toolbar">
            <button type="button" onclick="edit_cut()"> 剪切 </button>
            <button type="button" onclick="edit_copy()"> 复制 </button>
            <button type="button" onclick="edit_paste()"> 粘贴 </button>
        </menu>
    </li>
</menu>
```

图 6.9　定义工具条命令组

6.1.8　快捷菜单

menuitem 元素用来定义菜单项目，这些菜单项目仅用作弹出菜单的命令，方便用户快捷调用。目前，仅有 Firefox 8.0+ 版本浏览器支持 menuitem 元素。

【示例 1】menu 和 menuitem 元素一起使用，将把新的菜单合并到本地的上下文菜单中。例如，给 body 元素添加一个“Hello World”的菜单。

```
<style type="text/css">
html, body{ height:100%;}
</style>
```

```
<body contextmenu="new-context-menu">
<menu id="new-context-menu" type="context">
    <menuitem>Hello World</menuitem>
</menu>
```

在上面的示例代码中，包含的基本属性有 id、type 和 contextmenu，指定了菜单类型是 context，同时也指定了新的菜单项应该被显示的区域。在本示例中，当右击鼠标时，新的菜单项将出现在文档的任何地方，效果如图 6.10 所示。

【示例 2】 也可以通过在特定的元素上给 contextmenu 属性赋值，来限制新菜单项的作用区域。下面的示例将为 h1 元素绑定一个上下文菜单。

```
<h1 contextmenu="new-context-menu"> 使用 &lt;menuitem&gt; 标签设计弹出菜单 </h1>
<menu id="new-context-menu" type="context">
    <menuitem>Hello World</menuitem>
</menu>
```

当在 Firefox 中查看时，会发现新添加的菜单项被添加到右键快捷菜单的最顶部。

【示例 3】 为快捷菜单添加子菜单。子菜单由一组相似或相互的菜单项组成。下面的示例演示了如何使用 menuitem 添加 4 个子菜单项，演示效果如图 6.11 所示。

```
<img src="images/1.png" width="500"  contextmenu="demo-image" />
<menu id="demo-image" type="context">
    <menu label=" 旋转图像 ">
        <menuitem> 旋转 90 度 </menuitem>
        <menuitem> 旋转 180 度 </menuitem>
        <menuitem> 水平翻转 </menuitem>
        <menuitem> 垂直翻转 </menuitem>
    </menu>
</menu>
```

图 6.10　为 body 元素添加上下文菜单

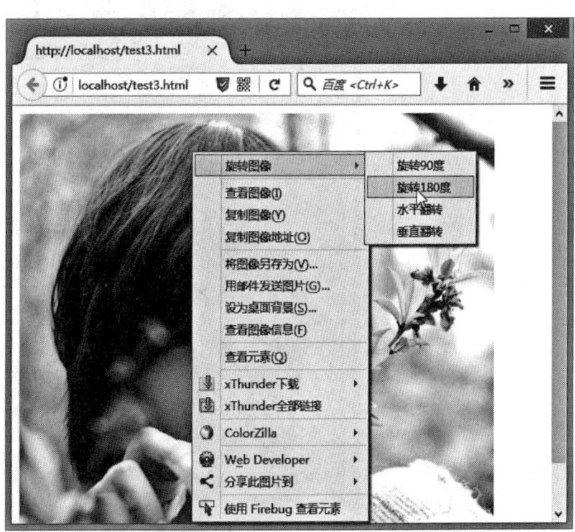

图 6.11　为图片添加子菜单项目

menuitem 元素包含很多属性，具体说明如表 6.3 所示。

Note

表 6.3　menuitem 元素属性

属　性	值	描　述
checked	checked	定义在页面加载后选中命令 / 菜单项目。仅适用于 type="radio" 或 type="checkbox"
default	default	把命令 / 菜单项设置为默认命令
disabled	disabled	定义命令 / 菜单项应该被禁用
icon	URL	定义命令 / 菜单项的图标
open	open	定义 details 是否可见
label	text	必需。定义命令 / 菜单项的名称，以向用户显示
radiogroup	groupname	定义命令组的名称，命令组会在命令 / 菜单项本身被切换时进行切换。仅适用于 type="radio"
type	checkbox、command、radio	定义命令 / 菜单项的类型

【示例 4】下面的示例使用 icon 属性在菜单项的旁边添加图标，演示效果如图 6.12 所示。

```
<img src="images/1.png" width="500"  contextmenu="demo-image" />
<menu id="demo-image" type="context">
    <menu label=" 旋转图像 ">
            <menuitem icon="images/icon1.png"> 旋转 90 度 </menuitem>
            <menuitem icon="images/icon2.png"> 旋转 180 度 </menuitem>
            <menuitem icon="images/icon4.png"> 水平翻转 </menuitem>
            <menuitem icon="images/icon3.png"> 垂直翻转 </menuitem>
    </menu>
</menu>
```

图 6.12　为菜单项添加图标

注意，icon 属性只能在 menuitem 元素中使用。

视频讲解

Note

6.2　定义链接

链接包括两部分：链接目标和链接标签。目标通过 URL 定义，指定访问者单击链接时会发生什么，可以创建链接进入另一个页面，在页面内跳转，显示图像，下载文件等。标签就是访问者在浏览器中看到或在屏幕阅读器中听到的部分，激活标签就可以到达链接的目标。

6.2.1　普通链接

创建指向另一个网页的链接的方法如下。

```
<a href="page.html"> 标签文本 </a>
```

其中，page.html 是目标网页的 URL。标签文本默认突出显示，访问者激活它时，就会转到 page.html 所指向的页面。

也可以添加一个 img 元素替代文本（或同文本一起）作为标签，例如：

```
<a href="page.html "><img src="images/1.jpg" /></a>
```

可以创建指向另一个网站的页面的链接，例如：

```
<a href="http://www.w3school.com.cn" rel="external"> W3School</a>
```

a 元素包含众多属性，其中被 HTML5 支持的属性如表 6.4 所示。

表 6.4　a 元素属性

属　　性	取　　值	说　　明
download	filename	规定被下载的链接目标
href	URL	规定链接指向的页面的 URL
hreflang	language_code	规定被链接文档的语言
media	media_query	规定被链接文档是为何种媒介 / 设备优化的
rel	text	规定当前文档与被链接文档之间的关系
target	_blank、_parent、_self、_top、framename	规定在何处打开链接文档
type	MIME type	规定被链接文档的的 MIME 类型

href 指 hypertext reference（超文本引用）。通常，对指向站内网页的链接使用相对 URL，对指向其他网站页面的链接使用绝对 URL。

仅指定路径，省略文件名，就可以创建指向对应目录下默认文件（常为 index.html）的链接，例如：

www.site.com/directory/

如果连路径也省略，就指向网站的默认（首）页，例如：

www.site.com

rel 属性是可选的，即便没有它，链接也能照常工作。但对于指向另一网站的链接，推荐包含这个值。

它描述包含链接的页面和链接指向的页面之间的关系。它也是另一种提升 HTML 语义化程度的方式。搜索引擎也会利用这些信息。此外，还可以对带有 rel="external" 的链接添加不同的样式，从而告知访问者这是一个指向外部网站的链接。

Note

访问者将鼠标移到指向其他网站的链接上时，目标 URL 会出现在状态栏里，title 文字（如果指定了的话）也会显示在链接旁边。

使用 target 属性可以设置打开目标页面的窗口，如 target="window"，其中 window 是应该显示相应页面的窗口的名称。例如：

```
<a href="page.html" target="doodad"> 打开新页面 </a>
```

上面的代码会在名为 doodad 的新窗口或标签页中打开 page.html。

如果让多个链接指向同一个窗口（即使用同一个名称），链接将都在同一个窗口打开。或者，如果希望链接总是在不同的窗口或标签页打开（即使多次激活同一个链接），就使用 HTML 预定义的名称 _blank（target="_blank"）。例如：

```
<a href="page.html" target="_blank"> 打开新页面 </a>
```

不过不推荐这样做，尽量避免。

target 还有一种用法，就是在 iframe 中打开链接。可以用同样的方法编写 target，只是其值应与 iframe 的 id 值对应。

6.2.2　块链接

HTML5 允许在链接内包含任何类型的元素或元素组，如段落、列表、整篇文章和区块。任何元素都行，但其他链接、音频、视频、表单元素、iframe 等交互式内容除外，这些元素大部分为块级元素。使用 HTML 验证器对页面进行测试可以防止链接中出现不允许包含的元素。

【示例】下面的示例以文章的一小段内容为链接，指向完整的文章。如果想让这一小段内容和提示都形成指向完整文章页面的链接，就应使用块链接。可以通过 CSS 让部分文字显示下画线，或者所有的文字都不显示下画线。

```
<a href="pages.html">
    <h1> 标题文本 </h1>
    <p> 段落文本 </p>
    <p> 更多信息 </p>
</a>
```

块链接是 HTML5 同 HTML 早期版本有巨大差异的地方。在以前的 HTML 中，链接中只能包含图像、文本短语，以及标记文本短语的元素（如 em、strong、cite 等）。

尽管在以前的 HTML 规范中块链接是不允许的，但浏览器都支持。这意味着现在就可以使用它们，而且它们在旧的浏览器和现代浏览器中均能正常工作。不过，使用它们的时候也要小心。有一些可访问性方面的注意事项，特别是涉及不同的屏幕阅读器如何处理块链接的问题。

一般建议将最相关的内容放在链接的开头，而且不要在一个链接中放入过多内容。随着屏幕阅读器和浏览器逐渐开始官方支持块链接，可访问性问题可能只是暂时的。

```
<a href="pioneer-valley.html">
```

```
    <h1> 标题文本 </h1>
    <img src="images/1.jpg" width="143" height="131" alt="1" />
    <img src=" images/2.jpg" width="202" height="131" alt="2" />
    <p> 段落文本 </p>
</a>
```

注意，不要过度使用块链接。应该避免上面演示的情况，将一大段内容使用一个链接包起来。尽管这样的链接是有效的，但屏幕阅读器有可能将所有这些内容多朗读一次，多读的这些内容可能比访问者本希望听到的链接信息要多得多。因此，最好仅将与链接的含义密切相关的内容放在链接里。

一般来说，用得最多的还是第一个示例那样简单、传统的链接样式，不过也要知道，使用这种方式可以制作精巧的块链接。

6.2.3 锚点链接

锚点链接是指定向同一页面或者其他页面中的特定位置的链接。例如，在一个很长的页面，在页面的底部设置一个锚点，单击后可以跳转到页面顶部，这样避免了上下滚动的麻烦。

例如，在页面内容的标题上设置锚点，然后在页面顶部设置锚点的链接，这样就可以通过链接快速地浏览具体内容。

创建锚点链接的方法如下。

第 1 步，创建用于链接的锚点。任何被定义了 ID 值的元素都可以作为锚点标记，接下来就可以定义指向该位置点的锚点链接了。注意，给页面元素的 ID 锚点命名时不要含有空格，同时不要置于绝对定位元素内。

第 2 步，在当前页面或者其他页面不同位置定义链接，为 a 元素设置 href 属性，属性值为“#+ 锚点名称”，如输入“#p4”。如果链接到不同的页面，如 test.html，则输入“test.html#p4”，可以使用绝对路径，也可以使用相对路径。注意，锚点名称是区分大小写的。

【示例】下面的示例定义了一个锚点链接，链接到同一个页面的不同位置，效果如图 6.13 所示，当单击网页顶部的文本链接后，会跳转到页面底部的图片 4 所在位置。

```
<!doctype html>
<body>
<p><a href="#p4"> 查看图片 4</a> </p>
<h2> 图片 1</h2>
<p><img src="images/1.jpg" /></p>
<h2> 图片 2</h2>
<p><img src="images/2.jpg" /></p>
<h2> 图片 3</h2>
<p><img src="images/3.jpg" /></p>
<h2 id="p4"> 图片 4</h2>
<p><img src="images/4.jpg" /></p>
<h2> 图片 5</h2>
<p><img src="images/5.jpg" /></p>
<h2> 图片 6</h2>
<p><img src="images/6.jpg" /></p>
</body>
```

跳转前

跳转后

图 6.13　定义锚点链接

6.2.4　目标链接

链接指向的目标对象可以是不同的网页，也可以是相同网页内的不同位置，还可以是一张图片、一个电子邮件地址、一个文件、FTP 服务器，甚至是一个应用程序，也可以是一段 JavaScript 脚本。

【示例 1】 a 元素的 href 属性指向链接的目标可以是各种类型的文件。如果是浏览器能够识别的类型，会直接在浏览器中显示；如果是浏览器不能识别的类型，会弹出“文件下载”对话框，允许用户下载到本地，演示效果如图 6.14 所示。

```
<p><a href="images/1.jpg"> 链接到图片 </a> </p>
<p><a href="demo.html"> 链接到网页 </a> </p>
<p><a href="demo.docx"> 链接到 Word 文档 </a> </p>
```

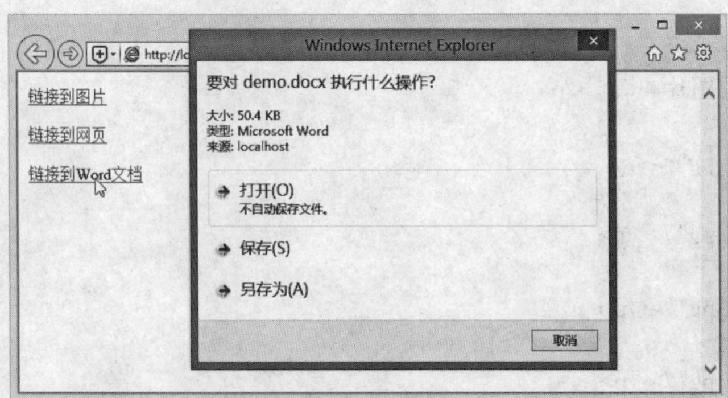

图 6.14　下载 Word 文档

定义链接地址为邮箱地址，即为电子邮件（E-Mail）链接。通过 E-Mail 链接可以为用户提供方便的反馈与交流机会。当浏览者单击邮件链接时，会自动打开客户端浏览器默认的电子邮件处理程序（如 Outlook Express），收件人邮件地址被 E-Mail 链接中指定的地址自动更新，浏览者不用手工输入。

创建 E-Mail 链接的方法如下。

为 a 元素设置 href 属性，属性值为“mailto:+ 电子邮件地址 +?+subject=+ 邮件主题”，其中 subject 表示邮件主题，为可选项，例如，mailto:namee@mysite.cn?subject= 意见和建议。

【示例 2】下面的示例使用了 a 元素创建电子邮件链接。

```
<a href="mailto:namee@mysite.cn">namee@mysite.cn</a>
```

注意：如果为 href 属性设置“#”，则表示一个空链接，单击空链接，页面不会发生变化。

```
<a href="#"> 空链接 </a>
```

如果为 href 属性设置 JavaScript 脚本，单击脚本链接，将会执行脚本。

```
<a href="javascript:alert(&quot; 谢谢关注，投票已结束。&quot;);"> 我要投票 </a>
```

6.2.5　下载链接

当被链接的文件不被浏览器解析时，如二进制文件、压缩文件等，便被浏览器直接下载到本地计算机中，这种链接形式就是下载链接。

对于能够被浏览器解析的目标对象，可以使用 HTML5 新增属性 download 强制浏览器执行下载操作。

【示例】下面的示例比较了链接使用 download 和不使用 download 属性的区别。

```
<p><a href="images/1.jpg" download > 下载图片 </a></p>
<p><a href="images/1.jpg" > 浏览图片 </a></p>
```

提示：目前，只有 Firefox 和 Chrome 浏览器支持 download 属性。

6.2.6　图像热点

图像热点就是为图像的局部区域定义链接，当单击该热点区域时，会触发链接，并跳转到其他网页或网页的某个位置。

图像热点是一种特殊的链接形式，常用来在图像中设置导航。在一幅图上定义多个热点区域，以实现单击不同的热区链接到不同页面。

定义图像热点，需要 map 和 area 元素配合使用。具体说明如下。

☑ map：定义热点区域。包含必需的 id 属性，定义热点区域的 ID，或者定义可选的 name 属性，也可以作为一个句柄，与热点图像进行绑定。

☑ img 中的 usemap 属性可引用 map 中的 id 或 name 属性（根据浏览器），所以应同时向 map 添加 id 和 name 属性，且设置相同的值。

☑ area：定义图像映射中的区域，area 元素必须嵌套在 map 元素中。该元素包含一个必须设置的属性 alt，定义热点区域的替换文本。该元素还包含多个可选属性，说明如表 6.5 所示。

Note

表 6.5　area 元素属性

属性	取　值	说　明
coords	坐标值	定义可点击区域（对鼠标敏感的区域）的坐标
href	URL	定义此区域的目标 URL
nohref	nohref	从图像映射排除某个区域
shape	default、rect（矩形）、circ（圆形）、poly（多边形）	定义区域的形状
target	_blank、_parent、_self、_top	规定在何处打开 href 属性指定的目标 URL

【示例】下面的示例具体演示了如何为一幅图片定义多个热点区域，演示效果如图 6.15 所示。

```
<img src="images/bg.jpg" width="1003" height="1053" usemap="#Map" border="0">
<map name="Map" id="Map">
    <area shape="rect" coords="798,57,894,121" href="http://wo.2126.com/?tmcid=187" target="_blank" alt=" 沃尔学院 ">
    <area shape="rect" coords="697,57,793,121" href="http://web.2126.com/ddt/" target="_blank" alt=" 弹弹堂 ">
    <area shape="rect" coords="591,57,687,121" href="http://hero.61.com/" target="_blank" alt=" 摩尔勇士 ">
    <area shape="rect" coords="488,57,584,121" href="http://hua.61.com/" target="_blank" alt=" 小花仙 ">
    <area shape="rect" coords="384,57,480,121" href="http://gf.61.com/" target="_blank" alt=" 功夫派 ">
    <area shape="rect" coords="279,57,375,121" href="http://seer2.61.com/" target="_blank" alt=" 赛尔号 2">
    <area shape="rect" coords="69,57,165,121" href="http://v.61.com/" target="_blank" alt=" 淘米视频 ">
    <area shape="rect" coords="175,57,271,121" href="http://seer.61.com/" target="_blank" alt=" 赛尔号 ">
</map>
```

图 6.15　定义热点区域

> 提示：定义图像热点，建议用户借助 Dreamweaver 可视化设计视图快速实现，因为设置坐标是一件费力不讨好的烦琐工作，可视化操作如图 6.16 所示。

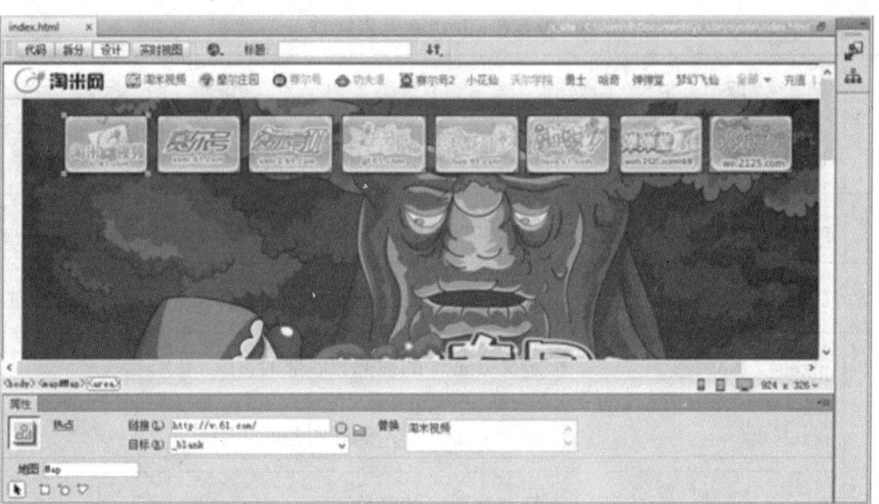

图 6.16　借助 Dreamweaver 快速定义热点区域

6.2.7　框架链接

HTML5 已经不支持 frameset 框架了，但是它仍然支持 iframe 浮动框架的使用。浮动框架可以自由控制窗口大小，可以配合网页布局在任何位置插入窗口，实际上就是在窗口中再创建一个窗口。

使用 iframe 创建浮动框架的用法如下。

```
<iframe src="URL">
```

src 表示浮动框架中显示网页的路径，可以是绝对路径，也可以是相对路径。

【示例】下面的示例是在浮动框架中链接到百度首页，显示效果如图 6.17 所示。

```
<iframe src="http://www.baidu.com"></iframe>
```

图 6.17　使用浮动框架

从图 6.13 可以看到，浮动框架在页面中又创建了一个窗口。在默认情况下，浮动框架的宽度和高度为 220 像素 ×120 像素。如果需要调整浮动框架的尺寸，应该使用 CSS 样式。

iframe 元素包含多个属性，其中被 HTML5 支持或新增的属性如表 6.6 所示。

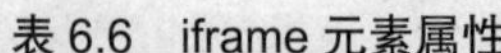

Note

表 6.6　iframe 元素属性

属　性	取　值	说　明
frameborder	1、0	规定是否显示框架周围的边框
height	pixels、%	规定 iframe 的高度
longdesc	URL	规定一个页面，该页面包含了有关 iframe 的较长描述
marginheight	pixels	定义 iframe 的顶部和底部的边距
marginwidth	pixels	定义 iframe 的左侧和右侧的边距
name	frame_name	规定 iframe 的名称
sandbox	"" allow-forms allow-same-origin allow-scripts allow-top-navigation	启用一系列对 iframe 中内容的额外限制
scrolling	yes、no、auto	规定是否在 iframe 中显示滚动条
seamless	seamless	规定 iframe 看上去像是包含文档的一部分
src	URL	规定在 iframe 中显示的文档的 URL
srcdoc	HTML_code	规定在 iframe 中显示的页面的 HTML 内容
width	pixels、%	定义 iframe 的宽度

视频讲解

6.3　案例实战

下面通过几个案例演示如何在移动页面中应用列表结构和链接。

6.3.1　设计导航页面

本节示例设计一个简单的手机搜狐网的名站导航网页，效果如图 6.18 所示。整个页面主体结构为上、中、下 3 部分，顶部为标题文本，中部包括多个热点网站的链接按钮和多行分类网站导航链接，底部包括多个导航链接和版权信息。

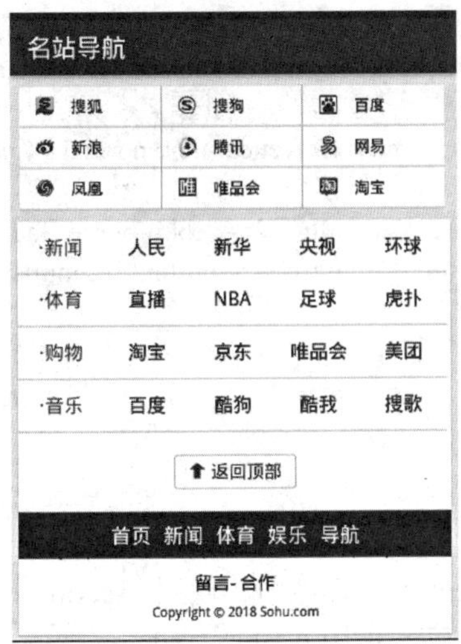

图 6.18 手机搜狐网的名站导航网页效果

第 1 步，新建 HTML5 文档，保存为 index.html。首先，使用 HTML5 元素构建网页结构，核心结构如下。

```
<header class="hd"> </header>
<main class="tab-content">
    <section class="common_block famous"> </section>
    <div class="nav-urls">
        <ul class="urls"></ul>
        <ul class="urls"></ul>
        <ul class="urls"></ul>
        <ul class="urls"> </ul>
        <section class="reTop"> </section>
        <footer class="site">
            <nav class="foo"> </nav>
            <p class="inf"> </p>
        <p class="cop"> </p>
        </footer>
    </div>
</main>
```

<header class="hd"> 容器负责定义标题栏，其中包括一个标题文本和黑色框。<main class="tab-content"> 作为整个页面主体，包括了所有的列表和链接信息。

第 2 步，新建两个外部样式表文件：main.css 和 common.css，其中 main.css 为页面主样式表，common.css 为通用样式表，重置常用元素默认样式。common.css 样式代码如下。

```
/* 清除所有元素的默认间距和边框 */
html, body, menu, ul, ol, li, p, div, form, h1, h2, h3, h4, h5, h6, img, a img, input, button, textarea { padding: 0; margin: 0; border: 0 }
html, body { overflow-x: hidden }                          /* 禁止显示水平滚动条 */
body { background: #f1f0ed url( "../images/01.jpg") }      /* 添加网页背景图 */
ul, ol, li { list-style: none }
```

```
/* 统一标题、b、i、em 等特殊文本标识元素样式 */
h1, h2, h3, h4, h5, h6, b, i, em { font-size: 1em; font-weight: normal; font-style: normal }
/* 统一表单对象样式 */
body, input, button, textarea, select { font-family: Helvetica; font: normal 14px/1.5 “Arial"; color: #333; -webkit-text-size-adjust: none }
input, button, textarea, select { line-height: 1.2; outline: 0; -webkit-border-radius: 0; border-radius: 0 }
input[type="text"], input[type="password"], input[type="button"], input[type="submit"], button, textarea { -webkit-appearance: none }
a { text-decoration: none; color: #08c }                          /* 统一链接文本样式 */
img, video { vertical-align: middle }                             /* 统一多媒体对象样式 */
::-webkit-scrollbar { width: 0}                                   /* 隐藏滑块 */
a { color: #333 }
b { font-size: 1.2em; }
```

第 3 步，在 <main class="tab-content"> 主容器内，使用 <section> 设计一个热点导航模块，其中包含一个列表框，包含多个热点导航图标和文字，如图 6.19 所示。

图 6.19　热点导航版块

局部代码如下。

```
<section class="common_block famous">
    <ul pbflag="famous">
        <li pbtag="1"> <a href="#" class="fsohu"> 搜狐 </a> </li>
        ……
    </ul>
</section>
```

第 4 步，热点导航模块的样式如下，通过 .common_block 定义 96% 宽度、居中显示，隐藏超出区域，这样可以设计精致的凸起版块效果。通过 .famous li 选择器设计每个列表项占三分之一的宽度，浮动显示，固定高度 35 像素，使用 line-height: 35px; 设计垂直居中，添加浅色底边框。通过 .famous li a::before 选择器，为每个列表项链接之前添加一个图标，这里利用 CSS Sprites 技术（CSS 精灵），即把所有图标拼合在一张大图上，然后再通过 CSS 背景定位的方法，为每个列表项目选择要显示的背景图标。

```
.famous { border: 0; }
.common_block { margin: 10px auto; width: 96%; overflow: hidden; }
.famous li { width: 33.33%; float: left; height: 35px; line-height: 35px; border-bottom: 1px solid #d6d6d6; background: #fff; }
.famous li a { display: block; border-right: 1px solid #d6d6d6; height: 100%; padding-left: 46px; position: relative; }
.famous li a::before { content: "; position: absolute; width: 16px; height: 16px; top: 50%; margin-top: -8px; left: 15px; background-image: url(../images/websites.png); background-repeat: no-repeat; -webkit-background-size: 16px auto }
.famous li:nth-child(3n) a { border-width: 0 }
.famous li a.fsohu::before { background-position: 0 0 }
.famous li a.fsogou::before { background-position: 0 -220px }
```

```
.famous li a.fbaidu::before { background-position: 0 -160px }
.famous li a.fsina::before { background-position: 0 -100px }
.famous li a.fqq::before { background-position: 0 -180px }
.famous li a.f163::before { background-position: 0 -200px }
.famous li a.fifeng::before { background-position: 0 -20px }
.famous li a.fvip::before { background-position: 0 -240px }
.famous li a.ftaobao::before { background-position: 0 -140px }
```

第 5 步，设计普通文本导航列表，设计结构和样式与上一个版块基本相同，效果如图 6.20 所示。

·新闻	人民	新华	央视	环球
·体育	直播	NBA	足球	虎扑
·购物	淘宝	京东	唯品会	美团
·音乐	百度	酷狗	酷我	搜歌

图 6.20　普通文字导航版块

该版块结构由多个列表结构堆叠排列，简单显示如下。

```
<div class="nav-urls">
    <ul class="urls">
        <li class="url sort"><a href="#" class="btn"><b>&middot; 新闻 </b></a></li>
        <li class="url"> <a href="#" class="btn"><b> 人民 </b></a> </li>
        ……
    </ul>
    <ul class="urls">…… </ul>
    <ul class="urls">…… </ul>
    <ul class="urls">…… </ul>
</div>
```

每行列表中，第一个列表项目为行标题，后面为具体导航列表项目，通过 sort 类样式进行区分，标题文本为灰色显示。

第 6 步，“返回顶部”按钮作为独立的一行，显示在普通文字导航版块的下面，居中显示。代码位于 <div class="nav-urls"> 容器中，与 <ul class="urls"> 列表平级显示。

```
<div class="nav-urls">
    <ul class="urls"></ul>
    <section class="reTop"> <a href="#top" class="btn btn1"><i class="i iF iF1"></i> 返回顶部 </a> </section>
</div>
```

通过如下类样式，为按钮前边添加一个图标，通过背景图像 +CSS Sprites 实现。

```
.i { background: url("../images/02.png") no-repeat; width: 10px; height: 10px; display: inline-block; vertical-align: middle;
-webkit-background-size: 200px auto; background-size: 200px auto }
.iF { width: 20px; height: 20px }
.iF1 { background-position: -40px -40px }
```

第 7 步，页脚版块包含 3 行，第一行使用 <nav class="foo"> 设计一个导航条，底部使用两个 p 元素设

计两段段落文本，效果如图 6.21 所示。

图 6.21　定义页脚版本

结构代码如下。

```
<div class="nav-urls">
    <footer class="site">
        <nav class="foo" style="background-color:#333333;"> <a href="http://m.sohu.com/"> 首页 </a> <a href="http://
            m.sohu.com/c/2/"> 新闻 </a>……</nav>
        <p class="inf"> <a href="http://m.sohu.com/help/"> 留言 </a><i class="hyp">-</i> <a href="http://m.sohu.com/
            c/432/"> 合作 </a> </p>
        <p class="cop">Copyright &copy; 2018 Sohu.com</p>
    </footer>
</div>
```

【拓展练习】

下面的示例以本节演示示例为基础，设计一个类似的导航结构页面，效果如图 6.22 所示。

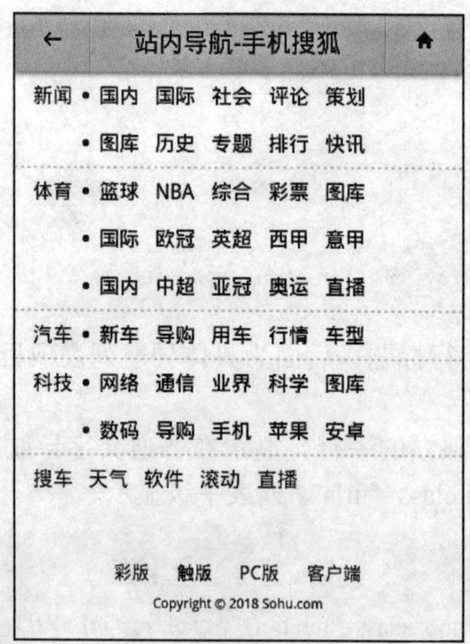

图 6.22　手机站内导航网页

整个主体结构为上、中、下结构。顶部内容包括返回链接按钮、标题文字和主页链接按钮，中部内容包括多行分类的站内页面导航超链接，底部内容包括多个超链接和版权信息。顶部结构使用 header 元素实现，中部结构使用 section 元素实现，底部结构使用 footer 元素实现。详细代码请参考本节示例源代码目录下的“拓展练习”文件夹。

6.3.2　设计热销榜

本节示例设计一个热销榜页面，模拟手机麦包包触屏版的热销商品网页，效果如图 6.23 所示。

图 6.23　热销商品页面效果

整个页面主体为上、中、下结构，顶部内容包括 LOGO 图片、用户登录超链接按钮和购物车超链接按钮，中部内容为热销商品列表，底部为多个导航超链接。

```
<header class="mbHead">
    <div class="mbTop clearfix">
        <div class="mbTop_wrap"> </div>
    </div>
</header>
<section id="mbMain">
    <section class="productMod modTop">
        <h3 class="modHd"> </h3>
        <div class="modBd"> </div>
    </section>
</section>
<footer class="mbFoot"> </footer>
```

下面重点分解页面主体区域的列表结构。

```
<section id="mbMain">
    <section class="productMod modTop">
        <h3 class="modHd"> 热销风云榜 <a class="modMoreTag" href="#"> 更多 </a> </h3>
        <div class="modBd">
            <ul class="modList clearfix">
                <li>
                    <div class="productImg"> <a href="#"><img alt=" 西西里系列手提斜挎包 " src="images/01.jpg"
                        width="100%" /></a>
```

```
                <div class="modRankBTag"><span>1</span></div>
                </div>
                <div class="productName"> <a href="#"> 西西里系列手提斜挎 ...</a> </div>
                <div class="productPrice"> 价格：<em> ￥188.00</em></div>
            </li>
            <li>……</li>
            <li>……</li>
            <li>……</li>
        </ul>
        <ul class="modTextList">
            <li> <span class="modRankSTag"><em>5</em></span> <span class="modGoodsName"><a href="#">
                如约之恋系列手提斜挎包 </a></span> <span class="modGoodsPrice"> <em> ￥199.00</em>
                </span> </li>
            <li>…… </li>
            <li>…… </li>
        </ul>
    </div>
  </section>
</section>
```

热销风云榜包含 <ul class="modList clearfix"> 和 <ul class="modTextList"> 列表框，堆叠在一起。第一个列表框负责前 4 个产品列表项目，配有图文细节，故需要单独列出；第二个列表框负责后面多个产品列表项目，由于仅包含文本，故设计得比较简单，单列一个包含框，便于管理。

产品列表项目包含 3 个子框，具体说明：<div class="productImg"> 包含链接样图，<div class="productName"> 包含链接产品名称，<div class="productPrice"> 包含价格信息，3 段信息垂直堆叠显示，如图 6.24 所示。

图 6.24　图文产品列表

本页 CSS 样式代码包含在两个外部样式表文件中：main.css 和 common.css，其中 main.css 为页面主样式表，common.css 为通用样式表，重置常用元素默认样式。限于篇幅，具体代码请读者参考本节示例源代码。下面重点看样图和徽标的设计。

第 1 步，设计 <div class="productImg"> 框为相对定位，为下面的徽标设置定位参考。

```
.modBd .modList .productImg { margin-bottom: 5px; position: relative }
```

第 2 步，设计产品样图大小，这里以背景图的方式先加载提示性动画，提示如果图没有显示，可能正

在加载，请耐心等候，因为移动网络网速有限，对加载样图会有影响。

```
.modBd .modList .productImg img { background: #e8e8e8 url(../images/loading.png) center center no-repeat; background-size: 130px 130px }
```

第 3 步，设计产品样图的显示样式：弹性大小，取消边框。

```
.modBd .modList .productImg img { width: 100%; height: auto; border: 0 }
```

第 4 步，设计徽标样式：圆形、定位到产品样图的左上角位置，添加白边，高亮显示。

```
.modRankBTag { position: absolute; top: -12px; left: -12px; width: 26px; height: 26px; display: block; border-radius: 13px; background: #fff; box-shadow: 1px 1px 1px #999 }
```

第 5 步，设计徽标包含的 span 元素，定义大小尺寸和字体样式。

```
.modRankBTag span { background: #ec1b23; width: 16px; height: 22px; display: block; line-height: 20px; border-radius: 11px; margin: 3px 0 0 3px; font-size: 16px; text-align: left; padding: 0 0 0 6px; color: #fff; font-weight: 700 }
```

【拓展练习】

下面的示例以本节演示示例为基础，设计一个类似的产品列表页面，效果如图 6.25 所示。

图 6.25　产品列表页面

整个主体结构为上、中、下结构。顶部内容包括返回链接图片、标题文字和主页链接图片，中部内容包括多行促销商品列表，底部内容包括多个导航超链接和版权信息。顶部结构使用 nav 元素实现，中部结构使用 section 元素实现，底部结构使用 footer 元素实现。详细代码请参考本节示例源代码目录下的“拓展练习”文件夹。

6.3.3　设计品牌墙

本节示例设计一个品牌墙页面，模拟凡客诚品网触屏版的品牌墙网页，效果如图 6.26 所示。

Note

图 6.26　设计品牌墙页面效果

页面主体结构为上、中、下结构，顶部内容包括首页链接图片和标题文字，中部内容包括多行商品品牌列表，底部内容包括多个导航超链接。顶部结构使用 nav 元素实现，中部结构使用 section 元素实现，底部结构使用 footer 元素实现。主体结构代码如下。

```
<header> </header>
<section class="main"> </section>
<footer> </footer>
```

在 <section class="main"> 容器中，使用 <div class="list"> 包裹一个 dl 列表结构，其中使用 dd 定义品牌图标，使用 dt 定义品牌名称。

```
<div class="list">
    <dl>
        <dd> <a href="#"><img height="114" src="images/adi.jpg" width="98" /></a> </dd>
        <dt> 阿迪达斯 </dt>
    </dl>
</div>
```

本页包含两个外部样式表文件：main.css 和 common.css，其中 main.css 为页面主样式表，common.css 为通用样式表，重置常用元素默认样式。下面重点看一下品牌墙列表样式设计。

第 1 步，在 main.css 文件中，为 <div class="list"> 容器定义样式，设计它以行内块显示，宽度为视图宽度的三分之一（33.33%），这样可以实现 3 列显示效果。

```
.list { width: 33.33%; display: inline-block; text-align: center; margin-top: 10px }
```

第 2 步，为列表框定义宽度和高度，固定大小，以行内块显示，定义背景色为白色，将图片墙与网页背景区分开来。圆角显示，并添加微微的投影。

```
.list dl { width: 98px; height: 114px; display: inline-block; background-color: #fff; border-radius: 3px; box-shadow: 0 0 3px #cbcbcb; overflow: hidden }
```

第 3 步，分别定义列表框中包含的超链接样式、列表项目标题和描述信息样式。这里隐藏文字描

述，仅显示图片。

```
.list a { color: #333; display: inline-block }
.list dl dd { width: 98px; height: 114px; text-align: center; }
.list dl dt { display: none }
```

Note

6.3.4　设计品类引导列表

本节示例设计家用电器精选商品品类导航页面，效果如图 6.27 所示。

图 6.27　设计品类导航页面

页面主体为上、下结构，上部内容包括返回链接图片、标题文字、用户登录链接图片、购物车链接图片和首页链接图片，下部内容包括多行家用电器精选商品图片列表。上部结构使用 nav 元素实现，下部结构使用 section 元素实现。主体结构代码如下。

```
<nav class="nav nav-sub pr"> </nav>
<section>
    <div id="adHead" class="adv-banner"> </div>
    <ul class="classify-con"></ul>
    <div class="adv-pictures">
        <ul class="fix"></ul>
    </div>
    <ul class="classify-con"> </ul>
    <div class="adv-pictures">
        <ul class="fix"></ul>
    </div>
    <ul class="classify-con"> </ul>
    <div class="adv-pictures">
        <ul class="fix"></ul>
    </div>
</section>
```

在页面主体部分，使用 <div class="adv-pictures"> 和 <ul class="classify-con"> 两个容器完成品类图片和品类说明文字的设计。

<div class="adv-pictures"> 结构用来显示品类图片，如果是单张图片，则直接包含；如果是两张图片，则包含一个 <ul class="fix"> 列表框，代码如下。

```
<div class="adv-pictures">
    <ul class="fix">
        <li><a href="javascript:void(0);" onclick=""> <img src="images/02.jpg" alt=" 超值精选 " width="146"
            height="196" /> </a> </li>
        <li><a href="javascript:void(0);" onclick=" "> <img src="images/03.jpg" alt=" 最多评价 " width="146"
            height="196" /> </a></li>
    </ul>
</div>
```

本页包含 3 个外部样式表文件：main.css、foot.css 和 common.css，其中 main.css 为页面主样式表，foot.css 为页脚样式，common.css 为通用样式表，重置常用元素默认样式。

在 main.css 样式表文件中，可以找到下面这个样式，它用来控制 <div class="adv-pictures"> 容器内列表项目向左浮动，让两个图片并列显示。

```
.adv-pictures ul li { float: left; width: 146px; margin-bottom: 8px; text-align: left; }
```

<ul class="classify-con"> 结构用来显示品类说明文字，代码如下。

```
<ul class="classify-con">
    <li style="border-color:#7c78ff;"></li>
    <li style="background:#7c78ff;"> <a href="#"><i> 冰箱空调 </i><span> 更多 <em>&gt;</em></span></a> </li>
    <li style="border-color:#7c78ff;"></li>
</ul>
```

左右两个 <li style="border-color:#7c78ff;"> 用来绘制装饰线，中间一个 <li style="background:#7c78ff;"> 用来包含文字，通过 CSS 设计显示为圆角，效果如图 6.28 所示。

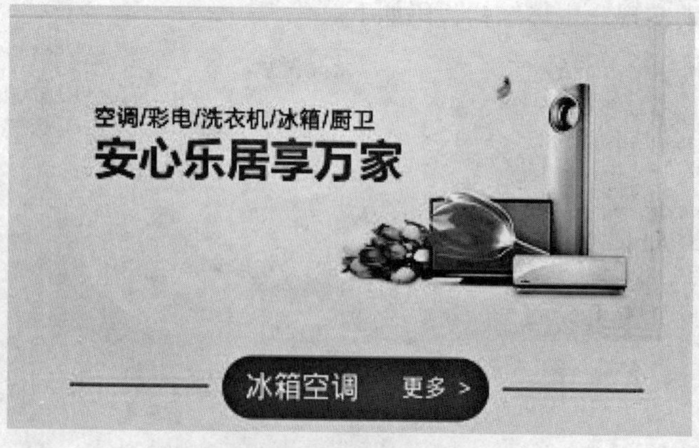

图 6.28　设计品类说明文字

```
/* 定义容器相对定位，以便定位底部两条装饰线 */
.classify-con { position: relative; width: 300px; height: 30px; line-height: 30px; margin: 10px auto 0px auto; }
/* 让底部 3 个列表项目绝对定位 */
```

```
.classify-con li { position: absolute; }
/* 让第一个列表项目显示为直线后，定位到文字左侧显示 */
.classify-con li:first-child { width: 73px; height: 18px; left: 0px; top: 15px; border-top: #ff5e5a solid 1px; }
/* 定义第二个列表项目圆角显示，并显示在中间，背景色与装饰线同色，固定大小 */
.classify-con li:nth-child(2) { width: 140px; height: 32px; left: 80px; top: 0px; background: #ff5e5a; border-radius: 20px; text-align: center; }
/* 让第三个列表项目显示为直线后，定位到文字右侧显示 */
.classify-con li:nth-child(3) { width: 73px; height: 18px; right: 0px; top: 15px; border-top: #ff5e5a solid 1px; }
```

线上阅读

6.3.5　为快捷菜单添加命令

6.1.8 节介绍了弹出菜单的示例，但是没有任何功能，本节将介绍如何使用 JavaScript 实现这些功能。详细操作步骤和示例效果请扫码阅读。

线上阅读

6.3.6　设计快捷分享命令

本节的示例设计一个更实用的分享功能，右击页面中的文本，在弹出的快捷菜单中，选择“下载文件”命令，可以下载本次相关作者画像；选择“查看源文件”命令，可以在新窗口中直接浏览作者画像；选择“我要分享 | 反馈”命令，可以询问是否向指定网址反馈信息；选择“我要分享 |Email”命令，可以在地址栏中发送信息，也可以向指定邮箱发送信息。详细操作步骤和示例效果请扫码阅读。

线上阅读

6.3.7　设计任务列表命令

本节示例设计一个动态添加列表项目的功能。右击项目列表文本，在弹出的快捷菜单中，选择“添加新任务”命令，可以快速为当前列表添加新的列表项目。详细操作步骤和示例效果请扫码阅读。

线上阅读

6.3.8　设计排行榜列表结构

音乐排行榜，主要体现的是当前某个时间段某些歌曲的排名情况。本节示例展示音乐排行榜在网页中的基本设计样式。详细操作步骤和示例效果请扫码阅读。

线上阅读

6.3.9　设计图文列表栏目

图文列表结构就是将列表内容以图片的形式在页面中显示，简单理解就是图片列表信息附带简短的文字说明。在图中展示的内容主要包含列表标题、图片和图片相关说明的文字。本节将结合示例进行说明，详细操作步骤和示例效果请扫码阅读。

6.4 在线练习

本节将通过大量的上机示例，帮助初学者练习使用HTML5设计超链接样式和列表样式。

在线练习

超链接练习专辑

在线练习

列表练习专辑

第 7 章

应用多媒体

（视频讲解：40 分钟）

在移动页面中恰当应用多媒体技术，不仅能够传递丰富的信息，还可以美化页面，提升浏览者的审美体验。在 HTML5 之前，为网页添加多媒体的唯一方法就是使用插件，如 Adobe Flash Player 和 QuickTime 等。HTML5 引入原生的多媒体技术，改变了这一状况，但是不同浏览器支持不同格式的视频和音频。本章将详细讲解不同类型的多媒体对象在移动页面中的应用。

【学习重点】

- 认识网页图像。
- 在页面中插入图像。
- 设置图像替代文本、图像尺寸等属性。
- 在网页中添加音频和视频。
- 设置视频自动播放、循环播放和海报图像等属性。
- 使用多种来源的视频和备用文本。

7.1 认识网页图像

常用的网页图像格式有 3 种：GIF、JPEG 和 PNG。下面将简单比较这 3 种图像格式的特点。

☑ GIF 图像格式

GIF 图像格式最早于 1987 年开发，经过多年改进，其特性如下：

（1）具有跨平台能力，不用担心兼容性问题。

（2）具有一种减少颜色显示数目而极度压缩文件的能力。它压缩的原理是不降低图像的品质，而是减少显示色，最多可以显示的颜色是 256 色，所以它是一种无损压缩。

（3）支持背景透明的功能，便于图像更好地融合到其他背景色中。

（4）可以存储多张图像，并能动态显示这些图像，GIF 动画目前在网上广泛运用。

☑ JPEG 图像格式

JPEG 图像格式使用全彩模式来表现图像，其特性如下：

（1）与 GIF 格式不同，JPEG 格式的压缩是一种有损压缩，即在压缩处理过程中，图像的某些细节将被忽略，因此，图像将有可能会变得模糊一些，但一般浏览者是看不出来的。

（2）与 GIF 格式相同，它也具有跨平台的能力。

（3）支持 1670 万种颜色，可以很好地再现摄影图像，尤其是色彩丰富的大自然。

（4）不支持 GIF 格式的背景透明和交错显示功能。

☑ PNG 图像格式

PNG 图像格式于 1995 年开发，是一种网络专用图像格式，它具有 GIF 图像格式和 JPEG 图像格式的双重优点。一方面它是一种新的无损压缩文件格式，压缩技术比 GIF 好；另一方面它支持的颜色数量达到了 1670 万种，同时还包括对索引色、灰度、真彩色图像以及 Alpha 通道透明的支持。PNG 是 Adobe Fireworks 固有的文件格式。

PNG 包括多个子类：PNG-8、PNG-24 和 PNG-32。一般来说，对于 PNG 和 GIF，应优先选择 PNG，因为它对透明度的支持更好，压缩算法也更好，产生的文件更小。

（1）PNG-8 适用于标识、重复的图案以及其他颜色较少的图像或具有连续颜色的图像，支持 256 色，支持索引色（基本）透明和 alpha 透明。

（2）PNG-24 与 PNG-8 相似，不过支持颜色更多的图像。适用于颜色丰富且质量要求高的照片，支持 1600 万以上颜色数，仅支持索引色（基本）透明。

（3）PNG-32 与 PNG-24 相似，不过支持具有 alpha 透明的图像，以及 1600 万以上的颜色。

GIF 和 PNG-8 图像只有 256 种颜色，对标志和图标来说通常这已经足够了。JPEG、PNG-24 和 PNG-32 均支持超过 1600 万种的颜色，因此照片和复杂的插图应选择这些格式。不过对于这些图像，大多数情况下应使用 JPEG。

在网页设计中，如果图像颜色少于 256 色时，建议使用 GIF 格式，如 LOGO 等；而颜色较丰富时，应使用 JPEG 格式，如在网页中显示的自然画面的图像。

提示： 使用 SVG 图像语言创建的图像，无论放大还是缩小都不会影响其质量。目前，几乎所有的现代浏览器都提供基本的 SVG 支持，因此用户可以在网页中使用 SVG。

7.2　使用图像

视频讲解

可以在网页中插入各种类型的图像，从标志到照片都可以。当访问者浏览网页时，浏览器会自动加载 HTML 文档中标记的图像。不过，图像加载时间与访问者的网络连接强度、图像尺寸，以及页面中包含的图像个数相关。

7.2.1　使用 img 元素

在 HTML5 中，使用 img 元素可以把图像插入网页中，具体用法如下：

```
<img src="URL"  alt=" 替代文本 " />
```

img 元素向网页中嵌入一幅图像，从技术上分析，img 元素并不会在网页中插入图像，而是从网页上链接图像，img 元素创建的是被引用图像的占位空间。

提示： img 元素有两个必需的属性：src 属性和 alt 属性。具体说明如下。

☑　alt：设置图像的替代文本。使用 alt 属性可以为图像添加一段描述性文本，当图像出于某种原因不显示的时候，就将这段文字显示出来。屏幕阅读器可以朗读这些文本，帮助视障访问者理解图像的内容。

☑　src：定义显示图像的 URL。

【示例】 下面的示例是在页面中插入一幅照片，在浏览器中预览效果如图 7.1 所示。

```
<img src="images/1.jpg" width="400"  alt=" 读书女生 "/>
```

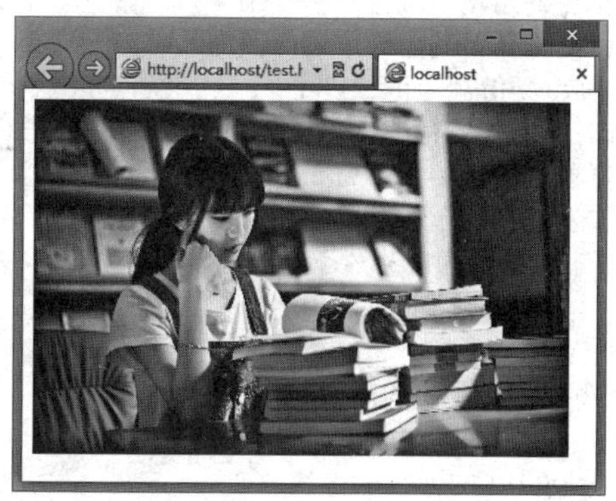

图 7.1　在网页中插入图像

HTML5 为 img 元素定义了多个可选属性，简单说明如下。

☑　height：定义图像的高度。取值单位可以是像素或者百分比。

☑　width：定义图像的宽度。取值单位可以是像素或者百分比。

☑　ismap：将图像定义为服务器端图像映射。

☑ usemap：将图像定义为客户器端图像映射。

☑ longdesc：指向包含长的图像描述文档的 URL。

其中不再推荐使用 HTML4 中的部分属性，如 align（水平对齐方式）、border（边框粗细）、hspace（左右空白）、vspace（上下空白），对于这些属性，HTML5 建议使用 CSS 属性代替使用。

Note

7.2.2 定义流内容

流内容是由页面上的文本引述出来的。在 HTML5 出现之前，没有专门实现这个目的的元素，因此一些开发人员使用没有语义的 div 元素来表示。通过引入 figure 和 figcaption 元素，HTML5 改变了这种情况。

流内容可以是图表、照片、图形、插图、代码片段，以及其他类似的独立内容。可以由页面上的其他内容引出 figure。figcaption 是 figure 的标题，可选，出现在 figure 内容的开头或结尾处。例如：

```
<figure>
  <p> 思索 </p>
  <img src="images/1.jpg" width="350" />
</figure>
```

上面所示的代码中，figure 元素中只有一张照片，不过放置多个图像或其他类型的内容（如数据表格、视频等）也是允许的。figcaption 元素并不是必需的，但如果包含它，它就必须是 figure 元素内嵌的第一个或最后一个元素。除了在现代浏览器中从新的一行开始显示，figure 没有默认样式。

注意，figure 元素并不一定要包含在 article 元素里，但在大多数情况下这样做比较合适。

通常，figure 元素是引用它的内容的一部分，但它也可以位于页面的其他部分，或位于其他页面（如附录）。

【示例】 在下面的示例中，包含图像及其标题的 figure 元素出现在 article 文本中间。图以缩进的形式显示，这是浏览器的默认样式，如图 7.2 所示。

```
<article>
    <h1>2017 年 12 月，全球 PC 浏览器市场份额排行榜 </h1>
    <p> 第 1 名：Google 的 Chrome 浏览器，其全球市场份额为 64.72%；</p>
    <p> 第 2 名：Mozilla Firefox，其市场份额为 12.21%；</p>
    <p> 第 3 名：微软的 IE 浏览器，其市场份额为 7.71%；</p>
    <p> 第 4 名：苹果的 Safari 浏览器，其市场份额为 6.29%；</p>
    <p> 第 5 名：微软的 Edge 浏览器，其市场份额为 4.18%；</p>
    <p> 第 6 名：Opera 浏览器，其市场份额为 2.31%；</p>
    <p> 其他浏览器的市场份额合计为 2.58%。</p>
    <figure>
        <figcaption><b>12 月份 </b> 全球浏览器市场份额 </figcaption>
        <img src="images/111.png" width="300" /> </figure>
    <p> 数据来源：StatCounter-Desktop Browsers</p>
</article>
```

figure 元素可以包含多个内容块。不过要记住，不管 figure 里有多少内容，只允许有一个 figcaption 元素。

注意，不要简单地将 figure 元素作为在文本中嵌入独立内容实例的方法。这种情况下，通常更适合用 aside 元素。要了解如何结合使用 blockquote 和 figure 元素。

可选的 figcaption 必须与其他内容一起包含在 figure 里面，不能单独出现在其他位置。figcaption 中的文本是对内容的一句简短描述即可，就像照片的描述文本。

现代浏览器在默认情况下会为 figure 添加 40 像素宽的左右外边距。可以使用 CSS 的 margin-left 和 margin-right 属性修改这一样式。例如，使用 margin-left:0; 让图直接抵到页面左边缘。还可以使用 figure { float: left; } 让包含 figure 的文本环绕在它周围，这样文本就会围在图的右侧。可能还需要为 figure 设置 width 属性，使之不至于占据太大的水平空间。

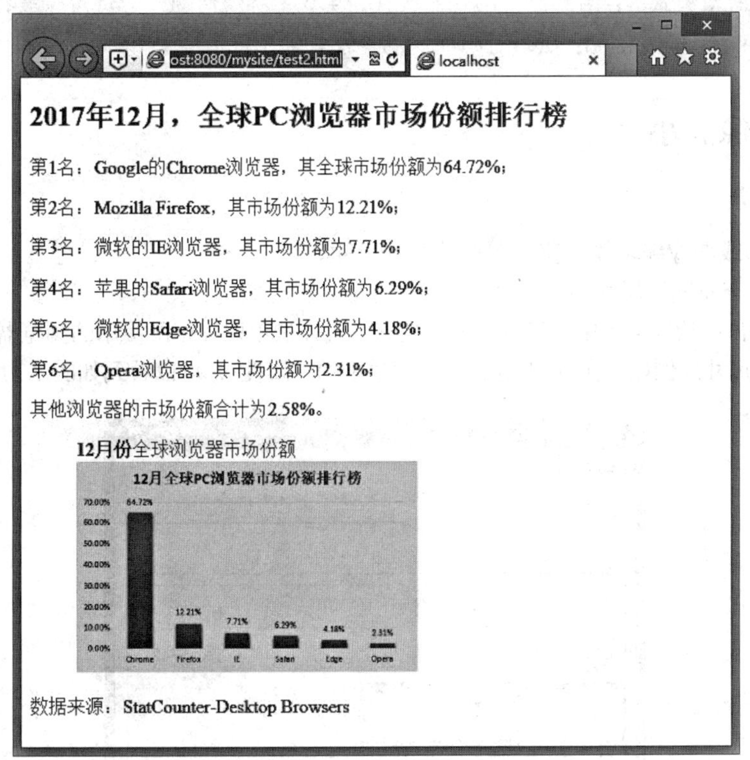

图 7.2　流内容显示效果

7.2.3　插入图标

网站图标一般显示在浏览器选项卡、历史记录、书签、收藏夹或地址栏中。图标大小一般为 16 像素 ×16 像素，透明背景。移动设备图标大小：iPhone 图标大小为 57 像素 ×57 像素 或 114 像素 ×114 像素（Retina 屏），iPad 图标大小为 72 像素 ×72 像素或 144 像素 ×144 像素（Retina 屏）。Android 系统支持该尺寸的图标。

第 1 步，创建大小为 16 像素 ×16 像素的图像，保存为 favicon.ico，注意扩展名为 .ico。为 Retina 屏创建一个 32 像素 ×32 像素的图像。

提示，ico 文件允许在同一个文件中包含多个不同尺寸的同名文件。

第 2 步，为触屏设备至少创建一个图像，并保存为 PNG 格式。如果只创建了一个，将其命名为 apple-touchicon.png。如有需要，还可以创建其他的触屏图标。

第 3 步，将图标图像放在网站根目录。

第 4 步，新建 HTML5 文档，在网页头部位置输入下面代码。

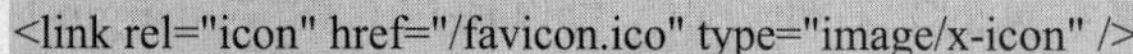

```
<link rel="icon" href="/favicon.ico" type="image/x-icon" />
<link rel="shortcut icon" href="/favicon.ico" type="image/x-icon" />
```

第 5 步，浏览网页，浏览器会自动在根目录寻找这些特定的文件名，找到后就将图标显示出来。

提示：如果浏览器无法显示，则可能是浏览器缓存和生成图标慢问题，尝试清除缓存，或者先访问图标：http://localhost/favicon.ico，然后再访问网站，就正常显示了。

7.2.4 定义图像大小

1．查看图像大小

可以通过浏览器或图像编辑软件获取图像的精确尺寸。

☑ 在浏览器中查看图像尺寸

右击图像，在弹出的快捷菜单中选择查看图像信息，具体选项取决于所使用的浏览器，出现的框中会以像素为单位显示图像的尺寸。例如，在 IE 中选择快捷菜单中的“属性”，可以看到如图 7.3 所示的提示对话框。

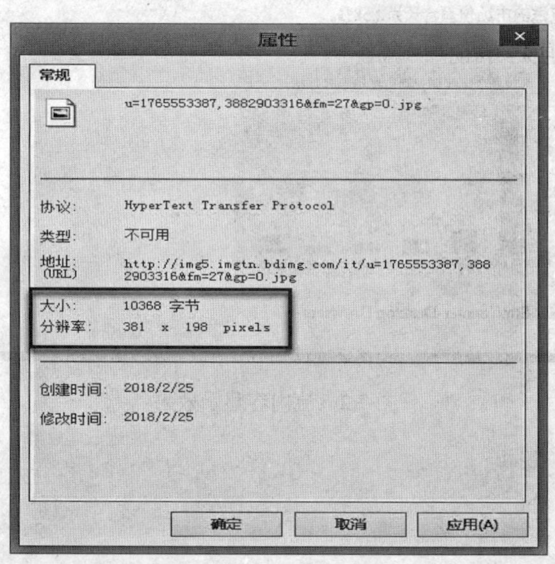

图 7.3 查看图像大小信息

☑ 在 Photoshop 中查看图像尺寸

在 Photoshop 中打开图像，选择“图像 | 图像大小”菜单命令，打开“图像大小”对话框可以快速了解图像的尺寸信息。

2. 设置图像大小

在 img 元素中，使用 width 和 height 属性可以设置图像大小，以像素为单位。例如：

```
<img src="pic.gif" width="400" height="266" alt=" " />
```

width 和 height 属性不一定要反映图像的实际尺寸。在 Retina 显示屏中可以设置 height 和 width 均为图

像原来大小的一半，由于图像的高度和宽度比例保持不变，图像就不会失真。

提示：在相同的空间里，Retina 显示屏拥有的像素数量是普通显示屏的像素数量的四倍，因此图像会更锐利。

在默认情况下，图像显示的尺寸是 HTML 中指定的 width 和 height 属性值。如果不指定这些属性值，图像就会自动按照其原始尺寸显示。此外，可以通过 CSS 以像素为单位设置 width 和 height。当屏幕宽度有限的时候，使用可伸缩图像技术，可以让图像在可用空间内缩放，但不会超过其本来的宽度。例如，为图像添加如下类样式：

```
.post-photo,.post-photo-full {
    max-width: 100%;
}
```

一定要使用 max-width: 100%，而不是 width: 100%。width: 100% 会让图像尽可能地填充容器，如果容器的宽度比图像宽，图像就会放大到超过其本来尺寸，显得较为难看。上面的样式对已经为 Retina 显示屏扩大到双倍大小的图像也适用。

7.2.5 案例：图文混排

在网页中经常会看到图文混排的版式，不管是单图还是多图，也不管是简单的文字介绍还是大段正文，图文版式的处理方式很简单。在本节示例中所展示的图文混排效果，主要是文字围绕在图片的旁边进行显示。

第 1 步，启动 Dreamweaver，新建网页，保存为 test.html，在 <body> 标签内输入以下代码。

```
<div class="pic_news">
    <h1> 雨巷 </h1>
    <h2> 戴望舒 </h2>
    <p><img src="images/1.jpg" alt="" /></p>
    <p> 撑着油纸伞，独自
        彷徨在悠长、悠长
        又寂寥的雨巷，
        我希望逢着
        一个丁香一样的
        结着愁怨的姑娘。</p>
    <p> 她是有
        丁香一样的颜色，
        丁香一样的芬芳，
        丁香一样的忧愁，
        在雨中哀怨，
        哀怨又彷徨；</p>
        ……
        <!-- 省略部分结构雷同的文本，请参考示例源代码 -->
</div>
```

第 2 步，在 <head> 标签内添加 <style type="text/css"> 标签，定义一个内部样式表，然后输入下面的样式代码，设置图片的属性，将其控制到内容区域的左上角。

Note

```
.pic_news { width: 800px;                       /* 控制内容区域的宽度，根据实际情况考虑，也可以不需要 */
}
.pic_news h2 {/* 定义标题样式 */
    font-family: " 隶书 "; font-size: 24px;      /* 字体样式：隶书、大小为 24 像素 */
    text-align: right;                          /* 标题 2 居右显示 */
}
.pic_news img {                                 /* 定义图片样式 */
    float: left;                                /* 使图片旁边的文字产生浮动效果 */
    margin-right: 5px;                          /* 增加图片与文字的间距 */
    height: 250px;                              /* 控制图片大小 */
}
```

第 3 步，在浏览器中预览，效果如图 7.4 所示。简单几行 CSS 样式代码就能实现图文混排的页面效果，其中重点内容就是将图片设置浮动，float:left 就是将图片向左浮动。

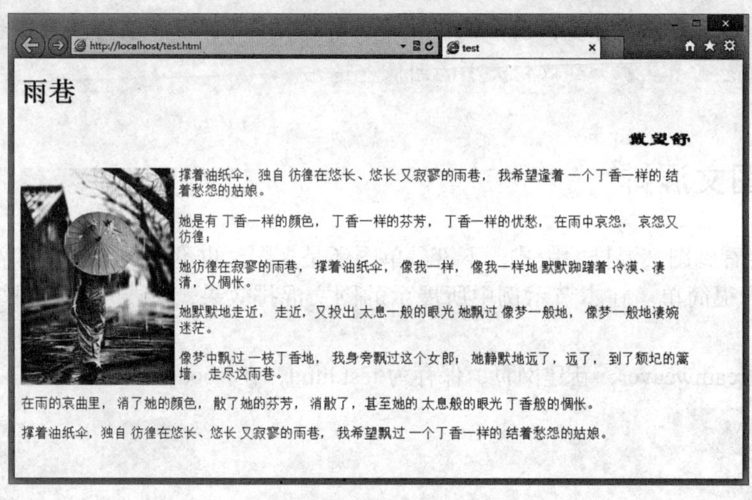

图 7.4　图文混排的页面效果

视频讲解

7.3　使用多媒体插件

在 HTML5 之前，可以通过第三方插件为网页添加音频和视频，但这样做有一些问题：在某个浏览器中嵌入 Flash 视频的代码在另一个浏览器中可能不起作用，也没有优雅的兼容方式。同时，像 Flash 这样的插件会占用大量的计算资源，使浏览器会变慢，影响用户体验。

7.3.1　使用 embed 元素

embed 元素可以定义嵌入插件，以便播放多媒体信息。用法如下。

```
<embed src="helloworld.swf" />
```

src 属性必须设置，用来指定媒体源。embed 元素包含的属性说明如表 7.1 所示。

表 7.1　embed 元素属性

属　性	值	描　述
height	pixels（像素）	设置嵌入内容的高度
src	url	嵌入内容的 URL
type	type	定义嵌入内容的类型
width	pixels（像素）	设置嵌入内容的宽度

【示例 1】设计背景音乐。打开本小节备用练习文档 test1.html，另存为 test2.html。在 <body> 标签内输入下面的代码。

```
<embed src="images/bg.mp3" width="307" height="32" hidden="true" autostart="true" loop="infinite"></embed>
```

指定背景音乐为 "images/bg.mp3"，通过设置 hidden="true" 隐藏插件显示，使用 autostart="true" 设置背景音乐自动播放，使用 loop="infinite" 设置背景音乐循环播放。设置完毕属性，在浏览器中浏览，这时就可以边浏览网页，边听着背景音乐播放的小夜曲。

提示：要正确使用，需要浏览器支持对应的插件。

【示例 2】播放视频。新建 test3.html，在 <body> 标签内输入下面的代码。

```
<embed src="images/vid2.avi" width="413" height="292"></embed>
```

使用 width 和 height 属性设置视频播放窗口的大小，在浏览器中浏览效果，如图 7.5 所示。

图 7.5　插入视频

7.3.2　使用 object 元素

使用 object 元素可以定义一个嵌入对象，主要用于在网页中插入多媒体信息，如图像、音频、视频、

Java applets、ActiveX、PDF 和 Flash。

object 元素包含大量属性，说明如表 7.2 所示。

Note

表 7.2 object 元素属性

属　性	值	描　述
data	URL	定义引用对象数据的 URL。如果有需要对象处理的数据文件，要用 data 属性来指定这些数据文件
form	form_id	规定对象所属的一个或多个表单
height	pixels	定义对象的高度
name	unique_name	为对象定义唯一的名称（以便在脚本中使用）
type	MIME_type	定义被规定在 data 属性中指定的文件中出现的数据的 MIME 类型
usemap	URL	规定与对象一同使用的客户端图像映射的 URL
width	pixels	定义对象的宽度

【示例 1】下面的代码使用 object 元素在页面中嵌入一幅图片，效果如图 7.6 所示。

```
<object width="100%" type="image/jpeg" data="images/1.jpg"></object>
```

【示例 2】下面的代码使用 object 元素在页面中嵌入网页，效果如图 7.7 所示。

```
<object type="text/html" height="100%" width="100%" data="https://www.baidu.com/"></object>
```

图 7.6　嵌入图片

图 7.7　嵌入网页

【示例 3】下面的代码使用 object 元素在页面中嵌入音频。

```
<object width="100%"  classid="clsid:22D6F312-B0F6-11D0-94AB-0080C74C7E95">
    <param name="AutoStart" value="1" />
    <param name="FileName" value="images/bg.mp3" />
</object>
```

> 提示：param 元素必须包含在 object 标签内，用来定义嵌入对象的配置参数，通过名 / 值对属性来设置，name 属性设置配置项目，value 属性设置项目值。

object 功能很强大，初衷是取代 img 和 applet 元素。不过由于漏洞以及缺乏浏览器支持，并未完全实现，同时主流浏览器都使用不同的代码来加载相同的对象。如果浏览器不能够显示 object 元素，就会执行位于 <object> 和 </object> 之间的代码，通过这种方式，我们针对不同的浏览器嵌套多个 object 元素，或者嵌套 embed、img 等元素。

视频讲解

7.4 使用 HTML5 多媒体

HTML5 添加了原生的多媒体。这样做有很多好处：速度更快（任何浏览器原生的功能势必比插件要快一些），媒体播放按钮和其他控件内置到浏览器，对插件的依赖极大地降低。

现代浏览器都支持 HTML5 的 audio 元素和 video 元素，如 IE 9.0+、Firefox 3.5+、Opera 10.5+、Chrome 3.0+、Safari 3.2+ 等。

7.4.1 使用 audio 元素

audio 元素可以播放声音文件或音频流，支持 Ogg Vorbis、MP3、WAV 等音频格式，其用法如下。

```
<audio src="samplesong.mp3" controls="controls"></audio>
```

其中，src 属性用于指定要播放的声音文件；controls 属性用于设置是否显示工具条。audio 元素可用的属性如表 7.3 所示。

表 7.3 audio 元素支持属性

属 性	值	说 明
autoplay	autoplay	如果出现该属性，则音频在就绪后马上播放
controls	controls	如果出现该属性，则向用户显示控件，如播放按钮
loop	loop	如果出现该属性，则每当音频结束时重新开始播放
preload	preload	如果出现该属性，则音频在页面加载时进行加载，并预备播放 如果使用 "autoplay"，则忽略该属性
src	url	要播放的音频的 URL

> 提示：如果浏览器不支持 audio 元素，可以在 <audio> 与 </audio> 之间嵌入替换的 HTML 字符串，这样旧的浏览器就可以显示这些信息。例如：
>
> ```
> <audio src=" test.mp3" controls="controls">
> 您的浏览器不支持 HTML5 audio。
> </audio>
> ```
>
> 替换内容可以是简单的提示信息，也可以是一些备用音频插件，或者是音频文件的链接等。

【示例 1】 audio 元素可以包裹多个 source 元素，用来导入不同的音频文件，浏览器会自动选择第一个可以识别的格式进行播放。

```
<audio controls>
    <source src="medias/test.ogg" type="audio/ogg">
    <source src="medias/test.mp3" type="audio/mpeg">
    <p> 你的浏览器不支持 HTML5 audio，你可以 <a href="piano.mp3"> 下载音频文件 </a> (MP3, 1.3 MB)</p>
</audio>
```

以上代码在 Chrome 浏览器中的运行结果如图 7.8 所示，audio 元素（含默认控件集）定义了两个音频源文件，一个编码为 Ogg，另一个为 MP3。完整的过程同指定多个视频源文件的过程是一样的。浏览器会忽略它不能播放的，仅播放它能播放的。

支持 Ogg 的浏览器（如 Firefox）会加载 test.ogg。Chrome 同时理解 Ogg 和 MP3，但是会加载 Ogg 文件，因为在 audio 元素的代码中，Ogg 文件位于 MP3 文件之前。不支持 Ogg 格式，但支持 MP3 格式的浏览器（IE10）会加载 test.mp3，旧浏览器（如 IE8）会显示备用信息。

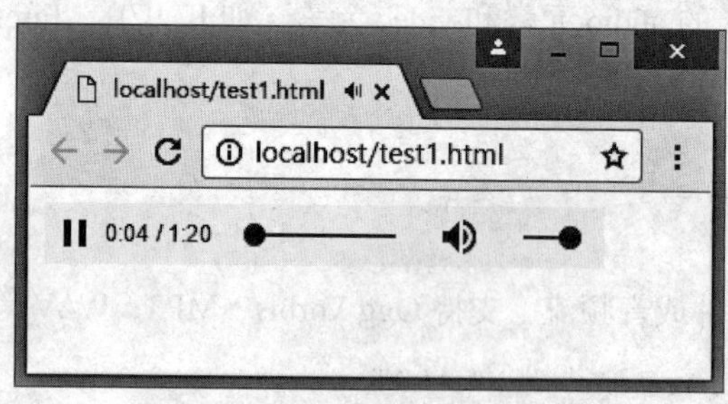

图 7.8　播放音频

【补充】

source 元素可以为 video 和 audio 元素定义多媒体资源，它必须包裹在 <video> 或 <audio> 标签内。source 元素包含以下 3 个可用属性。

- ☑ media：定义媒体资源的类型。
- ☑ src：定义媒体文件的 URL。
- ☑ type：定义媒体资源的 MIME 类型。如果媒体类型与源文件不匹配，浏览器可能会拒绝播放。可以省略 type 属性，让浏览器自动检测编码方式。

为了兼容不同的浏览器，一般使用多个 source 元素包含多种媒体资源。对于数据源，浏览器会按照声明顺序进行选择，如果支持的不止一种，那么浏览器会优先播放位置靠前的媒体资源。数据源列表的排放顺序应按照用户体验由高到低，或者服务器消耗由低到高列出。

【示例 2】 下面的示例演示了如何在页面中插入背景音乐：在 audio 元素中设置 autoplay 和 loop 属性，详细代码如下所示。

```
<audio autoplay loop>
    <source src="medias/test.ogg" type="audio/ogg">
    <source src="medias/test.mp3" type="audio/mpeg">
您的浏览器不支持 HTML5 audio。
</audio>
```

7.4.2　使用 video 元素

video 元素可以播放视频文件或视频流，支持 Ogg、MPEG-4、WebM 等视频格式，其用法如下。

```
<video src="samplemovie.mp4" controls="controls"></video>
```

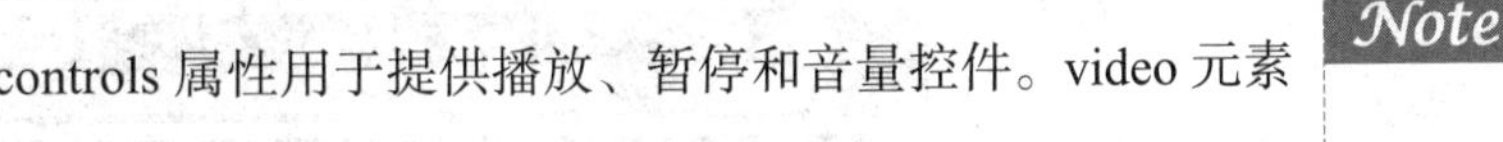

其中，src 属性用于指定要播放的视频文件；controls 属性用于提供播放、暂停和音量控件。video 元素可用的属性如表 7.4 所示。

表 7.4　video 元素支持属性

属性	值	描　述
autoplay	autoplay	如果出现该属性，则视频在就绪后马上播放
controls	controls	如果出现该属性，则向用户显示控件，如播放按钮
height	pixels	设置视频播放器的高度
loop	loop	如果出现该属性，则当媒介文件完成播放后再开始播放
muted	muted	设置视频的音频输出应该被静音
poster	URL	设置视频下载时显示的图像，或者在用户点击播放按钮前显示的图像
preload	preload	如果出现该属性，则视频在页面加载时进行加载，并预备播放。如果使用 "autoplay"，则忽略该属性
src	url	要播放的视频的 URL
width	pixels	设置视频播放器的宽度

【补充】

HTML5 的 video 元素支持 3 种常用的视频格式，简单说明如下，浏览器支持情况如下。Safari 3+、Firefox 4+、Opera 10+、Chrome 3+、IE 9+ 等。

☑ Ogg：带有 Theora 视频编码和 Vorbis 音频编码的 Ogg 文件。

☑ MPEG-4：带有 H.264 视频编码和 AAC 音频编码的 MPEG-4 文件。

☑ WebM：带有 VP8 视频编码和 Vorbis 音频编码的 WebM 文件。

提示： 如果浏览器不支持 video 元素，可以在 <video> 与 </video> 之间嵌入替换的 HTML 字符串，这样旧的浏览器就可以显示这些信息。例如：

```
<video src=" test.mp4" controls="controls">
您的浏览器不支持 HTML5 video。
</video>
```

【示例 1】 下面的示例使用 video 元素在页面中嵌入一段视频，然后使用 source 元素链接不同的视频文件，浏览器会自己选择第一个可以识别的格式。

```
<video controls>
    <source src="medias/trailer.ogg" type="video/ogg">
    <source src="medias/trailer.mp4" type="video/mp4">
    您的浏览器不支持 HTML5 video。
</video >
```

一个 video 元素中可以包含任意数量的 source 元素，因此为视频定义两种不同的格式是相当容易的。浏览器会加载第一个它支持的 source 元素引用的文件格式，并忽略其他的来源。

Note

以上代码在 Chrome 浏览器中运行，当鼠标经过播放画面，可以看到出现一个比较简单的视频播放控制条，包含了播放、暂停、位置、时间显示、音量控制等控件，如图 7.9 所示。

图 7.9　播放视频

当为 video 元素设置 controls 属性，可以在页面上以默认方式进行播放控制。如果不设置 controls 属性，那么在播放的时候就不会显示控制条界面。

【示例 2】通过设置 autoplay 属性，不需要播放控制条，音频或视频文件就会在加载完成后自动播放。

```
<video autoplay>
    <source src="medias/trailer.ogg" type="video/ogg">
    <source src="medias/trailer.mp4" type="video/mp4">
    您的浏览器不支持 HTML5 video。
</video >
```

也可以使用 JavaScript 脚本控制媒体播放，简单说明如下。

☑　load()：可以加载音频或者视频文件。

☑　play()：可以加载并播放音频或视频文件，除非已经暂停，否则默认从开头播放。

☑　pause()：暂停处于播放状态的音频或视频文件。

☑　canPlayType(type)：检测 video 元素是否支持给定 MIME 类型的文件。

【示例 3】下面的示例演示了如何通过移动鼠标来触发视频的 play 和 pause 功能。设计当用户移动鼠标到视频界面上时，播放视频，如果移出鼠标，则暂停视频播放。

```
<video id="movies" onmouseover="this.play()" onmouseout="this.pause()" autobuffer="true"
    width="400px" height="300px">
    <source src="medias/trailer.ogv" type='video/ogg; codecs="theora, vorbis"'>
    <source src="medias/trailer.mp4" type='video/mp4'>
</video>
```

上面的代码在浏览器中预览，显示效果如图 7.10 所示。

图 7.10　使用鼠标控制视频播放

> **提示：** 要实现循环播放，只需要使用 autoplay 和 loop 属性。如果不设置 autoplay 属性，通常浏览器会在视频加载时显示视频的第一帧，用户可能想对此做出修改，指定自己的图像。这可以通过海报图像实现。

例如，下面的代码设置自动播放和循环播放的单个 WebM 视频。如果这里不设置 controls，访问者就无法停止视频。因此，如果将视频指定为循环，最好包含 controls。

```
<video src="paddle-steamer.webm" width="369" height="208" autoplay loop></video>
```

下面的代码指定了海报图像（当页面加载并显示视频时显示该图像）的单个 WebM 视频（含控件）。

```
<video src="paddle-steamer.webm" width="369" height="208" poster="paddle-steamer-poster.jpg" controls></video>
```

其中，paddle-steamer.webm 指向视频文件，paddle-steamer-poster.jpg 是想用作海报图像的图像。

如果用户观看视频的可能性较低（如该视频并不是页面的主要内容），那么可以告诉浏览器不要预先加载该视频。对于设置了 preload="none" 的视频，在初始化视频之前，浏览器显示视频的方式并不一样。例如：

```
<video src="paddle-steamer.webm" preload="none" controls></video>
```

上面的代码在页面完全加载时也不会加载单个 WebM 视频，仅在用户试着播放该视频时才会加载它。注意这里省略了 width 和 height 属性。

在 Firefox 中将 preload 设为 none 的视频，什么也不会显示，因为浏览器没有得到关于该视频的任何信息（连尺寸都不知道），也没有指定海报图像。如果用户播放视频，浏览器会获取视频的尺寸，并调整视频大小。

Chrome 在控制组件上面显示一个空白的矩形。这时，控制组件的大小比访问者播放视频时显示的组件要窄一些。

preload 的默认值是 auto。这会让浏览器具有用户将要播放该视频的预期，从而做好准备，让视频可以很快进入播放状态。浏览器会预先加载大部分视频甚至整个视频。因此，在视频播放的过程中对其进行多次开始、暂停的操作会变得更不容易，因为浏览器总是试着下载较多的数据让访问者观看。

在 none 和 auto 之间有一个不错的中间值，即 preload="metadata"。这样做会让浏览器仅获取视频的基本信息，如尺寸、时长甚至一些关键的帧。在开始播放之前，浏览器不会显示白色的矩形，而且视频的尺寸也会与实际尺寸一致。

使用 metadata 会告诉浏览器，用户的连接速度并不快，因此需要在不妨碍播放的情况下尽可能地保留带宽资源。

注意： 如果要获得所有兼容 HTML5 的浏览器的支持，至少需要提供两种格式的视频：MP4 和 WebM。这时就要用到 HTML5 的 source 元素了。通常，source 元素用于定义一个以上的媒体元素的来源。例如，下面的代码为视频定义了两个源：一个 MP4 文件和一个 WebM 文件。

```
<video width="369" height="208" controls>
  <source src="paddle-steamer.mp4" type="video/mp4">
  <source src="paddle-steamer.webm" type="video/webm">
  <p><a href="paddle-steamer.mp4"> 下载视频 </a></p>
</video>
```

可以在 www.bigbuckbunny.org/index.php/download/ 网站上找到一些免费的视频，用于试验 video 和 source 元素。该网站没有 WebM 格式的视频，不过可以通过在线工具进行格式转换。

【补充】

利用现代浏览器提供的原生可访问性支持，原生多媒体可以更好地使用键盘进行控制，这是原生多媒体的另一个好处。HTML5 视频和音频的键盘可访问性支持在 Firefox、Internet Explorer 和 Opera 中表现良好。不过对于 Chrome 和 Safari，实现键盘可访问性的唯一办法是自制播放控件。为此，需要使用 JavaScript Media API（这也是 HTML5 的一部分）。

HTML5 还指定了一种新的文件格式 WebVTT（Web Video Text Track，Web 视频文本轨道）用于包含文本字幕、标题、描述、篇章等视频内容。更多信息可以参见 www.iandevlin.com/blog/2011/05/html5/webvtt-and-video-subtitles，其中包括为了对接规范修改在 2012 年进行的更新。

视频讲解

7.5 案例实战

本节将通过多个案例练习如何制作图像标签，如何灵活使用 JavaScript 脚本控制 HTML5 多媒体播放。注意，在学习之前，读者应该有一定的 JavaScript 基础。

7.5.1 设计网页音乐播放器

本节示例设计一个网页音乐播放器，浏览效果如图 7.11 所示。

Note

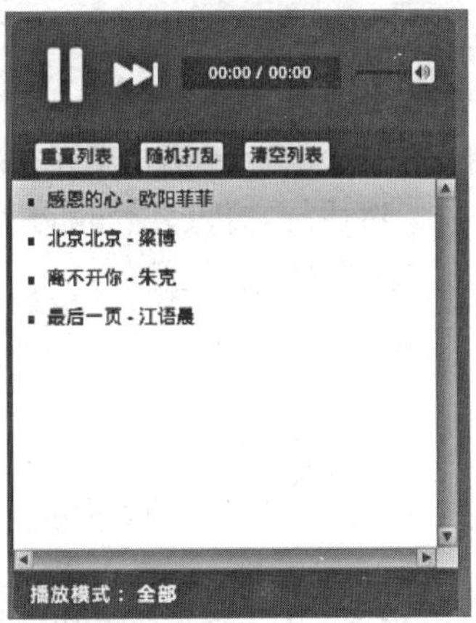

图 7.11　设计网页音乐播放器

网页音乐播放器的主体为上、中、下结构，顶部分布了多个播放按钮，中部为音乐列表，底部为播放模式切换按钮。HTML 结构代码如下。

```
<div id="player">
    <audio id="musicbox"></audio>
    <div id="controls" class="clearfix controls">
    <div id="play" class="playing"></div>
    <div id="next"></div>
    <div id="progress">
        <div></div>
        <p id="time">00:00 / 00:00</p>
    </div>
    <div id="volume"><div></div></div>
    </div>
    <div class="bar">
        <button> 重置列表 </button>
        <button> 随机打乱 </button>
        <button> 清空列表 </button>
    </div>
    <ul id="musiclist"></ul>
    <div class="bar bottom"> <span> 播放模式：</span> <span id="mode"> 全部 </span> </div></div>
```

在界面中插入一个 <audio id="musicbox"> 标签，在 main.css 样式表中隐藏音频控件。

```
audio {
    display: none;
}
```

在脚本文件 player.js 中，设计当单击播放按钮时，让 <audio id="musicbox"> 播放指定的音频文件。

```
function playMusic(index) {
    playingFile = musicFiles[index];
    $media.attr("src", playingFile.url);
    $media[0].play();
    $("#musiclist>li").removeClass("isplay").eq(index).addClass("isplay");
```

```
    auto();
}
```

Note

有关页面的详细样式代码和播放器操控脚本，请参考本节示例源代码，限于篇幅本节仅抛砖引玉。其设计原理是：获取要播放的文件相对路径，然后把它传递给 audio 元素的 src 属性，再调用 HTML5 多媒体 API 中相关属性、方法或事件，进行控制，或各种逻辑设计。

7.5.2 设计 MP3 播放条

本节示例设计一个 MP3 播放条，初始界面效果如图 7.12 所示。

图 7.12 MP3 播放条初始界面效果

在播放条中单击“展示”按钮，即可显示歌曲播放列表，单击歌曲名称即可开始播放音乐，如图 7.13 所示。

图 7.13 显示歌曲播放列表

本节示例的设计思路和实现代码与上一节示例基本相同，只不过是重设了 HTML 结构，主体为上、中、下结构，顶部分布了多个播放按钮，中部为音乐列表，底部为播放模式切换按钮。HTML 结构代码如下。

```
<audio id="myMusic"> </audio>
<input id="PauseTime" type="hidden" />
<div class="musicBox">
    <div class="leftControl"></div>
    <div id="mainControl" class="mainControl"></div>
    <div class="rightControl"></div>
    <div class="processControl">
        <div class="songName">MY's Music!</div>
        <div class="songTime">00:00 | 00:00</div>
        <div class="process"></div>
        <div class="processYet"></div>
    </div>
    <div class="voiceEmp"></div>
    <div class="voidProcess"></div>
    <div class="voidProcessYet"></div>
    <div class="voiceFull"></div>
    <div class="showMusicList"></div>
```

```
</div>
<div class="musicList">
    <div class="author"></div>
    <div class="list">
        <div class="single"> <span class="songName" kv=" 感恩的心 ">01. 感恩的心 </span> </div>
        <div class="single"> <span class="songName" kv=" 相思风雨中 ">02. 相思风雨中 </span> </div>
        <div class="single"> <span class="songName" kv=" 北京北京 ">03. 北京北京 </span> </div>
        <div class="single"> <span class="songName" kv=" 爱与诺言 ">04. 爱与诺言 </span> </div>
    </div>
</div>
```

在页面中通过 <div class="musicBox"> 容器设计一个个性的 MP3 播放条 UI，内部包含多个 div 元素，然后使用 CSS 分别设计播放条的各种控制按钮。

在 audio.js 脚本文件中，为每个按钮绑定 click 事件，监听控制条的行为，并根据用户操作执行相应的命令。

<div class="musicList"> 容器包含一个歌曲列表，默认隐藏显示。当在控制条内单击“展开”按钮时，显示 <div class="musicList"> 容器，当用户选择一首歌曲，则通过 JavaScript 脚本把歌曲的路径传递给 audio 元素进行播放。详细代码请参考本节示例源代码。

7.5.3 设计视频播放器

本节示例将设计一个视频播放器，用到 HTML5 提供的 video 元素以及 HTML5 提供的多媒体 API 的扩展，示例演示效果如图 7.14 所示。

图 7.14　设计视频播放器

使用 JavaScript 控制播放控件的行为（自定义播放控件），可实现如下功能。

☑ 利用 HTML+CSS 制作一个播放控件，然后定位到视频最下方。

☑ 视频加载 loading 效果。

☑ 播放、暂停。

☑ 总时长和当前播放时长显示。

☑ 播放进度条。

☑ 全屏显示。

Note

第 1 步，设计播放控件。

```
<figure>
    <figcaption> 视频播放器 </figcaption>
    <div class="player">
        <video src="./video/mv.mp4"></video>
        <div class="controls">
            <!-- 播放 / 暂停 -->
            <a href="javascript:;" class="switch fa fa-play"></a>
            <!-- 全屏 -->
            <a href="javascript:;" class="expand fa fa-expand"></a>
            <!-- 进度条 -->
            <div class="progress">
                <div class="loaded"></div>
                <div class="line"></div>
                <div class="bar"></div>
            </div>
            <!-- 时间 -->
            <div class="timer">
                <span class="current">00:00:00</span> /
                <span class="total">00:00:00</span>
            </div>
            <!-- 声音 -->
        </div>
    </div>
</figure>
```

上面是全部的 HTML 代码，其中 .controls 类是制作播放控件的 HTML 代码，引用 CSS 外部样式表。

```
<link rel="stylesheet" href="css/font-awesome.css">
<link rel="stylesheet" href="css/player.css">
```

为了显示播放按钮等图标，本示例使用了字体图标。

第 2 步，设计视频加载 loading 效果。先隐藏视频，用一个背景图片替代，等视频加载完毕之后，再显示并播放视频。

```
.player {
    width: 720px; height: 360px;
    margin: 0 auto; position: relative;
    background: #000 url(images/loading.gif) center/300px no-repeat;
}
video {
    display: none; margin: 0 auto;
    height: 100%;
}
```

第 3 步，设计播放功能。在 JavaScript 脚本中，先获取要用到的 DOM 元素。

```
var video = document.querySelector("video");
var isPlay = document.querySelector(".switch");
var expand = document.querySelector(".expand");
```

```
var progress = document.querySelector(".progress");
var loaded = document.querySelector(".progress > .loaded");
var currPlayTime = document.querySelector(".timer > .current");
var totalTime = document.querySelector(".timer > .total");
```

当视频可以播放时，显示视频。

```
// 当视频可播放的时候
video.oncanplay = function(){
    // 显示视频
    this.style.display = "block";
    // 显示视频总时长
    totalTime.innerHTML = getFormatTime(this.duration);
};
```

第 4 步，设计播放、暂停按钮。当点击播放按钮时，显示暂停图标，在播放和暂停状态之间切换图标。

```
// 播放按钮控制
isPlay.onclick = function(){
    if(video.paused) {
        video.play();
    } else {
        video.pause();
    }
    this.classList.toggle ("fa-pause");
};
```

第 5 步，获取并显示总时长和当前播放时长。前面代码中其实已经设置了相关代码，此时只需要把获取到的毫秒数转换成需要的时间格式即可。先定义 getFormatTime() 函数，用于转换时间格式。

```
function getFormatTime(time) {
    var time = time  0;
    var h = parseInt(time/3600),
        m = parseInt(time%3600/60),
        s = parseInt(time%60);
    h = h < 10 ? "0"+h : h;
    m = m < 10 ? "0"+m : m;
    s = s < 10 ? "0"+s : s;
    return h+":"+m+":"+s;
}
```

第 6 步，设计播放进度条。

```
video.ontimeupdate = function(){
    var currTime = this.currentTime,          // 当前播放时间
    duration = this.duration;                 // 视频总时长
    // 百分比
    var pre = currTime / duration * 100 + "%";
    // 显示进度条
    loaded.style.width = pre;
    // 显示当前播放进度时间
    currPlayTime.innerHTML = getFormatTime(currTime);
```

```
};
```

这样就可以实时显示进度条了，此时，还需要点击进度条进行跳跃播放，即点击任意时间点时，视频跳转到当前时间点播放。

Note

```
// 跳跃播放
progress.onclick = function(e){
    var event = e  window.event;
    video.currentTime = (event.offsetX / this.offsetWidth) * video.duration;
};
```

第 7 步，设计全屏显示。这个功能可以使用 HTML5 提供的全局 API：webkitRequestFullScreen 实现，与 video 元素无关，经测试在 Firefox、IE 下全屏功能不可用，仅针对 webkit 内核浏览器可用。

```
// 全屏
expand.onclick = function(){
    video.webkitRequestFullScreen();
};
```

7.6 HTML5 多媒体 API

使用 HTML5 原生多媒体的好处是可以利用很多来自 HTML5 或与 HTML5 相关的新特性和新功能。前提是读者需要有一定的 JavaScript 基础。本节为线上拓展内容，介绍 HTML5 多媒体 API 的基础知识和应用，感兴趣的读者请扫码阅读。

线上阅读

7.6.1 设置属性

audio 和 video 元素拥有相同的脚本属性，关于这些属性的介绍请读者扫码学习。

线上阅读

7.6.2 设置方法

audio 和 video 元素拥有相同的脚本方法，读者可扫码学习这些方法。

线上阅读

7.6.3 设置事件

audio 和 video 元素支持 HTML5 的媒体事件，使用 JavaScript 脚本可以捕捉这些事件并对其进行处理。关于处理这些事件的方式读者可扫码学习。

线上阅读

7.6.4 综合案例

本节通过一个综合示例整合 HTML5 多媒体 API 中各种属性、方法和事件，演示如何在一个视频中实现对这些信息进行访问和操控。示例效果如图 7.15 所示。

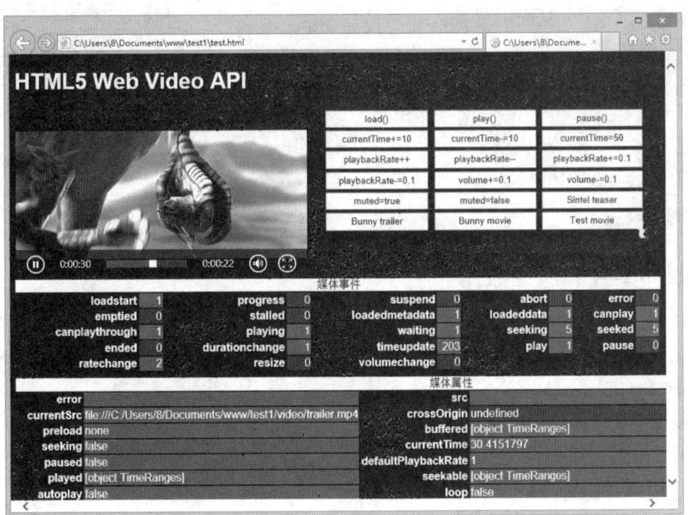

图 7.15　HTML5 多媒体 API 接口访问

第 1 步，设计文档结构。整个结构包含 3 部分：<video id='video'> 视频播放界面、<div id='buttons'> 视频控制方法集、<div id="info"> 接口访问信息汇总。

```
<h1>HTML5 Web Video API</h1>
<div>
    <video id='video' controls preload='none' poster="video/trailer.png">
        <source id='mp4' src="video/trailer.mp4" type='video/mp4'>
        <source id='webm' src="video/trailer.webm" type='video/webm'>
        <source id='ogv' src="video/trailer.ogv" type='video/ogg'>
        <p> 你的浏览器不支持 HTML5 video 元素。</p>
    </video>
    <div id='buttons'>
        <button onclick="getVideo().load()">load()</button>
        ……
    </div>
    <div id="info">
        <table>
            <caption> 媒体事件 </caption>
            <tbody id='events'> </tbody>
        </table>
        <table>
            <caption> 媒体属性 </caption>
            <tbody id='properties'></tbody>
        </table>
        <table id='canPlayType'>
            <caption> 播放类型 </caption>
            <tbody id='m_video'></tbody>
        </table>
        <table id='tracks'>
            <caption> 轨道 </caption>
            <tbody>
```

```
            <tr><th>Audio</th><th>Video</th><th>Text</th></tr>
                <tr><td id='m_audiotracks' class='false'>?</td><td id='m_videotracks' class='false'>?</td> <td id='m_texttracks'
class='false'>?</td></tr>
            </tbody>
        </table>
    </div>
</div>
```

第 2 步，初始化多媒体事件和属性数据。

```
// 初始化事件类型
var media_events = new Array();
media_events["loadstart"] = 0;
media_events["progress"] = 0;
media_events["suspend"] = 0;
media_events["abort"] = 0;
media_events["error"] = 0;
media_events["emptied"] = 0;
media_events["stalled"] = 0;
media_events["loadedmetadata"] = 0;
media_events["loadeddata"] = 0;
media_events["canplay"] = 0;
media_events["canplaythrough"] = 0;
media_events["playing"] = 0;
media_events["waiting"] = 0;
media_events["seeking"] = 0;
media_events["seeked"] = 0;
media_events["ended"] = 0;
media_events["durationchange"] = 0;
media_events["timeupdate"] = 0;
media_events["play"] = 0;
media_events["pause"] = 0;
media_events["ratechange"] = 0;
media_events["resize"] = 0;
media_events["volumechange"] = 0;
// 在数组中汇集多媒体属性
var media_properties = [ "error", "src", "srcObject", "currentSrc", "crossOrigin", "networkState", "preload", "buffered",
"readyState", "seeking", "currentTime", "duration","paused", "defaultPlaybackRate", "playbackRate", "played", "seekable",
"ended", "autoplay", "loop", "controls", "volume","muted", "defaultMuted", "audioTracks", "videoTracks", "textTracks",
"width", "height", "videoWidth", "videoHeight", "poster" ];
```

第 3 步，初始化事件函数，在该函数中根据初始化的多媒体事件数组 media_events，逐一读取每一个元素所存储的事件类型，然后为播放的视频对象绑定事件。同时使用 for 语句把每个事件的当前状态值汇集并显示在页面表格中，如图 7.15 所示。

```
function init_events(id, arrayEventDef) {
    var f;
    for (key in arrayEventDef) {
        document._video.addEventListener(key, capture, false);
```

Note

```
    }
    var tbody = document.getElementById(id);
    var i = 1;
    var tr = null;
    for (key in arrayEventDef) {
        if (tr == null) tr    = document.createElement("tr");
        var th = document.createElement("th");
        th.textContent = key;
        var td = document.createElement("td");
        td.setAttribute("id", "e_" + key);
        td.textContent = "0";
        td.className = "false";
        tr.appendChild(th);
        tr.appendChild(td);
        if ((i++ % 5) == 0) {
            tbody.appendChild(tr);
            tr = null;
        }
    }
    if (tr != null) tbody.appendChild(tr);
}
```

第 4 步，初始化属性函数，在该函数中根据初始化的多媒体属性数组 media_properties，逐一读取每一个元素所存储的属性，然后使用 do 语句把每一个属性值显示在页面表格中，如图 7.15 所示。

```
function init_properties(id, arrayPropDef, arrayProp) {
    var tbody = document.getElementById(id);
    var i = 0;
    var tr = null;
    do {
        if (tr == null) tr    = document.createElement("tr");
        var th = document.createElement("th");
        th.textContent = arrayPropDef[i];
        var td = document.createElement("td");
        var r;
        td.setAttribute("id", "p_" + arrayPropDef[i]);
        r = eval("document._video." + arrayPropDef[i]);
        td.textContent = r;
        if (typeof(r) != "undefined") {
            td.className = "true";
        } else {
            td.className = "false";
        }
        tr.appendChild(th);
        tr.appendChild(td);
        arrayProp[i] = td;
        if ((++i % 3) == 0) {
            tbody.appendChild(tr);
            tr = null;
        }
```

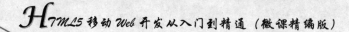

```
    } while (i < arrayPropDef.length);
    if (tr != null) tbody.appendChild(tr);
}
```

第 5 步，定义页面初始化函数，在该函数 init() 中，获取页面中的视频播放控件，然后调用 init_events() 和 init_properties() 函数，同时使用定时器，定义每隔 250ms 将调用一次 update_properties()，该函数将不断刷新多媒体属性值，并动态显示出来。

```
function init() {
    document._video = document.getElementById("video");
    webm = document.getElementById("webm");
    media_properties_elts = new Array(media_properties.length);
    init_events("events", media_events);
    init_properties("properties", media_properties, media_properties_elts);
    init_mediatypes();
    setInterval(update_properties, 250);
}
```

7.7 在线练习

多媒体已成为网站的必备元素，使用多媒体可以丰富网站的效果，丰富网站的内容，给人充实的视觉体验，体现网站的个性化服务，吸引用户的回流，突出网站的重点。本节将通过大量的上机练习，帮助初学者学习使用 HTML5 多媒体 API 丰富页面信息。

第8章

使用 CSS3 定义版式

（视频讲解：40 分钟）

网页版式一般通过栏目的行、列组合来设计，根据移动网页效果确定，而不是 HTML 结构，如单行版式、两行版式、三行版式、多行版式、单列版式、两列版式、三列版式等。也可以根据栏目显示性质进行设计，如流动布局、浮动布局、定位布局、混合布局等。或者根据网页宽度进行设计，如固定宽度、弹性宽度等。本章将具体讲解 CSS3 定义版式的基本方法。

【学习重点】

- 了解网页布局的基本概念。
- 熟悉 CSS 盒模型。
- 掌握 CSS 布局的基本方法。
- 能够灵活设计常规的网页布局效果。

视频讲解

Note

8.1 CSS 盒模型

盒模型是 CSS 布局的核心概念。了解 CSS 盒模型的结构、用法，对于网页布局很重要，本节将介绍 CSS 盒模型的构成要素和使用技巧。

8.1.1 认识 display

在默认状态下，网页中每个元素都显示为特定的类型。例如，div 元素显示为块状，span 元素显示为内联状。

使用 CSS 的 display 属性可以改变元素的显示类型，用法如下。

```
display：none |
        inline | block | inline-block |
        list-item |
        table | inline-table | table-caption | table-cell | table-row | table-row-group |
              table-column | table-column-group | table-footer-group | table-header-group |
        run-in |
        box | inline-box | flexbox | inline-flexbox | flex | inline-flex
```

display 属性取值非常多，在上面的语法中第 3、4 行取值不是很常用，第 5、6 行为 CSS3 新增类型，详细说明请读者参考 CSS3 参考手册，比较常用的属性取值说明如下。

☑ none：隐藏对象。与 visibility: hidden 不同，其不为被隐藏的对象保留物理空间。

☑ inline：指定对象为内联元素。

☑ block：指定对象为块元素。

☑ inline-block：指定对象为内联块元素。

block 以块状显示，占据一行，一行只能够显示一个块元素，它适合搭建文档框架；inline 以内联显示，可以并列显示，一行可以显示多个内联元素，它适合包裹多个对象，或者为行内信息定制样式。

如果设置 span 元素显示为块状效果，只需定义如下样式。

```
span { display:block; }                    /* 定义行内元素块状显示 */
```

如果设置 div 以行内元素显示，则可以使用如下样式进行定义。

```
div { display:inline; }                    /* 定义块状元素行内显示 */
```

8.1.2 认识 CSS 盒模型

CSS 盒模型定义了网页对象的基本显示结构。根据 CSS 盒模型，网页中的每个元素都显示为方形，从结构上分析，它包括内容（content）、填充（padding）、边框（border）、边界（margin），CSS 盒模型基本结构如图 8.1 所示。

内容（content）就是元素包含的对象，填充（padding）就是控制所包含对象在元素中的显示位置，边

框（border）就是元素的边线，边界（margin）就是控制当前元素在外部环境中的显示位置。

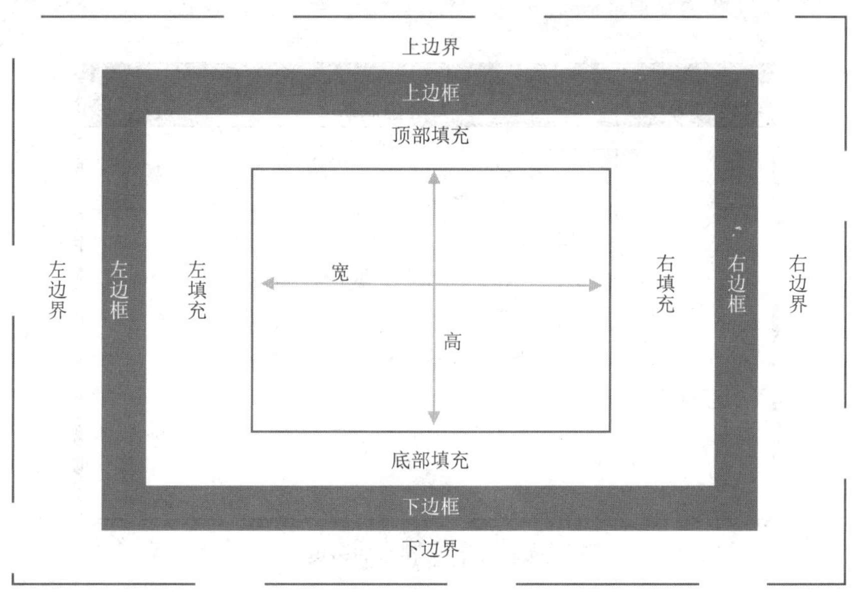

图 8.1　CSS 盒模型基本结构

8.1.3　定义边界

使用 CSS 的 margin 属性可以为元素定义边界。由 margin 属性又派生出如下 4 个子属性。

☑　margin-top（顶部边界）

☑　margin-right（右侧边界）

☑　margin-bottom（底部边界）

☑　margin-left（左侧边界）

这些属性分别控制元素在不同方位上与其他元素的间距。

【示例 1】下面的示例设计了 4 个盒子，通过设置不同方向上的边界值，来调整它们在页面中的显示位置，如图 8.2 所示。通过本例演示，读者能够体会到边界可以自由设置，且各边边界不会相互影响。

```
<style type="text/css">
div { /* 统一 4 个盒子的默认样式 */
    display: inline-block;
    height: 80px; width:80px;                                    /* 统一大小 */
    border: solid 1px red;                                       /* 统一边框样式 */
}
#box1 {margin-top: 10px; margin-right: 8em; margin-left: 8em;} /* 第 1 个盒子样式 */
#box2 {margin-top: 10px; margin-right: 6em; margin-left: 6em;} /* 第 2 个盒子样式 */
#box3 {margin-top: 20px; margin-right: 4em; margin-left: 4em;} /* 第 3 个盒子样式 */
#box4 {margin-top: 20px; margin-right: 2em; margin-left: 2em;} /* 第 3 个盒子样式 */
</style>
<div id="box1"> 盒子 1</div>
<div id="box2"> 盒子 2</div>
```

```
<div id="box3"> 盒子 3</div>
<div id="box4"> 盒子 4</div>
```

Note

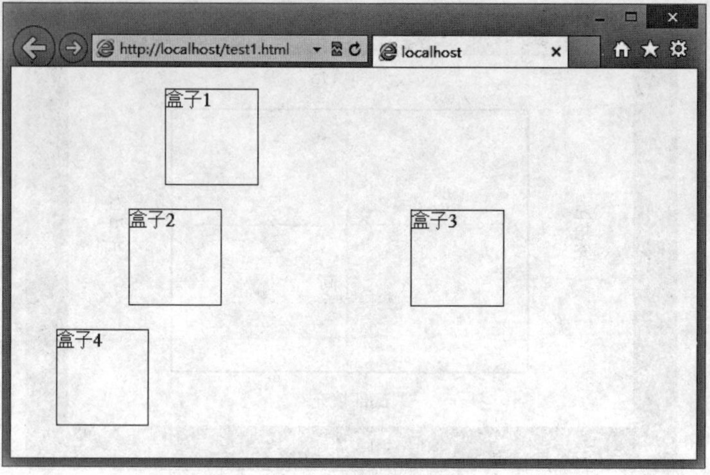

图 8.2　设置盒子的边界

提示：如果四边边界相同，则直接为 margin 定义一个值即可。

如果四边边界不相同，则可以为 margin 定义 4 个值，4 个值用空格进行分隔，代表边的顺序是顶部、右侧、底部和左侧。例如：

```
margin:top right bottom left;
```

如果上下边界不同，左右边界相同，则可以使用以下 3 个值定义。

```
margin:top right bottom;
```

如果上下边界相同，左右边界相同，则直接使用两个值进行代替，第一个值表示上下边界，第二个值表示左右边界。例如：

```
p{ margin:12px 24px;}
```

margin 可以取负值，这样就能够强迫元素偏移原来位置，实现相对定位功能，利用 margin 的这个功能，可以设计复杂的页面布局效果，下面的章节会介绍具体的演示案例。

注意，流动的块状元素存在上下边界重叠现象，这种重叠将以最大边界代替最小边界作为上下两个元素的距离。

【示例 2】下面的示例定义了上面盒子的底部边界为 50 像素，下面盒子的顶部边界为 30 像素，如果不考虑重叠，则上下元素的间距应该为 80 像素，而实际距离为 50 像素，如图 8.3 所示。

```
<style type="text/css">
div { height: 20px; border: solid 1px red;}
#box1 { margin-bottom: 50px; }
#box2 { margin-top: 30px; }
</style>
<div id="box1"></div>
<div id="box2"></div>
```

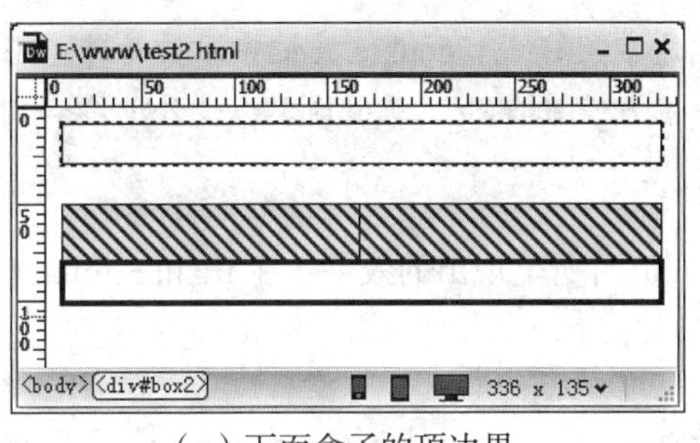

（a）下面盒子的顶边界

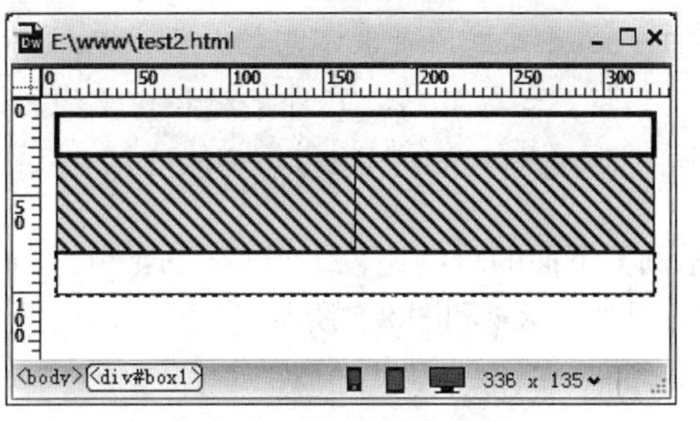

（b）上面盒子的底边界

图 8.3　上下元素的重叠现象

相邻元素的左右边界一般不会发生重叠。而对于行内元素来说，上下边界是不会产生任何效果的。对于浮动元素来说，一般相邻浮动元素的边界也不会发生重叠。

8.1.4　定义边框

使用 CSS 的 border 属性可以定义边框样式，与边界一样可以为各边定义独立的边框样式。

☑　border-top（顶部边框）

☑　border-right（右侧边框）

☑　border-bottom（底部边框）

☑　border-left（左侧边框）

边界的作用是调整当前元素与其他元素的距离，而边框的作用就是划定当前元素与其他元素之间的分隔线。

边框包括 3 个子属性：border-style（边框样式）、border-color（边框颜色）和 border-width（边框宽度）。三者关系比较紧密，如果没有定义 border-style 属性，所定义的 border-color 和 border-width 属性是无效的。反之，如果没有定义 border-color 和 border-width 属性，定义 border-style 也是没有用的。

不同浏览器为 border-width 设置了默认值（默认为 medium 关键字）。medium 关键字大约等于 2~3 像素（视不同浏览器而定），另外还包括 thin（1~2 像素）关键字和 thick（3~5 像素）关键字。

border-color 默认值为黑色。当为元素定义 border-style 属性时，则浏览器能够正常显示边框效果。border-style 属性取值比较多，简单说明如下。

☑　none：无轮廓。border-color 与 border-width 将被忽略。

☑　hidden：隐藏边框。IE7 及以下版本尚不支持。

☑　dotted：点状轮廓。IE6 下显示为 dashed 效果。

☑　dashed：虚线轮廓。

☑　solid：实线轮廓。

☑　double：双线轮廓。两条单线与其间隔的和等于指定的 border-width 值。

☑　groove：3D 凹槽轮廓。

☑　ridge：3D 凸槽轮廓。

☑　inset：3D 凹边轮廓。

☑　outset：3D 凸边轮廓。

> 提示：solid 属性值是最常用的，而 dotted、dashed 也是常用样式。double 关键字比较特殊，它定义边框显示为双线，在外单线和内单线之间是有一定宽度的间距。其中内单线、外单线和间距之和必须等于 border-width 属性值。

Note

【示例】下面的示例比较了当 border-style 属性设置不同值时所呈现出的效果，在 IE 和 Firefox 浏览器中解析的效果如图 8.4 和图 8.5 所示。

```
<style type="text/css">
#p1 { border-style:solid; }                /* 实线效果 */
#p2 { border-style:dashed; }               /* 虚线效果 */
#p3 { border-style:dotted; }               /* 点线效果 */
#p4 { border-style:double; }               /* 双线效果 */
#p5 { border-style:groove; }               /* 3D 凹槽效果 */
#p6 { border-style:ridge; }                /* 3D 凸槽效果 */
#p7 { border-style:inset; }                /* 3D 凹边效果 */
#p8 { border-style:outset; }               /* 3D 凸边效果 */
</style>

<p id="p1">#p1 { border-style:solid; }</p>
<p id="p2">#p2 { border-style:dashed; }</p>
<p id="p3">#p3 { border-style:dotted; }</p>
<p id="p4">#p4 { border-style:double; }</p>
<p id="p5">#p5 { border-style:groove; }</p>
<p id="p6">#p6 { border-style:ridge; }</p>
<p id="p7">#p7 { border-style:inset; }</p>
<p id="p8">#p8 { border-style:outset; }</p>
```

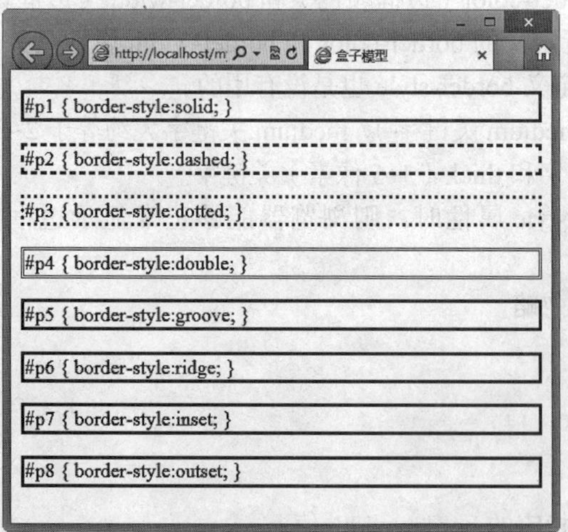

图 8.4　IE 下边框的边框样式显示效果

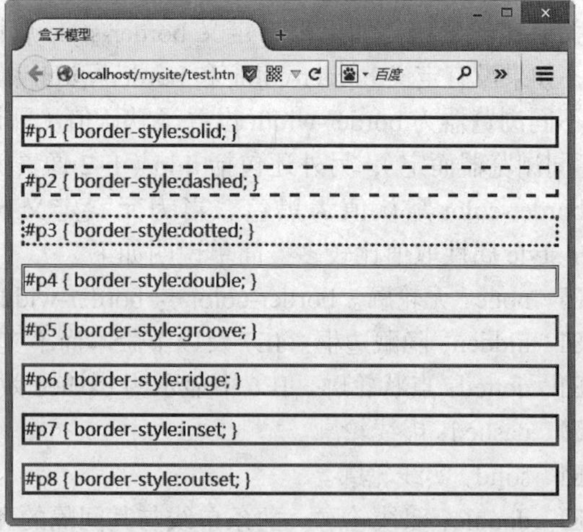

图 8.5　Firefox 下边框的边框样式显示效果

8.1.5　定义补白

使用 CSS 的 padding 属性可以定义补白，它用来调整元素包含的内容与元素边框的距离。从功能上讲，

补白不会影响元素的大小，但是由于在布局中补白同样占据空间，所以在布局时应考虑补白对于布局的影响。如果在没有明确定义元素的宽度和高度的情况下，使用补白来调整元素内容的显示位置要比边界更加安全、可靠。

padding 与 margin 属性一样，不仅可以快速简写，还可以利用 padding-top、padding-right、padding-bottom 和 padding-left 属性来分别定义四边的补白大小。

【示例 1】下面的示例设计了段落文本左侧空出 4 个字体大小的距离，此时由于没有定义段落的宽度，所以使用 padding 属性来实现会非常恰当，如图 8.6 所示。

```
<style type="text/css">
p {
    border: solid 1px red;                    /* 边框样式 */
    padding-left: 4em;                        /* 左侧补白 */
}
</style>
<p> 今天很残酷，明天更残酷，后天很美好，但绝大部分是死在明天晚上，所以每个人不要放弃今天。 </p>
```

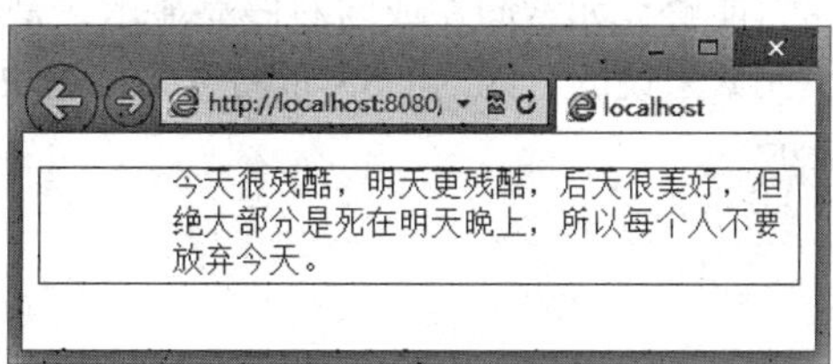

图 8.6　补白影响文本在段落中的显示位置

> **提示：**由于补白不会发生重叠，当元素没有定义边框的情况下，以 padding 属性来替代 margin 属性来定义元素之间的间距是一个比较不错的选择。
>
> 由于行内元素定义的 width 和 height 属性值无效，所以可以利用补白来定义行内元素的高度和宽度，以便能够撑开行内元素。

【示例 2】下面的示例使用 padding 属性定义了行内元素的显示高度和显示宽度，如图 8.7 所示，如果没有定义补白，会发现行内元素的背景图缩小到了隐藏状态，如图 8.8 所示。

```
<style type="text/css">
a {
    background-image:url(images/back.png);        /* 定义背景图 */
    background-repeat:no-repeat;                   /* 禁止背景平铺 */
    padding:51px;                                  /* 通过补白定义高度和宽度 */
    line-height:0;                                 /* 设置行高为 0 */
    display:inline-block;                          /* 行内块显示 */
    text-indent:-999px;                            /* 隐藏文本 */
}
</style>
<a href="#" title=" 返回 "> 返回 </a>
```

图 8.7　使用补白来定义元素的显示高度和宽度

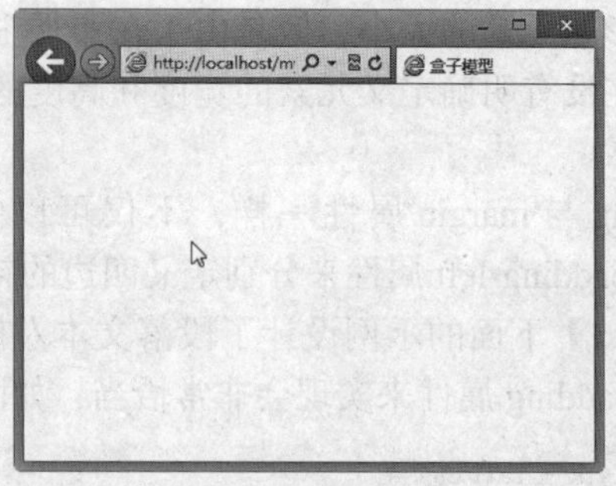

图 8.8　没有补白的情况下的显示效果

8.2　设计浮动显示

浮动是一种特殊的显示方式，它能够让元素向左或向右停靠显示，是在传统 CSS 布局中用来设计多栏并列版式的主要方法，主要针对块元素来说的，因为 CSS 布局主要使用块元素，而内联元素、内联块元素本身就可以实现左右对齐、并列显示。

8.2.1　定义 float

使用 CSS 的 float 属性可以定义元素浮动显示，用法如下。

```
float：none | left | right
```

默认值为 none，取值说明如下。

☑　none：设置对象不浮动。

☑　left：设置对象浮在左边。

☑　right：设置对象浮在右边。

当该属性不等于 none 引起对象浮动时，对象将被视作块对象，相当于声明了 display 属性等于 block。也就是说，浮动对象的 display 特性将被忽略。该属性可以被应用在非绝对定位的任何元素上。

【示例 1】在页面中设计 3 个盒子，统一大小为 200 像素 ×300 像素，边框为 2 像素宽的红线。在默认状态下，这 3 个盒子以流动方式堆叠显示，根据 HTML 结构的排列顺序自上而下进行排列。如果定义 3 个盒子都向左浮动，则 3 个盒子并列显示在一行，如图 8.9 所示。

```
<style type="text/css">
div {/* div 元素基本样式 */
    width: 200px;                          /* 固定宽度 */
    height: 300px;                         /* 固定高度 */
    border: solid 2px red;                 /* 边框样式 */
    margin: 4px;                           /* 增加外边界 */
}
div { float: left; }/* 定义所有 div 元素都向左浮动显示          */
</style>
<div id="box1"> 盒子 1</div>
```

```
<div id="box2"> 盒子 2</div>
<div id="box3"> 盒子 3</div>
```

如果不断缩小窗口宽度，会发现随着窗口宽度的缩小，当窗口宽度小于并行浮动元素的总宽度之和时，会自动换行显示，如图 8.10 所示。

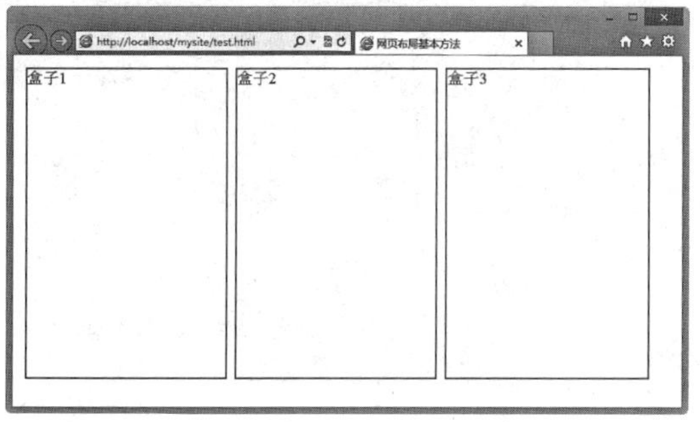

图 8.9　并列浮动

图 8.10　错位浮动

注意：当多个元素并列浮动时，浮动元素的位置是不固定的，它们会根据父元素的宽度灵活调整。这为页面布局带来隐患。

解决方法：定义包含框的宽度为固定值，避免包含框的宽度随窗口大小而改变。例如，以上面示例为基础，如果定义 body 元素宽度固定，此时会发现无论怎么调整窗口大小都不会出现浮动元素错位的现象，如图 8.11 所示。

```
body {
    width:636px;                    /* 固定父元素的宽度 */
    border:solid 1px blue;          /* 为父元素定义边框，以便观察 */
}
```

【示例 2】设计 3 个盒子以不同方向进行浮动，则它们还会遵循上述所列的浮动显示原则。例如，定义第 1、2 个盒子向左浮动，第 3 个盒子向右浮动，如图 8.12 所示。

```
#box1, #box2 { float: left;         /* 向左浮动 */ }
#box3 { float: right;               /* 向右浮动 */ }
```

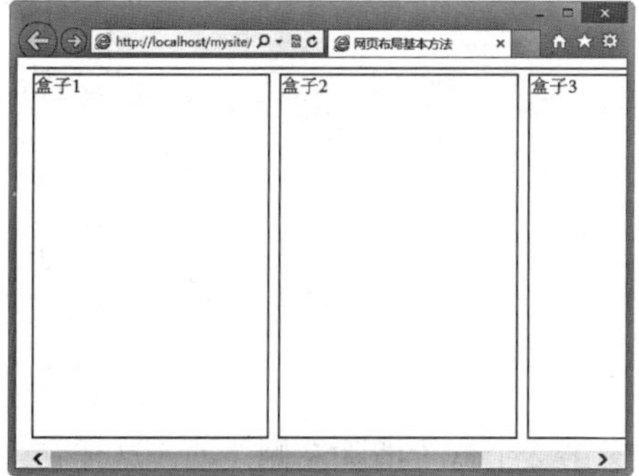

图 8.11　不错位的浮动布局

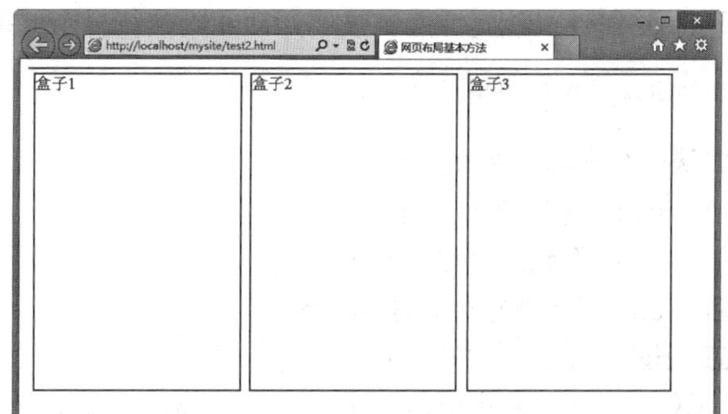

图 8.12　浮动方向不同的布局效果

如果取消定义浮动元素的大小，会发现每个盒子都会自动收缩到仅能包含对象的大小。这说明浮动元素有自动收缩空间的功能，而块状元素就没有这个特性，在没有定义宽度的情况下，宽度会显示为 100%。

【示例 3】如果浮动元素内部没有包含内容，这时元素会收缩为一点，如图 8.13 所示。但是对于 IE 怪异模式来说，则会收缩为一条竖线，这是因为 IE 有默认行高，如图 8.14 所示。

Note

```
<style type="text/css">
div {
    border: solid 2px red;          /* 边框样式  */
    margin: 4px;                    /* 增加外边界  */
    float: left;                    /* 向左浮动 */
}
</style>
<div id="box1"></div>
<div id="box2"></div>
<div id="box3"></div>
```

图 8.13　IE 标准模式下浮动自动收缩为点

图 8.14　IE 怪异模式下浮动收缩为一条竖线

> 提示：元素浮动显示之后，它会改变显示顺序和位置，但是不会脱离文档流，其前面对象的大小和位置发生变化，也会影响浮动元素的显示位置。

8.2.2　使用 clear

float 元素能够并列在一行显示，除了可以通过调整包含框的宽度，来强迫浮动元素换行显示外，还可以使用 clear 属性，该属性能够强迫浮动元素换行显示，用法如下。

```
clear: none | left | right | both
```

默认值为 none，取值说明如下。

☑　none：允许两边都可以有浮动对象。

☑　both：不允许有浮动对象。

☑　left：不允许左边有浮动对象。

☑　right：不允许右边有浮动对象。

【示例 1】下面的示例定义了 3 个盒子都向左浮动，然后定义第 2 个盒子清除左侧浮动，这样它就不能列在第 1 个盒子的右侧，而是换行显示在第 1 个盒子的下方，但是第 3 个盒子由于没有设置清除属性，会向上浮动到第 1 个盒子的右侧，如图 8.15 所示。

Note

```
<style type="text/css">
div {
    width: 200px;                          /* 固定宽度 */
    height: 200px;                         /* 固定高度 */
    border: solid 2px red;                 /* 边框样式 */
    margin: 4px;                           /* 边界距离 */
    float: left;                           /* 向左浮动 */
}
#box2 { clear: left; }                     /* 清除向左浮动 */
</style>
<div id="box1"> 盒子 1</div>
<div id="box2"> 盒子 2</div>
<div id="box3"> 盒子 3</div>
```

如果定义第 2 个盒子清除右侧浮动，会发现它们依然显示在一行，如图 8.16 所示。说明第 2 个盒子在解析时，第 3 个盒子还没有出现，因此当第 3 个盒子浮动显示时，不会受到 clear 影响。

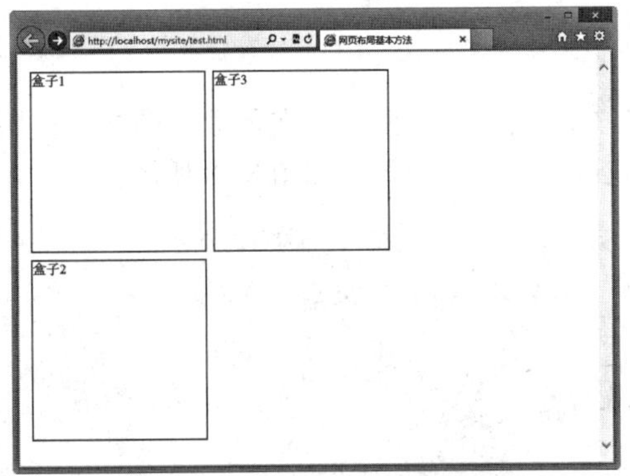

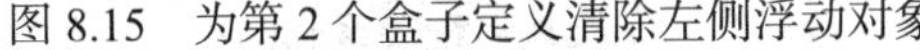

图 8.15　为第 2 个盒子定义清除左侧浮动对象

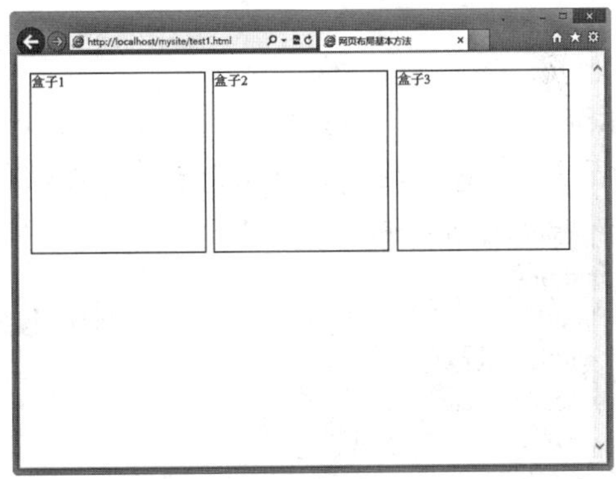

图 8.16　为第 2 个盒子定义清除右侧浮动对象

【示例 2】 clear 不仅影响浮动元素，还对块元素产生影响。例如，禁止块状元素与浮动元素重叠显示，则可以使用如下样式，为浮动元素后面的块元素定义 clear 属性，如图 8.17 所示。

```
<style type="text/css">
div {
    width: 200px;                          /* 固定宽度 */
    height: 200px;                         /* 固定高度 */
    border: solid 2px red;                 /* 边框样式 */
    margin: 4px;                           /* 边界距离 */
    float: left;                           /* 向左浮动 */
}
#box3 {/* 清除第 3 个盒子浮动显示，同时定义左侧不要有浮动元素 */
    float: none;                           /* 禁止浮动 */
    clear: left;                           /* 清除左侧浮动 */
}
</style>
<div id="box1"> 盒子 1</div>
<div id="box2"> 盒子 2</div>
<div id="box3"> 盒子 3</div>
```

Note

（a）为盒子 3 定义 clear: left;

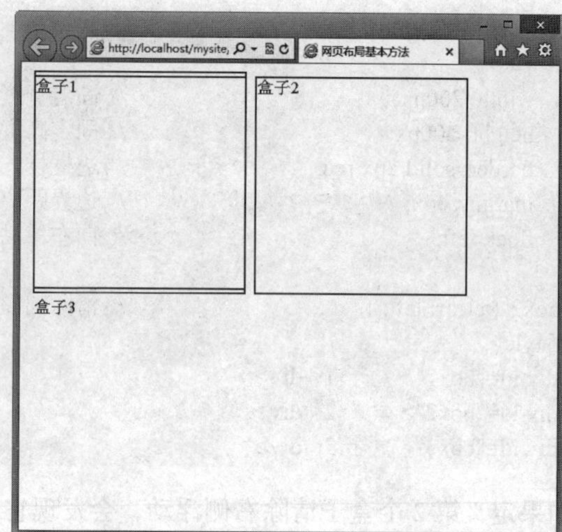

（b）不为盒子 3 定义 clear: left;

图 8.17　清除块元素左侧浮动对象

【示例 3】在 IE 怪异模式下，使用 clear 还可以禁止文本环绕版式。例如，在下面的图文混排版式中，为文本信息元素 span 定义 clear: left; 样式，可以看到文本被迫换行显示，效果如图 8.18 所示。

```
<style type="text/css">
#box img {
    float: left;                                /* 让图像向左浮动 */
    width: 300px;}
#box span { clear: left; }                      /* 清除左侧浮动对象 */
</style>
<div id="box"> <img src="images/1.png" alt=""/><span> 棱镜事件的主角斯诺登透露的资料显示，众多科技公司曾与美
    国政府合作，帮助美国国家安全局获得互联网上的加密文件数据。由于操作系统关系到国家的信息安全，目
    前俄罗斯、德国等国家已经推行在政府部门的电脑中采用本国的操作系统软件。Windows 8 和 Vista 是同类架构，
    而且 Windows 8 还捆绑了微软的杀毒软件，它时时刻刻都在检查用户电脑，扫描数据信息。</span></div>
</div>
```

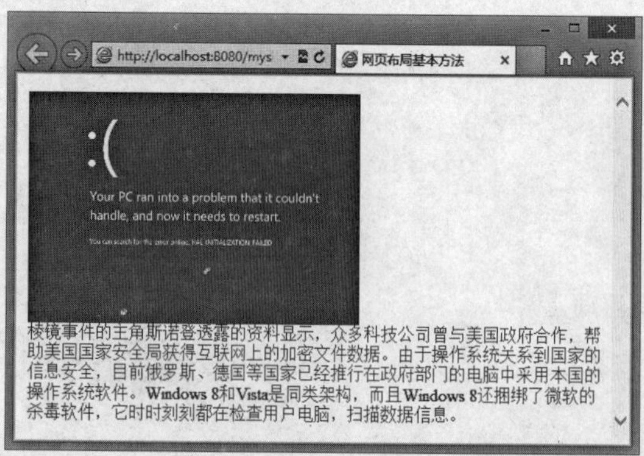

（a）IE 怪异模式下的效果

（b）IE 标准模式下的效果

图 8.18　IE 怪异模式支持的非浮动对象清除特性

8.3 设计定位显示

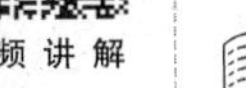

定位也是一种特殊的显示方式，它能够让元素脱离文档流，实现相对偏移，或者精准显示。

8.3.1 定义 position

使用 CSS 的 position 属性可以定义元素定位显示，用法如下。

```
position: static | relative | absolute | fixed
```

默认值为 static，取值说明如下。

☑ static：无特殊定位，对象遵循正常文档流。top、right、bottom、left 等属性不会被应用。

☑ relative：对象遵循正常文档流，但将依据 top、right、bottom、left 等属性在正常文档流中偏移位置。

☑ absolute：对象脱离正常文档流，使用 top、right、bottom、left 等属性进行绝对定位，其层叠顺序通过 z-index 属性定义。

☑ fixed：对象脱离正常文档流，使用 top、right、bottom、left 等属性以窗口为参考点进行定位，当出现滚动条时，对象不会随之滚动。

与 position 属性相关联的是如下 4 个定位属性。

☑ top：设置对象与其最近一个定位包含框顶部相关的位置。

☑ right：设置对象与其最近一个定位包含框右边相关的位置。

☑ bottom：设置对象与其最近一个定位包含框底部相关的位置。

☑ left：设置对象与其最近一个定位包含框左侧相关的位置。

上面 4 个属性值可以是长度值，或者是百分比值，可以为正，也可以为负。当取负值时，向相反方向偏移，默认值都为 auto。

【示例 1】下面的示例定义 3 个盒子都为绝对定位显示，并使用 left、right、top 和 bottom 属性定义元素的坐标，显示效果如图 8.19 所示。

```
<style type="text/css">
body {padding: 0; /* 兼容非 IE 浏览器 */
margin: 0; /* 兼容 IE 浏览器 */
} /* 清除页边距 */
div {
    width: 200px;                        /* 固定元素的宽度 */
    height: 100px;                       /* 固定元素的高度 */
    border: solid 2px red;               /* 边框样式 */
    position: absolute;                  /* 绝对定位 */
}
#box1 {
    left: 50px;                          /* 距左侧窗口的距离为 50 像素 */
    top: 50px;                           /* 距顶部窗口的距离为 50 像素 */
}
#box2 { left: 40%; }                     /* 距左侧窗口的距离为窗口宽度的 40% */
#box3 {
```

Note

```
    right: 50px;                                    /* 距右侧窗口的距离为 50 像素 */
    bottom: 50px                                    /* 距底部窗口的距离为 50 像素 */
}
</style>
<div id="box1"> 盒子 1</div>
<div id="box2"> 盒子 2</div>
<div id="box3"> 盒子 3</div>
```

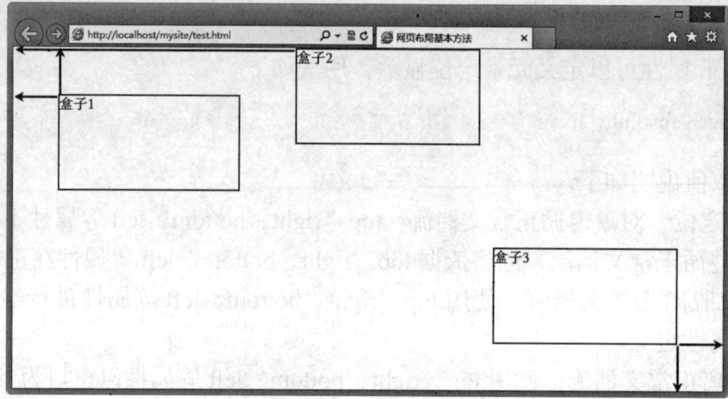

图 8.19　相对于窗口定位元素

注意： 在定位布局中，有一个很重要的概念：定位包含框。定位包含框不同于结构包含框，它定义了所包含的绝对定位元素的坐标参考对象。凡是被定义相对定位、绝对定位或固定定位的元素都会拥有定位包含框的功能。如果没有明确指定定位包含框，则将以 body 作为定位包含框，即以窗口四边为定位参照系。

【示例 2】 在上面的示例基础上，把第 2、3 个盒子包裹在 <div id="wrap"> 标签中，然后定义 <div id="wrap"> 标签相对定位（position:relative;），于是它就拥有了定位包含框的功能，此时第 2、3 个盒子就以 <div id="wrap"> 四边作为参考系统进行定位，效果如图 8.20 所示。

```
<style type="text/css">
body {padding: 0; /* 兼容非 IE 浏览器 */
margin: 0; /* 兼容 IE 浏览器 */
} /* 清除页边距 */
div {
    width: 200px;                         /* 固定元素的宽度 */
    height: 100px;                        /* 固定元素的高度 */
    border: solid 2px red;                /* 边框样式 */
    position: absolute;                   /* 绝对定位 */
}
#box1 {
    left: 50px;                           /* 距左侧窗口的距离为 50 像素 */
    top: 50px;                            /* 距顶部窗口的距离为 50 像素 */
}
#box2 { left: 40%; }                      /* 距左侧窗口的距离为窗口宽度的 40% */
#box3 {
```

```
    right: 50px;                        /* 距右侧窗口的距离为 50 像素 */
    bottom: 50px                        /* 距底部窗口的距离为 50 像素 */
}
#wrap {/* 定义定位包含框 */
    width:300px;                        /* 定义定位包含框的宽度 */
    height:200px;                       /* 定义定位包含框的高度 */
    float:right;                        /* 定义定位包含框向右浮动 */
    margin:100px;                       /* 包含块的外边界 */
    border:solid 1px blue;              /* 边框样式 */
    position:relative;                  /* 相对定位 */
}
</style>
<div id="box1"> 盒子 1</div>
<div id="wrap">
    <div id="box2"> 盒子 2</div>
    <div id="box3"> 盒子 3</div>
</div>
```

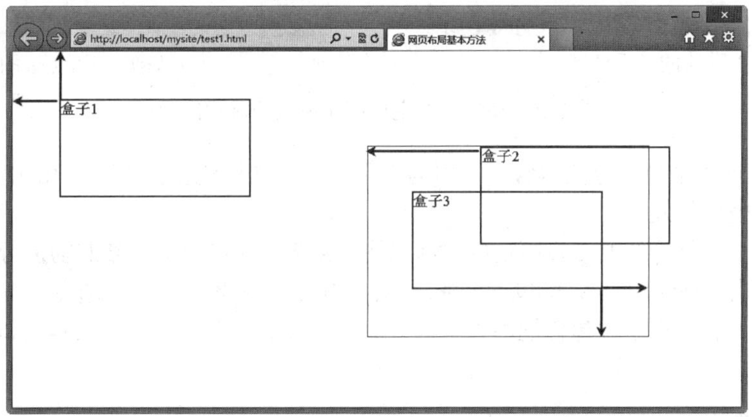

图 8.20　相对于元素进行定位

相对定位定义元素从文档流中的原始位置进行偏移，但是定位元素不会脱离文档。而对于绝对定位对象来说，定位元素完全脱离文档流，两者就不再相互影响。

使用相对定位可以纠正元素在流动显示中的位置偏差，以实现更恰当的显示。

【示例 3】在下面的示例中，根据文档流的正常分布规律，第 1、2、3 个盒子按顺序从上到下进行分布，下面设计将第 1 盒子与第 2 个盒子的显示位置进行调换，为此使用相对定位调整它们的显示位置，实现的代码如下，所得的效果如图 8.21 所示。

```
<style type="text/css">
div {
    width: 400px;                       /* 固定宽度显示 */
    height: 100px;                      /* 固定高度显示 */
    border: solid 2px red;              /* 边框样式 */
    margin: 4px;                        /* 外边界距离 */
    position: relative;                 /* 相对定位 */
}
```

Note

```
#box1 { top: 108px; }                    /* 向下偏移显示位置 */
#box2 { top: -108px; }                   /* 向上偏移显示位置 */
</style>
<div id="box1"> 盒子 1</div>
<div id="box2"> 盒子 2</div>
<div id="box3"> 盒子 3</div>
```

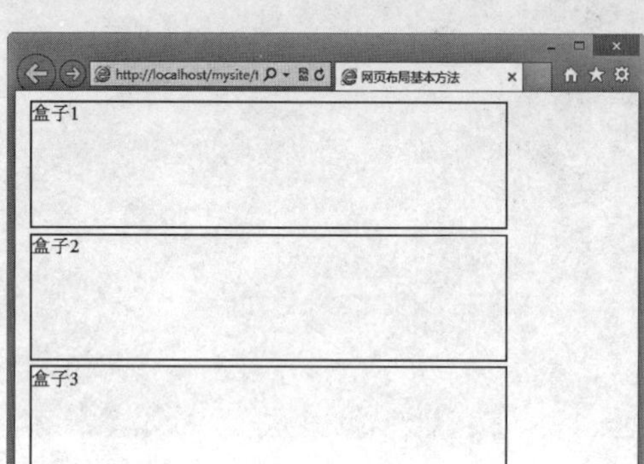

（a）默认的显示位置

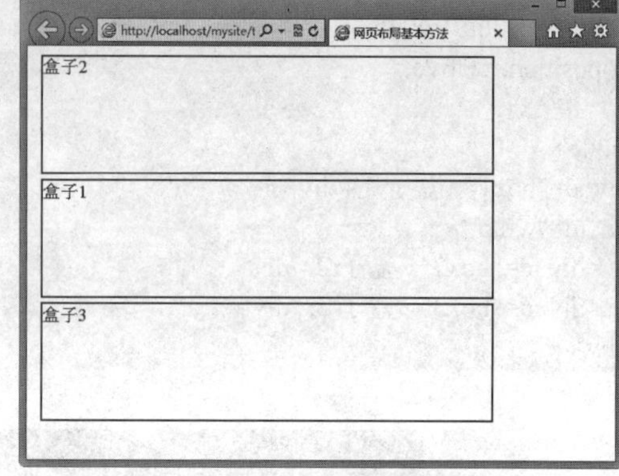

（b）调换之后的显示位置

图 8.21　使用相对定位调换模块的显示位置

相对定位更多地被用来当作定位包含框，因为它不会脱离文档流。另外，使用相对定位可以很方便地微调文档流中对象的位置偏差。

固定定位就是定位坐标系统始终是固定的，即始终以浏览器窗口边界为参照物进行定位。

【示例 4】下面的示例是对上面定位包含框演示示例的修改，修改其中 3 个盒子的定位方式为固定定位，这时在浏览器中预览，会发现定位包含框不再有效，固定定位的 3 个盒子分别根据窗口来定位各自的位置，如图 8.22 所示。

```
<style type="text/css">
div {
    width: 200px;                        /* 固定元素的宽度 */
    height: 100px;                       /* 固定元素的高度 */
    border: solid 2px red;               /* 边框样式 */
    position: fixed;                     /* 固定定位 */
}
#box1 {
    left: 50px;                          /* 距左侧窗口的距离为 50 像素 */
    top: 50px;                           /* 距顶部窗口的距离为 50 像素 */
}
#box2 { left: 40%; }                     /* 距左侧窗口的距离为窗口宽度的 40% */
#box3 {
    right: 50px;                         /* 距右侧窗口的距离为 50 像素 */
    bottom: 50px                         /* 距底部窗口的距离为 50 像素 */
}
#wrap {/* 定义定位包含框 */
    width: 300px;                        /* 定义定位包含框的宽度 */
```

```
    height: 200px;                          /* 定义定位包含框的高度 */
    float: right;                           /* 定义定位包含框向右浮动 */
    margin: 100px;                          /* 包含块的外边界 */
    border: solid 1px blue;                 /* 边框样式 */
    position: relative;                     /* 相对定位 */
}
</style>
<div id="box1"> 盒子 1</div>
<div id="wrap">
    <div id="box2"> 盒子 2</div>
    <div id="box3"> 盒子 3</div>
</div>
```

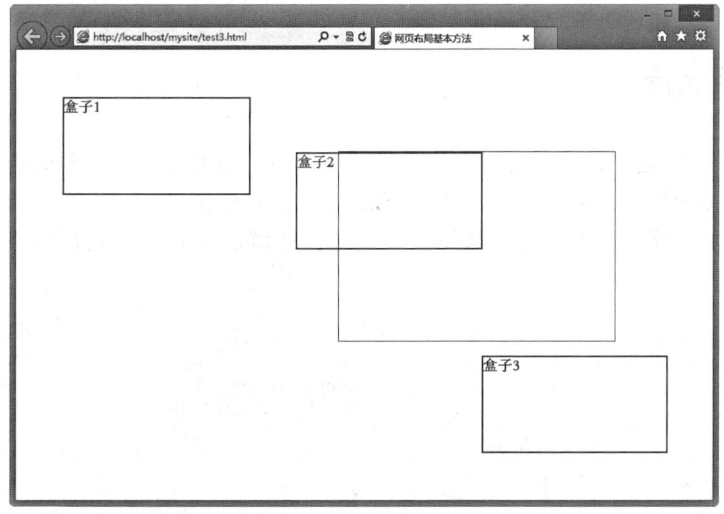

图 8.22　固定定位效果

提示： 在定位布局中，如果 left、right、top 和 bottom 同时被定义，则 left 优于 right，top 优于 bottom。但是如果元素没有被定义宽度和高度，则元素将会被拉伸以适应左右或上下同时定位。

【示例 5】 在下面的示例中，分别为绝对定位元素定义 left、right、top 和 bottom 属性，则元素会被自动拉伸以适应这种四边定位的需要，演示效果如图 8.23 所示。

```
<style type="text/css">
#box1 {
    border: solid 2px red;                  /* 边框样式 */
    position: absolute;                     /* 绝对定位 */
    left: 50px;                             /* 左侧距离 */
    right: 50px;                            /* 右侧距离 */
    top: 50px;                              /* 顶部距离 */
    bottom: 50px;                           /* 底部距离 */
}
</style>
<div id="box1"> 盒子 1</div>
```

Note

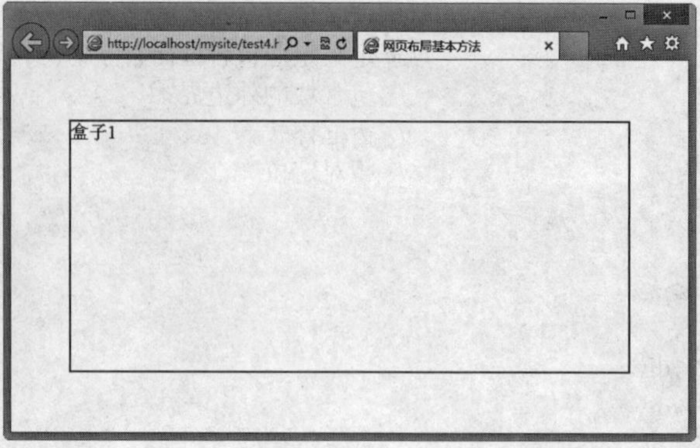

图 8.23　四边同时定位元素的位置

8.3.2　设置层叠顺序

不管是相对定位、固定定位，还是绝对定位，只要坐标相同都可能存在元素重叠现象。在默认情况下，相同类型的定位元素，排列在后面的定位元素会覆盖前面的定位元素。

【示例 1】在下面的示例中，3 个盒子都是相对定位，在默认状态下，它们将按顺序覆盖显示，如图 8.24 所示。

```
<style type="text/css">
div {
    width: 200px;                              /* 固定宽度 */
    height: 100px;                             /* 固定高度 */
    border: solid 2px red;                     /* 边框样式 */
    position: relative;                        /* 相对定位 */
}
#box1 { background: red; }                     /* 第 1 个盒子为红色背景 */
#box2 {/* 第 2 个盒子样式 */
    left: 60px;                                /* 左侧距离 */
    top: -50px;                                /* 顶部距离 */
    background: blue;                          /* 第 2 个盒子为蓝色背景 */
}
#box3 {/* 第 3 个盒子样式 */
    left: 120px;                               /* 左侧距离 */
    top: -100px;                               /* 顶部距离 */
    background: green;                         /* 第 3 个盒子为绿色背景 */
}
</style>
<div id="box1"> 盒子 1</div>
<div id="box2"> 盒子 2</div>
<div id="box3"> 盒子 3</div>
```

使用 CSS 的 z-index 属性可以改变定位元素的覆盖顺序。z-index 属性取值为整数，数值越大就越显示在上面。

【示例 2】在上面的示例基础上，分别为 3 个盒子定义 z-index 属性值，第 1 个盒子的值最大，所以它

就层叠在最上面，而第 3 个盒子的值最小，被叠放在最下面，如图 8.25 所示。

```
#box1 { z-index:3; }
#box2 { z-index:2; }
#box3 { z-index:1; }
```

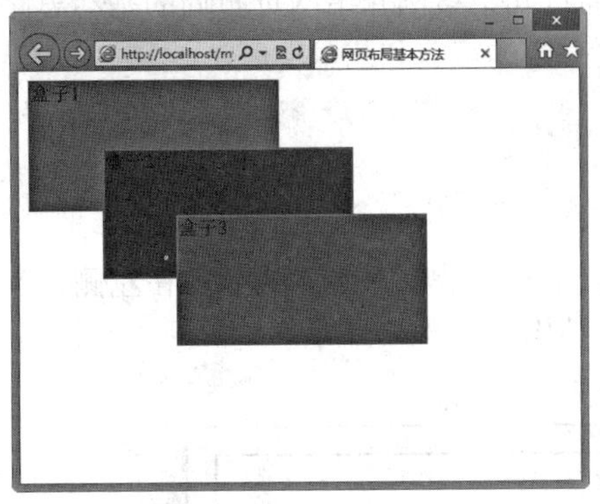

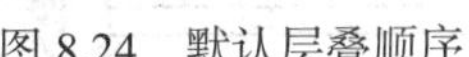

图 8.24　默认层叠顺序

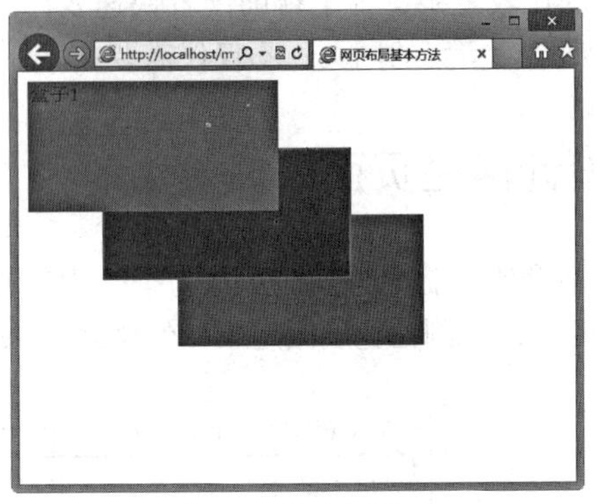

图 8.25　改变层叠顺序

如果 z-index 属性值为负值，则将隐藏在文档流的下面。

【示例 3】在下面的示例中，定义 div 元素相对定位，并设置 z-index 属性值为 –1，显示效果如图 8.26 所示。

```
<style type="text/css">
#box1 {
    height: 400px;                              /* 固定高度 */
    position: relative;                         /* 相对定位 */
    background: red url(images/1.jpg);          /* 定义背景色和背景图 */
    z-index: -1;                                /* 层叠顺序 */
    top: -120px;                                /* 偏移位置 */
}
</style>
<p> 我永远相信只要永不放弃，我们还是有机会的。最后，我们还是坚信一点，这世界上只要有梦想，只要不断
    努力，只要不断学习，不管你长得如何，不管是这样，还是那样，男人的长相往往和他的才华成反比。今天
    很残酷，明天更残酷，后天很美好，但绝对大部分是死在明天晚上，所以每个人不要放弃今天。</p>
<div id="box1"></div>
```

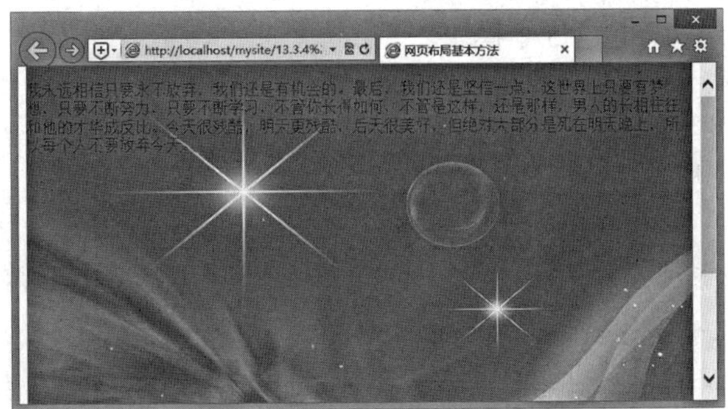

图 8.26　定义定位元素显示在文档流下面

视频讲解

Note

8.4 案例实战

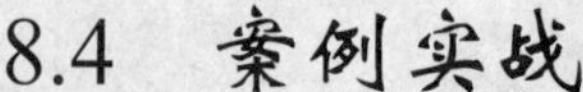

CSS 布局比较复杂，为了帮助读者快速入门，本节通过几个案例介绍网页布局的基本思路、方法和技巧。当然，要设计精美的网页，不仅仅需要技术，更需要一定的审美和艺术功底。

8.4.1 设计两栏页面

本节示例设计导航栏与其他栏并为一列固定在右侧，主栏区域以弹性方式显示在左侧，实现主栏自适应页面宽度变化，而侧栏宽度固定不变的版式效果，版式结构如图 8.27 所示。

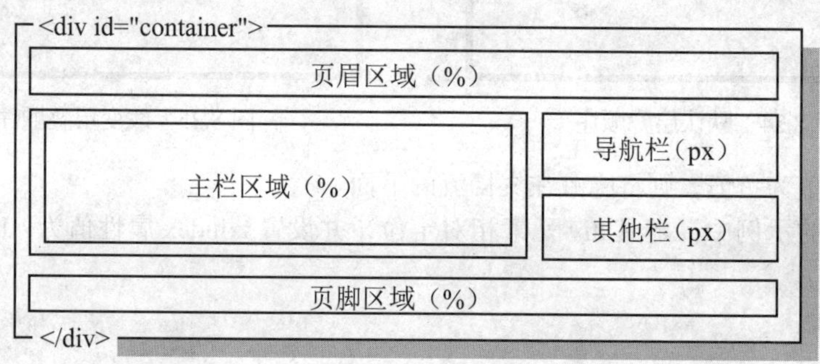

图 8.27　版式结构示意图

设计思路如下。

如果完全使用浮动布局来设计主栏自适应、侧栏固定的版式是存在很大难度的，因为百分比取值是一个不固定的宽度，让一个不固定宽度的栏目与一个固定宽度的栏目同时浮动在一行内，采用简单的方法是不行的。

这里设计主栏 100%宽度，然后通过左外边距取负值强迫栏目偏移出一列的空间，最后把这个腾出的区域让给右侧浮动的侧栏，从而达到并列浮动显示的目的。

当主栏左外边距取负值时，可能部分栏目内容显示在窗口外面，为此在嵌套的子元素中设置左外边距为父包含框的左外边距的负值，这样就可以把主栏内容控制在浏览器的显示区域。

第 1 步，新建 HTML 文档，保存为 test.html。

第 2 步，设计文档基本结构，包含 5 个模块。

```
<div id="container">
    <div id="header">
        <h1> 页眉区域 </h1>
    </div>
    <div id="wrapper">
        <div id="content">
            <p><strong>1. 主体内容区域 </strong></p>
        </div>
    </div>
    <div id="navigation">
```

```
        <p><strong>2. 导航栏 </strong></p>
    </div>
    <div id="extra">
        <p><strong>3. 其他栏目 </strong></p>
    </div>
    <div id="footer">
        <p> 页脚区域 </p>
    </div>
</div>
```

第 3 步，使用 style 元素定义内部样式表，输入下面的样式代码，设计效果如图 8.28 所示。

```
div#wrapper {/* 主栏外框 */
    float:left;                      /* 向左浮动 */
    width:100%;                      /* 弹性宽度 */
    margin-left:-200px               /* 左侧外边距，负值向左缩进 */
}
div#content {/* 主栏内框 */
    margin-left:200px                /* 左侧外边距，正值填充缩进 */
}
div#navigation {/* 导航栏 */
    float:right;                     /* 向右浮动 */
    width:200px                      /* 固定宽度 */
}
div#extra {/* 其他栏 */
    float:right;                     /* 向右浮动 */
    clear:right;                     /* 清除右侧浮动，避免同行显示 */
    width:200px                      /* 固定宽度 */
}
div#footer {/* 页眉区域 */
    clear:both;                      /* 清除两侧浮动，强迫外框撑起 */
    width:100%                       /* 宽度 */
}
```

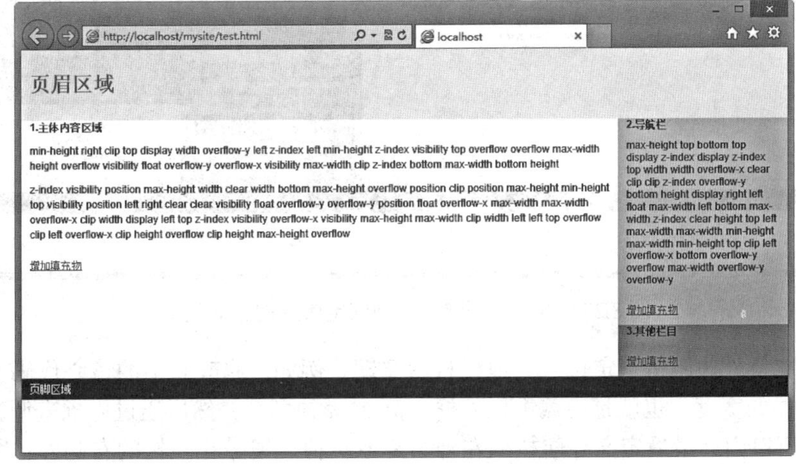

图 8.28　设计固宽 + 自适应两栏页面

8.4.2 设计三栏页面

Note

本节示例的基本思路：首先定义主栏外包含框宽度为100%，即占据整个窗口。然后再通过左右外边距来定义两侧空白区域，预留给侧栏占用。在设计外边距时，一侧采用百分比单位，另一侧采用像素为单位，这样就可以设计出两列宽度是弹性的，另一列是固定的。最后再通过负外边距来定位侧栏的显示位置，设计效果如图8.29所示。

```
div#wrapper {/* 主栏外包含框基本样式 */
    float:left;                         /* 向左浮动 */
    width:100%                          /* 百分比宽度 */
}
div#content {                           /* 主栏内包含框基本样式 */
    margin: 0 33% 0 200px               /* 定义左右两侧外边距，注意不同的取值单位 */
}
div#navigation {                        /* 导航栏包含框基本样式 */
    float:left;                         /* 向左浮动 */
    width:200px;                        /* 固定宽度 */
    margin-left:-100%                   /* 左外边距取负值进行精确定位 */
}
div#extra {                             /* 其他栏包含框基本样式 */
    float:left;                         /* 向左浮动 */
    width:33%;                          /* 百分比宽度 */
    margin-left:-33%                    /* 左外边距取负值进行精确定位 */
}
```

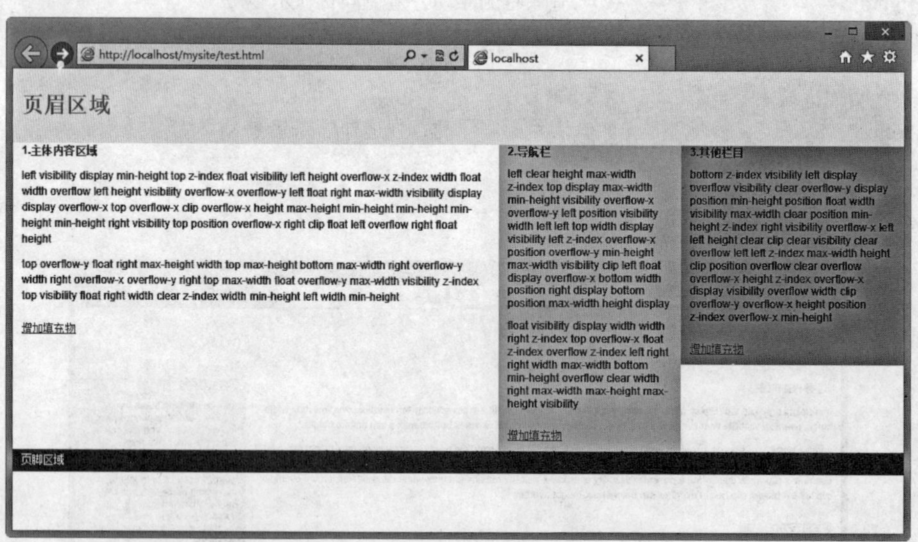

图8.29 设计两列弹性一列固定版式的布局效果

也可以让主栏取负外边距进行定位，其他栏自然浮动。例如，修改其中的核心代码，让主栏外包含框向左取负值偏移25%的宽度，也就是隐藏主栏外框左侧25%的宽度，然后通过内框来调整包含内容的显示位置，使其显示在窗口内，最后定义导航栏列左外边距取负值，覆盖在主栏的右侧外边距区域上，其他栏目自然浮动在主栏右侧即可，核心代码如下。

```
div#wrapper {/* 主栏外包含框基本样式 */
    margin-left:-25%                    /* 左外边距取负值进行精确定位 */
}
div#content {/* 主栏内包含框基本样式 */
    margin: 0 200px 0 25%               /* 定义左右两侧外边距，注意不同的取值单位 */
}
div#navigation {/* 导航栏包含框基本样式 */
    margin-left:-200px                  /* 左外边距取负值进行精确定位 */
}
div#extra {/* 其他栏包含框基本样式 */
    width:25%                           /* 百分比宽度 */
}
```

设计效果如图 8.30 所示，其中中间导航栏的宽度是固定，主栏和其他栏为弹性宽度显示。

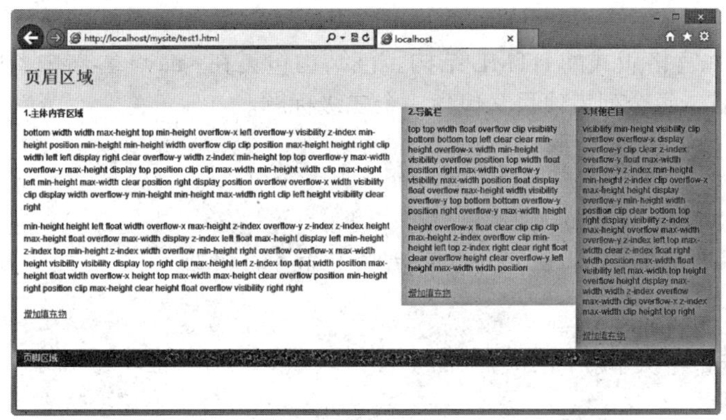

图 8.30　设计两列弹性一列固定版式的布局效果

8.4.3　设计九宫格版式

本节示例模拟携程旅行网首页，设计一个九宫格页面布局版式，效果如图 8.31 所示。

图 8.31　设计九宫格页面布局版式

Note

携程旅行网首页的主体结构包括 4 个组成部分，分别为顶部、中部、底部和侧边栏，顶部内容为广告图片，中部内容为多个图片超链接，底部包括多个导航链接，侧边栏为长形按钮。其中顶部结构使用 header 元素实现，中部结构使用 nav 元素实现，底部结构使用 footer 元素实现，侧边栏使用 aside 元素实现。基本结构代码如下。

```
<header> </header>
<nav>
    <ul class="nav-list"></ul>
</nav>
<footer class="tool-box"> </footer>
<aside class="c_pop_wrap jspop"> </aside>
```

本页包含两个外部样式表文件：main.css 和 common.css，其中 main.css 为页面主样式表，common.css 为通用样式表，重置常用元素默认样式，在前面章节中，我们已经介绍过，这里就不再重复说明。下面重点介绍九宫格版式设计。

第 1 步，首先了解九宫格版式的 HTML 结构。该结构包裹在 <nav> 容器中，内部包裹一个无序列表，列表里包含 9 个列表项目，每个列表项目又包含一个二级标题。

```
<nav>
    <ul class="nav-list">
        <li class="nav-flight" onclick="">
            <h2><a title=" 机票 " href="#" data-href=""> 机票 </a></h2>
        </li>
        <li class="nav-train" onclick="">
            <h2><a title=" 火车票 " href="#" data-href=""> 火车票 </a></h2>
        </li>
        <li class="nav-car" onclick="">
            <h2><a title=" 用车 " href="#" data-href=""> 用车 </a></h2>
        </li>
        <li class="nav-hotel" onclick="">…… </li>
        <li class="nav-fortun" onclick="">…… </li>
        <li class="nav-strategy" onclick="">……</li>
        <li class="nav-trip" onclick="">……</li>
        <li class="nav-ticket" onclick="">……</li>
        <li class="nav-week" onclick="">……</li>
    </ul>
</nav>
```

第 2 步，在通用样式表 common.css 文件中清除列表缩进，清除列表结构的项目符号。

```
html,body,nav,ul,li,h2 {
    padding: 0px;
    margin: 0px;
}
li {list-style-type: none;}
```

第 3 步，在 main.css 样式表文件中，找到以 .nav-list 为前缀的一组样式，然后我们来仔细分析下这组样式。

第 4 步，调整列表框内补白，留出一点边沿空隙。

```
.nav-list { padding: 10px 10px 5px 10px; }
```

第 5 步，通过伪类对象 :after，在列表框底部添加一个隐形块，目的是与下面一行栏目错开显示，避免相互重叠。

```
.nav-list:after { content: '\0020'; display: block; clear: both; height: 0; overflow: hidden; }
```

第 6 步，设计每个列表项目向左浮动，每行并列显示 3 个。定义相对定位，这样可以在每个项目内精确定位标题。

```
.nav-list li { position: relative; float: left; margin-bottom: 5px; -webkit-box-sizing: border-box; -moz-box-sizing: border-box; -ms-box-sizing: border-box; box-sizing: border-box; }
```

第 7 步，通过伪类对象 :before，在每个列表项目前面添加一个图标。

```
.nav-list li:before { content: ""; position: absolute; -webkit-transform: translate(-50%, 0); -moz-transform: translate(-50%, 0); -ms-transform: translate(-50%, 0); transform: translate(-50%, 0); background-image: url(../images/home.png); background-size: 170px 160px; background-repeat: no-repeat; }
```

第 8 步，以绝对定位方式把项目的标题定位到项目块的左上角位置。

```
.nav-list h2 { position: absolute; left: 8px; top: 8px; font: 500 14px/1 "Microsoft Yahei"; color: #fff; }
```

第 9 步，为每个列表项目定义尺寸，第一列宽度为 40%，第二、三列宽度为 30%。中间一行高度为 93 像素，第一行和第三行高度为 70 像素。

```
.nav-flight, .nav-train, .nav-car, .nav-trip, .nav-ticket, .nav-week { height: 70px; }
.nav-hotel, .nav-fortun, .nav-strategy { height: 93px; }
.nav-train, .nav-car, .nav-fortun, .nav-strategy, .nav-ticket, .nav-week { border-left: 5px solid #fff; }
.nav-flight, .nav-hotel, .nav-trip { width: 40%; }
.nav-train, .nav-car, .nav-fortun, .nav-strategy, .nav-ticket, .nav-week { width: 30%; }
```

第 10 步，为每个列表项目定义不同的背景色。

```
.nav-flight { background-color: #368ff4; }
.nav-train { background-color: #00ae9d; }
.nav-car { background-color: #9556f3; }
.nav-hotel { background-color: #0fc4d9; }
.nav-fortun { background-color: #e7f8ff; }
.nav-strategy { background-color: #ff864a; }
.nav-trip { background-color: #84d018; }
.nav-ticket { background-color: #f3b613; }
.nav-week { background-color: #78cdd1; }
```

第 11 步，调整“财富中心”列表项目中的标题文本的颜色和显示位置。

```
.nav-list .nav-fortun h2, .nav-list .nav-fortun h2 a { color: #ff9913; }
.nav-list .nav-fortun h2 { top: 66px; left: 0; width: 100%; text-align: center; }
```

第 12 步，使用 CSS Sprites 技术为每个列表项目定义所要显示的图标类型和大小。

```
.nav-flight:before { top: 24px; left: 60%; width: 60px; height: 35px; background-position: 0 0; }
.nav-train:before { top: 36px; left: 50%; width: 50px; height: 20px; background-position: -70px 0; }
.nav-car:before { top: 30px; left: 50%; width: 35px; height: 31px; background-position: -130px 0; }
.nav-hotel:before { top: 30px; left: 60%; width: 58px; height: 44px; background-position: 0 -40px; }
```

Note

```
.nav-fortun:before { top: 24px; left: 50%; width: 24px; height: 35px; background-position: -60px -30px; }
.nav-strategy:before { top: 34px; left: 50%; width: 34px; height: 34px; background-position: -120px -80px; }
.nav-trip:before { top: 25px; left: 60%; width: 40px; height: 34px; background-position: 0 -90px; }
.nav-ticket:before { top: 32px; left: 50%; width: 50px; height: 26px; background-position: -65px -70px; }
.nav-week:before { top: 32px; left: 50%; width: 49px; height: 26px; background-position: -50px -100px; }
```

8.4.4 设计用户管理界面

本节示例模拟苏宁易购网的用户后台管理界面。页面主体为上、中、下结构，顶部内容包括 3 个导航超链接和 1 个 Logo 图片；中部内容包括多个由图片和文字组成的导航超链接；底部内容也由 3 个部分组成，从上至下依次为当前用户和"回顶部"锚点链接按钮、登录和注册超链接、版权信息，效果如图 8.32 所示。

图 8.32 设计用户管理界面

本示例页面结构简单，比较适合初学者练手，页面顶部结构使用 nav 元素实现，中部结构使用 section 元素和 article 元素实现，底部结构使用 footer 元素实现。基本结构代码如下。

```
<!-- 公用顶部导航 -->
<nav class="nav w pr"> </nav>
<section class="w f14">
    <article class="easy-box-con"> </article>
</section>
<footer class="footer w">
    <div class="layout fix user-info"> </div>
    <ul class="list-ui-a foot-list tc"></ul>
    <div class="tc copyright"> </div>
</footer>
```

顶部标题栏包含 3 个功能图标按钮和标题。功能按钮使用背景图替换设计，标题使用 Logo 图片直接插入。样式代码如下。

```
.nav .cate-all, .nav .my-account, .nav .my-cart { position: absolute; top: 12px; }
.nav .cate-all { left: 15px; width: 18px; height: 19px; background: url(../images/title_bar.png) no-repeat 0 0; background-size: contain; }
.nav .logo { display: block; width: 93px; margin: 12px auto 0; }
.nav .my-account { right: 60px; width: 20px; height: 23px; background: url(../images/user.png) no-repeat 0 0; background-size: contain; }
.nav .my-cart { right: 15px; width: 24px; height: 20px; background: url(../images/shop_cart_off.png) no-repeat 0 0; background-size: contain; }
```

主体区域包含 6 个导航按钮，直接在一个列表项目中包含 6 个 span 元素和 6 个 img 元素。

```
<section class="w f14">
    <article class="easy-box-con">
        <ul class="easy-parent">
            <li class="fix">
                <a href=""> <img src="images/all-order.png" alt="" /><span> 全部订单 </span></a>
                <a href=""> <img src="images/easy-pay.png" alt="" /><span> 易付宝 </span></a>
```

```
                <a href=""> <img src="images/favoritor.png" alt="" /><span> 商品收藏 </span></a>
                <a href=""> <img src="images/my-score.png" alt="" /><span> 我的积分 </span></a>
                <a href=""> <img src="images/my-coupon.png" alt="" /><span> 我的优惠券 </span></a>
                <a href=""> <img src="images/check-digest.png" alt="" /><span> 查看物流 </span></a> </li>
        </ul>
    </article>
</section>
```

在 main.css 样式表文件中，找到下面一段样式代码，可以看到固定整个栏目宽度，然后让每个链接 a 浮动显示，同时定义相关显示样式。

```
.easy-parent { width: 273px; margin: 0 auto; }
.easy-parent li a { display: block; float: left; width: 91px; margin-bottom: 20px; text-align: center; }
.easy-parent li a span { display: block; }
.easy-parent li a img { display: block; width: 43px; height: 43px; margin: 0 auto; }
```

页脚区域是一些纯文本样式，本节就不再重复说明，读者可以参考本节示例源代码。

8.4.5　设计侧滑面板

本节示例模拟穷游网的首页，设计一个侧滑导航任务栏，以及主页图文列表信息，页面效果如图 8.33 所示。

图 8.33　设计侧滑界面

页面主体为左、右结构，左侧为首页的导航栏，右侧为首页的主体内容。左侧结构使用 aside 元素和 section 元素嵌套实现，右侧结构使用 section 元素实现。网页右侧的主体内容又分为上、中、下 3 个组成部分，网页右侧上部使用 header 元素实现，右侧中部使用 section 元素实现，右侧底部使用 footer 元素实现。网页左侧的导航栏也分为上、中、下 3 个组成部分，分别使用 section、nav 和 section 元素实现。

基本结构代码如下。

```
<section class="qui-page">
    <header class="qui-header"> </header>
    <section class="container"> </section>
    <footer class="qui-footerBasic"> </footer>
</section>
<aside class="qui-asides">
    <section class="qui-aside">
        <section class="qui-asideHead"> </section>
        <nav class="qui-asideNav"> </nav>
    <section class="qui-asideTool"> </section>
    </section>
</aside>
```

使用 <aside class="qui-asides"> 定义侧滑界面容器，里面包裹一层 <section class="qui-aside"> 子容器。在容器内，使用 <section class="qui-asideHead"> 定义标题栏，包含“登录”和“注册”两个链接文本。下面使用 <nav class="qui-asideNav"> 和 <section class="qui-asideTool"> 定义 6 个导航菜单项目：首页、目的地、

酒店、机票、写点评、提问题。

Note

在 main.css 样式表文件中找到以 .qui- 为前缀的样式代码，下面详细说明侧滑栏样式设计。

第 1 步，定义侧边容器绝对定位，并偏移到视图左侧的外边，默认不显示出来。

```
.qui-asides { position: absolute; left: -200px; top: 0; width: 200px }
```

第 2 步，增加侧滑动画。设计当向右滑动时，动态滑出面板。

```
.qui-aside { -webkit-transition: -webkit-transform 0.4s; transition: transform 0.4s; -webkit-overflow-scrolling: touch; overflow-scrolling: touch; position: fixed; top: 0; width: 200px; bottom: 0; overflow-y: scroll; background-color: #2d3741 }
```

第 3 步，设计侧滑面板标题样式，让其在右侧显示。

```
.qui-asideHead { padding: 13px 10px 10px; }
.qui-asideHead .signBtn { text-align: right; line-height: 18px; color: #fff }
.qui-asideHead .signBtn a { color: #fff }
```

第 4 步，定义菜单项目，以深色背景显示。

```
.qui-asideNav li { border-top: 1px solid #232d34; background-color: #36424b }
```

第 5 步，设计隔行换色效果。

```
.qui-asideNav li:nth-child(even) { background-color: #364049 }
```

第 6 步，设计链接 a 以块显示，定义每行显示一个菜单项。

```
.qui-asideNav a { display: block; padding-left: 15px; font-size: 16px; line-height: 44px; color: #ced1d5 }
```

第 7 步，为每个菜单项目前面添加一个图标。

```
.qui-asideNav .qui-icon { font-size: 18px; margin-right: 19px; color: #b6becb }
```

第 8 步，引入自定义字体。

```
@font-face { font-family: 'Icons'; src: url('../images/qyer-icons.eot'); src: url ('../images/qyer-icons.eot?#iefix') format ('embedded-opentype'), url ('../images/qyer-icons.woff') format ('woff'), url ('../images/qyer-icons.ttf') format ('truetype'), url ('../images/qyer-icons.svg#qyer-icons') format ('svg') }
```

第 9 步，分别使用自定义字体定义图标样式。

```
.qui-icon._home:before { content: "\f920" }
.qui-icon._poiStrong:before { content: "\f901" }
.qui-icon._hotel:before { content: "\f908" }
.qui-icon._flight:before { content: "\f909" }
.qui-icon._reply_line:before { content: "\f931" }
.qui-icon._question:before { content: "\f92d" }
```

第 10 步，设计底部两个菜单项目的样式。

```
.qui-asideTool { border-top: 9px solid #232d34; background-color: #2d3741 }
.qui-asideTool li { border-top: 1px solid #232d34 }
.qui-asideTool a { display: block; padding-left: 15px; font-size: 16px; line-height: 44px; color: #ced1d5 }
.qui-asideTool .qui-icon { font-size: 18px; margin-right: 19px }
```

```
.qui-asideTool ._reply_line { color: #9fceda }
```

8.4.6 设计网格化版式

本节示例模拟同程旅游网的首页，以网格化的版式设计页面布局，效果如图 8.34 所示。页面的主体为上、中、下结构，顶部内容包括返回链接按钮、标题文字和主页链接按钮，中部内容为多个热点链接按钮，底部内容包括多个超链接和版权信息。

图 8.34 设计网格化版式页面

顶部结构使用 header 元素实现，中部结构使用 article 元素实现，底部结构使用 footer 元素实现。基本结构代码如下。

```
<header class="header" id="headerId"> </header>
<article class="content">
    <nav class="fn-clear"> </nav>
    <section class="fn-clear"> </section>
</article>
<footer> </footer>
```

下面重点介绍 <article class="content"> 容器的版式设计，该容器包含以下两个子栏目。

第一个栏目使用 <nav class="fn-clear"> 定义。其中包含 8 个链接，在链接文本前面，嵌入一个 em 元素，用来设计图标，代码如下。

```
<nav class="fn-clear">
    <a href="#"><em class="hotel"></em> 酒店预订 </a>
    <a href="#"><em class="flight"></em> 机票预订 </a>
    <a href="#"><em class="scenery"></em> 景点门票 </a>
    <a href="#"><em class="selftrip"></em> 周末游 </a>
    <a href="#"><em class="dujia"></em> 出境游 </a>
    <a href="#"><em class="cruise"></em> 邮轮 </a>
    <a href="#"><em class="train"></em> 火车票预订 </a>
```

```
<a href="#"><em class="login"></em> 登录 / 注册 </a> </nav>
```

第二个子栏目使用 <section class="fn-clear"> 定义，包含一个列表框，定义了 4 个列表项目，代码如下，每个链接包含一个标题和具体文本。

Note

```
<section class="fn-clear">
    <ul>
        <li><a href="#" class="hot">
            <h1> 热销榜 </h1>
            <em></em> 哪里最好玩 </a></li>
        <li><a href="#" class="lower">
            <h1> 最低价 </h1>
            <em></em> 只有这一次 </a></li>
        <li><a href="#" class="groupbuy">
            <h1> 团购 </h1>
            <em></em> 优惠超乎想象 </a></li>
        <li><a href="#" class="locat">
            <h1> 周边景点 </h1>
            <em></em> 近在身边 </a></li>
    </ul>
</section>
```

在 main.css 样式表中找到如下样式代码，用来设计网格化版式。

第 1 步，为网格化版块定义顶部边框，分隔区块。

```
nav { border-top: 1px solid #e4e1da; }
```

第 2 步，让链接文本以弹性宽度的区块浮动显示，定义每行显示 4 个，分两行显示，并添加边框线，形成网格化样式。

```
nav a { float: left; height: 85px; padding-top: 12px; width: 25%; font-size: 13px; line-height: 30px; text-align: center; -webikit-box-sizing: border-box; -moz-box-sizing: border-box; -o-box-sizing: border-box; box-sizing: border-box; border-right: 1px solid #e4e1da; border-bottom: 1px solid #e4e1da; color: #64625f; background: #fff; }
```

第 3 步，取消第 4 列链接块右边框，避免切分视图边缘。

```
nav a:nth-child(4n) { border-right: none; }
```

第 4 步，以背景图的形式，采用 CSS Sprites 技术为每个链接项目添加图标，并固定其大小。

```
nav a em, section a em { background: url(../images/navIcon.png) no-repeat 0 0; background-size: 310px 150px; }
nav a em { width: 38px; height: 38px; margin: 0 auto; border-radius: 4px; display: block; }
```

第 5 步，分别为每个 a 元素包含的 em 元素定义背景色和定位显示不同的背景图标。

```
nav a em.hotel { background-color: #ff7661; background-position: -6px -7px; }
nav a em.flight { background-color: #66ccff; background-position: -56px -7px; }
nav a em.scenery { background-color: #90cc00; background-position: -105px -7px; }
nav a em.selftrip { background-color: #ff9f63; background-position: -155px -7px; }
nav a em.dujia { background-color: #77b7ff; background-position: -6px -57px; }
nav a em.cruise { background-color: #ffbd5f; background-position: -56px -57px; }
nav a em.train { background-color: #56d8c4; background-position: -106px -57px; }
```

```
nav a em.login { background-color: #ffd33b; background-position: -156px -57px; }
```

第二个子栏目的网格化版式设计方法与上面基本相同，读者可以参考 main.css 样式表文件中以 section 为前缀的样式代码。

8.4.7　设计音乐列表版式

本节示例模拟酷狗音乐网的页面，效果如图 8.35 所示。页面从上至下由 4 个部分组成，依次为 Logo 图片和下载链接按钮、返回链接按钮和标题文字、用于导航的主体内容、用于播放音乐的按钮和进度条。

图 8.35　设计分类列表页面

页面基本结构代码如下。

```
<header> </header>
<section class="header"> </section>
<!-- 主体内容 -->
<section id="content"> </section>
<section class="playwrap">
    <div class="playercon" id="playercon"> </div>
</section>
```

下面重点介绍 <section id="content"> 容器的版式设计，该容器包含一个列表结构，共定义了 4 个列表项目。每个列表项目包含 3 块内容：导航图标、导航箭头和提示文本。具体代码如下。

```
<!-- 主体内容 -->
<section id="content">
    <ul id="rankUl">
        <li rankname="XingGeTop100">
            <div class="more gobal_bg">&gt;&gt;</div>
            <div class="pic"> <img src="images/newtop100.png" _src="../images/newtop100.png" width="38"
                height="38" alt="" /> </div>
            <div class="text"> 新歌 TOP 100</div>
        </li>
```

```
        <li rankname="HotPlay500">……</li>
        <li rankname="QuanQiuLiuXingYinYueJinBang">……</li>
        <li rankname="BianJiTuiJianBang">……</li>
    </ul>
</section>
```

在 main.css 样式表文件中，找到下面的样式代码。

第 1 步，定义容器内补白，留出一点空隙。

```
#content { padding: 87px 0 70px 0 }
```

第 2 步，定义列表项目内补白、字体大小和行高，加上底边框线，隐藏超出区域内容。

```
#content li { padding: 0 0 0 10px; font-size: 18px; height: 55px; overflow: hidden; border-bottom: 1px solid #b4b4b4 }
```

第 3 步，让每个列表项目包含的 3 块内容向左浮动，实现并列显示。

```
#content .pic, #content .text, #content .more { float: left; }
```

第 4 步，通过背景图像设计箭头图标样式。

```
#content .more { background: url(../images/icon.png) no-repeat 0 -265px; background-size: 100%; float: right; width: 30px; margin-right: 12px; height: 30px; text-indent: -9999px; margin-top: 15px; font-family: Verdana; font-weight: bold; font-size: 14px }
```

第 5 步，设计每个列表项目中包含的图标图像的大小，并调整显示位置。

```
#content .pic { padding: 1px; width: 38px; height: 38px; margin: 6px 15px 0 0; }
```

第 6 步，设计每个列表项目的高度为 35 像素，行高为 35 像素，以实现居中显示。

```
#content .text { line-height: 35px; height: 35px; margin: 10px 0; }
```

8.5 在线练习

移动网页版式与桌面网页版式有很大不同，当然在初学阶段，首先要掌握 CSS3 控制页面的基本技巧。本节将通过大量的上机示例，练习使用 CSS3 设计各种网页版式，培养初学者网页设计的能力。

在线练习
盒模型

在线练习
版式设计

第 9 章

使用媒体查询

（视频讲解：21 分钟）

移动 Web 设计的最大特征就是：响应式网页设计，它包含 3 个基本要素：媒体查询、弹性布局和弹性图片。本章将详细介绍媒体查询的基本概念、语法，及其具体应用。

【学习重点】

- 掌握媒体查询的基本语法。
- 了解如何在 link 元素、@import 语句和 CSS 文件中使用媒体查询。
- 能够使用媒体查询根据屏幕空间大小调整视觉效果。
- 理解 meta 视口元素如何针对 iOS 和安卓（Android）设备启用媒体查询。

9.1 认识媒体查询

Note

权威参考

CSS3 规范分成很多模块，媒体查询只是其中一个模块。利用媒体查询，可以根据设备的能力应用特定的 CSS 样式。例如，可以根据视口宽度、屏幕宽高比和朝向（水平还是垂直）等，只用几行 CSS 代码就可以改变内容的显示方式。媒体查询得到了广泛实现。除了 IE8 及以下版本外，几乎所有浏览器都支持它。

权威参考

2017 年 9 月，W3C 发布了媒体查询（Media Query Level 4，http：//www.w3.org/TR/mediaqueries-4/）候选推荐标准规范，它扩展了已经发布的媒体查询的功能。该规范用于 CSS 的 @media 规则，可以为文档设定特定条件的样式，也可用于 HTML、JavaScript 等语言中。4 级媒体查询尚未得到广泛支持，而且规范本身还有可能变动。不过，了解未来几年可能有什么新特性可以使用还是有必要的。

CSS3 媒体查询模块规范的官网网址为 http：//www.w3.org/TR/css3-mediaqueries/。访问规范，可以看到官方对媒体查询下的定义：

媒体查询包含媒体类型和零个或多个检测媒体特性的表达式。width、height 和 color 都是可用于媒体查询的特性。使用媒体查询，可以不必修改内容本身，而让网页适配不同的设备。

如果没有媒体查询，仅使用 CSS 是无法修改网页外观的。这个模块让我们可以提前编写出适应很多不可预测因素的 CSS 规则，例如，屏幕方向水平或垂直、视口或大或小等。

弹性布局虽然可以让设计适应较多场景，也包括某些尺寸的屏幕，但有时候确实不够用，因为我们还需要对布局进行更细致的调整。媒体查询让这一切成为可能，它就相当于 CSS 中基本的条件逻辑。

9.2 使用媒体查询

媒体查询的语法是什么样的，媒体查询怎么起作用呢？本节将围绕这两个问题展开讲解。

9.2.1 媒体类型和媒体查询

1．媒体类型

CSS2 提出媒体类型（Media Type）的概念，它允许为样式表设置限制范围的媒体类型。例如，仅供打印的样式表文件、仅供手机渲染的样式表文件、仅供电视渲染的样式表文件等，具体说明如表 9.1 所示。

表 9.1　CSS 媒体类型

类　　型	支持的浏览器	说　　明
aural	Opera	用于语音和音乐合成器
braille	Opera	用于触觉反馈设备

续表

类　型	支持的浏览器	说　明
handheld	Chrome，Safari，Opera	用于小型或手持设备
print	所有浏览器	用于打印机
projection	Opera	用于投影图像，如幻灯片
screen	所有浏览器	用于屏幕显示器
tty	Opera	用于使用固定间距字符格的设备，如电传打字机和终端
tv	Opera	用于电视类设备
embossed	Opera	用于凸点字符（盲文）印刷设备
speech	Opera	用于语音类型
all	所有浏览器	用于所有媒体设备类型

通过 HTML 元素属性 media 定义样式表的媒体类型，具体方法如下。

☑　定义外部样式表文件的媒体类型

```
<link href="csss.css" rel="stylesheet" type="text/css" media="handheld" />
```

以上外部样式表仅能够在手持设备中应用。

☑　定义内部样式表文件的媒体类型

```
<style type="text/css" media="screen">
...
</style>
```

以上内部样式表仅能够在桌面屏幕设备中应用。

2．媒体查询

CSS3 在媒体类型基础上，提出了 Media Queries（媒体查询）的概念。媒体查询比 CSS2 的媒体类型功能更强大、更加完善。

媒体查询可以根据设备特性，如屏幕宽度、高度、设备方向（横向或纵向），为设备定义独立的 CSS 样式表。例如，下面这条导入外部样式表的语句。

```
<link rel="stylesheet" media="screen and (max-width: 600px)" href="small.css" />
```

在 media 属性中设置媒体查询的条件（max-width：600px）：当屏幕宽度小于或等于 600px，则调用 small.css 样式表来渲染页面。

提示：两者主要区别：媒体查询是一个值或一个范围的值，而媒体类型仅仅是设备的匹配。媒体类型可以帮助用户获取以下数据。

☑　浏览器窗口的宽和高

☑　设备的宽和高

☑　设备的手持方向，横向还是竖向

☑　分辨率

线上阅读

9.2.2 使用 @media

Note

一个媒体查询由一个可选的媒体类型和零个或多个限制范围的表达式组成，如宽度、高度和颜色。

1．基本语法

CSS3 使用 @media 规则定义媒体查询，简化语法格式如下。

```
@media [only | not]? <media_type> [and <expression>]* | <expression> [and <expression>]*{
    /* CSS 样式列表 */
}
```

参数简单说明如下。

☑ <media_type>：指定媒体类型，具体说明见表 9.1 所示。

☑ <expression>：指定媒体特性。放在一对圆括号中，如（min-width：400px）。

☑ 逻辑运算符，如 and（逻辑与）、not（逻辑否）、only（兼容设备）等。

2．媒体特性

在响应式设计中，媒体查询中用得最多的特性是视口宽度（width）。就笔者个人的经验来看，很少需要用到其他设备特性，偶尔会用到分辨率和视口高度。

媒体特性包括 13 种，接受单个的逻辑表达式作为值，或者没有值。除 scan 和 grid 外，其他特性都可以接受 min 或 max 的前缀，用来表示大于等于，或者小于等于的逻辑，以此避免使用大于号（>）和小于号（<）字符。各种媒体特性的简单说明请扫码了解。

【示例】看看下面的代码。

```
@import url ("tiny.css") screen and (min-width: 200px) and (max-width: 360px);
```

这里使用最大宽度（max-width）和最小宽度（min-width）设定了范围。因此，tiny.css 只在设备视口介于 200 像素和 360 像素之间时才会被应用。

注意： CSS 媒体查询 4 级草案中废弃了一些特性，特别是 device-height、device-width 和 device-aspect-ratio（参见：http：//www.w3.org/TR/mediaqueries-4/#mf-deprecated）。虽然已经支持它们的浏览器还会继续支持，但不建议在新写的样式表中再使用它们。

权威参考

3．在 CSS 中使用

在 CSS 样式的开头必须定义 @media 关键字，然后指定媒体类型，再指定媒体特性。媒体特性的格式与样式的格式相似，分为两部分，由冒号分隔，冒号前指定媒体特性，冒号后指定该特性的值。例如，下面的语句指定了当设备显示屏幕宽度小于 640 像素时所使用的样式。

```
@media screen and (max-width: 639px) {
    /* 样式代码 */
}
```

可以使用多个媒体查询将同一个样式应用于不同的媒体类型和媒体特性中，媒体查询之间通过逗号分隔，类似于选择器分组。

```
@media handheld and (min-width: 360px), screen and (min-width: 480px) {
    /* 样式代码 */
}
```

只要其中任何一个媒体查询表达式为真，就会应用样式；如果没有一个为真，则样式表没用。

注意： 任何 CSS 长度单位都可以用来指定媒体查询的条件。像素（px）是最常用的，而 em 或 rem 也可以用。例如，想在 800 像素处设置断点，但又想用 em 单位，可以用 800 除以 16，就是 50em。

还可以在表达式中加上 not、only 和 and 等逻辑运算符。

```
// 下面的样式代码将被使用在除便携设备之外的其他设备或非彩色便携设备中。
@media not handheld and (color) {
    /* 样式代码 */
}
// 下面的样式代码将被使用在所有非彩色设备中
@media all and (not color) {
    /* 样式代码 */
}
```

only 运算符能够让那些不支持媒体查询，但是支持媒体类型的设备，忽略表达式中的样式。例如：

```
@media only screen and (color) {
    /* 样式代码 */
}
```

对于支持媒体查询的设备来说，能够正确地读取其中的样式，仿佛 only 运算符不存在一样；对于不支持媒体查询，但支持媒体类型的设备（如 IE8）来说，可以识别 @media screen 关键字，但是由于先读取的是 only 运算符，而不是 screen 关键字，将忽略这个样式。

4．在 @import 和 link 元素中使用

可以在使用 @import 导入 CSS 时使用媒体查询，有条件地向当前样式表中加载其他样式表。例如，以下代码会导入样式表 phone.css，但条件是必须是屏幕设备，而且视口不超过 360 像素。

```
@import url("phone.css") screen and (max-width: 360px);
```

注意，使用 CSS 中的 @import 会增加 HTTP 请求，进而影响加载速度，因此请慎用。

也可以用在 link 元素中。例如，下面的代码定义了如果页面通过屏幕呈现，且屏幕宽度不超过 480 像素，则加载 shetland.css 样式表。

```
<link rel="stylesheet" type="text/css" media="screen and (max-device-width: 480px)" href="shetland.css" />
```

在下面的代码中，首先，使用逗号分隔每个媒体查询表达式。其次，在 projection（投影机）之后没有任何特性 / 值对。这样省略特定的特性，表示适用于具备任何特性的该媒体类型。在这里，表示可以适用于任何投影机。

```
<link rel="stylesheet" media="screen and (orientation: portrait) and
(min-width: 800px), projection" href="800wide-portrait-screen.css" />
```

Note

9.2.3 应用 @media

【示例 1】and 运算符用于符号两边规则均满足条件的匹配。

```
@media screen and (max-width: 600px) {
    /* 匹配宽度小于等于 600 像素的屏幕设备 */
}
```

【示例 2】not 运算符用于取非，所有不满足该规则的均匹配。

```
@media not print {
    /* 匹配除了打印机以外的所有设备 */
}
```

注意：not 仅应用于整个媒体查询。

```
@media not all and (max-width: 500px) {}
/* 等价于 */
@media not (all and (max-width: 500px)) {}
/* 而不是 */
@media (not all) and (max-width: 500px) {}
```

在逗号媒体查询列表中，not 仅会否定它所在的媒体查询，而不影响其他的媒体查询。

如果在复杂的条件中使用 not 运算符，要显式添加小括号，避免歧义。

【示例 3】,（逗号）相当于 or 运算符，用于两边有一条满足则匹配。

```
@media screen, (min-width: 800px) {
    /* 匹配屏幕或者宽度大于等于 800 像素的设备 */
}
```

【示例 4】在媒体类型中，all 是默认值，匹配所有设备。

```
@media all {
    /* 可以过滤不支持 media 的浏览器 */
}
```

常用的媒体类型还有 screen（匹配屏幕显示器）和 print（匹配打印输出），更多媒体类型可以参考表 9.1。

【示例 5】使用媒体查询时，必须要加括号，一个括号就是一个查询。

```
@media (max-width: 600px) {
    /* 匹配界面宽度小于等于 600 像素的设备 */
}
@media (min-width: 400px) {
    /* 匹配界面宽度大于等于 400 像素的设备 */
}
@media (max-device-width: 800px) {
    /* 匹配设备（不是界面）宽度小于等于 800 像素的设备 */
}
@media (min-device-width: 600px) {
    /* 匹配设备（不是界面）宽度大于等于 600 像素的设备 */
}
```

Note

提示：在设计手机网页时，应该使用 device-width/device-height，因为手机浏览器默认会对页面进行一些缩放，如果按照设备宽高来进行匹配，会更接近预期的效果。

【示例 6】媒体查询允许相互嵌套，这样可以优化代码，避免冗余。

```
@media not print {
    /* 通用样式 */
    @media (max-width: 600px) {
        /* 此条匹配宽度小于等于 600 像素的非打印机设备 */
    }
    @media (min-width: 600px) {
        /* 此条匹配宽度大于等于 600 像素的非打印机设备 */
    }
}
```

【示例 7】在设计响应式页面时，应该根据实际需要，先确定自适应分辨率的阀值，也就是页面响应的临界点。

```
@media (min-width: 768px){
    /* >=768 像素的设备 */
}
@media (min-width: 992px){
    /* >=992 像素的设备 */
}
@media (min-width: 1200px){
    /* >=1200 像素的设备 */
}
```

注意：下面样式顺序是错误的，因为后面的查询范围将覆盖掉前面的查询范围，导致前面的媒体查询失效。

```
@media (min-width: 1200px){ }
@media (min-width: 992px){ }
@media (min-width: 768px){  }
```

因此，当我们使用 min-width 媒体特性时，应该按从小到大的顺序设计各个阀值。同理如果使用 max-width 时，就应该按从大到小的顺序设计各个阀值。

```
@media (max-width: 1199){
    /* <=1199 像素的设备 */
}
@media (max-width: 991px){
    /* <=991 像素的设备 */
}
@media (max-width: 767px){
    /* <=768 像素的设备 */
}
```

【示例 8】用户可以创建多个样式表，以适应不同媒体类型的宽度范围。当然，更有效率的方法是将多

个媒体查询整合在一个样式表文件中，这样可以减少请求的数量。

Note

```
@media only screen    and (min-device-width: 320px)    and (max-device-width: 480px) {
    /* 样式列表 */
}
@media only screen    and (min-width: 321px) {
    /* 样式列表 */
}
@media only screen    and (max-width: 320px) {
    /* 样式列表 */
}
```

【示例 9】 如果从资源的组织和维护的角度考虑，可以选择使用多个样式表的方式来实现媒体查询，这样做更高效。

```
<link rel="stylesheet" media="screen and (max-width: 600px)" href="small.css" />
<link rel="stylesheet" media="screen and (min-width: 600px)" href="large.css" />
<link rel="stylesheet" media="print" href="print.css" />
```

【示例 10】 使用 orientation 属性可以判断设备屏幕当前是横屏（值为 landscape）还是竖屏（值为 portrait）。

```
@media screen and (orientation: landscape) {
    .iPadLandscape {
        width: 30%;
        float: right;
    }
}
@media screen and (orientation: portrait) {
    .iPadPortrait {clear: both; }
}
```

不过 orientation 属性只在 iPad 上有效，对于其他可转屏的设备（如 iPhone），可以使用 min-device-width 和 max-device-width 来变通实现。

【示例 11】 针对高分辨率设备的媒体查询。媒体查询的一个常见的使用场景，就是针对高分辨率设备编写特殊样式。

```
@media (min-resolution: 2dppx) {
    /* 样式 */
}
```

上面媒体查询只针对每像素单位为 2 点（2dppx）的屏幕。类似的设备有 iPhone 4+ 的视网膜屏，以及其他很多高清屏的安卓机。减小 dppx 值，可以扩大这个媒体查询的适用范围。

为支持更广泛的设备，在使用 min-resolution 属性时，需要加上适当的浏览器前缀，可以使用工具自动完成。

【扩展】

媒体查询仅是一种纯 CSS 方式实现响应式 Web 设计的方法，用户还可以使用 JavaScript 库来实现同样的设计。例如，下载 css3-mediaqueries.js（http://code.google.com/p/css3-mediaqueries-js/），然后在页面中调用。对于老式浏览器（如 IE6、IE7 和 IE8）可以考虑使用 css3-mediaqueries.js 进行兼容。

```
<!-[if lt IE 9]>
<script src="http: //css3-mediaqueries-js.googlecode.com/svn/trunk/css3-mediaqueries.js"></script>
<![endif]->
```

Note

【示例 12】 下面的代码演示了如何使用 jQuery 来检测浏览器宽度，并为不同的视口调用不同的样式表。

```
<script type="text/javascript" src="http: //ajax.googleapis.com/ajax/libs/jquery/1.9.1/jquery.min.js"></script>
<script type="text/javascript">
$(document).ready(function(){
    $(window).bind("resize", resizeWindow);
    function resizeWindow(e){
        var newWindowWidth = $(window).width();
        if(newWindowWidth < 600){
            $("link[rel=stylesheet]").attr({href: "mobile.css"});
        }
        else if(newWindowWidth > 600){
            $("link[rel=stylesheet]").attr({href: "style.css"});
        }
    }
});
</script>
```

9.2.4 案例：设计第一个响应式版式

下面我们通过一个简单的链接列表演示响应式设计的一般方法。

首先，我们应该知道，在样式表中，位于下方的 CSS 样式会覆盖位于上方的目标相同的 CSS 样式，除非上方的选择符优先级更高或者更具体。

因此，可以在一开始设置一套基准样式，将其应用给不同版本的设计方案。这套样式表确保用户的基准体验。然后再通过媒体查询覆盖样式表中相关的部分。例如，如果是在一个很小的视口中，可以只显示文本导航，或者用较小的字号，然后对于较大视口，则通过媒体查询为文本导航加上图标，或者显示大号字体。

第 1 步，设计一个简单的超链接列表。

```
<a href="#" class="CardLink CardLink_Hearts"> 红桃 </a>
<a href="#" class="CardLink CardLink_Clubs"> 梅花 </a>
<a href="#" class="CardLink CardLink_Spades"> 黑桃 </a>
<a href="#" class="CardLink CardLink_Diamonds"> 方块 </a>
```

第 2 步，设计链接的基准样式，让它们块状堆叠显示，同时根据喜好定义文本样式。

```
.CardLink {
    display: block;                  /* 块状堆叠显示 */
    color: #666;                     /* 灰色字体 */
    text-shadow: 0 2px 0 #efefef;            /* 添加淡淡的文字投影 */
    text-decoration: none;                   /* 隐藏下画线 */
    height: 2.75rem;                         /* 固定高度 */
    line-height: 2.75rem;                    /* 文本垂直居中 */
    border-bottom: 1px solid #bbb;           /* 绘制下边线 */
```

```
    position: relative;                         /* 相对定位，以便定位额外内容 */
}
```

Note

第 3 步，设计链接拓展样式，为每个链接左侧添加动态内容。

```
.CardLink: before {                             /* 统一样式 */
    display: none;                              /* 默认隐藏显示 */
    position: absolute;                         /* 绝对定位 */
    top: 50%; left: 0;                          /* 指定偏移位置 */
    transform: translateY(-50%);                /* 向左偏移 */
}
/* 为每个链接添加动态内容 */
.CardLink_Hearts: before { content: "♥"; }
.CardLink_Clubs: before { content: "♣"; }
.CardLink_Spades: before { content: "♠"; }
.CardLink_Diamonds: before { content: "♦"; }
```

第 4 步，设计一个响应阀值 : min-width: 300px，即大于等于 300 像素时，启动响应重绘。

```
/* 当视图宽度大于等于 300 像素时，显示大号字体，并调整左侧空隙 */
@media (min-width: 300px) {
    .CardLink {
        padding-left: 1.8rem;
        font-size: 1.6rem;
    }
}
/* 当视图宽度大于等于 300 像素时，显示左侧动态添加的内容 */
@media (min-width: 300px) {
    .CardLink: before { display: block; }
}
```

第 5 步，保存文档之后，在浏览器中所看到的效果如图 9.1 所示。

（a）小于 300 像素

（b）大于等于 300 像素

图 9.1　第一个响应式版式

9.3　案例实战

本节将通过几个实例练习 CSS3 媒体查询的网页应用。

9.3.1　判断显示屏幕宽度

本节示例演示了如何正确使用 @media 规则，判断当前视口宽度位于什么范围，代码如下。

```
<style type="text/css">
.wrapper {/* 定义测试条的样式 */
    padding: 5px 10px; margin: 40px;
    text-align: center; color: #999;
    border: solid 1px #999;
}
.viewing-area span {/* 默认情况下隐藏提示文本信息 */
    color: #666;
    display: none;
}
/* 应用于移动设备，且设备最大宽度为 480 像素 */
@media screen and (max-device-width: 480px) {
    .a { background: #ccc; }
}
/* 显示屏幕宽度小于等于 600 像素 */
@media screen and (max-width: 600px) {
    .b {
        background: red; color: #fff;
        border: solid 1px #000;
    }
    span.lt600 { display: inline-block; }
}
/* 显示屏幕宽度介于 600~900 像素 */
@media screen and (min-width: 600px) and (max-width: 900px) {
    .c {
        background: red; color: #fff;
        border: solid 1px #000;
    }
    span.bt600-900 { display: inline-block; }
}
/* 显示屏幕宽度大于等于 900 像素 */
@media screen and (min-width: 900px) {
    .d {
        background: red; color: #fff;
        border: solid 1px #000;
    }
    span.gt900 { display: inline-block; }
```

Note

```
}
</style>
<div class="wrapper a"> 设备最大宽度为 480 像素。</div>
<div class="wrapper b"> 显示屏幕宽度小于等于 600 像素 </div>
<div class="wrapper c"> 显示屏幕宽度介于 600 像素到 900 像素之间 </div>
<div class="wrapper d"> 显示屏幕宽度大于等于 900 像素 </div>
<p class="viewing-area">
    <strong> 当前显示屏幕宽度 : </strong>
    <span class="lt600"> 小于等于 600px</span>
    <span class="bt600-900"> 介于 600px-900px 之间 </span>
    <span class="gt900"> 大于等于 900px</span>
</p>
```

本节示例设计当显示屏幕宽度小于等于 600 像素时，则高亮显示 <div class="wrapper b"> 测试条，并在底部显示提示信息：小于等于 600px；当显示屏幕宽度介于 600 像素和 900 像素之间时，则高亮显示 <div class="wrapper c"> 测试条，并在底部显示提示信息：介于 600px-900px；显示屏幕宽度大于等于 900 像素时，则高亮显示 <div class="wrapper d"> 测试条，并在底部显示提示信息：大于等于 900px；当设备宽度小于等于 480 像素时，则高亮显示 <div class="wrapper a"> 测试条。演示效果如图 9.2 所示。

（a）显示屏幕宽度小于等于 600px

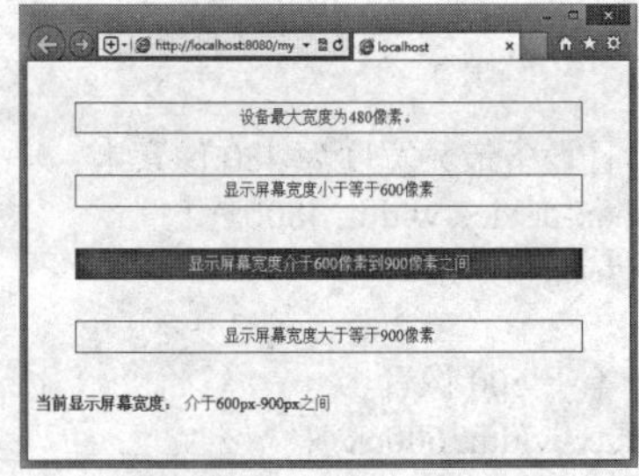

（b）显示屏幕宽度介于 600px-900px

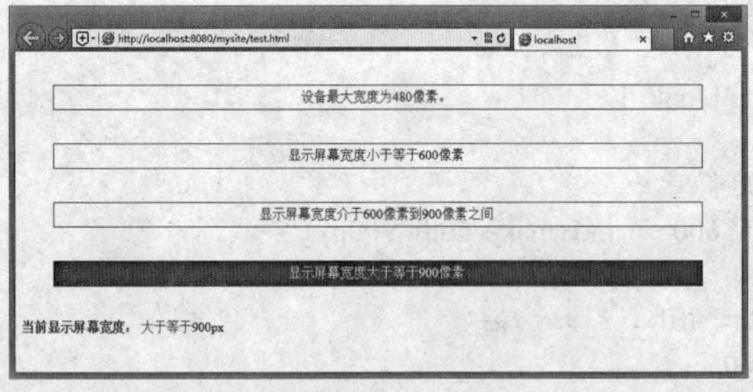

（c）显示屏幕宽度大于等于 900px

图 9.2　使用 @media 规则

9.3.2　设计响应式版式

本节示例在页面中设计了如下 3 个栏目。

☑　<div id="main">：主要内容栏目。

☑　<div id="sub">：次要内容栏目。

Note

☑　<div id="sidebar">：侧边栏栏目。

页面结构代码如下。

```
<div id="container">
    <div id="wrapper">
        <div id="main">
            <h1> 水调歌头·明月几时有 </h1>
            <h2> 苏轼 </h2>
            <p>……</p>
        </div>
        <div id="sub">
            <h2> 宋词精选 </h2>
            <ul>
                <li>……</li>
            </ul>
        </div>
    </div>
    <div id="sidebar">
        <h2> 词人列表 </h2>
        <ul>
            <li>……</li>
        </ul>
    </div>
</div>
```

设计页面能够自适应屏幕宽度，呈现不同的版式布局。当显示屏幕宽度在 999 像素以上时，让三个栏目并列显示；当显示屏幕宽度在 639 像素以上、1000 像素以下时，设计两栏目显示；当显示屏幕宽度在 640 像素以下时，让 3 个栏目堆叠显示。

```
<style type="text/css">
/* 默认样式 */
/* 网页宽度固定，并居中显示 */
#container { width: 960px; margin: auto; }
/* 主体宽度 */
#wrapper {width: 740px; float: left; }
/* 设计 3 栏并列显示 */
#main {width: 520px; float: right; }
#sub { width: 200px; float: left; }
#sidebar { width: 200px; float: right; }
/* 窗口宽度在 999 像素以上 */
@media screen and (min-width: 1000px) {
    /* 3 栏显示 */
    #container { width: 1000px; }
    #wrapper { width: 780px; float: left; }
    #main {width: 560px; float: right; }
    #sub { width: 200px; float: left; }
    #sidebar { width: 200px; float: right; }
}
/* 窗口宽度在 639 像素以上、1000 像素以下 */
@media screen and (min-width: 640px) and (max-width: 999px) {
```

Note

```
        /* 两栏显示 */
        #container { width: 640px; }
        #wrapper { width: 640px; float: none; }
        .height { line-height: 300px; }
        #main { width: 420px; float: right; }
        #sub {width: 200px; float: left; }
        #sidebar {width: 100%; float: none; }
}
/* 窗口宽度在 640 像素以下 */
@media screen and (max-width: 639px) {
        /* 堆叠显示    */
        #container { width: 100%; }
        #wrapper { width: 100%; float: none; }
        #main {width: 100%; float: none; }
        #sub { width: 100%; float: none; }
        #sidebar { width: 100%; float: none; }
}
</style>
```

当显示屏幕宽度在 999 像素以上时，3 栏并列显示，预览效果如图 9.3 所示。

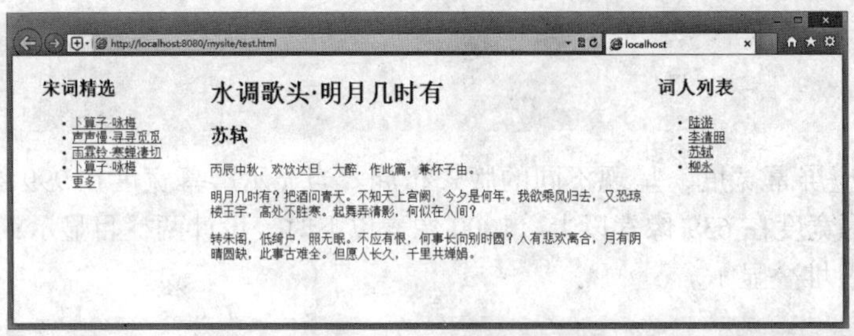

图 9.3　显示屏幕宽度在 999 像素以上时的页面显示效果

当显示屏幕宽度在 639 像素以上、1000 像素以下时，两栏显示，预览效果如图 9.4 所示；当显示屏幕宽度在 640 像素以下时，3 个栏目从上往下堆叠显示，预览效果如图 9.5 所示。

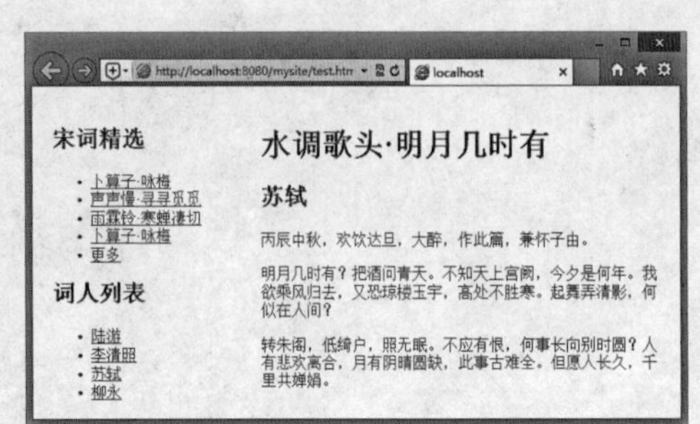

图 9.4　宽度在 639 像素以上、1000 像素以下时的效果

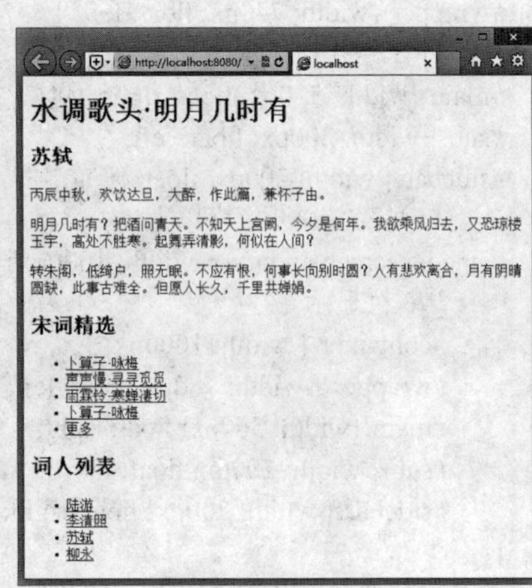

图 9.5　宽度在 640 像素以下时的效果

9.3.3　设计响应式菜单

本节示例设计一个响应式菜单，能够根据设备显示不同的伸缩盒布局效果。在小屏（小于 601 像素）设备上，从上到下显示；在默认（大于 799 像素）状态下，从左到右显示，右对齐盒子；当设备介于 600~800 像素时，设计导航项目分散对齐显示，预览效果如图 9.6 所示。

（a）小于 601 像素屏幕

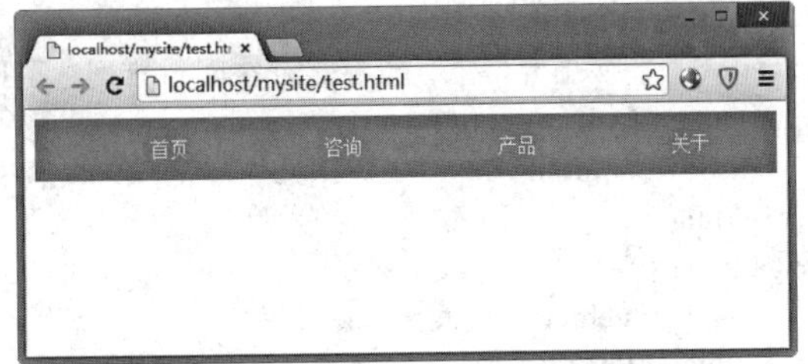

（b）介于 600~800 像素的设备

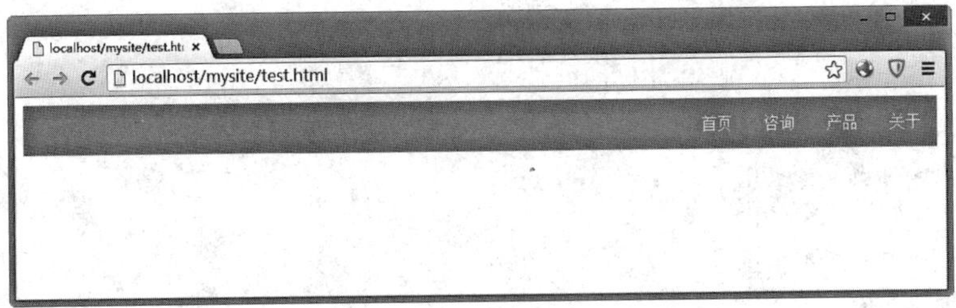

（c）大于 799 像素屏幕

图 9.6　定义伸缩项目居中显示

本示例主要代码如下。

```
<style type="text/css">
/* 默认伸缩布局 */
.navigation {
    list-style: none;
    margin: 0;
    background: deepskyblue;
    /* 启动伸缩盒布局 */
    display: -webkit-box;
    display: -moz-box;
    display: -ms-flexbox;
    display: -webkit-flex;
    display: flex;
    -webkit-flex-flow: row wrap;
    /* 所有列面向主轴终点位置靠齐 */
    justify-content: flex-end;
}
/* 设计导航条内超链接默认样式 */
.navigation a { text-decoration: none; display: block; padding: 1em; color: white; }
/* 设计导航条内超链接在鼠标经过时的样式 */
```

Note

```
.navigation a: hover { background: blue; }
/* 在介于 600~800 像素设备下伸缩布局 */
@media all and (max-width: 800px) {
    /* 当在中等屏幕中，导航项目居中显示，并且剩余空间平均分布在列表之间 */
    .navigation { justify-content: space-around; }
    }
/* 在小于 601 像素设备下伸缩布局 */
@media all and (max-width: 600px) {
    .navigation { /* 在小屏幕下，没有足够空间行排列，可以换成列排列 */
        -webkit-flex-flow: column wrap;
        flex-flow: column wrap;
        padding: 0; }
    .navigation a {
        text-align: center;
        padding: 10px;
        border-top: 1px solid rgba(255, 255, 255, 0.3);
        border-bottom: 1px solid rgba(0, 0, 0, 0.1); }
    .navigation li: last-of-type a { border-bottom: none; }
}
</style>
<ul class="navigation">
    <li><a href="#"> 首页 </a></li>
    <li><a href="#"> 咨询 </a></li>
    <li><a href="#"> 产品 </a></li>
    <li><a href="#"> 关于 </a></li>
</ul>
```

9.3.4 设计自动隐藏布局

本节示例设计一个响应式页面布局效果，并能根据显示屏幕宽度变化自动隐藏或调整版式显示。

第 1 步，新建 HTML5 文档，在头部 head 元素内定义视口信息。使用 meta 元素设置视口缩放比例为 1，让浏览器使用设备的宽度作为视图的宽度，并禁止初始缩放。

```
<!DOCTYPE html>
<html>
<head>
<meta charset="utf-8">
<meta name="viewport" content="width=device-width, initial-scale=1.0">
</head>
```

第 2 步，IE8 或者更早的浏览器并不支持媒体查询。可以使用 media-queries.js 或者 respond.js 插件进行兼容。

```
<!--[if lt IE 9]>
<script src="http: //css3-mediaqueries-js.googlecode.com/svn/trunk/css3-mediaqueries.js"></script>
<![endif]-->
```

第 3 步，设计页面 HTML 结构。整个页面基本布局包括头部、内容、侧边栏和页脚。内容容器宽度是 600 像素，而侧边栏宽度是 300 像素，如图 9.7 所示。

```
<div id="pagewrap">
    <div id="header">
        <h1> 唐诗赏析 </h1>
    </div>
    <div id="content">
        <h1> 水调歌头 · 明月几时有 </h1>
        <h2> 苏轼 </h2>
        <p>……</p>
    </div>
    <div id="sidebar">
        <h2> 宋词精选 </h2>
        <ul>
            <li>……</li>
        </ul>
    </div>
    <div id="footer">
        <h2> 词人列表 </h2>
        <ul>
            <li>……</li>
        </ul>
    </div>
</div>
```

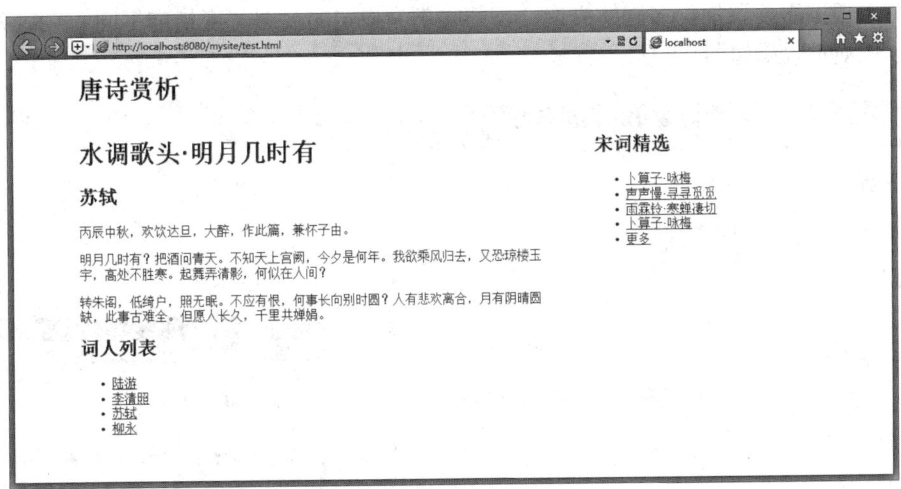

图 9.7　设计页面结构

第 4 步，使用 CSS3 媒体查询设计当视图宽度为小于等于 980 像素时，如下规则将会生效。基本上，会将所有的容器宽度从像素值设置为百分比以使得容器大小自适应。

```
/* 当窗口视图小于等于 980 像素时响应下面的样式 */
@media screen and (max-width: 980px) {
    #pagewrap { width: 94%; }
    #content { width: 65%; }
    #sidebar { width: 30%; }
}
```

Note

第 5 步，为小于等于 700 像素的视图指定 <div id="content"> 和 <div id="sidebar"> 的宽度为自适应，并且清除浮动，使得这些容器按全宽度显示。

```
/* 当窗口视图小于等于 700 像素时响应下面的样式 */
@media screen and (max-width: 700px) {
    #content {
        width: auto;
        float: none;
    }
    #sidebar {
        width: auto;
        float: none;
    }
}
```

第 6 步，对于小于等于 480 像素（手机屏幕）的情况，将 h1 和 h2 的字体大小修改为 16 像素，并隐藏侧边栏 <div id="sidebar">。

```
/* 当窗口视图小于等于 480 像素时响应下面的样式 */
@media screen and (max-width: 480px) {
    h1, h2 { font-size: 16px; }
    #sidebar { display: none; }
}
```

第 7 步，可以根据需要添加更多媒体查询，目的在于为指定的视图宽度指定不同的 CSS 规则，来实现不同的布局，示例演示效果如图 9.8 所示。

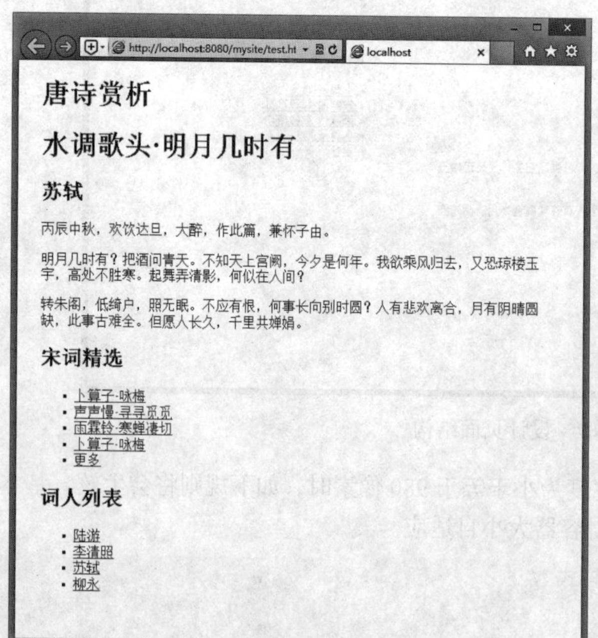

（a）平板屏幕下的效果

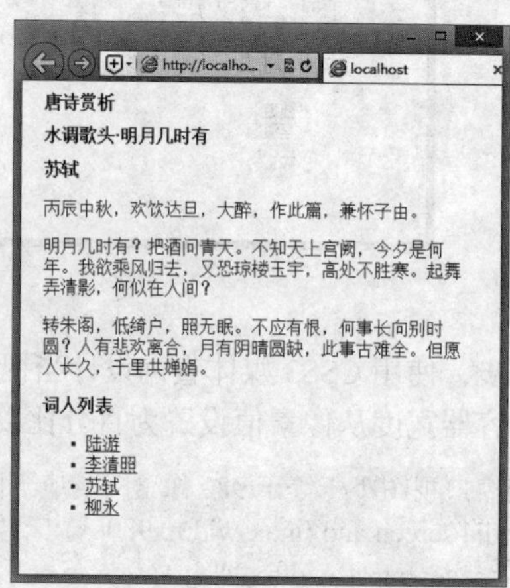

（b）手机屏幕下的效果

图 9.8　设计不同宽度下的视图效果

9.3.5　设计自适应手机页面

本节示例设计页面宽度为 980 像素，对于桌面屏幕来说，该宽度适用于任何宽于 1024 像素的分辨率。通过媒体查询监测宽度小于 980 像素的设备，并将页面宽度由固定方式改为液态版式，布局元素的宽度随着浏览器窗口的尺寸变化进行调整。当可视部分的宽度进一步减小到 650 像素以下时，主要内容部分的容器宽度会增大至全屏，而侧边栏将被置于主内容部分的下方，整个页面变为单列布局，演示效果如图 9.9 所示。

图 9.9　在不同宽度下的视图效果

第 1 步，新建 HTML5 文档，构建文档结构，包括页头、主要内容部分、侧边栏和页脚。

```
<div id="pagewrap">
    <header id="header">
        <hgroup>
            <h1 id="site-logo"> 网站 LOGO</h1>
            <h2 id="site-description"> 网站描述信息 </h2>
        </hgroup>
        <nav>
            <ul id="main-nav">
                <li><a href="#"> 导航链接，可以扩展 </a></li>
            </ul>
        </nav>
        <form id="searchform">
            <input type="search">
        </form>
    </header>
    <div id="content">
        <article class="post"> 主体内容区域 </article>
    </div>
    <aside id="sidebar">
        <section class="widget"> 侧栏栏目 </section>
    </aside>
    <footer id="footer"> 页脚区域 </footer>
</div>
```

Note

第 2 步，IE9 之前的浏览器不支持 HTML5 元素，可使用 html5.js 来帮助这些旧版本的 IE 浏览器创建 HTML5 元素节点。

```
<!--[if lt IE 9]>
<script src="http: //html5shim.googlecode.com/svn/trunk/html5.js"></script>
<![endif]-->
```

第 3 步，设计 HTML5 块级元素样式，将这些新元素声明为块级样式。

```
article, aside, details, figcaption, figure, footer, header, hgroup, menu, nav, section {display: block; }
```

第 4 步，设计主要结构的 CSS 样式。这里将注意力集中在整体布局上。整体设计在默认情况下页面容器的固定宽度为 980 像素，页头部分（header）的固定高度为 160 像素，主要内容部分（content）的宽度为 600 像素，左浮动。侧边栏（sidebar）右浮动，宽度为 280 像素。

```
<style type="text/css">
#pagewrap {
    width: 980px;
    margin: 0 auto;
}
#header { height: 160px; }
#content {
    width: 600px;
    float: left;
}
#sidebar {
    width: 280px;
    float: right;
}
#footer { clear: both; }
</style>
```

第 5 步，调用 css3-mediaqueries.js 文件，解决 IE8 及其以前版本支持 CSS3 媒体查询的问题。

```
<!--[if lt IE 9]>
<script src="http: //css3-mediaqueries-js.googlecode.com/svn/trunk/css3-mediaqueries.js"></script>
<![endif]-->
```

第 6 步，创建 CSS 样式表，并在页面中调用。

```
<link href="media-queries.css" rel="stylesheet" type="text/css">
```

第 7 步，借助媒体查询设计自适应布局。

当浏览器可视部分宽度大于 650 像素，小于 981 像素时，将 pagewrap 的宽度设置为 95%，将 content 的宽度设置为 60%，将 sidebar 的宽度设置为 30%。

```
@media screen and (max-width: 980px) {
    #pagewrap { width: 95%; }
    #content {
        width: 60%;
        padding: 3% 4%;
    }
```

```
    #sidebar { width: 30%; }
    #sidebar .widget {
        padding: 8% 7%;
        margin-bottom: 10px;
    }
}
```

第 8 步，当浏览器可视部分宽度小于 651 像素时，将 header 的高度设置为 auto；将 searchform 绝对定位在 top：5px 的位置；将 main-nav、site-logo、site-description 的定位设置为 static；将 content 的宽度设置为 auto（主要内容部分的宽度将扩展至满屏），并取消 float 设置；将 sidebar 的宽度设置为 100%，并取消 float 设置。

```
@media screen and (max-width: 650px) {
    #header { height: auto; }
    #searchform {
        position: absolute;
        top: 5px;
        right: 0;
    }
    #main-nav { position: static; }
    #site-logo {
        margin: 15px 100px 5px 0;
        position: static;
    }
    #site-description {
        margin: 0 0 15px;
        position: static;
    }
    #content {
        width: auto; margin: 20px 0;
        float: none;
    }
    #sidebar {
        width: 100%; margin: 0;
        float: none;
    }
}
```

第 9 步，当浏览器可视部分宽度小于 481 像素时，480 像素也就是传统手机横屏时的宽度。当可视部分的宽度小于 481 像素时，禁用 HTML 节点的字号自动调整。默认情况下，手机会将过小的字号放大，这里可以通过 -webkit-text-size-adjust 属性进行调整，将 main-nav 中的字号设置为 90%。

```
@media screen and (max-width: 480px) {
    html {-webkit-text-size-adjust: none; }
    #main-nav a {
        font-size: 90%;
        padding: 10px 8px;
    }
}
```

Note

第 10 步，设计弹性图片。为图片设置 max-width：100% 和 height：auto，设计图像弹性显示。

```
img {
    max-width: 100%; height: auto;
    width: auto\9; /* 兼容 IE8 */
}
```

第 11 步，设计弹性视频。对于视频也需要进行 max-width：100% 的设置，但是 Safari 对 embed 的该属性支持不是很好，所以使用以 width：100% 来代替。

```
.video embed, .video object, .video iframe {
    width: 100%; min-height: 300px;
    height: auto;
}
```

第 12 步，在默认情况下，手机端 Safari 浏览器会对页面进行自动缩放，以适应屏幕尺寸。这里可以使用以下的 meta 设置，将设备的默认宽度作为页面在 Safari 的可视部分宽度，并禁止初始化缩放。

```
<meta name="viewport" content="width=device-width; initial-scale=1.0">
```

在线练习

9.4　在线练习

本节将通过大量的上机练习，学习使用 CSS3 媒体查询设计自适应网页版式，培养初学者网页设计的能力。

第10章

设计弹性布局

（视频讲解：32分钟）

20世纪90年代末，网站的宽度大都以百分比形式定义。百分比布局使得网页宽度能够随着查看它们的屏幕窗口大小而变化，因而得名弹性布局。在大约2005年到2010年之间，出现了一股固定宽度设计的风潮。现在，由于响应式移动设计的流行，弹性布局重新被重视。媒体查询虽然可以让我们根据视口大小分别切换不同的样式，但在这些“断点”之间必须要平滑过渡才行，而使用弹性布局就可以轻松解决这个问题。

2015年，CSS推出了一个新的布局模块叫“伸缩盒”(Flexbox)，已经有很多浏览器都支持，可以在日常开发中使用了。除了用于实现弹性布局，Flexbox还可以用来居中内容，改变源码顺序，创建令人惊艳的页面布局。本章将详细介绍各种弹性布局技术和具体应用。

【学习重点】

- 设计多列布局。
- 设计旧版伸缩盒布局。
- 设计新版伸缩盒布局。

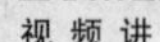

视频讲解

10.1 多列布局

权威参考

Note

CSS3 新增 columns 属性，用来设计多列布局，它允许网页内容跨栏显示，适合设计正文版式。

10.1.1 设置列宽

column-width 属性可以定义单列显示的宽度，基本语法如下。

```
column-width: <length> | auto
```

取值简单说明如下。

☑ <length>：用长度值来定义列宽，不允许负值。

☑ auto：根据 <'column-count'> 自定分配宽度，为默认值。

【示例】下面的示例演示了 column-width 属性在多列布局中的应用。设计 body 元素的列宽度为 300 像素，如果网页内容能够在单列内显示，则会以单列显示；如果窗口足够宽，且内容很多，则会在多列中进行显示，演示效果如图 10.1 所示，根据窗口宽度自动调整为两栏显示，列宽度显示为 300 像素。

```
<style type="text/css">
/* 定义网页列宽为 300 像素，则网页中每个栏目的最大宽度为 300 像素 */
body {column-width: 300px; }
h1 {color: #333333; padding: 5px 8px; font-size: 20px; text-align: center; padding: 12px; }
h2 {font-size: 16px; text-align: center; }
p {color: #333333; font-size: 14px; line-height: 180%; text-indent: 2em; }
</style>
<h1>W3C 标准 </h1>
<p>W3C 的各类技术标准在努力为各类应用的开发打造一个 <strong> 开放的 Web 平台 (Open Web Platform)</
    strong>。尽管这个开放 Web 平台的边界在不断延伸，产业界认为 HTML5 将是这个平台的核心，平台的能力
    将依赖于 W3C 及其合作伙伴正在创建的一系列 Web 技术，包括 CSS，SVG，WOFF，语义 Web，及 XML 和
    各类应用编程接口 (APIs)。</p>
<p> 截至 2014 年 3 月，W3C 共设立 5 个技术领域，开展 23 个标准计划。W3C 设有 46 个工作组 (Working
    Group)、14 个兴趣小组 (Interest Group)、3 个协调组 (Coordination Group)、169 个社区组 (Community Group),
    以及 3 个业务组 (Business Group)。</p>
<p> 目前，W3C 正在探讨技术专家及个人参与 W3C 标准制定过程的 Webizen 计划，敬请期待。</p>
<p>W3C 于 2014 年 11 月发布了题为 &ldquo; W3C 工作重点 (2014 年 11 月 )" 的报告，这是最新的一份对 W3C
    近期开展的工作要点进行了综述的文章，阐述了近期的工作重点和优先级。</p>
```

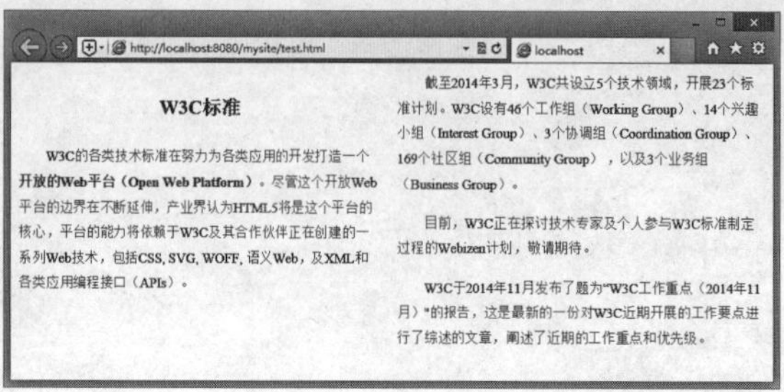

图 10.1 固定列表宽度显示

10.1.2 设置列数

column-count 属性可以定义显示的列数，基本语法如下。

```
column-count: <integer> | auto
```

取值简单说明如下。

☑ <integer>：用整数值来定义列数。不允许负值。

☑ auto：根据 <'column-width'> 自定分配宽度，为默认值。

【示例】在上面的示例基础上，如果定义网页列数为 3，则不管浏览器窗口怎么调整，页面内容总是遵循 3 列布局，演示效果如图 10.2 所示。

```
/* 定义网页列数为 3, 这样整个页面总是显示为 3 列 */
body { column-count: 3; }
```

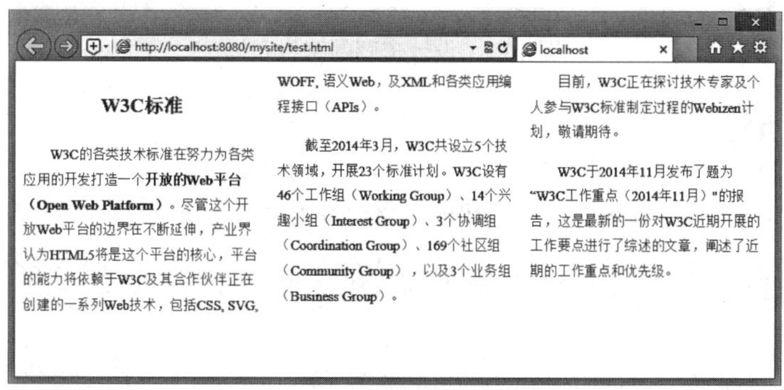

图 10.2　设计 3 列显示

10.1.3 设置间距

column-gap 属性可以定义两栏之间的间距，基本语法如下。

```
column-gap: <length> | normal
```

取值简单说明如下。

☑ <length>：用长度值来定义列与列之间的间隙。不允许负值。

☑ normal：与 <'font-size'> 大小相同。假设该对象的 font-size 为 16px，则 normal 值为 16px，依此类推。

【示例】在上面的示例基础上，通过 column-gap 和 line-height 属性配合使用，把文档版面设计得疏朗大方，以方便阅读。其中列间距为 3em，行高为 2.5em，页面内文字内容看起来更明晰，也轻松许多，演示效果如图 10.3 所示。

```
body {
    /* 定义页面内容显示为 3 列 */
    column-count: 3;
    /* 定义列间距为 3em, 默认为 1em*/
```

```
    column-gap: 3em;
    line-height: 2.5em; /* 定义页面文本行高 */
}
```

Note

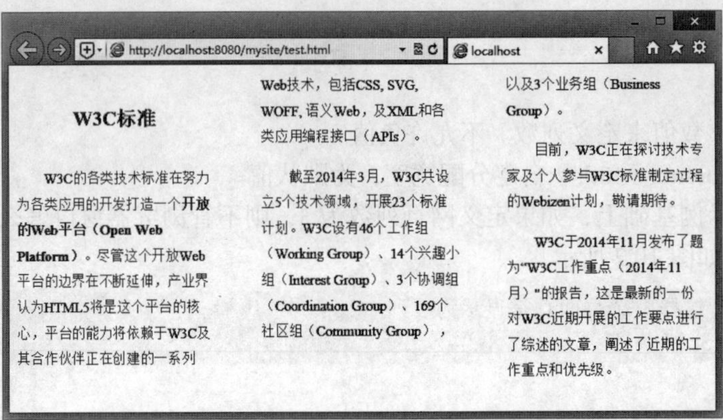

图 10.3　设计疏朗的跨栏布局

10.1.4　设置列边框

column-rule 属性可以定义每列之间边框的宽度、样式和颜色。基本语法如下。

```
column-rule: <' column-rule-width '> || <' column-rule-style '> || <' column-rule-color '>
```

取值简单说明如下。

```
<' column-rule-width '>: 设置对象的列与列之间的边框厚度。
<' column-rule-style '>: 设置对象的列与列之间的边框样式。
<' column-rule-color '>: 设置对象的列与列之间的边框颜色。
```

column-rule-style 属性的语法如下，取值与边框样式 border-style 相同。

```
column-rule-style: none | hidden | dotted | dashed | solid | double | groove | ridge | inset | outset
```

column-rule-width 与 border-width, column-rule-color 与 border-color 设置相同。

【示例】在上面的示例基础上，为每列之间的边框定义一个虚线分割线，线宽为 2 像素，灰色显示，演示效果如图 10.4 所示。

```
body {
    /* 定义页面内容显示为 3 列 */
    column-count: 3;
    /* 定义列间距为 3em, 默认为 1em*/
    column-gap: 3em;
    line-height: 2.5em;
    /* 定义列边框为 2 像素宽的灰色虚线 */
    column-rule: dashed 2px gray;
}
```

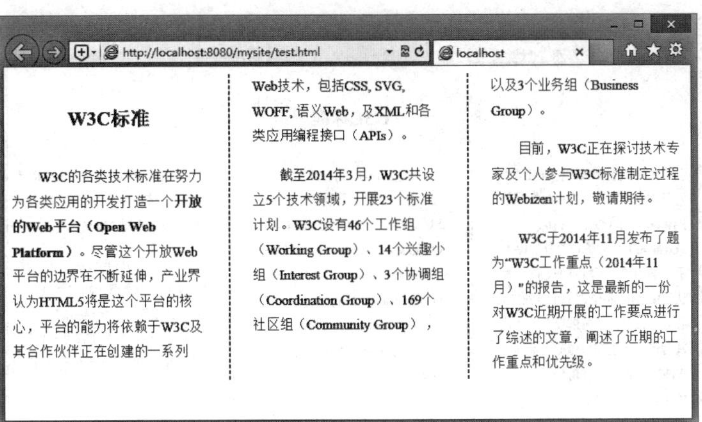

图 10.4　设计列边框效果

10.1.5　设置跨列显示

column-span 属性可以定义跨列显示，基本语法如下。

```
column-span: none | all
```

取值简单说明如下。

☑　none：不跨列。

☑　all：横跨所有列。

【示例】在上面的示例基础上，使用 column-span 属性定义一级标题跨列显示，演示效果如图 10.5 所示。

```
body {
    /* 定义页面内容显示为 3 列 */
    column-count: 3;
    /* 定义列间距为 3em，默认为 1em*/
    column-gap: 3em;
    line-height: 2.5em;
    /* 定义列边框为 2 像素宽的灰色虚线 */
    column-rule: dashed 2px gray;
}
/* 设置一级标题跨越所有列显示 */
h1 {
    color: #333333; font-size: 20px; text-align: center;
    padding: 12px;
    /* 跨越所有列显示 */
    column-span: all;
}
p {color: #333333; font-size: 14px; line-height: 180%; text-indent: 2em; }
```

Note

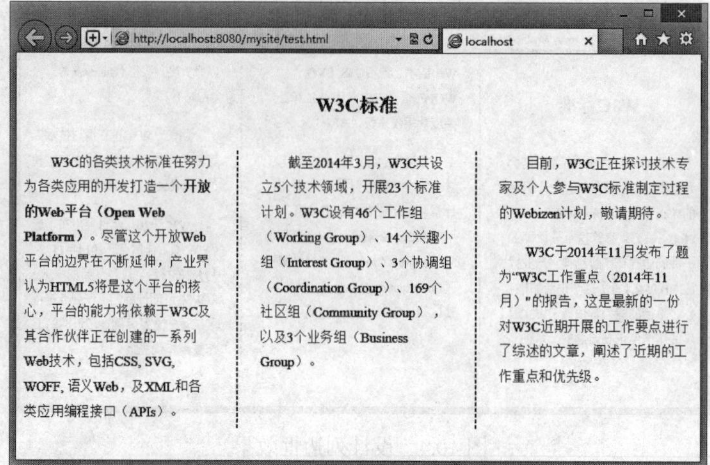

图 10.5　设计标题跨列显示效果

10.1.6　设置列高度

column-fill 属性可以定义栏目的高度是否统一，基本语法如下。

```
column-fill: auto | balance
```

取值简单说明如下。

☑　auto：列高度自适应内容。

☑　balance：所有列的高度以其中最高的一列统一。

【示例】在上面的示例基础上，使用 column-fill 属性定义每列高度一致。

```
body {
    /* 定义页面内容显示为 3 列 */
    column-count: 3;
    /* 定义列间距为 3em，默认为 1em*/
    column-gap: 3em;
    line-height: 2.5em;
    /* 定义列边框为 2 像素宽的灰色虚线 */
    column-rule: dashed 2px gray;
    /* 设置各列高度一致 */
    column-fill: balance;
}
```

视频讲解

10.2　旧版伸缩盒

权威参考

2009 年，W3C 提出一种崭新的布局模型——伸缩盒（Flexbox）布局，它可以简便、完整、响应式地实现各种页面布局，自由设置多个栏目在一个容器中的分布方式，以及如何处理容器内可用的空间。使用

该模型可以轻松创建自适应窗口的流动布局，或者自适应字体大小的弹性布局。

W3C 的伸缩盒布局分为旧版本、新版本，以及混合过渡版本 3 种不同的编码方式。其中混合过渡版本主要是针对 IE10 做了兼容。本节将重点介绍老版本伸缩盒模型的基本用法，下一节再讲解新版本伸缩盒布局的基本用法。

Flexbox 有 4 个关键特性：方向、对齐、次序和弹性。下面我们结合具体属性进行说明。

10.2.1　启动伸缩盒

在旧版本中启动伸缩盒模型，只需设置容器的 display 的属性值为 box（或 inline-box），用法如下。

```
display: box;
display: inline-box;
```

伸缩盒模型由以下两部分构成。

☑　父容器：通过 display：box；或者 display：inline-box；启动伸缩盒布局功能。

☑　子容器：通过 box-flex 属性定义布局宽度，定义如何对父容器的宽度进行分配。

父容器又通过如下属性定义包含容器的显示属性，简单说明如下。

☑　box-orient：定义父容器里子容器的排列方式，是水平还是垂直。

☑　box-direction：定义父容器里的子容器排列顺序。

☑　box-align：定义子容器的垂直对齐方式。

☑　box-pack：定义子容器的水平对齐方式。

注意：使用旧版本伸缩盒模型，需要用到各浏览器的私有属性，Webkit 引擎支持 -webkit- 前缀的私有属性，Mozilla Gecko 引擎支持 -moz- 前缀的私有属性，Presto 引擎（包括 Opera 浏览器等）支持标准属性，IE 暂不支持旧版本伸缩盒模型。

10.2.2　设置宽度

在默认情况下，盒子没有弹性，它将尽可能宽地使其内容可见，且没有溢出，其大小由 width、height、min-height、min-width、max-width 或者 max-height 属性值来决定。

使用 box-flex 属性可以把默认布局变为盒布局。如果 box-flex 的属性值为 1，则元素变得富有弹性，其大小将按下面的方式计算。

☑　声明的大小（width、height、min-width、min-height、max-width、max-height）。

☑　父容器的大小和所有余下的可利用的内部空间。

如果盒子没有声明大小，那么其大小将完全取决于父容器的大小，即盒子的大小等于父容器的大小乘以其 box-flex 在所有盒子 box-flex 总和中的百分比，用以下公式表示。

```
盒子的大小 = 父容器的大小 * 盒子的 box-flex / 所有盒子的 box-flex 值的和
```

余下的盒子将按照上面的原则分享剩下的可用空间。

【示例】 下面的示例定义左侧边栏的宽度为 240 像素，右侧边栏的宽度为 200 像素，中间内容版块的宽度将由 box-flex 属性确定。详细代码如下，演示效果如图 10.6 所示，当调整窗口宽度时，中间列的宽度会自适应显示，使整个页面总是满窗口显示。

Note

```
<style type="text/css">
#container {
      /* 定义伸缩盒布局样式 */
      display: -moz-box;
      display: -webkit-box;
      display: box;
}
#left-sidebar {
      width: 240px;
      padding: 20px;
      background-color: orange;
}
#contents {
      /* 定义中间列宽度为自适应显示 */
      -moz-box-flex: 1;
      -webkit-box-flex: 1;
      flex: 1;
      padding: 20px;
      background-color: yellow;
}
#right-sidebar {
      width: 200px;
      padding: 20px;
      background-color: limegreen;
}
#left-sidebar, #contents, #right-sidebar {
      /* 定义盒样式 */
      -moz-box-sizing: border-box;
      -webkit-box-sizing: border-box;
      box-sizing: border-box;
}
</style>
<div id="container">
      <div id="left-sidebar">
            <h2> 宋词精选 </h2>
            <ul>
                  <li><a href=""> 卜算子・咏梅 </a></li>
                  <li><a href=""> 声声慢・寻寻觅觅 </a></li>
                  <li><a href=""> 雨霖铃・寒蝉凄切 </a></li>
                  <li><a href=""> 卜算子・咏梅 </a></li>
                  <li><a href=""> 更多 </a></li>
            </ul>
      </div>
      <div id="contents">
            <h1> 水调歌头・明月几时有 </h1>
            <h2> 苏轼 </h2>
            <p> 丙辰中秋，欢饮达旦，大醉，作此篇，兼怀子由。</p>
            <p> 明月几时有？把酒问青天。不知天上宫阙，今夕是何年。我欲乘风归去，又恐琼楼玉宇，高处不胜
                寒。起舞弄清影，何似在人间？ </p>
```

```
        <p> 转朱阁，低绮户，照无眠。不应有恨，何事长向别时圆？人有悲欢离合，月有阴晴圆缺，此事古难
            全。但愿人长久，千里共婵娟。</p>
    </div>
    <div id="right-sidebar">
        <h2> 词人列表 </h2>
        <ul>
            <li><a href=""> 陆游 </a></li>
            <li><a href=""> 李清照 </a></li>
            <li><a href=""> 苏轼 </a></li>
            <li><a href=""> 柳永 </a></li>
        </ul>
    </div>
</div>
```

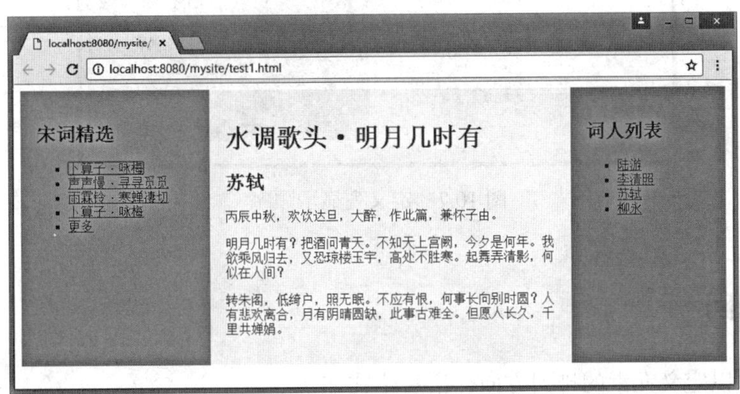

图 10.6　定义自适应宽度

10.2.3　设置顺序

使用 box-ordinal-group 属性可以改变子元素的显示顺序。语法格式如下。

```
box-ordinal-group: <integer>
```

<integer> 用整数值来定义伸缩盒对象的子元素显示顺序，默认值为 1。浏览器在显示时，将根据该值从小到大来显示这些元素。

【示例】 以上节的示例为基础，在左栏、中栏、右栏中分别加入一个 box-ordinal-group 属性，并指定显示的序号，这里将中栏设置为 1，右栏设置为 2，左栏设置为 3，则可以发现 3 栏显示顺序发生了变化，演示效果如图 10.7 所示。

```
#left-sidebar {
    -moz-box-ordinal-group: 3;
    -webkit-box-ordinal-group: 3;
    box-ordinal-group: 3;
}
#contents {
    -moz-box-ordinal-group: 1;
```

Note

```
    -webkit-box-ordinal-group: 1;
    box-ordinal-group: 1;
}
#right-sidebar {
    -moz-box-ordinal-group: 2;
    -webkit-box-ordinal-group: 2;
    box-ordinal-group: 2;
}
```

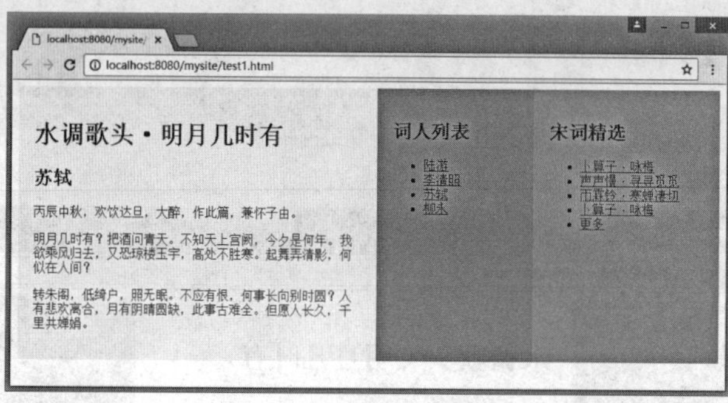

图 10.7　定义列显示顺序

10.2.4　设置方向

使用 box-orient 可以定义元素的排列方向，语法格式如下。

```
box-orient: horizontal | vertical | inline-axis | block-axis
```

取值简单说明如下。

☑　horizontal：设置伸缩盒对象的子元素从左到右水平排列。

☑　vertical：设置伸缩盒对象的子元素从上到下纵向排列。

☑　inline-axis：设置伸缩盒对象的子元素沿行轴排列。

☑　block-axis：设置伸缩盒对象的子元素沿块轴排列。

【示例】针对上面的示例，在 <div id="container"> 标签样式中加入 box-orient 属性，并设定属性值为 vertical，即定义内容以垂直方向排列，则代表左侧边栏，中间内容，右侧边栏的 3 个 div 元素的排列方向将从水平方向改变为垂直方向，演示效果如图 10.8 所示。

```
#container {
    /* 定义伸缩盒布局样式 */
    display: -moz-box;
    display: -webkit-box;
    display: box;
    /* 定义从上到下排列显示 */
    -moz-box-orient: vertical;
    -webkit-box-orient: vertical;
    box-orient: vertical;
}
```

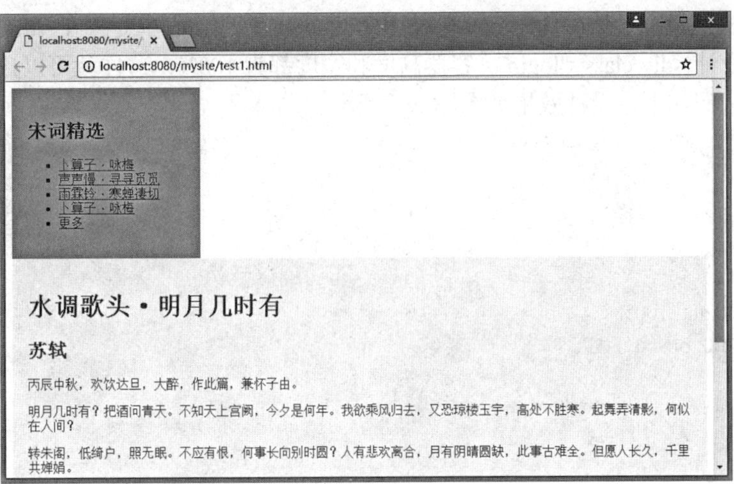

图 10.8　定义列显示方向

使用 box-direction 属性可以让各个子元素反向排序，语法格式如下。

```
box-direction: normal | reverse
```

取值简单说明如下。

☑ normal：设置伸缩盒对象的子元素按正常顺序排列。

☑ reverse：反转伸缩盒对象的子元素的排列顺序。

10.2.5　设置对齐方式

使用 box-pack 可以设置子元素水平方向对齐方式，语法格式如下。

```
box-pack: start | center | end | justify
```

取值简单说明如下。

☑ start：设置伸缩盒对象的子元素从开始位置对齐，为默认值。

☑ center：设置伸缩盒对象的子元素居中对齐。

☑ end：设置伸缩盒对象的子元素从结束位置对齐。

☑ justify：设置或伸缩盒对象的子元素两端对齐。

使用 box-align 可以设置子元素垂直方向的对齐方式，语法格式如下。

```
box-align: start | end | center | baseline | stretch
```

取值简单说明如下。

☑ start：设置伸缩盒对象的子元素从开始位置对齐。

☑ center：设置伸缩盒对象的子元素居中对齐。

☑ end：设置伸缩盒对象的子元素从结束位置对齐。

☑ baseline：设置伸缩盒对象的子元素基线对齐。

☑ stretch：设置伸缩盒对象的子元素自适应父元素尺寸。

【示例】在下面的示例中有一个 <div class="login"> 容器，其中包含一个登录表单对象，为了方便练习，

本例使用一个 <img> 标签模拟，然后使用 box-pack 和 box-align 属性让表单对象在 <div class="login"> 容器的正中央显示。同时，设计 <div class="login"> 容器高度和宽度都为 100%，这样就可以让表单对象在窗口中央位置显示，具体实现代码如下，设计效果如图 10.9 所示。

Note

```
<style type="text/css">
/* 清除页边距 */
body { margin: 0; padding: 0; }
div { position: absolute; }
.bg {/* 设计遮罩层 */
    width: 100%; height: 100%;
    background: #000; opacity: 0.7;
}
.login {
    /* 满屏显示 */
    width: 100%; height: 100%;
    /* 定义伸缩盒布局样式 */
    display: -moz-box;
    display: -webkit-box;
    display: box;
    /* 垂直居中显示 */
    -moz-box-align: center;
    -webkit-box-align: center;
    box-align: center;
    /* 水平居中显示 */
    -moz-box-pack: center;
    -webkit-box-pack: center;
    box-pack: center;
}
</style>
<div class="web"><img src="images/bg.png" /></div>
<div class="bg"></div>
<div class="login"><img src="images/login.png" /></div>
```

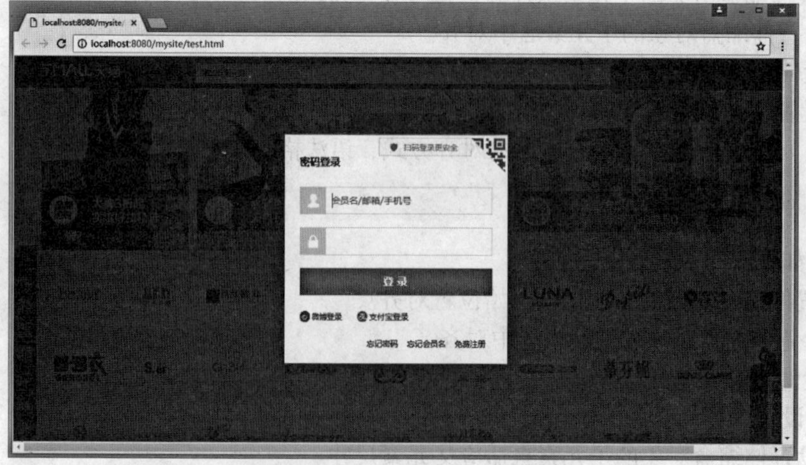

图 10.9　设计登录表单在中央显示

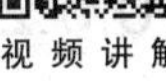

10.3　新版伸缩盒

伸缩盒模型优化了 UI 布局，可以简单地使一个元素居中（包括水平和垂直居中），可以扩大或收缩元素来填充容器，可以改变布局顺序等。本节将重点介绍新版本伸缩盒模型的基本用法。

10.3.1　认识 Flexbox 系统

Flexbox 系统由伸缩容器和伸缩项目组成。

在伸缩容器中，每一个子元素都是一个伸缩项目，伸缩项目可以是任意数量的，伸缩容器外和伸缩项目内的一切元素都不受影响。

伸缩项目沿着伸缩容器内的一个伸缩行定位，通常每个伸缩容器只有一个伸缩行。在默认情况下，伸缩行和文本方向一致：从左至右，从上到下。

常规布局是基于块和文本流方向，而 flex 布局是基于 flex-flow 的。如图 10.10 所示是 W3C 规范对 flex 布局的解释。

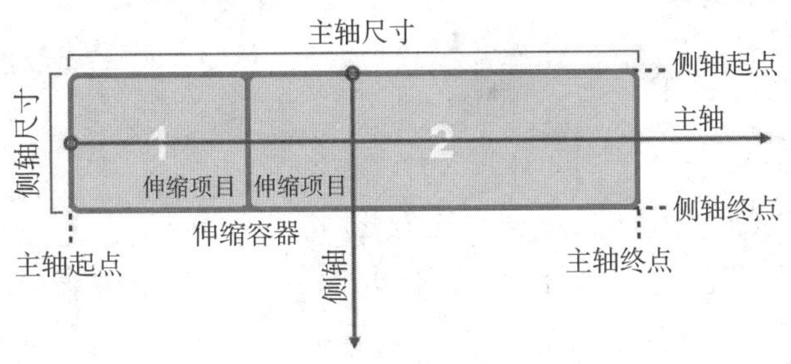

图 10.10　flex 布局模式

伸缩项目是沿着主轴（main axis），从主轴起点（main-start）到主轴终点（main-end），或者沿着侧轴（cross axis），从侧轴起点（cross-start）到侧轴终点（cross-end）排列。

- ☑ 主轴（main axis）：伸缩容器的主轴，伸缩项目主要沿着这条轴进行排列布局。注意，它不一定是水平的，这主要取决于 justify-content 属性设置。
- ☑ 主轴起点（main-start）和主轴终点（main-end）：伸缩项目放置在伸缩容器内从主轴起点（main-start）向主轴终点（main-start）的方向。
- ☑ 主轴尺寸（main size）：伸缩项目在主轴方向的宽度或高度就是主轴的尺寸。伸缩项目主要的大小属性是 width 或 height 属性，由哪一个对着主轴方向决定。
- ☑ 侧轴（cross axis）：垂直于主轴的称为侧轴。它的方向主要取决于主轴方向。
- ☑ 侧轴起点（cross-start）和侧轴终点（cross-end）：伸缩行的配置从容器的侧轴起点边开始，往侧轴终点边结束。
- ☑ 侧轴尺寸（cross size）：伸缩项目在侧轴方向的宽度或高度就是项目的侧轴长度，伸缩项目的侧轴长度属性是 width 或 height 属性，由哪一个对着侧轴方向决定。

一个伸缩项目就是一个伸缩容器的子元素，伸缩容器中的文本也被视为一个伸缩项目。伸缩项目中的内容与普通文本流一样。例如，当一个伸缩项目被设置为浮动时，用户依然可以在这个伸缩项目中放置一

Note

个浮动元素。

10.3.2 启动伸缩盒

通过设置元素的 display 属性为 flex 或 inline-flex 定义一个伸缩容器。设置为 flex 的容器被渲染为一个块级元素，而设置为 inline-flex 的容器则渲染为一个行内元素。具体语法如下。

```
display: flex | inline-flex;
```

上面语法定义了伸缩容器，属性值决定容器是行内显示，还是块显示，它的所有子元素将变成 flex 文档流，被称为伸缩项目。

此时，CSS 的 columns 属性在伸缩容器上没有效果，同时 float、clear 和 vertical-align 属性在伸缩项目上也没有效果。

【示例】下面的示例设计了一个伸缩容器，其中包含 4 个伸缩项目，演示效果如图 10.11 所示。

```
<style type="text/css">
.flex-container {
    display: -webkit-flex;
    display: flex;
    width: 500px; height: 300px;
    border: solid 1px red;
}
.flex-item {
    background-color: blue;
    width: 200px; height: 200px;
    margin: 10px;
}
</style>
<div class="flex-container">
    <div class="flex-item"> 伸缩项目 1</div>
    <div class="flex-item"> 伸缩项目 2</div>
    <div class="flex-item"> 伸缩项目 3</div>
    <div class="flex-item"> 伸缩项目 4</div>
</div>
```

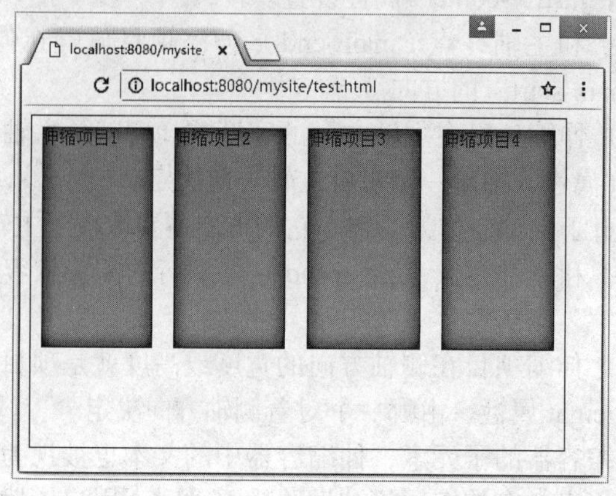

图 10.11　定义伸缩盒布局

10.3.3 设置主轴方向

使用 flex-direction 属性可以定义主轴方向，它适用于伸缩容器。具体语法如下。

```
flex-direction: row | row-reverse | column | column-reverse
```

取值说明如下。

☑ row：主轴与行内轴方向作为默认的书写模式。即横向从左到右排列（左对齐）。

☑ row-reverse：对齐方式与 row 相反。

☑ column：主轴与块轴方向作为默认的书写模式。即纵向从上往下排列（顶对齐）。

☑ column-reverse：对齐方式与 column 相反。

【示例】在上节示例的基础上，本例设计一个伸缩容器，其中包含 4 个伸缩项目，然后定义伸缩项目从上往下排列，演示效果如图 10.12 所示。

```
<style type="text/css">
.flex-container {
    display: -webkit-flex;
    display: flex;
    -webkit-flex-direction: column;
    flex-direction: column;
    width: 500px; height: 300px; border: solid 1px red;
}
.flex-item {
    background-color: blue;
    width: 200px; height: 200px;
    margin: 10px;
}
</style>
```

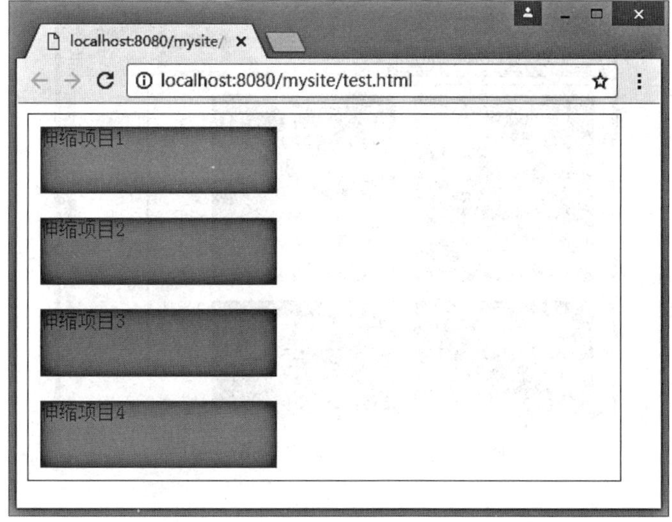

图 10.12　定义伸缩项目从上往下布局

Note

10.3.4 设置行数

flex-wrap 定义伸缩容器是单行还是多行显示伸缩项目，侧轴的方向决定了新行堆放的方向。具体语法格式如下。

```
flex-wrap: nowrap | wrap | wrap-reverse
```

取值说明如下。

☑ nowrap：flex 容器为单行。该情况下 flex 子项可能会溢出容器。

☑ wrap：flex 容器为多行。该情况下 flex 子项溢出的部分会被放置到新行，子项内部会发生断行。

☑ wrap-reverse：反转 wrap 排列。

【示例】在上面示例的基础上，下面示例将设计一个伸缩容器，其中包含 4 个伸缩项目，然后定义伸缩项目多行排列，演示效果如图 10.13 所示。

```
<style type="text/css">
.flex-container {
    display: -webkit-flex;
    display: flex;
    -webkit-flex-wrap: wrap;
    flex-wrap: wrap;
    width: 500px; height: 300px; border: solid 1px red;
}
.flex-item {
    background-color: blue;
    width: 200px; height: 200px;
    margin: 10px;
}
</style>
```

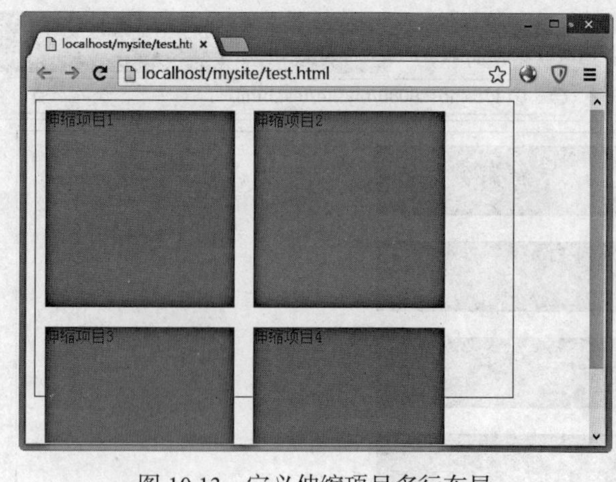

图 10.13　定义伸缩项目多行布局

【补充】

flex-flow 属性是 flex-direction 和 flex-wrap 属性的复合属性，适用于伸缩容器。该属性可以同时定义伸缩容器的主轴和侧轴。其默认值为 row nowrap。具体语法如下。

```
flex-flow: <' flex-direction '> || <' flex-wrap '>
```

取值说明如下。

☑ <'flex-direction'>：定义弹性盒子元素的排列方向。

☑ <'flex-wrap'>：控制 flex 容器是单行还是多行。

10.3.5　设置对齐方式

1．主轴对齐

justify-content 定义伸缩项目沿着主轴线的对齐方式，该属性适用于伸缩容器。具体语法如下。

```
justify-content: flex-start | flex-end | center | space-between | space-around
```

取值说明如下：

☑ flex-start：为默认值，伸缩项目向一行的起始位置靠齐。

☑ flex-end：伸缩项目向一行的结束位置靠齐。

☑ center：伸缩项目向一行的中间位置靠齐。

☑ space-between：伸缩项目会平均地分布在行里。第一个伸缩项目在一行中的最开始位置，最后一个伸缩项目在一行中的最终点位置。

☑ space-around：伸缩项目会平均地分布在行里，两端保留一半的空间。

上述取值比较效果如图 10.14 所示。

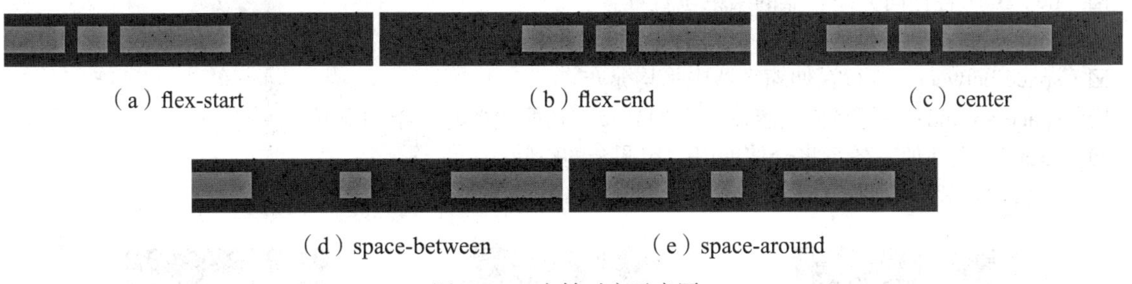

（a）flex-start　（b）flex-end　（c）center

（d）space-between　（e）space-around

图 10.14　主轴对齐示意图

2．侧轴对齐

align-items 定义伸缩项目在侧轴上的对齐方式，该属性适用于伸缩容器。具体语法如下。

```
align-items: flex-start | flex-end | center | baseline | stretch
```

取值说明如下。

☑ flex-start：伸缩项目在侧轴起点边的外边距紧靠住该行在侧轴起始的边。

☑ flex-end：伸缩项目在侧轴终点边的外边距靠住该行在侧轴终点的边。

☑ center：伸缩项目的外边距盒在该行的侧轴上居中放置。

☑ baseline：伸缩项目根据它们的基线对齐。

☑ stretch：默认值，伸缩项目拉伸填充整个伸缩容器。此值会使伸缩项目的外边距盒的尺寸在遵照 min/max-width/height 属性的前提下尽可能接近所在行的尺寸。

上述取值比较效果如图 10.15 所示。

Note

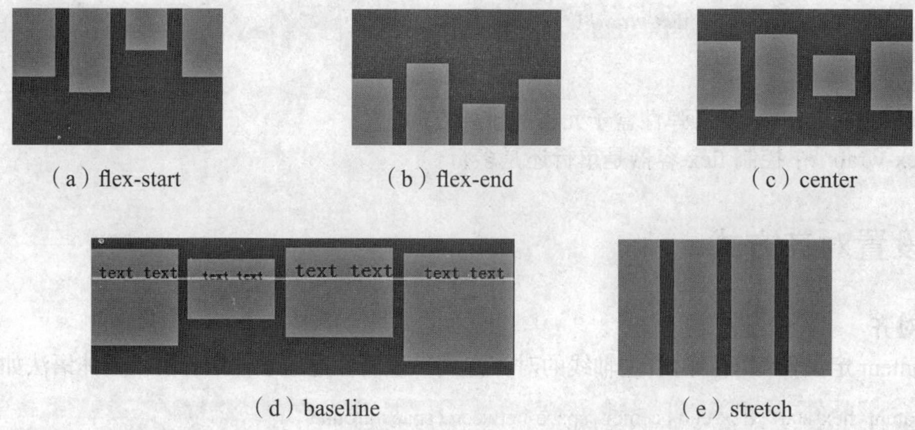

（a）flex-start　（b）flex-end　（c）center

（d）baseline　（e）stretch

图 10.15　侧轴对齐示意图

3．伸缩行对齐

align-content 定义伸缩行在伸缩容器里的对齐方式，该属性适用于伸缩容器。类似于伸缩项目在主轴上使用 justify-content 属性一样，但本属性在只有一行的伸缩容器上没有效果。具体语法如下。

```
align-content: flex-start | flex-end | center | space-between | space-around | stretch
```

取值说明如下。

☑ flex-start：各行向伸缩容器的起点位置堆叠。
☑ flex-end：各行向伸缩容器的结束位置堆叠。
☑ center：各行向伸缩容器的中间位置堆叠。
☑ space-between：各行在伸缩容器中平均分布。
☑ space-around：各行在伸缩容器中平均分布，在两边各有一半的空间。
☑ stretch：默认值，各行将会伸展以占用剩余的空间。

上述取值比较效果如图 10.16 所示。

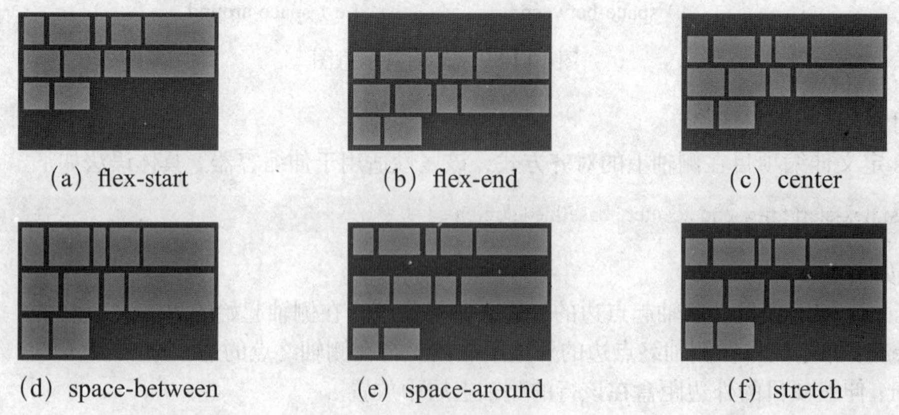

（a）flex-start　（b）flex-end　（c）center

（d）space-between　（e）space-around　（f）stretch

图 10.16　伸缩行对齐示意图

【示例】下面的示例设计了容器中的文本行水平和垂直都居中显示，演示效果如图 10.17 所示。

Note

```
<style>
.CenterMe {
      font-size: 2rem;
      height: 300px;
      border: solid 2px red;
      display: flex;
      align-items: center;
      justify-content: center;
}
</style>
<pre class="CenterMe">
display: flex;
align-items: center;
justify-content: center;
</pre>
```

display: flex 把当前元素设置为一个 Flexbox，而不是 block 或 inline-block。align-items 属性设置在 Flexbox 中沿交叉轴垂直居中文本，justify-content 属性设置内容沿主轴居中。

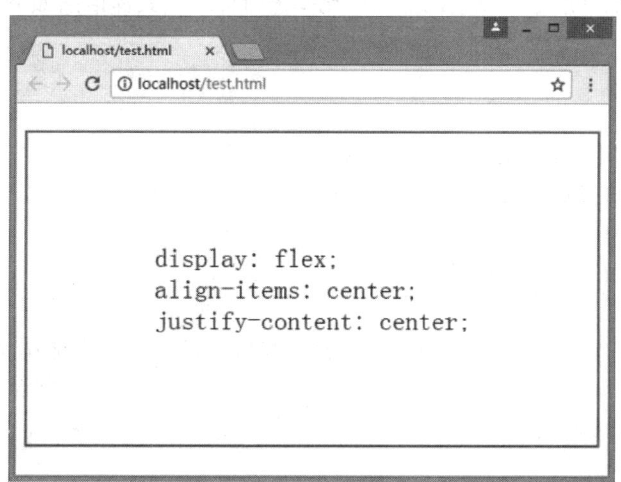

图 10.17　定义伸缩行居中对齐

10.3.6　设置伸缩项目

伸缩项目都有一个主轴长度（Main Size）和一个侧轴长度（Cross Size）。主轴长度是伸缩项目在主轴上的尺寸，侧轴长度是伸缩项目在侧轴上的尺寸。一个伸缩项目的宽或高取决于伸缩容器的轴，可能就是它的主轴长度或侧轴长度。下面的属性适用于伸缩项目，可以调整伸缩项目的行为。

1．显示位置

order 属性可以控制伸缩项目在伸缩容器中的显示顺序，具体语法如下。

```
order: <integer>
```

<integer> 用整数值来定义排列顺序，数值小的排在前面。可以为负值。

2．扩展空间

flex-grow 属性可以定义伸缩项目的扩展能力，决定伸缩容器剩余空间按比例应扩展多少空间。具体语法如下。

```
flex-grow: <number>
```

<number> 用数值来定义扩展比率。不允许负值，默认值为 0。

如果将所有伸缩项目的 flex-grow 设置为 1，那么每个伸缩项目将设置为一个大小相等的剩余空间。如果给其中一个伸缩项目设置 flex-grow 为 2，那么这个伸缩项目所占的剩余空间是其他伸缩项目所占剩余空间的两倍。

3．收缩空间

flex-shrink 可以定义伸缩项目收缩的能力，与 flex-grow 功能相反，具体语法如下。

```
flex-shrink: <number>
```

<number> 用数值来定义收缩比率。不允许负值，默认值为 1。

4．伸缩比率

flex-basis 可以设置伸缩基准值，剩余的空间按比率进行伸缩。具体语法如下。

```
flex-basis: <length> | <percentage> | auto | content
```

取值说明如下。

☑ <length>：用长度值来定义宽度。不允许负值。

☑ <percentage>：用百分比来定义宽度。不允许负值。

☑ auto：无特定宽度值，取决于其他属性值。

☑ content：基于内容自动计算宽度。

【补充】

flex 是 flex-grow、flex-shrink 和 flex-basis3 个属性的复合属性，该属性适用于伸缩项目。其中第二个和第三个参数（flex-shrink、flex-basis）是可选参数。默认值为“0 1 auto”。具体语法如下。

```
flex: none | [ <'flex-grow'> <'flex-shrink'>? || <'flex-basis'> ]
```

5．对齐方式

align-self 用来在单独的伸缩项目上覆写默认的对齐方式。具体语法如下。

```
align-self: auto | flex-start | flex-end | center | baseline | stretch
```

其属性值与 align-items 的属性值相同。

【示例 1】以之前面的示例为基础，定义伸缩项目在当前位置向右错移一个位置，即将第一个项目移到第二个项目的位置上，将第二个项目移到第三个项目的位置上，将最后一个项目移到第一个项目的位置上，演示效果如图 10.18 所示。

```
<style type="text/css">
.flex-container {
    display: -webkit-flex;
    display: flex;
    width: 500px; height: 300px; border: solid 1px red;
}
```

```
.flex-item { background-color: blue; width: 200px; height: 200px; margin: 10px; }
.flex-item: nth-child(0){
    -webkit-order: 4;
    order: 4;
}
.flex-item: nth-child(1){
    -webkit-order: 1;
    order: 1;
}
.flex-item: nth-child(2){
    -webkit-order: 2;
    order: 2;
}
.flex-item: nth-child(3){
    -webkit-order: 3;
    order: 3;
}
</style>
```

【示例 2】margin：auto；在伸缩盒中具有强大的功能，一个属性值为 "auto" 的 margin 会合并剩余的空间。它可以用来把伸缩项目挤到其他位置。下面的示例利用 margin-right：auto;，定义包含的项目居中显示，效果如图 10.19 所示。

```
<style type="text/css">
.flex-container {
    display: -webkit-flex;
    display: flex;
    width: 500px; height: 300px; border: solid 1px red;
}
.flex-item {
    background-color: blue; width: 200px; height: 200px;
    margin: auto;
}
</style>
<div class="flex-container">
    <div class="flex-item"> 伸缩项目 </div>
</div>
```

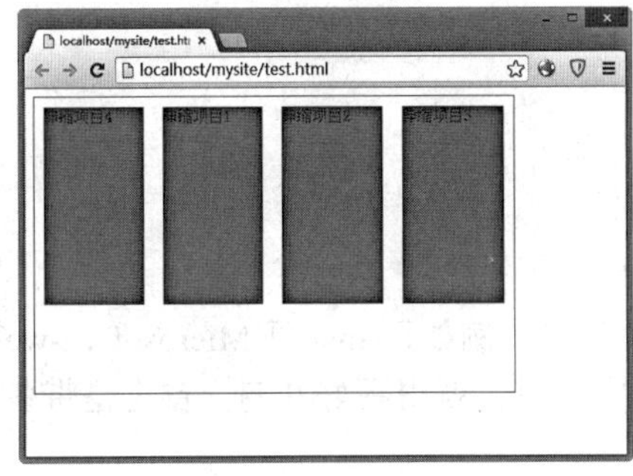

图 10.18　定义伸缩项目错位显示

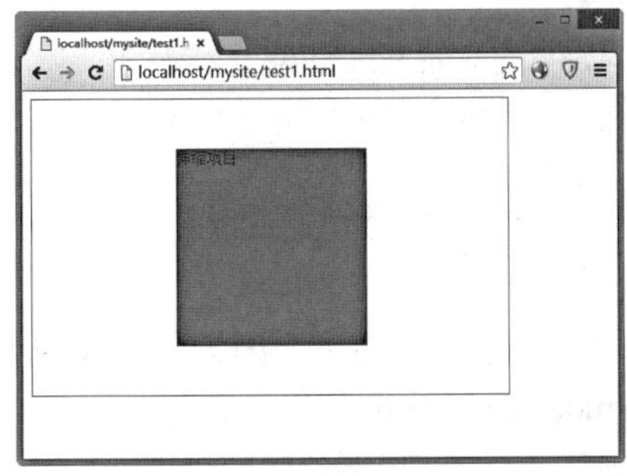

图 10.19　定义伸缩项目居中显示

10.4 浏览器支持和伸缩盒版本迭代

Note

在更新到如今相对稳定的版本之前，Flexbox 经过了 3 次重大的迭代。从 2009 年版（https://www.w3.org/TR/2009/WD-css3-flexbox-20090723/）到 2011 年版（https://www.w3.org/TR/2011/WD-css3-flexbox-20111129/），再到 2014 年版（https://www.w3.org/TR/css-flexbox-1/）。前后语法变化之大非常明显。这几个不同版本的规范对应着不同的实现。需要关注哪些版本，取决于需要支持的浏览器。

10.4.1 浏览器对 Flexbox 的支持

首先明确，IE9 及以下版本不支持 Flexbox。对于其他浏览器（包括所有移动端浏览器），有方法可以享用 Flexbox 的绝大多数特性，具体支持信息可以访问 http://caniuse.com/ 进行查询。

如果把 Flexbox 新语法、旧语法和混合语法混合在一起使用，就可以让浏览器得到完美的展示。当然，在使用 Flexbox 时，应该考虑不同浏览器的私有属性，如 Chrome 要添加前缀 -webkit-，Firefox 要添加前缀 -moz- 等。

【示例】设置 Flexbox 相关的 3 个属性和值。

```
.flex {
    display: flex;
    flex: 1;
    justify-content: space-between;
}
```

这里使用了比较新的语法。但是，要想支持安卓浏览器（v4 及以下版本操作系统）和 IE10，最终代码需这样写：

```
.flex {
    display: -webkit-box;
    display: -webkit-flex;
    display: -ms-flexbox;
    display: flex;
    -webkit-box-flex: 1;
    -webkit-flex: 1;
    -ms-flex: 1;
    flex: 1;
    -webkit-box-pack: justify;
    -webkit-justify-content: space-between;
    -ms-flex-pack: justify;
    justify-content: space-between;
}
```

这些代码一个都不能少，因为每家浏览器厂商都有自己的前缀。例如，-ms- 是 Microsoft，-webkit- 是 WebKit，-moz- 是 Mozilla。于是，每个新特性要在所有浏览器中生效，就得写好几遍。首先是带各家厂商前缀的，最后一行才是 W3C 标准规定的。

这是让 Flexbox 跨浏览器的唯一有效方式。如今，虽然厂商很少再加前缀，但在可见的未来，仍然需要前缀来保证某些特性跨浏览器可用。

为了避免这种烦琐的操作，同时还能轻松准确地加上 CSS 前缀，用户可以使用 Autoprefixer 自动添加前缀。这是一个快速、准确而且安装简便的 PostCSS 插件。

Autoprefixer 针对各种情况提供了很多版本，使用它甚至不需要命令行构建工具（Gulp 或 Grunt）。此外还有针对 Atom、Brackets 和 Visual Studio 的版本。为了节省版面，我们在示例代码中可能会省略这些烦琐的前缀，仅给出 W3C 标准用法。

10.4.2　比较 Flexbox 新旧版本

简单比较 Flexbox 版本如下。

☑　2009 年版本（旧版本）：display:box;。

☑　2011 年版本（混合版本）：display:flexbox;。

☑　2014 年版本（新版本）：display:flex;。

具体说明如下。

1．浏览器支持状况

各主流浏览器对 Flexbox 规范不同版本的支持如表 10.1 所示。

表 10.1　浏览器对 Flexbox 规范版本的支持

规范版本	IE	Opera	Firefox	Chrome	Safari
新版本（标准版）	11	12.10+ *	22	29+、21~28（-webkit-）	
混合版	10（-ms-）				
老版本			3~21（-moz-）	<21（-webkit-）	3~6（-webkit-）

2．开启 Flexbox

不同 Flexbox 版本定义一个元素为伸缩容器的方法比较如表 10.2 所示。

表 10.2　比较启动 Flexbox

规范版本	属性名称	块伸缩容器	内联伸缩容器
新版本（标准版）	display	flex	inline-flex
混合版	display	flexbox	inline-flexbox
老版本	display	box	inline-box

3. 主轴对齐方式

不同 Flexbox 版本指定伸缩项目沿主轴对齐方式的取值比较如表 10.3 所示。

表 10.3　比较主轴对齐方式

规范版本	属性名称	start	center	end	justify	distribute
新版本（标准版）	justify-content	flex-start	center	flex-end	space-between	space-around
混合版	flex-pack	start	center	end	justify	distribute
老版本	box-pack	start	center	end	justify	N/A

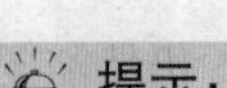

提示：

☑ start：开始位置。

☑ center：中间位置。

☑ end：结束位置。

☑ justify：两端对齐。

☑ distribute：均匀对齐。

☑ N/A：表示不适用的意思。

4．侧轴对齐方式

不同 Flexbox 版本指定伸缩项目沿侧轴对齐方式的取值比较如表 10.4 所示。

表 10.4　比较侧轴对齐方式

规范版本	属性名称	start	center	end	baseline	stretch
新版本（标准版）	align-items	flex-start	center	flex-end	baseline	stretch
混合版	flex-align	start	center	end	baseline	stretch
老版本	box-align	start	center	end	baseline	stretch

提示：

☑ baseline：基线对齐。

☑ stretch：伸展对齐。

5．单个伸缩项目侧轴对齐方式

不同 Flexbox 版本指定单个伸缩项目沿侧轴对齐方式的取值比较如表 10.5 所示。

表 10.5　比较单个伸缩项目侧轴对齐方式

规范版本	属性名称	auto	start	center	end	baseline	stretch
新版本（标准版）	align-self	auto	flex-start	center	flex-end	baseline	stretch
混合版	flex-item-align	auto	start	center	end	baseline	stretch
老版本	N/A						

6．伸缩项目行对齐方式

不同 Flexbox 版本指定伸缩项目行在侧轴的对齐方式的取值比较如表 10.6 所示。

表 10.6　比较伸缩项目行对齐方式

规范版本	属性名称	start	center	end	justify	distribute	stretch
新版本（标准版）	align-content	flex-start	center	flex-end	space-between	space-around	stretch
混合版	flex-line-pack	start	center	end	justify	distribute	stretch
老版本	N/A						

Note

注意：只有伸缩项目有多行时才生效，这种情况只有伸缩容器设置了 flex-wrap 为 wrap 时，并且没有足够的空间把伸缩项目放在同一行中。这个将对每一行起作用而不是对每一个伸缩项目起作用。

7．显示顺序

不同 Flexbox 版本指定伸缩项目的显示顺序的取值比较如表 10.7 所示。

表 10.7　比较显示顺序

规范版本	属性名称	属性值
新版本（标准版）	order	<number>
混合版	flex-order	<number>
老版本	box-ordinal-group	<integer>

8．伸缩性

不同 Flexbox 版本指定伸缩项目如何伸缩尺寸比较如表 10.8 所示。

表 10.8　比较伸缩性

规范版本	属性名称	属性值
新版本（标准版）	flex	none | [<'flex-grow'> <'flex-shrink'>? || <'flex-basis'>]
混合版	flex	none | [[<pos-flex> <neg-flex>?] || <preferred-size>]
老版本	box-flex	<number>

flex 属性在微软公司的草案与新标准或多或少不一样，主要区别在于：它们都转换成标准缩写版本，属性值为 flex-grow、flex-shrink 和 flex-basis，值使用相同的方式在速记。然而，flex-shrink（以前称为负 flex）的默认值为 1。这意味着伸缩项目默认不能收缩。以前，空间不足使用 flex-shrink 比例来伸缩项目，但现在可以在 flex-basis 的基础上配合 flex-shrink 来伸缩项目。

9．伸缩流

不同 Flexbox 版本指定伸缩容器主轴的伸缩流方向比较如表 10.9 所示。

表 10.9　比较伸缩流

规范版本	属性名称	Horizontal	Reversed horizontal	Vertical	Reversed vertical
新版本（标准版）	flex-direction	row	row-reverse	column	column-reverse
混合版	flex-direction	row	row-reverse	column	column-reverse
老版本	box-orient box-direction	horizontal normal	horizontal reverse	vertical normal	vertical reverse

在旧版本规范中，使用 box-direction 属性设置为 reverse 和在新版本中设置 row-reverse 或 column-reverse 得到的效果相同。如果想要的效果是 row 或 column，可以省略不设置，因为 normal 是默认的初始值。

当设置 direction 为 reverse，主轴就翻转。例如，当使用“ltr”书写模式，指定 row-reverse 时，所有伸缩项目会从右向左排列。类似地，column-reverse 将会使所有伸缩项目从下向上排列，来代替从上往下排列。

在老版本中，需要使用 box-orient 来设置书写模式的方向。当使用“ltr”模式时，horizontal 可用在 inline-axis，vertical 可用在 block-axis。如果使用的是一个自上而下的书写模式，如东亚传统的书写模式，这些值就会翻转。

Note

10．换行

不同 Flexbox 版本指定伸缩项目是否沿着侧轴排列比较如表 10.10 所示。

表 10.10　比较换行

规范版本	属性名称	No wrapping	Wrapping	Reversed wrap
新版本（标准版）	flex-wrap	nowrap	wrap	wrap-reverse
混合版	flex-wrap	nowrap	wrap	wrap-reverse
老版本	box-lines	single	multiple	N/A

wrap-reverse 让伸缩项目在侧轴上进行 start 和 end 翻转，所以，如果伸缩项目在水平排列，伸缩项目翻转不会到一个新的线下面，它会翻转到一个新的线上面。简单理解就是伸缩项目只是上下或前后翻转顺序。

视频讲解

10.5　案例实战

下面我们通过多个案例演示弹性布局的不同应用样式。

10.5.1　将固宽页转换为弹性页

传统网页多以固定像素来进行设计，本节示例演示如何把一个固定宽度为 960 像素的模板页转换为弹性页面。其中页头和页脚都是与屏幕一样宽的，左侧边栏宽度是 200 像素，右侧边栏宽度是 100 像素，中间区块的宽度是 660 像素。根据下面的公式进行设计。

```
结果(弹性宽度)=目标(栏目固定宽度)/上下文(页面宽度)
```

左边栏宽度为 200 像素（目标），用 960 像素（上下文）来除，结果是 0.208333333，把小数点向右移两位，于是得到了 20.8333333%。这个比例就是 200 像素占 960 像素的比例。

同理，中间区域宽度：660（目标）除以 960（上下文），得到 0.6875，小数点向右移两位再加上百分号就是 68.75%；右边栏：100（目标）除以 960（上下文）得到 0.104166667，小数点右移两位加百分号得到 10.4166667%。

计算出每列的弹性宽度后，下面来编写具体代码。

第 1 步，设计一个 3 行 3 列的模板结构。

```
<div class="Wrap">
    <div class="Header">[ 标题栏 ]</div>
    <div class="WrapMiddle">
        <div class="Left">[ 左栏 ]</div>
        <div class="Middle">[ 主栏 ]</div>
```

```
        <div class="Right">[ 右栏 ]</div>
    </div>
    <div class="Footer">[ 页脚栏 ]</div>
</div>
```

第 2 步，设计如下 CSS 样式表，设计弹性布局版式。

```
html, body { margin: 0; padding: 0; } /* 清除页边距 */
.Wrap { /* 限制页面最大宽度，并居中显示 */
    max-width: 1400px;
    margin: 0 auto;
}
.Header { /* 标题栏样式，满宽、固高 */
    width: 100%; height: 130px;
    background-color: #038C5A;
}
.WrapMiddle { width: 100%; font-size: 0; } /* 中间栏包含框样式 */
.Left { /* 左栏弹性宽度，行内块显示 */
    height: 625px; width: 20.8333333%;
    background-color: #03A66A; display: inline-block;
}
.Middle { /* 主栏弹性宽度，行内块显示 */
    height: 625px; width: 68.75%;
    background-color: #bbbf90; display: inline-block;
}
.Right { /* 右栏弹性宽度，行内块显示 */
    height: 625px; width: 10.4166667%;
    background-color: #03A66A; display: inline-block;
}
.Footer { /* 页脚栏样式，满宽、固高 */
    height: 200px; width: 100%;
    background-color: #025059;
}
```

第 3 步，保存文档之后，在浏览器中所看到的效果如图 10.20 所示。然后，改变窗口大小，就会发现中间区块会一直与左右边栏成比例缩放。当然，也可以修改这里 .Wrap 元素的 max-width 值（这里是 1400 像素），大一点或小一点都可以试一下。

图 10.20　把固宽页转换为弹性页面

第 4 步，把当前文档 index.html 另存为 index1.html，再来设计在较小的屏幕上的页面布局效果。

Note

对于小屏幕，核心思想就是把内容显示在一列里。此时隐藏左栏，作为“画外元素”存在，通常用于保存菜单导航之类的内容，只有当用户点击时才会滑入屏幕。主栏位于页头下方，而右栏又在主栏下方，最后是页脚区，效果如图 10.21 所示。

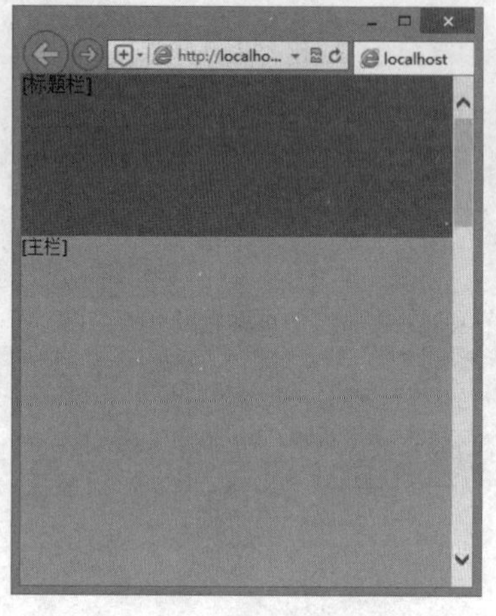

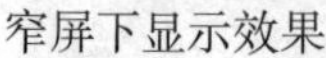

窄屏下显示效果

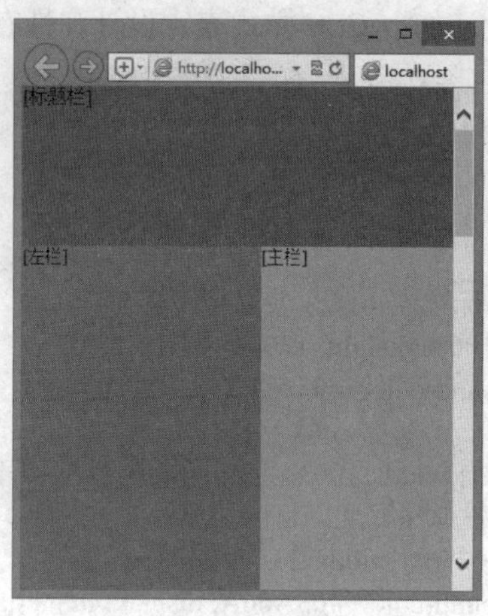

点击标题栏后滑出左栏

图 10.21　设计小屏幕下弹性布局效果

第 5 步，这里没有列出全部的 CSS 代码，全部代码可以参考本节示例源代码 index1.html。以下只是针对左栏重要的 CSS 样式。

```
.Left {
    position: absolute;
    left: -200px;
    width: 200px;
    transition: transform .3s;
}
@media (min-width: 40rem) {
    .Left {
        width: 20.8333333%;
        left: 0;
        position: relative;
    }
}
```

首先，在没有媒体查询介入的情况下，只是一个小屏幕布局。然后，随着屏幕变大，宽度变成比例值，定位方式变成相对定位，left 值被设为 0。不需要重写 height、display 或 background-color 属性，因为不需要修改它们。

这里综合运用了两个响应式 Web 设计的核心技术：将固定大小转换为比例大小，以及使用媒体查询相对于视口大小应用 CSS 规则。

注意： 比例值的小数点后面是否有必要带那么多数字。尽管宽度本身最终会被浏览器转换为像素，但保留这些位数有助于将来的计算精确，例如，嵌套元素中更精确的计算。因此保留小数点后面的所有位数。

在实际的项目中要考虑 JavaScript 不可用的情况，此时也应该保证用户能看到菜单内容。在真实的开发中，需要在标题栏某处放一个菜单按钮或图标，以便用户触发边栏菜单显示出来（这个例子需要点击页头区域）。为了切换文档主体的类，本例使用一些 JavaScript 代码。因为这里只是示例，所以使用了点击事件。如果是产品，那应该考虑触摸事件的一些问题，如去掉 iOS 设备存在的 300ms 的延迟。

10.5.2　设计弹性菜单

本节示例设计一个简单的导航菜单，让它们水平一个挨一个排列，效果如图 10.22 所示。

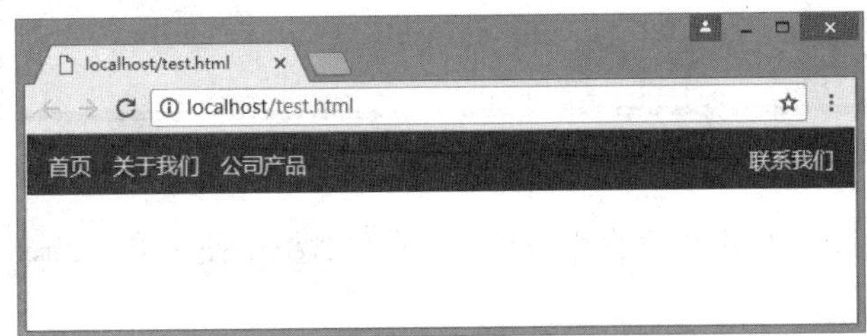

图 10.22　设计弹性菜单

第 1 步，设计菜单结构，代码如下。

```
<div class="MenuWrap">
    <a href="#" class="ListItem"> 首页 </a>
    <a href="#" class="ListItem"> 关于我们 </a>
    <a href="#" class="ListItem"> 公司产品 </a>
    <a href="#" class="LastItemListItem"> 公司资讯 </a>
    <a href="#" class="LastItem"> 联系我们 </a>
</div>
```

第 2 步，为包含框 <div class="MenuWrap"> 启动弹性布局，然后使用 margin-left: auto; 定义最后一个菜单项右侧显示，其他各项保持默认左对齐。

```
html, body { margin: 0; padding: 0; }
.MenuWrap {
    background-color: indigo;
    min-height: 2.75rem;
    display: flex;
    align-items: center;
    padding: 0 1rem;
}
.ListItem, .LastItem {
    color: #ebebeb;
    text-decoration: none;
}
.ListItem { margin-right: 1rem; }
.LastItem { margin-left: auto; }
```

本例没有使用浮动（float），没有行内块（inline-block），也没有单元格（table-cell）。在包含元素上设置 display: flexbox; 后，其子元素就会变成弹性项（flex-item），从而在弹性布局模型下布局。这里的核心属

性是 margin-left：auto，它让最后一项用上该侧所有可用的外边距。

第 3 步，设计让所有项反序排列，效果如图 10.23 所示。

具体方法：给包含框 <div class="MenuWrap"> 的 CSS 加一行 flex-direction：row-reverse，把最后一项的 margin-left：auto 改成 margin-right：auto。

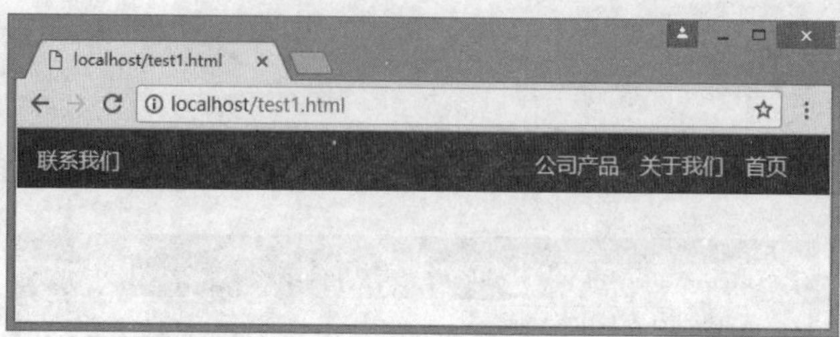

图 10.23　反转菜单项

第 4 步，设计垂直排列，让所有项垂直堆叠排列。在包含框中使用 flex-direction：column;，再把自动外边距属性删掉。

```
.MenuWrap {
    background-color: indigo;
    display: flex;
    flex-direction: column;
}
.ListItem, .LastItem {
    color: #ebebeb;
    text-decoration: none;
}
```

第 5 步，设计垂直反序，让各项垂直反序堆叠。只要在包含框中把 flex-direction：column；改成 flex-direction：column-reverse；就可以了，如图 10.24 所示。

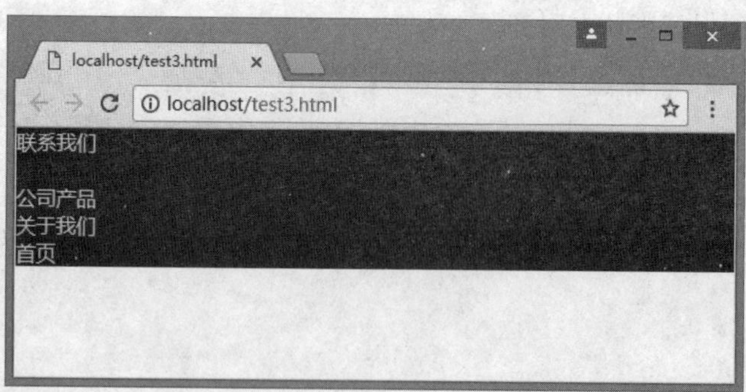

图 10.24　设计垂直反序显示

提示： flex-flow 属性是 flex-direction 和 flex-wrap 的合体。例如，flex-flow：row wrap；就是把方向（flex-direction）设置为行（row），把折行（flex-wrap）选项设置为折行（wrap）。不过，分别设置两个属性会更清楚一些。另外，flex-wrap 属性在最早的 Flexbox 实现中也不存在，如果合起来写，在某些浏览器中可能导致整条声明失效。

10.5.3　设计多断点弹性菜单

本节示例将设计在不同媒体查询中的不同 Flexbox 布局。顾名思义，Flexbox 就是可以灵活变化的。现在设计在窄视口中让各项垂直堆叠，而在空间允许的情况下改成行式布局，效果如图 10.25 所示。

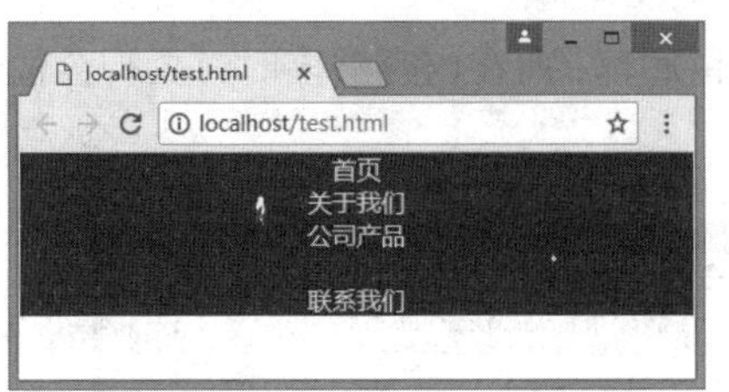

（a）窄屏布局

（b）宽屏布局

图 10.25　设计多断点弹性菜单

第 1 步，在上一节示例的基础上，修改样式表。首先，重设基准样式，定义包含框以默认的堆叠方式排列各项目。

```
.MenuWrap {
    background-color: indigo;
    min-height: 2.75rem;
    display: flex;
    flex-direction: column;
    align-items: center;
    padding: 0 1rem;
}
```

第 2 步，添加断点，设计在大于等于 31.25em 宽度时，包含框以水平布局方式进行布局。

```
@media (min-width: 31.25em) {
    .MenuWrap { flex-direction: row; }
}
```

第 3 步，设计菜单项的基本样式。

```
.ListItem, .LastItem {
    color: #ebebeb;
    text-decoration: none;
}
```

第 4 步，为菜单项添加断点，设计在大于等于 31.25em 宽度时，菜单各项右侧添加 1rem 的间距，同时设置最后一项左侧自动填充空白。

```
@media (min-width: 31.25em) {
    .ListItem { margin-right: 1rem; }
    .LastItem { margin-left: auto; }
}
```

10.5.4 设计粘附页脚栏

在网页设计中，经常会遇到页面内容不够长，页脚会随内容上下移动的情况，如果想让页脚停留在视口底部，可以使用CSS定位技术来实现，但是定位页脚之后，当内容很长时，它又会覆盖内容，而不是随内容向下移动。

本例使用弹性布局，设计在内容不够多时，页脚一直驻留底部；而在内容够多时，页脚会位于内容下方，效果如图10.26所示。

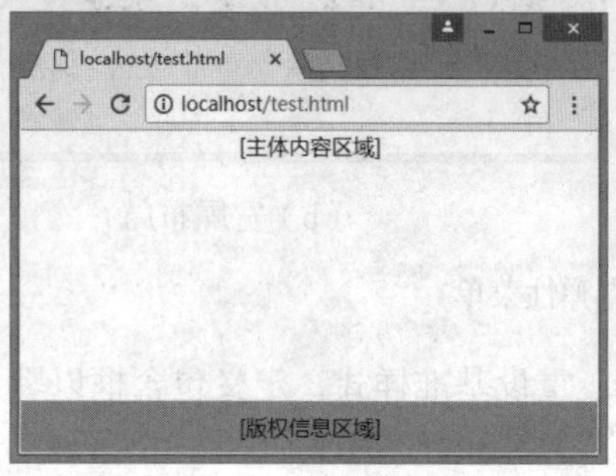

（a）内容不够长时

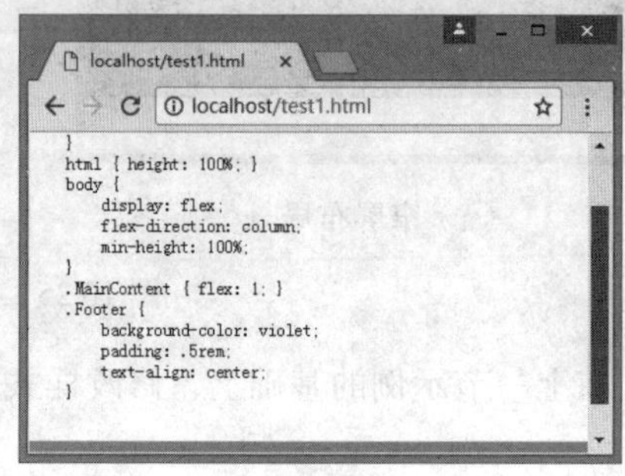

（b）内容够长时

图10.26 设计粘附页脚栏

示例主要代码如下。

```
<style>
html, body {
    margin: 0;
    padding: 0;
}
html { height: 100%; }
body {
    display: flex;
    flex-direction: column;
    min-height: 100%;
    text-align: center;
}
.MainContent { flex: 1; }
.Footer {
    background-color: violet;
    padding: .5rem;
}
</style>
<div class="MainContent">[ 主体内容区域 ]</div>
<div class="Footer">[ 版权信息区域 ]</div>
```

本示例设计原理是flex属性会让内容在空间允许的情况下伸展。因为页面主体是伸缩容器，最小高度是100%，所以主内容区会尽可能占据所有有效空间。当然内容够长时，会把页脚区域向下挤到视图外面，而当内容不够长时，会把页脚区域向下挤到视图底部。

10.5.5　设计 3 栏页面

线上阅读

本节示例根据上节介绍的方法，使用不同版本语法，设计一个兼容不同设备和浏览器的弹性页面，演示效果如图 10.27 所示。具体操作步骤请扫码学习。

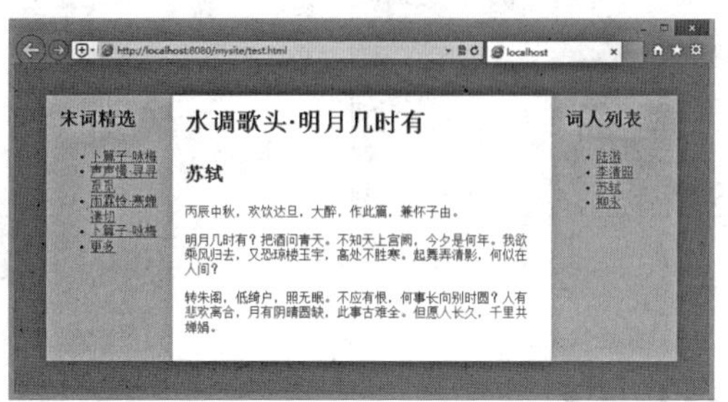

图 10.27　定义混合伸缩盒布局

10.5.6　设计 3 行 3 列应用

本节示例借助 Flexbox 布局，设计页面呈现 3 行 3 列布局样式，同时能够根据窗口自适应调整各自空间，以满屏显示，效果如图 10.28 所示。具体代码解析请扫码学习。

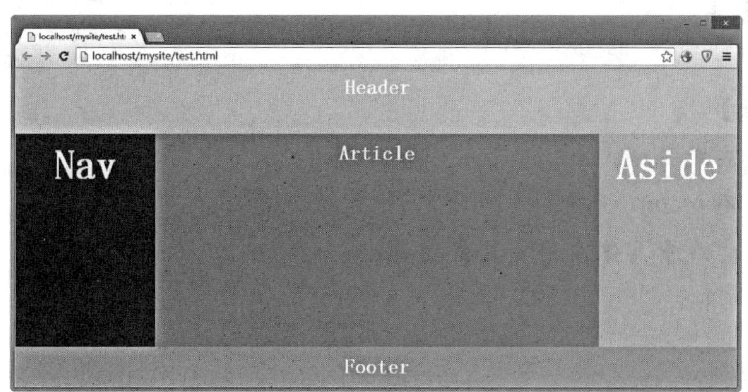

线上阅读

图 10.28　HTML5 应用文档

在线练习

10.6　在线练习

本节将通过大量的上机示例，练习使用 CSS3 弹性布局特性设计自适应网页版式，培养初学者网页设计的能力。

第 11 章

设计响应式图片

自从响应式设计的概念问世后，如何定义响应式图片就一直备受关注，其核心是如何只写一遍代码，就能够让图片适用所有设备，能够根据用户的设备和使用场景为浏览器提供合适的图片。本章将详细讲解 HTML5 新增的 picture 元素，以及与媒体查询配合使用的相关方法。

【学习重点】

- 认识响应式图片。
- 正确使用 picture 元素。
- 能够在实践中具体应用响应式图片。

11.1　认识响应式图片

随着移动 Web 的流行，设计固定宽度、像素完美的网站已经不再适应时代的需求。在宽屏显示器、互联网电视、多尺寸的平板电脑和智能手机的复杂环境下，我们必须设计适应不同宽度的网页，从 320 像素到 7680 像素。

伴随这种多分辨率设备的同时出现，用户可以拉伸或收缩图像，以适应这些不同的要求。目前最常见的解决方案，就是使用如下 CSS 样式，以适配不同终端机型的屏幕宽度和像素密度。

```
img {
    max-width: 100%;
    height: auto;
}
```

使用 max-width：100% 以确保图像永远不会超越其父容器的宽度。如果父容器的宽度收缩小于图像的宽度，图像将随之缩小。height: auto 可以确保图片的宽度发生改变时，图片的高度会依据自身的宽高比例进行缩放。

这样当我们在移动设备上访问响应式网页里的图片时，只是把图片的分辨率做了缩放，下载的还是计算机端的那张大图，这样不仅浪费流量，而且会拖慢网页的打开速度，严重影响用户的使用体验。

开发者不可能知道或预见浏览网站的所有设备，只有浏览器在打开和渲染内容时才会知道使用它的设备的具体情况（屏幕大小、设备能力等）。另一方面，只有开发者知道有几种大小的图片。例如，我们有同一图片的 3 个版本，分别是小、中、大，分别对应于相应的屏幕大小和分辨率。浏览器不知道这些，因此我们得想办法让它知道。

总之，难点在于我们知道自己有什么图片，浏览器知道用户使用什么设备访问网站以及最合适的图片大小和分辨率是多少，两个关键因素无法融合。

怎么才能告诉浏览器我们准备了哪些图片，让它视情况去选择最合适的呢？

响应式设计刚刚出现的几年里，并没有固定的方法。今天，我们有了 Embedded Content 规范：https：//html.spec.whatwg.org/multipage/embedded-content.html。

Embedded Content 规范描述了如何进行简单的图片分辨率切换，让拥有高分辨率屏幕的用户看到高分辨率的图片，以及可以根据视口空间大小显示完全不同的图片（类似媒体查询）。

提示：响应式图片讨论组（http：//responsiveimages.org/）定义了多种使用情况（http：//usecases.responsiveimages.org/）。建议大家去阅读完整的使用情况列表，里面有很多有价值的建议。

11.2　使用 picture

picture 是 HTML5 新增的一个元素，它可以根据不同的条件加载不同的图像，这些条件可以是当前视图的高度（height）、宽度（width）、方向（orientation）、像素密度（dpr）等。

Note

11.2.1 基本用法

在没有引入 JavaScript 第三方插件，或者 CSS 中没有包含媒体查询的情况下，picture 元素是比较理想的方案：实现只用 HTML 来声明响应式图片。该方案的优势如下。

☑ 加载适当大小的图像文件，使可用带宽得到充分利用。

☑ 加载不同剪裁，并具有不同横纵比的图像，以适应不同宽度的布局变化。

☑ 加载更高的像素密度，显示更高分辨率的图像。

具体方法如下。

第 1 步，创建 <picture> 标签。

第 2 步，在该标签内创建一个或多个用来执行指定特性的 <source> 子标签。

第 3 步，为 <source> 子标签添加 media 属性，用来定义具体特性，如宽度（max-width、min-width）、方向（orientation）等。

第 4 步，为 <source> 子标签添加 srcset 属性，属性值为相应的图像文件名称，以便进行加载。如果想提供不同的像素密度，如针对 Retina 显示屏，可以添加额外的文件名到 srcset 属性中。

第 5 步，最后，在 <picture> 标签尾部添加一个回退的 <img> 标签，用来兼容不支持 <picture> 标签的浏览器。

picture 元素没有属性，仅被用来当作 source 元素的容器。source 元素用来加载多媒体源，如视频和音频，它包含如下新的属性。

☑ srcset（必需）

接受单一的图片文件路径，如 srcset=" img/minpic.png"；或者是逗号分隔的用像素密度描述的图片路径，如 srcset=" img/minpic.png，img/minpic_retina.png 2x"。

☑ media（可选）

接受任何验证的媒体查询，如 media="（min-width：320px）"。

☑ sizes（可选）

接受单一的宽度描述，如 sizes="100vw"；或者单一的媒体查询宽度描述，如 sizes="（min-width：320px）100vw"；或者逗号分隔的媒体查询对宽度的描述，如 sizes="（min-width：320px）100vw，（min-width：640px）50vw，calc（33vw - 100px）"。

☑ type（可选）

接受支持的 MIME 类型，如 type="image/webp" or type="image/vnd.ms-photo"。

浏览器根据 source 元素标签的列表顺序，使用第一个合适的 source 元素，并根据这些设置属性，加载确切的图片资源，同时忽略掉后面的 source 元素。

11.2.2 浏览器支持

目前 Chrome、Firefox、Opera 浏览器对其兼容性较好，具体细节可以访问 http：//caniuse.com/ 进行查询。如果要兼容早期版本浏览器，可以使用 Picturefill 插件。

☑ 官网地址：http：//scottjehl.github.io/picturefill/。

☑ 下载地址：http：//www.bootcdn.cn/picturefill/。

在文档头部导入如下插件文件。

```
<script src="picturefill.js"></script>
```

用户也可以通过异步加载脚本的方式以增加效率，具体说明可以参考 Picturefill 的文档 。有了这个插件，除了少数限制，picture 元素将正常运行。

Picturefill 在其他的 IE 版本中都可以正常工作，但是 IE9 却不能识别被包裹在 picture 元素中的 source 元素。为了解决这个问题，可以使用 video 元素包住 source 元素，这就会使它们在 IE9 中被识别，例如：

```
<picture>
    <!--[if IE 9]><video style="display: none; "><![endif]-->
    <source srcset="smaller.jpg" media="(max-width: 768px)">
    <source srcset="default.jpg">
    <!--[if IE 9]></video><![endif]-->
    <img srcset="default.jpg" alt="My default image">
</picture>
```

另外，Android 2.3 也识别不了在 picture 元素中的 source 元素。然而，在使用常规的 img 元素时，它就可以识别 srcset 属性。为了避免在 Android 2.3 及任何有相同问题的其他浏览器中出现此问题，要确保在 srcset 属性中存在默认用于回退的 img 元素的文件名。

有了这个基于 JavaScript 的解决方案，那么在浏览器中就需要支持 JavaScript。Picturefill 2.0 不提供“no-js”的解决方法，因为当原生浏览器支持 picture 元素时，将会出现多个图像。如果必须在 JavaScript 禁用状态下，则可以选择使用 Picturefill 1.2。

Picturefill 另外一个要求就是需要本地媒体特性的支持，从而使 media 属性中的特性能够正常工作。所有现代浏览器都支持媒体特性，IE8 以及更低版本的浏览器是剩下的唯一不支持的。

11.2.3　应用示例

如果 picture 与 audio、video 等元素协同合作将增强响应式图片工作的进程，它允许在其内部设置多个 source 元素，以指定不同的图像文件名，根据不同的条件进行加载。

【示例 1】下面的示例设计了针对不同屏幕宽度加载不同的图片；当页面宽度在 320 像素 ~640 像素时加载 minpic.png；当页面宽度大于 640 像素时加载 middle.png。

```
<picture>
    <source media="(min-width: 320px) and (max-width: 640px)" srcset="img/minpic.png">
    <source media="(min-width: 640px)" srcset="img/middle.png">
    <img src="img/picture.png" alt="this is a picture">
</picture>
```

【示例 2】下面的示例中添加了屏幕的方向作为条件，当屏幕为横屏方向时加载以 _landscape.png 结尾的图片；当屏幕为竖屏方向时加载以 _portrait.png 结尾的图片。

```
<picture>
    <source media="(min-width: 320px) and (max-width: 640px) and (orientation: landscape)" srcset="img/minpic_landscape.png">
    <source media="(min-width: 320px) and (max-width: 640px) and (orientation: portrait)" srcset="img/minpic_portrait.png">
    <source media="(min-width: 640px) and (orientation: landscape)" srcset="img/middlepic_landscape.png">
    <source media="(min-width: 640px) and (orientation: portrait)" srcset="img/middlepic_portrait.png">
    <img src="img/picture.png" alt="this is a picture">
</picture>
```

【示例 3】下面的示例中添加了屏幕像素密度作为条件。当像素密度为 2x 时，加载 _retina.png 的图片，

Note

当像素密度为 1x 时，加载无 retina 后缀的图片。

```
<picture>
    <source media="(min-width: 320px) and (max-width: 640px)" srcset="img/minpic.png, img/minpic_retina.png 2x">
    <source media="(min-width: 640px)" srcset="img/middle.png, img/middle_retina.png 2x">
    <img src="img/picture.png, img/picture_retina.png 2x" alt="this is a picture">
</picture>
```

【示例 4】下面的示例中添加了图片文件格式作为条件。当支持 webp 格式的图片时，加载 webp 格式图片，当不支持时，加载 png 格式的图片。

```
<picture>
    <source type="image/webp" srcset="img/picture.webp">
    <img src="img/picture.png" alt="this is a picture">
</picture>
```

【示例 5】下面的示例中添加了宽度描述。设计页面会根据当前尺寸选择加载不大于当前宽度的最大的图片。

```
<img src="picture-160.png" alt="this is a picture"
    sizes="90vw"
    srcset="picture-160.png 160w,
            picture-320.png 320w,
            picture-640.png 640w,
            picture-1280.png 1280w">
```

【示例 6】在下面示例中添加了 sizes 属性。当窗口宽度大于等于 800px 时，加载对应版本的图片。

```
<source media="(min-width: 800px)"
        sizes="90vw"
        srcset="picture-landscape-640.png 640w,
                picture-landscape-1280.png 1280w,
                picture-landscape-2560.png 2560w">
<img src="picture-160.png" alt="this is a picture"
    sizes="90vw"
    srcset="picture-160.png 160w,
            picture-320.png 320w,
            picture-640.png 640w,
            picture-1280.png 1280w">
```

11.3 案例实战

下面将结合具体案例深入讲解响应式图片的实战应用。

11.3.1 图片加载

本节示例中，我们将使用 picture 元素设计在不同视图下加载不同的图片，演示效果如图 11.1 所示。

（a）小屏

（b）中屏

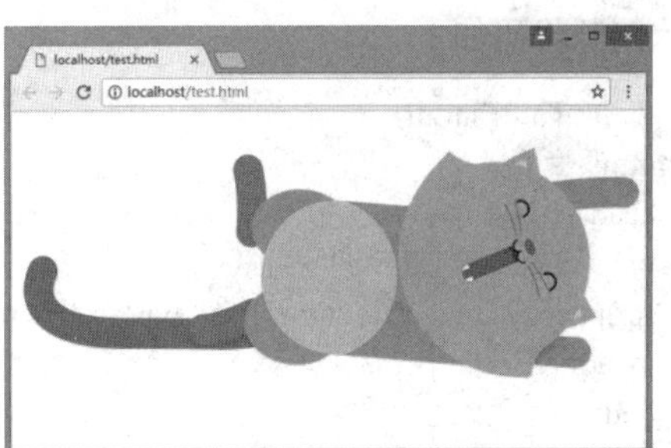

（c）大屏

图 11.1 加载多个图片

示例源代码如下。

```
<!DOCTYPE html>
<html>
<head>
<meta charset="utf-8">
<script src="images/picturefill.js" type="text/javascript"></script>
</head>
<body>
<picture>
    <source media="(min-width: 650px)" srcset="images/kitten-large.png">
    <source media="(min-width: 465px)" srcset="images/kitten-medium.png">
    <!—img 元素用于不支持 picture 元素的浏览器 -->
    <img src="images/kitten-small.png" alt="a cute kitten" id="picimg">
</picture>
</body>
</html>
```

11.3.2 针对不同设备调整显示焦点

在传统设计中，针对不同的设备常常通过 CSS 调整图片的大小，以适应不同设备的显示。但是这种方法存在一个问题：在小设备中，图片由于被压缩得很小，图片焦点信息无法准确传递。本节示例设计在计算机端浏览器中显示大图广告，而当在移动设备中预览时，仅显示广告图中的焦点信息，效果如图 11.2 所示。

（a）桌面屏幕

（b）移动设备中

图 11.2 针对不同设备显示不同焦点图

Note

示例源代码如下。

```
<!DOCTYPE html>
<html>
<head>
<meta charset="UTF-8">
<script src="images/picturefill.js" type="text/javascript"></script>
</head>
<body>
<picture>
    <source srcset="images/big.jpg" media="(min-width: 800px)">
    <img srcset="images/small.jpg"> </picture>
</body>
</html>
```

11.3.3 使用媒体查询调整显示焦点

针对上节的示例，本节示例巧用媒体查询，根据屏幕宽度的不同，显示不同大小的响应式图片。首先，编写 HTML 代码，设计广告框 <div class="changeImg">；然后，引入 CSS 的样式类 changeImg，便于使用媒体查询技术；接着，在 CSS 代码中利用 media 关键字，当屏幕宽度大于等于 641 像素时，显示 big.jpg 图片；当屏幕宽度小于 641 像素时，显示 small.jpg 图片。

示例源代码如下。

```
<!DOCTYPE html>
<html>
<head>
<meta charset="UTF-8">
<style>
/* 当屏幕宽度大于 641 像素时 */
@media screen and (min-width: 641px) {
    .changeImg {
        background-image: url(images/big.jpg);
        background-repeat: no-repeat;
        height: 440px;
    }
}
/* 当屏幕宽度小于 641 像素时 */
@media screen and (max-width: 640px) {
    .changeImg {
        background-image: url(images/small.jpg);
        background-repeat: no-repeat;
        height: 440px;
    }
}
</style>
</head>
<body>
<div class="changeImg"></div>
```

```
</body>
</html>
```

11.3.4　图片分辨率处理

【示例 1】假设一张图片有 3 种分辨率的版本，小的图片针对小屏幕，中等的图片针对中等屏幕，还有比较大的图片针对所有其他屏幕。下面的代码可以让浏览器知道这 3 个版本。

```
<img src="pic_small.jpg"
     srcset=" pic_medium.jpg 1.5x,
              pic_large.jpg 2x" >
```

这是实现响应式图片最简单的语法。首先，src 属性在这里有两个角色：一是指定 1 倍大小的小图片，二是在不支持 srcset 属性的浏览器中用作后备。正因为如此，才给它指定了最小的图片，好让旧版本的浏览器以最快的速度取得它。

对于支持 srcset 属性的浏览器，通过逗号分隔的图片描述，让浏览器自己决定选择哪一个。图片描述首先是图片名（如 pic_medium.jpg），然后是一个分辨率说明。上面的示例的代码是 1.5x 和 2x，其中的数字可以是任意整数，如 3x 或 4x 都可以，如果有可能使用那么高分辨率的屏幕的话。

【示例 2】设计 srcset 和 sizes 联合切换。

在响应式设计中，经常可以看到在小屏幕中可以全屏显示，而在大屏幕上只显示一半宽的图片。

```
<img srcset="pic-small.jpg 450w, pic-medium.jpg 900w"
    sizes="(min-width: 17em) 100vw, (min-width: 40em) 50vw" src="sconessmall.jpg" >
```

这里使用了 srcset 属性。不过，本例在指定图片描述时，添加了以 w 为后缀的值。这个值的意思是告诉浏览器图片有多宽。这里表示图片分别是 450 像素宽（pic-small.jpg）和 900 像素宽（pic-medium.jpg）。但这里以 w 为后缀的值并不是“真实”大小，它只是对浏览器的一个提示，大致等于图片的“CSS 像素”大小。

提示： 使用 w 后缀的值对引入 sizes 属性非常重要。通过后者可以把意图传达给浏览器。在上面的示例中，我们用第一个值告诉浏览器“在最小宽度为 17em 的设备中，想让图片显示的宽度约为 100vw”。

sizes 属性的第二个值告诉浏览器设备宽度大于等于 40em，让对应的图片显示为 50vw 宽。我们用 DPI（或 DPR，即 Device Pixel Ratio，设备像素比）来解释就明白了。例如，如果设备宽度是 320 像素，而分辨率为 2x（实际宽度是 640 像素），那浏览器可能会选择 900 像素宽的图片，因为对当前屏幕宽度而言，它是第一个符合要求的足够大的图片。

11.3.5　设计图文版式

本节示例模拟携程旅行网的最佳旅游景区网页，效果如图 11.3 所示。整个页面主体为上、下结构。顶部内容为标题图片，底部内容为最佳旅游景区的图片和景区简介。顶部结构使用 header 元素实现，底部结构使用 section 元素实现。

沟内遍布原始森林，分布着无数的河湖，飞动与静谧结合，变幻无穷，美丽到让人失语。

景区中的千座石峰拔地而起，八百条溪流蜿蜒曲折，被

图 11.3　设计图文版式

页面基本框架代码如下。

```
<header class="header"> </header>
<section class="wrap"> </section>
```

下面我们重点看一下页面正文部分的图文版式设计。结构如下。

```
<section class="wrap">
    <ul class="pic-list">
        <li> <a class="jump" data-type="3" data-id="25" data-name=" 九寨沟 " href=#">
            <div class="pic-box"> <img src="images/01.jpg" alt=" 九寨沟 " /> <span class="number cffaa39">1</span>
                <div class="title">
                    <div class="title-name"> 九寨沟 </div>
                    <ul class="score-list">
                        <li class="icon-score-full"></li>
                        <li class="icon-score-empty"></li>
                    </ul>
                </div>
            </div>
            <div class="sub"> <span> 沟内遍布原始森林，分布着无数的河湖，飞动与静谧结合，变幻无穷，
            美丽到让人失语。</span> </div>
            </a> </li>
        <li>……</li>
    </ul>
</section>
```

主体图文版式使用 <section class="wrap"> 定义，内部包含一个列表结构 <ul class="pic-list">，每个列表项目定义一个图文小栏目。

在图文栏目中，使用 <div class="pic-box"> 设计图片显示，使用 <div class="sub"> 设计文字说明。在图

片显示框中，包含一个标题文字和序号文字，以及装饰图标。然后使用 CSS 定义显示样式。具体说明如下。

第 1 步，设计图文栏目为白色背景，与页面浅灰色背景色区分开来。

```
.pic-list li { background-color: #fff; margin-bottom: 10px }
```

第 2 步，设计 img、span 和 a 元素的基本样式。

```
.pic-list img, .pic-list .sub span { display: block; color: #333 }
.pic-list a { display: block; color: #333 }
```

第 3 步，设计图片框 <div class="pic-box"> 相对定位，这样可以在其内部精确定位数字编号和图标。

```
.pic-list .pic-box { position: relative }
```

第 4 步，设计数字编号样式，并固定在图片左上角位置。

```
.pic-list .number { background-color: #ffaa39; color: #fff; font-family: helvetica; font-size: 38px; height: 50px; width: 50px; line-height: 50px; display: block; text-align: center; overflow: hidden; position: absolute; top: 0; left: 0 }
.pic-list .cffaa39 { background-color: #099fde }
```

第 5 步，设计图文标题框绝对定位，固定在图片左下角位置，其中包括标题文本和图标。

```
.pic-list .title { background：-webkit-gradient（linear, 0 5%, 0 100%, from（transparent）, to（rgba（0, 0, 0, .5）)); width：100%; padding：0 10px；box-sizing：border-box；-webkit-box-sizing：border-box；position：absolute；bottom：0; left：0; overflow：hidden }
```

第 6 步，设计标题文本显示样式，同时设计图标样式。

```
.pic-list .title-name { color: #fff; font-size: 20px; font-weight: 700; line-height: 35px; float: left }
.pic-list .score-list { margin-top: 10px; padding-left: 7px; overflow: hidden }
.pic-list .score-list li { background-color: transparent; margin: 0 1px 0 0; height: 15px; width: 15px; float: left; background-size: 15px; -webkit-background-size: 15px }
.pic-list .score-list .icon-score-full { background-image: url(../images/icon_score_full.png) }
.pic-list .score-list .icon-score-empty { background-image: url(../images/icon_score_empty.png) }
.pic-list .score-list .icon-score-half { background-image: url(../images/icon_score_half.png) }
```

第 7 步，设计图片下面的文字说明样式，让文字与图片上下堆叠布局。

```
.pic-list .sub { border-width：1px；border-top-width：0；border-image：url（../images/icon_border_half.png）2 stretch；-webkit-border-image：url（../images/icon_border_half.png）2 stretch；padding：10px 11px；box-sizing：border-box；-webkit-box-sizing：border-box；overflow：hidden }
.pic-list .sub span: nth-child(2) { color: #999; font-size: 11px; text-align: right; position: relative }
```

11.3.6　设计热点景点栏目

本节示例通过对旅游网站的景点推荐网页的设计，重点熟悉 HTML5 中的图像元素、CSS 的背景设置等，练习在网页中合理地插入图像，学会恰当应用图片设计景点推荐网页的方法。页面效果如图 11.4 所示。

Note

图 11.4 热点景点推荐网页

整个页面包含 3 部分：顶部为导航栏，中间为热点景区列表，底部为版权信息区域，基本框架代码如下。

```
<div class="wrapfix">
    <nav class="wrapline"> </nav>
    <section class="m-carousel m-fluid m-carousel-photos">
        <div class="m-carousel-inner"></div>
        <div class="m-carousel-controls m-carousel-bulleted"> </div>
    </section>
    <section>
        <div id="hotlistWrapper">
            <div class="hotlist"> </div>
            <div class="hot-item">
                <div class="hotbox"> </div>
                <div class="hotbox"> </div>
            </div>
            ……
        </div>
        <div class="show-more"> </div>
    </section>
    <footer class="footer" data-config-type=""></footer>
</div>
```

下面结合主体结构简单说明一下实例设计过程。

第 1 步，在主体结构中，<nav class="wrapline"> 负责设计置顶导航条，它包含 4 个项目：首页、专辑、发现、搜索。在 main.css 样式表文件中，通过下面两个样式，使用 CSS3 伸缩盒布局让每个项目平均分布、水平排列。

```
nav { display: box; display: -webkit-box; box-orient: horizontal; -webkit-box-orient: horizontal; width: 100%; background: #9ac969; border-top: 1px solid #e9e9e9; border-bottom: 1px solid #e9e9e9; list-style-type: none; margin-bottom: 5px }
nav a { display: inline-block; height: 40px; line-height: 40px; text-align: center; border-radius: 2px; font-weight: bold; font-size: 16px; border-left: 1px solid #fff; -webkit-box-flex: 1; -moz-box-flex: 1; box-flex: 1; }
```

第 2 步，<section class="m-carousel m-fluid m-carousel-photos"> 框用来设计灯箱广告。其中 <div class=

"m-carousel-inner"> 子框用来包裹所有的图文框（<div class="m-item">），在图文框中包裹广告大图和一段说明文字。<div class="m-carousel-controls m-carousel-bulleted"> 子框包含多个链接数字，用来显示切换导航按钮。这些导航按钮以绝对定位的方式显示在焦点图的右下角位置，如图 11.5 所示。

```
.m-carousel-controls { position: absolute; right: 10px; bottom: 10px; text-align: center }
.m-carousel-controls a { padding: 5px; -webkit-user-select: none; -moz-user-select: -moz-none; user-select: none; -webkit-user-drag: none; -moz-user-drag: -moz-none; user-drag: none }
```

图 11.5　设计焦点图

第 3 步，在 <section> 区域，内嵌了一层容器 <div id="hotlistWrapper">，其中包含了两组子模块，它们的结构相同，都包含两部分：第一部分是 <div class="hotlist">，定义子模块的标题；第二部分是 <div class="hot-item">，内部又包含两个图文框 <div class="hotbox">，效果如图 11.6 所示。

图 11.6　设计图文框

第 4 步，在 main.css 样式表文件中，通过 .hot-item 弹性容器，让两个图文框水平显示。通过 .hotbox img 选择器，为图片加上内补白和圆角边框，设计一种外延线和圆角特效。

```
.hot-item { width: 100%; display: box; display: -webkit-box; display: -moz-box }
.hotbox { padding: 0 8px; text-align: center; -webkit-box-flex: 1; -moz-box-flex: 1 }
.hotbox img { border: 1px solid #ccc; padding: 0.3em; border-radius: 5px }
.hotbox p { clear: both; text-align: center; color: #666; height: 21px; line-height: 21px; font-size: 16px; text-overflow: clip; overflow: hidden; white-space: nowrap; padding: 10px 0 }
```

11.3.7　设计图片分享页面

本节示例模拟去哪儿旅行网的 Touch 版旅图网页，如图 11.7 所示。主体为上、中、下结构，顶部内容包括主页链接按钮、标题文字、Logo 图片和下载链接按钮等多个超链接，中部内容包括多行旅行图片，底部内容包括多个导航超链接和版权信息。顶部结构使用 header 元素实现，中部结构使用 article 元素实现，底部结构使用 footer 元素实现。

Note

图 11.7　设计旅游图片分享页面

页面基本框架代码如下。

```
<header>
    <div class="channel"> </div>
    <div data-role="header" class="logoheader ui-header ui-bar-a" role="banner"> </div>
</header>
<article data-role="content" class="content_list ui-content" role="main"> </article>
<footer id="qunarFooter" class="qn_footer"> </footer>
```

下面我们重点分析一下中间区域的主体内容块和页脚栏的设计。

第 1 步，主体区域使用 <article data-role="content" class="content_list ui-content" role="main"> 定义，其包裹一个列表结构 <ul id="albumList" data-inset="true" data-header-theme="e">。

第 2 步，在列表框中包含两个列表项目，每个列表项目结构相同。

```
<li><a href="#" onclick="" rel="external" class="ui-link"> <img src="images/01.jpg" original="#jpg" width="300"
    height="170" /> </a>
    <section class="text_layer p10 font-yahei">
        <h2 class="f16 fb fefefe fn-tl"> 烟花三月 </h2>
        <aside class="f12 bbb"> <span class="fn-fl">2014-04-05【3 天 81 张图】瘦西湖 </span> <span class="fn-fr">
            by 小丽 </span> </aside>
    </section>
</li>
```

列表项目包含一个大的分享图片，以及图片的相关说明信息，说明信息使用 <section class="text_layer p10 font-yahei"> 进行组织，其中使用 <h2> 定义说明的标题，使用 <aside class="f12 bbb"> 定义分享的图片数、地点和作者。

第 3 步，本示例的组件样式模仿了 jQuery Mobile，考虑到 jQuery Mobile 框架比较大，这里仅把需要的

组件样式复制过来进行设计，然后在 class 中进行引用。

第 4 步，通过定位的方式，把 <section class="text_layer p10 font-yahei"> 固定在图片的底部，以半透明色进行显示，效果如图 11.8 所示。

图 11.8　设计图片文字说明样式

样式代码如下。

```
.text_layer { width: 280px; position: absolute; bottom: 0; left: 0; background-color: rgba(0, 0, 0, 0.6); opacity: 1; text-shadow: none; }
```

第 5 步，在 <article> 包含框底部放置一个长条形按钮，代码如下。

```
<div data-role="button" data-theme="a" onclick="nextPage ( ) " id="change" class="f14 ui-btn ui-btn-up-a ui-shadow ui-btn-corner-all" data-corners="true" data-shadow="true" data-iconshadow="true" data-wrapperels="span"> <span class="ui-btn-inner ui-btn-corner-all"><span class="ui-btn-text"> 点击查看更多 </span></span> </div>
```

这里完全套用了 jQuery Mobile 按钮组件的样式设计。

第 6 步，在 <footer id="qunarFooter" class="qn_footer"> 区域包含了 4 行结构。第一行使用 <div class="main_nav_wrapper"> 定义，其包含一个列表结构 <ul class="main_nav" id="qunarFooterUL">，其中包裹了多个导航按钮，样式也采用了 jQuery Mobile 导航按钮组件的设计，如图 11.9 所示。

图 11.9　设计导航按钮组样式

第 7 步，第二行是一个列表结构，使用 <ul class="footer_nav" id="qunarFooterBottom"> 定义，它包含多个导航链接文本，包括登录、我的订单、最近浏览、关于我们。第三行也是一个列表结构，使用 <ul class="mobile_pc"> 定义，包括触屏版、电脑版。第四行使用 <div class="copyright"> 定义版权信息区块。

11.3.8 设计图片列表页面

Note

本节示例模拟马蜂窝的推荐旅游目的地网页，效果如图 11.10 所示。整个页面从上至下包括 4 个组成部分，分别为链接按钮和标题文字、搜索文本框、选项卡标题栏、推荐旅游目的地的图片列表。

图 11.10 设计图片列表页面

页面基本框架代码如下。

```
<header class="m-head"> </header>
<section class="mdd_sea"> </section>
<nav class="mdd_menu"> </nav>
<section class="mdd_con"> </section>
```

第 1 步，首先我们来看一下标题栏。标题栏包含 1 个标题和 3 个按钮。左侧是“返回”按钮图标，中间为标题文本，右侧为联系信息按钮，以及“打卡”按钮，结构代码如下。

```
<header class="m-head">
<a class="btn back" href="http: //m.mafengwo.cn/" id="head_return_btn"></a>
    <div class="bar-c">
        <h1> 推荐旅游目的地 </h1>
    </div>
    <a class="btn message" href="#"></a>
    <div class="bar-r"> <a href="http: //m.mafengwo.cn/login.php?s=1" id="btn_card" class="nav ka"> 打 卡 </a> </
        div>
</header>
```

第 2 步，标题栏下面是一个大的搜索文本框，使用 <section class="mdd_sea"> 包裹。搜索框使用 autocomplete="on" 开启自动完成功能，定义 placeholder 自动提示文本。

```
<section class="mdd_sea">
```

```
    <div class="searcher">
        <input type="search" name="q" autocomplete="on" id="mdd_search_box_new" placeholder=" 搜索你想去的地
            方 " />
    </div>
</section>
```

第 3 步，搜索框下面是一个导航菜单，使用 <nav class="mdd_menu"> 设计。然后通过 CSS+JavaScript 配合设计为 Tab 选项卡样式，如图 11.11 所示。

```
<nav class="mdd_menu">
    <ul>
        <li><em></em><a href="#" class="on"> 推荐 </a></li>
        <li><em></em><a href="#" class=""> 国内 </a></li>
        <li><em></em><a href="#" class=""> 国际 </a></li>
    </ul>
</nav>
```

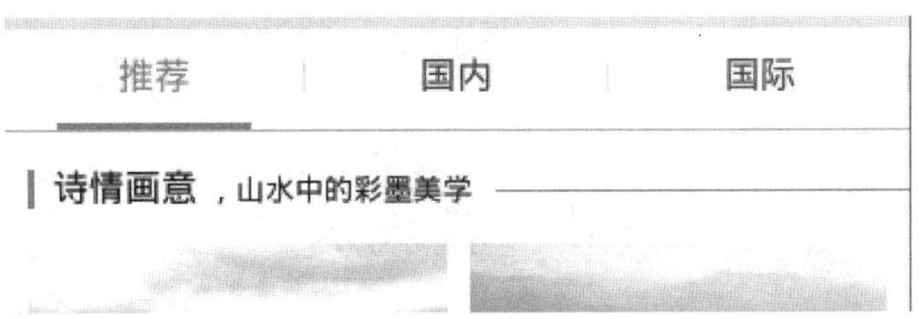

图 11.11　设计选项卡面板

第 4 步，在选项卡标题栏下面，是选项卡内容区域，当点击“推荐”“国内”“国际”不同选项后，主体区域会切换显示不同的内容项目。由于本例是以模板形式进行设计，内容显示将作为后期工作，由后台动态生成。结构如下。

```
<section class="mdd_con">
    <div class="mdd_box">
        <div class="mdd_tit"> <span> <strong style="font-size: 16px; font-weight: normal; "> 诗情画意 </strong>, 山
            水中的彩墨美学 </span> </div>
        <div class="slider-wrapper">
            <ul class="mdd_silde">
                <li><a href="#"><img class="lazy" data-url="#.jpeg" /><span> 宏村 </span></a></li>
                <li><a href="#"><img class="lazy" data-url="#.jpeg" src="images/01.jpeg" /><span> 千岛湖 </span>
                    </a></li>
            </ul>
            <ul class="mdd_silde">……</ul>
        </div>
    </div>
    <div class="mdd_box">……</div>
</section>
```

整个结构由 <section class="mdd_con"> 定义，内部包含两个 <div class="mdd_box"> 盒子，每个盒子中又包含两部分：标题框 <div class="mdd_tit"> 和内容框 <div class="slider-wrapper">，内容框内定义一个列表结构，包含两个项目，分别用来显示一个图文信息，如图 11.12 所示。

Note

图 11.12　设计图文列表栏目

在线练习

11.4　在线练习

多媒体已成为网站的必备元素，使用多媒体可以丰富网站的效果和内容，带给人充实的视觉体验，体现网站的个性化服务，吸引用户的回流，突出网站的重点。本节将通过大量的上机示例，帮助初学者练习使用 HTML5 多媒体 API 丰富页面信息。

设计移动表单

（视频讲解：1小时12分钟）

表单为访问者提供了与网站进行交流的途径。表单有两个基本组成部分：访问者在页面上可以看见并填写的控件、标签和按钮的集合，以及用于获取表单信息，并将其转化为可以读取或计算的格式的处理脚本。

在HTML5之前，要添加日期选择器、占位符文本和范围滑块等到表单中，总是依靠JavaScript。同样，也没有简单的方式来告诉用户我们期望的输入值，如电话号码、邮件地址或者URL等，HTML5基本上解决了这些问题。本章将重点介绍HTML5中的表单特性，学会如何使用最新的CSS功能在多个设备上简单布置我们的表单。

【学习重点】

- 创建表单。
- 创建文本框、密码框、文本区域、电子邮件（E-mail）框等各种输入框。
- 创建单选按钮、复选框、选择框、提交按钮等各种交互控件。
- 对表单元素进行组织。

12.1 认识 HTML5 表单

Note

HTML5 Web Forms 2.0（http://www.w3.org/Submission/web-forms2/）对 HTML4 表单进行全面升级，在保持原有简便易用的特性基础上，增加了许多内置控件、属性，以满足用户的设计需求。通过访问 https://caniuse.com/ 可以了解浏览器对 HTML5 Web Forms 2.0 的支持情况 。

HTML5 新增输入型表单控件如下。

☑ 电子邮件框：<input type="email">。

☑ 搜索框：<input type="search">。

☑ 电话框：<input type="tel">。

☑ URL 框：<input type="url">。

以下控件得到了部分浏览器的支持，更多信息参见 www.wufoo.com/html5。

☑ 日期：<input type="date">，浏览器支持参见 https：//caniuse.com/#feat=input-datetime。

☑ 数字：<input type="number">，浏览器支持参见 https：//caniuse.com/#feat=input-number。

☑ 范围：<input type="range">，浏览器支持参见 https：//caniuse.com/#feat=input-range。

☑ 数据列表：<input type="text" name="favfruit" list="fruit" />

```
<datalist id="fruit">
    <option> 备选列表项目 1</option>
    <option> 备选列表项目 2</option>
    <option> 备选列表项目 3</option>
</datalist>
```

下面的控件或者元素在最终规范出来之前争议较大，浏览器厂商对其支持也不统一，W3C 曾经指出它们在 2014 年定案之时很可能不会列入 HTML5，但是最终还是相互妥协，保留了下来。

☑ 颜色：<input type="color" />。

☑ 全局日期和时间：<input type="datetime" />。

☑ 局部日期和时间：<input type="datetime-local" />。

☑ 月：<input type="month" />。

☑ 时间：<input type="time" />。

☑ 周：<input type="week" />。

☑ 输出：<output></output>。

HTML5 新增的表单属性如下。

☑ accept：限制用户可上传文件的类型。

☑ autocomplete：如果对 form 元素或特定的字段添加 autocomplete="off"，就会关闭浏览器对该表单或该字段的自动填写功能。默认设置为 on。

☑ autofocus：页面加载后将焦点放到该字段中。

☑ multiple：允许输入多个电子邮件地址，或者上传多个文件。

☑ list：将 datalist 与 input 联系起来。

☑ maxlength：指定 textarea 的最大字符数，在 HTML5 之前的文本框就支持该特性。

☑ pattern：定义一个用户所输入的文本在提交之前必须遵循的模式。

- ☑ placeholder：指定一个出现在文本框中的提示文本，用户开始输入后，该文本消失。
- ☑ required：需要访问者在提交表单之前必须完成该字段。
- ☑ formnovalidate：关闭 HTML5 的自动验证功能。应用于提交按钮。
- ☑ novalidate：关闭 HTML5 的自动验证功能。应用于表单元素。

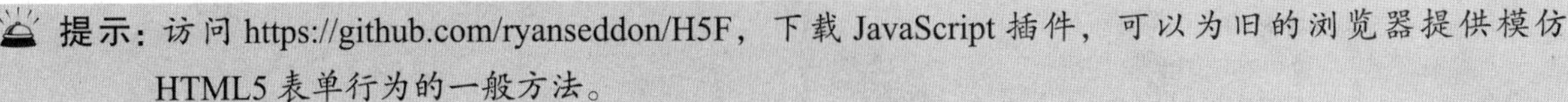

提示：访问 https://github.com/ryanseddon/H5F，下载 JavaScript 插件，可以为旧的浏览器提供模仿 HTML5 表单行为的一般方法。

12.2　定义表单

视频讲解

表单结构一般都以 <form> 开始，以 </form> 结束。两个标签之间是组成表单的标签、控件和按钮。访问者通过提交按钮提交表单，填写的信息就会发送给服务器。

【示例 1】 新建 HTML5 文档，保存为 test.html，在 <body> 内使用 <form> 标签，包含两个 <input> 标签和一个提交按钮，并使用 <p> 标签把按钮和文本框分行显示。

```
<h2> 会员登录 </h2>
<form action="#" method="get" id="form1" name="form1">
    <p> 会员 : <input name="user" id="user" type="text" /></p>
    <p> 密码 : <input name="password" id="password" type="text" /></p>
    <p><input type="submit" value=" 登录 "/></p>
</form>
```

<form> 开始标签可以有一些属性，其中最重要的就是 action 和 method。将 action 属性的值设为访问者提交表单时服务器上对数据进行处理的脚本的 URL。例如，action="save-info.php"。

method 属性的值要么是 get，要么是 post。大多数情况下都可以使用 post，不过每种方法都有其用途，了解其用途有助于理解它们。在 IE 浏览器中预览，演示效果如图 12.1 所示。

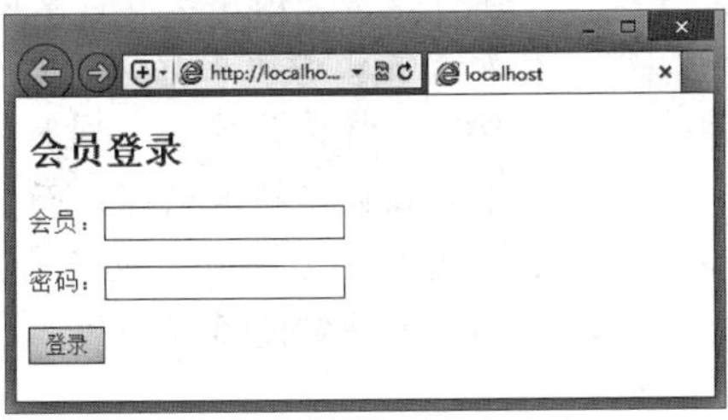

图 12.1　表单的基本效果

Form 元素包含很多属性，其中 HTML5 支持的属性如表 12.1 所示。

表 12.1　HTML5 支持的 form 属性

属　　性	值	说　　明
accept-charset	charset_list	规定服务器可处理的表单数据字符集
action	URL	规定当提交表单时向何处发送表单数据
autocomplete	on、off	规定是否启用表单的自动完成功能
enctype	application/x-www-form-urlencode（默认内容类型）和 multipart/form-data（二进制编码形式进行传输）	规定在发送表单数据之前如何对其进行编码
method	get、post	规定用于发送 form-data 的 HTTP 方法
name	form_name	规定表单的名称
novalidate	novalidate	如果使用该属性，则提交表单时不进行验证
target	_blank、_self、_parent _top、framename	规定在何处打开 action URL

【示例2】下面是一个简单的用户登录表单。

```
<form method="post" action="show-data.php">
    <! 各种表单元素 >
    <fieldset>
        <h2 class="hdr-account"> 登录 </h2>
        <div class="fields">
            <p class="row">
                <label for="first-name"> 用户名 : </label>
                <input type="text" id="first-name" name="first_name" class="field-large" />
            </p>
            <p class="row">
                <label for="last-name"> 昵称 : </label>
                <input type="text" id="last-name" name="last_name" class="field-large" />
            </p>
        </div>
    </fieldset>
    <!-- 提交按钮 -->
    <input type="submit" value=" 提 交 " class="btn" />
</form>
```

提示：如果对表单使用 method="get"，那么表单提交后，表单中的数据会显示在浏览器的地址栏里。通常，如果希望表单提交后从服务器得到信息，就使用 get。例如，大多数搜索引擎都会在搜索表单中使用 get 提交表单，搜索引擎会得到搜索结果。由于数据出现在 URL 中，因此用户可以保存搜索查询，或者将查询发给朋友。

如果对表单使用 method="post"，那么提交表单后，表单中的数据不会显示在浏览器的地址栏里，这样更为安全。同时，比起 get，使用 post 可以向服务器发送更多的数据。通常，post 用于向服务器存入数据，而非获取数据。因此，如果需要在数据库中保存、添加和删除数据，就应选择 post。例如，电子商务网站使用 post 保存密码、邮件地址以及其他用户输入的信息。通常，如果不确定使用哪一种，就使用 post，这样数据不会暴露在 URL 中。

12.3 提交表单

表单从访问者那里收集信息，最终还需要把收集的信息发送给服务器，这个操作过程就是提交表单，涉及两个技术：表单验证和数据处理。

表单验证指的是提交表单时，对用户输入的每个字段的内容进行检查，看是否符合预期的格式。例如，对于电子邮件字段，检查输入是否为正确的电子邮件地址格式。

表单验证的任务可以归纳下面几种类型：

☑ 必填检查。

☑ 范围校验。

☑ 比较验证。

☑ 格式验证。

☑ 特殊验证。

必填检查是最基本的任务。常规设计中包括3种状态：输入框获取焦点提示；输入框失去焦点验证错误提示；输入框失去焦点验证正确提示。首先确定输入框是否是必填项，然后就是提示消息的显示位置。

范围校验稍微复杂一些，在校验中需要做如下区分：输入的数据类型为字符串、数字和时间。如果是字符串，则比较字符串的长短；对数字和时间涞水，则比较值的大小。

比较验证相对简单，无须考虑输入内容，只需要引入一个正则表达式就可以了。

格式验证和特殊验证，都必须通过正则表达式才能够完成。

有的HTML5表单元素有内置的验证功能，表单验证一般在客户端使用JavaScript脚本完成，出于安全性考虑，特殊值验证需要在服务器端执行，如注册的用户名是否存在，用户输入密码是否正确等。

数据处理主要在服务器端完成，服务器端脚本可以将信息记录到服务器上的数据库里，通过电子邮件发送信息，或者执行很多其他的功能。

对于刚起步的读者来说，PHP是一个不错的选择，因为用它处理一些常见任务很简单。除了PHP，还可以选择其他语言，如Django、Ruby、ASP.NET、JSP等。

12.4 组织表单

视频讲解

使用fieldset元素可以组织表单结构，为表单对象进行分组，这样表单会更容易理解。在默认状态下，分组的表单对象外面会显示一个包围框。

使用legend元素可以定义每组的标题，描述每个分组的目的，有时这些描述还可以使用h1 ~ h6标题。默认显示在<fieldset>包含框的左上角。

对于一组单选按钮或复选框，建议使用<fieldset>把它们包围起来，为其添加一个明确的上下文，让表单结构显得更清晰。

【示例】本例编写一个复杂的表单结构，设计一个网站调查页面。在表单结构中为2个表单部分分别使用fieldset，同时为其添加了一个legend元素，用于描述分组的内容。效果如图12.2所示。

```
<h1>用户信息登录</h1>
<form action="#" class="form1">
    <fieldset class="fld1">
        <legend>个人信息</legend>
        <p><label for="name">姓名</label><input id="name"></p>
        <p><label for="address">地址</label><input id="address"></p>
        <p><label for="sex">性别</label>
            <select id="sex">
                <option value="female">女</option>
                <option value="male">男</option>
            </select>
        </p>
    </fieldset>
    <hr>
    <fieldset class="fld2">
        <legend>其他信息</legend>
        <p><fieldset>
            <legend>你喜欢什么运动?</legend>
```

```
            <label for="football">
                <input id="football" name="yundong" type="checkbox"> 足球 </label>
            <label for="basketball">
                <input id="basketball" name="yundong" type="checkbox"> 篮球 </label>
            <label for="ping">
                <input id="ping" name="yundong" type="checkbox"> 乒乓球 </label>
        </fieldset></p>
        <p><fieldset>
            <legend> 请写下你的建议？</legend>
            <label for="comments">
                <textarea id="comments" rows="7" cols="25"></textarea></label>
        </fieldset></p>
    </fieldset>
    <input value=" 提交个人信息 " type="submit">
</form>
```

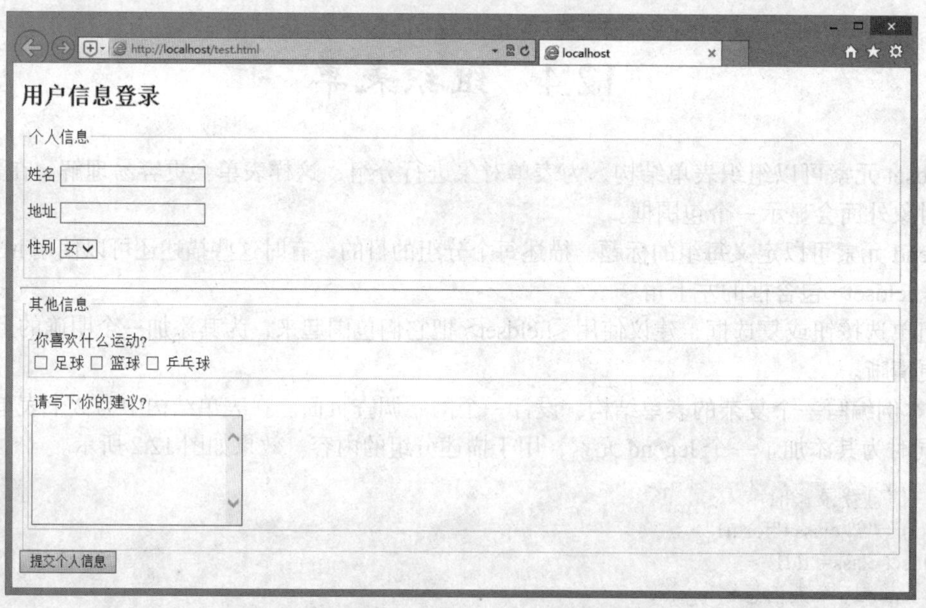

图 12.2　设计表单结构分组

legend 可以提高表单的可访问性。对于每个表单字段，屏幕阅读器都会将与之关联的 legend 文本念出来，从而让访问者了解字段的上下文。这种行为在不同的屏幕阅读器和浏览器上并不完全一样，不同的模式下也不一样。因此可以使用 h1~h6 标题代替 legend 来识别一些 fieldset。但是对于单选按钮，建议使用 fieldset 和 legend。

视频讲解

12.5　定义文本框

非标准化的短信息，应该建议用户输入，而不是让用户选择，如姓名、地址、电话等。使用输入框收集会比使用选择的方式收集更加简便、宽容。

文本框是用户提交信息最主要的控件，定义方法如下。

☑ 第一种方式：<input />。

☑ 第二种方式：<input type="" />。

☑ 第三种方式：<input type="text" />。

遵循 HTML 标准，推荐第三种方式定义文本框。

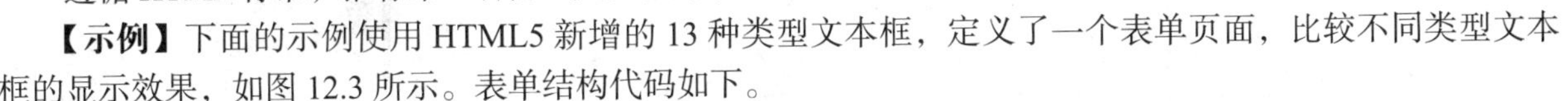

【示例】下面的示例使用 HTML5 新增的 13 种类型文本框，定义了一个表单页面，比较不同类型文本框的显示效果，如图 12.3 所示。表单结构代码如下。

```
<form action="#">
    <fieldset>
        <legend> 输入型文本框 </legend>
        <label for="email">Email</label>
        <input  type="email"  name="email"  id="email"  />
        <label for="url">Url</label>
        <input  type="url"  name="url"  id="url"  />
        <label for="number">Number</label>
        <input  type="number"  name="number" id="number"  step="3" />
        <label for="tel">Tel</label>
        <input  type="tel"  name="tel"  id="tel"  />
        <label for="search">Search</label>
        <input  type="search"  name="search"  id="search"  />
        <label for="range">Range</label>
        <input  type="range"  name="range" id="range"  value="100" min="0" max="300"  />
        <label for="color">Color</label>
        <input  type="color"  name="color"  id="color"  />
    </fieldset>
    <fieldset>
        <legend> 日期时间型文本框 </legend>
        <label for="time">Time</label>
        <input  type="time"  name="time"  id="time"  />
        <label for="date">Date</label>
        <input  type="date"  name="date"  id="date"  />
        <label for="month">Month</label>
        <input  type="month"  name="month"  id="month"  />
        <label for="week">Week</label>
        <input  type="week"  name="week"  id="week"  />
        <label for="datetime">Datetime</label>
        <input  type="datetime"  name="datetime"  id="datetime"  />
        <label for="datetime-local">Datetime-Local</label>
        <input  type="datetime-local"  name="datetime-local"  id="datetime-local"  />
    </fieldset>
    <input  type="submit"  value=" 提 交 " />
</form>
```

在上面的代码中，为每个文本框设置 name 和 id 属性，name 是提交数据的句柄，id 是 JavaScript 和 CSS 控制句柄，或者作为 for 的绑定目标。只有在希望为文本框添加默认值的情况下才需要设置 value 属性。

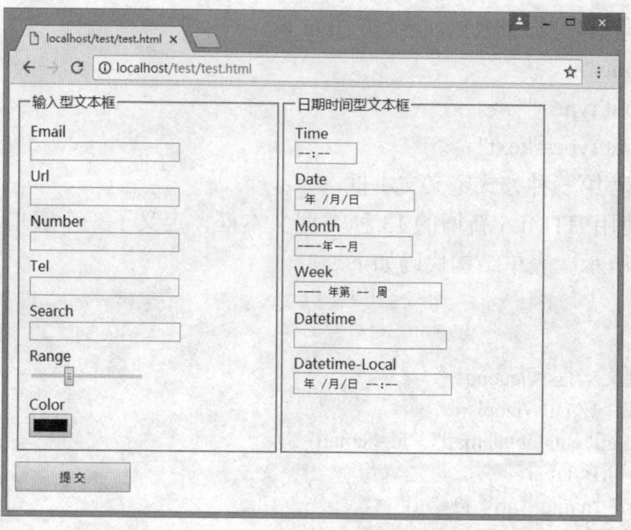

图 12.3　比较不同类型的输入文本框

12.6　定义标签

使用 label 元素可以定义表单对象的提示信息。通过 for 属性，可将提示信息与表单对象绑定在一起。设计方法：设置 for 属性值与一个表单对象的 id 的值相同，这样 label 就与该对象显式地关联起来了。当用户单击提示信息时，将会激活对应的表单对象。这对提升表单的可用性和可访问性都有帮助。

提示，如果不使用 for 属性，通过 label 元素包含表单对象，也可以实现相同的设计目的。

【示例】 本示例使用 label 定义提示标签，提升用户体验。表单结构如下。

```
<h1> 会员登录 </h1>
<form action="#" method="get" id="form1" name="form1">
    <p class="row">
        <label for="name"> 会员 <span class="required">*</span></label>
        <input type="text" id="name" name="name" required="required" aria-required="true" />
    </p>
    <p class="row">
        <label for="password"> 密码 <span class="required">*</span></label>
        <input type="password" id="password" name="password"  required="required" aria-required="true" />
    </p>
    <p class="row center"><input type="submit" value=" 登 录 "/> </p>
</form>
```

然后使用 CSS 为标签添加样式，让表单变得更方便使用和更好看。

```
label {/* 标签样式 */
    cursor: pointer;
    display: inline-block;
    padding: 3px 6px;
    text-align: right;
```

```
        width: 80px;
        vertical-align: top;
}
```

定义 cursor: pointer;，当访问者指向标签时，显示为手形就能提示用户这是一个可以操作的元素。使用 vertical-align: top; 让标签与相关的表单字段对齐。设计效果如图 12.4 所示。

图 12.4　添加提示文本

for 属性关联还可以让屏幕阅读器将文本标签与相应的字段一起念出来。这对不了解表单字段含义的视障用户来说是多么重要。出于这些原因，建议用户在 label 元素中包含 for 属性。

12.7　使用常用控件

上面介绍了文本输入框控件的基本使用方法，它也是最常用的表单对象，下面再介绍另外几个常用的表单控件。

12.7.1　密码框

密码框是一种特殊用途的文本框，专门输入密码，通过 type="password" 定义，输入的字符串以圆点或星号显示，避免信息被身边的人看到，用户输入的真实值会被发送到服务器，且在发送过程中没有加密。

【示例】下面的示例设计了一个简单的用户注册表单页面，使用密码框设计密码输入框和重置密码输入框两个对象，演示效果如图 12.5 所示。

```
<form>
    <fieldset>
        <legend> 快速注册 </legend>
        <p class="row"><label for="name"> 用户名 </label>
            <input type="text" id="name" name="name"  />
        </p>
        <p class="row"><label for="email">Email</label>
            <input type="email" id="email" name="email" placeholder="name@163.com" />
        </p>
        <p class="row"><label for="password"> 密码 </label>
            <input type="password" id="password" name="password" />
```

Note

```
        </p>
        <p class="row"><label for="password2"> 重置密码 </label>
            <input type="password" id="password2" name="password2" />
        </p>
    </fieldset>
    <input type="submit" value=" 提 交 " />
</form>
```

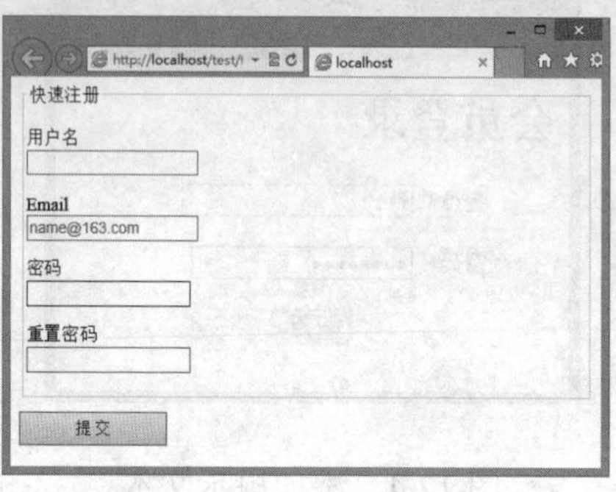

图 12.5　设计用户注册表单页面

12.7.2　单选按钮

使用 <input type="radio"> 可以定义单选按钮，多个 name 属性值相同的单选按钮可以合并为一组，称为单选按钮组。在单选按钮组中，只能选择一个，不能够空选或多选。

在设计单选按钮组时，应该设置单选按钮组的默认值，即为其中一个单选按钮设置 checked 属性。如果不设置默认值，用户可能会漏选，引发歧义。

【示例】下面的示例设计一个性别选项组。

```
<fieldset class="radios">
    <legend> 姓名 </legend>
    <p class="row">
        <input type="radio" id="gender-male" name="gender" value="male" />
        <label for="gender-male"> 男士 </label>
    </p>
    <p class="row">
        <input type="radio" id="gender-female" name="gender" value="female" />
        <label for="gender-female"> 女士 </label>
    </p>
</fieldset>
```

value 属性对于单选按钮来说很重要，因为访问者无法输入值。推荐使用 fieldset 嵌套每组单选按钮，并用 legend 进行描述。

12.7.3　复选框

使用 <input type="checkbox"> 可以定义复选框，多个 name 属性值相同的复选框可以合并为一组，称为

复选框组。在复选框组中，允许用户不选或者多选。也可以使用 checked 属性设置默认选项项目。

【示例】下面的示例演示了如何创建复选框。

```
<div class="fields checkboxes">
    <p class="row">
        <input type="checkbox" id="email" name="email[]" value=" 电子邮箱 " />
        <label for="email"> 电子邮件 </label>
    </p>
    <p class="row">
        <input type="checkbox" id="phone" name="email[]" value=" 电话 " />
        <label for="phone"> 电话 </label>
    </p>
</div>
```

标签文本不需要与 value 属性一致。这是因为标签文本用于在浏览器中显示，而 value 则是发送给服务器。空的方括号是为 PHP 脚本的 name 准备的。使用 name="boxset " 识别发送至服务器的数据，同时用于将多个复选框联系在一起（对于所有复选框使用同一个 name 值）。使用 id="idlabel " 对应于 label 元素中的 for 属性值。

value="data" 里的 data 是该复选框被选中时要发送给服务器的文本。使用 checked 或 checked="checked" 可以让该复选框在页面打开时默认处于选中状态。

12.7.4　文本区域

如果希望用户输入大段字符串（多行文本），则应该使用 textarea 元素定义文本区域控件。<input type="text" /> 只能够接收单行文本。textarea 元素包含 3 个专用属性，简单说明如下。

☑ cols：设置文本区域内可见字符宽度。可以使用 CSS 的 width 属性代替设计。

☑ rows：设置文本区域内可见行数。可以使用 CSS 的 height 属性代替设计。

☑ wrap：定义输入内容大于文本区域宽度时显示的方式。

- soft：默认值，提交表单时，被提交的值不包含不换行。
- hard：提交表单时，被提交的值包含不换行。当使用 hard 时，必须设置 cols 属性。

【示例】下面的示例设计了一个简单的反馈表，主要使用表单域 fieldset 元素、表单域标题 legend 元素、文件上传控件 input（type="file"）和文本域 textarea 元素。显示效果如图 12.6 所示。

```
<div class="feedback">
    <h1> 反馈表 </h1>
    <div class="content">
        <form method="post" action="">
            <fieldset class="base_info">
                <legend> 用户信息 </legend>
                <label for="userName"> 用户名 </label>
                <input type="text" value="" id="userName" />
                <label for="email"> 电子邮件 </label>
                <input type="text" value="" id="email" />
            </fieldset>
            <fieldset class="feedback_content">
                <legend> 反馈信息 </legend>
```

Note

```
                <label for="msg"> 具体内容 </label>
                <textarea rows="8" cols="50" id="msg" placeholder=" 请填写详实的反馈意见。"></textarea>
                <label for="up_file"> 附件 </label>
                <input type="file" id="up_file" />
                <p class="tips"> 附件仅支持 .jpg、.gif、.png 图片。</p>
            </fieldset>
            <button type="submit"> 提交 </button>
            <button type="reset"> 重置 </button>
        </form>
    </div>
</div>
```

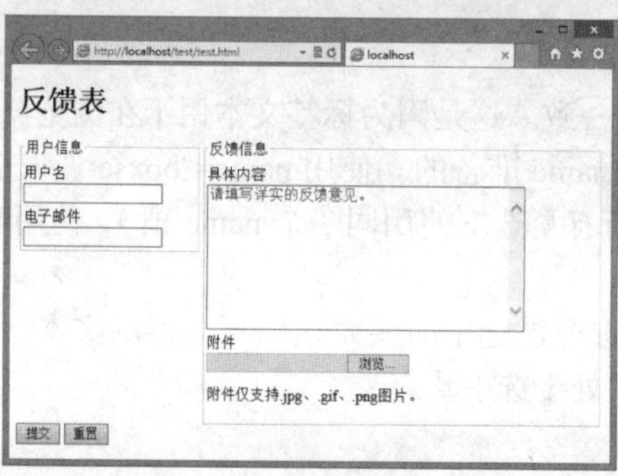

图 12.6　设计反馈表页面

如果没有设置 maxlength 属性，用户最多可以输入 32700 个字符。与文本框不同，textarea 没有 value 属性，默认值可以包含在 <textarea> 和 </textarea> 之间，也可以设置 placeholder 属性定义占位文本。

提示，默认情况下 textarea 不会继承 font 属性，因此在 CSS 样式表中需要显式设置该属性。

```
textarea {
    font: inherit;
    padding: 2px;
}
```

12.7.5　选择框

选择框非常适合向访问者提供一组选项，从而允许他们从中选取。它们通常呈现为下拉菜单的样式，如果允许用户选择多个选项，选择框就会呈现为一个带滚动条的列表框。

选择框由两种 HTML 元素构成：select 和 option。通常，在 select 元素里设置 name 属性，在每个 option 元素里设置 value 属性。

【示例】下面的示例创建了一个简单的城市下拉菜单。

```
<label for="state"> 省市 </label>
<select id="state" name="state">
    <option value="BJ"> 北京 </option>
    <option value="SH"> 上海 </option>
    ...
</select>
```

可以为 select 和 option 元素添加样式，但有一定的限制。

```
select {
    font-size: inherit;
}
```

CSS 规则要求菜单文本跟其父元素字号大小相同，否则默认情况下它看上去会小很多。可以使用 CSS 对 width、color 和其他的属性进行调整，不过，不同的浏览器呈现下拉菜单列表的方式略有差异。

默认的选择是菜单中的第一个选项，或者是在 HTML 中指定了 selected 的选项（需要注意的一点是，除非设置了 size 属性，否则访问者就必须选择菜单中的某个选项）。

使用 size="n" 设置选择框的高度（以行为单位）。使用 multiple 或者 multiple="multiple"（两种方法在 HTML5 中均可），从而允许访问者选择一个以上的菜单选项，选择的时候需按住 Control 键或 Command 键。

每个选项的 value="optiondata" 属性是选项选中后要发送给服务器的数据（如果省略 value，则包含的文本就是选项的值。使用 selected 或者 selected="selected"（在 HTML5 中两种方式均可），指定该选项被默认选中。

使用 optgroup 元素可以对选择项目进行分组，一个 optgroup 元素包含多个 option 元素，然后使用 label 属性设置分类标题，分类标题是一个不可选的伪标题。

【示例】下面的示例使用了 optgroup 元素对下拉菜单项目进行分组。

```
<select name=" 选择城市 ">
    <optgroup label=" 山东省 ">
    <option value=" 潍坊 "> 潍坊 </option>
    <option value=" 青岛 " selected="selected"> 青岛 </option>
    </optgroup>
    <optgroup label=" 山西省 ">
    <option value=" 太原 "> 太原 </option>
    <option value=" 榆次 "> 榆次 </option>
    </optgroup>
</select>
```

每个子菜单都有一个标题（在 <optgroup> 开始标签的 label 属性中指定）和一系列选项（使用 option 元素和常规文本定义）。浏览器通常会对 optgroup 中的 option 缩进，从而将它们和 optgroup label 属性文本区别开。

如果添加了 size 属性，那么选择框看起来会更像一个列表，且没有自动选中的选项，除非设置了 selected。

如果 size 大于选项的数量，访问者就可以通过点击空白区域让所有的选项处于未选中状态。

可以对 option 元素添加 label 属性，该属性用于指定需要显示在菜单中的文本（替代了 option 标签之间的文本），不过 Firefox 并不支持这一属性，因此最好不要用它。

由于设置了 size 属性，菜单显示为一个有滚动条的列表，默认情况下没有选中任何选项。为 <select id="state" name="state" size="3"> 可以让菜单的高度显示为 3 行。

12.7.6 上传文件

有时需要让网站的用户向服务器上传文件（如照片、简历等）。要让访问者能够上传文件，必须正确地设置 enctype 属性，创建 input type="file" 元素。

【示例】下面的示例演示了如何创建上传控件。

```
<form method="post" action="show-data.php" enctype="multipart/form-data">
    <label for="picture"> 图片 : </label>
    <input type="file" id="picture" name="picture" />
    <p class="instructions"> 最大 700k, JPG, GIF 或 PNG</p>
</form>
```

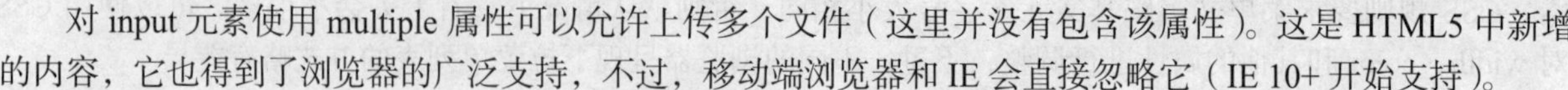

对 input 元素使用 multiple 属性可以允许上传多个文件（这里并没有包含该属性）。这是 HTML5 中新增的内容，它也得到了浏览器的广泛支持，不过，移动端浏览器和 IE 会直接忽略它（IE 10+ 开始支持）。

处理文件上传需要一些特殊的代码。可以在网上搜索文件上传脚本查看相关的资源。同时，服务器需要配置正确才能存储文件。

文件上传域为用户提供了从其系统中选择文件的方式。对于 type="file" 的 input 元素，浏览器会自动创建浏览按钮。Chrome 和 Safari 不会创建框，它们只显示按钮。

浏览器通常不允许像对其他表单元素那样对此类 input 设置样式，对于允许上传的表单，不能使用 get 方法。

12.7.7 隐藏字段

隐藏字段可以用于存储表单中的数据，但它不会显示给访问者。可以认为它们是不可见的文本框。它们通常用于存储先前的表单收集的信息，以便将这些信息同当前表单的数据一起交给脚本进行处理。

【示例】下面的示例演示了如何定义隐藏域。

```
<form method="post" action="your-script.php">
    <input type="hidden" name="step" value="6" />
    <input type="submit" value=" 提交 " />
</form>
```

访问者不会看到这个输入框，但他们提交表单的时候，名“step”和值“6”会随着表单中从访问者输入获取的数据一起传送给服务器。创建隐藏字段时，可以使用脚本中的变量将字段的值设置为访问者原来输入的值。

什么时候使用隐藏字段？

假设有一个表单，希望让访问者在提交表单之前有机会检查他们输入的内容。处理表单的脚本可以向访问者显示提交的数据，同时创建一个表单，其中有包含同样数据的隐藏字段。如果访问者希望编辑数据，他们只需后退就可以了。如果他们想提交表单，由于隐藏字段已经将数据填好了，因此他们就不需要再次输入数据了。

隐藏字段出现在表单标记中的位置并不重要，因为它们在浏览器中是不可见的。不要将密码、信用卡号等敏感信息放到隐藏字段中。即便它们不会显示到网页中，访问者也可以通过查看 HTML 源代码看到它。

提示：要创建访问者可见但不可修改的表单元素，有两种方法：一种是使用 disabled（禁用）属性，另一种是使用 readonly（只读）属性。与禁用字段不同，只读字段可以获得焦点，访问者可以选择和复制里面的文本，但不能修改这些文本。它只能应用于文本输入框和文本区域，例如：<input type="text" id="coupon" name="coupon" value="FREE" readonly />。

还可以使用 readonly="readonly" 这样的形式，结果是一样的。

12.7.8　提交按钮

HTML5 按钮分为以下 3 种类型。

☑　普通按钮：不包含任何操作。如果要执行特定操作，需要使用 JavaScript 脚本定义。

```
<input type="button" value=" 按钮名称 ">
<button type="button"> 按钮名称 </button>
```

☑　提交按钮：单击按钮可以提交表单。

```
<input type="submit" value=" 按钮名称 ">
<button type="submit"> 按钮名称 </button>
<input type="image" src=" 按钮图像源 ">
```

☑　重置按钮：单击按钮可以重置表单，恢复默认值。

```
<input type="reset" value=" 按钮名称 ">
<button type="reset"> 按钮名称 </button>
```

注意，如果在 HTML 表单中使用 button 元素，不同的浏览器会提交不同的值。IE 将提交 <button> 与 </button> 之间的文本，而其他浏览器将提交 value 属性值。因此，一般在 HTML 表单中使用 input 元素来创建按钮。

对于 button 元素来说，IE 默认类型是 "button"，而其他浏览器默认值是 "submit"。因此使用 button 元素时，应该明确定义 type 属性。

【示例】下面的示例比较了 3 种不同类型的提交按钮，显示效果如图 12.7 所示。

```
<form method="get" action="#">
    <input type="text" name="uname" value=" 张三 " /></br></br>
    <input type="password" name="pwd" value="123" /></br></br>
    <input type="image" src="images/button.png" name="image_btn" value=" 注册 1" />
    <input type="submit" name="input_btn" value=" 注册 2" />
    <button type="submit" name="button_btn" value=" 注册 3"><img src="images/button.png" ></button>
</form>
```

从功能上比较，<input type="image">、<input type="submit"> 和 <button type="submit"> 都可以提交表单，不过，<input type="image"> 会把按钮点击位置的偏移坐标 x、y 也提交给服务器。例如，如果点击图像按钮提交表单后，则 URL 信息如下：

http://localhost/test/test.html?uname=%E5%BC%A0%E4%B8%89&pwd=123&image_btn.x=35&image_btn.y=13&image_btn=%E6%B3%A8%E5%86%8C1#

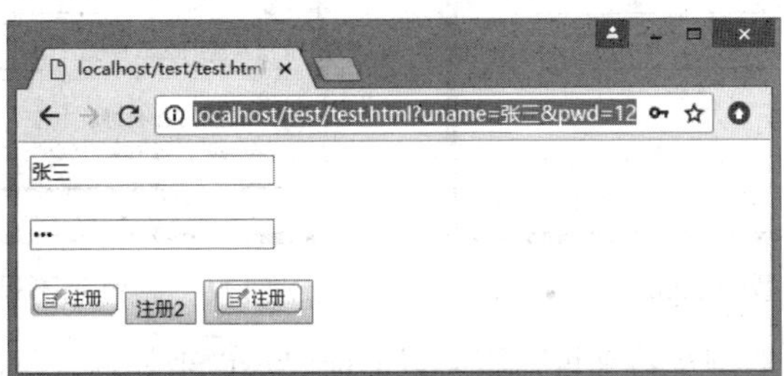

图 12.7　提交按钮比较效果

提示：对于一般表单应用来说，在服务器中都是按照指定的 name 名称来接收、处理参数，所以即使多了两个参数也不会有任何问题。但是在做支付接口的时候（如支付宝接口），多出两个隐藏参数就会带来很麻烦的问题，因为在提交表单之后，接收端会对参数名称进行 MD5 校验，多两个参数会直接导致表单校验不通过，然后支付失败的问题，所以在网站开发中不建议使用 <input type="image"> 作为表单的提交按钮。

<input type="image"> 创建的图像提交按钮，可以使用可选的 width 和 height 属性定义按钮大小。如果不填写 name 属性，则提交按钮的名 / 值对就不会传递给服务器，由于一般不需要这一信息，因此可以不为按钮设置 name 属性。

如果省略 value 属性，那么根据不同的浏览器，提交按钮就会显示默认的“提交”文本，如果有多个提交按钮，可以为每个按钮设置 name 属性和 value 属性，从而让脚本知道用户按下的是哪个按钮。否则，最好省略 name 属性。

视频讲解

12.8 HTML5 新型输入框

HTML5 新增了多个输入型表单控件，通过使用这些新增的表单输入类型，可以实现更好的输入体验。

12.8.1 定义 E-mail 框

email 类型的 input 元素是一种专门用于输入 E-mail 地址的文本框，在提交表单的时候，会自动验证 E-mail 输入框的值。如果不是一个有效的电子邮件地址，则该输入框不允许提交该表单。

【示例】下面是 email 类型的 input 元素一个应用示例。

```
<form action="demo_form.php" method="get">
请输入您的 Email 地址：<input type="email" name="user_email" /><br />
<input type="submit" />
</form>
```

以上代码在 Chrome 浏览器中的运行结果如图 12.8 所示。如果输入了错误的 E-mail 地址格式，单击“提交”按钮时会出现如图 12.9 所示的提示。

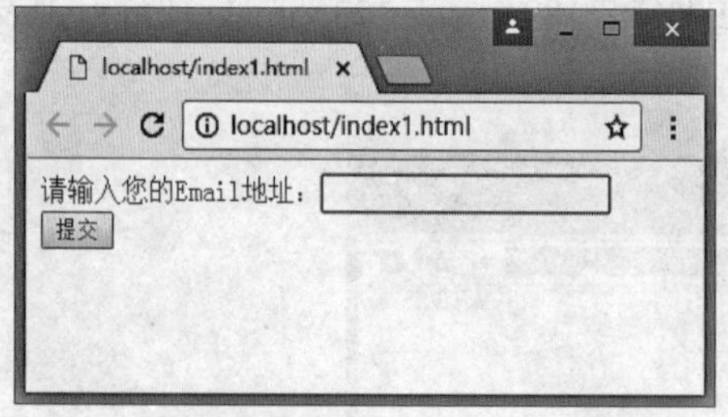

图 12.8　email 类型的 input 元素示例

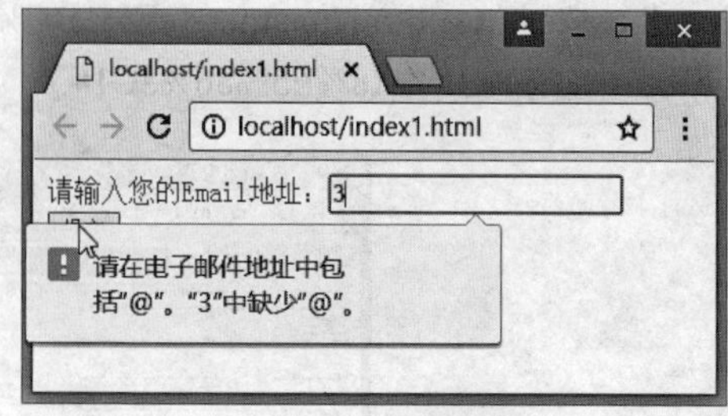

图 12.9　检测到不是有效的 E-mail 地址

对于不支持 type="email" 的浏览器来说，将会以 type="text" 来处理，所以并不妨碍旧版浏览器浏览采用 HTML5 中 type="email" 输入框的网页。

12.8.2　定义 URL 框

url 类型的 input 元素提供用于输入 url 地址的文本框。当提交表单时，如果所输入的是 url 地址格式的字符串，则会提交服务器，如果不是，则不允许提交。

【示例】下面是 url 类型的 input 元素一个应用示例。

```
<form action="demo_form.php" method="get">
请输入网址：<input type="url" name="user_url" /><br/>
<input type="submit" />
</form>
```

以上代码在 Chrome 浏览器中的运行结果如图 12.10 所示。如果输入了错误的 url 地址格式，单击“提交”按钮时会出现如图 12.11 所示的“请输入网址”的提示。

注意，www.baidu.com 并不是有效的 URL，因为 URL 必须以 http：// 或 https：// 开头。这里最好使用占位符提示访问者。另外，还可以在该字段下面的解释文本中指出合法的格式。

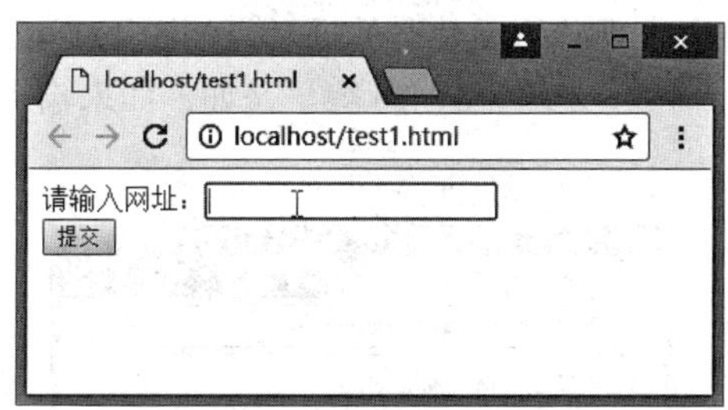

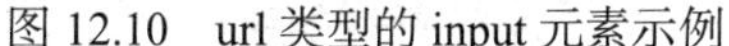

图 12.10　url 类型的 input 元素示例

图 12.11　检测到不是有效的 url 地址

对于不支持 type="url" 的浏览器，将会以 type="text" 来处理。

12.8.3　定义数字框

number 类型的 input 元素提供用于输入数值的文本框。用户还可以设定对所接受的数字的限制，包括允许的最大值和最小值、合法的数字间隔或默认值等。如果所输入的数字不在限定范围之内，则会提示错误信息。

number 类型使用下面的属性来规定对数字类型的限定，说明如表 12.2 所示。

表 12.2　number 类型的属性

属　性	值	描　述
max	number	规定允许的最大值
min	number	规定允许的最小值
step	number	规定合法的数字间隔（如果 step="4"，则合法的数字是 –4，0，4，8 等）
value	number	规定默认值

【示例】下面是 number 类型的 input 元素的应用示例。

```
<form action="demo_form.php" method="get">
```

```
请输入数值：<input type="number" name="number1" min="1" max="20" step="4">
<input type="submit" />
</form>
```

Note

以上代码在 Chrome 浏览器中的运行结果如图 12.12 所示。如果输入了不在限定范围之内的数字，单击“提交”按钮时会出现如图 12.13 所示的提示。

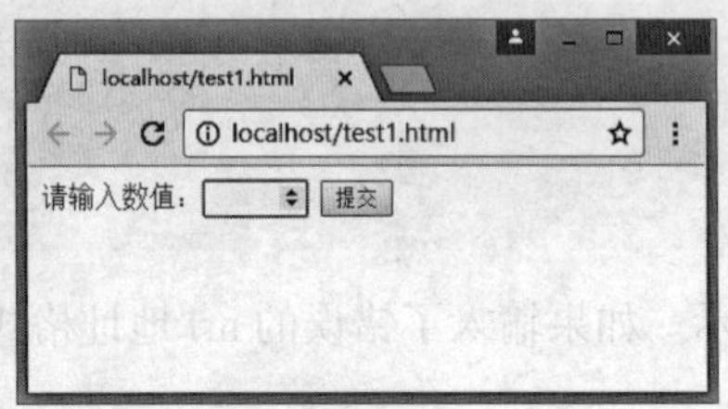

图 12.12　number 类型的 input 元素示例

图 12.13　检测到输入了不在限定范围之内的数字

图 12.13 所示为输入了大于规定的最大值时所出现的提示。同样，如果违反了其他限定，也会出现相关提示。例如，如果输入数值 15，则单击“提交”按钮时会出现“值无效”的提示，如图 12.14 所示。这是因为限定了合法的数字间隔为 4，在输入时只能输入 4 的倍数，如 4、8、16 等。又如，如果输入数值 –12，则会提示“值必须大于或等于 1”，如图 12.15 所示。

图 12.14　出现“值无效”的提示

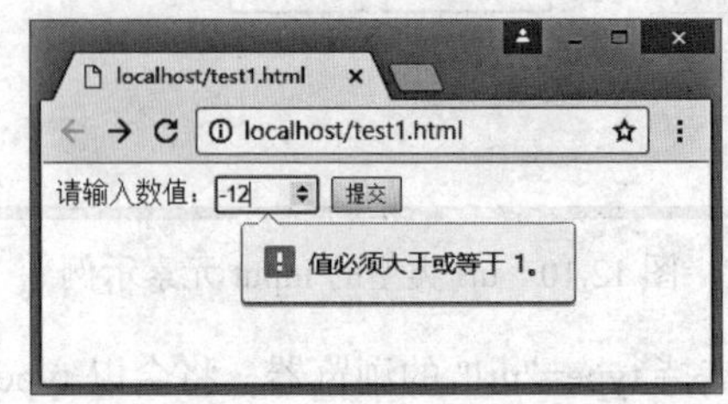

图 12.15　提示“值必须大于或等于 1”

12.8.4　定义范围框

range 类型的 input 元素提供用于输入包含一定范围内数字值的文本框，在网页中显示为滑动条。用户可以设定对所接受的数字的限制，包括规定允许的最大值和最小值、合法的数字间隔或默认值等。如果所输入的数字不在限定范围之内，则会出现错误提示。

range 类型使用下面的属性来规定对数字类型的限定，说明如表 12.3 所示。

表 12.3　range 类型的属性

属　性	值	描　述
max	number	规定允许的最大值
min	number	规定允许的最小值
step	number	规定合法的数字间隔（如果 step="4"，则合法的数字是 –4，0，4，8 等）
value	number	规定默认值

从上表可以看出，range 类型的属性与 number 类型的属性相同，这两种类型的不同在于外观表现上，

支持 range 类型的浏览器都会将其显示为滑块的形式，而不支持 range 类型的浏览器则会将其显示为普通的文本框，即以 type="text" 来处理。

【示例】下面是 range 类型的 input 元素的应用示例。

```
<form action="demo_form.php" method="get">
请输入数值：<input type="range" name="range1" min="1" max="30" />
<input type="submit" />
</form>
```

以上代码在 Chrome 浏览器中的运行结果如图 12.16 所示。range 类型的 input 元素在不同浏览器中的外观也不同，例如，在 Opera 浏览器中的外观效果如图 12.17 所示。

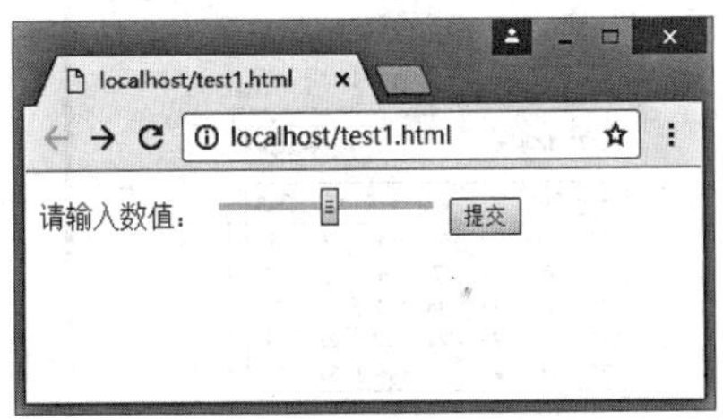

图 12.16　range 类型的 input 元素示例

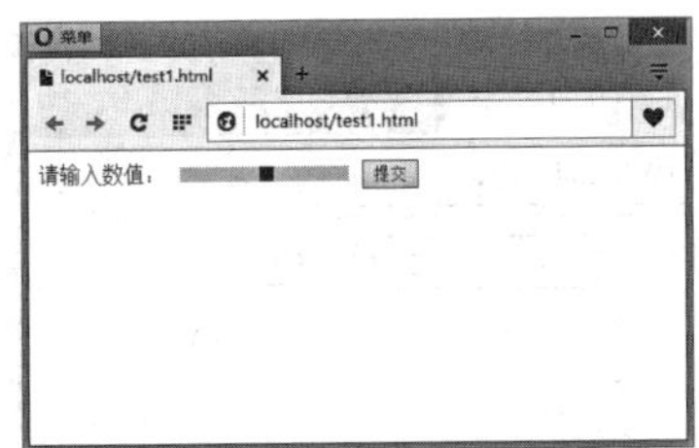

图 12.17　range 类型的 input 元素在 Opera 浏览器中的外观

12.8.5　定义日期选择器

日期选择器（Date Pickers）是网页中经常要用到的一种控件，在 HTML5 之前的版本中，并没有提供任何形式的日期选择器控件，多采用一些 JavaScript 框架来实现，如 jQuery UI、YUI 等。

HTML5 提供了多个可用于选取日期和时间的输入类型，即 6 种日期选择器控件，分别用于选择以下日期格式：日期、月、星期、时间、日期 + 时间、日期 + 时间 + 时区，如表 12.4 所示。

表 12.4　日期选择器类型

输入类型	HTML 代码	功能与说明
date	<input type="date">	选取日、月、年
month	<input type="month">	选取月、年
week	<input type="week">	选取周和年
time	<input type="time">	选取时间（小时和分钟）
datetime	<input type="datetime">	选取时间、日、月、年（UTC 时间）
datetime-local	<input type="datetime-local">	选取时间、日、月、年（本地时间）

提示：UTC 时间就是 0 时区的时间，而本地时间就是本地时区的时间。例如，如果北京时间为早上 8 点，则 UTC 时间为 0 点，也就是说 UTC 时间比北京时间晚 8 小时。

1．date 类型

date 类型的日期选择器用于选取日、月、年，即选择一个具体的日期，例如，2018 年 8 月 8 日，选择后会以 2018-08-08 的形式显示。

Note

【示例 1】下面是 date 类型的日期选择器的应用示例。

```
<form action="demo_form.php" method="get">
请输入日期：<input type="date" name=" date1" />
<input type="submit" />
</form>
```

以上代码在 Chrome 浏览器中的运行结果如图 12.18 所示，在 Opera 浏览器中的运行结果如图 12.19 所示。Chrome 浏览器并不支持日期选择器控件。而在 Opera 浏览器中单击右侧小箭头时会显示出日期控件，用户可以使用控件来选择具体日期。

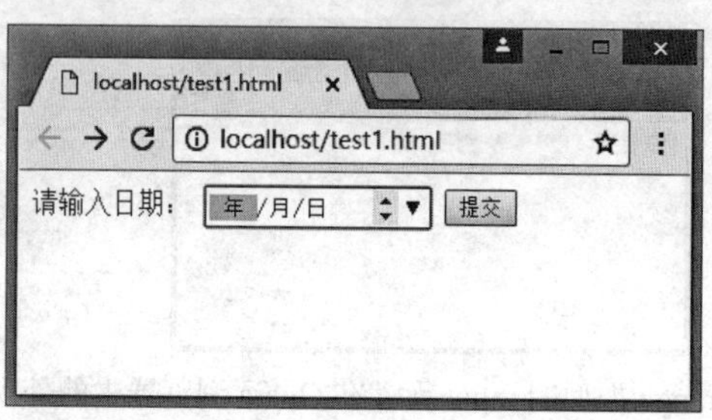

图 12.18　在 Chrome 浏览器中的运行结果

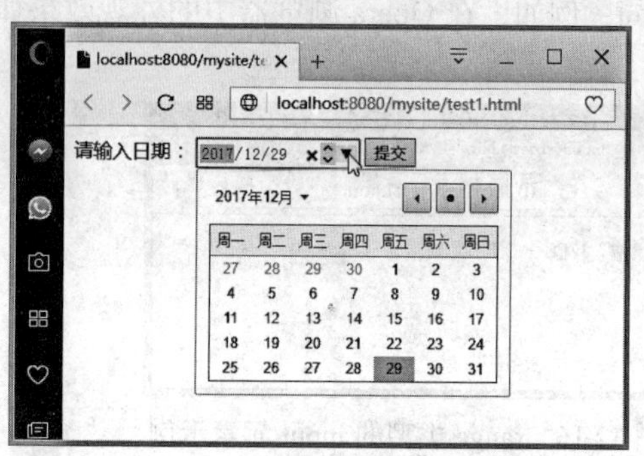

图 12.19　在 Opera 浏览器中的运行结果

2．month 类型

month 类型的日期选择器用于选取月、年，即选择一个具体的月份，例如，2018 年 8 月，选择后会以 2018-08 的形式显示。

【示例 2】下面是 month 类型的日期选择器的应用示例。

```
<form action="demo_form.php" method="get">
请输入月份：<input type="month" name="month1" />
<input type="submit" />
</form>
```

以上代码在 Chrome 浏览器中的运行结果如图 12.20 所示，在 Opera 浏览器中的运行结果如图 12.21 所示。Chrome 浏览器中显示为右侧带有微调按钮的数字输入框，输入或微调时会只显示到月份，而不会显示日期。在 Opera 浏览器中单击右侧小箭头时会显示出日期控件，用户可以使用控件来选择具体月份，但不能选择具体日期。可以看到，整个月份中的日期都会以深灰色显示，单击该区域可以选择整个月份。

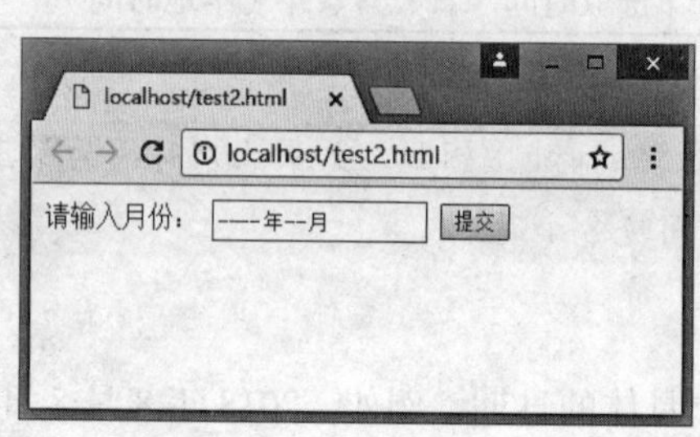

图 12.20　在 Chrome 浏览器中的运行结果

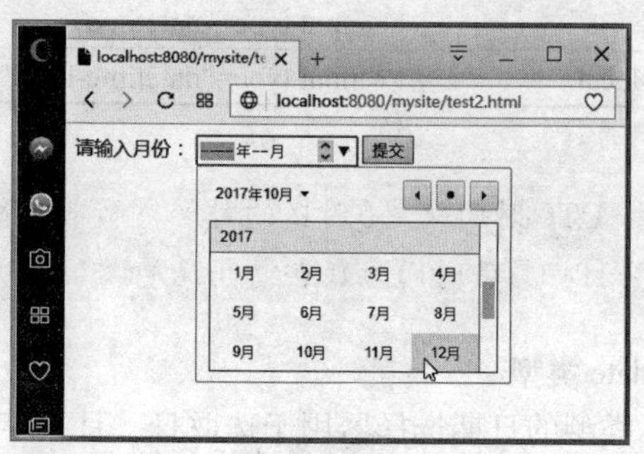

图 12.21　在 Opera 浏览器中的运行结果

3．week 类型

week 类型的日期选择器用于选取周和年，即选择一个具体的哪一周，例如，2017 年 10 月第 42 周，选择后会以“2017 年第 42 周”的形式显示。

【示例 3】下面是 week 类型的日期选择器的应用示例。

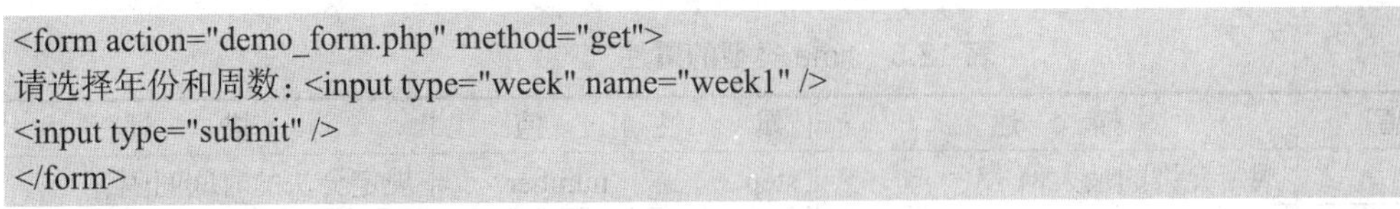

```
<form action="demo_form.php" method="get">
请选择年份和周数：<input type="week" name="week1" />
<input type="submit" />
</form>
```

以上代码在 Chrome 浏览器中的运行结果如图 12.22 所示，在 Opera 浏览器中的运行结果如图 12.23 所示。Chrome 浏览器并不支持日期选择器控件。在 Opera 浏览器中单击右侧小箭头时会显示出日期控件，用户可以使用控件来选择具体的日期。

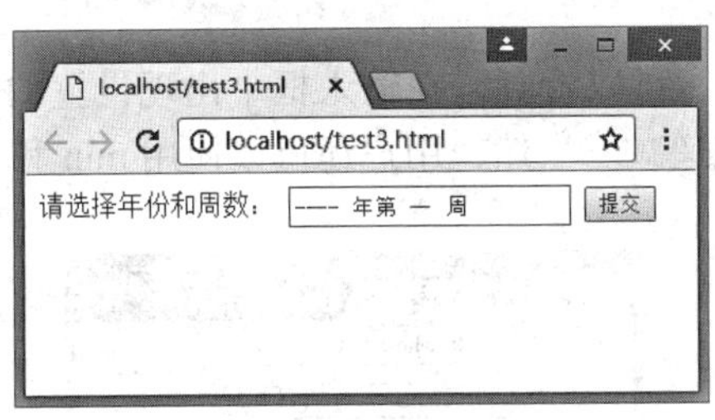

图 12.22　在 Chrome 浏览器中的运行结果

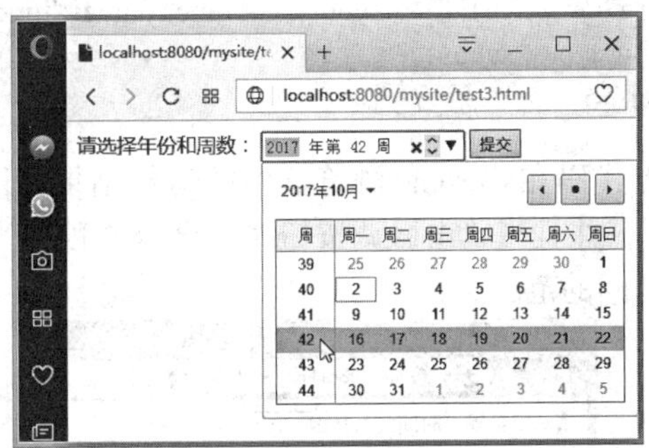

图 12.23　在 Opera 浏览器中的运行结果

4．time 类型

time 类型的日期选择器用于选取时间，具体到小时和分钟，例如，选择后会以 22：59 的形式显示。

【示例 4】下面是 time 类型的日期选择器的应用示例。

```
<form action="demo_form.php" method="get">
请选择或输入时间：<input type="time" name="time1" />
<input type="submit" />
</form>
```

以上代码在 Chrome 浏览器中的运行结果如图 12.24 所示，在 Opera 浏览器中的运行结果如图 12.25 所示。

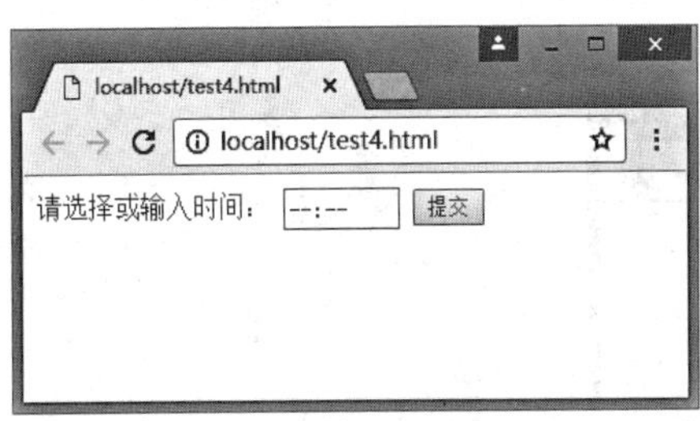

图 12.24　在 Chrome 浏览器中的运行结果

图 12.25　在 Opera 浏览器中的运行结果

Note

除了可以使用微调按钮之外，还可以直接输入时间值。如果输入了错误的时间格式并单击“提交”按钮，则在 Chrome 浏览器中会自动更正为最接近的合法值，而在 IE10 浏览器中则以普通的文本框显示，如图 12.26 所示。

time 类型支持使用一些属性来限定时间的大小范围或合法的时间间隔，如表 12.5 所示。

表 12.5　time 类型的属性

属　性	值	描　述	属　性	值	描　述
max	time	规定允许的最大值	step	number	规定合法的时间间隔
min	time	规定允许的最小值	value	time	规定默认值

【示例 5】可以使用下列代码来限定时间。

```
<form action="demo_form.php" method="get">
请选择或输入时间：<input type="time" name="time1" step="5" value="09：00">
<input type="submit" />
</form>
```

以上代码在 Chrome 浏览器中的运行结果如图 12.27 所示，可以看到，在输入框中出现设置的默认值“09：00”，并且当单击微调按钮时，会以 5 秒钟为单位递增或递减。当然，用户还可以使用 min 和 max 属性指定时间的范围。

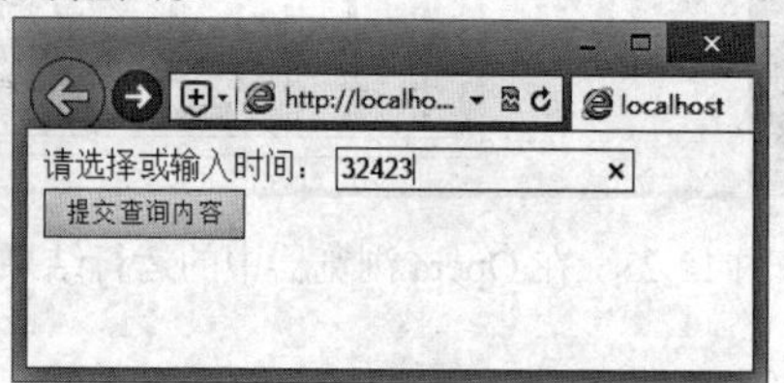

图 12.26　IE10 不支持该类型输入框

图 12.27　使用属性值限定时间类型

在 date 类型、month 类型、week 类型中也支持使用上述属性值。

5．datetime 类型

datetime 类型的日期选择器用于选取时间、日、月、年，其中时间为 UTC 时间。

【示例 6】下面是 datetime 类型的日期选择器的应用示例。

```
<form action="demo_form.php" method="get">
请选择或输入时间：<input type="datetime" name="datetime1" />
<input type="submit" />
</form>
```

以上代码在 Safari 浏览器中的运行结果如图 12.28 所示。

图 12.28　在 Safari 浏览器中的运行结果

注意：IE、Firefox 和 Chrome 最新版本不再支持 <input type="datetime"> 元素，Chrome 和 Safari 部分版本支持。Opera12 以及更早的版本则完全支持。

6．datetime-local 类型

datetime-local 类型的日期选择器用于选取时间、日、月、年，其中时间为本地时间。

【示例 7】下面是 datetime-local 类型的日期选择器的应用示例。

```
<form action="demo_form.php" method="get">
请选择或输入时间：<input type="datetime-local" name="datetime-local1" />
<input type="submit" />
</form>
```

以上代码在 Chrome 浏览器中的运行结果如图 12.29 所示，在 Opera 浏览器中的运行结果如图 12.30 所示。

图 12.29　在 Chrome 浏览器中的运行结果

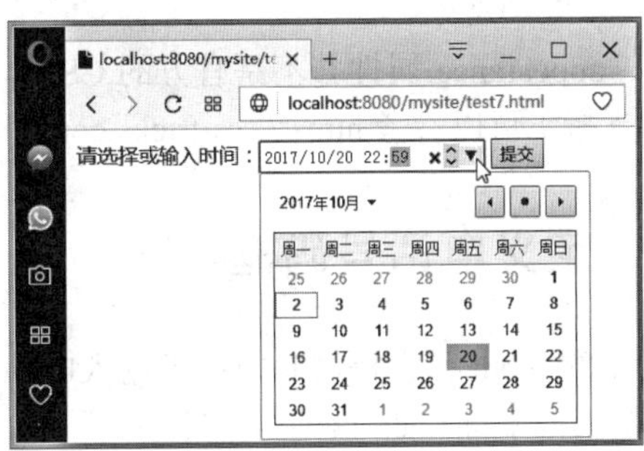

图 12.30　在 Opera 浏览器中的运行结果

12.8.6　定义搜索框

search 类型的 input 元素提供了用于输入搜索关键词的文本框。在外观上看起来，search 类型的 input 元素与普通的 text 类型的区别在于：当输入内容时，右侧会出现一个“×”按扭，单击即可清除搜索框。

【示例】搜索框是应用 placeholder 的最佳控件。同时，注意这里的 form 用的是 method="get"，而不是 method="post"。这是搜索字段的常规做法（无论是 type="search"，还是 type="text"）。

```
<form method="get" action="search-results.php" role="search">
    <label for="search"> 请输入搜索关键词 : </label>
    <input type="search" id="search" name="search" size="30" placeholder=" 输入的关键字 " />
    <input type="submit" value=" Go " />
</form>
```

以上代码在 Chrome 浏览器中的运行结果如图 12.31 所示。如果在搜索框中输入要搜索的关键词，在搜索框右侧就会出现一个“×”按钮。单击该按钮可以清除已经输入的内容。

OS X 上的 Chrome、Safari 以及 iOS 上的 Mobile Safari 会让搜索框显示为圆角边框，当用户开始输入，字段右侧会出现一个“×”按钮，用于清除输入的内容。新版的 IE、Chrome、Opera 浏览器支持“×”按钮这一功能，Firefox 浏览器则不支持，显示为常规文本框的样子，如图 12.32 所示。

图 12.31　search 类型的 input 元素示例

图 12.32　Firefox 没有“×”按钮

提示：在默认情况下，为 Chrome、Safari 和 Mobile Safari 等浏览器中的搜索框设置样式是受到限制的。如果要消除这一约束，重新获得 CSS 的控制权，可以使用专有的 -webkit-appearance：none；声明，例如：

```
input[type="search"] {
    -webkit-appearance: none;
}
```

注意，appearance 属性并不是官方的 CSS，因此不同浏览器的行为有可能不一样。更多信息（包括对 Firefox 的支持）可以参考 http：//css-tricks.com/almanac/properties/a/appearance/。

12.8.7　定义电话号码框

tel 类型的 input 元素提供专门用于输入电话号码的文本框。它并不限定只输入数字，因为很多的电话号码还包括其他字符，如“+”“–”“(”“)”等，如 86-0536-8888888。

【示例】下面是 tel 类型的 input 元素的应用示例。

```
<form action="demo_form.php" method="get">
请输入电话号码：<input type="tel" name="tel1" />
<input type="submit" value=" 提交 "/>
</form>
```

以上代码在 Chrome 浏览器中的运行结果如图 12.33 所示。从某种程度上来说，所有的浏览器都支持 tel 类型的 input 元素，因为它们都会将其作为一个普通的文本框来显示。HTML5 规则并不需要浏览器执行任何特定的电话号码语法或以任何特别的方式来显示电话号码。

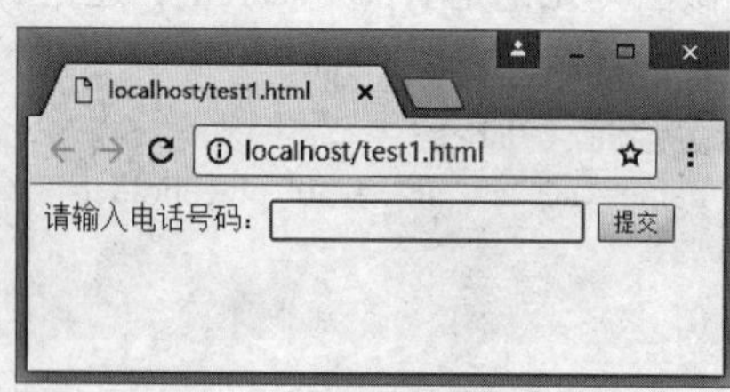

图 12.33　tel 类型的 input 元素示例

12.8.8　定义拾色器

color 类型的 input 元素提供专门用于选择颜色的文本框。当 color 类型的文本框获取焦点后，会自动调

用系统的颜色窗口，包括苹果系统也能弹出相应的系统色盘。

【示例】下面是 color 类型的 input 元素的应用示例。

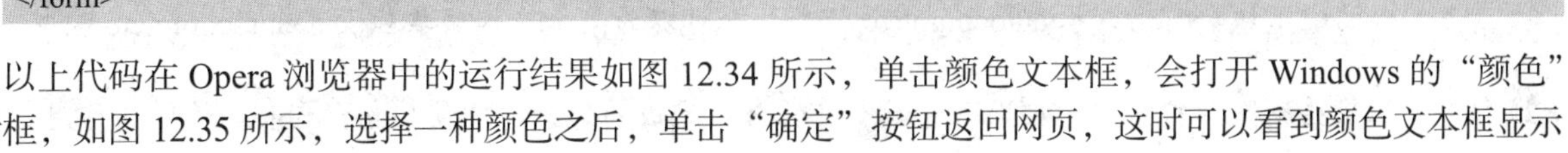

```
<form action="demo_form.php" method="get">
请选择一种颜色：<input type="color" name="color1" />
<input type="submit" value=" 提交 "/>
</form>
```

以上代码在 Opera 浏览器中的运行结果如图 12.34 所示，单击颜色文本框，会打开 Windows 的“颜色”对话框，如图 12.35 所示，选择一种颜色之后，单击“确定”按钮返回网页，这时可以看到颜色文本框显示了对应的颜色效果，如图 12.36 所示。

> 提示：IE 和 Safari 浏览器暂不支持。

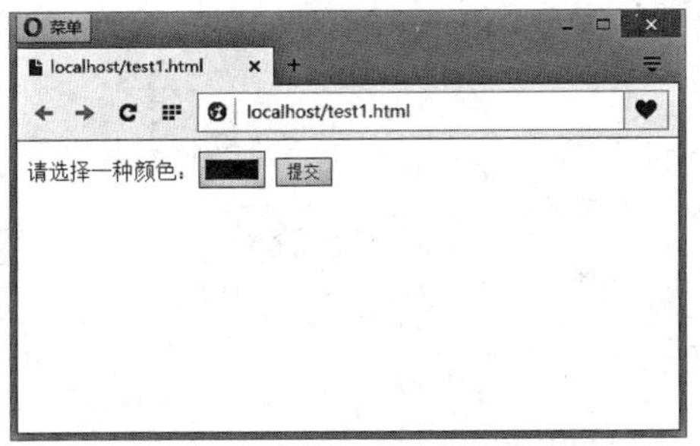

图 12.34　color 类型的 input 元素示例

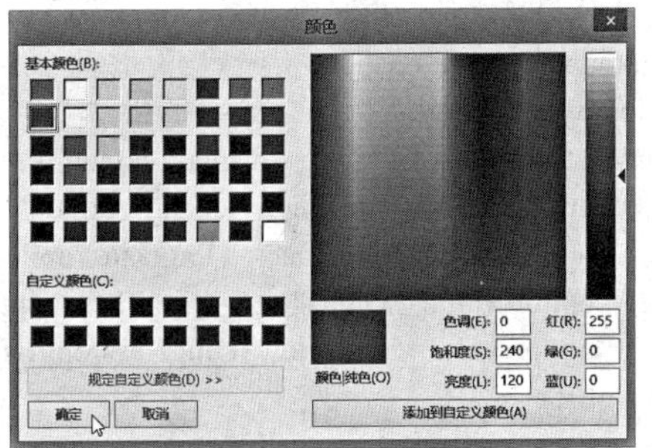

图 12.35　Windows 系统中的“颜色”对话框

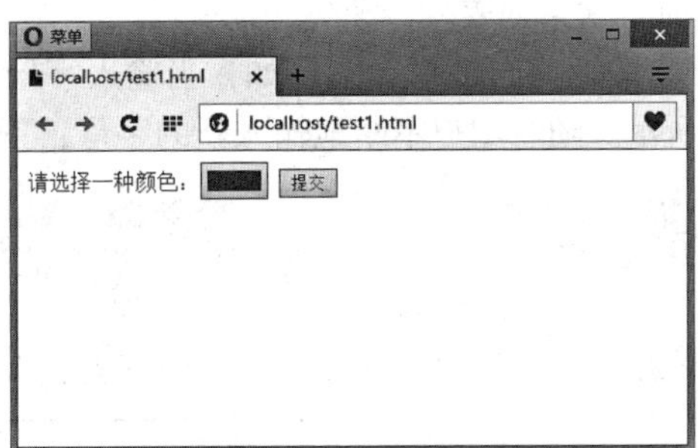

图 12.36　设置颜色后的效果

视频讲解

12.9　HTML5 输入属性

HTML5 为 input 元素新增了多个属性，用于限制输入行为或格式。

12.9.1　定义自动完成

autocomplete 属性可以帮助用户在输入框中实现自动完成输入。取值包括 on 和 off，用法如下。

```
<input type="email" name="email" autocomplete="off" />
```

Note

提示：autocomplete 属性适用的 input 元素的类型包括 text、search、url、telephone、email、password、Date Pickers、range 和 color。

autocomplete 属性也适用于 form 元素，默认状态下表单的 autocomplete 属性处于打开状态，其包含的输入域会自动继承 autocomplete 状态，也可以为某个输入域单独设置 autocomplete 状态。

注意：在某些浏览器中需要先启用浏览器本身的自动完成功能，才能使 autocomplete 属性起作用。

【示例】设置 autocomplete 为“on”时，可以使用 HTML5 新增的 datalist 元素和 list 属性提供一个数据列表供用户进行选择。下面的示例演示了如何应用 autocomplete 属性、datalist 元素和 list 属性实现自动完成。

```
<h2> 输入你最喜欢的城市名称 </h2>
<form autocompelete="on">
    <input type="text" id="city" list="cityList">
    <datalist id="cityList" style="display: none; ">
        <option value="BeiJing">BeiJing</option>
        <option value="QingDao">QingDao</option>
        <option value="QingZhou">QingZhou</option>
        <option value="QingHai">QingHai</option>
    </datalist>
</form>
```

在浏览器中预览，当用户将焦点定位到文本框中，会自动出现一个城市列表供用户选择，如图 12.37 所示。而当用户点击页面的其他位置时，这个列表就会消失。

当用户输入时，该列表会随用户的输入自动更新，例如，当输入字母 q 时，会自动更新列表，只列出以 q 开头的城市名称，如图 12.38 所示。随着用户不断地输入新的字母，下面的列表还会随之变化。

图 12.37　自动完成数据列表

图 12.38　数据列表随用户输入而更新

提示：多数浏览器都带有辅助用户完成输入的自动功能，只要开启了该功能，浏览器会自动记录用户所输入的信息，当再次输入相同的内容时，浏览器就会自动完成内容的输入。从安全性和隐私的角度考虑，这个功能存在较大的隐患，如果不希望浏览器自动记录这些信息，则可以为 form 或 form 中的 input 元素设置 autocomplete 属性，关闭该功能。

12.9.2　定义自动获取焦点

autofocus 属性可以实现在页面加载时，让表单控件自动获得焦点。用法如下。

```
<input type="text" name="fname" autofocus="autofocus" />
```

autocomplete 属性适用所有 input 元素的类型，如文本框、复选框、单选按钮、普通按钮等。

注意： 在同一页面中只能指定一个 autofocus 对象，当页面中的表单控件比较多时，建议为最需要聚焦的那个控件设置 autofocus 属性值，如页面中的搜索文本框，或者许可协议的“同意”按钮等。

【示例 1】 下面的示例演示了如何应用 autofocus 属性。

```
<form>
    <p> 请仔细阅读许可协议 : </p>
    <p>
        <label for="textarea1"></label>
        <textarea name="textarea1" id="textarea1" cols="45" rows="5"> 许可协议具体内容 ......</textarea>
    </p>
    <p>
        <input type="submit" value=" 同意 " autofocus>
        <input type="submit" value=" 拒绝 ">
    </p>
</form>
```

以上代码在 Chrome 浏览器中的运行结果如图 12.39 所示。页面载入后，“同意”按钮自动获得焦点，因为通常希望用户直接单击该按钮。如果将“拒绝”按钮的 autofocus 属性值设置为“on”，则页面载入后焦点就会在“拒绝”按钮上，如图 12.40 所示，但从页面功用的角度来说却并不合适。

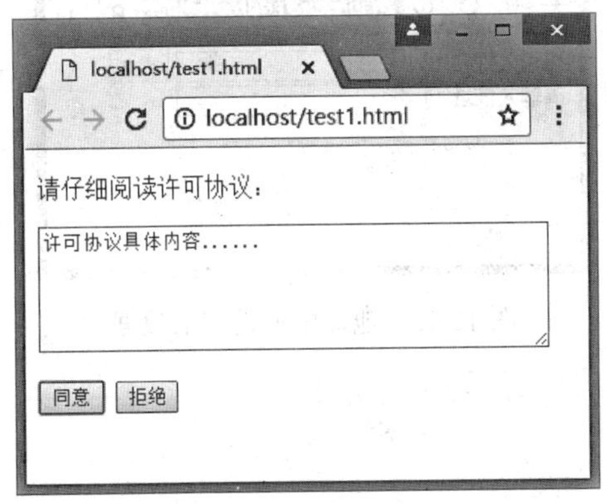

图 12.39　“同意”按钮自动获得焦点

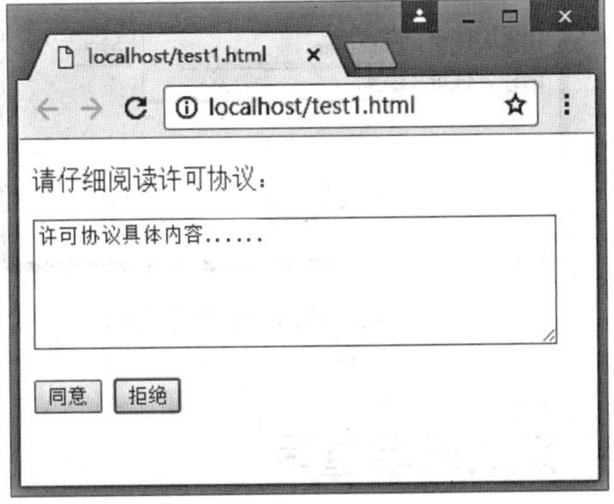

图 12.40　“拒绝”按钮自动获得焦点

【示例 2】 如果浏览器不支持 autofocus 属性，可以使用 JavaScript 实现相同的功能。在下面的脚本中，先检测浏览器是否支持 autofocus 属性，如果不支持则获取指定的表单域，为其调用 focus() 方法，强迫其获取焦点。

```
<script>
if (!("autofocus" in document.createElement("input"))) {
```

```
    document.getElementById("ok").focus();
}
</script>
```

Note

12.9.3 定义所属表单

form 属性可以设置表单控件归属的表单。适用于所有 input 元素的类型。

提示：在 HTML4 中，用户必须把相关的控件放在表单内部，即<form>和</form>之间。在提交表单时，在 <form> 和 </form> 之外的控件将被忽略。

【示例】 form 属性必须引用所属表单的 id，如果一个 form 属性要引用两个或两个以上的表单，则需要使用空格将表单的 id 值分隔开。下面是一个 form 属性应用。

```
<form action="" method="get" id="form1">
请输入姓名：<input type="text" name="name1" autofocus/>
<input type="submit"   value=" 提交 "/>
</form>
请输入住址：<input type="text" name="address1" form="form1" />
```

以上代码在 Chrome 浏览器中的运行结果如图 12.41 所示。如果填写姓名和住址并单击“提交”按钮，则 name1 和 address1 分别会被赋值为所填写的值。例如，如果在姓名处填写“zhangsan”，住址处填写“北京”，则单击“提交”按钮后，服务器端会接收到“name1=zhangsan”和“address1= 北京”。用户也可以在提交后观察浏览器的地址栏，可以看到有“name1=zhangsan&address1= 北京”的字样，如图 12.42 所示。

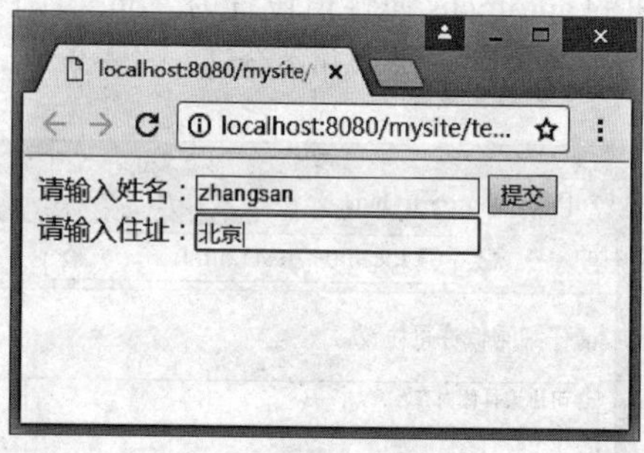

图 12.41 form 属性的应用

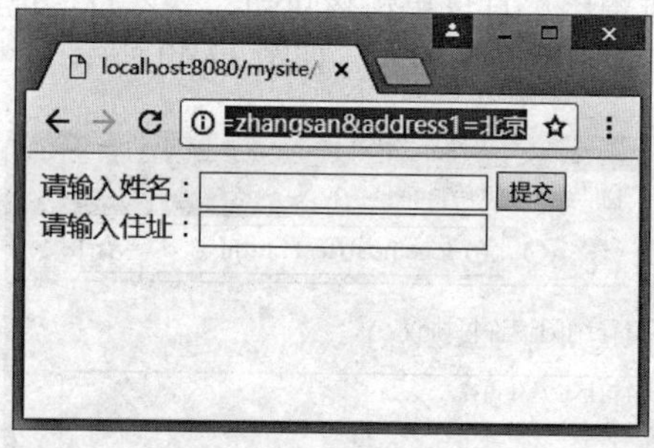

图 12.42 地址中要提交的数据

12.9.4 定义表单重写

HTML5 新增了 5 个表单重写属性，用于重写 form 元素属性设置，简单说明如下。

☑ formaction：重写 form 元素的 action 属性。

☑ formenctype：重写 form 元素的 enctype 属性。

☑ formmethod：重写 form 元素的 method 属性。

☑ formnovalidate：重写 form 元素的 novalidate 属性。

☑ formtarget：重写 form 元素的 target 属性。

注意： 表单重写属性仅适用于 submit 和 image 类型的 input 元素。

【示例】 下面的示例设计了通过 formaction 属性，实现将表单提交到不同的服务器页面。

```
<form action="1.asp" id="testform">
请输入电子邮件地址：<input type="email" name="userid" /><br />
 <input type="submit" value=" 提交到页面 1" formaction="1.asp" />
<input type="submit" value=" 提交到页面 2" formaction="2.asp" />
<input type="submit" value=" 提交到页面 3" formaction="3.asp" />
</form>
```

12.9.5　定义高和宽

height 和 width 属性仅用于设置 <input type="image"> 标签的图像高度和宽度。

【示例】 下面的示例演示了 height 与 width 属性的应用。

```
<form action="testform.asp" method="get">
请输入用户名：<input type="text" name="user_name" /><br />
<input type="image" src="images/submit.png" width="72" height="26" />
</form>
```

源图像的大小为 288 像素 ×104 像素，使用以上代码将其大小限制为 72 像素 ×267 像素，在 Chrome 浏览器中的运行结果如图 12.43 所示。

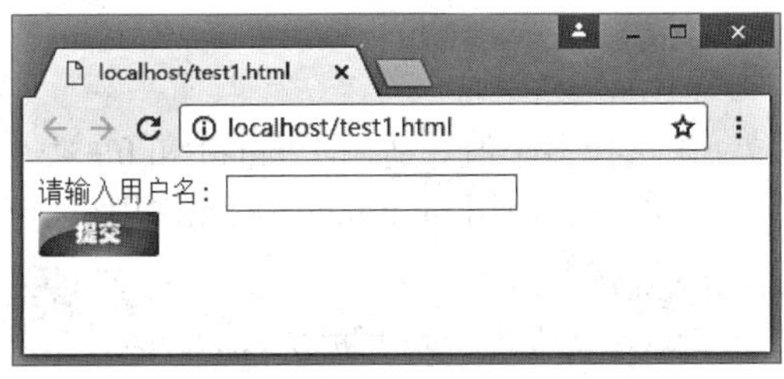

图 12.43　form 属性的应用

12.9.6　定义列表选项

list 属性用于设置输入域的 datalist。datalist 是输入域的选项列表。该属性适用于以下类型的 input 元素：text、search、url、telephone、email、Date Pickers、number、range 和 color。

演示示例可参考 12.10.1 小节关于 datalist 元素的介绍。

注意： 目前最新的主流浏览器都已支持 list 属性，不过呈现形式略有不同。

12.9.7　定义最小值、最大值和步长

min、max 和 step 属性用于为包含数字或日期的 input 输入类型设置限值，适用于 Date Pickers、number

Note

和 range 类型的 input 元素。具体说明如下。

☑ max 属性：设置输入框所允许的最大值。

☑ min 属性：设置输入框所允许的最小值。

☑ step 属性：为输入框设置合法的数字间隔（步长）。例如，step="4"，则合法值包括 -4、0、4 等。

【示例】下面的示例设计了一个数字输入框，并规定该输入框接受 0~12 的值，且数字间隔为 4。

```
<form action="testform.asp" method="get">
    请输入数值 : <input type="number" name="number1" min="0" max="12" step="4" />
    <input type="submit" value=" 提交 " />
</form>
```

在 Chrome 浏览器中运行，如果单击数字输入框右侧的微调按钮，则可以看到数字以 4 为步进值递增，如图 12.44 所示；如果输入不合法的数值，如 5，单击“提交”按钮时会显示错误提示，如图 12.45 所示。

图 12.44　list 属性应用

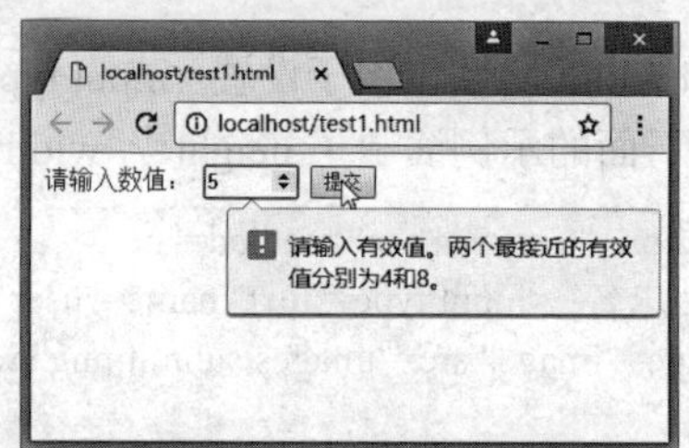

图 12.45　显示错误提示

12.9.8　定义多选

multiple 属性可以设置输入域一次选择多个值。适用于 email 和 file 类型的 input 元素。

【示例】下面在页面中插入一个文件域，使用 multiple 属性允许用户一次可提交多个文件。

```
<form action="testform.asp" method="get">
    请选择要上传的多个文件 : <input type="file" name="img" multiple />
    <input type="submit" value=" 提交 " />
</form>
```

在 Chrome 浏览器中的运行结果如图 12.46 所示。如果单击“选择文件”按钮，则会允许在打开的对话框中选择多个文件。选择文件并单击“打开”按钮后会关闭对话框，同时在页面中会显示选中文件的个数，如图 12.47 所示。

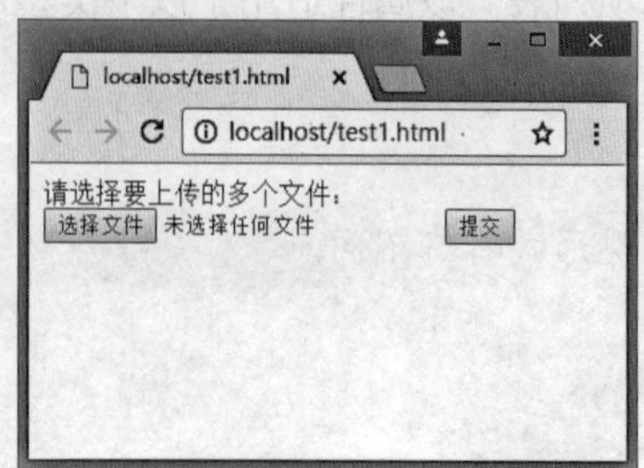

图 12.46　multiple 属性的应用

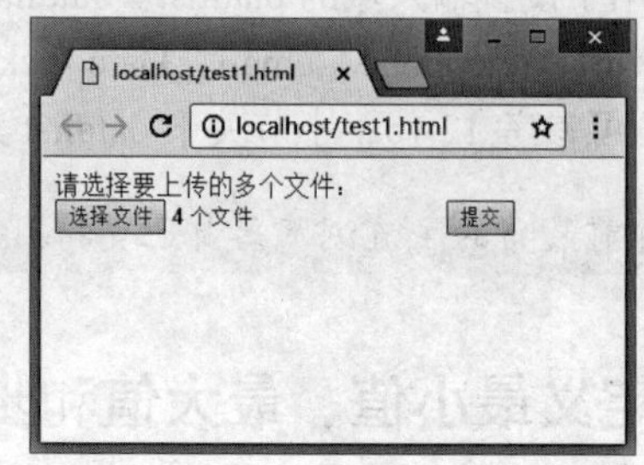

图 12.47　显示被选中文件的个数

12.9.9　定义匹配模式

pattern 属性规定用于验证 input 域的模式（pattern）。模式就是 JavaScript 正则表达式，通过自定义的正则表达式匹配用户输入的内容，以便进行验证。该属性适用于 text、search、url、telephone、email 和 password 类型的 input 元素。

【示例】下面的示例使用了 pattern 属性设置文本框必须输入 6 位数的邮政编码。

```
<form action="/testform.asp" method="get">
    请输入邮政编码 : <input type="text" name="zip_code" pattern="[0-9]{6}"
    title=" 请输入 6 位数的邮政编码 " />
    <input type="submit" value=" 提交 " />
</form>
```

在 Chrome 浏览器中的运行结果如图 12.48 所示。如果输入的数字不是 6 位，则会出现错误提示，如图 12.49 所示。如果输入的并非规定的数字，而是字母，也会出现这样的错误提示，因为 pattern="[0-9]{6}" 中规定了必须输入 0~9 这样的阿拉伯数字，并且必须为 6 位数。

> 提示：读者可以在 http://html5pattern.com 上面找到一些常用的正则表达式，并将它们复制粘贴到自己的 pattern 属性中进行应用。

图 12.48　pattern 属性的应用

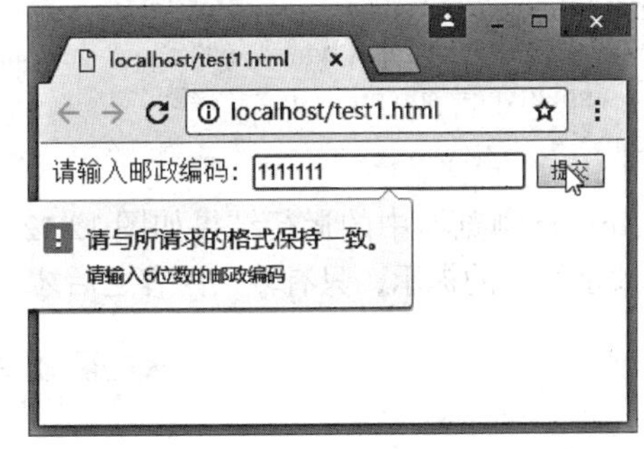

图 12.49　出现错误提示

12.9.10　定义替换文本

placeholder 属性用于为 input 类型的输入框提供一种文本提示，这些提示可以描述输入框期待用户输入的内容，在输入框为空时显示，而当输入框获取焦点时自动消失。placeholder 属性适用于 text、search、url、telephone、email 和 password 类型的 input 元素。

【示例】下面是 placeholder 属性的一个应用示例。请注意比较本例与上例提示方法的不同。

```
<form action="/testform.asp" method="get">
    请输入邮政编码 :
    <input type="text" name="zip_code" pattern="[0-9]{6}"
    placeholder=" 请输入 6 位数的邮政编码 " />
    <input type="submit" value=" 提交 " />
</form>
```

以上代码在 Chrome 浏览器中的运行结果如图 12.50 所示。当输入框获得焦点并输入字符时，提示文字消失，如图 12.51 所示。

Note

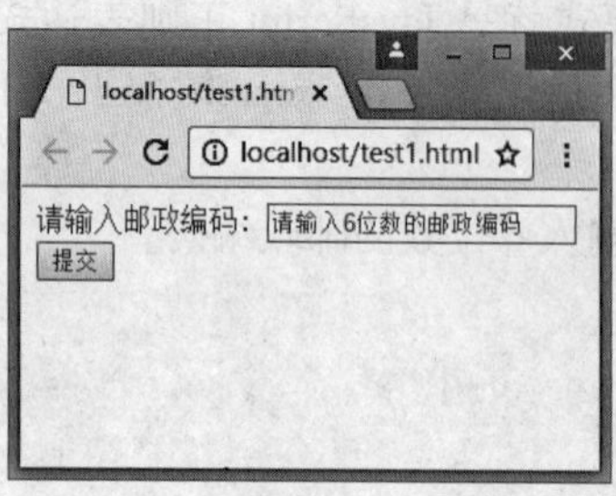

图 12.50　placeholder 属性的应用

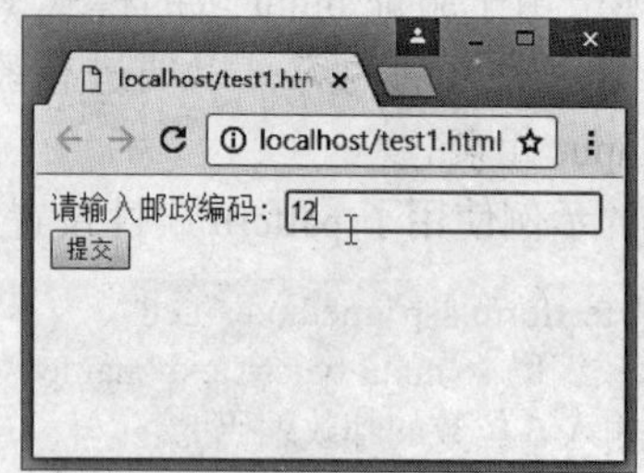

图 12.51　提示消失

12.9.11　定义必填

required 属性用于定义输入框填写的内容不能为空，否则不允许提交表单。该属性适用于 text、search、url、telephone、email、password、Date Pickers、number、checkbox、radio 和 file 类型的 input 元素。

【示例】下面的示例使用了 required 属性规定文本框必须输入内容。

```
<form action="/testform.asp" method="get">
    请输入姓名 : <input type="text" name="usr_name" required="required" />
    <input type="submit" value=" 提交 " />
</form>
```

在 Chrome 浏览器中的运行结果如图 12.52 所示。当输入框内容为空并单击“提交”按钮时，会出现“请填写此字段”的提示，只有输入内容之后才允许提交表单。

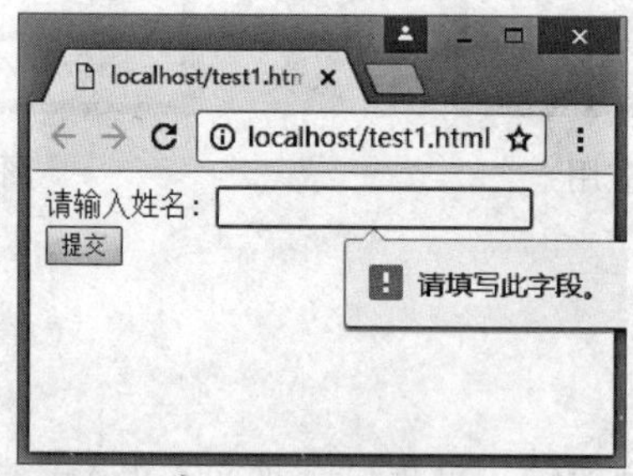

图 12.52　提示“请填写此字段”

视频讲解

12.10　HTML5 新表单元素

HTML5 新增了 3 个表单元素：datalist、keygen 和 output，下面分别进行说明。

Note

12.10.1　定义数据列表

datalist 元素用于为输入框提供一个可选的列表，供用户输入匹配或直接选择。如果不想从列表中选择，也可以自行输入内容。

datalist 元素需要与 option 元素配合使用，每一个 option 选项都必须设置 value 属性值。其中 datalist 元素用于定义列表框，option 元素用于定义列表项。如果要把 datalist 提供的列表绑定到某输入框上，还需要使用输入框的 list 属性来引用 datalist 元素的 id。

【示例】下面的示例演示了 datalist 元素和 list 属性如何配合使用。

```
<form action="testform.asp" method="get">
    请输入网址 : <input type="url" list="url_list" name="weblink" />
    <datalist id="url_list">
        <option label=" 新浪 " value="http: //www.sina.com.cn" />
        <option label=" 搜狐 " value="http: //www.sohu.com" />
        <option label=" 网易 " value="http: //www.163.com" />
    </datalist>
    <input type="submit" value=" 提交 " />
</form>
```

在 Chrome 浏览器中运行，当用户单击输入框之后，就会弹出一个下拉网址列表，供用户选择，效果如图 12.53 所示。

图 12.53　list 属性应用

12.10.2　定义密钥对生成器

keygen 元素的作用是提供一种验证用户的可靠方法。

作为密钥对生成器，当提交表单时，keygen 元素会生成两个键：私钥和公钥。私钥存储于客户端；公钥被发送到服务器，公钥可用于之后验证用户的客户端证书。

目前，浏览器对该元素的支持不是很理想。

【示例】下面是 keygen 元素的一个应用示例。

```
<form action="/testform.asp" method="get">
    请输入用户名 : <input type="text" name="usr_name" /><br>
    请选择加密强度 : <keygen name="security" /><br>
    <input type="submit" value=" 提交 " />
</form>
```

以上代码在 Chrome 浏览器中的运行结果如图 12.54 所示。在“请选择加密强度”右侧的 keygen 元素中可以选择一种密钥强度，有 2048（高强度）和 1024（中等强度）两种，Firefox 浏览器也提供两种选项，如图 12.55 所示。

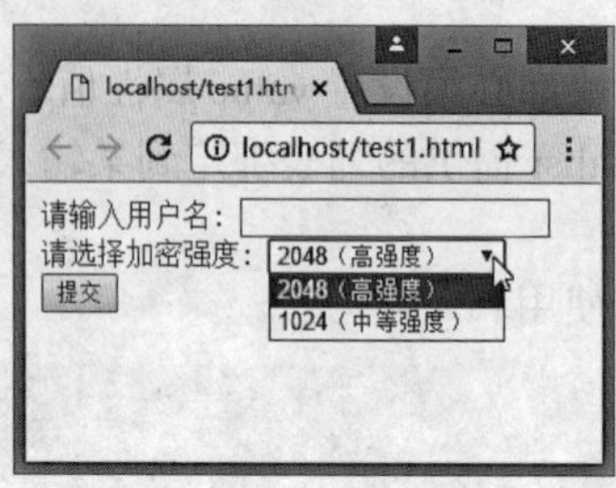

图 12.54　Chrome 浏览器提供的密钥等级

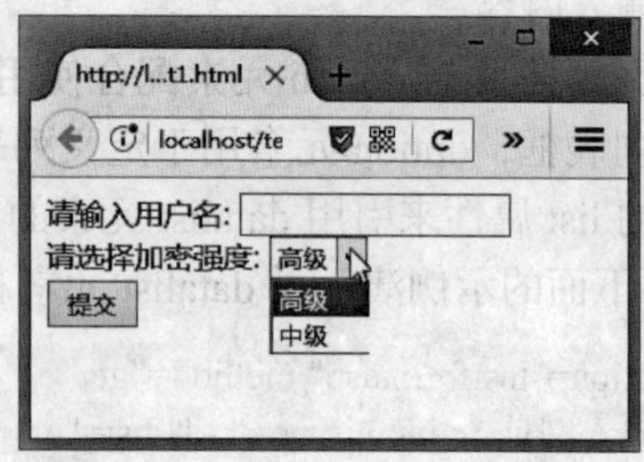

图 12.55　Firefox 浏览器提供的密钥等级

12.10.3　定义输出结果

output 元素用于在浏览器中显示计算结果或脚本输出，其语法如下。

```
<output name="">Text</output>
```

【示例】下面是 output 元素的一个应用示例。该示例计算用户输入的两个数字的乘积。

```
<script type="text/javascript">
function multi(){
    a=parseInt(prompt(" 请输入第 1 个数字。", 0));
    b=parseInt(prompt(" 请输入第 2 个数字。", 0));
    document.forms["form"]["result"].value=a*b;
}
</script>

<body onload="multi()">
<form action="testform.asp" method="get" name="form">
    两数的乘积为 : <output name="result"></output>
</form>
</body>
```

以上代码在 Chrome 浏览器中的运行结果如图 12.56 和图 12.57 所示。当页面载入时，会首先提示“请输入第 1 个数字”，输入并单击“确定”按钮后再根据提示输入第 2 个数字。再次单击“确定”按钮后，显示计算结果，如图 12.58 所示。

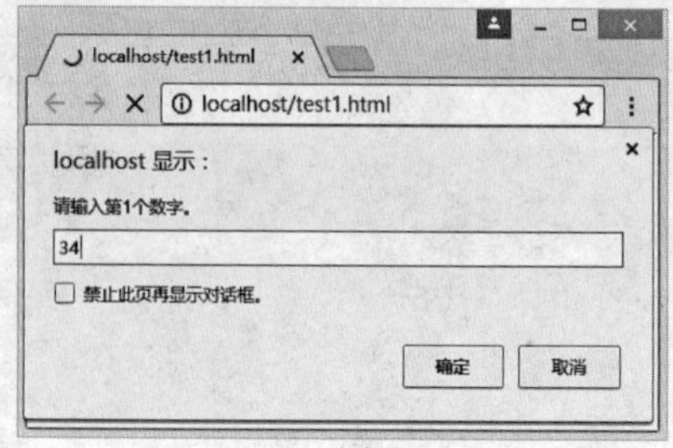

图 12.56　提示输入第 1 个数字

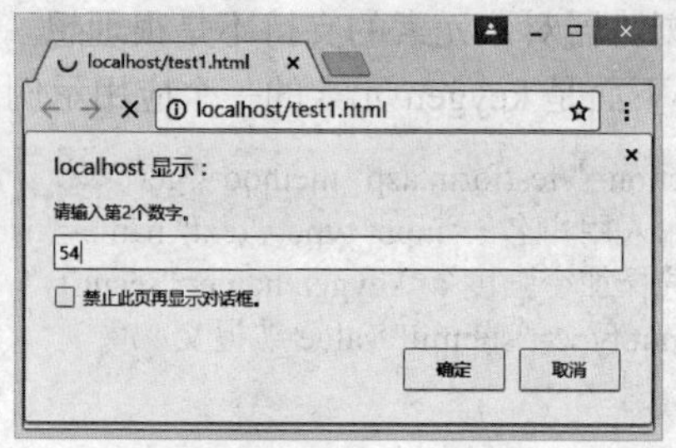

图 12.57　提示输入第 2 个数字

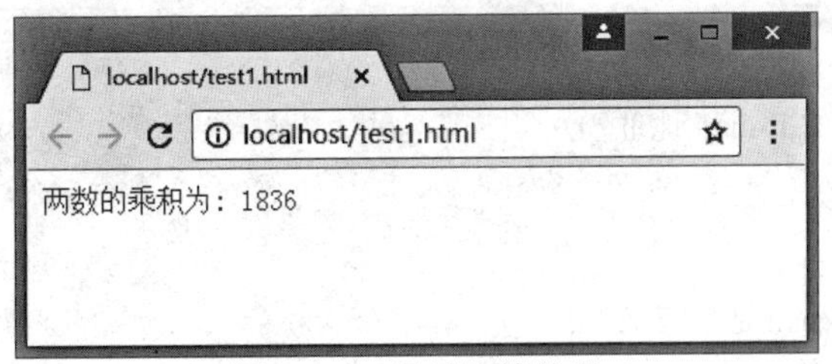

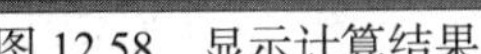
图 12.58　显示计算结果

12.11　HTML5 表单属性

HTML5 为 form 元素新增了两个属性：autocomplete 和 novalidate，下面分别进行说明。

12.11.1　定义自动完成

autocomplete 属性用于规定 form 中所有元素都拥有自动完成功能。该属性在介绍 input 属性时已经介绍过，用法与之相同。

但是当 autocomplete 属性用于整个 form 时，所有从属于该 form 的控件都具备自动完成功能。如果要关闭部分控件的自动完成功能，则需要单独设置 autocomplete="off"，具体示例可参考 autocomplete 属性的介绍。

12.11.2　定义禁止验证

novalidate 属性规定在提交表单时不应该验证 form 或 input 域。适用于 form 元素，以及 text、search、url、telephone、email、password、Date Pickers、range 和 color 类型的 input 元素。

【示例 1】下面的示例使用 novalidate 属性取消了整个表单的验证。

```
<form action="testform.asp" method="get" novalidate>
    请输入电子邮件地址 : <input type="email" name="user_email" />
    <input type="submit" value=" 提交 " />
</form>
```

【补充】

HTML5 为 form、input、select 和 textarea 元素定义了一个 checkValidity() 方法。调用该方法，可以显式地对表单内所有元素内容或单个元素内容进行有效性验证。checkValidity() 方法将返回布尔值，以提示是否通过验证。

【示例 2】下面的示例使用 checkValidity() 方法，主动验证用户输入的 E-mail 地址是否有效。

```
<script>
function check(){
    var email = document.getElementById("email");
    if(email.value==""){
        alert(" 请输入 E-mail 地址 ");
        return false;
```

Note

```
    }
    else if(!email.checkValidity()){
        alert(" 请输入正确的 E-mail 地址 ");
        return false;
    }
    else
        alert(" 您输入的 E-mail 地址有效 ");
}
</script>

<form id=testform onsubmit="return check(); " novalidate>
    <label for=email>Email</label>
    <input name=email id=email type=email /><br/>
    <input type=submit>
</form>
```

提示：在 HTML5 中，form 和 input 元素都有一个 validity 属性，该属性返回一个 ValidityState 对象。该对象具有很多属性，其中最简单、最重要的属性为 valid 属性，它表示表单内所有元素内容是否有效或单个 input 元素内容是否有效。

12.12 案例实战

本节将以案例的形式练习 HTML5 表单控件的制作方法，从而设计各种形式的表单页面。

12.12.1 设计注册表单

本节示例模拟手机麦包包网的用户注册网页，浏览效果如图 12.59 所示。

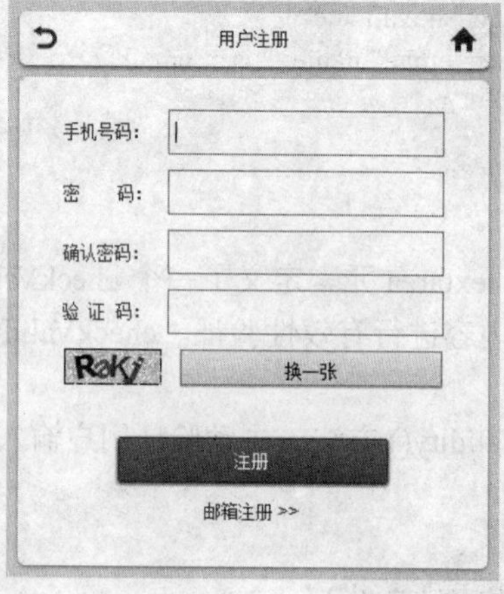

图 12.59　设计用户注册页面效果

首先，我们看一下页面的表单结构，代码如下。

```
<section class="modBaseBox">
    <form action="#" method="post" style="margin: 0; padding: 0; ">
        <input type="hidden" name="sendURL" id="sendURL" value="/index.html" />
        <div class="modBd">
            <ul class="formLogin">
                <li><label for="regMobile">手机号码 : </label><span><input type="text" name="mobile" id="mobile"
                    value="" /> </span> </li>
                <li><label for="regPwd"> 密码 : </label><span><input type="password" name="password" id=
                    "password" /></span> </li>
                <li><label for="regRepPwd"> 确 认 密 码 : </label><span><input type="password"
                    name="confirmPassword" id="confirmPassword" /></span> </li>
                <li><label for="regRepPwd"> 验证码 : </label><span><input type="text" name="verificationCode"
                    id="verificationCode" /></span> </li>
                <li><span> <img src="images/picCode.jpg" alt="" height="24" id="verificationImage" name=
                    "verificationImage" />
                    <input type="button" class="modBtnWhite" style="margin-left: 10px"name="changeVerCode" id=
                    "changeVerCode" value=" 换一张 " /></span> </li>
            </ul>
            <div class="btnLoginBox">
                <input type="submit" class="modBtnColor colorBlue" style="padding: 0 80px" value=" 注册 " /> <p><a href=
                    "#" class="register"> 邮箱注册 &gt; &gt; </a></p>
            </div>
        </div>
    </form>
</section>
```

然后，在 main.css 样式表文件中找到下面的表单样式。具体分析如下。

第 1 步，统一表单列表框基本样式。

```
.frameLoginBox .formLogin { padding: 8px 0 15px; text-align: center }
```

第 2 步，定义每个表单对象行内块显示，宽度 100%。

```
.frameLoginBox .formLogin li { width: 100%; display: inline-block; padding: 5px; box-sizing: border-box; }
```

第 3 步，设计表单控件的标签文本样式：固定宽度、左对齐、行内块显示。

```
.frameLoginBox .formLogin label { width: 70px; text-align: left; display: inline-block }
.frameLoginBox .formLogin span { display: inline-block }
```

第 4 步，设计输入框样式，固定高度，行高等于高度，实现垂直居中，加上浅色边框，增加 padding，撑开输入框，固定宽度为 180 像素。

```
.frameLoginBox .formLogin input { height: 24px; line-height: 24px; border: 1px solid #8badc2; padding: 2px 4px; width:
180px }
```

第 5 步，设计“换一张”按钮样式，渐变阴影，外加投影。

```
.modBtnWhite { display: inline-block; background: linear-gradient(to bottom, #f5f5f5, #e6e6e6); height: 22px; line-
height: 22px; padding: 0 15px; text-align: center; border: 1px solid #bdbdbd; box-shadow: 0 1px 2px #ccc; }
```

第 6 步，设计提交按钮居中显示。

```
.frameLoginBox .btnLoginBox { padding: 15px 0 10px; text-align: center }
```

第 7 步，设计按钮行内块显示，固定高度，行高等于高度，实现垂直居中，加上渐变阴影和投影特效。

```
.modBtnColor { display: inline-block; height: 30px; line-height: 30px; padding: 0 15px; text-align: center; color: #fff; border-radius: 2px; box-shadow: 0 1px 3px #444; }
```

Note

【拓展练习】

下面示例以本节演示示例为基础，模拟易购网的个性化用户注册网页，效果如图 12.60 所示。详细代码请参考本节示例源代码目录下的“拓展练习”文件夹。

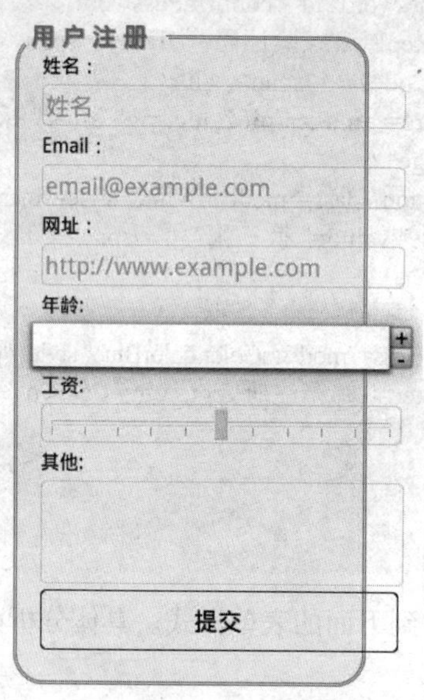

图 12.60　设计注册页面

12.12.2　设计登录表单

本节示例模拟同程旅游无线网的会员登录网页，浏览效果如图 12.61 所示。

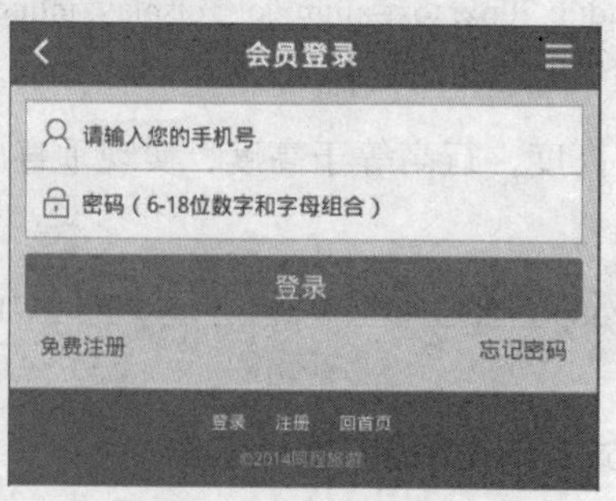

图 12.61　设计用户登录页面效果

首先，我们看一下页面的表单结构，代码如下。

```
<div class="content" page="login" style="padding: 10px; ">
    <form action="#l" class="listForm" method="post">
        <article class="circle_b bottom_c" id="payInfo">
            <section class="secure" id="selectBank"> <span class="username"></span> <span class="fRight">
                <input class="opa" name="LoginName" id="name" placeholder=" 请输入您的手机号 " type="text" value="" />
                </span>
                </section>
            <section class="dash_b"> <span class="password"></span> <span class="fRight">
                <input class="opa" name="Passwd" id="pass" placeholder=" 密码 (6-18 位数字和字母组合 )" type=
                    "password" />
                </span>
                </section>
        </article>
        <div class="col_div">
            <button type="submit" class="btn btn-blue" title=" 会员登录 "> 登录 </button>
        </div>
    </form>
</div>
```

下面是表单样式代码，简单说明如下。

第 1 步，统一定义表单对象样式。100% 宽度显示，取消轮廓线、边框线和阴影。

```
article.bottom_c input[type="text"], article.bottom_c input[type="password"] { width：100%; text-align：left; outline：none; box-shadow：none; border：none; color：#333; background-color：#fff; height：20px; margin-left：-5px; font-family：microsoft yahei; }
```

第 2 步，定义表单对象外框样式，添加底边框线效果。

```
#selectBank { border-bottom: 1px solid #ccc; }
section span { float: left; padding-left: 5px }
```

第 3 步，为替换文本添加样式。设置字体颜色为浅灰色。

```
input: : -webkit-input-placeholder {
    color: #ccc;
}
```

第 4 步，设置表单对象包含元素 span 的样式。

```
section span.fRight { float: none; padding-left: 12px; position: relative; overflow: hidden; display: block; height: 44px; line-height: 44px; }
```

第 5 步，分别为用户名和密码框左侧定义一个图标。

```
.username { background: url("../images/ico-user.png") no-repeat; display: inline-block; width: 25px; height: 25px; background-size: cover; margin: 6px -5px 0; }
.password { background: url("../images/ico-password.png") no-repeat; display: inline-block; width: 25px; height: 26px !important; height: 25px; background-size: cover; margin: 6px -5px 0; }
```

第 6 步，设计按钮风格样式。

```
.btn-blue { margin-top: 10px; background: #fe932b; border: none; border-radius: 3px; font-family: microsoft yahei; font-size: 18px; }
```

第 7 步，设计按钮基本样式。

```
.btn { width: 100%; height: 40px; display: block; line-height: 40px; text-align: center; font-size: 18px; color: #fff; margin-bottom: 10px; }
```

Note

【拓展练习】

下面示例以本节演示示例为基础，模拟掌上 1 号店的用户登录网页，设计一个类似的登录表单页面，效果如图 12.62 所示。详细代码请参考本节示例源代码目录下的“拓展练习”文件夹。

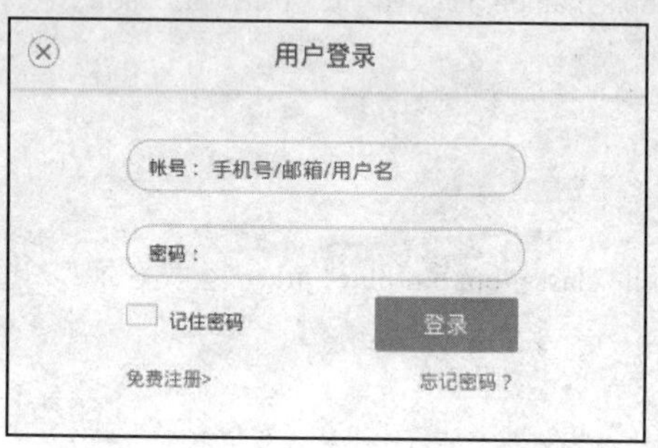

图 12.62　设计登录页面

12.12.3　设计反馈表单

本节示例模拟去哪儿网的意见反馈网页，浏览效果如图 12.63 所示。

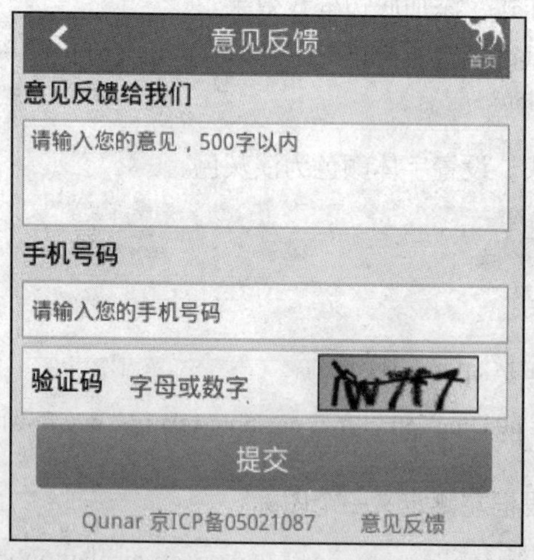

图 12.63　设计用户反馈表单

首先，我们看一下页面的表单结构，代码如下。

```
<form action="" method="post" id="fb">
    <div class="qn_pa10 qn_lh"> <span> 意见反馈给我们 </span>
        <textarea name="content" placeholder=" 请输入您的意见 , 500 字以内 " maxlength="500"></textarea>
        <span> 手机号码 </span>
        <input type="tel" name="mobile" placeholder=" 请输入您的手机号码 " maxlength="11" value="" />
```

```
    </div>
    <div class=" qn_pa10">
        <div class="qn_item qn_border">
            <div class="qn_fl"> <span> 验证码 </span> </div>
            <div class="qn_ml90">
                <input name="code" placeholder=" 字母或数字 " value="" style="width: 118px; " />
                <img class="qn_captcha" src="images/image.jpg" />
            </div>
        </div>
    </div>
    <div class="qn_btn qn_plr10"> <a id="searchSubmit"> 提交 </a> </div>
    <input type="hidden" name="action" value="post" />
</form>
```

打开 main.css 样式表文件，找到下面的样式代码，下面简单分析一下表单对象的样式设计思路和方法。

第 1 步，统一文本框和文本区域的基本样式，并添加浅灰色边框和内补白。

```
.qn_pa10 input, .qn_pa10 textarea { padding: 2px 4px; border: solid 1px #bbb; width: 97%; }
.qn_lh { line-height: 1.5; }
```

第 2 步，设计验证码样式。

```
.qn_item { font-size: 16px; line-height: 40px; height: 40px; padding: 0 5px; background: #fff; }
.qn_item.hover { background: #e0e0e0; color: #fff; }
.qn_item input { height: 30px; width: 95%; border: none; font-size: 16px; }
.qn_border { border: 1px solid #cacaca; }
.qn_fl { float: left; }
.qn_ml90 { margin-left: 60px }
.qn_ml90 input { display: inline-block; }
.qn_captcha { height: 35px; vertical-align: top; width: 105px; }
.qn_captcha { margin: 2px 0 0 0 }
```

第 3 步，设计意见反馈文本区域样式。

```
.qn_plr10 { padding-left: 10px; padding-right: 10px; }
```

第 4 步，设计提交按钮样式，通过渐变背景定义立体、动态按钮效果。

```
.qn_btn a { display: block; font-size: 18px; line-height: 40px; text-align: center; color: #fff; background: -webkit-gradient (linear, 0% 0, 0% 100%, from (#ffa442) , to (#ff801a)); background: linear-gradient (to bottom, #ffa442, #ff801a); border-radius: 4px; margin-top: 6px; }
.qn_btn a: hover { background: -webkit-gradient(linear, 0% 0, 0% 100%, from(#e86800), to(#ff8400)); background: linear-gradient(to bottom, #e86800, #ff8400); }
.qn_btn a: visited { color: #fff; }
```

【拓展练习】

下面示例以本节演示示例为基础，模拟手机搜狐网的留言反馈网页，效果如图 12.64 所示。详细代码请参考本节示例源代码目录下的“拓展练习”文件夹。

Note

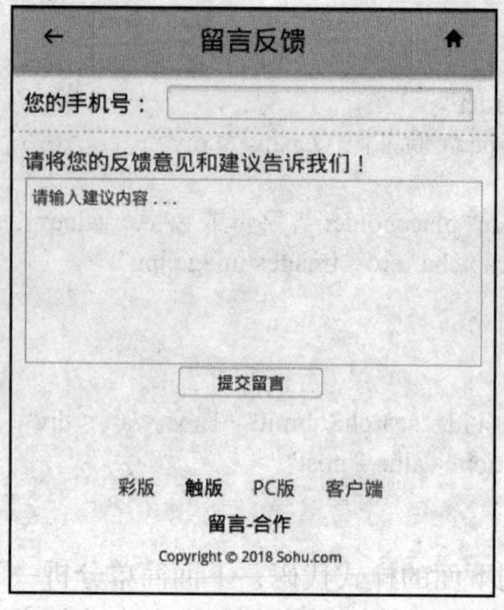

图 12.64 设计反馈页面

在线练习

12.13 在线练习

本节将通过大量的上机示例，练习使用 CSS3 设计 HTML5 表单版式，培养初学者网页设计的能力。

第13章

设计响应式表格

（视频讲解：35分钟）

表格是网站必不可少的功能。淘宝网中的“我的订单”页面，使用的就是表格技术。在响应式网站中，响应式表格的实现方法也有很多。本章将介绍HTML5的table元素及其子元素，重点是基本的table结构和样式。

【学习重点】

- 结构化表格。
- 设置表格属性。
- 设置单元格属性。

13.1　认识表格结构

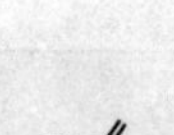

Note

基本的表格结构主要用到下面几个元素。

☑ table：定义表格。

☑ th：定义表格的标题栏。

☑ tr：定义表格的行。

☑ td：定义表格的单元格。

从基本结构分析，table 元素是由行组成的，行又是由单元格组成的。每行（tr）都包含标题单元格（th）或数据单元格（td），或者同时包含这两种单元格。

如果要创建复杂的表格，还需要用到下面几个逻辑结构元素。

☑ caption：定义表格标题。

☑ thead：定义表格页眉。

☑ tbody：定义表格主体。

☑ tfoot：定义表格页脚。

☑ col：用来给表格中的一列或者多列设置属性。

☑ colgroup：用来表示表格的列组，更方便地给表格设置列样式。

正确使用表格的逻辑元素，会让表格可读性更强，设置样式时也更加方便。

注意，使用 col 和 clogroup 元素需要注意以下两点。

☑ col 用来为表格中的一列或者多列设置属性，span 属性用来控制列数。col 只能在 table 元素或者 colgroup 元素内部使用。

☑ clogroup 元素的唯一作用是存放 col 元素。

为整个表格添加一个标题（caption）有助于访问者理解该表格。在浏览器中，标题通常显示在表格上方。使用 scope 属性可以告诉屏幕阅读器和其他辅助设备当前的 th 是列的标题单元格（scope="col"）还是行的标题单元格（scope="row"），或是用于其他目的的单元格。

在默认情况下，表格在浏览器中呈现的宽度是其中的信息在页面可用空间里所需要的最小宽度。可以通过 CSS 改变表格的格式。

如果每行也有标题单元格，就很容易理解。添加这些单元格只需要在每行开头添加一个 th 元素就可以了。列标题应设置 scope="col"，而每个行的 th（位于 td 之前）则应设置 scope="row"。

【示例】下面的示例使用了各种表格元素设计一个符合标准的表格结构。

```
<table>
    <caption> 符合标准的表格结构 </caption>
    <tr>
        <th> 标题 1</th>
        <th> 标题 2</th>
    </tr>
    <tr>
        <td> 数据 1</td>
        <td> 数据 2</td>
    </tr>
</table>
```

这是个很简单的表格，它只有一个包含标题单元格（th 元素）的行和三个包含数据单元格（td 元素）的行。每行都是由 tr 元素标记。本例也包含了 caption 元素，不过它是可选的。

视频讲解

13.2　新建表格

表格有多种形式，如简单的表格、带标题的表格、结构化的表格、列分组的表格等，本节将介绍这些不同形式的表格的设计方法。

13.2.1　定义普通表格

使用 table 元素可以定义 HTML 表格。简单的 HTML 表格由一个 table 元素，以及一个或多个 tr 和 td 元素组成，其中 tr 元素定义表格行，td 元素定义表格的单元格。

【示例】下面的示例设计了一个简单的 HTML 表格，包含两行两列，演示效果如图 13.1 所示。

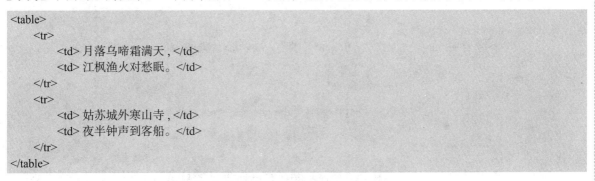

```
<table>
    <tr>
        <td> 月落乌啼霜满天 , </td>
        <td> 江枫渔火对愁眠。</td>
    </tr>
    <tr>
        <td> 姑苏城外寒山寺 , </td>
        <td> 夜半钟声到客船。</td>
    </tr>
</table>
```

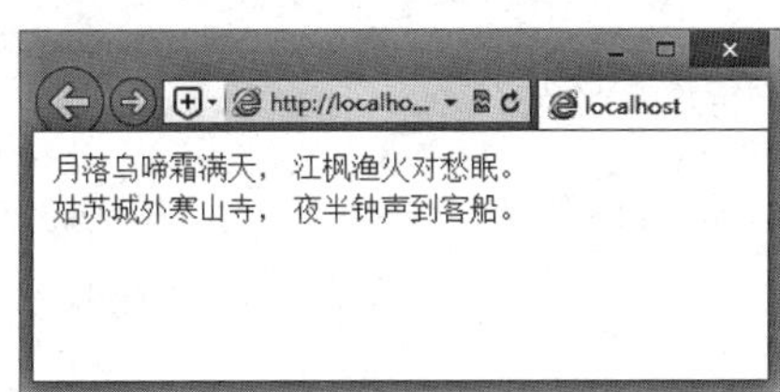

图 13.1　设计简单的表格

13.2.2　定义列标题

在数据表格中，每列可以包含一个标题，这在数据库中被称为字段，在 HTML 中被称为表头单元格。使用 th 元素定义表头单元格。

> **提示：**HTML 表格中有以下两种类型的单元格。
>
> ☑　表头单元格：包含表头信息，由 th 元素创建。
>
> ☑　标准单元格：包含数据，由 td 元素创建。

在默认状态下，th 元素内部的文本呈现为居中、粗体显示，而 td 元素内通常是左对齐的普通文本。

Note

【示例1】下面的示例设计了一个含有表头信息的HTML表格，包含两行两列，演示效果如图13.2所示。

```
<table>
    <tr>
        <th> 用户名 </th><th> 电子邮箱 </th>
    </tr>
    <tr>
        <td> 张三 </td><td>zhangsan@163.com</td>
    </tr>
</table>
```

表头单元格一般位于表格的第一行，当然用户可以根据需要把表头单元格放在表格中任意位置，例如，第一行或最后一行，第一列或最后一列等。也可以定义多重表头。

【示例2】下面的示例设计了一个简单的课程表，表格中包含行标题和列标题，即表格被定义了两类表头单元格，演示效果如图13.3所示。

```
<table>
    <tr>
        <th>  </th>
        <th> 星期一 </th><th> 星期二 </th><th> 星期三 </th><th> 星期四 </th><th> 星期五 </th>
    </tr>
    <tr>
        <th> 第 1 节 </th>
        <td> 语文 </td><td> 物理 </td> <td> 数学 </td><td> 语文 </td> <td> 美术 </td>
    </tr>
    <tr>
        <th> 第 2 节 </th>
        <td> 数学 </td><td> 语文 </td> <td> 体育 </td> <td> 英语 </td><td> 音乐 </td>
    </tr>
    <tr>
        <th> 第 3 节 </th>
        <td> 语文 </td><td> 体育 </td><td> 数学 </td><td> 英语 </td><td> 地理 </td>
    </tr>
    <tr>
        <th> 第 4 节 </th>
        <td> 地理 </td><td> 化学 </td> <td> 语文 </td><td> 语文 </td><td> 美术 </td>
    </tr>
</table>
```

图13.2 设计带有表头的表格

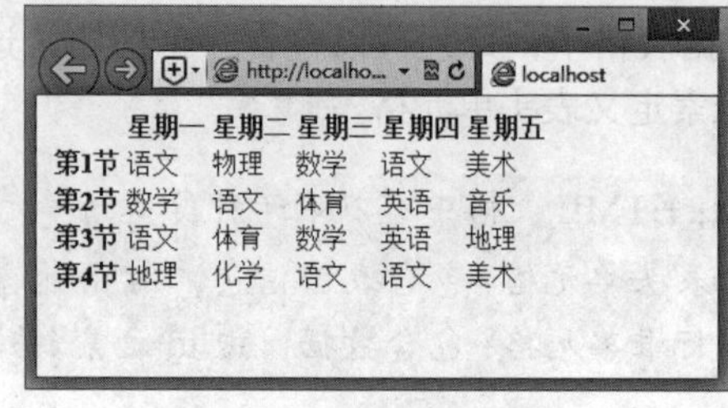

图13.3 设计双表头的表格

13.2.3　定义表格标题

有时为了方便浏览，用户需要为表格添加一个标题。使用 caption 元素可以定义表格标题。

注意，须紧随 table 元素之后，只能对每个表格定义一个标题。

【示例】以上节示例 1 为基础，本示例在上例表格的基础上添加一个标题，演示效果如图 13.4 所示。

```
<table>
    <caption> 通讯录 </caption>
    <tr>
        <th> 用户名 </th>
        <th> 电子邮箱 </th>
    </tr>
    <tr>
        <td> 张三 </td>
        <td>zhangsan@163.com</td>
    </tr>
</table>
```

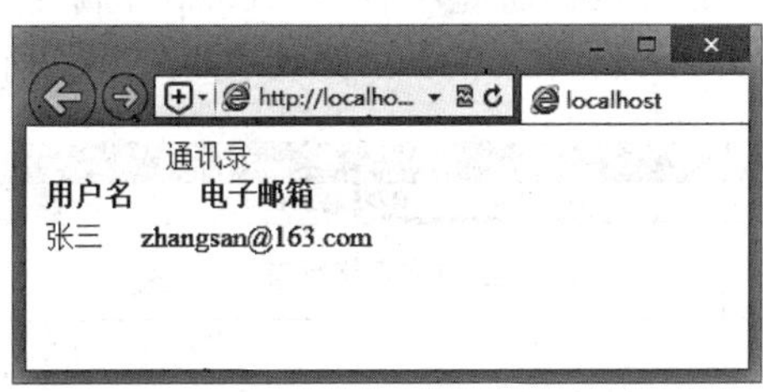

图 13.4　设计带有标题的表格

从图 13.5 可以看到，在默认状态下这个标题位于表格上面居中显示。

提示：在 HTML4 中，可以使用 align 属性设置标题的对齐方式，取值包括 left、right、top、bottom。在 HTML5 中已不赞成使用，建议使用 CSS 样式取而代之。

13.2.4　表格行分组

thead、tfoot 和 tbody 元素可以对表格中的行进行分组。当创建表格时，如果希望拥有一个标题行，一些带有数据的行，以及位于底部的一个总计行，这样可以设计独立于表格标题和页脚的表格正文滚动。当长的表格被打印时，表格的表头和页脚可被打印在包含表格数据的每张页面上。

使用 thead 元素可以定义表格的表头，该标签用于组合 HTML 表格的表头内容，一般与 tbody 和 tfoot 元素结合起来使用。其中 tbody 元素用于对 HTML 表格中的主体内容进行分组，而 tfoot 元素用于对 HTML 表格中的表注（页脚）内容进行分组。

【示例】下面的示例使用了上述各种表格元素，设计一个符合标准的表格结构，代码如下。

```
<style type="text/css">
table { width: 100%; }
caption { font-size: 24px; margin: 12px; color: blue; }
th, td { border: solid 1px blue; padding: 8px; }
```

Note

```
tfoot td { text-align: right; color: red; }
</style>
<table>
    <caption> 结构化表格标签 </caption>
    <thead>
        <tr><th> 标签 </th><th> 说明 </th></tr>
    </thead>
    <tfoot>
        <tr><td colspan="2">* 在表格中，上述标签属于可选标签。</td></tr>
    </tfoot>
    <tbody>
        <tr><td>&lt; thead&gt; </td> <td> 定义表头结构。</td></tr>
        <tr><td>&lt; tbody&gt; </td><td> 定义表格主体结构。</td></tr>
        <tr><td>&lt; tfoot&gt; </td><td> 定义表格的页脚结构。</td></tr>
    </tbody>
</table>
```

在上面示例的代码中，可以看到 <tfoot> 是放在 <thead> 和 <tbody> 之间的，而最终在浏览器中会发现 <tfoot> 中的内容显示在表格底部。在 <tfoot> 标签中有一个 colspan 属性，该属性的主要功能是横向合并单元格，将表格底部的两个单元格合并为一个单元格，示例效果如图 13.5 所示。

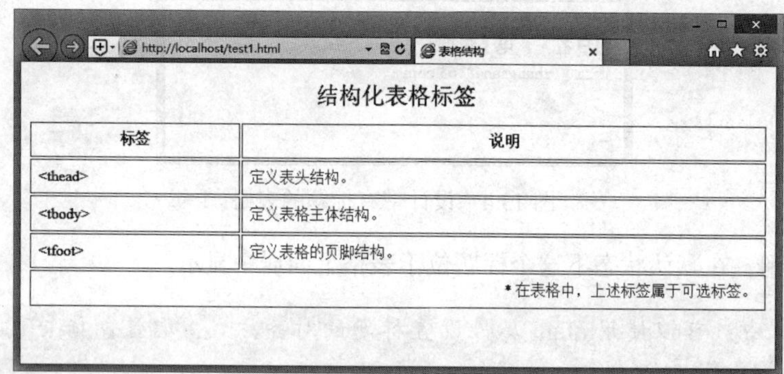

图 13.5　表格结构效果图

注意： 当使用 thead、tfoot 和 tbody 元素时，必须使用全部的元素，排列次序是 thead、tfoot、tbody，这样浏览器就可以在收到所有数据前呈现页脚，且这些元素必须在 table 元素内部使用。

在默认情况下，这些元素不会影响到表格的布局。不过，用户可以使用 CSS 使这些元素改变表格的外观。在 thead 元素内部必须包含 tr 元素。

13.2.5　表格列分组

ccol 和 colgroup 元素可以对表格中的列进行分组。

其中，使用 col 元素可以为表格中的一个或多个列定义属性值。如果需要对全部列应用样式，col 元素很有用，这样就不需要对各个单元格和各行重复应用样式了。

【示例 1】 下面的示例使用 col 元素为表格中的 3 列设置不同的对齐方式，效果如图 13.6 所示。

```
<table width="100%" border="1">
    <col align="left" />
    <col align="center" />
    <col align="right" />
    <tr><td> 慈母手中线 , </td><td> 游子身上衣。</td><td> 临行密密缝 , </td></tr>
    <tr><td> 意恐迟迟归。</td><td> 谁言寸草心 , </td><td> 报得三春晖。</td></tr>
</table>
```

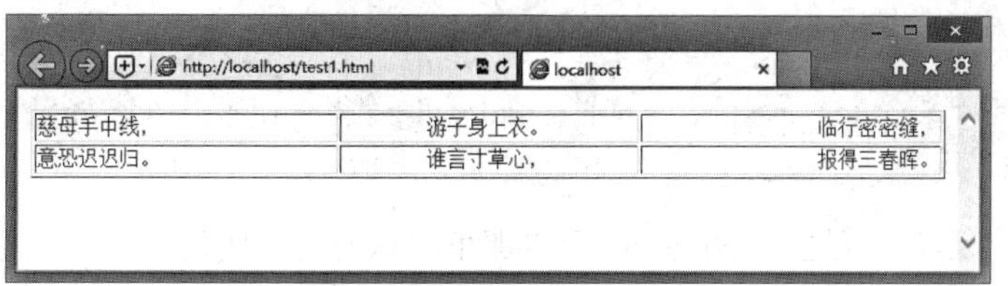

图 13.6　表格列分组样式

在上面的示例中，使用 3 个 col 元素为表格中的 3 列分别定义不同的对齐方式。这里使用 HTML 属性 align 设置对齐方式，取值包括 right（右对齐）、left（左对齐）、center（居中对齐）、justify（两端对齐）和 char（对准指定字符）。由于浏览器支持不统一，不建议使用 align 属性。

提示： 只能在 table 或 colgroup 元素中使用 col 元素。col 元素是仅包含属性的空元素，不能够包含任何信息。如要创建列，就必须在 tr 元素内嵌入 td 元素。

使用 colgroup 元素也可以对表格中的列进行组合，以便对其进行格式化。如果需要对全部列应用样式，colgroup 元素很有用，这样就不需要对各个单元和各行重复应用样式了。

【示例 2】 下面的示例使用 colgroup 元素为表格中的每列定义不同的宽度，效果如图 13.7 所示。

```
<style type="text/css">
.col1 { width: 25%; color: red; font-size: 16px; }
.col2 { width: 50%; color: blue; }
</style>
<table width="100%" border="1">
    <colgroup span="2" class="col1"></colgroup>
    <colgroup class="col2"></colgroup>
    <tr><td> 慈母手中线 , </td><td> 游子身上衣。</td><td> 临行密密缝 , </td></tr>
    <tr><td> 意恐迟迟归。</td><td> 谁言寸草心 , </td><td> 报得三春晖。</td></tr>
</table>
```

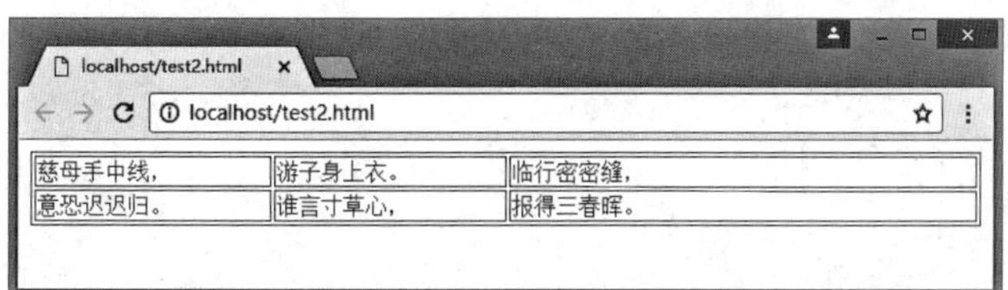

图 13.7　定义表格列分组样式

colgroup 元素只能在 table 元素中使用。

为列分组定义样式时，建议为 colgroup 或 col 元素添加 class 属性，然后使用 CSS 类样式定义列的对齐

方式、宽度和背景色等样式。

【示例 3】从上面两个示例可以看到，colgroup 和 col 元素具有相同的功能，同时也可以把 col 元素嵌入 colgroup 元素中使用。

```
<table width="100%" border="1">
    <colgroup>
        <col span="2" class="col1" />
        <col class="col2" />
    </colgroup>
    <tr><td> 慈母手中线，</td><td> 游子身上衣。</td><td> 临行密密缝，</td></tr>
    <tr><td> 意恐迟迟归。</td><td> 谁言寸草心，</td><td> 报得三春晖。</td></tr>
</table>
```

如果没有对应的 col 元素，列会从 colgroup 元素那里继承所有的属性值。

提示： span 是 colgroup 和 col 元素专用属性，规定列组应该横跨的列数，取值为正整数。例如，在一个包含 6 列的表格中，第一组有 4 列，第二组有 2 列，这样的表格在列上进行如下分组。

```
<colgroup span="4"></colgroup>
<colgroup span="2"></colgroup>
```

浏览器将表格的单元格合成列时，会将每行前 4 个单元格合成第一个列组，将接下来的两个单元格合成第二个列组。这样，colgroup 元素的其他属性就可以用于该列组包含的列中了。

如果没有设置 span 属性，则每个 colgroup 或 col 元素代表一列，按顺序排列。

注意： 现代浏览器都支持 colgroup 和 col 元素，但是 Firefox、Chrome 和 Safari 浏览器仅支持 col 和 colgroup 元素的 span 和 width 属性。也就是说，用户只能够通过列分组为表格的列定义统一的宽度，另外也可以定义背景色，但是其他 CSS 样式不支持。虽然 IE 支持，但是不建议用户去应用。通过示例 2，用户也能够看到 CSS 类样式中的 color: red; 和 font-size: 16px; 都没有发挥作用。

【示例 4】下面的示例定义了如下几个类样式，然后分别应用到 <col> 列标签中，则显示效果如图 13.8 所示。

```
<style type="text/css">
table { /* 表格默认样式 */
    border: solid 1px #99CCFF;
    border-collapse: collapse; }
.bg_th { /* 标题行类样式 */
    background: #0000FF;
    color: #fff; }
.bg_even1 { /* 列 1 类样式 */
    background: #CCCCFF; }
.bg_even2 { /* 列 2 类样式 */
    background: #FFFFCC; }
</style>
<table>
   <caption>IE 浏览器发展大事记 </caption>
    <colgroup>
```

```
        <col class="bg_even1" id="verson" />
        <col class="bg_even2" id="postTime" />
        <col class="bg_even1" id="OS" />
    </colgroup>
    <tr class="bg_th">
        <th> 版本 </th><th> 发布时间 </th><th> 绑定系统 </th>
    </tr>
    <tr>
        <td>Internet Explorer 1</td><td>1995 年 8 月 </td><td>Windows 95 Plus! Pack</td>
    </tr>
    ......
</table>
```

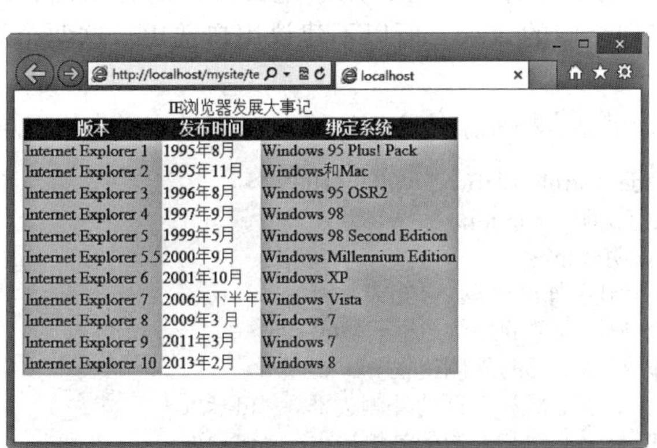

图 13.8 设计隔列变色的样式效果

13.3 设置 table 属性

表格元素包含大量属性，其中大部分属性都可以使用 CSS 属性代替，也有几个专用属性无法使用 CSS 实现。HTML5 支持的 table 元素属性说明如表 13.1 所示。

表 13.1 HTML5 支持的 table 元素属性

属　性	说　明
border	定义表格边框，值为整数，单位为像素。当值为 0 时，表示隐藏表格边框线。功能类似 CSS 中的 border 属性，但是没有 CSS 提供的边框属性强大
cellpadding	定义数据表单元格的补白。功能类似 CSS 中的 padding 属性，但是功能比较弱
cellspacing	定义数据表单元格的边界。功能类似 CSS 中的 margin 属性，但是功能比较弱
width	定义数据表的宽度。功能类似 CSS 中的 width 属性
frame	设置数据表的外边框线显示，实际上它是对 border 属性的功能扩展 取值包括 void（不显示任一边框线）、above（顶端边框线）、below（底部边框线）、hsides（顶部和底部边框线）、lhs（左边框线）、rhs（右边框线）、vsides（左和右的边框线）、box（所有四周的边框线）、border（所有四周的边框线）

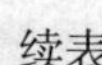

续表

Note

属　性	说　明
rules	设置数据表的内边线显示，实际上它是对 border 属性的功能扩展 取值包括 none（禁止显示内边线）、groups（仅显示分组内边线）、rows（显示每行的水平线）、cols（显示每列的垂直线）、all（显示所有行和列的内边线）
summary	定义表格的摘要，没有 CSS 对应属性

13.3.1　定义单线表格

frame 和 rules 是两个特殊的表格样式属性，用于定义表格的各个内、外边框线是否显示。由于使用 CSS 的 border 属性可以实现相同的效果，所以不建议用户选用。这两个属性的取值可以参考表 13.1 说明。

【示例】在下面的示例中，借助表格元素的 frame 和 rules 属性定义表格以单行线的形式进行显示。

```
<table border="1" frame="hsides"  rules="rows" width="100%">
    <caption>frame 属性取值说明 </caption>
    <tr><th> 值 </th><th> 说明 </th></tr>
    <tr><td>void</td><td> 不显示外侧边框。</td></tr>
    <tr><td>above</td><td> 显示上部的外侧边框。</td></tr>
    <tr><td>below</td><td> 显示下部的外侧边框。</td> </tr>
    <tr><td>hsides</td><td> 显示上部和下部的外侧边框。</td></tr>
    <tr><td>vsides</td><td> 显示左边和右边的外侧边框。</td></tr>
    <tr><td>lhs</td><td> 显示左边的外侧边框。</td></tr>
    <tr><td>rhs</td><td> 显示右边的外侧边框。</td></tr>
    <tr><td>box</td> <td> 在所有四个边上显示外侧边框。</td></tr>
    <tr><td>border</td><td> 在所有四个边上显示外侧边框。</td></tr>
</table>
```

上面的示例通过 frame 属性定义了表格仅显示上下边框线，使用 rules 属性定义表格仅显示水平内边线，从而设计出单行线数据表格效果。在使用 frame 和 rules 属性时，同时定义 border 属性，指定数据表显示边框线。在浏览器中预览，则显示效果如图 13.9 所示。

localhost/test1.html

frame属性取值说明

值	说明
void	不显示外侧边框。
above	显示上部的外侧边框。
below	显示下部的外侧边框。
hsides	显示上部和下部的外侧边框。
vsides	显示左边和右边的外侧边框。
lhs	显示左边的外侧边框。
rhs	显示右边的外侧边框。
box	在所有四个边上显示外侧边框。
border	在所有四个边上显示外侧边框。

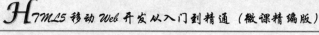

图 13.9　定义单线表格样式

13.3.2　定义分离单元格

cellpadding 属性用于定义单元格边沿与其内容之间的空白，cellspacing 属性定义单元格之间的空间。这两个属性的取值单位为像素或者百分比。

【示例】下面的示例设计了井字形状的表格。

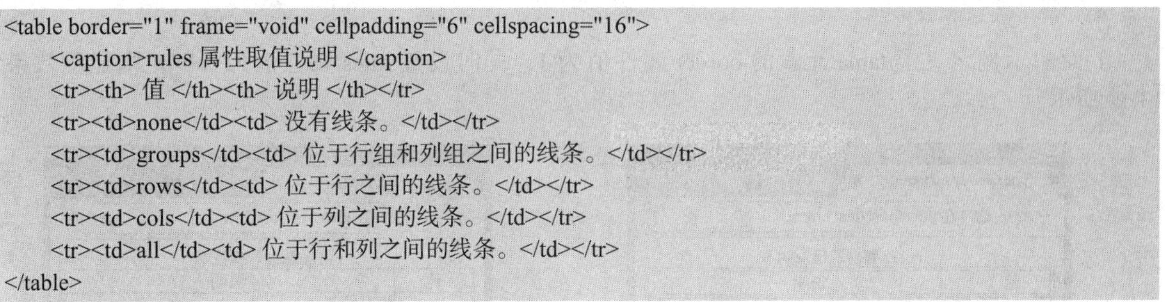

```
<table border="1" frame="void" cellpadding="6" cellspacing="16">
    <caption>rules 属性取值说明 </caption>
    <tr><th> 值 </th><th> 说明 </th></tr>
    <tr><td>none</td><td> 没有线条。</td></tr>
    <tr><td>groups</td><td> 位于行组和列组之间的线条。</td></tr>
    <tr><td>rows</td><td> 位于行之间的线条。</td></tr>
    <tr><td>cols</td><td> 位于列之间的线条。</td></tr>
    <tr><td>all</td><td> 位于行和列之间的线条。</td></tr>
</table>
```

上面的示例通过 frame 属性隐藏表格外框，然后使用 cellpadding 属性定义单元格内容的边距为 6 像素，单元格之间的间距为 16 像素，则在浏览器中预览效果如图 13.10 所示。

图 13.10　定义分离单元格样式

提示：cellpadding 属性定义的效果，可以使用 CSS 的 padding 样式属性代替，建议不要直接使用 cellpadding 属性。

13.3.3　定义细线边框

使用 table 元素的 border 属性可以定义表格的边框粗细，取值单位为像素，当值为 0 时表示隐藏边框线。

【示例】如果直接为 table 元素设置 border="1"，则表格呈现的边框线效果如图 13.11 所示。下面的示例配合使用 border 和 rules 属性，可以设计细线表格。

```
<table border="1" rules="all" width="100%">
    <caption>rules 属性取值说明 </caption>
```

Note

```
    <tr><th> 值 </th><th> 说明 </th></tr>
    <tr><td>none</td><td> 没有线条。</td></tr>
    <tr><td>groups</td><td> 位于行组和列组之间的线条。</td></tr>
    <tr><td>rows</td><td> 位于行之间的线条。</td></tr>
    <tr><td>cols</td><td> 位于列之间的线条。</td></tr>
    <tr><td>all</td><td> 位于行和列之间的线条。</td></tr>
</table>
```

上面的示例定义了 table 元素的 border 属性值为 1，同时设置 rules 属性值为 "all"，则显示效果如图 13.12 所示。

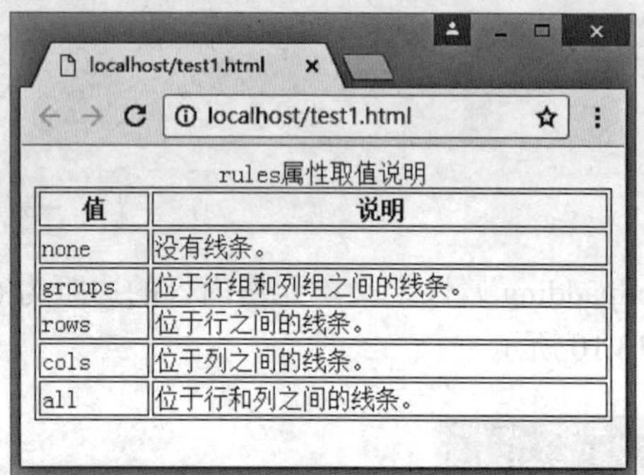

图 13.11　表格默认边框样式

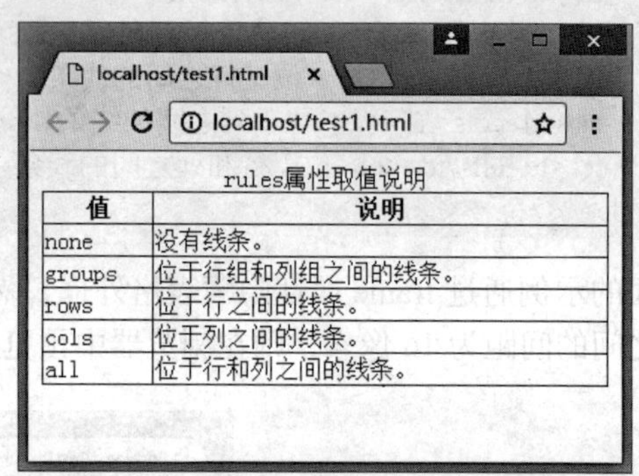

图 13.12　设计细线边框效果

13.3.4　添加表格说明

使用 table 元素的 summary 属性可以设置表格内容的摘要，该属性的值不会显示，但是屏幕阅读器可以利用该属性，也方便机器进行表格内容检索。

【示例】 下面的示例使用 summary 属性为表格添加了一个简单的内容说明，以方便搜索引擎检索。

```
<table border="1"   rules="all" width="100%" summary="rules 属性取值说明 ">
    <tr><th> 值 </th><th> 说明 </th></tr>
    <tr><td>none</td><td> 没有线条。</td></tr>
    <tr><td>groups</td><td> 位于行组和列组之间的线条。</td></tr>
    <tr><td>rows</td><td> 位于行之间的线条。</td></tr>
    <tr><td>cols</td><td> 位于列之间的线条。</td></tr>
    <tr><td>all</td><td> 位于行和列之间的线条。</td></tr>
</table>
```

视频讲解

13.4　设置 td 和 th 属性

单元格元素（td 和 th）也包含了大量属性，其中大部分属性都可以使用 CSS 属性代替，也有几个专用属性无法使用 CSS 实现。HTML5 支持的 td 和 th 元素属性说明如表 13.2 所示。

表 13.2　HTML5 支持的 td 和 th 元素属性

属　性	说　明
abbr	定义单元格中内容的缩写版本
align	定义单元格内容的水平对齐方式。取值包括 right（右对齐）、left（左对齐）、center（居中对齐）、justify（两端对齐）和 char（对准指定字符）。功能类似 CSS 中的 text-align 属性，建议使用 CSS 完成设计
axis	对单元进行分类。取值为一个类名
char	定义根据哪个字符来进行内容的对齐
charoff	定义对齐字符的偏移量
colspan	定义单元格可横跨的列数
headers	定义与单元格相关的表头
rowspan	定义单元格可横跨的行数
scope	定义将表头数据与单元格数据相关联的方法。取值包括 col（列的表头）、colgroup（列组的表头）、row（行的表头）、rowgroup（行组的表头）
valign	定义单元格内容的垂直排列方式。取值包括 top（顶部对齐）、middle（居中对齐）、bottom（底部对齐）、baseline（基线对齐）。功能类似 CSS 中的 vertical-align 属性，建议使用 CSS 完成设计

13.4.1　定义跨单元格显示

colspan 和 rowspan 是两个重要的单元格属性，分别用来定义单元格可跨列或跨行显示。取值为正整数，如果取值为 0 时，则表示浏览器横跨到列组的最后一列，或者行组的最后一行。

【示例】下面的示例使用 colspan=5 属性定义单元格跨列显示，效果如图 13.13 所示。

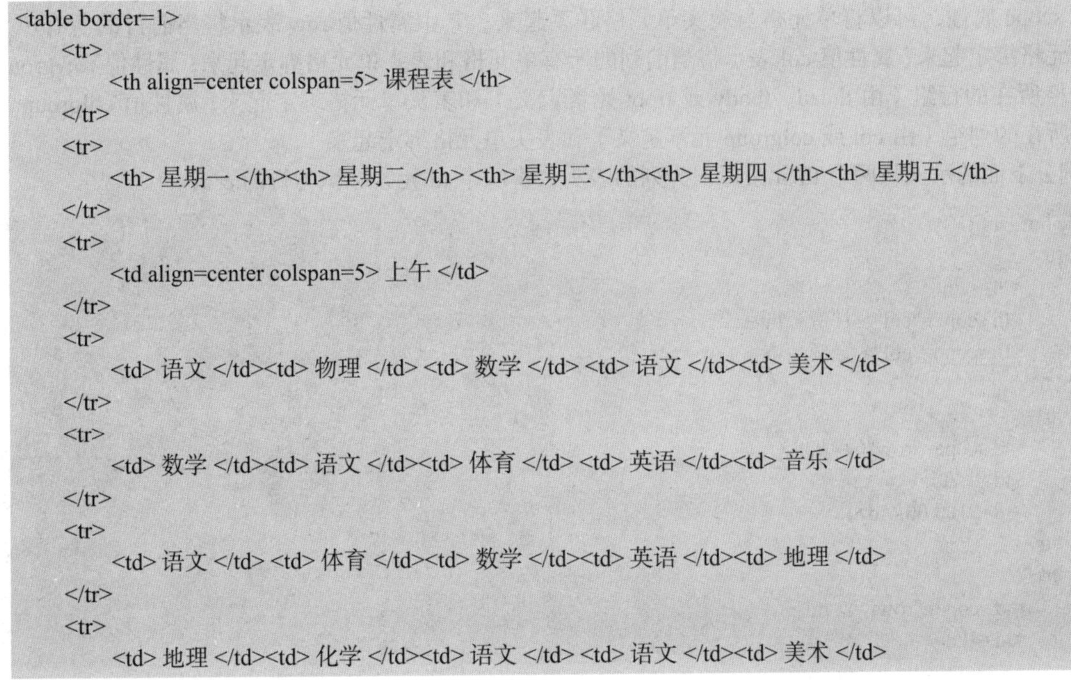

```
<table border=1>
    <tr>
        <th align=center colspan=5> 课程表 </th>
    </tr>
    <tr>
        <th> 星期一 </th><th> 星期二 </th> <th> 星期三 </th><th> 星期四 </th><th> 星期五 </th>
    </tr>
    <tr>
        <td align=center colspan=5> 上午 </td>
    </tr>
    <tr>
        <td> 语文 </td><td> 物理 </td> <td> 数学 </td> <td> 语文 </td><td> 美术 </td>
    </tr>
    <tr>
        <td> 数学 </td><td> 语文 </td><td> 体育 </td> <td> 英语 </td><td> 音乐 </td>
    </tr>
    <tr>
        <td> 语文 </td> <td> 体育 </td><td> 数学 </td><td> 英语 </td><td> 地理 </td>
    </tr>
    <tr>
        <td> 地理 </td><td> 化学 </td><td> 语文 </td> <td> 语文 </td><td> 美术 </td>
```

Note

```
    </tr>
    <tr>
        <td align=center colspan=5> 下午 </td>
    </tr>
    <tr>
        <td> 作文 </td><td> 语文 </td><td> 数学 </td><td> 体育 </td><td> 化学 </td>
    </tr>
    <tr>
        <td> 生物 </td><td> 语文 </td><td> 物理 </td><td> 自修 </td><td> 自修 </td>
    </tr>
</table>
```

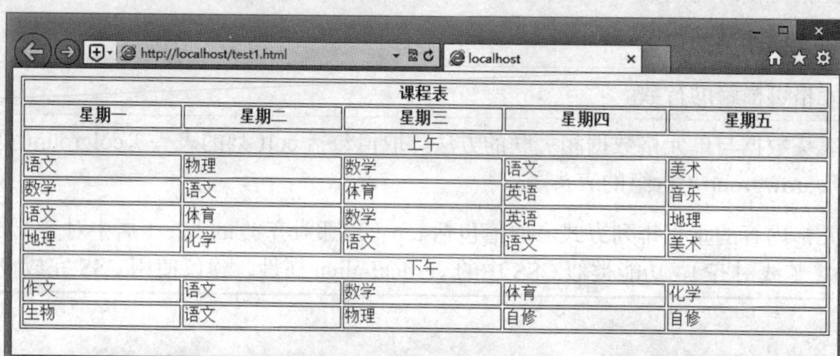

课程表				
星期一	星期二	星期三	星期四	星期五
上午				
语文	物理	数学	语文	美术
数学	语文	体育	英语	音乐
语文	体育	数学	英语	地理
地理	化学	语文	语文	美术
下午				
作文	语文	数学	体育	化学
生物	语文	物理	自修	自修

图 13.13　定义单元格跨列显示

13.4.2　定义表头单元格

使用 scope 属性，可以将单元格与表头单元格联系起来。其中属性值 row 表示将当前行的所有单元格和表头单元格绑定起来；属性值 col 表示将当前列的所有单元格和表头单元格绑定起来；属性值 rowgroup 表示将单元格所在的行组（由 thead、tbody 或 tfoot 元素定义）和表头单元格绑定起来；属性值 colgroup 表示将单元格所在的列组（由 col 或 colgroup 元素定义）和表头单元格绑定起来。

【示例】下面的示例将两个 th 元素标识为列的表头，将两个 td 元素标识为行的表头。

```
<table border="1">
    <tr>
        <th></th>
        <th scope="col"> 月份 </th>
        <th scope="col"> 金额 </th>
    </tr>
    <tr>
        <td scope="row">1</td>
        <td>9</td>
        <td>$100.00</td>
    </tr>
    <tr>
        <td scope="row">2</td>
        <td>4/td>
```

```
            <td>$10.00</td>
        </tr>
</table>
```

提示：由于不会在普通浏览器中产生任何视觉效果，很难判断浏览器是否支持 scope 属性。

13.4.3　为单元格指定表头

使用 headers 属性可以为单元格指定表头，该属性的值是一个表头名称的字符串，这些名称是用 id 属性定义的不同表头单元格的名称。

headers 属性对非可视化的浏览器，也就是那些在显示出相关数据单元格内容之前就显示表头单元格内容的浏览器非常有用。

【示例】下面的示例分别为表格中不同的数据单元格绑定表头，演示效果如图 13.14 所示。

```
<table border="1" width="100%">
    <tr>
        <th id="name"> 姓名 </th>
        <th id="Email"> 电子邮件 </th>
        <th id="Phone"> 电话 </th>
        <th id="Address"> 地址 </th>
    </tr>
    <tr>
        <td headers="name"> 张三 </td>
        <td headers="Email">zhangsan@163.com</td>
        <td headers="Phone">13522228888</td>
        <td headers="Address"> 北京长安街 38 号 </td>
    </tr>
</table>
```

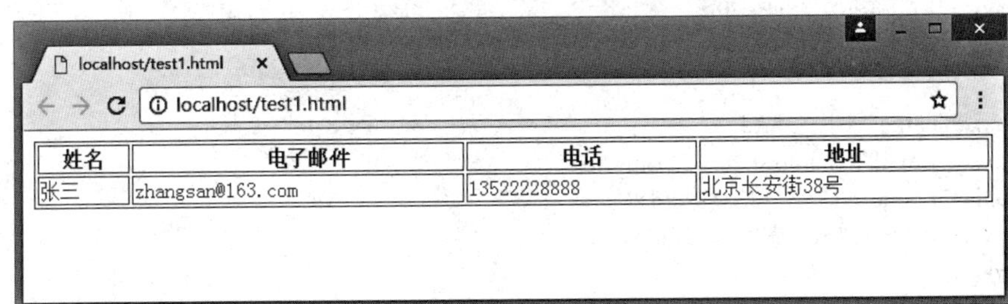

图 13.14　为数据单元格定义表头

13.4.4　定义信息缩写

使用 abbr 属性可以为单元格中的内容定义缩写版本。abbr 属性不会在 Web 浏览器中产生任何视觉效果方面的变化，主要为机器检索服务。

【示例】下面的示例演示了如何在 HTML 中使用 abbr 属性。

Note

```
<table border="1">
    <tr>
        <th> 名称 </th>
        <th> 说明 </th>
    </tr>
    <tr>
        <td abbr="HTML">HyperText Markup Language</td>
        <td> 超级文本标记语言 </td>
    </tr>
    <tr>
        <td abbr="CSS">Cascading Style Sheets</td>
        <td> 层叠样式表 </td>
    </tr>
</table>
```

13.4.5 单元格分类

使用 axis 属性可以对单元格进行分类，用于对相关的信息列进行组合。在一个大型数据表格中，表格里通常塞满了数据，通过分类属性 axis，浏览器可以快速检索特定信息。

axis 属性的值是引号包括的一列类型的名称，这些名称可以用来形成一个查询。例如，如果在一个食物购物的单元格中使用 axis=meals，浏览器能够找到那些单元格，获取它的值，并且计算出总数。

目前，还没有浏览器支持该属性。

【示例】下面的示例使用了 axis 属性为表格中的每列数据进行分类。

```
<table border="1" width="100%">
    <tr>
        <th axis="name"> 姓名 </th>
        <th axis="Email"> 电子邮件 </th>
        <th axis="Phone"> 电话 </th>
        <th axis="Address"> 地址 </th>
    </tr>
    <tr>
        <td axis="name"> 张三 </td>
        <td axis="Email">zhangsan@163.com</td>
        <td axis="Phone">13522228888</td>
        <td axis="Address"> 北京长安街 38 号 </td>
    </tr>
</table>
```

视频讲解

13.5 使用 CSS 定义表格样式

将数据以更直观的方式展示给用户，可以更好地增强用户体验，因此，良好的表格设计就显得愈发重要。CSS 为表格定义了 5 个专用属性，详细说明如表 13.3 所示。

表 13.3　CSS 表格属性列表

属　　性	取　　值	说　　明
border-collapse	separate（边分开）|collapse（边合并）	定义表格的行和单元格的边是合并在一起还是按照标准的 HTML 样式分开
border-spacing	length	定义当表格边框独立（如当 border-collapse 属性等于 separate）时，行和单元格的边在横向和纵向上的间距，该值不可取负值
caption-side	top | bottom	定义表格的 caption 对象位于表格的顶部还是底部。应与 caption 元素一起使用
empty-cells	show | hide	定义当单元格无内容时，是否显示该单元格的边框
table-layout	auto | fixed	定义表格的布局算法，可以通过该属性改善表格呈递性能，如果设置 fixed 属性值，会使 IE 以一次一行的方式呈递表格内容从而提供给信息用户更快的速度；如果设置 auto 属性值，则表格在每一单元格内所有内容读取计算之后才会显示出来

除了上表介绍的 5 个表格专用属性外，CSS 其他属性对于表格一样适用。

13.5.1　定义表格的基本方法

设计表格样式考虑的要素包括表格边框、字体样式、背景色、内外边距等。具体来说可以按如下几步进行操作，这样就不容易慌乱。

第 1 步，CSS 设计和布局的核心是盒模型，因此在设计表格样式时也要考虑到盒模型，可以利用 padding 属性将盒子撑开。例如：

```
table tr, table td{
    border: 1px solid #000;
    padding: 20px; /* 此时整个表格的包含框是最外层的盒子，table 是包裹整个表格的盒子，设置每一行每一列
                    的内边距就可以把盒子撑开 */
}
```

第 2 步，根据需要，可以利用 col 元素设置整列样式。例如：

```
table col1{ background: #edf931; /* 设置整列样式 */}
#col_only{ background: #1de96a; /* 设置整列样式 */}
```

第 3 步，利用 CSS3 的：nth-child() 选择器，有选择地进行样式设置。例如：

```
/*nth-child() 选择器，选择父元素中指定的子元素，可以传入 odd、even 或者数字 */
table tr: nth-child(even){ background: red; }
```

第 4 步，设置边框样式，将边框折叠。

```
table {
    border-collapse: collapse;    /* 表格边框折叠，大部分表格都是这样 */
    border-spacing: 0;            /* 控制单元格之间的距离 */
    text-align: center;           /* 让文字居中 */
    color: #333;
}
```

通过上述的简单设置，就可以设计出简单的样式。

第5步，最后设计字体大小、颜色，以及悬浮状态等，就可以呈现出更加优秀的效果。

13.5.2 定义边框

使用CSS3的border属性可以定义表格边框。由于表格中每个单元格都是一个独立的对象，为它们定义边框线时，相互之间不是紧密连接在一起的。

使用CSS3的border-collapse属性可以把相邻单元格的边框合并起来，相当于把相邻单元格连接为一个整体。该属性取值包括separate（单元格边框相互独立）和collapse（单元格边框相互合并）。

【示例】下面的示例在<head>标签内添加<style type="text/css">标签，定义一个内部样式表，然后编写如下样式。

```
table {/* 合并单元格边框 */
    border-collapse: collapse;
    width: 100%;
}
th, td { border: solid 1px #ff0000; } /* 定义单元格边框线为 1 像素的细线 */
```

在浏览器中预览，显示效果如图13.15所示。

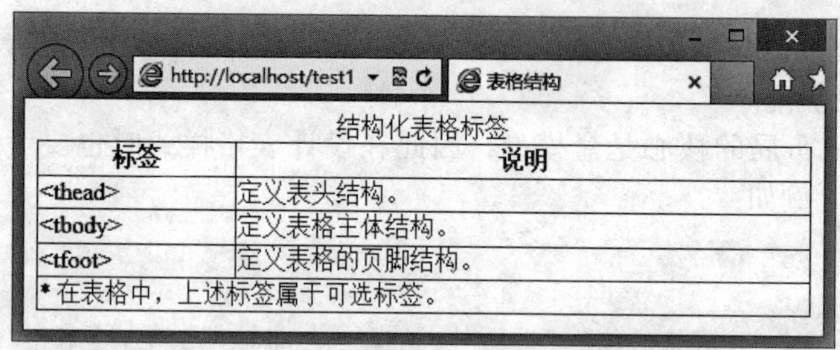

图13.15 使用CSS定义单元格边框样式

13.5.3 定义间距

使用CSS3的border-spacing属性可以定义单元格间距。取值包含一或两个值。当定义一个值时，则定义单元格行间距和列间距都为该值。例如：

```
table { border-spacing: 20px; }/* 分隔单元格边框 */
```

如果分别定义行间距和列间距，就需要定义两个值，例如：

```
table { border-spacing: 10px 30px; }/* 分隔单元格边框 */
```

其中第一个值表示单元格之间的行间距，第二个值表示单元格之间的列间距，该属性值不可以为负数。使用cellspacing属性定义单元格之间的距离之后，该空间由表格背景填充。

Note

注意： 使用 CSS 的 cellspacing 属性时，应确保单元格之间的相互独立性，不能使用 border-collapse: collapse; 声明合并表格的单元格边框，也不能够使用 CSS 的 margin 属性来代替设计，单元格之间不能够使用 margin 属性调整间距。

早期 IE 浏览器不支持该属性，要定义相同效果的样式，还需要结合传统 table 元素的 cellspacing 属性来设置。

【示例】 CSS 的 padding 属性与 HTML 的 cellpadding 属性功能相同。例如，下面的样式为表格单元格定义上下 6 像素和左右 12 像素的补白空间，效果如图 13.16 所示。

```
table {/* 合并单元格边框 */
      border-collapse: collapse;
      width: 100%;
}
th, td {
      border: solid 1px #ff0000;
      padding: 6px 12px;
}
```

http://localhost/test1　表格结构

结构化表格标签

标签	说明
<thead>	定义表头结构。
<tbody>	定义表格主体结构。
<tfoot>	定义表格的页脚结构。
* 在表格中，上述标签属于可选标签。	

图 13.16　增加单元格空隙

13.5.4　定义标题

使用 CSS3 的 caption-side 属性可以定义标题的显示位置，该属性取值包括 top（位于表格上面）、bottom（位于表格底部）。如果要水平对齐标题文本，则可以使用 text-align 属性。

【示例】 以上节示例为基础，在下面的示例中定义标题在底部显示，显示如图 13.17 所示。

```
<style type="text/css">
table {/* 合并单元格边框 */
      border-collapse: collapse;
      width: 100%;
}
th, td { border: solid 1px #ff0000; }
caption {/* 定义标题样式 */
      caption-side: bottom;          /* 底部显示 */
      margin-top: 10px;              /* 定义左右边界 */
      font-size: 18px;      /* 定义字体大小 */
      font-weight: bold;             /* 加粗显示 */
```

```
    color: #666;            /* 灰色字体 */
}
</style>
```

Note

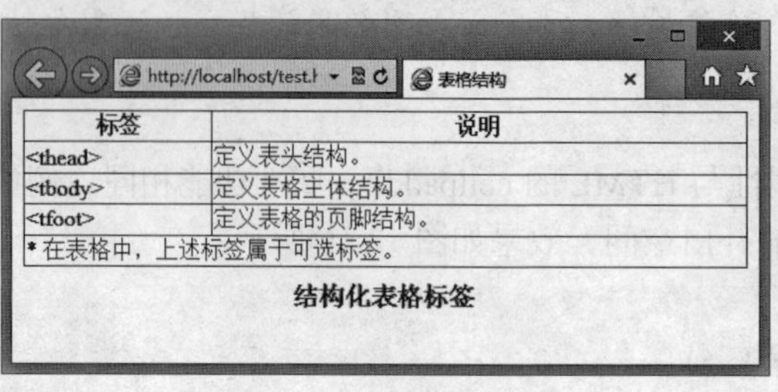

图 13.17　增加单元格空隙

13.5.5　定义空单元格

使用 CSS3 的 empty-cells 属性可以设置空白单元格是否显示，empty-cells 属性取值包括 show 和 hide。注意，该属性只有在表格单元格的边框处于分离状态时有效。

【示例】继续以上节示例为基础，在下面的示例中隐藏页脚区域的空单元格边框线，隐藏前后比较效果如图 13.18 所示。

```
<style type="text/css">
table {/* 合并单元格边框 */
    width: 100%;
    empty-cells: hide;              /* 隐藏空单元格 */
}
th, td { border: solid 1px #ff0000; }
caption {/* 定义标题样式 */
    caption-side: bottom;           /* 底部显示 */
    margin-top: 10px;               /* 定义左右边界 */
    font-size: 18px;        /* 定义字体大小 */
    font-weight: bold;              /* 加粗显示 */
    color: #666;            /* 灰色字体 */
}
</style>
```

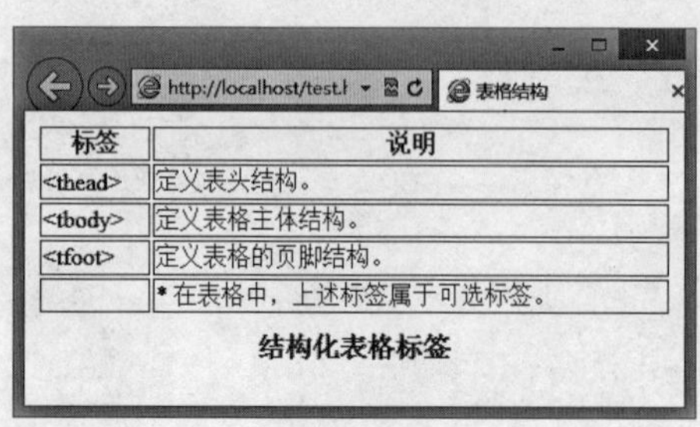

（a）隐藏前

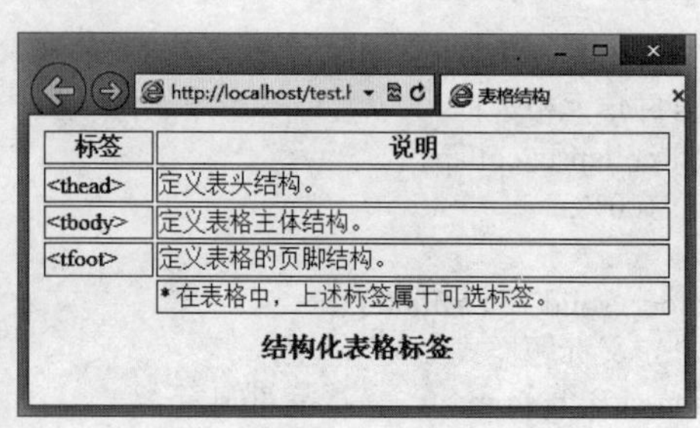

（b）隐藏后

图 13.18　隐藏空单元格效果

> 提示：如果单元格的 visibility 属性为 hidden，即便单元格包含内容，也认为是无可视内容，即空单元格。可视内容还包括“ ”，以及其他空白字符。

13.6　案例实战

下面通过几个案例演示如何在页面中设计表格样式，以及如何设计自适应不同设备的表格。

13.6.1　设计产品信息列表

本节示例模拟易购网的选用商品列表页，使用表格来组织产品信息显示，效果如图 13.19 所示。

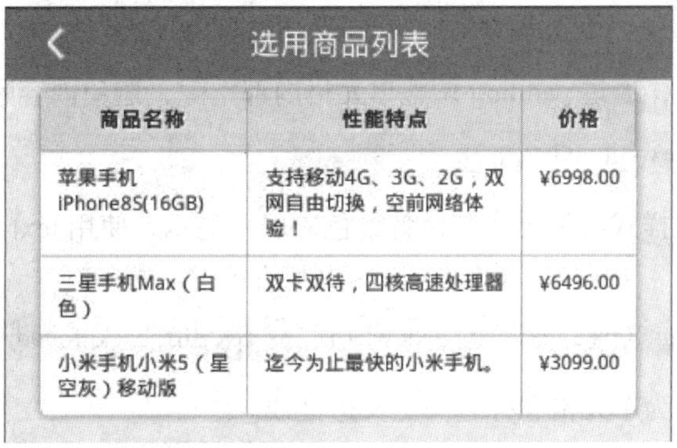

选用商品列表

商品名称	性能特点	价格
苹果手机iPhone8S(16GB)	支持移动4G、3G、2G，双网自由切换，空前网络体验！	¥6998.00
三星手机Max（白色）	双卡双待，四核高速处理器	¥6496.00
小米手机小米5（星空灰）移动版	迄今为止最快的小米手机。	¥3099.00

图 13.19　设计产品信息列表

整个页面主体为上、下结构。上部内容包括标题文字，底部内容为圆角表格，在该表格中显示所选商品。上部结构使用 header 元素标签实现，下部结构使用 section 元素实现。代码如下。

```
<header class="header">
    <p class="header-title"> 选用商品列表 </p>
    <div class="left-head"> <a id="goBack" href="javascript: history.go(-1); " class="tc_back"> <span class="inset_
        shadow"> <span class="header-return"></span> </span> </a> </div>
</header>
<section id="content">
    <table cellspacing="0">
        <tbody>
            <tr>
                <th> 商品名称 </th>
                <th> 性能特点 </th>
                <th> 价格 </th>
            </tr>
            <tr>
                <td> 苹果手机 iPhone8S(16GB)</td>
                <td> 支持移动 4G、3G、2G, 双网自由切换，空前网络体验！ </td>
                <td class="last">¥6998.00</td>
            </tr>
```

Note

```
            ......
        </tbody>
    </table>
</section>
```

页面用到两个外部样式表：main.css 和 common.css，其中 main.css 为页面主样式表，common.css 为通用样式表，重置常用元素默认样式。下面我们重点分析一下 common.css 文件中的表格样式。

第 1 步，设计表格框样式。定义表格宽度为 90%，为了避免内容撑大表格，使用 overflow：hidden；隐藏超出内容；使用 margin-right：auto；和 margin-left：auto；让表格居中显示。

使用 border-radius：5px；定义圆角效果，使用 box-shadow：0 0 4px rgba（0，0，0，0.2）；声明添加淡淡的阴影，从而设计精致特效的表格样式。

```
table { overflow: hidden; border: 1px solid #d3d3d3; background: #fefefe; width: 90%;
    border-radius: 5px;
    box-shadow: 0 0 4px rgba(0, 0, 0, 0.2);
    margin-top: 5px; margin-right: auto; margin-bottom: 5px; margin-left: auto; }
```

第 2 步，定义单元格样式，通过 padding 调整单元格内部空隙，避免内容紧贴边线。

```
td { padding: 8px 10px 8px; text-align: left; }
```

第 3 步，设计表格列标题样式，加上浅灰色背景色，居中显示，使用 text-shadow：1px 1px 1px #fff；给字体添加立体效果。

```
th { text-align: center; padding: 10px 15px; text-shadow: 1px 1px 1px #fff; background: #e8eaeb; }
```

第 4 步，设计线框表格，为单元格和标题头定义边框线。

```
td { border-top: 1px solid #ccc; border-right: 1px solid #ccc; }
th { border-right: 1px solid #ccc; }
```

第 5 步，为了避免边框线重叠，取消单元格右侧的边框线。

```
td.last { text-align: center; border-right: none; }
```

第 6 步，为单元格添加渐变背景色，营造金属质感特效。

```
td { background: linear-gradient(100% 25% 90deg, #fefefe, #f9f9f9); }
th { background: linear-gradient(100% 20% 90deg, #e8eaeb, #ededed); }
```

第 7 步，为表格四个顶角位置的单元格设置外顶角显示圆角，避免覆盖表格框圆角效果。

```
tr: first-child th.first { border-top-left-radius: 5px; }
tr: first-child th.last { border-top-right-radius: 5px; }
tr: last-child td.first { border-bottom-left-radius: 5px; }
tr: last-child td.last { border-bottom-right-radius: 5px; }
```

限于篇幅，本节示例页面中其他区域样式代码就不再详细展开，读者可以参考本节示例源代码。

13.6.2 设计自适应布局表格

本节示例设计一个伸缩布局表格，当调整页面宽度，或者在不同屏幕尺寸的设备上尝试浏览，如计算

机或手机等移动设备，表格呈现出自适应布局特征，能够自动地使用不同的屏幕尺寸，数据的表现不会因为屏幕大小变化而变得不合适，不至于撑开视图，或者显示滚动条。演示效果如图 13.20 所示。

IE浏览器发展大事记

版本	Internet Explorer 1
发布时间	1995年8月
绑定系统	Windows 95 Plus! Pack

版本	Internet Explorer 2
发布时间	1995年11月
绑定系统	Windows和Mac

版本	Internet Explorer 3
发布时间	1996年8月
绑定系统	Windows 95 OSR2

版本	Internet Explorer 4
发布时间	1997年9月
绑定系统	Windows 98

（a）手机模拟器中的显示效果

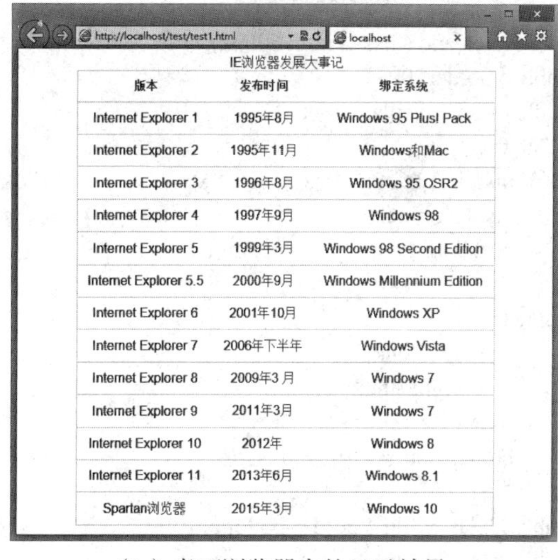

IE浏览器发展大事记

版本	发布时间	绑定系统
Internet Explorer 1	1995年8月	Windows 95 Plus! Pack
Internet Explorer 2	1995年11月	Windows和Mac
Internet Explorer 3	1996年8月	Windows 95 OSR2
Internet Explorer 4	1997年9月	Windows 98
Internet Explorer 5	1999年3月	Windows 98 Second Edition
Internet Explorer 5.5	2000年9月	Windows Millennium Edition
Internet Explorer 6	2001年10月	Windows XP
Internet Explorer 7	2006年下半年	Windows Vista
Internet Explorer 8	2009年3 月	Windows 7
Internet Explorer 9	2011年3月	Windows 7
Internet Explorer 10	2012年	Windows 8
Internet Explorer 11	2013年6月	Windows 8.1
Spartan浏览器	2015年3月	Windows 10

（b）桌面浏览器中的显示效果

图 13.20　设计自适应布局表格效果

设计思路：根据设备的不同，转换表格中的列。例如，在移动端彻底改变表格的样式，使其不再有表格的形态，以列表的样式进行展示。

实现技术：使用 CSS 媒体查询中的 media 关键字，检测屏幕的宽度，然后利用 CSS 技术，重新改造，让表格变成列表，CSS 的神奇强大功能在这里得以体现。

设计表格结构如下。

```
<table>
    <caption>
    IE 浏览器发展大事记
    </caption>
    <thead>
        <tr>
            <th> 版本 </th>
            <th> 发布时间 </th>
            <th> 绑定系统 </th>
        </tr>
    </thead>
    <tbody>
        <tr>
            <td data-label=" 版本 ">Internet Explorer 1</td>
            <td data-label=" 发布时间 ">1995 年 8 月 </td>
            <td data-label=" 绑定系统 ">Windows 95 Plus! Pack</td>
        </tr>
        ……
    </tbody>
</table>
```

Note

设计响应式样式：使用 @media 判断当设备视图宽度小于等于 600 像素时，则隐藏表格的标题，让表格单元格以块显示，并向左浮动，从而设计垂直堆叠显示效果；再使用 attr() 函数获取 data-label 属性值，以动态方式显示在每个单元格的左侧。代码如下。

```
@media screen and (max-width: 600px) {
    table { border: 0; }
    table thead { display: none; }
    table tr {
        margin-bottom: 10px;
        display: block;
        border-bottom: 2px solid #ddd;
    }
    table td {
        display: block;
        text-align: right;
        font-size: 13px;
        border-bottom: 1px dotted #ccc;
    }
    table td: last-child { border-bottom: 0; }
    table td: before {
        content: attr(data-label);
        float: left;
        text-transform: uppercase;
        font-weight: bold;
    }
}
```

提示：上面的示例存在一个缺点，就是必须为每个单元格元素添加 data-label 属性，如果数据比较多，这种方法比较烦琐。下面的示例尝试直接使用 content 属性为每个单元格添加说明文字，这样就不会破坏表格结构。

主要响应式样式代码如下，其他代码请参考本节示例源码。通过这种方式设计，就不需要为每个单元格添加 data-label 属性值。

```
/* 在小屏设备中的样式           */
@media   only screen and (max-width: 760px), (min-device-width: 768px) and (max-device-width: 1024px) {
    /* 强制表格不再像表格一样显示 */
    table, thead, tbody, th, td, tr, caption { display: block; }
    /* 隐藏表格标题。不使用 display: none; , 主要用于辅助功能 */
    thead tr {
        position: absolute;
        top: -9999px;
        left: -9999px;
    }
    tr { border: 1px solid #ccc; }
    td { /* 行为像一个 " 行 " */
        border: none;
        border-bottom: 1px solid #eee;
        position: relative;
        padding-left: 50%;
```

```
	}
	td: before {
		/* 现在像表格标题 */
		position: absolute;
		/* 顶 / 左值模仿填充 */
		top: 6px; left: 6px;
		width: 45%;
		padding-right: 10px;
		white-space: nowrap;
	}
	/* 标记数据 */
	td: nth-of-type(1): before { content: " 版本 "; }
	td: nth-of-type(2): before { content: " 发布时间 "; }
	td: nth-of-type(3): before { content: " 绑定系统 "; }
}
```

13.6.3　设计滚动显示表格

本节示例设计一个滚动布局表格，当调整页面宽度，或者在不同屏幕尺寸的设备上尝试浏览，如计算机或手机等移动设备，表格呈现出不同的布局特征，在窄屏设备中能够调整列的显示方式，由纵向水平排列变成横向垂直堆叠显示，同时显示滚动条，滚动显示数据部分内容，演示效果如图 13.21 所示。

Selector	* selector	:before :after	:nth-of-type()	ba
IE7	yes	no	no	nc
IE8	yes	yes	no	nc
IE9	yes	yes	no	ye
FF 3.6	yes	yes	yes	nc
FF 4	yes	yes	yes	ye
Safari 5	yes	yes	yes	-w
Chrome 5	yes	yes	yes	-w
Opera 10	yes	yes	incorrect	bu

（a）手机模拟器中的显示效果

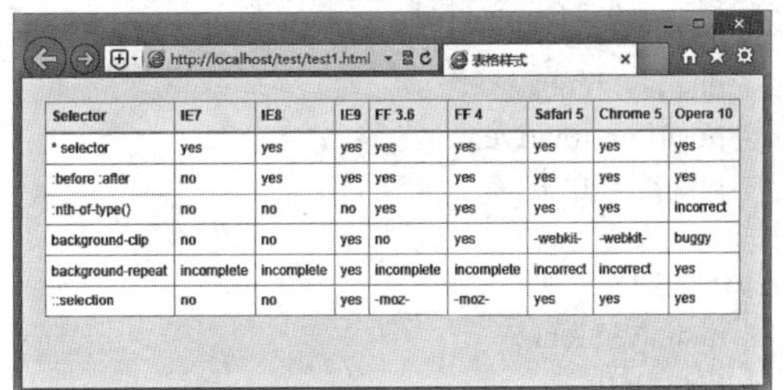

Selector	IE7	IE8	IE9	FF 3.6	FF 4	Safari 5	Chrome 5	Opera 10
* selector	yes	yes	yes	yes	yes	yes	yes	yes
:before :after	no	yes	yes	yes	yes	yes	yes	yes
:nth-of-type()	no	no	no	yes	yes	yes	yes	incorrect
background-clip	no	no	yes	no	yes	-webkit-	-webkit-	buggy
background-repeat	incomplete	incomplete	yes	incomplete	incomplete	incorrect	incorrect	yes
::selection	no	no	yes	-moz-	-moz-	yes	yes	yes

（b）桌面浏览器中的显示效果

图 13.21　设计滚动布局表格效果

设计思路：根据设备的不同，转换表格中的列。例如，在移动端彻底改变表格的样式，使其浮动显示，以列表的样式进行展示，同时设置 tbody 水平滚动显示，这样就可以在小屏设备中滚动显示所有数据。

实现技术：使用 CSS 媒体查询中的 media 关键字，检测屏幕的宽度，然后利用 CSS 浮动技术，让表格变成列表，CSS 的神奇强大功能在这里得以体现。

设计表格结构如下。

```
<table id="rt1" class="rt cf">
	<thead class="cf">
		<tr>
			<th>Selector</th>
			<th>IE7</th>
			<th>IE8</th>
			<th>IE9</th>
			<th>FF 3.6</th>
```

Note

```
                <th>FF 4</th>
                <th>Safari 5</th>
                <th>Chrome 5</th>
                <th>Opera 10</th>
            </tr>
        </thead>
        <tbody>
            <tr>
                <td>* selector</td>
                <td>yes</td>
                <td>yes</td>
                <td>yes</td>
                <td>yes</td>
                <td>yes</td>
                <td>yes</td>
                <td>yes</td>
                <td>yes</td>
            </tr>
            ……
        </tbody>
</table>
```

设计小屏设备下的显示样式。

```
@media only screen and (max-width: 40em) { /*640*/
    #rt1 {
        display: block;
        position: relative;
        width: 100%;
    }
    #rt1 thead {
        display: block;
        float: left;
    }
    #rt1 tbody {
        display: block;
        width: auto;
        position: relative;
        overflow-x: auto;
        white-space: nowrap;
    }
    #rt1 thead tr { display: block; }
    #rt1 th { display: block; }
    #rt1 tbody tr {
        display: inline-block;
        vertical-align: top;
    }
    #rt1 td {
        display: block;
        min-height: 1.25em;
    }
```

```
    /* 整理边界 */
    .rt th { border-bottom: 0; }
    .rt td {
        border-left: 0;
        border-right: 0;
        border-bottom: 0;
    }
    .rt tbody tr { border-right: 1px solid #babcbf; }
    .rt th: last-child, .rt td: last-child { border-bottom: 1px solid #babcbf; }
}
```

13.6.4　设计隐藏不重要的数据列

隐藏表格中的列，是指在移动端隐藏表格中不重要的列，从而达到适配移动端布局的效果。实现技术主要是应用 CSS 中媒体查询的 media 关键字，当检测为移动设备时，根据设备的宽度，将不重要的列设置为 display：none，演示效果如图 13.22 所示。

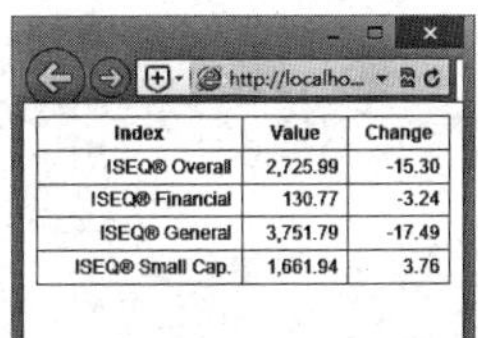

Index	Value	Change
ISEQ® Overall	2,725.99	-15.30
ISEQ® Financial	130.77	-3.24
ISEQ® General	3,751.79	-17.49
ISEQ® Small Cap.	1,661.94	3.76

（a）小屏显示效果

Index	Value	Change	Daily Low	Daily High
ISEQ® Overall	2,725.99	-15.30	2,712.84	2,743.31
ISEQ® Financial	130.77	-3.24	130.43	136.14
ISEQ® General	3,751.79	-17.49	3,731.15	3,770.88
ISEQ® Small Cap.	1,661.94	3.76	1,643.92	1,661.94

（b）中屏显示效果

Index	Value	Change	Change %	Year High	Year Low	Daily Low	Daily High
ISEQ® Overall	2,725.99	-15.30	-0.56%	3,037.89	2,333.35	2,712.84	2,743.31
ISEQ® Financial	130.77	-3.24	-2.42%	493.83	101.54	130.43	136.14
ISEQ® General	3,751.79	-17.49	-0.46%	4,146.84	3,188.68	3,731.15	3,770.88
ISEQ® Small Cap.	1,661.94	3.76	0.23%	2,175.60	1,633.21	1,643.92	1,661.94

（c）大屏显示效果

图 13.22　设计隐藏布局表格效果

具体表格结构就不再显示，读者可以参考本节实例源码，其中核心 CSS 样式如下。

第 1 步，定义设备的屏幕小于等于 768 像素时，隐藏最后一列数据。

```
@media only screen and (max-width: 768px) {
    #turnover, tr td: nth-child(9) {
        display: none;
        visibility: hidden;
    }
}
```

第 2 步，定义设备的屏幕小于等于 420 像素时，隐藏第 4、5、6、9 列数据。

```
@media only screen and (max-width: 420px) {
    #changepercent, tr td: nth-child(4) {
        display: none;
        visibility: hidden;
    }
    #yhigh, tr td: nth-child(5) {
        display: none;
        visibility: hidden;
    }
    #ylow, tr td: nth-child(6) {
        display: none;
```

```
        visibility: hidden;
    }
    #turnover, tr td: nth-child(9) {
        display: none;
        visibility: hidden;
    }
}
```

第 3 步，定义设备的屏幕小于等于 320 像素时，隐藏第 4、5、6、7、8、9 列数据。

```
@media only screen and (max-width: 320px) {
    #changepercent, tr td: nth-child(4) {
        display: none;
        visibility: hidden;
    }
    #yhigh, tr td: nth-child(5) {
        display: none;
        visibility: hidden;
    }
    #ylow, tr td: nth-child(6) {
        display: none;
        visibility: hidden;
    }
    #dhigh, tr td: nth-child(7) {
        display: none;
        visibility: hidden;
    }
    #dlow, tr td: nth-child(8) {
        display: none;
        visibility: hidden;
    }
    #turnover, tr td: nth-child(9) {
        display: none;
        visibility: hidden;
    }
}
```

13.7 在线练习

本节将通过大量的上机示例，帮助初学者练习使用 HTML5 设计表格结构和样式。感兴趣的读者可以扫码练习。

表格结构

表格美化

第14章 使用CSS3修饰背景

（视频讲解：51分钟）

在CSS 2.1中，background属性的功能还无法满足设计的需求，为了方便设计师更灵活地设计需要的网页效果，CSS3在原有background的基础上新增了一些功能属性，可以在同一个对象内叠加多个背景图像，可以改变背景图像的大小尺寸，还可以指定背景图像的显示范围，以及指定背景图像的绘制起点等。另外，CSS3允许用户使用渐变函数绘制背景图像，这极大地降低了网页设计的难度，激发了设计师的创作灵感。

【学习重点】

- 设置背景图像的原点、大小。
- 正确使用背景图像裁切属性。
- 灵活使用多重背景图像设计网页版面。
- 正确使用线性渐变和径向渐变。
- 熟练使用渐变函数设计网页元件。

视频讲解

14.1 设计背景图像

权威参考

Note

CSS3 增强了 background 属性的功能，允许在同一个元素内叠加多个背景图像，还新增了 3 个与背景相关的属性：background-origin、background-clip 和 background-size。下面分别进行介绍。

14.1.1 设置定位原点

background-origin 属性定义 background-position 属性的定位原点。在默认情况下，background-position 属性总是根据元素左上角的坐标原点进行背景图像定位。使用 background-origin 属性可以改变这种定位方式。该属性的基本语法如下。

background-origin：border-box | padding-box | content-box；

取值简单说明如下。

☑ border-box：从边框区域开始显示背景。

☑ padding-box：从补白区域开始显示背景，为默认值。

☑ content-box：仅在内容区域显示背景。

【示例】 background-origin 属性改善了背景图像定位的方式，可更灵活地决定背景图像应该显示的位置。下面的示例利用了 background-origin 属性重设背景图像的定位坐标，以便更好地控制背景图像的显示，演示效果如图 14.1 所示。

图 14.1 设计诗词效果

示例代码如下。

```
<style type="text/css">
div {/* 定义包含框的样式 */
    height: 322px;
    width: 780px;
    border: solid 1px red;
    padding: 250px 4em 0;
    /* 为了避免背景图像重复平铺到边框区域，应禁止它平铺 */
    background: url(images/p3.jpg) no-repeat;
    /* 设计背景图像的定位坐标点为元素边框的左上角 */
    background-origin: border-box;
    /* 将背景图像等比缩放到完全覆盖包含框，背景图像有可能超出包含框 */
    background-size: cover;
    overflow: hidden;                /* 隐藏超出包含框的内容 */
}
div h1, div h2{/* 定义标题样式 */
    font-size: 18px; font-family: " 幼圆 ";
    text-align: center;              /* 水平居中显示 */
}
div p {/* 定义正文样式 */
    text-indent: 2em;                /* 首行缩进 2 个字符 */
    line-height: 2em;                /* 增大行高，让正文看起来更疏朗 */
    margin-bottom: 2em;              /* 调整底部边界，增大段落文本距离 */
}
</style>
<div>
    <h1> 念奴娇 &#8226; 赤壁怀古 </h1>
    <h2> 苏轼 </h2>
    <p> 大江东去，浪淘尽，千古风流人物。故垒西边，人道是，三国周郎赤壁。乱石穿空，惊涛拍岸，卷起千
        堆雪。江山如画，一时多少豪杰。</p>
    <p> 遥想公瑾当年，小乔初嫁了，雄姿英发。羽扇纶巾，谈笑间，樯橹灰飞烟灭。故国神游，多情应笑我，
        早生华发。人生如梦，一尊还酹江月。</p>
</div>
```

14.1.2 设置裁剪区域

background-clip 属性定义背景图像的裁剪区域。该属性的基本语法如下。

```
background-clip: border-box | padding-box | content-box | text;
```

取值简单说明如下。

- ☑ border-box：从边框区域向外裁剪背景，为默认值。
- ☑ padding-box：从补白区域向外裁剪背景。
- ☑ content-box：从内容区域向外裁剪背景。
- ☑ text：从前景内容（如文字）区域向外裁剪背景。

Note

提示：如果取值为 border-box，则 background-image 将包括边框区域。

如果取值为 padding-box，则 background-image 将忽略补白边缘，此时边框区域显示为透明；

如果取值为 content-box，则 background-image 将只包含内容区域。

如果 background-image 属性定义了多重背景，则 background-clip 属性值可以设置多个值，并用逗号分隔。

如果 background-clip 属性值为 padding-box，background-origin 属性取值为 border-box，且 background-position 属性值为 "top left"（默认初始值），则背景图左上角将会被截取掉一部分。

【示例 1】下面的示例演示了如何设计背景图像仅在内容区域内显示，演示效果如图 14.2 所示。

```
<style type="text/css">
div {
    height: 150px;
    width: 300px;
    border: solid 50px gray;
    padding: 50px;
    background: url(images/bg.jpg) no-repeat;
    /* 将背景图像等比缩放到完全覆盖包含框，背景图像有可能超出包含框 */
    background-size: cover;
    /* 将背景图像从 content 区域开始向外裁剪背景 */
    background-clip: content-box;
}
</style>

<div></div>
```

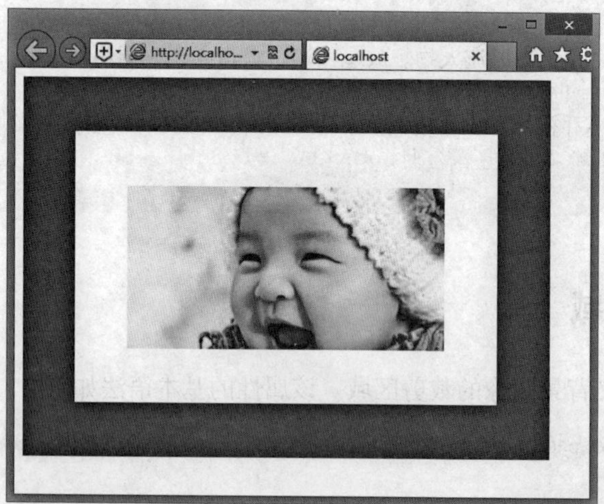

图 14.2　以内容边缘裁切背景图像效果

【示例 2】下面的示例同时定义了 background-origin 和 background-clip 属性值为 content-box，可以设计比较特殊的按钮样式，演示效果如图 14.3 所示。

```
<style type="text/css">
button {
```

```
        height: 40px;      /* 固定包含框大小 */
        width: 150px;
        padding: 1px;     /* 在内容区留点空隙 */
        cursor: pointer;  /* 定义手形指针样式 */
        color: #fff;  /* 白色字体 */
        /* 设计立体边框样式 */
        border: 3px double #95071b;
        border-right-color: #650513;
        border-bottom-color: #650513;
        /* 为了避免背景图像重复平铺到边框区域，应禁止它平铺 */
        background: url(images/img6.jpg) no-repeat;
        /* 设计背景图像的定位坐标点为元素内容区域的左上角 */
        background-origin: content-box;
        /* 设计背景图像以内容区域的边缘进行裁切背景图像 */
        background-clip: content-box;
}
</style>
<button> 导航按钮 >></button>
```

图 14.3　设计按钮效果

14.1.3　设置背景图像大小

background-size 可以控制背景图像的显示大小。该属性的基本语法如下。

```
background-size: [ <length> | <percentage> | auto ]{1, 2} | cover | contain;
```

取值简单说明如下。

☑　<length>：由浮点数字和单位标识符组成的长度值，不可为负值。

☑　<percentage>：取值为 0~100% 的值，不可为负值。

☑　cover：保持背景图像本身的宽高比例，将图片缩放到正好完全覆盖所定义背景的区域。

☑　contain：保持图像本身的宽高比例，将图片缩放到宽度或高度正好适应所定义背景的区域。

初始值为 auto。background-size 属性可以设置一个或两个值，一个为必填，一个为可选。其中第一个值用于指定背景图像的 width，第二个值用于指定背景图像的 height，如果只设置一个值，则第二个值默认为 auto。

【示例】 下面的示例使用了 background-size 属性自由定制背景图像的大小，让背景图像自适应盒子的大小，从而可以设计与模块大小完全匹配的背景图像，本示例效果如图 14.4 所示，只要背景图像长宽比与元素长宽比相同，就不用担心背景图像会变形显示。

Note

图 14.4　设计背景图像自适应显示

示例代码如下。

```
<style type="text/css">
div {
    margin: 2px;
    float: left;
    border: solid 1px red;
    background: url(images/img2.jpg) no-repeat center;
    /* 设计背景图像完全覆盖元素区域 */
    background-size: cover;
}
/* 设计元素大小 */
.h1 { height: 80px; width: 110px; }
.h2 { height: 400px; width: 550px; }
</style>
<div class="h1"></div>
<div class="h2"></div>
```

14.1.4　设置多重背景图像

CSS3 支持在同一个元素内定义多个背景图像，还可以将多个背景图像进行叠加显示，从而使得设计多图背景栏目变得更加容易。

【示例 1】 本例使用 CSS3 多背景设计花边框，使用 background-origin 定义仅在内容区域显示背景，使用 background-clip 属性定义背景从边框区域向外裁剪，如图 14.5 所示。

图 14.5　设计花边框效果

示例代码如下。

```
<style type="text/css">
.demo {
    /* 设计元素大小、补白、边框样式，边框为 20 像素，颜色与背景图像色相同 */
    width: 400px; padding: 30px 30px; border: 20px solid rgba(104, 104, 142, 0.5);
    /* 定义圆角显示 */
    border-radius: 10px;
    /* 定义字体显示样式 */
    color: #f36; font-size: 80px; font-family: " 隶书 "; line-height: 1.5; text-align: center;
}
.multipleBg {
    /* 定义 5 个背景图，分别定位到 4 个顶角，其中前 4 个禁止平铺，最后一个可以平铺 */
    background: url("images/bg-tl.png") no-repeat left top,
                url("images/bg-tr.png") no-repeat right top,
                url("images/bg-bl.png") no-repeat left bottom,
                url("images/bg-br.png") no-repeat right bottom,
                url("images/bg-repeat.png") repeat left top;
    /* 改变背景图像的 position 原点，四朵花都是 border 原点，而平铺背景是 padding 原点 */
    background-origin: border-box, border-box, border-box, border-box, padding-box;
    /* 控制背景图像的显示区域，所有背景图像超过 border 外边缘都将被剪切掉 */
    background-clip: border-box;
}
</style>
<div class="demo multipleBg"> 恭喜发财 </div>
```

【示例 2】在下面的示例中利用 CSS3 多背景图功能设计了圆角栏目，效果如图 14.6 所示。

```
<style type="text/css">
.roundbox {
    padding: 2em;
    /* 为容器定义 8 个背景图像 */
    background-image: url(images/roundbox1/tl.gif),
                      url(images/roundbox1/tr.gif),
                      url(images/roundbox1/bl.gif),
                      url(images/roundbox1/br.gif),
                      url(images/roundbox1/right.gif),
                      url(images/roundbox1/left.gif),
                      url(images/roundbox1/top.gif),
                      url(images/roundbox1/bottom.gif);
    /* 定义 4 个顶角图像禁止平铺 , 4 个边框图像分别沿 x 轴或 y 轴平铺 */
    background-repeat: no-repeat,
                       no-repeat,
                       no-repeat,
                       no-repeat,
                       repeat-y,
                       repeat-y,
                       repeat-x,
                       repeat-x;
    /* 定义 4 个顶角图像分别固定在 4 个顶角位置 , 4 个边框图像分别固定在四边位置 */
```

```
    background-position: left 0px,
                        right 0px,
                        left bottom,
                        right bottom,
                        right 0px,
                        0px 0px,
                        left 0px,
                        left bottom;
    background-color: #66CC33;
}
</style>
<div class="roundbox">
    <h1> 念奴娇 &#8226; 赤壁怀古 </h1>
    <h2> 苏轼 </h2>
   <p> 大江东去，浪淘尽，千古风流人物。故垒西边，人道是，三国周郎赤壁。乱石穿空，惊涛拍岸，卷起千
       堆雪。江山如画，一时多少豪杰。</p>
   <p> 遥想公瑾当年，小乔初嫁了，雄姿英发。羽扇纶巾，谈笑间，樯橹灰飞烟灭。故国神游，多情应笑我，
       早生华发。人生如梦，一尊还酹江月。</p>
</div>
```

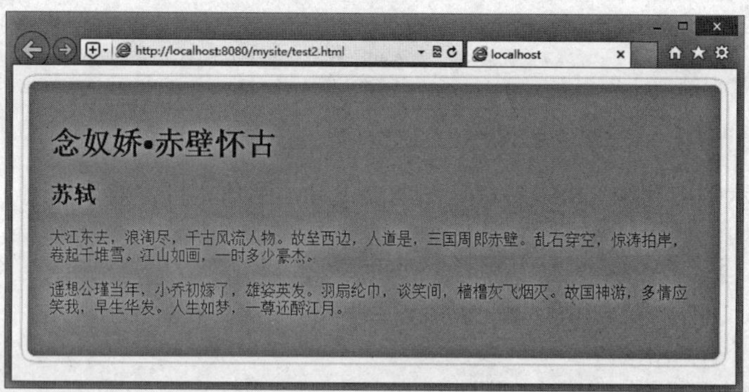

图 14.6　定义多背景图像

注意，每幅背景图像的源、定位坐标以及平铺方式的先后顺序要一一对应。

> 提示：上面的示例用到了多个背景属性：background-image、background-repeat 和 background-position。这些属性都是 CSS1 中就有的属性，但是在 CSS3 中，允许同时指定多个属性值，多个属性值以逗号作为分隔符来指定多个背景图像的显示性质。

视频讲解

14.2　设计渐变背景

权威参考

W3C 于 2010 年 11 月正式支持渐变背景样式，该草案作为图像值和图像替换内容模块的一部分进行发布。主要包括 linear-gradient()、repeating-linear-gradient()、radial-gradient() 和 repeating-radial-gradient()4 个渐变函数。

14.2.1　定义线性渐变

创建一个线性渐变，至少需要两个颜色，也可以选择设置一个起点或一个方向。简明语法格式如下。

```
linear-gradient(angle, color-stop1, color-stop2, ……)
```

参数简单说明如下。

☑ angle：用来指定渐变的方向，可以使用角度或者关键字来设置。关键字包括 4 个，说明如下。
  - to left：设置渐变为从右到左，相当于 270deg。
  - to right：设置渐变为从左到右，相当于 90deg。
  - to top：设置渐变为从下到上，相当于 0deg。
  - to bottom：设置渐变为从上到下，相当于 180deg。该值为默认值。

提示： 如果创建对角线渐变，可以使用 to top left（从右下到左上）类似组合来实现。

☑ color-stop：用于指定渐变的色点，包括一个颜色值和一个起点位置，颜色值和起点位置以空格分隔。起点位置可以为一个具体的长度值（不可为负值），也可以是一个百分比值，如果是百分比值则参考应用渐变对象的尺寸，最终会被转换为具体的长度值。

【示例 1】 下面的示例为 <div id="demo"> 对象应用了一个简单的线性渐变背景，方向从上到下，颜色由白色到浅灰显示，效果如图 14.7 所示。

```
<style type="text/css">
#demo {
    width: 300px;
    height: 200px;
    background: linear-gradient(#fff, #333);
}
</style>
<div id="demo"></div>
```

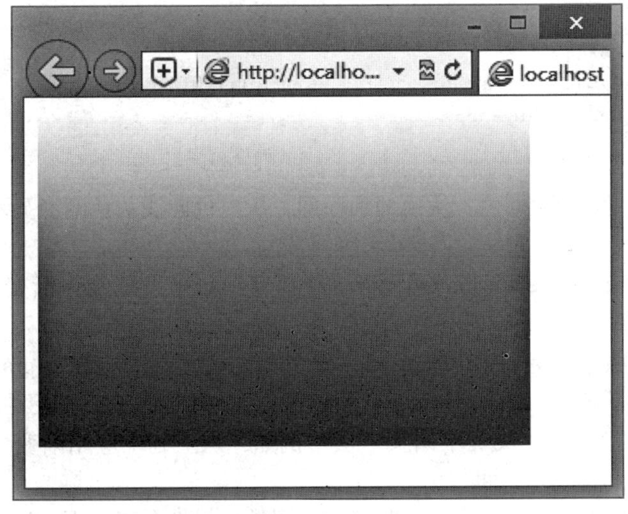

图 14.7　应用简单的线性渐变效果

提示：针对示例 1，读者可以继续尝试做下面的练习，实现不同的设置，得到相同的设计效果。

☑ 设置一个方向：从上到下，覆盖默认值。

linear-gradient(to bottom, #fff, #333);

☑ 设置反向渐变：从下到上，同时调整起止颜色位置。

linear-gradient(to top, #333, #fff);

☑ 使用角度值设置方向。

linear-gradient(180deg, #fff, #333);

☑ 明确起止颜色的具体位置，覆盖默认值。

linear-gradient(to bottom, #fff 0%, #333 100%);

【拓展】

最新主流浏览器都支持线性渐变的标准用法，但是考虑到安全性，用户应酌情兼容旧版本浏览器的私有属性。

Webkit 是第一个支持渐变的浏览器引擎（Safari 4+），它使用 -webkit-gradient() 私有函数支持线性渐变样式，简明用法如下。

```
-webkit-gradient(linear, point, point, stop)
```

参数简单说明如下。

☑ linear：定义渐变类型为线性渐变。

☑ point：定义渐变起始点和结束点坐标。该参数支持数值、百分比和关键字，如（0 0）或者（left top）等。关键字包括 top、bottom、left 和 right。

☑ stop：定义渐变色和步长，包括 3 个值，即开始的颜色，使用 from（colorvalue）函数定义；结束的颜色，使用 to（colorvalue）函数定义；颜色步长，使用 color-stop（value，color value）定义。color-stop() 函数包含两个参数值，第一个参数值为一个数值或者百分比值，取值范围在 0~1.0（或者 0~100%），第二个参数值表示任意颜色值。

【示例 2】下面的示例针对示例 1，兼容早期 Webkit 引擎的线性渐变实现方法。

```
#demo {
    width: 300px; height: 200px;
    background: -webkit-gradient(linear, left top, left bottom, from(#fff), to(#333));
    background: linear-gradient(#fff, #333);
}
```

上面的示例定义了线性渐变背景色，从顶部到底部，从白色向浅灰色渐变显示，在谷歌的 Chrome 浏览器中所见效果与上图相同。

另外，Webkit 引擎也支持 -webkit-linear-gradient() 私有函数来设计线性渐变。该函数用法与标准函数 linear-gradient() 语法格式基本相同。

Firefox 浏览器从 3.6 版本开始支持渐变，Gecko 引擎定义了 -moz-linear-gradient() 私有函数来设计线性渐变。该函数用法与标准函数 linear-gradient() 语法格式基本相同。唯一的区别就是，当使用关键字设置渐变方向时，不带 to 关键字前缀，关键字语义取反。例如，从上到下应用渐变，标准关键字为 to bottom，Firefox 私有属性可以为 top。

【示例 3】下面的示例针对示例 1，兼容早期 Gecko 引擎的线性渐变实现方法。

```
#demo {
    width: 300px; height: 200px;
    background: -webkit-gradient(linear, left top, left bottom, from(#fff), to(#333));
    background: -moz-linear-gradient(top, #fff, #333);
    background: linear-gradient(#fff, #333);
}
```

14.2.2　设计线性渐变样式

本节以案例形式介绍线性渐变中渐变方向和色点的设置，演示设计线性渐变的一般方法。

【示例 1】下面的示例演示了从左边开始的线性渐变。起点是红色，慢慢过渡到蓝色，效果如图 14.8 所示。

```
<style type="text/css">
#demo {
    width: 300px; height: 200px;
    background: -webkit-linear-gradient(left, red, blue);          /* Safari 5.1~6.0 */
    background: -o-linear-gradient(left, red, blue);               /* Opera 11.1~12.0 */
    background: -moz-linear-gradient(left, red, blue);             /* Firefox 3.6~15 */
    background: linear-gradient(to right, red, blue);              /* 标准语法 */
}
</style>
<div id="demo"></div>
```

注意，第一个参数值渐变方向的设置不同。

【示例 2】通过指定水平和垂直的起始位置来设计对角渐变。下面的示例演示了从左上角开始，到右下角的线性渐变，起点是红色，慢慢过渡到蓝色，效果如图 14.9 所示。

```
#demo {
    width: 300px; height: 200px;
    background: -webkit-linear-gradient(left top, red, blue);      /* Safari 5.1~6.0 */
    background: -o-linear-gradient(left top, red, blue);           /* Opera 11.1~12.0 */
    background: -moz-linear-gradient(left top, red, blue);         /* Firefox 3.6~15 */
    background: linear-gradient(to bottom right, red, blue);       /* 标准语法 */
}
```

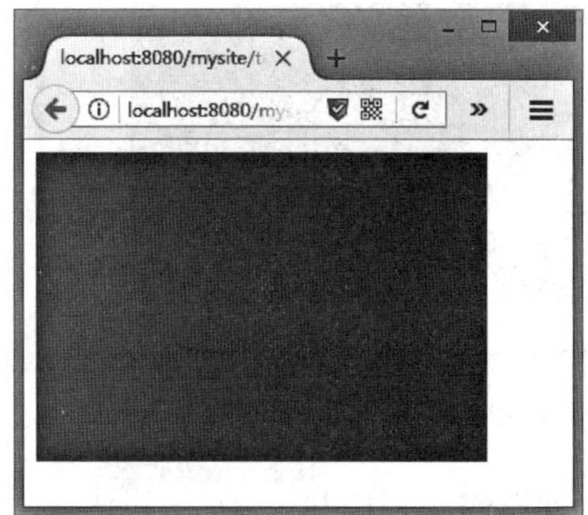

图 14.8　设计从左到右的线性渐变效果

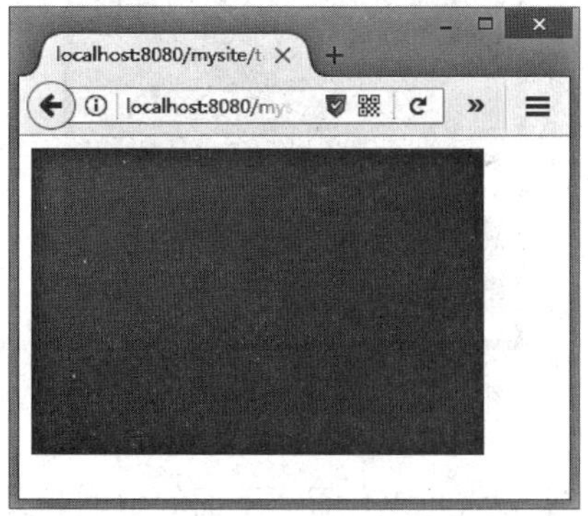

图 14.9　设计对角线性渐变效果

Note

【示例 3】通过指定具体的角度值，可以设计更多的渐变方向。下面的示例演示了从上到下的线性渐变，起点是红色，慢慢过渡到蓝色，效果如图 14.10 所示。

```
#demo {
    width: 300px; height: 200px;
    background: -webkit-linear-gradient(-90deg, red, blue);    /* Safari 5.1 - 6.0 */
    background: -o-linear-gradient(-90deg, red, blue);         /* Opera 11.1 - 12.0 */
    background: -moz-linear-gradient(-90deg, red, blue);       /* Firefox 3.6 - 15 */
    background: linear-gradient(180deg, red, blue);            /* 标准语法 */
}
```

【补充】

渐变角度是指垂直线和渐变线之间的角度，逆时针方向计算。例如，0deg 将创建一个从下到上的渐变，90deg 将创建一个从左到右的渐变。注意，渐变起点以负 Y 轴为参考。

但是，很多浏览器（如 Chrome、Safari、Firefox 等）使用旧的标准：渐变角度是指水平线和渐变线之间的角度，逆时针方向计算。例如，0deg 将创建一个从左到右的渐变，90deg 将创建一个从下到上的渐变。注意，渐变起点以负 X 轴为参考。

兼容公式如下。

```
90 - x = y
```

其中，x 为标准角度，y 为非标准角度。

【示例 4】设置多个色点。下面的示例定义了从上到下的线性渐变，起点是红色，慢慢过渡到绿色，再慢慢过渡到蓝色，效果如图 14.11 所示。

```
#demo {
    width: 300px; height: 200px;
    background: -webkit-linear-gradient(red, green, blue);    /* Safari 5.1~6.0 */
    background: -o-linear-gradient(red, green, blue);         /* Opera 11.1~12.0 */
    background: -moz-linear-gradient(red, green, blue);       /* Firefox 3.6~15 */
    background: linear-gradient(red, green, blue);            /* 标准语法 */
}
```

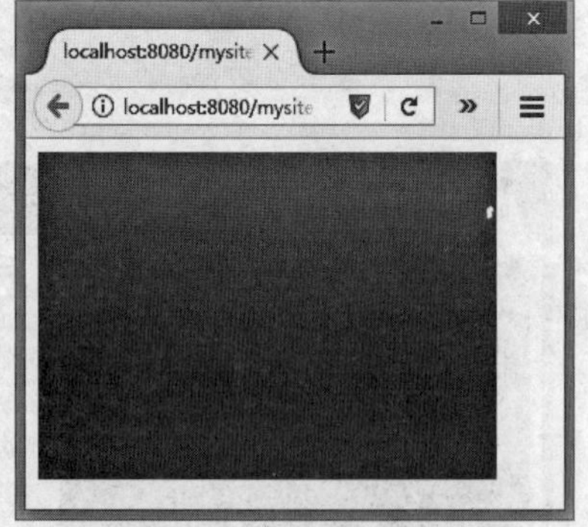

图 14.10 设计从上到下的渐变效果

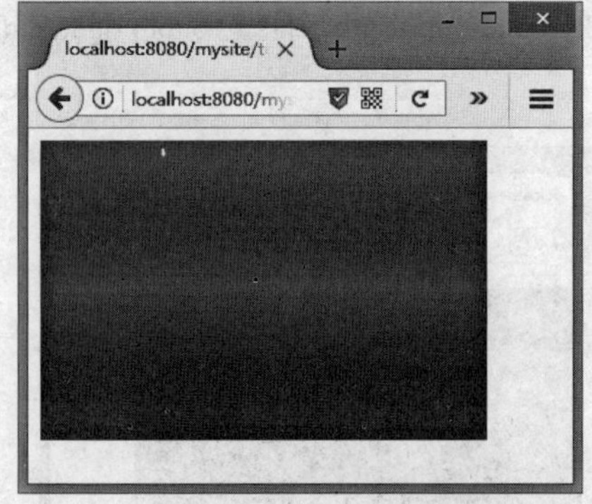

图 14.11 设计多色线性渐变效果

【示例 5】设置色点位置。下面的示例定义了从上到下的线性渐变，起点是黄色，快速过渡到蓝色，再慢慢过渡到绿色，效果如图 14.12 所示。

```
#demo {
    width: 300px; height: 200px;
    background: -webkit-linear-gradient(yellow, blue 20%, #0f0);        /* Safari 5.1~6.0 */
    background: -o-linear-gradient(yellow, blue 20%, #0f0);             /* Opera 11.1~12.0 */
    background: -moz-linear-gradient(yellow, blue 20%, #0f0);           /* Firefox 3.6~15 */
    background: linear-gradient(yellow, blue 20%, #0f0);                /* 标准语法 */
}
```

【示例 6】 CSS3 渐变支持透明度设置，可用于创建减弱变淡的效果。下面的示例演示了从左边开始的线性渐变。起点是完全透明，起点位置为 30%，慢慢过渡到完全不透明的红色，为了更清晰地看到半透明效果，示例增加了一层背景图像进行衬托，演示效果如图 14.13 所示。

```
#demo {
    width: 300px; height: 200px;
    /* Safari 5.1~6 */
    background: -webkit-linear-gradient(left, rgba(255, 0, 0, 0) 30%, rgba(255, 0, 0, 1)), url(images/bg.jpg);
    /* Opera 11.1~12*/
    background: -o-linear-gradient(left, rgba(255, 0, 0, 0) 30%, rgba(255, 0, 0, 1)), url(images/bg.jpg);
    /* Firefox 3.6~15*/
    background: -moz-linear-gradient(left, rgba(255, 0, 0, 0) 30%, rgba(255, 0, 0, 1)), url(images/bg.jpg);
    /* 标准语法 */
    background: linear-gradient(to right, rgba(255, 0, 0, 0) 30%, rgba(255, 0, 0, 1)), url(images/bg.jpg);
    background-size: cover;                        /* 背景图像完全覆盖 */
}
```

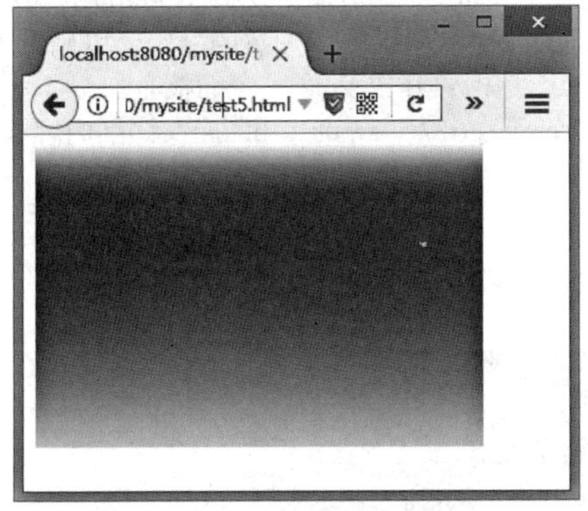

图 14.12　设计多色线性渐变效果

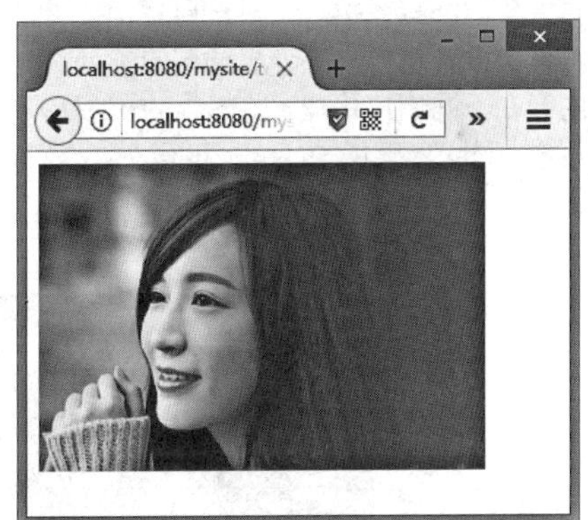

图 14.13　设计半透明线性渐变效果

> **提示：** 为了添加透明度，可以使用 rgba() 或 hsla() 函数来定义色点。rgba() 或 hsla() 函数中最后一个参数可以是从 0~1 的值，它定义了颜色的透明度：0 表示完全透明，1 表示完全不透明。

14.2.3　案例：设计网页渐变色

为页面设计渐变背景，可以营造特殊的浏览气氛。本节示例主要代码如下，预览效果如图 14.14 所示。

```
<style type="text/css">
```

Note

```
body { /* 让渐变背景填满整个页面 */
    padding: 1em;
    margin: 0;
    background: -webkit-linear-gradient(#FF6666, #ffffff);      /* Safari 5.1~6.0 */
    background: -o-linear-gradient(#FF6666, #ffffff);           /* Opera 11.1~12.0 */
    background: -moz-linear-gradient(#FF6666, #ffffff);         /* Firefox 3.6~15 */
    background: linear-gradient(#FF6666, #ffffff);              /* 标准语法 */
    /* IE 滤镜，兼容 IE9- 版本浏览器 */
    filter: progid: DXImageTransform.Microsoft.Gradient(gradientType=0, startColorStr=#FF6666, endColorStr=#ffffff);
}
h1 {/* 定义标题样式 */
    color: white;
    font-size: 18px;
    height: 45px;
    padding-left: 3em;
    line-height: 50px; /* 控制文本显示位置 */
    border-bottom: solid 2px red;
    background: url(images/pe1.png) no-repeat left center; /* 为标题插入一个装饰图标 */
}
p { text-indent: 2em; }/* 段落文本缩进两个字符 */
</style>
<div   class="box">
    <h1>W3C 发布 HTML5 的正式推荐标准 </h1>
    <p>2014 年 10 月 28 日，W3C 的 HTML 工作组正式发布了 HTML5 的正式推荐标准 (W3C Recommendation)。
        W3C 在美国圣克拉拉举行的 W3C 技术大会及顾问委员会会议 (TPAC 2014) 上宣布了这一消息。HTML5
        是万维网的核心语言—可扩展标记语言的第 5 版。在这一版本中，增加了支持 Web 应用开发者的许多新
        特性，以及更符合开发者使用习惯的新元素，并重点关注定义清晰的、一致的准则，以确保 Web 应用和
        内容在不同用户代理 ( 浏览器 ) 中的互操作性。HTML5 是构建开放 Web 平台的核心。</p>
    <p class="right"> 更多 <a href="http: //www.chinaw3c.org/archives/677/" target="_blank"> 详细内容 </a></p>
</div>
```

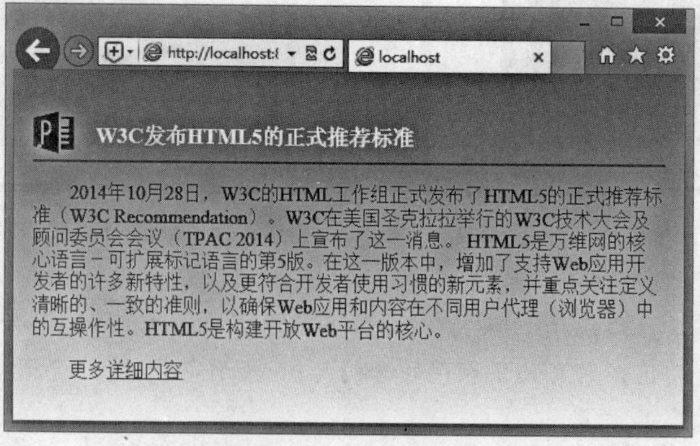

图 14.14　设计渐变网页背景色效果

【补充】

IE 早期版本不支持 CSS 渐变，但提供了渐变滤镜，可以实现简单的渐变效果。IE 浏览器渐变滤镜的基本语法说明如下。

```
filter: progid: DXImageTransform.Microsoft.Gradient(enabled=bEnabled, startColorStr=iWidth, endColorStr=iWidth)
```

该函数的参数说明如下。

☑ enabled：设置或检索滤镜是否激活。可选布尔值，包括 true 和 false，默认值为 true，激活状态。

☑ startColorStr：设置或检索色彩渐变的开始颜色和透明度。可选项，其格式为 #AARRGGBB。AA、RR、GG、BB 为十六进制正整数，取值范围为 00~FF。AA 指定透明度，00 是完全透明，FF 是完全不透明。RR 指定红色值，GG 指定绿色值，BB 指定蓝色值。超出取值范围的值将被恢复为默认值。取值范围为 #FF000000~#FFFFFFFF，默认值为 #FF0000FF，即不透明蓝色。

☑ endColorStr：设置或检索色彩渐变的结束颜色和透明度。默认值为 #FF000000，即不透明黑色。

注意，IE 渐变滤镜在 IE 5.5 及其以上版本浏览器中有效。

14.2.4　案例：设计条纹背景

如果多个色点设置相同的起点位置，它们将产生一个从一种颜色到另一种颜色的急剧的转换。从效果来看，就是从一种颜色突然改变到另一种颜色，这样可以设计条纹背景效果。

【示例 1】 定义一个简单的条纹背景，效果如图 14.15 所示。

```
<style type="text/css">
#demo {
    height: 200px;
    background: linear-gradient(#cd6600 50%, #0067cd 50%);
}
</style>
<div id="demo"></div>
```

【示例 2】 利用背景的重复机制，可以创造出更多的条纹。示例代码如下，效果如图 14.16 所示。这样就可以将整个背景划分为 10 个条纹，每个条纹的高度一样。

```
#demo {
    height: 200px;
    background: linear-gradient(#cd6600 50%, #0067cd 50%);
    background-size: 100% 20%;            /* 定义单个条纹仅显示高度的五分之一 */
}
```

图 14.15　设计简单的条纹效果

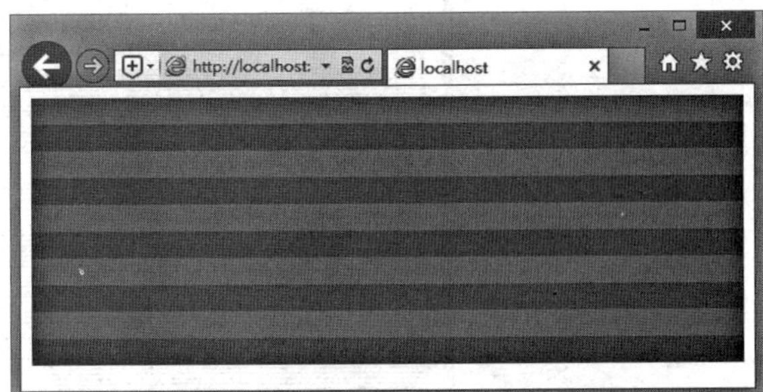

图 14.16　设计重复显示的条纹效果

【示例 3】 如果设计每个条纹高度不同，只要改变比例即可，示例代码如下，效果如图 14.17 所示。

Note

```
#demo {
    height: 200px;
    background: linear-gradient(#cd6600 80%, #0067cd 0%); /* 定义每个条纹位置占比不同 */
    background-size: 100% 20%;             /* 定义单个条纹仅显示高度的五分之一 */
}
```

【示例 4】设计多色条纹背景，代码如下，效果如图 14.18 所示。

```
#demo {
    height: 200px;
    /* 定义三色同宽背景 */
    background: linear-gradient(#cd6600 33.3%, #0067cd 0, #0067cd 66.6%, #00cd66 0);
    background-size: 100% 30px;
}
```

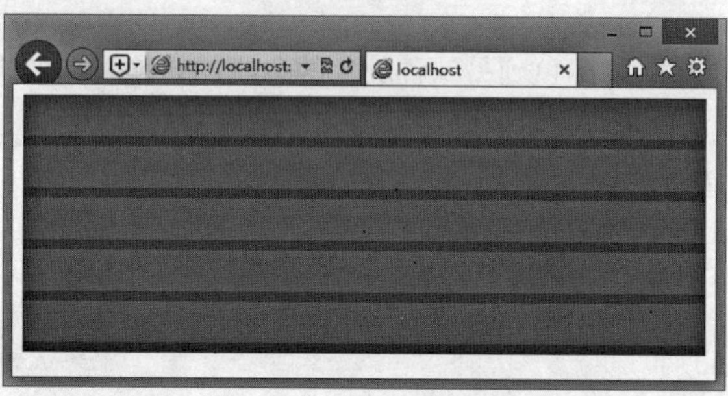

图 14.17　设计不同高度的条纹效果

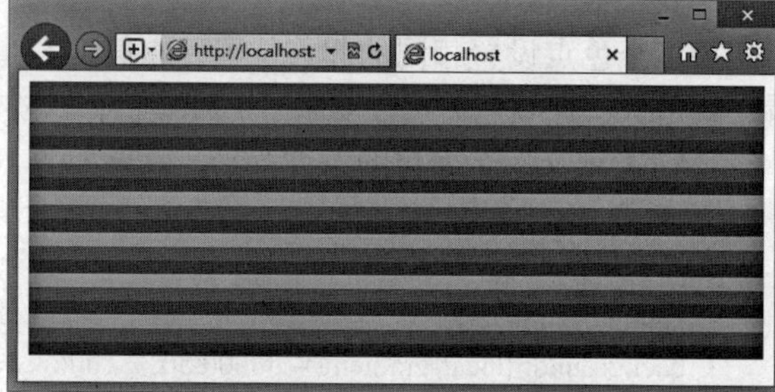

图 14.18　设计多色条纹效果

【示例 5】设计密集条纹格效果，代码如下，效果如图 14.19 所示。

```
#demo {
    height: 200px;
    background: linear-gradient(rgba(0, 0, 0, .5) 1px, #fff 1px);
    background-size: 100% 3px;
}
```

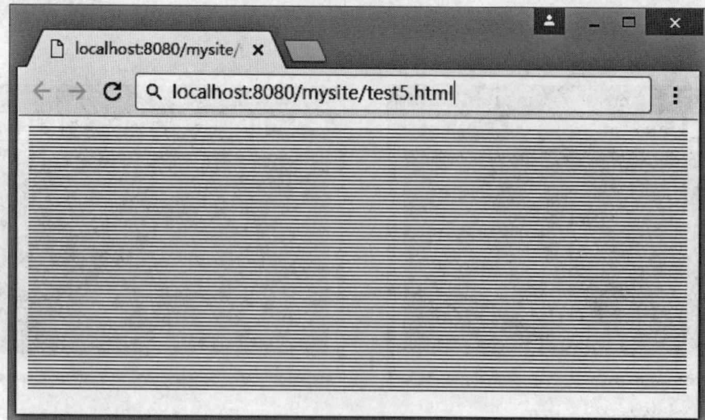

图 14.19　设计密集条纹效果

注意，IE 不支持这种设计效果。

【示例 6】设计垂直条纹背景，只需要转换一下宽和高的设置方式，具体代码如下，效果如图 14.20 所示。

```
#demo {
    height: 200px;
    background: linear-gradient(to right, #cd6600 50%, #0067cd 0);
    background-size: 20% 100%;
}
```

【示例 7】设计简单的纹理背景，代码如下，效果如图 14.21 所示。

```
#demo {
    height: 200px;
    background: linear-gradient(45deg, RGBA(0, 103, 205, 0.2)   50%, RGBA(0, 103, 205, 0.1)   50%);
    background-size: 50px 50px;
}
```

图 14.20　设计垂直条纹效果

图 14.21　设计简单的纹理效果

提示： 在实际应用中，不建议使用太多的背景颜色，一般可以考虑使用一种背景色，并在这个颜色的深浅上设计变化。

14.2.5　定义重复线性渐变

使用 repeating-linear-gradient() 函数可以定义重复线性渐变，用法与 linear-gradient() 函数相同，读者可以参考第一节的说明。

提示： 使用重复线性渐变的关键是要定义好色点，让最后一个颜色和第一个颜色能够很好地连接起来，处理不当将导致颜色的急剧变化。

【示例 1】下面的示例设计了重复显示的垂直线性渐变，颜色从红色到蓝色，间距为 20%，效果如图 14.22 所示。

```
<style type="text/css">
#demo {
```

```
    height: 200px;
    background: repeating-linear-gradient(#f00, #00f 20%, #f00 40%);
}
</style>
<div id="demo"></div>
```

Note

提示：使用 linear-gradient() 可以设计 repeating-linear-gradient() 的效果，例如，通过重复设计每一个色点，或者利用上一节设计条纹的方法来实现。

【示例 2】下面的示例设计了重复线性渐变对角显示，效果如图 14.23 所示。

```
#demo {
    height: 200px;
    background: repeating-linear-gradient(135deg, #cd6600, #0067cd 20px, #cd6600 40px);
}
```

图 14.22　设计重复显示的垂直渐变效果

图 14.23　设计重复显示的对角渐变效果

【示例 3】下面的示例设计了使用重复线性渐变创建出对角条纹背景，效果如图 14.24 所示。

```
#demo {
    height: 200px;
    background: repeating-linear-gradient(60deg, #cd6600, #cd6600 5%, #0067cd 0, #0067cd 10%);
}
```

图 14.24　设计重复显示的对角条纹效果

Note

14.2.6　定义径向渐变

创建一个径向渐变，也至少需要定义两个颜色，同时可以指定渐变的中心点位置、形状类型（圆形或椭圆形）和半径大小。简明语法格式如下。

```
radial-gradient(shape size at position, color-stop1, color-stop2, ……);
```

参数简单说明如下。

- ☑ shape：用来指定渐变的类型，包括 circle（圆形）和 ellipse（椭圆）两种。
- ☑ size：如果类型为 circle，指定一个值设置圆的半径；如果类型为 ellipse，指定两个值分别设置椭圆的 x 轴和 y 轴半径。取值包括长度值、百分比、关键字。关键字说明如下。
  - ➢ closest-side：指定径向渐变的半径长度为从中心点到最近的边。
  - ➢ closest-corner：指定径向渐变的半径长度为从中心点到最近的角。
  - ➢ farthest-side：指定径向渐变的半径长度为从中心点到最远的边。
  - ➢ farthest-corner：指定径向渐变的半径长度为从中心点到最远的角。
- ☑ position：用来指定中心点的位置。如果提供两个参数，第一个表示 x 轴坐标，第二个表示 y 轴坐标；如果只提供一个值，第二个值默认为 50%，即 center。取值可以是长度值、百分比或者关键字，关键字包括 left（左侧）、center（中心）、right（右侧）、top（顶部）、center（中心）和 bottom（底部）。

注意： position 值位于 shape 和 size 值后面。

- ☑ color-stop：用于指定渐变的色点。包括一个颜色值和一个起点位置，颜色值和起点位置以空格分隔。起点位置可以为一个具体的长度值（不可为负值），也可以是一个百分比值，如果是百分比值则参考应用渐变对象的尺寸，最终会被转换为具体的长度值。

【示例 1】 在默认情况下，渐变的中心是 center（对象中心点），渐变的形状是 ellipse（椭圆形），渐变的大小是 farthest-corner（表示到最远的角落）。下面的示例仅为 radial-gradient() 函数设置 3 个颜色值，则它将按默认值绘制径向渐变效果，如图 14.25 所示。

```
<style type="text/css">
#demo {
    height: 200px;
    background: -webkit-radial-gradient(red, green, blue);          /* Safari 5.1~6.0 */
    background: -o-radial-gradient(red, green, blue);               /* Opera 11.6~12.0 */
    background: -moz-radial-gradient(red, green, blue);             /* Firefox 3.6~15 */
    background: radial-gradient(red, green, blue);                  /* 标准语法 */
}
</style>
<div id="demo"></div>
```

提示： 针对示例 1，读者可以继续尝试做下面的练习，实现不同的设置，得到相同的设计效果。

☑ 设置径向渐变形状类型，默认值为 ellipse。

```
background: radial-gradient(ellipse, red, green, blue);
```

☑ 设置径向渐变中心点坐标，默认为对象中心点。

```
background: radial-gradient(ellipse at center 50%, red, green, blue);
```

☑ 设置径向渐变大小，这里定义填充整个对象。

```
background: radial-gradient(farthest-corner, red, green, blue);
```

【拓展】

最新主流浏览器都支持线性渐变的标准用法，但是考虑到安全性，用户应酌情兼容旧版本浏览器的私有属性。

Webkit 引擎使用 -webkit-gradient() 私有函数支持径向渐变样式，简明用法如下。

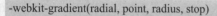

```
-webkit-gradient(radial, point, radius, stop)
```

参数简单说明如下。

☑ radial：定义渐变类型为径向渐变。

☑ point：定义渐变中心点坐标。该参数支持数值、百分比和关键字，如（0 0）或者（left top）等。关键字包括 top、bottom、center、left 和 right。

☑ radius：设置径向渐变的长度，该参数为一个数值。

☑ stop：定义渐变色和步长。包括 3 个值，即开始的颜色，使用 from（colorvalue）函数定义；结束的颜色，使用 to（colorvalue）函数定义；颜色步长，使用 color-stop（value，color value）定义。color-stop() 函数包含两个参数值，第一个参数值为一个数值或者百分比值，取值范围在 0~1.0（或者 0%~100%），第二个参数值表示任意颜色值。

【示例 2】下面的示例设计了一个红色圆球，并逐步径向渐变为绿色背景，兼容早期 Webkit 引擎的线性渐变实现方法。代码如下，演示效果如图 14.26 所示。

```
<style type="text/css">
#demo {
    height: 200px;
    /* Webkit 引擎私有用法 */
    background: -webkit-gradient(radial, center center, 0, center center, 100, from(red), to(green));
    background: radial-gradient(circle 100px, red, green); /* 标准的用法 */
}
</style>
<div id="demo"></div>
```

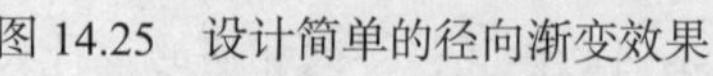

图 14.25　设计简单的径向渐变效果

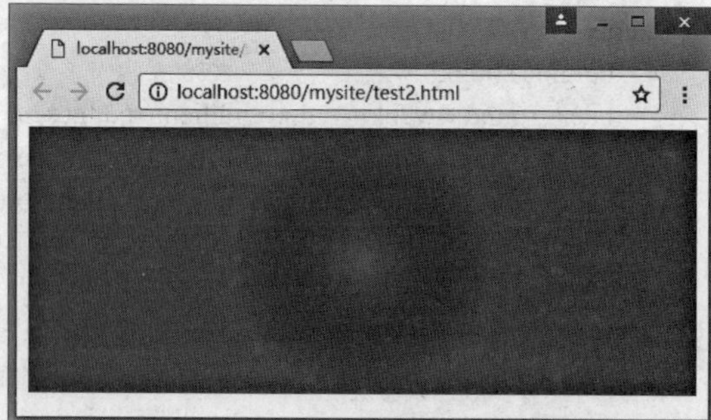

图 14.26　设计径向圆球效果

另外，Webkit 引擎也支持 -webkit-radial-gradient() 私有函数来设计径向渐变。该函数用法与标准函数 radial-gradient() 语法格式类似。简明语法格式如下。

```
-webkit-radial-gradient(position, shape size, color-stop1, color-stop2, ……);
```

Gecko 引擎定义了 -moz-radial-gradient() 私有函数来设计径向渐变。该函数用法与标准函数 radial-

gradient() 语法格式也类似。简明语法格式如下。

```
-moz-radial-gradient(position, shape size, color-stop1, color-stop2, ……);
```

提示： 上面两个私有函数的 size 参数值仅可设置关键字 closest-side、closest-corner、farthest-side、farthest-corner、contain 或 cover。

14.2.7　设计径向渐变样式

本节以案例形式介绍径向渐变的灵活设置，帮助读者熟练掌握设计径向渐变的一般方法。

【示例 1】 下面的示例演示了色点不均匀分布的径向渐变，效果如图 14.27 所示。

```
<style type="text/css">
#demo {
    height: 200px;
    background: -webkit-radial-gradient(red 5%, green 15%, blue 60%);          /* Safari 5.1~6.0 */
    background: -o-radial-gradient(red 5%, green 15%, blue 60%);               /* Opera 11.6~12.0 */
    background: -moz-radial-gradient(red 5%, green 15%, blue 60%);             /* Firefox 3.6~15 */
    background: radial-gradient(red 5%, green 15%, blue 60%);                  /* 标准语法 */
}
</style>
<div id="demo"></div>
```

【示例 2】 shape 参数定义了形状，取值包括 circle 和 ellipse，其中 circle 表示圆形，ellipse 表示椭圆形，默认值是 ellipse。下面的示例设计了圆形径向渐变，效果如图 14.28 所示。

```
#demo {
    height: 200px;
    background: -webkit-radial-gradient(circle, red, yellow, green);    /* Safari 5.1~6.0 */
    background: -o-radial-gradient(circle, red, yellow, green);         /* Opera 11.6~12.0 */
    background: -moz-radial-gradient(circle, red, yellow, green);       /* Firefox 3.6~15 */
    background: radial-gradient(circle, red, yellow, green);            /* 标准语法 */
}
```

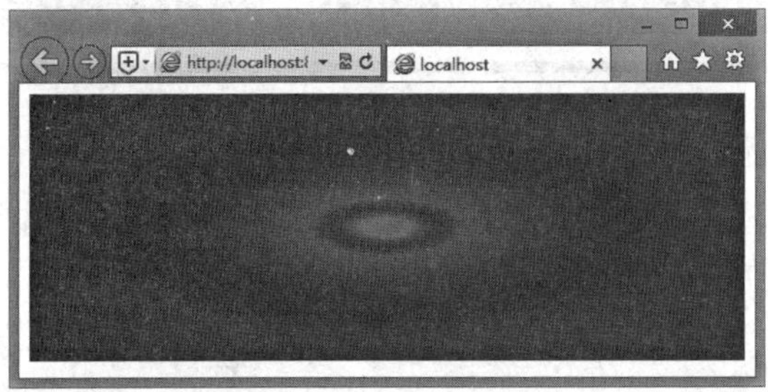

图 14.27　设计色点不均匀分布的径向渐变效果

图 14.28　设计圆形径向渐变效果

【示例 3】 下面设计径向渐变的半径长度为从圆心到离圆心最近的边，效果如图 14.29 所示。

```
#demo {
    height: 200px;
```

```
    /* Safari 5.1~6.0 */
    background: -webkit-radial-gradient(60% 55%, closest-side, blue, green, yellow, black);
    /* Opera 11.6~12.0 */
    background: -o-radial-gradient(60% 55%, closest-side, blue, green, yellow, black);
    /* Firefox 3.6~15 */
    background: -moz-radial-gradient(60% 55%, closest-side, blue, green, yellow, black);
    /* 标准语法 */
    background: radial-gradient(closest-side at 60% 55%, blue, green, yellow, black);
}
```

注意，radial-gradient() 标准函数应该放在各私有函数的后面。

【示例 4】下面的示例模拟了太阳初升的效果，如图 14.30 所示。设计径向渐变中心点位于左下角，半径为最大化显示，定义 3 个色点，第一个色点设计太阳效果，第二个色点设计太阳余晖，第三个色点设计太空，第一个色点和第二色点距离为 60 像素。

```
#demo {
    height: 200px;
    /* Safari 5.1~6.0 */
    background: -webkit-radial-gradient(left bottom, farthest-side, #f00, #f99 60px, #005);
    /* Opera 11.6~12.0 */
    background: -o-radial-gradient(left bottom, farthest-side, #f00, #f99 60px, #005);
    /* Firefox 3.6~15 */
    background: -moz-radial-gradient(left bottom, farthest-side, #f00, #f99 60px, #005);
    /* 标准语法 */
    background: radial-gradient(farthest-side at left bottom, #f00, #f99 60px, #005);
}
```

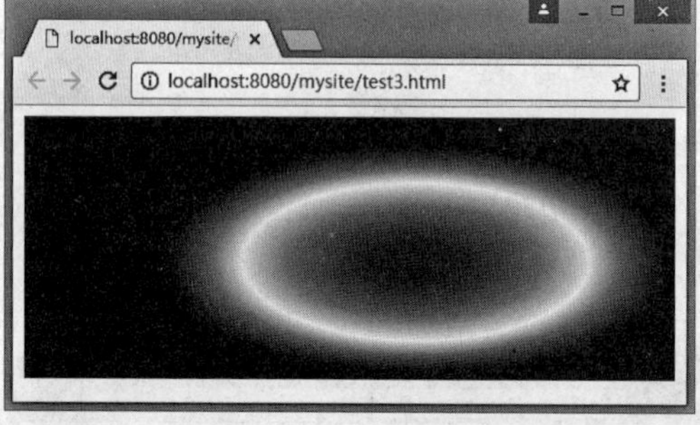

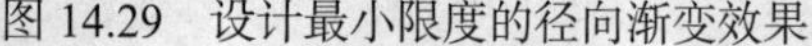
图 14.29　设计最小限度的径向渐变效果

图 14.30　模拟太阳初升效果

【示例 5】下面的示例模拟了太阳的效果，如图 14.31 所示。设计径向渐变中心点位于对象中央，定义两个色点，第一个色点设计太阳效果，第二个色点设计背景，两个色点位置相同。

```
<style type="text/css">
body { background: hsla(207, 59%, 78%, 1.00) }
#demo {
    height: 200px;
    width: 300px;
    margin: auto;
    /* Safari 5.1~6.0 */
```

```
    background: -webkit-radial-gradient(center, circle, #f00 50px, #fff 50px);
    /* Opera 11.6~12.0 */
    background: -o-radial-gradient(center, circle, #f00 50px, #fff 50px);
    /* Firefox 3.6~15 */
    background: -moz-radial-gradient(center, circle, #f00 50px, #fff 50px);
    /* 标准语法 */
    background: radial-gradient(circle  at center, #f00 50px, #fff 50px);
}
</style>
<div id="demo"></div>
```

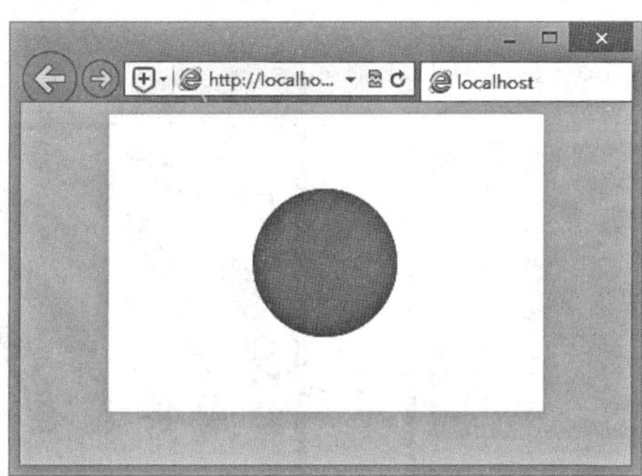

图 14.31　设计太阳效果

14.2.8　定义重复径向渐变

使用 repeating-radial-gradient() 函数可以定义重复线性渐变，用法与 radial-gradient() 函数相同，用户可以参考上面的说明。

【示例 1】下面的示例设计了三色重复显示的径向渐变，效果如图 14.32 所示。

```
<style type="text/css">
#demo {
    height: 200px;
    /* Safari 5.1~6.0 */
    background: -webkit-repeating-radial-gradient(red, yellow 10%, green 15%);
    /* Opera 11.6~12.0 */
    background: -o-repeating-radial-gradient(red, yellow 10%, green 15%);
    /* Firefox 3.6~15 */
    background: -moz-repeating-radial-gradient(red, yellow 10%, green 15%);
    /* 标准语法 */
    background: repeating-radial-gradient(red, yellow 10%, green 15%);
}
</style>
<div id="demo"></div>
```

【示例 2】使用径向渐变同样可以创建条纹背景，方法与线性渐变类似。下面的示例设计了圆形径向渐变条纹背景，效果如图 14.33 所示。

```
#demo {
    height: 200px;
    /* Safari 5.1~6.0 */
    background: -webkit-repeating-radial-gradient(center bottom, circle, #00a340, #00a340 20px, #d8ffe7 20px, #d8ffe7 40px);
    /* Opera 11.6~12.0 */
    background: -o-repeating-radial-gradient(center bottom, circle, #00a340, #00a340 20px, #d8ffe7 20px, #d8ffe7 40px);
    /* Firefox 3.6~15 */
    background: -moz-repeating-radial-gradient(center bottom, circle, #00a340, #00a340 20px, #d8ffe7 20px, #d8ffe7 40px);
    /* 标准语法 */
    background: repeating-radial-gradient(circle at center bottom, #00a340, #00a340 20px, #d8ffe7 20px, #d8ffe7 40px);
}
```

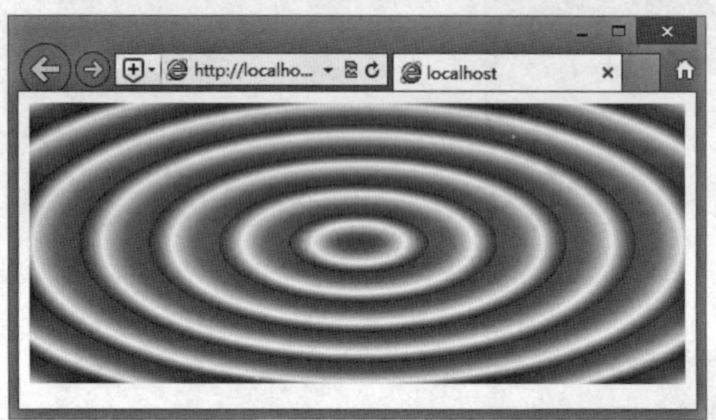

图 14.32　设计重复显示的径向渐变效果

图 14.33　设计圆形径向渐变条纹背景效果

14.2.9　案例：设计网页背景色

【示例 1】 为页面叠加多个径向渐变背景，可以营造虚幻的页面氛围。本示例代码如下，预览效果如图 14.34 所示。

```
<style type="text/css">
html, body{ height: 100%; }
body {
    background-color: #4B770A;
    background-image:
        radial-gradient(rgba(255, 255, 255, 0.3), rgba(255, 255, 255, 0)),
        radial-gradient(at 10% 5%, rgba(255, 255, 255, 0.1), rgba(255, 255, 255, 0) 20%),
        radial-gradient(at left bottom, rgba(255, 255, 255, 0.2), rgba(255, 255, 255, 0) 20%),
        radial-gradient(at right top, rgba(255, 255, 255, 0.2), rgba(255, 255, 255, 0) 20%),
        radial-gradient(at 85% 90%, rgba(255, 255, 255, 0.1), rgba(255, 255, 255, 0) 20%);
}
</style>
```

在上面的示例代码中，首先设计 body 高度满屏显示，避免无内容时看不到效果；然后为页面定义一个基本色 #4B770A；再设计 5 个径向渐变，分别散布于页面四个顶角，以及中央位置，同时定义径向渐变的第一个颜色为半透明的白色，第二个颜色为透明色，从而在页面不同位置蒙上轻重不一的白色效果，以此来模拟虚幻莫测的背景效果。

【示例 2】 为页面叠加 4 个径向渐变背景，设计密密麻麻的针脚纹理效果。本示例代码如下，预览效果如图 14.35 所示。

```
<style type="text/css">
html, body{ height: 100%; }
body {
    background-color: #282828;
    background-image:
        -webkit-radial-gradient(black 15%, transparent 16%),
        -webkit-radial-gradient(black 15%, transparent 16%),
        -webkit-radial-gradient(rgba(255, 255, 255, 0.1) 15%, transparent 20%),
        -webkit-radial-gradient(rgba(255, 255, 255, 0.1) 15%, transparent 20%);
    background-image:
        radial-gradient(black 15%, transparent 16%),
        radial-gradient(black 15%, transparent 16%),
        radial-gradient(rgba(255, 255, 255, 0.1) 15%, transparent 20%),
        radial-gradient(rgba(255, 255, 255, 0.1) 15%, transparent 20%);
    background-position:
        0 0px,
        8px 8px,
        0 1px,
        8px 9px;
    background-size: 16px 16px;
}
</style>
```

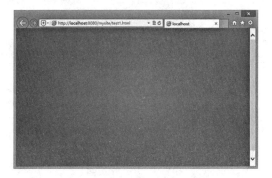

图 14.34 设计多个径向渐变背景效果

图 14.35 设计针脚纹理背景效果

在上面的示例中，首先使用 background-size：16px 16px；定义背景图大小为 16 像素 ×16 像素；在这块小图上设计 4 个径向渐变，包括两个深色径向渐变和两个浅色径向渐变；使用 background-position：0 0px，8px 8px，0 1px，8px 9px；设计一深、一浅径向渐变错位叠加，在 y 轴上错位 1 个像素，从而在 16 像素 × 16 像素大小的浅色背景图上设计两个深色凹陷效果；最后，借助背景图平铺，为网页设计上述纹理特效。

14.2.10 案例：设计图标

本节示例通过 CSS3 径向渐变制作圆形图标特效，设计效果如图 14.36 所示。在内部样式表中，使用 radial-gradient() 函数为图标类样式定义径向渐变背景，设计立体效果；使用 border-radius：50%；声明定义图标显示为圆形；使用 box-shadow 属性为图标添加投影；使用 text-shadow 属性为图标文本定义润边效果；使用 radial-gradient 设计环形径向渐变效果，为图标添加高亮特效。

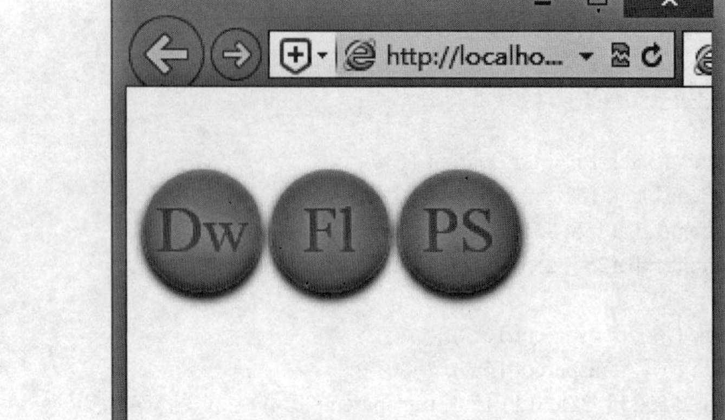

图 14.36　设计径向渐变图标效果

示例主要代码如下。

```
<style type="text/css">
.icon {
    /* 固定大小，可根据实际需要酌情调整，调整时应同步调整 line-height: 60px; */
    width: 60px; height: 60px;
    /* 行内块显示，统一图标显示属性 */
    display: inline-block;
    /* 清除边框，避免边框对整体特效的破坏 */
    border: none;
    /* 设计圆形效果 */
    border-radius: 50%;
    /* 定义图标阴影，将第一个外阴影设计为立体效果，将第二个内阴影设计为高亮特效 */
    box-shadow: 0 1px 5px rgba(255, 255, 255, .5) inset,
                0 -2px 5px rgba(0, 0, 0, .3) inset, 0 3px 8px rgba(0, 0, 0, .8);
    /* 定义径向渐变，模拟明暗变化的表面效果 */
    background: -webkit-radial-gradient(circle at top center, #f28fb8, #e982ad, #ec568c);
    background: radial-gradient(circle at top center, #f28fb8, #e982ad, #ec568c);
    /* 定义图标字体样式 */
    font-size: 32px;
    color: #dd5183;
    text-align: center;                     /* 文本水平居中显示 */
    line-height: 60px;                      /* 文本垂直居中显示，必须与 height: 60px; 保持一致 */
    /* 为文本添加阴影，将第一个阴影设计为立体效果，将第二个阴影定义为高亮特效 */
    text-shadow: 0 3px 10px #f1a2c1,
                 0 -3px 10px #f1a2c1;
}
</style>
<div class="icon">Dw</div>
<span class="icon">Fl</span>
<p class="icon">PS</p>
```

视频讲解

14.3　案例实战

本节将通过多个较复杂的案例练习背景样式的实际应用。

线上阅读

14.3.1　设计优惠券

本节示例使用径向渐变设计一张优惠券效果，如图 14.37 所示。具体代码解析请扫码学习。

图 14.37　设计优惠券效果

线上阅读

14.3.2　设计桌面纹理背景

本节示例使用 CSS3 线性渐变属性制作纹理图案，主要利用多重背景进行设计，然后使用线性渐变绘制每一个小方块的线条效果，通过叠加和平铺，完成重复性纹理背景效果，如图 14.38 所示。具体代码解析请扫码学习。

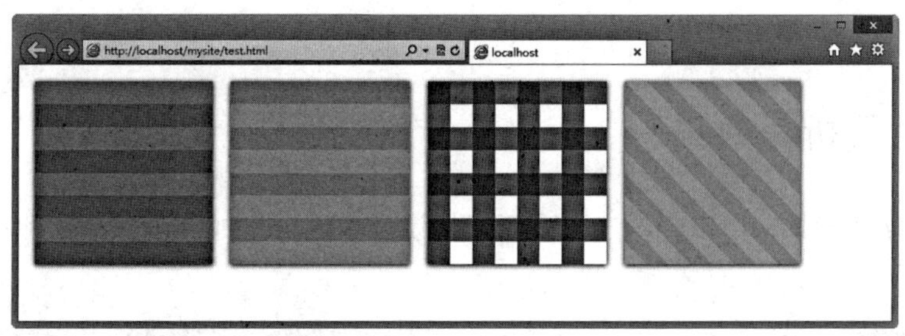

图 14.38　定义网页纹理背景效果

线上阅读

14.3.3　设计按钮

本节提供了两个经典案例，分别介绍了不同风格的按钮样式设计，效果如图 14.39 和图 14.40 所示。具体代码解析请扫码学习。

Note

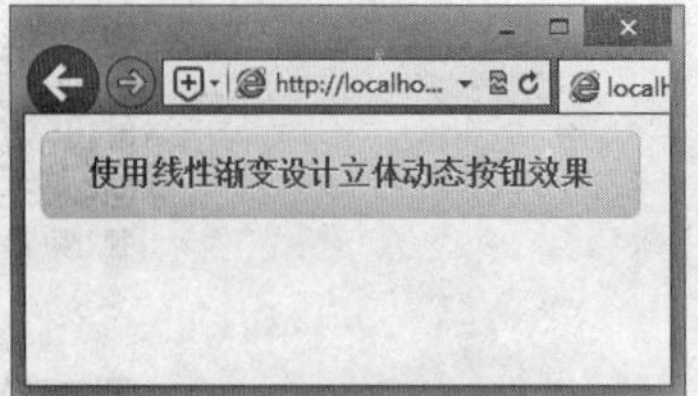

（a）默认从上到下渐变

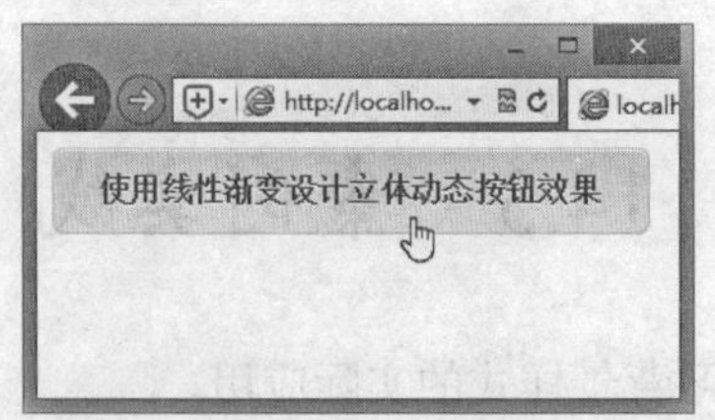

（b）鼠标经过从下到上渐变

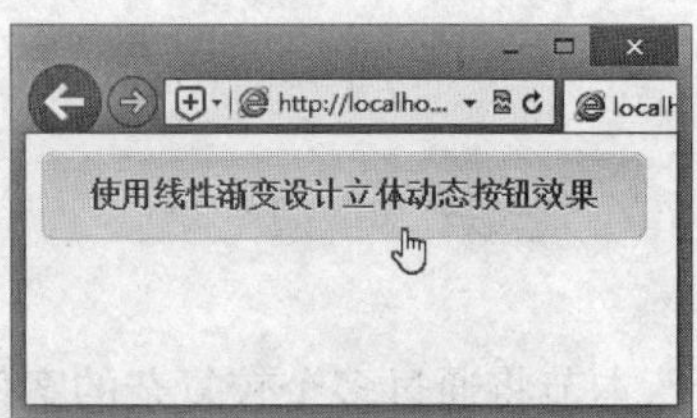

（c）激活时下移 1 像素

图 14.39　设计按钮效果

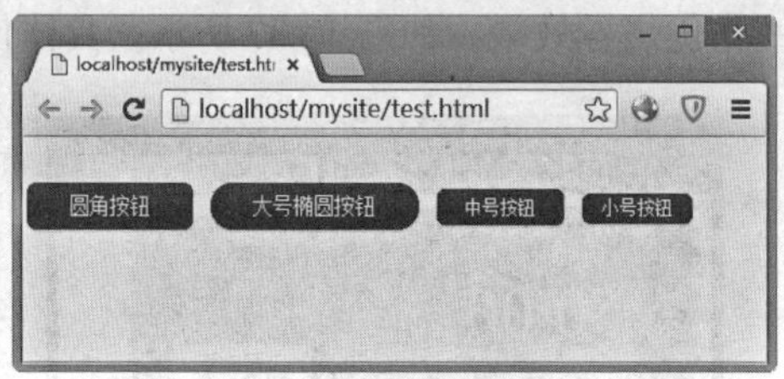

图 14.40　设计精致的按钮

线 上 阅 读

14.3.4　渐变特殊应用场景

渐变可以用在包括 border-image-source、background-image、list-style-image、cursor 等的属性上，用来取代 url 属性值。前面各节主要针对 background-image 属性进行了介绍，本节结合示例介绍其他属性的应用情形。详细代码解析请扫码学习。

☑　定义渐变效果的边框

☑　定义填充内容效果

☑　定义列表图标

线 上 阅 读

14.3.5　设计栏目折角效果

灵活使用 CSS3 渐变背景，可以创作出很多新颖的设计作品。例如，设计缺角和补角效果，如图 14.41 和图 14.42 所示。

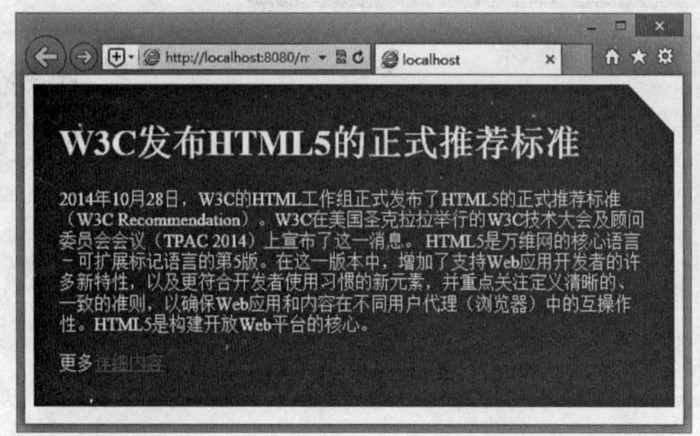

图 14.41　设计缺角栏目效果

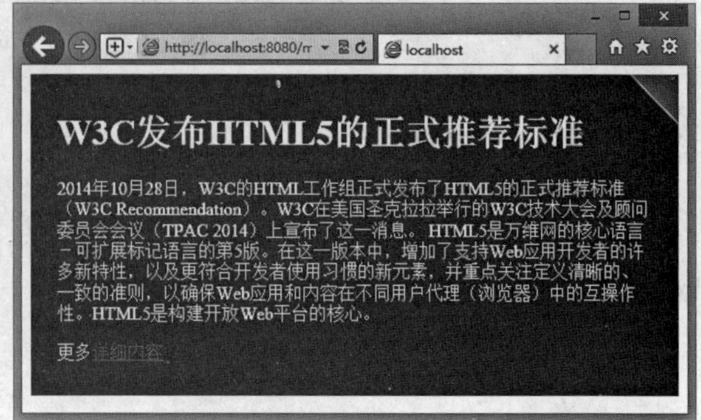

图 14.42　设计补角栏目效果

设计折角边框和缺角边框效果，如图 14.43 和图 14.44 所示。

详细代码解析请扫码学习。

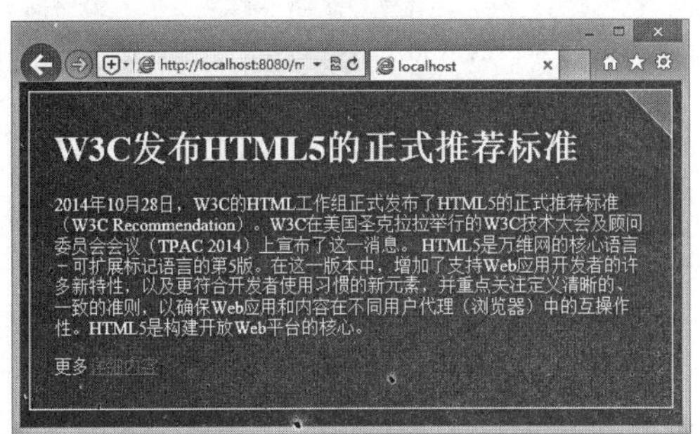

图 14.43　设计折角边框栏目效果

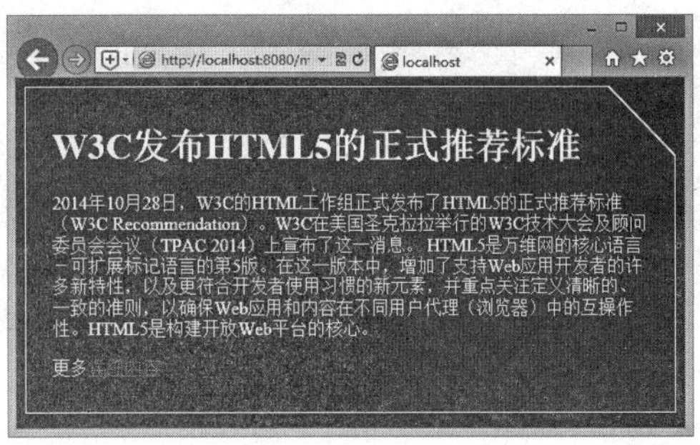

图 14.44　设计缺角边框栏目效果

14.4　在线练习

本节将通过大量的上机示例，帮助初学者练习使用 HTML5 设计背景样式。感兴趣的读者可以扫码练习。

第15章

使用 CSS3 美化界面样式

（视频讲解：36 分钟）

2015 年 4 月，W3C 的 CSS 工作组发布了 CSS 基本用户接口模块（CSS Basic User Interface Module Level 3，CSS3 UI）的标准工作草案。该文档描述了 CSS3 中对 HTML、XML 进行样式处理所需的与用户界面相关的 CSS 选择器、属性及属性值。该模块负责控制与用户接口界面相关效果的呈现方式，它包含并扩展了在 CSS2 及 Selector 规范中定义的与用户接口有关的特性。

【学习重点】

- 了解常用界面显示属性。
- 能够定义轮廓样式。
- 正确设计边框图像样式。
- 灵活设计圆角样式。
- 灵活设计阴影样式。

15.1　界面显示

下面介绍 CSS3 用户界面的显示方式、调整尺寸缩放比例问题。

15.1.1　显示方式

一般浏览器都支持两种显示模式：怪异模式和标准模式。在怪异模式下，border 和 padding 包含在 width 或 height 之内；在标准模式下，border、padding、width 或 height 是各自独立区域。

为了兼顾这两种解析模式，CSS3 定义了 box-sizing 属性，该属性能够定义对象尺寸的解析方式。box-sizing 属性的基本语法如下。

```
box-sizing: content-box | border-box;
```

取值简单说明如下。

☑ content-box：为默认值，padding 和 border 不被包含在定义的 width 和 height 之内。对象的实际宽度等于设置的 width 值和 border、padding 之和，即元素的宽度 = width + border + padding。

☑ border-box：padding 和 border 被包含在定义的 width 和 height 之内。对象的实际宽度就等于设置的 width 值，即使定义有 border 和 padding 也不会改变对象的实际宽度，即元素的宽度 = width。

【示例】下面的示例设计了两个相同样式的盒子，在怪异模式和标准模式下比较显示效果如图 15.1 所示。

```
<style type="text/css">
div {
    float: left;                        /* 并列显示 */
    height: 100px;                      /* 元素的高度 */
    width: 100px;                       /* 元素的宽度 */
    border: 50px solid red;             /* 边框 */
    margin: 10px;                       /* 外边距 */
    padding: 50px;                      /* 内边距 */
}
.border-box { box-sizing: border-box; } /* 怪异模式解析 */
</style>
<div> 标准模式 </div>
<div class="border-box"> 怪异模式 </div>
```

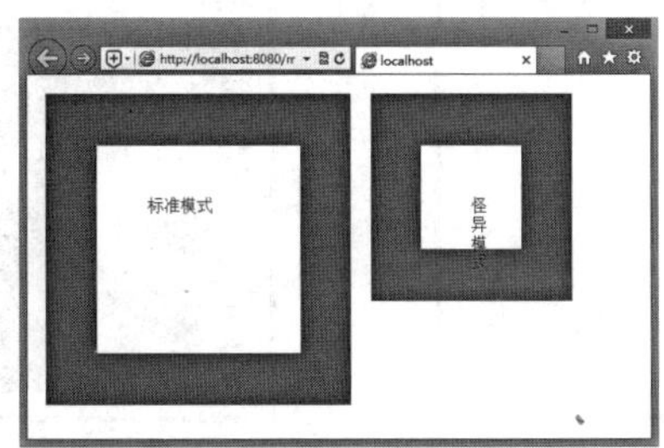

图 15.1　标准模式和怪异模式解析比较

从图 15.1 中可以看到，在怪异模式下 width 属性值就是指元素的实际宽度，即 width 属性值中包含 padding 和 border 属性值。

15.1.2 调整尺寸

为了增强用户体验，CSS3 增加了 resize 属性，允许用户通过拖动的方式改变元素的尺寸。resize 属性的基本语法如下。

```
resize: none | both | horizontal | vertical | inherit;
```

取值简单说明如下。

- ☑ none：为默认值，不允许用户调整元素大小。
- ☑ both：用户可以调节元素的宽度和高度。
- ☑ horizontal：用户可以调节元素的宽度
- ☑ vertical：用户可以调节元素的高度。
- ☑ inherit：表示继承祖先元素的值。

目前除了 IE 浏览器外，其他主流浏览器都基本支持该属性。

【示例】下面的示例演示了如何使用 resize 属性设计可以自由调整大小的图片，如图 15.2 所示。

```
<style type="text/css">
#resize {
    /* 以背景方式显示图像，这样可以更轻松地控制缩放操作 */
    background: url(images/1.jpg) no-repeat center;
    /* 设计背景图像仅在内容区域显示，留出补白区域 */
    background-clip: content;
    /* 设计元素最小和最大显示尺寸，用户只能够在该范围内自由调整图片大小 */
    width: 200px; height: 120px;
    max-width: 800px; max-height: 600px;
    padding: 6px; border: 1px solid red;
    /* 必须同时定义 overflow 和 resize, 否则 resize 属性声明无效，元素默认溢出显示为 visible*/
    resize: both;
    overflow: auto;
}
</style>
<div id="resize"></div>
```

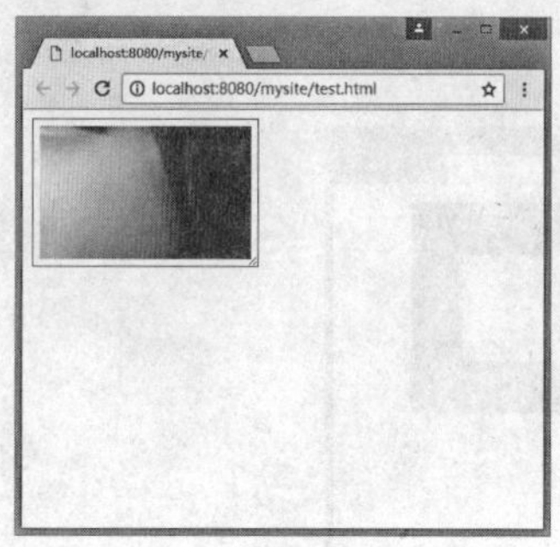

（a）默认大小

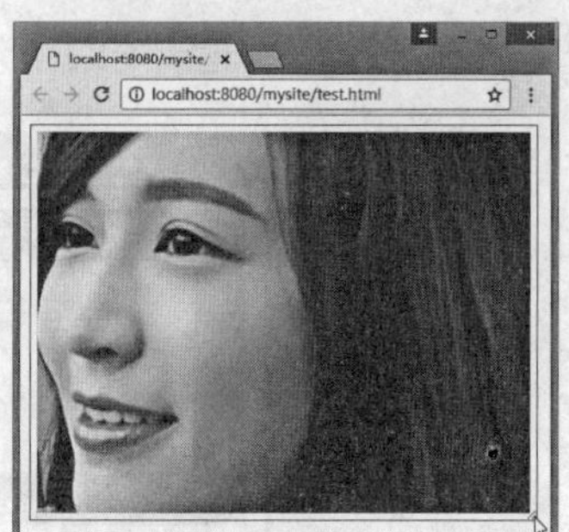

（b）鼠标拖动放大

图 15.2　调整元素尺寸

15.1.3　缩放比例

zoom 是 IE 的专有属性，用于设置对象的缩放比例，另外它还可以触发 IE 的 haslayout 属性，清除浮动，清除 margin 重叠等，设计师常用这个属性解决 IE 浏览器存在的布局 Bug。

CSS3 支持该属性，基本语法如下。

```
zoom: normal | <number> | <percentage>
```

取值说明如下。

☑　normal：使用对象的实际尺寸。

☑　<number>：用浮点数来定义缩放比例，不允许负值。

☑　<percentage>：用百分比来定义缩放比例，不允许负值。

目前，除了 Firefox 浏览器之外，所有主流浏览器都支持该属性。

【示例】下面的示例使用了 zoom 放大第 2 幅图片为原来的 2 倍，比较效果如图 15.3 所示。

```
<style type="text/css">
img {
    height: 200px;
    margin-right: 6px;
}
img.zoom { zoom: 2; }
</style>
<img src="images/bg.jpg"/>
<img class="zoom" src="images/bg.jpg"/>
```

图 15.3　放大图片显示尺寸

当 zoom 属性值为 1.0 或 100% 时，相当于 normal，表示不缩放。小于 1 的正数，表示缩小，如 zoom: 0.5; 表示缩小一半。

15.2　轮廓样式

轮廓与边框不同，它不占用空间，且不一定是矩形。轮廓属于动态样式，只有当对象获取焦点或者被激活时呈现，如按钮、活动窗体域、图形地图等周围添加一圈轮廓线，使对象突出显示。

15.2.1 定义轮廓

Note

outline 属性可以定义块元素的轮廓线，该属性在 CSS2.1 规范中已被明确定义，但是并未得到各主流浏览器的广泛支持，CSS3 增强了该特性。outline 属性的基本语法如下。

```
outline: <'outline-width'> || <'outline-style'> || <'outline-color'> || <'outline-offset'>
```

取值简单说明如下。

☑ <'outline-width'>：指定轮廓边框的宽度。
☑ <'outline-style'>：指定轮廓边框的样式。
☑ <'outline-color'>：指定轮廓边框的颜色。
☑ <'outline-offset'>：指定轮廓边框偏移值。

注意，outline 创建的轮廓线是画在一个框“上面”，也就是说，轮廓线总是在顶上，不会影响该框或任何其他框的尺寸。因此，显示或不显示轮廓线不会影响文档流，也不会破坏网页布局。

轮廓线可能是非矩形的。例如，如果元素被分割在好几行，那么轮廓线就至少是能包含该元素所有框的外廓。和边框不同的是，外廓在线框的起始端都不是开放的，它总是完全闭合的。

【示例】下面的示例设计了当文本框获得焦点时，在周围画一个粗实线外廓，提醒用户交互效果，效果如图 15.4 所示。

```
<style type="text/css">
/* 统一页面字体和大小 */
body {
    font-family: "Lucida Grande", "Lucida Sans Unicode", Verdana, Arial, Helvetica, sans-serif;
    font-size: 12px;
}
/* 清除常用元素的边界、补白、边框默认样式 */
p, h1, form, button { border: 0; margin: 0; padding: 0; }
/* 定义一个强制换行显示类 */
.spacer { clear: both; height: 1px; }
/* 定义表单外框样式 */
.myform {margin: 0 auto; width: 400px; padding: 14px; }
/* 定制当前表单样式 */
#stylized { border: solid 2px #b7ddf2; background: #ebf4fb; }
/* 设计表单内 h1 和 p 通用样式效果 */
#stylized h1 {font-size: 14px; font-weight: bold; margin-bottom: 8px; }
#stylized p {
    font-size: 11px; color: #666666;
    margin-bottom: 20px; padding-bottom: 10px;
    border-bottom: solid 1px #b7ddf2;
}
#stylized label {/* 定义表单标签样式 */
    display: block; width: 140px;
    font-weight: bold; text-align: right;
    float: left;
}
```

```
/* 定义小字体样式类 */
#stylized .small {
    color: #666666; font-size: 11px; font-weight: normal; text-align: right;
    display: block; width: 140px;
}
/* 统一输入文本框样式 */
#stylized input {
    float: left;
    font-size: 12px;
    padding: 4px 2px; margin: 2px 0 20px 10px;
    border: solid 1px #aacfe4; width: 200px;
}
/* 定义图形化按钮样式 */
#stylized button {
    clear: both;
    margin-left: 150px;
    width: 125px; height: 31px;
    background: #666666 url(images/button.png) no-repeat;
    text-align: center; line-height: 31px; color: #FFFFFF; font-size: 11px; font-weight: bold;
}
/* 设计表单内文本框和按钮在被激活和获取焦点状态下时，轮廓线的宽、样式和颜色 */
input: focus, button: focus { outline: thick solid #b7ddf2 }
input: active, button: active    { outline: thick solid #aaa }
</style>
<div id="stylized" class="myform">
    <form id="form1" name="form1" method="post" action="">
        <h1> 登录 </h1>
        <p> 请准确填写个人信息 ...</p>
        <label>Name <span class="small"> 姓名 </span> </label>
        <input type="text" name="textfield" id="textfield" />
        <label>Email <span class="small"> 电子邮箱 </span> </label>
        <input type="text" name="textfield" id="textfield" />
        <label>Password <span class="small"> 密码 </span> </label>
        <input type="text" name="textfield" id="textfield" />
        <button type="submit"> 登 录 </button>
        <div class="spacer"></div>
    </form>
</div>
```

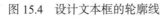

（a）默认状态

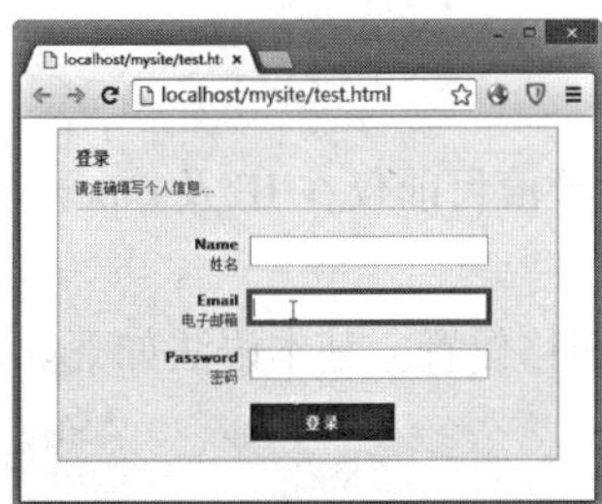

（b）激活状态

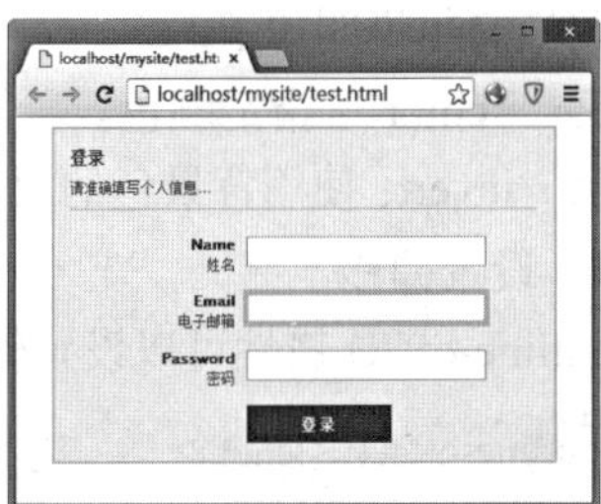

（c）获取焦点状态

图 15.4 设计文本框的轮廓线

15.2.2 设计轮廓线

CSS3 为轮廓定义了很多属性，使用这些属性可以设计轮廓线样式。

1．设置宽度

outline-width 属性可以设置轮廓线的宽度。基本语法如下。

```
outline-width: <length> | thin | medium | thick
```

取值简单说明如下。

☑ thin：定义细轮廓。

☑ medium：定义中等轮廓，为默认值。

☑ thick：定义粗轮廓。

☑ <length>：定义轮廓粗细的值。

注意，只有当轮廓样式不是 none 时，该属性才会起作用。如果样式为 none，宽度实际上会重置为 0。不允许设置负长度值。

2．设置样式

outline-style 属性可以设置轮廓线的样式。基本语法如下。

```
outline-style: none | dotted | dashed | solid | double | groove | ridge | inset | outset
```

取值简单说明如下。

☑ none：无轮廓，为默认值。

☑ dotted：点状轮廓。

☑ dashed：虚线轮廓。

☑ solid：实线轮廓。

☑ double：双线轮廓。两条单线与其间隔的和等于指定 outline-width 值。

☑ groove：3D 凹槽轮廓。

☑ ridge：3D 凸槽轮廓。

☑ inset：3D 凹边轮廓。

☑ outset：3D 凸边轮廓。

3．设置颜色

outline-color 属性可以设置轮廓线的颜色。基本语法如下。

```
outline-color: <color> | invert
```

取值简单说明如下。

☑ <color>：指定颜色。

☑ invert：使用背景色的反色。该参数值目前仅在 IE 及 Opera 下有效。

4．设置偏移

outline-offset 属性可以设置轮廓线的偏移位置。基本语法如下。

```
outline-offset: <length>
```

用长度值来定义轮廓偏移，允许负值，默认值为 0。

【示例 1】在上节示例的基础上，通过 outline-offset 属性放大轮廓线，使其看起来更大方，演示效果如

图 15.5 所示。下面的代码仅显示局部 CSS 样式，完整示例样式和结构请参考上节示例代码。

```
<style type="text/css">
……
/* 设计表单内文本框和按钮在被激活和获取焦点状态下时，轮廓线的宽、样式和颜色 */
input: focus, button: focus { outline: thick solid #b7ddf2 }
input: active, button: active   { outline: thick solid #aaa }
/* 通过 outline-offset 属性放大轮廓线 */
input: active, button: active { outline-offset: 4px; }
input: focus, button: focus { outline-offset: 4px; }
</style>
<div id="stylized" class="myform">
    <form id="form1" name="form1" method="post" action="">
        <h1> 登录 </h1>
        ……
    </form>
</div>
```

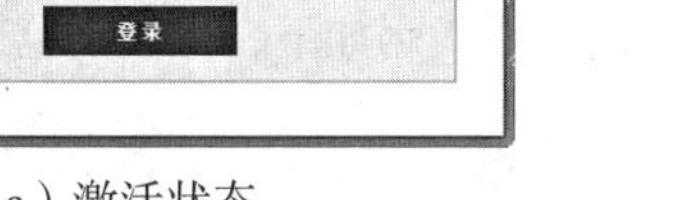

（a）激活状态

（b）获取焦点状态

图 15.5　放大激活和焦点提示框

【示例 2】下面的示例为段落文本中的部分文字定义轮廓线，演示效果如图 15.6 所示。

```
<style type="text/css">
.outline { outline: red solid 2px; }
</style>
<p><b> 注释 : </b> 只有在规定了 !DOCTYPE 时 , <span class="outline">Internet Explorer 8 ( 以及更高版本 ) </span> 才支持 outline 属性。</p>
```

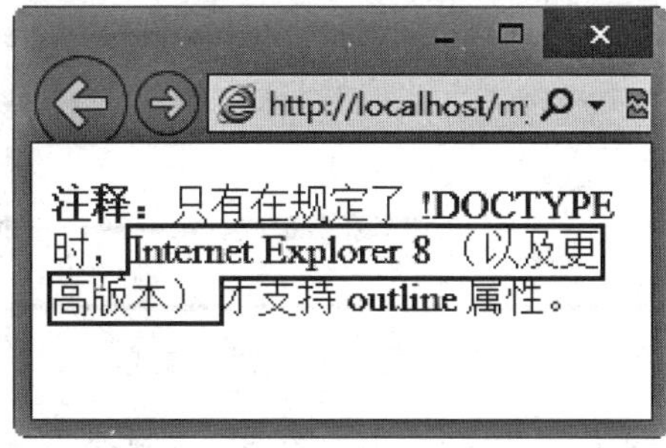

图 15.6　轮廓边框效果

视频讲解

15.3 边框样式

权威参考

Note

边框是 CSS 盒模型重要的组成部分，本节将介绍 CSS3 增强的边框样式，包括图像边框和圆角边框。

15.3.1 定义边框图像源

CSS3 新增的 border-image 属性能够模拟 background-image 属性功能，且功能更加强大，该属性的基本语法如下。

```
border-image: <' border-image-source '> || <' border-image-slice '> [ / <' border-image-width '> | / <' border-image-width '>? / <' border-image-outset '> ]? || <' border-image-repeat '>
```

取值说明如下。

☑ <' border-image-source '>：设置对象的边框是用图像定义样式还是用图像来源路径定义样式。

☑ <' border-image-slice '>：设置边框图像的分割方式。

☑ <' border-image-width '>：设置对象的边框图像宽度。

☑ <' border-image-outset '>：设置对象的边框图像的扩展。

☑ <' border-image-repeat '>：设置对象的边框图像的平铺方式。

【示例】下面的示例为元素 div 定义了边框图像，使用 border-image-source 导入外部图像源 images/border1.png，根据 border-image-slice 属性，值为（27 27 27 27），把图像切分为 9 块，然后分别把这九块图像切片按顺序填充到边框四边、四角和内容区域。示例主要代码如下，页面浏览效果如图 15.7 所示。

```
<style type="text/css">
div {
    height: 160px;
    border: solid 27px;
    /* 设置边框图像 */
    border-image: url(images/border1.png) 27;
    }
</style>
<div></div>
```

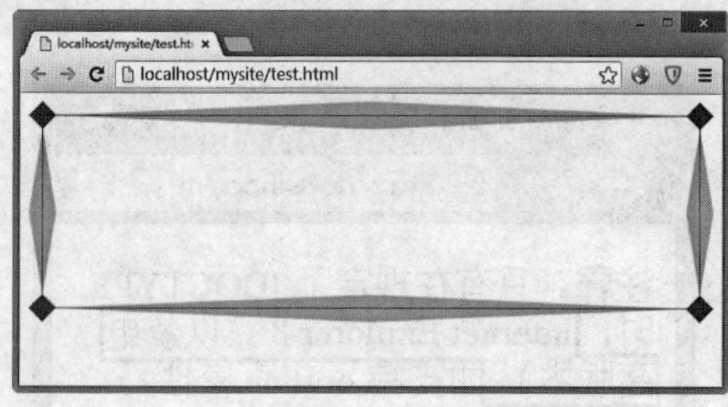

图 15.7　定义边框背景样式

在上面的示例中，使用了一个 81px × 81px 大小的图像，在这个正方形的图像中，被等分了 9 个方块，每个方块的高和宽都是 27px × 27px 大小。当声明 border-image-slice 属性值为（27 27 27 27）时，则按下面

的说明进行解析。

- ☑ 第一个参数值表示从上向下裁切图像，显示在顶边。
- ☑ 第二个参数值表示从右向左裁切图像，显示在右边。
- ☑ 第三个参数值表示从下向上裁切图像，显示在底边。
- ☑ 第四个参数值表示从左向右裁切图像，显示在左边。

图像被 4 个参数值裁切为 9 块，再根据边框的大小进行自适应显示。例如，当分别设置边框为不同大小，则显示效果除了粗细之外，其他都是完全相同的。

15.3.2　定义边框图像平铺方式

border-image-repeat 属性设置对象的边框图像的平铺方式。该属性的基本语法如下。

```
border-image-repeat: [ stretch | repeat | round | space ]{1, 2}
```

取值简单说明如下。

- ☑ stretch：用拉伸方式来填充边框图像，为默认值。
- ☑ repeat：用平铺方式来填充边框图像。当图片碰到边界时，如果超过则被截断。
- ☑ round：用平铺方式来填充边框图像。图像会根据边框的尺寸动态调整图像的大小直至正好可以铺满整个边框。
- ☑ space：用平铺方式来填充边框图像。图像会根据边框的尺寸动态调整图像之间的间距直至正好可以铺满整个边框。

【示例】下面的示例以上节示例为基础，设置边框图像平铺显示：border-image-repeat：round；，演示效果如图 15.8 所示。

```
<style type="text/css">
div {
    height: 160px;
    background: hsla(93, 96%, 62%, 1.00);
    border: solid 27px red;
    /* 设置边框图像源 */
    border-image-source: url(images/border1.png);
    /* 设置边框图像的平铺方式 */
    border-image-repeat: round;
}
</style>
```

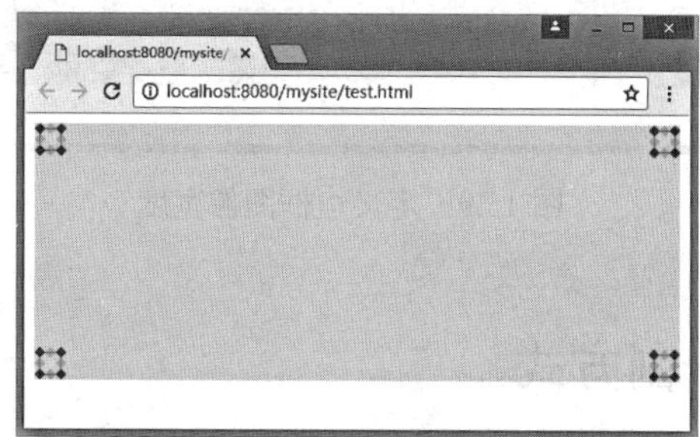

图 15.8　定义边框图像平铺显示

15.3.3 定义边框图像宽度

Note

border-image-width 属性设置对象的边框图像的宽度。该属性的基本语法如下。

```
border-image-width: [ <length> | <percentage> | <number> | auto ]{1, 4}
```

取值简单说明如下。

☑ <length>：用长度值指定宽度，不允许负值。

☑ <percentage>：用百分比指定宽度，参照其包含块进行计算，不允许负值。

☑ <number>：用浮点数指定宽度，不允许负值。

☑ auto：如果 auto 值被设置，则 border-image-width 采用与 border-image-slice 相同的值。

【示例】下面的示例以上节示例为基础，设置边框背景平铺显示：border-image-repeat：round；，图像宽度为 500px，演示效果如图 15.9 所示。

```
<style type="text/css">
div {
    height: 160px;
    background: hsla(93, 96%, 62%, 1.00);
    border: solid 27px red;
    /* 设置边框图像源 */
    border-image-source: url(images/border1.png);
    /* 设置边框图像的平铺方式 */
    border-image-repeat: round;
    /* 设置边框图像的宽度 */
    border-image-width: 500px;
}
</style>
<div>border-image-source: url(images/border1.png); <br>
    border-image-repeat: round; <br>
    border-image-width: 500px; </div>
```

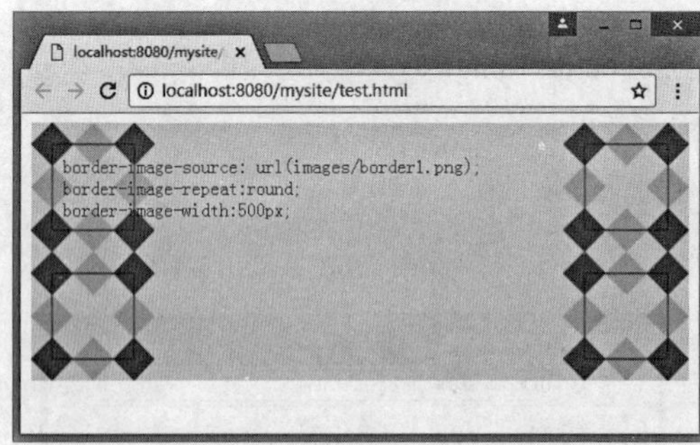

图 15.9 定义边框图像宽度

15.3.4 定义边框图像分割方式

border-image-slice 属性用于设置对象的边框图像的分割方式。该属性的基本语法如下。

```
border-image-slice: [ <number> | <percentage> ]{1, 4} && fill?
```

取值简单说明如下。

☑ <number>：用浮点数指定宽度，不允许负值。

☑ <percentage>：用百分比指定宽度。参照其包含块区域进行计算，不允许负值。

☑ fill：保留裁切后的中间区域，其铺排方式遵循 <' border-image-repeat '> 的设定。

【示例】下面的示例以上节示例为基础，设置边框背景平铺显示：border-image-repeat：round；，设置裁切值为 10：border-image-slice：10；，演示效果如图 15.10 所示。

```
<style type="text/css">
div {
    height: 160px;
    background: hsla(93, 96%, 62%, 1.00);
    border: solid 27px red;
    /* 设置边框图像源 */
    border-image-source: url(images/border1.png);
    /* 设置边框图像的平铺方式 */
    border-image-repeat: round;
    /* 设置边框图像的宽度 */
    border-image-width: 500px;
    /* 设置边框图像的裁切值为 10*/
    border-image-slice: 10;
}
</style>
<div>border-image-source: url(images/border1.png); <br>
    border-image-repeat: round; <br>
    border-image-slice: 10; </div>
```

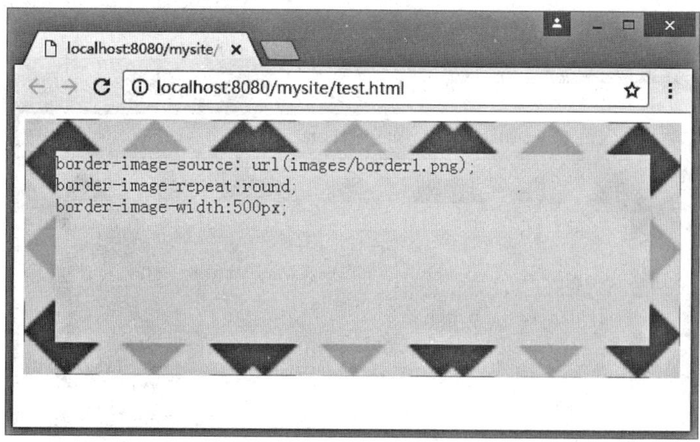

图 15.10　定义边框图像裁切值

15.3.5　定义边框图像扩展

border-image-outset 属性设置对象的边框图像的扩展。该属性的基本语法如下。

```
border-image-outset: [ <length> | <number> ]{1, 4}
```

取值简单说明如下。

☑ <length>：用长度值指定宽度，不允许负值。

☑ <number>：用浮点数指定宽度，不允许负值。

Note

【示例】 下面以上节示例为基础，设置边框背景向外扩展 50px，演示效果如图 15.11 所示。

```
<style type="text/css">
div {
    height: 160px;
    margin: 60px;
    background: hsla(93, 96%, 62%, 1.00);
    border: solid 27px red;
    /* 设置边框图像源 */
    border-image-source: url(images/border1.png);
    /* 设置边框图像的平铺方式 */
    border-image-repeat: round;
    /* 设置边框图像的宽度 */
    border-image-width: 500px;
    /* 设置边框图像的裁切值为 10*/
    border-image-slice: 10;
    /* 设置边框图像向外扩展 50px*/
    border-image-outset: 50px;
}
</style>
<div>border-image-source: url(images/border1.png); <br>
    border-image-repeat: round; <br>
    border-image-slice: 10; <br>
    border-image-outset: 50px; </div>
```

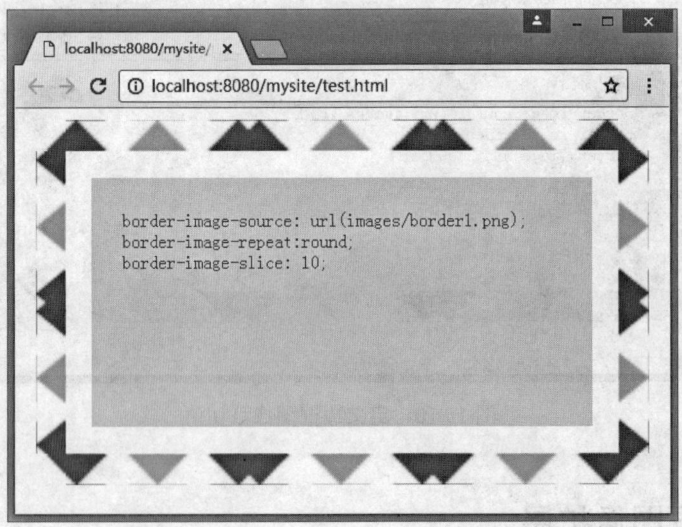

图 15.11　定义边框图像向外扩展

15.3.6　案例：应用边框图像

下面结合示例介绍 border-image 在页面中的应用。

【示例 1】下面的示例演示了如何设计左下和右下圆角显示，演示效果如图 15.12 所示。

```
<style type="text/css">
div {
    height: 120px;
    text-align: center;
    border-style: solid;
    border-width: 10px;
    border-image: url(images/r2.png) 20;
}
</style>
<div>border-image: url(images/r2.png) 20; 图像源效果如下所示 : <br>
    <img src="images/r2.png" /></div>
```

【示例 2】设计完全圆角边框效果。设计圆角图像大小为 42px × 42px，裁切半径为 20px，显示效果如图 15.13 所示。

```
<style type="text/css">
div {
    height: 120px;
    text-align: center;
    border-style: solid;
    border-width: 10px;
    border-image: url(images/r3.png) 20;
}
</style>
<div>border-image: url(images/r3.png) 20; 图像源效果如下所示 : <br>
    <img src="images/r3.png" /></div>
```

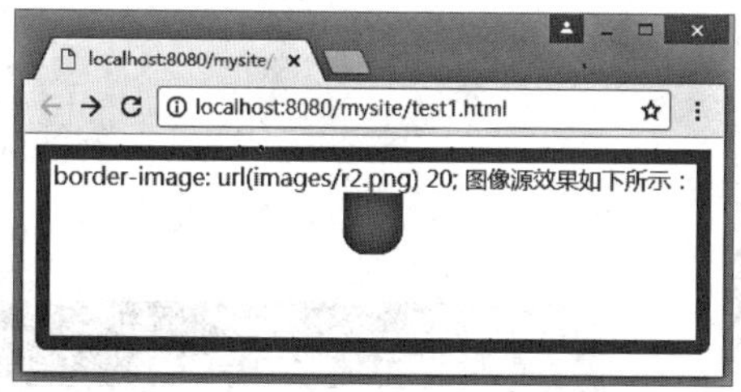

图 15.12　定义边框局部圆角样式

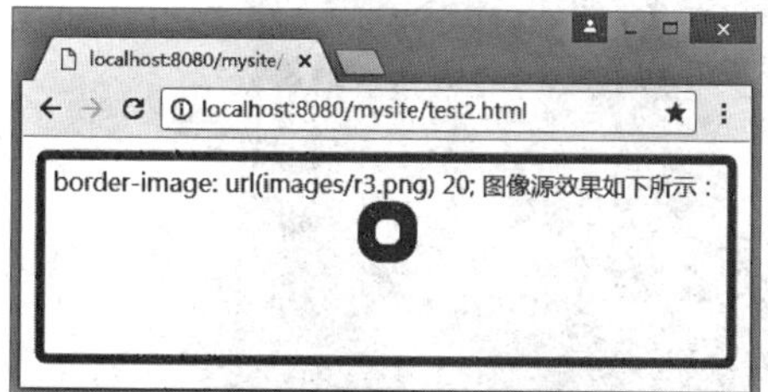

图 15.13　定义完全圆角边框样式

【示例 3】设计阴影特效。设计边框图像大小为 42px × 42px，显示效果如图 15.14 所示。

```
<style type="text/css">
img {
    height: 400px;
    border-style: solid;
    border-width: 2px 5px 6px 2px;
```

```
    border-image: url(images/r4.png)    2 5 6 2;
}
</style>
<img src="images/2.jpg" />
```

Note

【示例 4】设计选项卡。设计边框图像大小为 12px × 27px，圆角半径为 12px，显示效果如图 15.15 所示。

```
<style type="text/css">
ul{
    margin: 0; padding: 0;
    list-style-type: none;
}
li {
    width: 100px; height: 20px;
    border-style: solid;
    cursor: pointer;
    float: left;
    padding: 4px 0;
    text-align: center;
    border-width: 5px 5px 0px;
    border-image: url(images/r5.png) 5 5 0;
}
</style>
<ul>
    <li> 首页 </li>
    <li> 咨询 </li>
    <li> 关于 </li>
</ul>
```

图 15.14　定义边框阴影样式

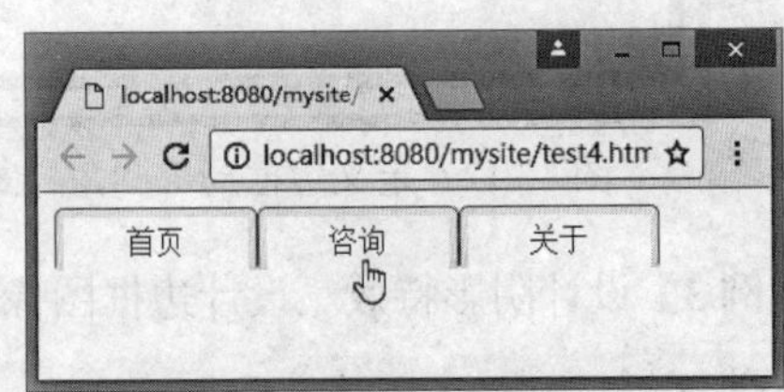

图 15.15　定义选项卡样式

15.3.7　定义圆角边框

CSS3 新增 border-radius 属性，使用它可以设计元素的边框以圆角样式显示。border-radius 属性的基本语法如下。

```
border-radius: [ <length> | <percentage> ]{1, 4} [ / [ <length> | <percentage> ]{1, 4} ]?
```

取值简单说明如下。

☑ <length>：用长度值设置对象的圆角半径长度，不允许负值。

☑ <percentage>：用百分比设置对象的圆角半径长度，不允许负值。

为了方便定义 4 个顶角的圆角，border-radius 属性派生了 4 个子属性。

☑ border-top-right-radius：定义右上角的圆角。

☑ border-bottom-right-radius：定义右下角的圆角。

☑ border-bottom-left-radius：定义左下角的圆角。

☑ border-top-left-radius：定义左上角的圆角。

提示： border-radius 属性可包含两个参数值：第一个值表示圆角的水平半径，第二个值表示圆角的垂直半径，两个参数值通过斜线分隔。如果仅包含一个参数值，则第二个值与第一个值相同，它表示这个角就是一个四分之一圆角。如果参数值中包含 0，则这个角就是矩形，不会显示为圆角。针对 border-radius 属性参数值，各种浏览器的处理方式并不一致。在 Chrome 和 Safari 浏览器中，会绘制出一个椭圆形边框，第一个半径为椭圆的水平方向半径，第二个半径为椭圆的垂直方向半径。在 Firefox 和 Opera 浏览器中，将第一个半径作为边框左上角与右下角的圆半径来绘制，将第二个半径作为边框右上角与左下角的圆半径来绘制。

【示例 1】 下面给 border-radius 属性设置一个值：border-radius：10px；，演示效果如图 15.16 所示。

```
<style type="text/css">
img {
    height: 300px;
    border: 1px solid red;
    border-radius: 10px;
}
</style>
<img src="images/1.jpg" />
```

如果为 border-radius 属性设置两个参数，则效果如图 15.17 所示。

```
img {
    height: 300px;
    border: 1px solid red;
    border-radius: 20px/40px;
}
```

Note

图 15.16　定义圆角样式

图 15.17　定义圆角样式

也可以为元素的 4 个顶角定义不同的值，实现的方法有以下两种。

一种是利用 border-radius 属性，为其赋一组值。当为 border-radius 属性赋一组值，将遵循 CSS 赋值规则，可以包含 2 个、3 个或者 4 个值的集合。但是此时无法使用斜杠方式定义圆角水平和垂直半径。

如果是 4 个值，则这 4 个值将按照 top-left、top-right、bottom-right、bottom-left 的顺序来设置。

如果 bottom-left 值省略，那么它等于 top-right。

如果 bottom-right 值省略，那么它等于 top-left。

如果 top-right 值省略，那么它等于 top-left。

如果为 border-radius 属性设置 4 个值的集合参数，则每个值表示每个角的圆角半径。

【示例 2】下面的示例为图像的 4 个顶角定义了不同的圆角半径，演示效果如图 15.18 所示。

```
img {
    height: 300px;
    border: 1px solid red;
    border-radius: 10px 30px 50px 70px;
}
```

如果为 border-radius 属性设置 3 个值的集合参数，则第一个值表示左上角的圆角半径，第二个值表示右上角和左下角两个角的圆角半径，第三个值表示右下角的圆角半径。

如果为 border-radius 属性设置 2 个值的集合参数，则第一个值表示左上角和右下角的圆角半径，第二个值表示右上角和左下角两个角的圆角半径。

另一种方法是利用派生子属性进行定义，如 border-top-right-radius、border-bottom-right -radius、border-bottom-left-radius 和 border-top-left-radius。

注意，Gecko 和 Presto 引擎在写法上存在很大差异。

【示例 3】下面的代码定义了 div 元素右上角为 50 像素的圆角，演示效果如图 15.19 所示。

```
img {
    height: 300px;
    border: 1px solid red;
    -moz-border-radius-topright: 50px;
    -webkit-border-top-right-radius: 50px;
    border-top-right-radius: 50px;
}
```

图 15.18　分别定义不同顶角的圆角样式

图 15.19　定义某个顶角的圆角样式

Note

15.3.8　案例：设计椭圆图形

使用 border-radius 属性设计圆角时，可能会存在下面几种情况。

☑ 如果受影响的角的两个相邻边宽度不同，那么这个圆角将会从宽的一边圆滑过渡到窄的一边，即偏向宽边的圆弧略大，而偏向窄边的圆弧略小。

☑ 如果两条边宽度相同，那么圆角两个相邻边呈对称圆弧显示，即相交于 45° 的对称线上。

☑ 如果一条边宽度是相邻另一条边宽度的两倍，那么两边圆弧线交于靠近窄边的 30° 角线上。

border-radius 不允许圆角彼此重叠，当相邻两个圆角的半径之和大于元素的宽或高时，在浏览器中会呈现为椭圆或正圆效果。

【示例】下面的代码定义了 img 元素显示为圆形，当图像宽高比不同时，显示效果不同，如图 15.20 所示。

```
<style type="text/css">
img {/* 定义图像圆角边框 */
    border: solid 1px red;
    border-radius: 50%; /* 圆角 */
}
.r1 {/* 定义第 1 幅图像的宽高比为 1: 1*/
    width: 300px;
    height: 300px;
}
.r2 {/* 定义第 2 幅图像的宽高比不为 1: 1*/
    width: 300px;
    height: 200px;
}
.r3 {/* 定义第 3 幅图像的宽高比不为 1: 1*/
    width: 300px;
    height: 100px;
    border-radius: 20px; /* 定义圆角 */
}
</style>
<img class="r1" src="images/1.jpg" title=" 圆角图像 " />
<img class="r2" src="images/1.jpg" title=" 椭圆图像 " />
```

```
<img class="r3" src="images/1.jpg" title=" 圆形图像 " />
```

Note

图 15.20　定义圆形显示的元素效果

视频讲解

15.4　盒子阴影

CSS3 的 box-shadow 类似于 text-shadow，不过 text-shadow 负责为文本设置阴影，而 box-shadow 负责给对象定义图层阴影效果。

15.4.1　定义盒子阴影

box-shadow 属性可以定义元素的阴影，基本语法如下。

```
box-shadow: none | inset? && <length>{2, 4} && <color>?
```

取值简单说明如下。

none：无阴影。

- ☑ inset：设置对象的阴影类型为内阴影。该值为空时，则对象的阴影类型为外阴影。
- ☑ <length> ①：第 1 个长度值用来设置对象的阴影水平偏移值，可以为负值。
- ☑ <length> ②：第 2 个长度值用来设置对象的阴影垂直偏移值，可以为负值。
- ☑ <length> ③：如果提供了第 3 个长度值则用来设置对象的阴影模糊值，不允许负值。
- ☑ <length> ④：如果提供了第 4 个长度值则用来设置对象的阴影外延值，可以为负值。
- ☑ <color>：设置对象的阴影的颜色。

下面结合案例进行演示说明。

【示例 1】下面的示例定义了一个简单的实影投影效果，演示效果如图 15.21 所示。

```
<style type="text/css">
img{
    height: 300px;
```

```
    box-shadow: 5px 5px;
}
</style>
<img src="images/1.jpg" />
```

【示例 2】定义位移、阴影大小和阴影颜色，演示效果如图 15.22 所示。

```
img{
    height: 300px;
    box-shadow: 2px 2px 10px #06C;
}
```

图 15.21　定义简单的阴影效果

图 15.22　定义复杂的阴影效果

【示例 3】定义内阴影，阴影大小为 10px，颜色为 #06C，演示效果如图 15.23 所示。

```
<style type="text/css">
pre {
    padding: 26px;
    font-size: 24px;
    box-shadow: inset 2px 2px 10px #06C;
}
</style>
<pre>
-moz-box-shadow: inset 2px 2px 10px #06C;
-webkit-box-shadow: inset 2px 2px 10px #06C;
box-shadow: inset 2px 2px 10px #06C;
</pre>
```

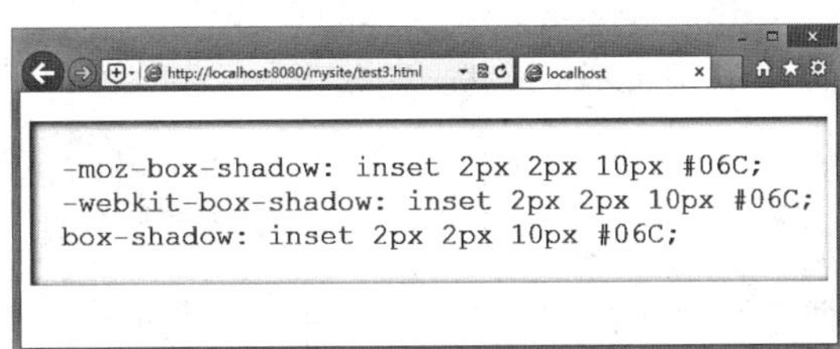

图 15.23　定义内阴影效果

【示例 4】通过设置多组参数值定义多色阴影，演示效果如图 15.24 所示。

Note

```
img {
    height: 300px;
    box-shadow: -10px 0 12px red,
                10px 0 12px blue,
                0 -10px 12px yellow,
                0 10px 12px green;
}
```

【示例 5】通过多组参数值还可以定义渐变阴影，演示效果如图 15.25 所示。

```
img{
    height: 300px;
    box-shadow: 0 0 10px red,
                2px 2px 10px 10px yellow,
                4px 4px 12px 12px green;
}
```

图 15.24　定义多色阴影效果

图 15.25　定义渐变阴影效果

注意：当给同一个元素设计多个阴影时，最先写的阴影将显示在最顶层。

15.4.2　案例：box-shadow 的应用

本节通过一个简单的示例进一步练习 box-shadow 属性的应用。

第 1 步，设计一个简单的盒子，并定义基本形状。

```
<style type="text/css">
.box{
    width: 100px; height: 100px;                    /* 固定大小 */
    text-align: center; line-height: 100px;         /* 显示在中央 */
    background-color: rgba(255, 204, 0, .5);        /* 浅色背景 */
    border-radius: 10px;                            /* 适当圆角 */
    padding: 10px; margin: 10px;                    /* 添加间距 */
}
```

```
</style>
<div class="box bs1">box-shadow</div>
```

第 2 步，阴影就是对原对象的复制，包括内边距和边框都属于 box 的占位范围，阴影也包括对内边距和边框的复制，但是阴影本身不占据布局的空间，比较如图 15.26 所示。

```
.bs1{box-shadow: 120px 0px #ccc; }
```

第 3 步，四周有一样模糊值的阴影，如图 15.27 所示。

```
.bs1{ box-shadow: 0 0 20px #666; }
```

图 15.26　比较对象和阴影大小

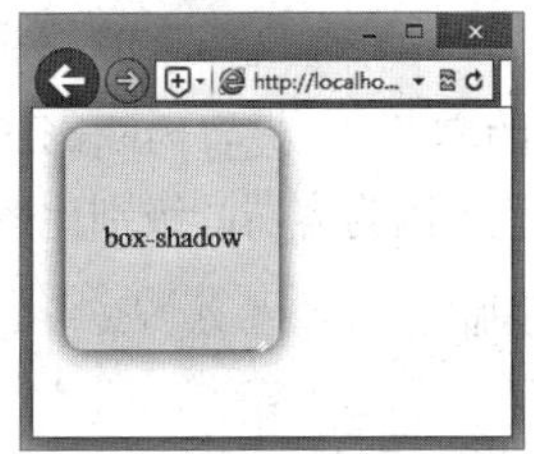

图 15.27　四周同时显示阴影

第 4 步，定义 5px 扩展阴影，如图 15.28 所示。

```
.bs1{ box-shadow: 0 0 0 5px #333; }
```

阴影不像 border 要占据布局的空间，因此要实现对象鼠标经过产生外围的边框，可以使用阴影的扩展来代替 border。或者使用 border 的 transparent 实现，不过不如 box-shadow 的 spread 扩展方便。如果使用 border，布局会产生影响。

第 5 步，扩展为负值的阴影，如图 15.29 所示。

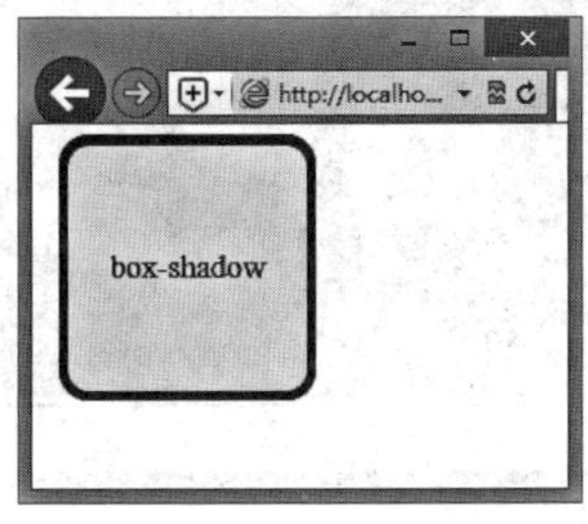

图 15.28　定义扩展阴影

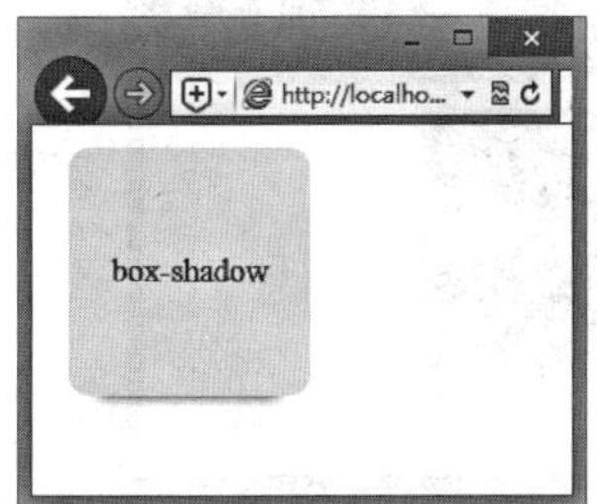

图 15.29　定义负值阴影

```
.bs1 {
    box-shadow: 0 15px 10px -15px #333;
    border: none;
}
```

注意：要产生这样的效果，Y 轴的值和 spread 的值刚好是一样，且相反的。其他边设计同理。

第 6 步，定义内阴影，如图 15.30 所示。

```
.bs1 {
    background-color: #1C8426;
    box-shadow: 0px 0px 20px #fff inset;
}
```

Note

注意：可以直接为 div 这样的盒子设置 box-shadow 盒阴影，但是不能直接为 img 图片设置盒阴影。

```
/* 直接在图片上添加内阴影，无效 */
.img-shadow img {
    box-shadow: inset 0 0 20px red;
}
```

可以通过为 img 的容器 div 设置内阴影，然后让 img 的 z-index 为 -1，解决这个问题。但是这种做法不可以为容器设置背景颜色，因为容器的级别比图片高，设置了背景颜色会挡住图片，效果如图 15.31 所示。

```
/* 在图片容器上添加内阴影，生效 */
.box-shadow {
    box-shadow: inset 0 0 20px red;
    display: inline-block;
}
.box-shadow img {
    position: relative;
    z-index: -1;
}
```

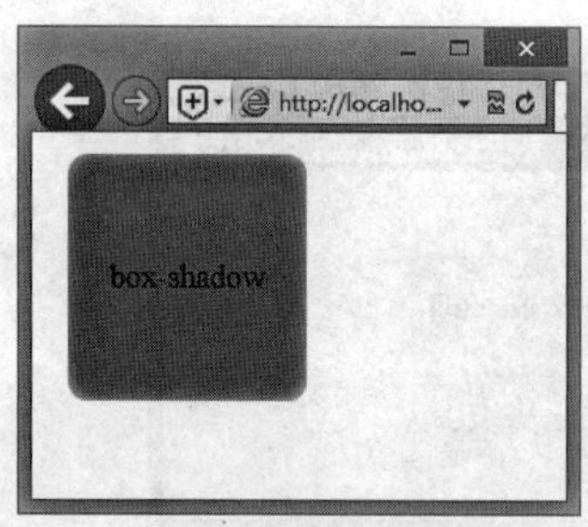

图 15.30　定义内阴影

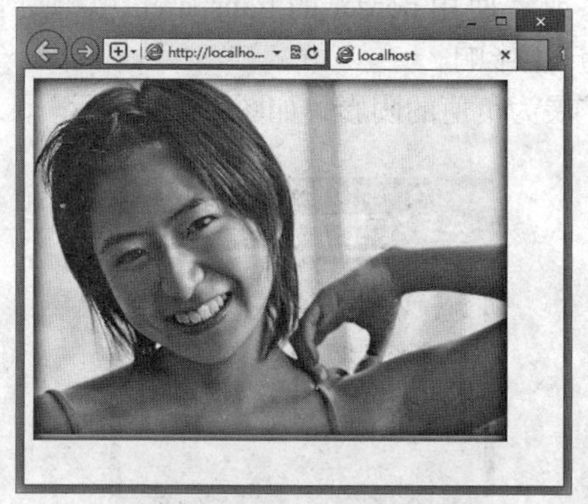

图 15.31　为图片定义内阴影

第 7 步，还有一个更好的方法，不用考虑图片的层级，利用:before 伪元素可以实现，而且还可以为父容器添加背景颜色等。

```
/* 给图片容器上添加伪元素或伪类，不用为 img 设置负值的 z-index 值了。有内阴影 */
img {
    position: relative;
    background-color: #FC3;
    padding: 5px;
}
```

```
img: before {
    content: '';
    position: absolute;
    top: 0; right: 0; bottom: 0; left: 0;
    box-shadow: inset 0 0 40px #f00;
}
```

第 8 步，定义多个阴影，如图 15.32 所示。

```
.bs1 {
    box-shadow: 40px 40px rgba(26, 202, 221, 0.5),
    80px 80px rgba(236, 43, 120, .5);
    border-radius: 0;
}
```

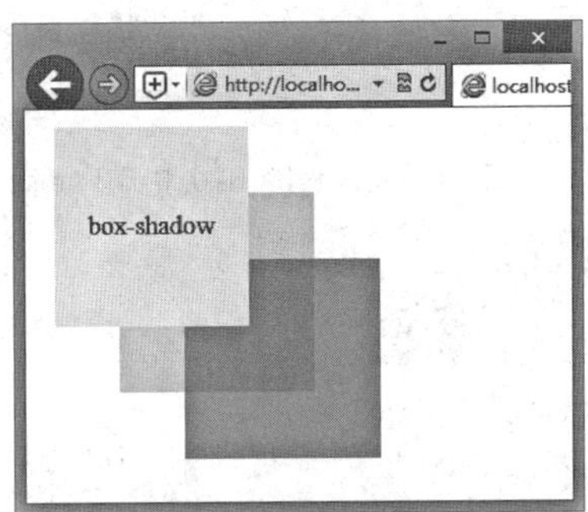

图 15.32　定义多个阴影

提示： 阴影也是有层叠关系的，前面的阴影层级高，会压住后面的阴影。阴影和阴影之间的透明度可见，而主体对象的透明度对阴影不起作用。

15.4.3　案例：设计翘边阴影

本节示例使用 box-shadow 属性设计翘边阴影，翘边效果就是四角旁边翘起阴影，如图 15.33 所示。

图 15.33　设计翘边阴影效果

Note

示例主要代码如下。

```
<style type="text/css">
* { margin: 0; padding: 0; }                                /* 清除页边距 */
ul { list-style: none; }                                    /* 清除项目列表符号 */
.box {/* 设计盒子样式 */
    width: 980px; height: auto;                             /* 固定大小，高度自动调整 */
    clear: both;
    overflow: hidden;                                       /* 禁止超出显示 */
    margin: 20px auto;                                      /* 居中显示 */
}
.box li {/* 设计每个图片外框样式 */
    background: #fff;                                       /* 白色背景 */
    float: left;                                            /* 浮动并列显示 */
    position: relative;                                     /* 定义定位包含框 */
    margin: 20px 10px;                                      /* 调整项目间距 */
    border: 2px solid #efefef;                              /* 增加浅色边框 */
    /* 添加内阴影 */
    box-shadow: 0 1px 4px rgba(0, 0, 0, 0.27), 0 0 4px rgba(0, 0, 0, 0.1) inset;
}
.box li img {/* 固定图片大小，增加外边距 */
    width: 290px; height: 200px;
    margin: 5px;
}
.box li: before {/* 在左侧添加翘起阴影 */
    content: "";                                            /* 空内容 */
    position: absolute;                                     /* 固定定位 */
    width: 90%; height: 80%;                                /* 定义大小 */
    bottom: 13px; left: 21px;                               /* 定位 */
    background: transparent;                                /* 透明背景 */
    z-index: -2;                                            /* 显示在照片下面 */
    box-shadow: 0 8px 20px rgba(0, 0, 0, 0.8);              /* 添加阴影 */
    transform: skew(-12deg) rotate(-6deg);                  /* 变形并旋转阴影，让其翘起 */
}
.box li: after {/* 在右侧添加翘起阴影，方法同上 */
    content: "";
    position: absolute;
    width: 90%; height: 80%;
    bottom: 13px; right: 21px;
    z-index: -2;
    background: transparent; box-shadow: 0 8px 20px rgba(0, 0, 0, 0.8);
    transform: skew(12deg) rotate(6deg);
}
</style>
<ul class="box">
    <li><img src="images/1.jpg" /></li>
    <li><img src="images/2.jpg" /></li>
    <li><img src="images/3.jpg" /></li>
</ul>
```

本例主要使用 CSS3 的伪类：before 和：after，分别在被插盒子里面的内容的前面和内容后面动态插入空内容。设置盒子时，每个大盒子小盒子的值，大小都要算清楚，不要超过大盒子范围，而且也不要浪费。使用 z-index 属性设置元素的堆叠顺序。拥有更高堆叠顺序的元素总是会处于堆叠顺序较低的元素的前面，它仅能在定位元素上奏效。

skew() 函数能够让元素倾斜显示，它可以将一个对象以其中心位置围绕着 X 轴和 Y 轴按照一定的角度倾斜。rotate() 函数只是旋转，而不会改变元素的形状。skew() 函数不会旋转，而只会改变元素的形状。相关知识将在后面章节介绍。

视频讲解

15.5　案例实战

本节将通过两个案例练习 CSS 盒模型相关组成要素的具体应用。

线上阅读

15.5.1　设计内容页

本节示例将应用 box-shadow、text-shadow 和 border-radius 等属性，定义一个包含阴影、圆角特效，同时利用 CSS 渐变、半透明特效设计精致的栏目效果，预览效果如图 15.34 所示。具体操作步骤请扫码学习。

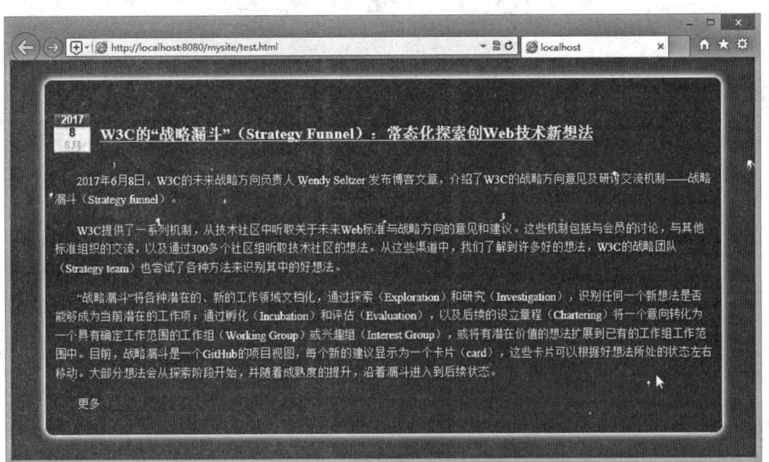

图 15.34　设计正文内容页

线上阅读

15.5.2　设计应用界面

本节示例利用 CSS3 新增的边框和背景样式来模拟桌面界面效果。主要应用了 box-shadow、border-radius、text-shadow、border-color、border-image 等属性，同时还用到了渐变设计属性。整个案例的演示效果如图 15.35 所示。具体操作步骤请扫码学习。

Note

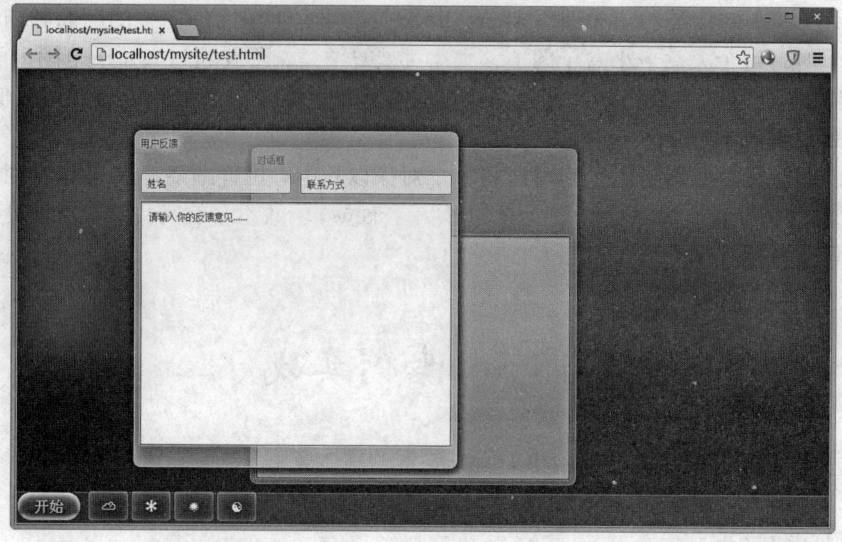

图 15.35　设计 Windows 7 界面效果

15.6　在线练习

本节将通过大量的上机示例，帮助初学者练习使用 HTML5 设计盒子样式。感兴趣的读者可以扫码练习。

CSS3 盒模型

CSS3 布局和版式

第16章

CSS3 动画

（视频讲解：1 小时 1 分钟）

CSS3 动画包括过渡动画和关键帧动画，它们主要通过改变 CSS 属性值来模拟实现。本章将详细介绍 Transform、Transitions 和 Animations 三大功能模块，其中 Transform 实现对网页对象的变形操作，Transitions 实现 CSS 属性过渡变化，Animations 实现 CSS 样式分布式演示效果。

【学习重点】

- 设计对象变形操作。
- 设计过渡样式。
- 设计关键帧动画。
- 能够灵活使用 CSS3 动画设计页面特效。

视频讲解

16.1　CSS3 变形

权威参考

2012 年 9 月，W3C 发布了 CSS3 变形工作草案。CSS3 变形允许 CSS 把元素转变为 2D 或 3D 空间，这个草案包括了 CSS3 2D 变形和 CSS3 3D 变形。

16.1.1　认识 Transform

CSS3 变形是多种效果的集合，如旋转、缩放、平移和倾斜等，每个效果都被称作变形函数，它们可以操控元素发生旋转、缩放、平移和倾斜等变化。在 CSS3 之前，实现类似的效果需要图片、Flash 或 JavaScript 才能完成。而使用纯 CSS 来完成这些变形则无须加载这些额外的文件，提升了开发效率，提高了页面的执行效率。

CSS3 变形包括 3D 变形和 2D 变形，3D 变形使用基于 2D 变形的相同属性，如果了解了 2D 变形，会发现 3D 变形与 2D 变形的功能类似。

CSS 2D Transform 获得了各主流浏览器的支持，但是 CSS 3D Transform 支持程度不是很完善。考虑到浏览器兼容性，3D 变形在实际应用时应添加私有属性，并且个别属性在某些主流浏览器中并未得到很好的支持，简单说明如下。

☑ 在 IE 10+ 中，3D 变形部分属性未得到很好的支持。
☑ Firefox 10.0~Firefox 15.0 版本的浏览器，在使用 3D 变形时需要添加私有属性 -moz-，但从 Firefox 16.0+ 版本开始无须添加浏览器私有属性。
☑ 在 Chrome 12.0+ 版本中使用 3D 变形时需要添加私有属性 -webkit-。
☑ 在 Safari 4.0+ 版本中使用 3D 变形时需要添加私有属性 -webkit-。
☑ Opera 15.0+ 版本才开始支持 3D 变形，使用时需要添加私有属性 -webkit-。
☑ 在移动设备中，iOS Safari 3.2+、Android Browser 3.0+、Blackberry Browser 7.0+、Opera Mobile 24.0+、Chrome for Android 25.0+ 都支持 3D 变形，但在使用时需要添加私有属性 -webkit-; Firefox for Android 19.0+ 支持 3D 变形，但无须添加浏览器私有属性。

16.1.2　设置原点

CSS 变形的原点默认为对象的中心点（50% 50%），使用 transform-origin 属性可以重新设置新的变形原点。语法格式如下。

```
transform-origin: [ <percentage> | <length> | left | center ① | right ] [ <percentage> | <length> | top | center ② | bottom ]?
```

取值简单说明如下。

☑ <percentage>：用百分比指定坐标值，可以为负值。
☑ <length>：用长度值指定坐标值，可以为负值。
☑ left：指定原点的横坐标为 left。
☑ center ①：指定原点的横坐标为 center。
☑ right：指定原点的横坐标为 right。

☑ top：指定原点的纵坐标为 top。

☑ center ②：指定原点的纵坐标为 center。

☑ bottom：指定原点的纵坐标为 bottom。

【示例】通过重置变形原点，可以设计不同的变形效果。在下面的示例中以图像的右上角为原点逆时针旋转图像 45°，比较效果如图 16.1 所示。

```
<style type="text/css">
img {/* 固定两幅图像的相同大小和相同显示位置 */
    position: absolute;
    left: 20px;
    top: 10px;
    width: 170px;
    width: 250px;
}
img.bg {/* 设置将第 1 幅图像作为参考 */
    opacity: 0.3;
    border: dashed 1px red;
}
img.change {/* 变形第 2 幅图像 */
    border: solid 1px red;
    transform-origin: top right;                /* 以右上角为原点进行变形 */
    transform: rotate(-45deg);                  /* 逆时针旋转 45 度 */
}
</style>
<img class="bg" src="images/1.jpg">
<img class="change" src="images/1.jpg">
```

图 16.1　自定义旋转原点

16.1.3　2D 旋转

rotate() 函数能够在 2D 空间内旋转对象，语法格式如下。

```
rotate(<angle>)
```

参数 angle 表示角度值，取值单位可以 deg（度），如 90deg（90°，一圈为 360°）；可以是 grad（梯度），如 100grad（相当于 90°，360° 等于 400grad）；可以是 rad（弧度），如 1.57rad（约等于 90°，360° 等于 2π）；可以是 turn（圈），如 0.25turn（等于 90°，360° 等于 1turn）。

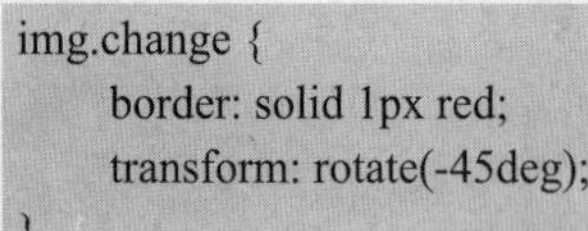

【示例】以上节示例为基础，下面按默认原点逆时针旋转图像 45°，效果如图 16.2 所示。

```
img.change {
    border: solid 1px red;
    transform: rotate(-45deg);
}
```

图 16.2　定义旋转效果

16.1.4　2D 缩放

scale() 函数能够缩放对象大小，语法格式如下。

```
scale(<number>[, <number>])
```

该函数包含两个参数值，分别用来定义宽和高的缩放比例，取值简单说明如下。

- ☑ 如果取值为正数，则基于指定的宽度和高度将放大或缩小对象。
- ☑ 如果取值为负数，则不会缩小元素，而是翻转元素（如文字被翻转），然后再缩放元素。
- ☑ 如果取值为小于 1 的小数（如 0.5），则可以缩小元素。
- ☑ 如果第二个参数省略，则第二个参数等于第一个参数值。

【示例】继续以上节示例为基础，下面按默认原点把图像缩小一半，效果如图 16.3 所示。

```
img.change {
    border: solid 1px red;
    transform: scale(0.5);
}
```

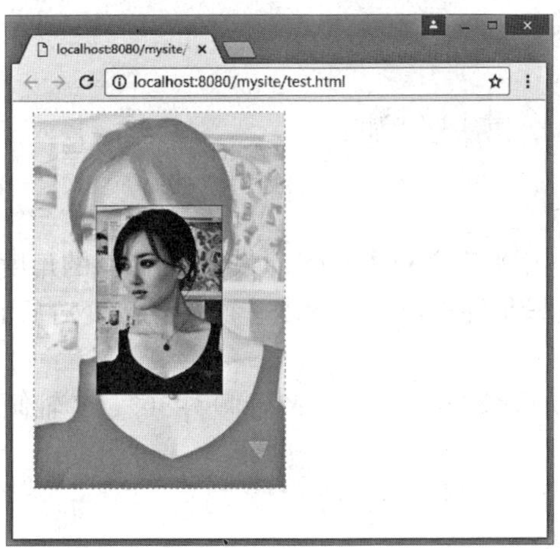

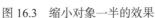

图 16.3　缩小对象一半的效果

16.1.5　2D 平移

translate() 函数能够平移对象的位置，语法格式如下。

```
translate(<translation-value>[, <translation-value>])
```

该函数包含两个参数值，分别用来定义对象在 X 轴和 Y 轴相对于原点的偏移距离。如果省略参数，则默认值为 0。如果取负值，则表示反向偏移，参考原点保持不变。

【示例】下面的示例设计了向右下角方向平移图像，其中 X 轴偏移 150 像素，Y 轴偏移 50 像素，演示效果如图 16.4 所示。

```
img.change {
    border: solid 1px red;
    transform: translate(150px, 50px);
}
```

图 16.4　平移对象效果

16.1.6 2D 倾斜

skew() 函数能够倾斜显示对象，语法格式如下。

```
skew(<angle> [, <angle>])
```

该函数包含两个参数值，分别用来定义对象在 X 轴和 Y 轴倾斜的角度。如果省略参数，则默认值为 0。与 rotate() 函数不同，rotate() 函数只是旋转对象的角度，而不会改变对象的形状；skew() 函数会改变对象的形状。

【示例】下面的示例使用 skew() 函数变形图像，X 轴倾斜 30°，Y 轴倾斜 20°，效果如图 16.5 所示。

```
img.change {
    border: solid 1px red;
    transform: skew(30deg, 20deg);
}
```

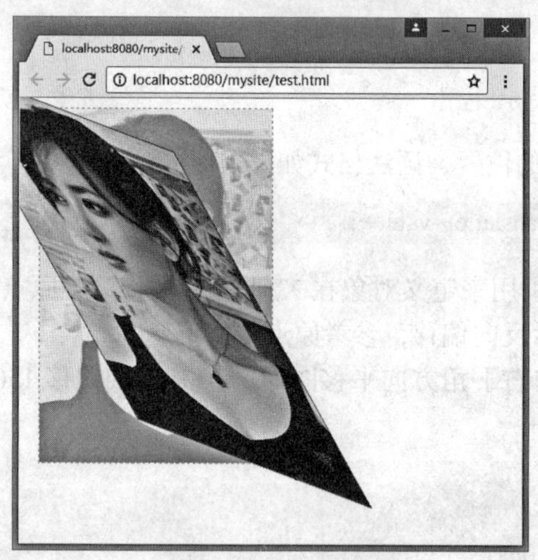

图 16.5　倾斜对象效果

16.1.7 2D 矩阵

matrix() 是一个矩阵函数，它可以同时实现缩放、旋转、平移和倾斜操作，语法格式如下。

```
matrix(<number>, <number>, <number>, <number>, <number>, <number>)
```

该函数包含 6 个值，具体说明如下。

- ☑ 第 1 个参数控制 X 轴缩放。
- ☑ 第 2 个参数控制 X 轴倾斜。
- ☑ 第 3 个参数控制 Y 轴倾斜。
- ☑ 第 4 个参数控制 Y 轴缩放。
- ☑ 第 5 个参数控制 X 轴平移。
- ☑ 第 6 个参数控制 Y 轴平移。

【示例】下面的示例使用 matrix() 函数模拟上节示例的倾斜变形操作，效果类似上节示例效果。

```
img.change {
    border: solid 1px red;
    transform: matrix(1, 0.6, 0.2, 1, 0, 0);
}
```

【补充】多个变形函数可以在一个声明中同时定义。例如：

```
div {
    transform: translate(80, 80);
    transform: rotate(45deg);
    transform: scale(1.5, 1.5);
}
```

针对上面的样式，可以简化为：

```
div { transform: translate(80, 80) rotate(45deg) scale(1.5, 1.5); }
```

16.1.8 设置变形类型

CSS3 变形包括 2D 和 3D 两种类型，使用 transform-style 属性可以设置 CSS 变形的类型，语法格式如下。

```
transform-style: flat | preserve-3d
```

取值简单说明如下。

☑ flat：指定子元素位于该元素所在平面内进行变形，即 2D 平面变形，为默认值。

☑ preserve-3d：指定子元素定位在三维空间内进行变形，即 3D 立体变形。

【示例】借助上面的示例，下面使用 <div id="box"> 容器包裹两幅图像，改进后的 HTML 结构代码如下。

```
<div id="box">
    <img class="bg" src="images/1.jpg">
    <img class="change" src="images/1.jpg">
</div>
```

为 <div id="box"> 容器设置 CSS3 变形类型为 3D，样式代码如下。

```
#box {
    transform-style: preserve-3d;
}
```

为 change 类图像应用 3D 顺时针旋转 45°，CSS 样式代码如下。在浏览器中预览，效果如图 16.6 所示。

```
img.change {
    border: solid 1px red;
    transform: rotatex(45deg)
}
```

Note

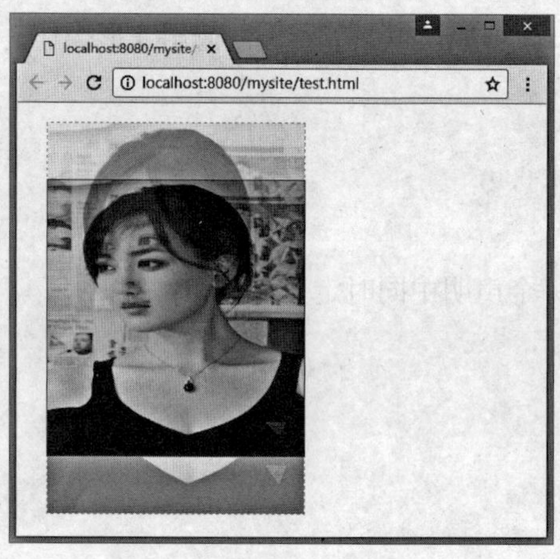

图 16.6　3D 顺时针旋转

16.1.9　设置透视距离和原点

3D 变形与 2D 变形最大的不同就在于其参考的坐标轴不同：2D 变形的坐标轴是平面的，只存在 X 轴和 Y 轴，而 3D 变形的坐标轴则是 X、Y、Z 3 条轴组成的立体空间，X 轴正向、Y 轴正向、Z 轴正向分别朝向右、下和屏幕外，示意如图 16.7 所示。

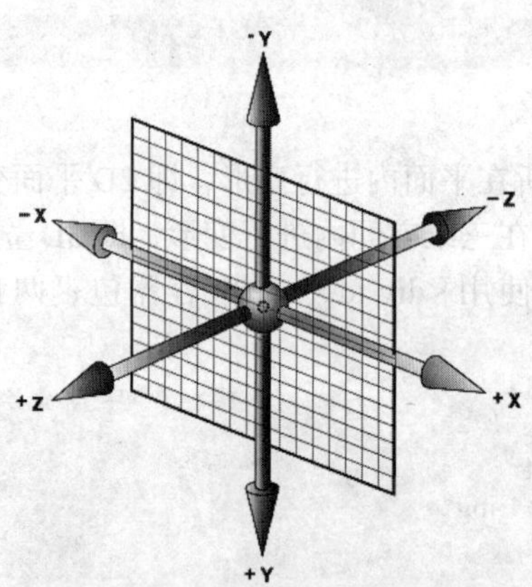

图 16.7　3D 坐标轴示意图

透视是 3D 变形中最重要的概念。如果不设置透视，元素的 3D 变形效果将无法实现。在上节示例中，使用函数 rotatex（45deg）将图像以 X 轴方向为轴沿顺时针旋转 45°，由于没有设置透视样式的效果，可以看到浏览器将图像的 3D 变形操作垂直投射到 2D 视图平面上，最终呈现出来的只是图像的宽高变化。

【示例 1】在上节示例的基础上，在 <div id="box"> 容器外设置透视点距离为 1200 像素，则样式代码如下。

```
body{
    perspective: 1200px;
}
```

在浏览器中可以看到如图 16.8 所示的变形效果。

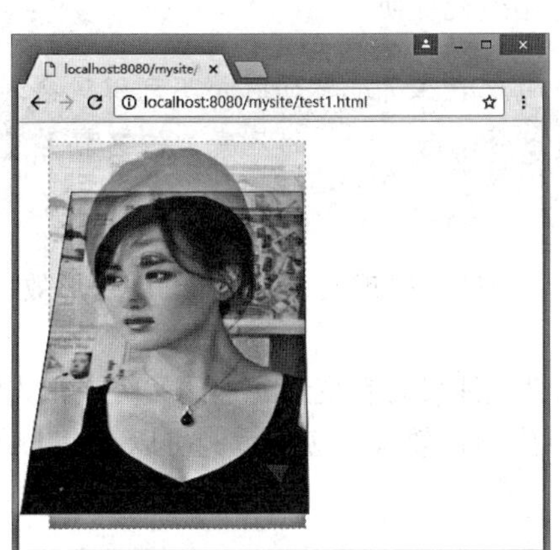

图 16.8　沿 X 轴 3D 旋转 45°效果图

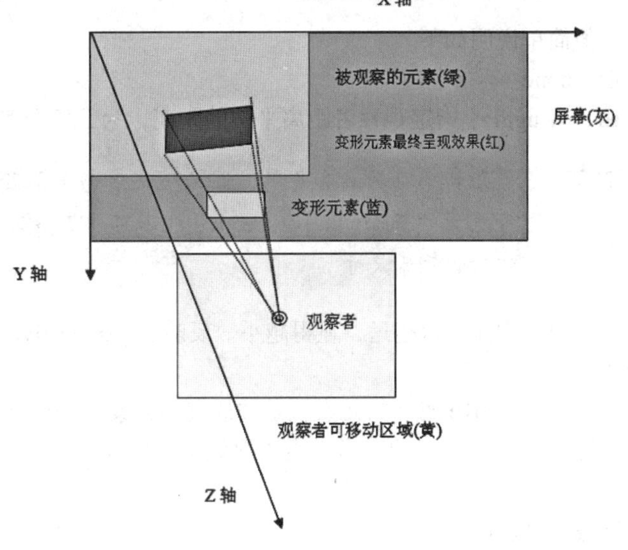

图 16.9　变形元素、观察者和被观察元素位置关系示意图

基于对上面示例的直观体验，下面来了解几个核心概念：变形元素、观察者和被透视元素，关系如图 16.9 所示。

☑ 变形元素：就是需要进行 3D 变形的元素。主要设置 transform、transform-origin、backface-visibility 等属性。

☑ 观察者：就是浏览器模拟出来的用来观察被透视元素的一个没有尺寸的点，观察者发出视线，类似于一个点光源发出光线。

☑ 被观察元素：也称被透视元素，就是被观察者观察的元素，根据属性设置的不同，它有可能是变形对象本身，也可能是它的父级或祖先元素，主要设置 perspective、perspective-origin 等属性。

1．透视距离

透视距离是指观察者沿着平行于 Z 轴的视线与屏幕之间的距离，也称为视距，示意如图 16.10 所示。

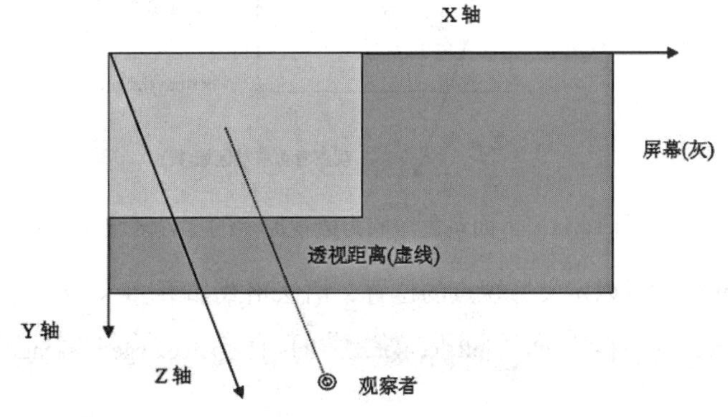

图 16.10　透视距离示意图

Note

使用 perspective 属性可以定义透视距离，语法格式如下。

```
perspective: none | <length>
```

取值简单说明如下。

☑ none：不指定透视。

☑ <length>：指定观察者距离平面的距离，为元素及其内容应用透视变换。

> **注意：**透视距离不可为 0 和负数，因为观察者与屏幕距离为 0 时或者在屏幕背面时是不可以观察到被透视元素的正面的。perspective 也不可取百分比，因为百分比需要相对的元素，但 Z 轴并没有可相对的元素尺寸。

一般地，物体离得越远，显得越小。反映在 perspective 属性上，该属性值越大，元素的 3D 变形效果越不明显。

设置 perspective 属性的元素就是被透视的元素。一般地，该属性只能设置在变形元素的父级或祖先级。因为浏览器会为其子级的变形产生透视效果，但并不会为其自身产生透视效果。应用示例可以参考上面的示例 1。

2．透视原点

透视原点是指观察者的位置，一般观察者位于与屏幕平行的另一个平面上，观察者始终是与屏幕垂直的。观察者的活动区域是被观察元素的盒模型区域，示意如图 16.11 所示。

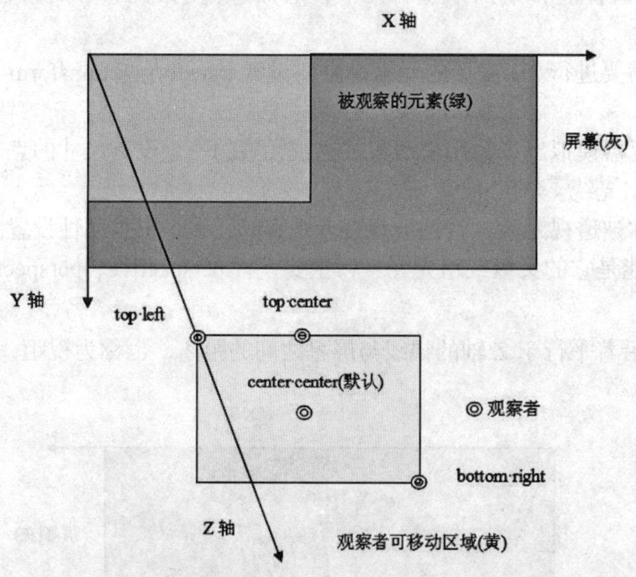

图 16.11　下面黄色区域为透视原点的位置区域

使用 perspective-origin 属性可以定义透视点的位置，语法格式如下。

```
perspective-origin: [ <percentage> | <length> | left | center① | right ] [ <percentage> | <length> | top | center② | bottom ]?
```

取值简单说明如下。

☑ <percentage>：用百分比指定透视点坐标值，相对于元素宽度，可以为负值。

☑ <length>：用长度值指定透视点坐标值，可以为负值。

☑ left：指定透视点的横坐标为 left。
☑ center ①：指定透视点的横坐标为 center。
☑ right：指定透视点的横坐标为 right。
☑ top：指定透视点的纵坐标为 top。
☑ center ②：指定透视点的纵坐标为 center。
☑ bottom：指定透视点的纵坐标为 bottom。

【示例 2】 在示例 1 的基础上，设置观察点在右侧居中的位置，显示效果如图 16.12 所示。

```
body{
    perspective: 1200px;
    perspective-origin: right;
}
```

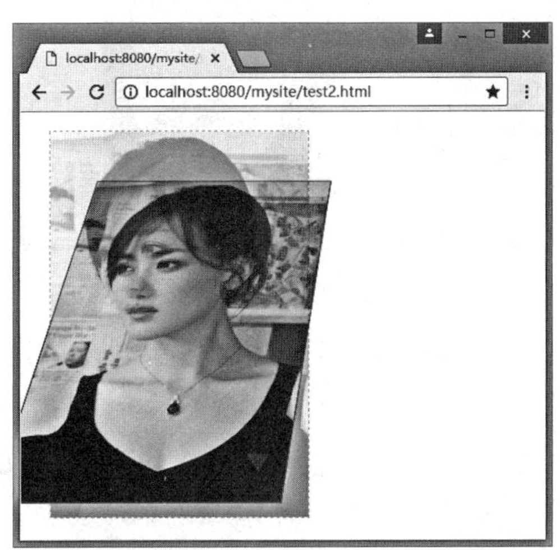

图 16.12　设置观察点位置在右侧效果

16.1.10　3D 平移

3D 平移主要包括下面 4 个函数。

☑ translatex（<translation-value>）：指定对象 X 轴（水平方向）的平移。
☑ translatey（<translation-value>）：指定对象 Y 轴（垂直方向）的平移。
☑ translatez（<length>）：指定对象 Z 轴的平移。
☑ translate3d（<translation-value>，<translation-value>，<length>）：指定对象的 3D 平移。第 1 个参数对应 X 轴，第 2 个参数对应 Y 轴，第 3 个参数对应 Z 轴，参数不允许省略。

参数 <translation-value> 表示 <length> 或 <percentage>，即 X 轴和 Y 轴可以取长度值或百分比，但是 Z 轴只能够设置长度值。

【示例】 下面的示例设计是为图像在 3D 空间中平移设计了一种错位效果，如图 16.13 所示。

```
#box {
    transform-style: preserve-3d;
    perspective: 1200px;
```

```
}
img.change {
    border: solid 1px red;
    transform: translate3d(200px, 30px, 60px);
}
```

Note

图 16.13 定义 3D 平移效果

从图 16.13 效果可以看出，当 Z 轴值越大时，元素离浏览者越近，在视觉上元素就变得越大；反之其值越小时，元素也离观看者越远，在视觉上元素就变得越小。

提示： translatez() 函数在实际使用中等效于 translate3d（0，0，tz）。仅从视觉效果上看，translatez() 和 translate3d（0，0，tz）函数的功能非常类似于二维空间的 scale() 缩放函数，但实际上完全不同。translatez() 和 translate3d（0，0，tz）变形是发生在 Z 轴上，而不是在 X 轴和 Y 轴上。

16.1.11 3D 缩放

3D 缩放主要包括下面 4 个函数。

☑ scalex（<number>）：指定对象 X 轴的（水平方向）缩放。
☑ scaley（<number>）：指定对象 Y 轴的（垂直方向）缩放。
☑ scalez（<number>）：指定对象的 Z 轴缩放。
☑ scale3d（<number>，<number>，<number>）：指定对象的 3D 缩放。第 1 个参数对应 X 轴，第 2 个参数对应 Y 轴，第 3 个参数对应 Z 轴，参数不允许省略。

参数 <number> 为一个数字，表示缩放倍数，可参考 2D 缩放参数说明。

【示例】 下面以上面的示例为基础，在 X 轴和 Y 轴放大图像 1.5 倍，Z 轴放大图像 2 倍，然后使用 translatex() 把变形的图像移到右侧显示，以便与原图进行比较，演示效果如图 16.14 所示。

```
img.change {
    border: solid 1px red;
    transform: scale3D(1.5, 1.5, 2) translatex(240px);
}
```

图 16.14 定义 3D 缩放效果

16.1.12 3D 旋转

3D 旋转主要包括下面 4 个函数。

☑ rotatex（<angle>）：指定对象在 X 轴上的旋转角度。

☑ rotatey（<angle>）：指定对象在 Y 轴上的旋转角度。

☑ rotatez（<angle>）：指定对象在 Z 轴上的旋转角度。

☑ rotate3d（<number>，<number>，<number>，<angle>）：指定对象的 3D 旋转角度，其中前 3 个参数分别表示旋转的方向 X、Y、Z，第 4 个参数表示旋转的角度，参数不允许省略。

提示：rotate3d() 函数前 3 个参数值分别用来描述围绕 X、Y、Z 轴旋转的矢量值。最终变形元素沿着由（0，0，0）和（x，y，z）这两个点构成的直线为轴进行旋转。当第 4 个参数为正数时，元素进行顺时针旋转；当第 4 个参数为负数时，元素进行逆时针旋转。

rotate3d() 函数可以与前面 3 个旋转函数进行转换，简单说明如下。

☑ rotatex（a）函数功能等同于 rotate3d（1，0，0，a）。

☑ rotatey（a）函数功能等同于 rotate3d（0，1，0，a）。

☑ rotatez（a）函数功能等同于 rotate3d（0，0，1，a）。

【示例】以上面的示例为基础，使用 rotate3d() 函数顺时针旋转图像 45°，其中 X 轴、Y 轴和 Z 轴比值为 2∶2∶1，效果如图 16.15 所示。

```
img.change {
    border: solid 1px red;
    transform: rotate3d(2, 2, 1, 45deg);
}
```

图 16.15　定义 3D 旋转效果

16.1.13　透视函数

perspective 属性可以定义透视距离，它应用在变形元素的父级或祖先级元素上。而透视函数 perspective() 是 transform 属性的一个属性值，可以应用于变形元素本身。具体语法格式如下。

```
perspective(<length>)
```

参数是一个长度值，该值只能是正数。

【示例】 下面的示例设计了图像在 X 轴上旋转 120°，透视距离为 180 像素，如图 16.16 所示。

```
#box { transform-style: preserve-3d; }
img.change {
    border: solid 1px red;
    transform: perspective(180px) rotatex(120deg);
}
```

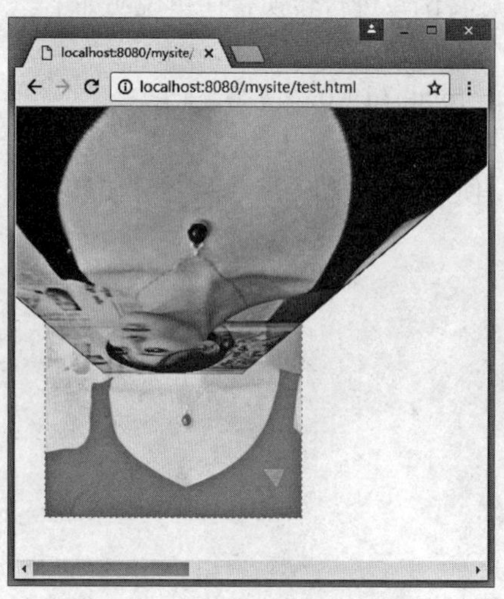

图 16.16　定义透视效果

注意：由于 transform 属性是按从前向后的顺序解析属性值的，所以一定要把 perspective() 函数写在其他变形函数前面，否则将没有透视效果。

由于透视原点 perspective-origin 只能设置在设置了 perspective 透视属性的元素上。若将元素设置透视函数 perspective()，则透视原点不起作用，观察者使用默认位置，即元素中心点对应的平面上。

16.1.14　变形原点

2D 变形原点由于没有 Z 轴，所以 Z 轴的值默认为 0。在 3D 变形原点中，Z 轴是一个可以设置的变量。语法格式如下。

```
transform-origin: X 轴 Y 轴 Z 轴
```

取值简单说明如下。

☑ X 轴：left | center | right | <length> | <percentage>。

☑ Y 轴：top | center | bottom | <length> | <percentage>。

☑ Z 轴：<length>。

对于 X 轴和 Y 轴来说，可以设置关键字和百分比，分别相对于其本身元素水平方向的宽度和垂直方向的高度和；Z 只能设置长度值。

16.1.15　背景可见

元素的背面在默认情况下是可见的，有时可能需要让元素背面不可见，这时候就可以使用 backface-visibility 属性，该属性的具体语法格式如下。

```
backface-visibility: visible | hidden
```

取值简单说明如下。

☑ visible：指定元素背面可见，允许显示正面的镜像，为默认值。

☑ hidden：指定元素背面不可见。

【示例】在 16.1.13 透视函数一节示例中，如果在变形图像样式中添加 backface-visibility：hidden；，定义元素背面面向用户时不可见，这时如果再次预览，则会发现变形图像已经不存在，因为它的背面面向用户，被隐藏了，效果如图 16.17 所示。

```
img.change {
    border: solid 1px red;
    transform: perspective(180px) rotatex(120deg);
    backface-visibility: hidden;
}
```

图 16.17　定义背面面向用户不可见效果

视频讲解

16.2　过渡动画

权威参考

2013 年 2 月，W3C 发布了 CSS Transitions 工作草案，在这个草案中描述了 CSS 过渡动画的基本实现方法和属性。目前获得了所有浏览器的支持，包括支持带有前缀（私有属性）或不带前缀的过渡（标准属性）。最新版本浏览器（IE 10+、Firefox 16+ 和 Opera 12.5+）均支持不带前缀的过渡属性 transition，而旧版浏览器则支持前缀的过渡，如 Webkit 引擎支持 -webkit-transition 私有属性，Mozilla Gecko 引擎支持 -moz-transition 私有属性，Presto 引擎支持 -o-transition 私有属性，IE6~IE9 浏览器不支持 transition 属性，IE10 支持 transition 属性。

16.2.1　设置过渡属性

transition-property 属性用来定义过渡动画的 CSS 属性名称，基本语法如下。

```
transition-property: none | all | [ <IDENT> ] [ ',' <IDENT> ]*;
```

取值简单说明如下。

☑　none：表示没有元素。

☑　all：默认值，表示针对所有元素，包括：before 和：after 伪元素。

☑　IDENT：指定 CSS 属性列表。几乎所有色彩、大小或位置等相关的 CSS 属性，包括许多新添加的 CSS3 属性，都可以应用过渡，如 CSS3 变换中的放大、缩小、旋转、斜切、渐变等。

【示例】在下面的示例中，指定过渡动画的属性为背景颜色。这样当鼠标经过盒子时，会自动从红色背景过渡到蓝色背景，演示效果如图 16.18 所示。

（a）默认状态

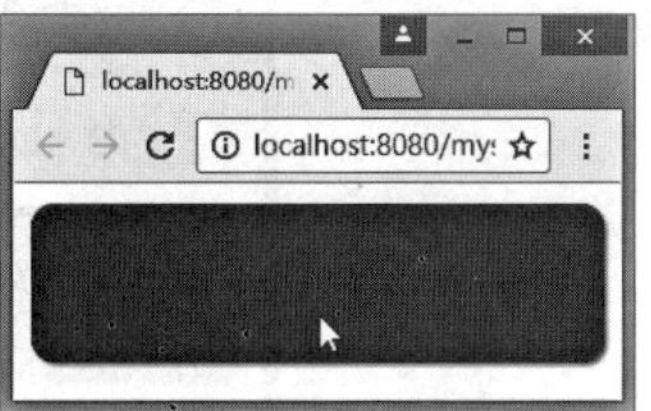

（b）鼠标经过时背景色切换

图 16.18　定义简单的背景色切换动画

```
<style type="text/css">
div {
    margin: 10px auto; height: 80px;
    background: red;
    border-radius: 12px;
    box-shadow: 2px 2px 2px #999;
}
div: hover {
    background-color: blue;
    /* 指定动画过渡的 CSS 属性 */
    transition-property: background-color;
}
</style>

<div></div>
```

16.2.2　设置过渡时间

transition-duration 属性用来定义转换动画的时间长度，基本语法如下。

```
transition-duration: <time> [, <time>]*;
```

初始值为 0，适用于所有元素，以及：before 和：after 伪元素。在默认情况下，动画过渡时间为 0 秒，所以当指定元素动画时，会看不到过渡的过程，直接看到结果。

【示例】以上节示例为例，下面设置动画过渡时间为 2 秒，当鼠标移过对象时，会看到背景色从红色逐渐过渡到蓝色，演示效果如图 16.19 所示。

```
div: hover {
    background-color: blue;
    /* 指定动画过渡的 CSS 属性 */
    transition-property: background-color;
    /* 指定动画过渡的时间 */
    transition-duration: 2s;
}
```

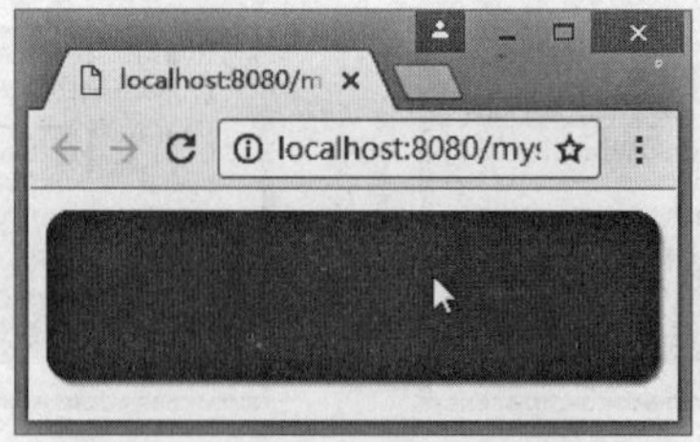

图 16.19　设置动画时间

16.2.3　设置延迟过渡时间

transition-delay 属性用来定义开启过渡动画的延迟时间，基本语法如下。

```
transition-delay: <time> [, <time>]*;
```

初始值为 0，适用于所有元素，以及：before 和：after 伪元素。设置时间可以为正整数、负整数和零，非零的时候必须设置单位是 s（秒）或者 ms（毫秒），为负数的时候，过渡的动作会从该时间点开始显示，之前的动作被截断。为正数的时候，过渡的动作会延迟触发。

【示例】继续以上节示例为基础进行介绍，下面设置过渡动画推迟 2 秒后执行，则当鼠标移过对象时，会看不到任何变化，过了 2 秒之后，才发现背景色从红色逐渐过渡到蓝色。

```
div: hover {
    background-color: blue;
    /* 指定动画过渡的 CSS 属性 */
    transition-property: background-color;
    /* 指定动画过渡的时间 */
    transition-duration: 2s;
    /* 指定动画延迟触发 */
    transition-delay: 2s;
}
```

16.2.4　设置过渡动画类型

transition-timing-function 属性用来定义过渡动画的类型，基本语法如下。

```
transition-timing-function：ease | linear | ease-in | ease-out | ease-in-out | cubicbezier（<number>, <number>, <number>, <number>）[, ease | linear | ease-in | ease-out | ease-in-out | cubic-bezier（<number>, <number>, <number>, <number>）]*
```

属性初始值为 ease，取值简单说明如下。

☑　ease：平滑过渡，等同于 cubic-bezier（0.25，0.1，0.25，1.0）函数，即立方贝塞尔。

☑　linear：线性过渡，等同于 cubic-bezier（0.0，0.0，1.0，1.0）函数。

☑　ease-in：由慢到快，等同于 cubic-bezier（0.42，0，1.0，1.0）函数。

☑　ease-out：由快到慢，等同于 cubic-bezier（0，0，0.58，1.0）函数。

☑　ease-in-out：由慢到快再到慢，等同于 cubic-bezier（0.42，0，0.58，1.0）函数。

☑　cubic-bezier：特殊的立方贝塞尔曲线效果。

【示例】继续以上节示例为基础进行介绍，下面设置过渡类型为线性效果，代码如下。

```
div: hover {
    background-color: blue;
    /* 指定动画过渡的 CSS 属性 */
    transition-property: background-color;
    /* 指定动画过渡的时间 */
    transition-duration: 10s;
    /* 指定动画过渡为线性效果 */
    transition-timing-function: linear;
}
```

16.2.5　设置过渡触发动作

CSS3 过渡动画一般通过动态伪类触发，如表 16.1 所示。

表 16.1　CSS 动态伪类

动态伪类	作用元素	说　明
: link	只有链接	未访问的链接
: visited	只有链接	访问过的链接
: hover	所有元素	鼠标经过元素
: active	所有元素	鼠标单击元素
: focus	所有可被选中的元素	元素被选中

也可以通过 JavaScript 事件触发，包括 click、focus、mousemove、mouseover、mouseout 等。

1．: hover

最常用的过渡触发方式是使用: hover 伪类。

【示例 1】下面的示例设计了当鼠标经过 div 元素时，该元素的背景颜色会在经过 1 秒的初始延迟后，于 2 秒内动态地从绿色变为蓝色。

```
<style type="text/css">
div {
    margin: 10px auto;
    height: 80px;
    border-radius: 12px;
    box-shadow: 2px 2px 2px #999;
    background-color: red;
    transition: background-color 2s ease-in 1s;
}
div: hover { background-color: blue}
</style>
<div></div>
```

2．: active

: active 伪类表示用户单击某个元素并按住鼠标按键时显示的状态。

【示例 2】下面的示例设计了当用户单击 div 元素时，该元素被激活，这时会触发动画，高度属性从 200px 过渡到 400px。如果按住该元素，保持住活动状态，则 div 元素始终显示 400px 高度，松开鼠标之后，又会恢复为原来的高度，如图 16.20 所示。

```
<style type="text/css">
div {
    margin: 10px auto;
    border-radius: 12px;
    box-shadow: 2px 2px 2px #999;
    background-color: #8AF435;
    height: 200px;
    transition: width 2s ease-in;
}
div: active {height: 400px; }
</style>
<div></div>
```

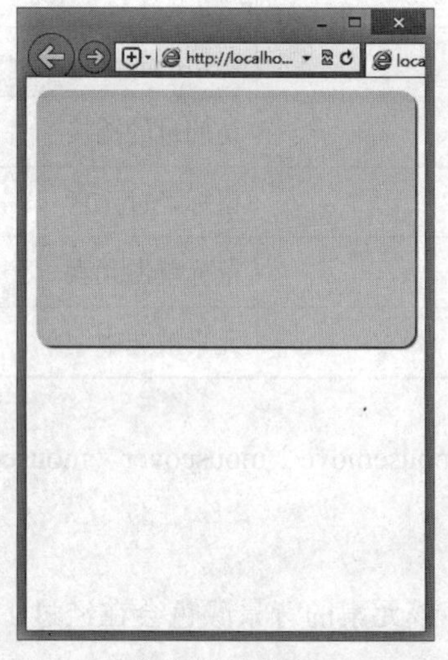

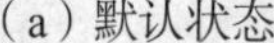

（a）默认状态

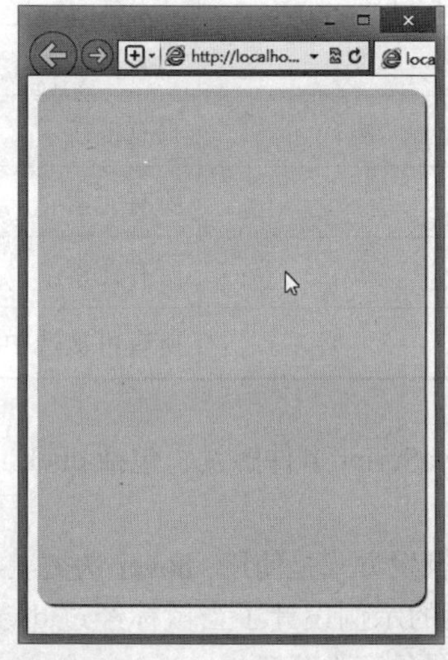

（b）单击

图 16.20　定义激活触发动画

3．: focus

: focus 伪类通常会在表单对象接收键盘响应时出现。

【示例 3】下面设计当输入框获取焦点时，输入框的背景色逐步高亮显示，如图 16.21 所示。

```
<style type="text/css">
label {
    display: block;
    margin: 6px 2px;
}
```

```
input[type="text"], input[type="password"] {
    padding: 4px;
    border: solid 1px #ddd;
    transition: background-color 1s ease-in;
}
input: focus { background-color: #9FFC54; }
</style>
<form id=fm-form action="" method=post>
    <fieldset>
        <legend> 用户登录 </legend>
        <label for="name"> 姓名
            <input type="text" id="name" name="name" >
        </label>
        <label for="pass"> 密码
            <input type="password" id="pass" name="pass" >
        </label>
    </fieldset>
</form>
```

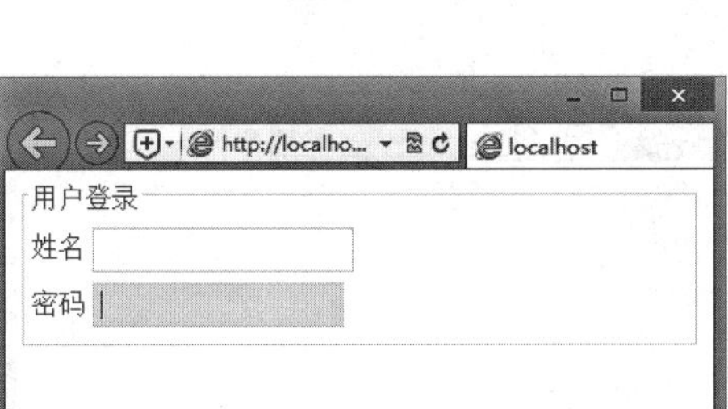

图 16.21　定义获取焦点触发动画

提示：将 hover 伪类与：focus 配合使用，能够丰富鼠标用户和键盘用户的体验。

4．：checked

：checked 伪类在被选中状况时触发过渡。

【示例 4】下面的示例设计了当复选框被选中时缓慢缩进 2 个字符，演示效果如图 16.22 所示。

```
<style type="text/css">
label.name {
    display: block;
    margin: 6px 2px;
}
input[type="text"], input[type="password"] {
    padding: 4px;
    border: solid 1px #ddd;
}
input[type="checkbox"] { transition: margin 1s ease; }
input[type="checkbox"]: checked { margin-left: 2em; }
</style>
<form id=fm-form action="" method=post>
```

```
    <fieldset>
        <legend> 用户登录 </legend>
        <label class="name" for="name"> 姓名
            <input type="text" id="name" name="name" >
        </label>
        <p> 技术专长 <br>
            <label>
                <input type="checkbox" name="web" value="html" id="web_0">
                HTML</label><br>
            <label>
                <input type="checkbox" name="web" value="css" id="web_1">
                CSS</label><br>
            <label>
                <input type="checkbox" name="web" value="javascript" id="web_2">
                JavaScript</label><br>
        </p>
    </fieldset>
</form>
```

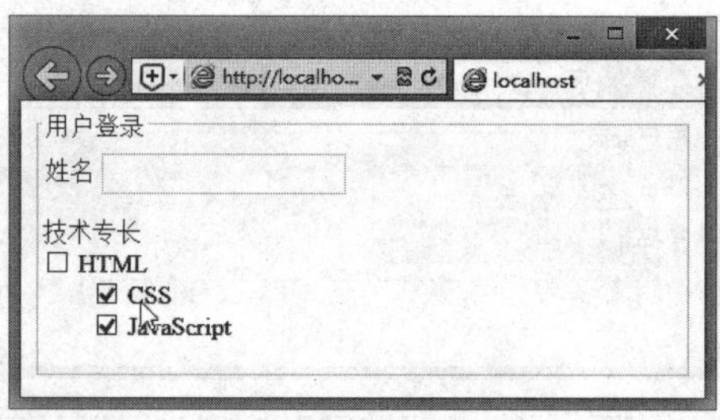

图 16.22　定义被选中时触发动画

5．媒体查询

触发元素状态变化的另一种方法是使用 CSS3 媒体查询，关于媒体查询详解请参考下章内容。

【示例 5】下面的示例设计了 div 元素的宽度和高度为 49%×200px，如果用户将窗口大小调整到 420px 或以下，则该元素将过渡为 100%×100px。也就是说，当窗口宽度变化经过 420px 的阈值时，将会触发过渡动画，如图 16.23 所示。

```
<style type="text/css">
div {
    float: left; margin: 2px;
    width: 49%; height: 200px;
    background: #93FB40;
    border-radius: 12px;
    box-shadow: 2px 2px 2px #999;
    transition: width 1s ease, height 1s ease;
}
@media only screen and (max-width: 420px) {
    div {
        width: 100%;
        height: 100px;
```

```
    }
}
</style>
<div></div>
<div></div>
```

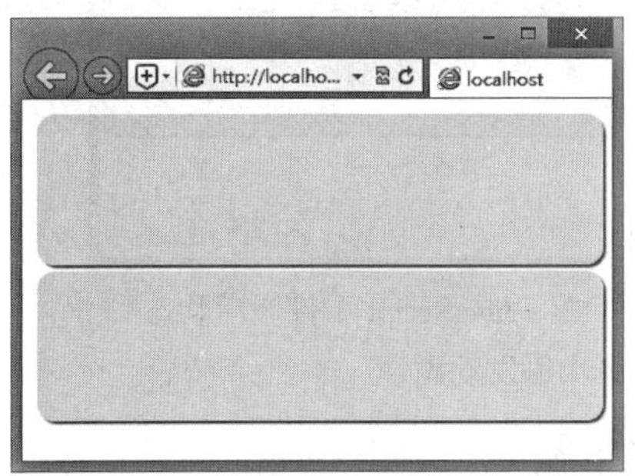

（a）当窗口小于等于 420px 宽度

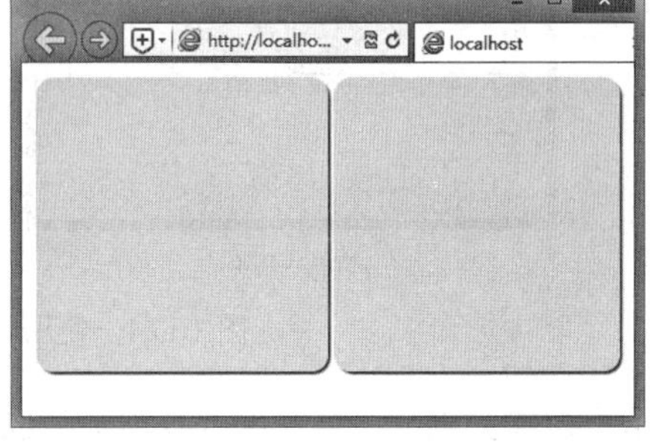

（b）当窗口大于 420px 宽度

图 16.23　设备类型触发动画

如果网页加载时用户的窗口大小是 420px 或以下，浏览器会在该部分应用这些样式，但是由于不会出现状态变化，因此不会发生过渡。

6．JavaScript 事件

【示例 6】下面的示例可以使用纯粹的 CSS 伪类触发过渡，为了方便用户理解，这里通过 jQuery 脚本触发过渡。

```
<script type="text/javascript" src="images/jquery-1.10.2.js"></script>
<script type="text/javascript">
$(function() {
    $("#button").click(function() {
        $(".box").toggleClass("change");
    });
});
</script>
<style type="text/css">
.box {
    margin: 4px;
    background: #93FB40;
    border-radius: 12px;
    box-shadow: 2px 2px 2px #999;
    width: 50%; height: 100px;
    transition: width 2s ease, height 2s ease;
}
.change { width: 100%; height: 120px; }
</style>
<input type="button" id="button" value=" 触发过渡动画 " />
<div class="box"></div>
```

在文档中包含一个 box 类的盒子和一个按钮，当单击按钮时，jQuery 脚本会将盒子的类切换为 change，从而触发了过渡动画，演示效果如图 16.24 所示。

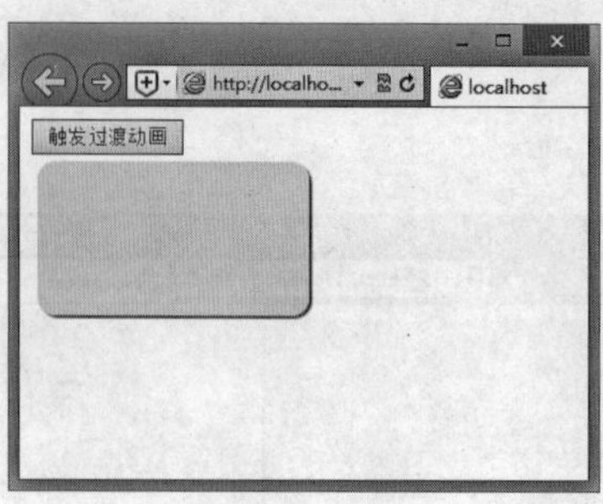

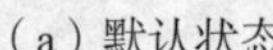

（a）默认状态

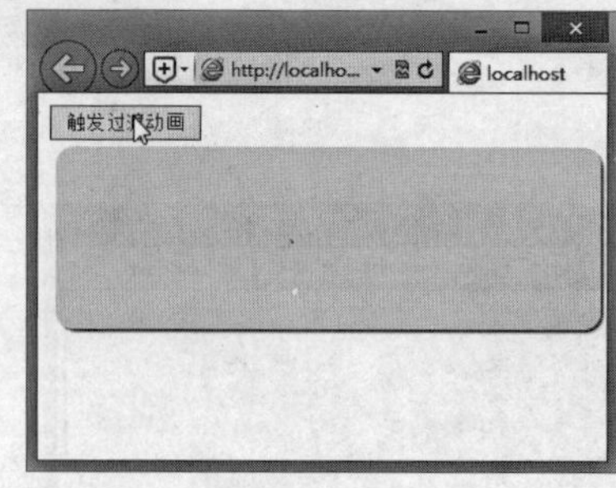

（b）JavaScript 事件激活状态

图 16.24　使用 JavaScript 脚本触发动画

上面演示了样式变化会导致发生过渡动画，也可以通过其他方法触发这些更改，包括通过 JavaScript 脚本动态更改。从执行效率来看，事件通常应当通过 JavaScript 触发，简单动画或过渡则应使用 CSS 触发。

视频讲解

16.3　帧动画

权威参考

2012 年 4 月，W3C 发布了 CSS Animations 工作草案，在这个草案中描述了 CSS 关键帧动画的基本实现方法和属性。目前最新版本的主流浏览器都支持 CSS 帧动画，如 IE 10+、Firefox 和 Opera 均支持不带前缀的动画属性 animation，而旧版浏览器则支持前缀的动画，如 Webkit 引擎支持 -webkit-animation 属性，Mozilla Gecko 引擎支持 -moz-animation 私有属性，Presto 引擎支持 -o-animation 私有属性，IE6~IE9 浏览器不支持 animation 属性。

16.3.1　设置关键帧

CSS3 使用 @keyframes 定义关键帧。具体用法如下。

```
@keyframes animationname {
    keyframes-selector {
        css-styles;
    }
}
```

其中参数说明如下。

☑ animationname：定义动画的名称。

☑ keyframes-selector：定义帧的时间未知，也就是动画时长的百分比，合法的值包括 0~100%、from（等价于 0%）、to（等价于 100%）。

☑ css-styles：表示一个或多个合法的 CSS 样式属性。

在动画过程中，用户能够多次改变这套 CSS 样式。以百分比来定义样式改变发生的时间，或者通过关键词 from 和 to。为了获得最佳浏览器的支持，设计关键帧动画时，应该始终定义 0 和 100% 位置帧。最后，

为每帧定义动态样式，同时将动画与选择器绑定。

【示例】下面的示例演示了如何让一个小方盒沿着方形框内壁匀速运动，效果如图 16.25 所示。

```
<style>
#wrap {/* 定义运动轨迹包含框 */
    position: relative;                    /* 定义定位包含框，避免小盒子跑到外面运动 */
    border: solid 1px red;
    width: 250px; height: 250px;
}
#box {/* 定义运动小方盒的样式 */
    position: absolute;
    left: 0; top: 0;
    width: 50px; height: 50px;
    background: #93FB40;
    border-radius: 8px;
    box-shadow: 2px 2px 2px #999;
    /* 定义帧动画：名称为 ball, 动画时长为 5 秒，动画类型为匀速渐变，动画无限播放 */
    animation: ball 5s linear infinite;
}
/* 定义关键帧：共包括 5 帧，分别在总时长 0%、25%、50%、75%、100% 的位置 */
/* 每帧中设置动画属性为 left 和 top, 让它们的值匀速渐变，产生运动动画 */
@keyframes ball {
    0% {left: 0; top: 0; }
    25% {left: 200px; top: 0; }
    50% {left: 200px; top: 200px; }
    75% {left: 0; top: 200px; }
    100% {left: 0; top: 0; }
}
</style>
<div id="wrap">
    <div id="box"></div>
</div>
```

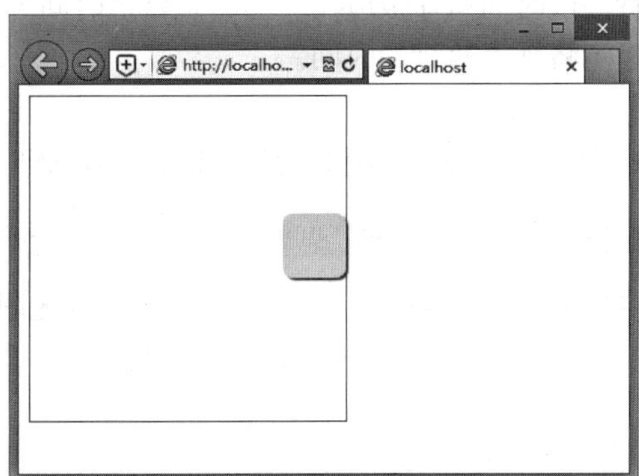

图 16.25　设计小方盒运动动画

16.3.2 设置动画属性

Animations 功能与 Transitions 功能相同，都是通过改变元素的属性值来实现动画效果的。它们的区别在于：使用 Transitions 功能时只能通过指定属性的开始值与结束值，然后通过在这两个属性值之间进行平滑过渡的方式来实现动画效果，因此不能实现比较复杂的动画效果；而 Animations 则通过定义多个关键帧以及定义每个关键帧中元素的属性值来实现更为复杂的动画效果。

1．定义动画名称

使用 animation-name 属性可以定义 CSS 动画的名称，语法如下。

```
animation-name: none | IDENT [, none | IDENT ]*;
```

初始值为 none，定义一个适用的动画列表。每个名字是用来选择动画关键帧，从而提供动画的属性值。如名称是 none，那么就不会有动画。

2．定义动画时间

使用 animation-duration 属性可以定义 CSS 动画播放时间，语法如下。

```
animation-duration: <time> [, <time>]*;
```

在默认情况下该属性值为 0，这意味着动画周期是直接的，即不会有动画。当值为负值时，则被视为 0。

3．定义动画类型

使用 animation-timing-function 属性可以定义 CSS 动画类型，语法如下。

```
animation-timing-function：ease | linear | ease-in | ease-out | ease-in-out | cubic-bezier（<number>, <number>, number>, <number>）[, ease | linear |ease-in | ease-out | ease-in-out | cubic-bezier（<number>, <number>, <number>, <number>）]*
```

初始值为 ease，取值说明可参考 16.2.4 小节介绍的过渡动画类型。

4．定义延迟时间

使用 animation-delay 属性可以定义 CSS 动画延迟播放的时间，语法如下。

```
animation-delay: <time> [, <time>]*;
```

该属性允许一个动画开始执行一段时间后才被应用。当动画延迟时间为 0，即默认动画延迟时间，则意味着动画将尽快执行，否则该值指定将延迟执行的时间。

5．定义播放次数

使用 animation-iteration-count 属性定义 CSS 动画的播放次数，语法如下。

```
animation-iteration-count: infinite | <number> [, infinite | <number>]*;
```

默认值为 1，这意味着动画将播放从开始到结束一次。infinite 表示无限次，即 CSS 动画永远重复。如果取值为非整数，将导致动画结束一个周期的一部分。如果取值为负值，则将导致在交替周期内反向播放动画。

6．定义播放方向

使用 animation-direction 属性定义 CSS 动画的播放方向，基本语法如下。

```
animation-direction: normal | alternate [, normal | alternate]*;
```

默认值为 normal。当为默认值时，动画的每次循环都向前播放。另一个值是 alternate，设置该值表示第偶数次向前播放，第奇数次向反方向播放。

Note

7．定义播放状态

使用 animation-play-state 属性定义动画正在运行还是暂停，语法如下。

```
animation-play-state: paused|running;
```

初始值为 running。其中 paused 定义动画已暂停，running 定义动画正在播放。

> 提示：可以在 JavaScript 中使用该属性，这样就能在播放过程中暂停动画。在 JavaScript 脚本中的用法如下。
>
> object.style.animationPlayState="paused"

8．定义播放外状态

使用 animation-fill-mode 属性定义动画外状态，语法如下。

```
animation-fill-mode: none | forwards | backwards | both [, none | forwards | backwards | both ]*
```

初始值为 none，如果提供多个属性值，则以逗号进行分隔。取值说明如下。

☑ none：不设置对象动画之外的状态。

☑ forwards：设置对象状态为动画结束时的状态。

☑ backwards：设置对象状态为动画开始时的状态。

☑ both：设置对象状态为动画结束或开始的状态。

【示例】下面的示例设计了一个小球，并定义它水平向左运动，动画结束之后，再返回起始点位置，效果如图 16.26 所示。

```
<style>
/* 启动运动的小球，并定义动画结束后返回 */
.ball{
    width: 50px; height: 50px;
    background: #93FB40;
    border-radius: 100%;
    box-shadow: 2px 2px 2px #999;
    animation: ball 1s ease backwards;
}
/* 定义小球水平运动关键帧 */
@keyframes ball{
    0%{transform: translate(0, 0); }
    100%{transform: translate(400px); }
}
</style>
<div class="ball"></div>
```

Note

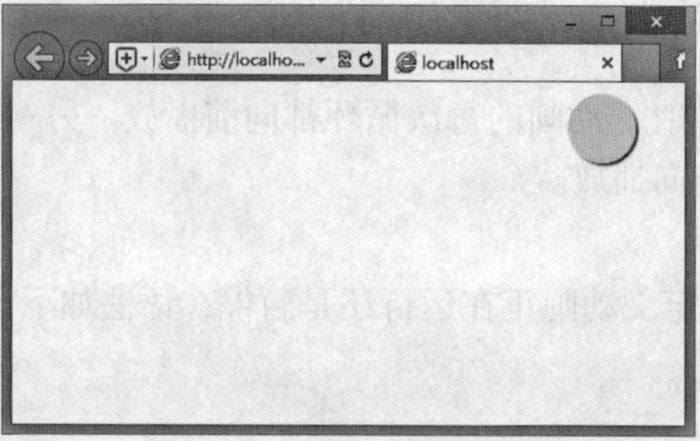

图 16.26　设计运动小球最后返回起始点位置

视频讲解

16.4　案例实战

本节将通过多个案例帮助读者上机练习和提升 CSS3 动画的设计技法。

16.4.1　设计图形

线上阅读

设计菱形效果如图 16.27 所示。设计平行四边形效果如图 16.28 所示。

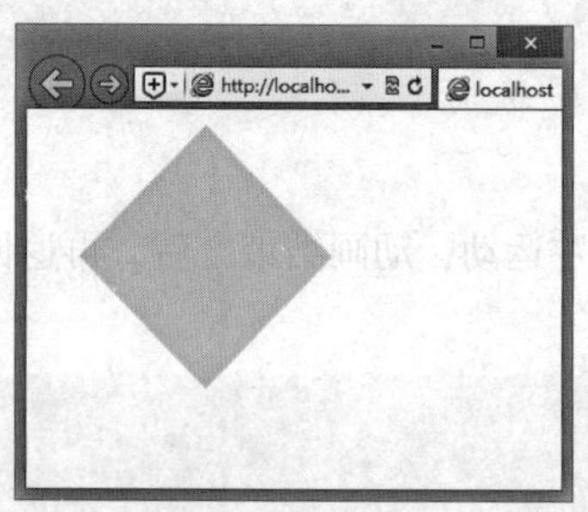

图 16.27　设计菱形

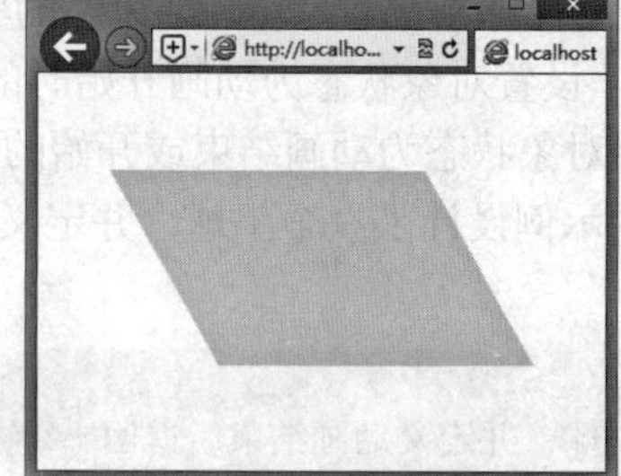

图 16.28　设计平行四边形

设计星形效果如图 16.29 所示。设计心形效果如图 16.30 所示。具体代码解析请扫码学习。

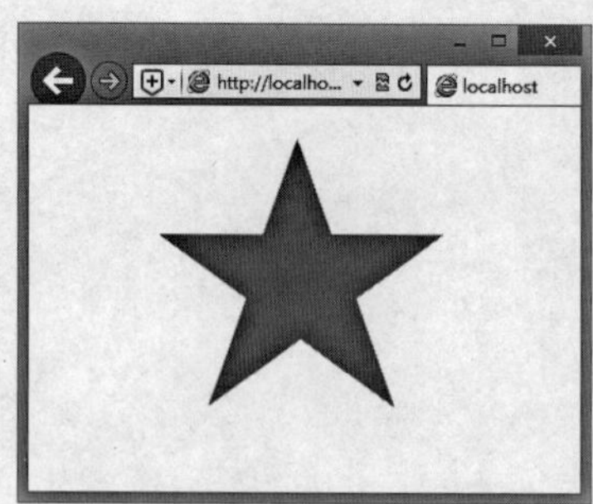

图 16.29　设计星形

图 16.30　设计心形

16.4.2　设计冒泡背景按钮

线上阅读

本节示例应用 CSS3 过渡动画特效，为按钮背景图像定义动态移动效果，设计当鼠标经过时，按钮背景绚丽多彩，不断产生冒泡的动画效果，如图 16.31 所示。具体操作步骤请扫码学习。

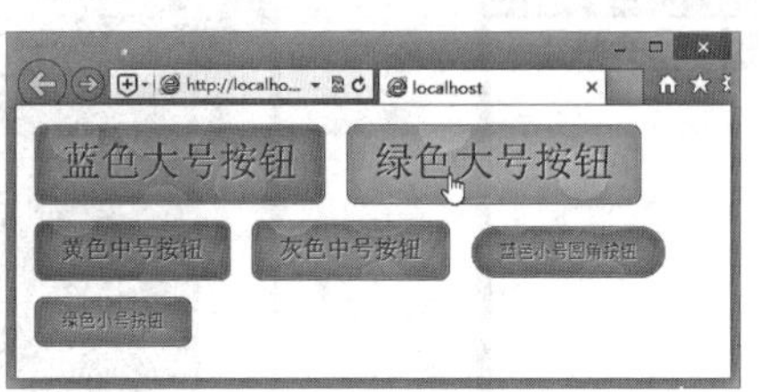

图 16.31　设计背景冒泡效果的按钮样式

16.4.3　设计动画效果菜单

线上阅读

本节示例利用 CSS3 过渡动画设计一个界面切换的导航菜单，当鼠标经过菜单项时，会以动画形式从中文界面缓慢翻转到英文界面，或者从英文界面翻转到中文界面，效果如图 16.32 所示。具体操作步骤请扫码学习。

图 16.32　设计动画翻转菜单样式

16.4.4　设计照片特效

线上阅读

本节示例使用 CSS3 阴影、透明效果，以及变换，在默认状态下，让图片随意地贴在墙上，当鼠标移动到图片上时，会自动放大并垂直摆放，演示效果如图 16.33 所示。具体代码解析请扫码学习。

图 16.33　设计挂图效果

16.4.5　设计立体盒子

线上阅读

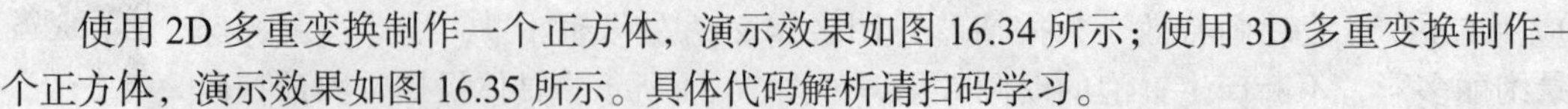

Note

使用2D多重变换制作一个正方体，演示效果如图16.34所示；使用3D多重变换制作一个正方体，演示效果如图16.35所示。具体代码解析请扫码学习。

图16.34　设计2D变换盒子

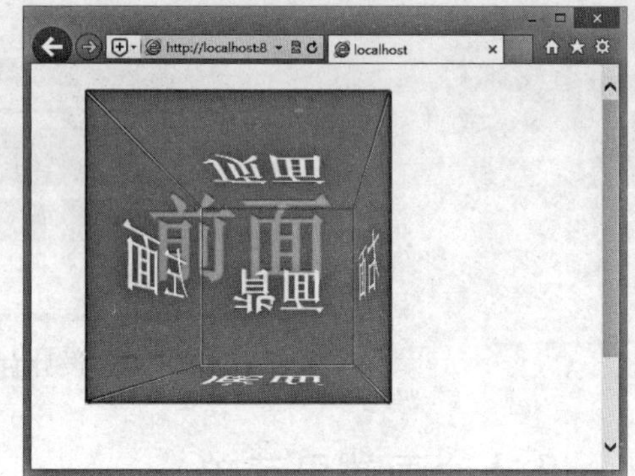

图16.35　设计3D盒子

16.4.6　旋转盒子

线上阅读

继续以上节示例为基础，使用animation属性设计盒子旋转显示。具体说明和操作步骤请扫码学习。

16.4.7　设计翻转广告

线上阅读

本节示例设计当鼠标移动到产品图片上时，产品信息翻转滑出，效果如图16.36所示。在默认状态下只显示产品图片，而产品信息隐藏不可见。当用户鼠标移动到产品图像上时，产品图像慢慢往上旋转使产品信息展示出来，而产品图像慢慢隐藏起来，看起来就像是一个旋转的盒子。具体代码解析请扫码学习。

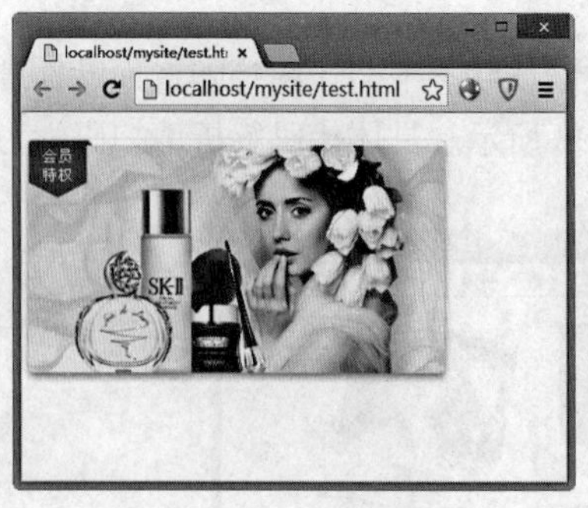

（a）默认状态

（b）翻转状态

图16.36　设计3D翻转广告牌

16.4.8　设计跑步效果

本节示例设计一个跑步动画效果，主要使用 CSS3 帧动画控制一个序列人物跑步的背景图像，在页面固定“镜头”中快速切换实现动画效果，如图 16.37 所示。具体操作步骤请扫码学习。

图 16.37　设计跑步的小人

16.4.9　设计折叠面板

线上阅读

本节示例使用 CSS3 的目标伪类（：target）设计折叠面板效果，没有使用 JavaScript 脚本，使用过渡属性设计滑动效果，折叠动画效果如图 16.38 所示。具体代码解析请扫码学习。

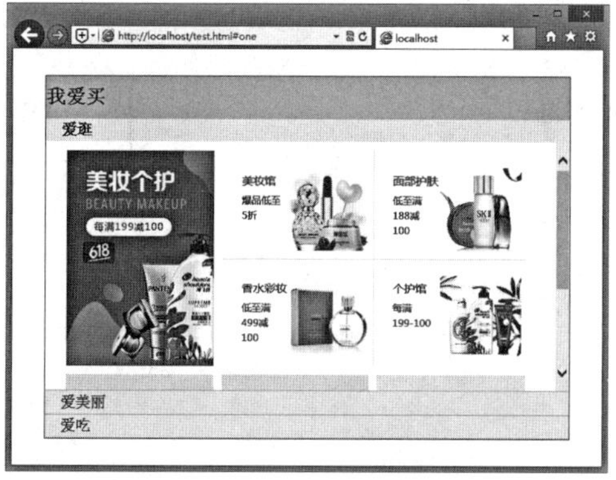

图 16.38　设计折叠面板

16.5　在线练习

本节将通过大量的上机示例，帮助读者练习使用 HTML5 设计动画样式。感兴趣的读者可以扫码练习。

第17章

综合实战：设计响应式网站

随着各种智能设备的推广和普及，网站的建设者需要让访问者能够通过智能手机、平板电脑、笔记本电脑、台式计算机、电视机，以及未来任何可以上网的设备获取信息。响应式Web设计就是由此诞生的。本章将通过一个综合案例讲解如何构建在各种设备上都能正常工作的网站，它能根据设备的功能和特征对布局进行调整。

【学习重点】

- 创建可伸缩图像。
- 创建弹性布局网格。
- 理解和实现媒体查询。

Note

17.1　认识响应式 Web 设计

网站设计主要有两大类型：固定宽度和响应式。

对于固定（fixed）布局，整个页面和每一栏都有基于像素的宽度。顾名思义，无论是使用智能手机和平板电脑等较小的设备查看页面，还是使用桌面浏览器并对窗口进行缩小，它的宽度都不会改变。在引入响应式 Web 设计之前，这是大多数网站选用的布局方式，也是学习 CSS 时最容易掌握的布局方式。

响应式页面也称为流式（fluid 或 liquid）页面，它使用百分数定义宽度，允许页面随显示环境的改变进行放大或缩小。除了具有流动栏，响应式页面还可以根据屏幕尺寸以特定方式调整其设计。例如，可以更改图像大小或者调整每一栏，使其大小更合适。这就可以在使用相同 HTML 的情况下，为移动用户、平板电脑用户和桌面用户定制单独的体验，而不是提供三个独立的网站。

没有一种布局方式可以适用于所有的情景。不过，随着智能手机和平板电脑的广泛使用，未来一定还会出现各种不同尺寸的智能设备，因此在设计网页时有必要将网站做成响应式布局。这也是每天都有大量响应式网站出现的原因。

【拓展】

响应式 Web 设计起源于 Ethan Marcotte，他创造了术语“响应式 Web 设计”（responsive Web design），并向大家介绍了创建响应式网站的技术。人们首次广泛关注这种方法始于他发表在 A List Apart 上的文章（www.alistapart.com/articles/responsive-web-design/）。他在 *Responsive Web Design* 一书中对此做了更为深入细致的探讨。

Ethan Marcotte 的方法包含以下 3 点。

☑ 灵活的图像和媒体。图像和媒体资源的尺寸是用百分数定义的，从而可以根据环境进行缩放。

☑ 灵活的、基于网格的布局，也就是流式布局。对于响应式网站，所有的 width 属性都用百分数设定，因此所有的布局成分都是相对的。其他水平属性通常也会使用相对单位（如 em、百分数和 rem 等）。

☑ 媒体查询。使用这项技术，可以根据媒体特征（如浏览器可视页面区域的宽度）对设计进行调整。

John Allsopp 于 2000 年发表“Web 设计之道”（*A Dao of Web Design*，http：//alistapart.com/article/dao），该文讨论了设计和构建灵活的网站的方法。这篇文章是响应式 Web 设计的先驱，Ethan Marcotte 以及很多其他作者都引用过这篇文章，影响巨大。Jeremy Keith 在题为“One Web”的演讲中归纳了“一个网站适应所有设备”的方法。

【参考】

Screen Sizes 网站（http：//screensiz.es）提供了流行设备和显示屏的分辨率以及设备宽度信息。使用媒体查询的时候，这些信息很有用。

Maximiliano Firtman 维护了一个现代移动设备对 HTML5 和 CSS3 支持情况的表格，参考 http：//mobilehtml5.org。其中大量信息属于 HTML5 高级特性。

17.2　构建页面

高效网页的核心是结构良好、语义化的 HTML。下面就来具体介绍如何构建本章案例的具体结构，操作步骤如下。

Note

第 1 步，恰当地使用 article、aside、nav、section、header、footer 和 div 等元素将页面划分成不同的逻辑区块。本例创建了一个虚构博客，页面结构要点说明如下。

☑ 使用 3 个 div 元素，其中一个将整个页面包起来，另外两个将两部分主体内容区域包起来以便应用样式设计。
☑ 用作报头的 header 元素，包括标识、社交媒体网站链接和主导航。
☑ 划分为多个博客条目 section 元素的 main 元素，其中每个 section 元素都有自己的页脚。
☑ 附注栏 div 元素（同时使用了 article 和 aside 元素），提供了关于博客作者和右栏（应用 CSS 之后就有了）博客条目的链接。
☑ 页面级 footer 元素，包含版权信息等内容。

第 2 步，按照一定的顺序放置内容，确保页面在不使用 CSS 的情况下也是合理的。例如，首先是报头，接着是主体内容，然后是一个或多个附注栏，最后是页面级的页脚。将最重要的内容放在最上面，对于智能手机和平板电脑等小屏幕用户来说，不用滚动太远就能获取主体内容。此外，搜索引擎“看到”的页面也类似于未应用 CSS 的页面，因此，如果将主体内容提前，搜索引擎就能更好地对网站进行索引。这同样也会让屏幕阅读器用户受益。

第 3 步，以一致的方式使用标题元素（h1~h6），从而明确地标识页面上这些区块的信息，并对它们按优先级排序。

第 4 步，使用合适的语义标记剩余的内容，如段落、图和列表。

第 5 步，如果有必要，使用注释来标识页面上不同的区域及其内容。根据个人习惯，选用一种不同的注释格式标记区块的开始（而非结束）。

页面基本框架结构代码如下。

```
<div class="page">
    <!-- ==== 开始报头 ==== -->
    <header class="masthead" role="banner">
        <p class="logo"><a href="/"><img /></a></p>
        <ul class="social-sites">[ 社交图片链接 ]</ul>
        <nav role="navigation">[ 主导航链接列表 ]</nav>
    </header>
    <!-- 结束报头 -->
    <div class="container">
        <!-- ==== 开始主体内容 ==== -->
        <main role="main">
            <section class="post">
                <h1>[ 文章标题 ]</h1>
                <img   class="post-photo-full" />
                <div class="post-blurb">
                    <p>[ 正文内容 ]</p>
                </div>
                <footer class="footer">[ 博客条目页脚 ]</footer>
            </section>
            <section class="post">
                <h1>[ 文章标题 ]</h1>
                <img   class="post-photo" />
                <div class="post-blurb">
                    <p>[ 正文内容 ]</p>
```

```
                </div>
                <footer class="footer">[ 博客条目页脚 ]</footer>
            </section>
            <nav role="navigation">
                <ol class="pagination">[ 链接列表项 ]</ol>
            </nav>
        </main>
        <!-- 结束主体内容 -->
        <!-- ==== 开始附注栏 ==== -->
        <div class="sidebar">
            <article class="about">
                <h2> 关于自己 </h2>
            </article>
            <div class="mod">
                <h2> 我的经历 </h2>
                ... [ 映射图像 ] ... </div>
            <aside class="mod">
                <h2> 热门职位 </h2>
                <ul class="links">[ 链接列表项 ]</ul>
            </aside>
            <aside class="mod">
                <h2> 最近分享 </h2>
                <ul class="links">[ 链接列表项 ]</ul>
            </aside>
        </div>
        <!-- 结束附注栏 -->
    </div>
    <!-- 结束容器 -->
    <!-- ==== 开始页脚 ==== -->
    <footer role="contentinfo" class="footer">
        <p class="legal"><small>[ 版权信息 ]</small></p>
    </footer>
    <!-- 结束页脚 -->
</div>
<!-- 结束页面 -->
```

在上面的结构中，使用 section 元素来标记每个包含部分博文的条目。如果它们是完整的博文条目，就应该使用 article 元素来标记它们，例如，在单独的、完整的博客文章页内。对它们使用 article 替代 section 也可以，只要代表这一段代码可以成为独立的内容即可。

第 6 步，保存文档，在浏览器中预览，显示效果如图 17.1 所示，除了浏览器默认样式以外并没有设置其他样式。这个页面是一栏的。由于它的语义结构非常好，页面是完全可用，且可理解的，只是有一点朴素。

Note

图 17.1　页面结构默认显示效果

注意：不一定要在应用 CSS 之前就标记好整个页面。实践中，很少先将一个区块的 HTML 写好，再为其编写一些或全部的 CSS，然后再对下一个区块重复这一过程。处理方式取决于个人习惯。

17.3　设计基本样式

构建并完善页面结构和内容之后，下面就来重点介绍网页样式的设计。

提示：在学习之前，读者应该有一定的 CSS 基础，等入门后再接着学习。

17.3.1　兼容早期浏览器

现代浏览器原生支持 HTML5 新增结构元素。从样式的角度来说，这意味着浏览器将为这些新的元素应用默认样式。例如，article、footer、header、nav 以及其他一些元素显示为单独的行，就像 div、blockquote、p 以及其他在 HTML5 之前的版本中称作块级元素。

第 1 步，大部分浏览器允许对它们并不原生支持的元素添加样式，样式代码如下。

```
article, aside, figcaption, figure, footer, header, main, nav, section {
    display: block;
}
```

大多数浏览器默认将它们无法识别的元素作为行内元素处理。因此这段 CSS 样式代码将强制 HTML5 新语义元素显示在单独的行。

提示：如果使用 CSS 重置或 normalize.css，可以跳过这一步，它们会包含这里的代码。

第 2 步，会忽略它们不原生支持的元素的 CSS。HTML5 shiv 是专门用于解决这一问题的一段 JavaScript。在每个页面的 head 元素（注意不是 header 元素）中添加下面的代码，实现在 IE9 之前的 IE 中为新的 HTML5 元素设置样式。

```
<!--[if lt IE 9]>
    <script src="js/html5shiv.js"></script>
<![endif]-->
```

17.3.2　重置默认样式

每个浏览器都有内置的默认样式表。HTML 会遵照该样式表显示网页。整体上，不同浏览器提供的默认样式表是相似的，但也存在一定的差异。为此，开发人员在应用他们自己的 CSS 之前，常常需要抹平这些差异。抹平差异的方法主要有以下两种。

☑ 使用 CSS 重置（reset）样式表，如 Eric Meyer 创建的 Meyer 重置（http：//meyerweb.com/eric/tools/css/reset/）。另外还有其他的一些重置样式表。

☑ 使用 Nicolas Gallagher 和 Jonathan Neal 创建的 normalize.css 开始主样式表。该样式表位于 http：//necolas.github.com/normalize.css/。

CSS 重置可以有效地将所有默认样式都设为“零”。第二种方法，即 normalize.css，则采取了不同的方式。它并非对所有样式进行重置，而是对默认样式进行微调，这样确保在不同的浏览器中具有相似的外观。

用户也可以保留浏览器的默认样式，并自己编写相应的 CSS。如果确实要使用 normalize.css 或 CSS 重置，也不必保留它们提供的所有 CSS。本章示例使用了 normalize.css 中的一部分代码，并对文本添加了一些样式，形成一个初始的页面。

```
/* 在方向更改后防止 iOS 文本大小调整，而不禁用用户缩放 */
html {
    -ms-text-size-adjust: 100%;
    -webkit-text-size-adjust: 100%;
}
/* 删除默认边距 */
body { margin: 0; }
/*: : : : : */
/* 链接样式中，解决 Chrome 与其他浏览器之间的 "outline" 不一致问题 */
a: focus { outline: thin dotted; }
a: active, a: hover { outline: 0; }
/* 在所有浏览器中解决不一致和可变的字体大小 */
small { font-size: 80%; }
/* 在 IE8 和 IE9 中的 a 元素中删除边框 */
img { border: 0; }
```

17.4　设计响应式样式

上一节介绍了网页基本样式的设计，当然限于篇幅，我们没有面面俱到，读者可以参考示例源代码，了解更详细的样式代码。下面重点介绍页面的响应式样式设计过程。

17.4.1 创建可伸缩图像

在默认情况下，图像显示的尺寸是HTML中指定的width和height属性值。如果不指定这些属性值，图像就会自动按照其原始尺寸显示。此外，可以通过CSS以像素为单位设置width和height。显然，当屏幕宽度有限的时候，按原始尺寸显示图像就不一定合适了。使用可伸缩图像技术，就可以让图像在可用空间内缩放，但不会超过其本来的宽度。

为图像添加如下类样式。

```
.post-photo, .post-photo-full {
    max-width: 100%;
}
```

这样可伸缩图像可以根据包含它们的元素（本例为body）的尺寸按比例缩放。它们不会比其本来的宽度更宽，就像下面的图像所演示的那样。

一定要使用max-width：100%而不是width：100%。它们都能让图像在容器内缩放，不过，width：100%会让图像尽可能地填充容器，如果容器的宽度比图像宽，图像就会放大到超过其本来尺寸，有可能会显得较为难看。

上面样式对已经为Retina显示屏扩大到双倍大小的图像也适用。当然，双倍分辨率的图像的文件大小也会大很多。

可以使用background-size属性对背景图像进行缩放（对IE8无效）。更多信息参见www.css3.info/preview/background-size/。

提示：还可以使用video，embed，object{ max-width：100%; }让HTML5视频及其他媒体变成可伸缩的（同样也不要在HTML中为它们指定width和height）。

17.4.2 创建弹性布局网格

创建弹性布局需要使用百分数宽度，并将它们应用于页面里的主要区域。

```
width: percentage;
```

其中，percentage表示希望元素在水平方向上占据容器空间的比例。一般不必设置width：100%；，因为默认设置为display：block；的元素，如p以及其他很多元素，或手动设置为display：block；的元素在默认情况下会占据整个可用空间。

作为可选的一步，对包含整个页面内容的元素设置max-width：value；，其中value表示希望页面最多可增长到的最大宽度。通常，value以像素为单位，不过也可以使用百分数、em值或其他单位的值。

还可以对元素设置基于百分数的margin和padding值。在本例页面中，对这些属性使用的是em值，这是一种常见的做法。内边距和外边距的em值是相对于元素的font-size的。

例如，如果其字体大小等价于14像素，则width：10em；会将宽度设置为140像素。而基于百分数的值则是相对于包含元素的容器的。

对于设置了body { font-size：100%; }的页面，对font-size、margin、padding和max-width使用em值还有一个好处：如果用户更改了浏览器默认字体大小，那么页面也会跟着变大或变小。

注意：将 box-sizing 属性设置为 borderbox，就可以很方便地对拥有水平方向内边距（使用 em 或其他的单位）的元素定义宽度，而不必进行复杂的数学计算来找出百分数的值。这对响应式页面来说很方便。

17.4.3　实现媒体查询

可以使用下述两种方式针对特定的媒体类型定位 CSS。此外，还有第三种方式，即使用 @import 规则，不过一般不建议使用这种方法，因为它会影响性能。

第一种方式是使用 link 元素的 media 属性，位于 head 元素内。例如：

```
<head>
<link rel="stylesheet" href="your-styles.css" media="screen" />
</head>
第二种方式是在样式表中使用 @media 规则。
/* 只用于打印的样式 */
@media print {
    header[role="banner"] nav, .ad {
        display: none;
    }
}
```

通过 @media print 规则可以创建专门为打印浏览器里的页面定义的样式，也可以将它们与为其他媒体定义的样式放在一起。

媒体查询增强了媒体类型方法，允许根据特定的设备特性定位样式。要调整网站的呈现样式，让其适应不同的屏幕尺寸，采用媒体查询特别方便。

CSS3 使用 @media 规则定义媒体查询，简化语法格式如下。

```
@media [only | not]? <media_type> [and <expression>]* | <expression> [and <expression>]*{
    /* CSS 样式列表 */
}
```

参数简单说明如下。

☑　<media_type>：指定媒体类型，具体说明参考 9.2 节表 9.1。

☑　<expression>：指定媒体特性。放在一对圆括号中，如（min-width：400px）。

☑　逻辑运算符，如 and（逻辑与）、not（逻辑否）、only（兼容设备）等。

媒体特性包括 13 种，接受单个的逻辑表达式作为值，或者没有值。大部分特性接受 min 或 max 的前缀，用来表示大于等于，或者小于等于的逻辑，以此避免使用大于号（>）和小于号（<）字符。下面列出了可以包含在媒体查询里的媒体特性。

☑　width（宽度）

☑　height（高度）

☑　device-width（设备宽度）

☑　device-height（设备高度）

☑　orientation（方向）

☑　aspect-ratio（高宽比）

Note

☑ device-aspect-ratio（设备高宽比）

☑ color（颜色）

☑ color-index（颜色数）

☑ monochrome（单色）

☑ resolution（分辨率）

☑ scan（扫描）

☑ grid（栅格）

还有如下一些非标准的媒体特性。

☑ -webkit-device-pixel-rati（WebKit 设备像素比）

☑ -moz-device-pixel-ratio（Mozilla 设备像素比）

除了 orientation、scan 和 grid 以外，上述属性均可添加 min- 和 max- 前缀。min- 前缀定位的是“大于等于”对应值的目标，而 max- 前缀定位的则是“小于等于”对应值的目标。

CSS3 媒体查询规范中列出了关于所有媒体特性的描述（www.w3.org/TR/css3-mediaqueries/#media1）。

以下是媒体查询的基本语法。

☑ 指向外部样式表的链接。

```
// 下面代码定义了如果页面通过屏幕呈现，且屏幕宽度不超过 480px，则加载 shetland.css 样式表。
<link rel="stylesheet" type="text/css" media="screen and (max-device-width: 480px)" href="shetland.css" />
```

☑ 位于样式表中的媒体查询。

```
@media logic type and (feature: value) {
    /* 目标 CSS 样式规则写在这里 */
}
```

对于响应式页面，大多数情况下我们需要将媒体查询放到样式表中。

```
/* 常规样式写在这里。
```

每个设备都能获取它们，除非被媒体查询中的样式规则覆盖 */

```
body { font: 200%/1.3 sans-serif; }
p {color: green; }
/* 以下针对不同的设备进行定制 */
@media (max-width: 600px) {
    /* 匹配界面宽度小于等于 600px 的设备 */
}
@media (min-width: 400px) {
    /* 匹配界面宽度大于等于 400px 的设备 */
}
@media (max-device-width: 800px) {
    /* 匹配设备（不是界面）宽度小于等于 800px 的设备 */
}
@media (min-device-width: 600px) {
    /* 匹配设备（不是界面）宽度大于等于 600px 的设备 */
}
```

本章示例设计的媒体查询样式如下。

```
/* 480-767-only */
@media only screen and (min-width: 30em) and (max-width: 47.9375em) {
    /* 边栏 */
    .about { overflow: hidden; }
    .about img {
        float: left;
        margin-right: 15px;
    }
}
/* 600-767-only */
@media only screen and (min-width: 37.5em) and (max-width: 47.9375em) {
    /* 边栏 */
    .about { padding-bottom: 1.4em; }
}
/* 768+ */
@media only screen and (min-width: 48em) {
    h1 { font-size: 2.25em; }
    /* 报头 */
    .masthead { padding-top: 10px; }
    .nav-main { margin-bottom: 0; }
    /* 主要内容 */
    .container {
        background: url(img/bg.png) repeat-y 65.938% 0;
        padding-bottom: 1.9375em;
    }
    main {
        float: left;
        width: 62.5%;
    }
    main > .post: first-child > h1 { margin-top: 0.904em; }
    .post-blurb p {
        font-size: 1em;
        line-height: 1.4;
    }
    .post-footer {
        padding-bottom: .7em;
        padding-top: .7em;
    }
    .footer p { font-size: 0.688em; }
    .pagination { margin-top: 45px; }
    /* 边栏 */
    .sidebar {
        float: right;
        margin-top: 1.875em;
        width: 31.25%;
    }
    .about p { font-size: 0.813em; }
    /* 页脚 */
    footer[role="contentinfo"] { border-top: 1px solid #cacbcb; }
```

```
}
/* --- 结束媒体查询 ---- */
```

Note

最后，还需要在头部区域设置视口，即视觉区域（Viewport）。

```
<meta name="viewport" content="width=device-width, initial-scale=1" />
```

这段代码的重点是 width=device-width。有了这条语句，视觉区域的宽度会被设成与设备宽度（对 iPhone 来说为 320 像素）相同的值，因此在纵向模式下该宽度的页面内容会填充整个屏幕。如果不包含这一语句，使用媒体查询的 min-width 和 maxwidth 特性将不会得到预期的结果。

代码中的 initial-scale=1 部分对 width 和 device-width 值没有影响，但通常会包含这一语句。它将页面的默认缩放级别设成了 100%，换成纵向模式也一样。如果不设置 initial-scale=1，在 iPhone 中，手机从纵向模式改为横向模式时，网页会被放大，从而使布局与纵向模式一致。

提示： 视觉区域（viewport）指的是浏览器（包括桌面浏览器和移动浏览器）显示页面的区域。它不包含浏览器地址栏、按钮等，只是浏览区域。

媒体查询的 width 特性对应的是视觉区域的宽度。不过，device-width 特性不是，它指的是屏幕的宽度。在移动设备（如 iPhone）上，默认情况下这两个值通常不一样。Mobile Safari（iPhone 的浏览器）的视觉区域默认为 980 像素宽，但 iPhone 的屏幕只有 320 像素宽（iPhone 的 Retina 显示屏的屏幕分辨率有 640 像素宽，但它们是在相同的空间挤入两倍的像素，因此设备宽度仍为 320 像素）。

因此，iPhone 会像设为 980 像素宽的桌面浏览器那样显示页面，并将页面缩小以适应 320 像素的屏幕宽度（在纵向模式下）。结果，当在 Mobile Safari 中浏览大部分为桌面浏览器建立的网站时，会显示将这些网站缩小了的样子。在横向模式下也是这样处理的，只不过宽度为 480 像素（iPhone5 是 568 像素）。如果不进行放大，页面通常是难以阅读的（注意不同设备的默认视觉区域宽度并不相同）。

17.4.4　组合样式

理解了可伸缩图像、弹性布局和媒体查询的知识之后，就可以将它们组合在一起，创建响应式网页。本节将重点介绍页面扩张或收缩时切换内容的显示方式所需要考虑的要点。重要的是了解如何建立响应式网站，以及用于实现响应式网站的媒体查询类型。完整的样式需要读者参考示例源代码。注意，并不需要先做出一个定宽的设计，再将它转换成响应式的页面。

第 1 步，创建内容和 HTML。

在动手设计响应式设计之前，应该把内容和结构设计妥当。如果使用临时占位符设计和构建网站，当填入真正的内容以后，可能会发现形式与内容结合得不好。因此，应该尽可能地将内容采集工作提前。具体操作就不再展开。

在 head 元素中添加 <meta name= "viewport" content="width=device-width，initialscale=1"/>。关于这行代码的作用，可以参考上一节说明。

第 2 步，遵循移动优先为页面设计样式，推荐在设计网页时也遵循这一点。

首先，为所有的设备提供基准样式。这同时也是旧版浏览器和功能比较简单的设备显示的内容。基准样式通常包括基本的文本样式（字体、颜色、大小）、内边距、边框、外边距和背景（视情况而定），以及设置可伸缩图像的样式。通常，在这个阶段，需要避免让元素浮动，或对容器设定宽度，因为最小的屏幕并不够宽。内容将按照常规的文档流由上到下进行显示。

网站的目标是在单列显示样式中是清晰的、中看的。这样，网站对所有的设备（无论新旧）都具有可访问性。在不同设备下，外观可能有差异，不过这是在预期之内的，完全可以接受。

第 3 步，从基本样式开始，使用媒体查询逐渐为更大的屏幕，或其他媒体特性定义样式，如 orientation。大多数时候，minwidth 和 max-width 媒体查询特性是最主要的工具。

这是渐进增强在实战中的应用。处理能力较弱的（通常也是较旧的）设备和浏览器会根据它们能理解的 CSS 显示网站相对简单的版本。处理能力较强的设备和浏览器则显示增强的版本。所有人都能获取到网页的内容。

```
/* 基准样式
----------------------------------- */
body {
    font: 100%/1.2 Georgia, "Times New Roman", serif;
    margin: 0;
    ...
}
* { /* 参见示例源代码 */
    -webkit-box-sizing: border-box;
    -moz-box-sizing: border-box;
    box-sizing: border-box;
}
.page {
    margin: 0 auto;
    max-width: 60em; /* 960px */
}
h1 {
    font-family: "Lato", sans-serif;
    font-size: 2.25em; /* 36px/16px */
    font-weight: 300;
    ...
}
.about h2, .mod h2 {font-size: .875em;} /* 15px/16px */
.logo, .social-sites, .nav-main li {text-align: center; }
/* 创建可伸缩图像 */
.post-photo, .post-photo-full, .about img, .map {
    max-width: 100%;
}
```

第 4 步，应用于所有视觉区域（小屏幕和大屏幕设备）的基准样式示例，效果如图 17.2 所示。这些样式规则与上一节介绍的代码是类似的，只是它们没有由媒体查询包围。注意，本例为整个页面设定了 60em 的最大宽度（通常等价于 960 像素），并使用 auto 外边距让其居中。还让所有的元素使用 boxsizing：border-box；，将大多数图像设置为可伸缩图像。

图 17.2 是仅应用了基础样式的页面效果。这个页面在所有的浏览器中都是线性的，右侧的部分出现在左侧部分的下面。也是不支持媒体查询的旧浏览器中页面的显示效果。在这种状态下，依然保持了很高的可用性。由于没有设定容器宽度，因此在桌面浏览器中查看页面时，内容的宽度会延伸至整个浏览器窗口的宽度。

第 5 步，逐步完善布局，使用媒体查询为页面中的每个断点（breakpoint）定义样式。断点即内容需做适当调整的宽度。在本章示例中，应用基准样式规则后，为下列断点创建了样式规则。

Note

图 17.2　页面结构默认显示效果

注意： 对于每个最小宽度（没有对应的最大宽度），样式定位的是所有宽度大于该 minwidth 值的设备，包括台式计算机及更早的设备。

第 6 步，最小宽度为 20em，通常为 320 像素。定位纵向模式下的 iPhone、iPod touch、各种 Android 以及其他智能手机。

```
/* 基准样式
---------------------------------- */
...
/* 20em ( 大于等于 320px)
---------------------------------- */
@media only screen and (min-width: 20em) {
    .nav-main li {
        border-left: 1px solid #c8c8c8;
        display: inline-block;
        text-align: left;
    }
    .nav-main li: first-child {
        border-left: none;
    }
    .nav-main a {
        display: inline-block;
        font-size: 1em;
        padding: .5em .9em .5em 1.15em;
    }
}
```

这里针对视觉区域不小于 20em 宽的浏览器修改了主导航的样式。设计 body 元素字体大小为 16 像素的情况下，20em 通常等价于 320 像素，因为 20 × 16 = 320。这样，链接会出现在单独的一行，而不是上下堆叠，如图 17.3 所示。

图 17.3　小屏显示效果

这里没有将这些放到基础样式表中，因为有的智能手机屏幕比较窄，可能会让链接显得很局促，或者分两行显示。

第 7 步，最小宽度为 30em，通常为 480 像素，如图 17.4 所示。定位大一些的智能手机，以及横向模式下的大量 320 像素设备（iPhone、iPod touch 及某些 Android 机型）。

图 17.4　中屏显示效果

第 8 步，最小宽度介于 30em（通常为 480 像素）和 47.9375em（通常为 767 像素）之间。这适用于处于横向模式的智能手机、一些特定尺寸的平板电脑（如 Galaxy Tab 和 Kindle Fire），以及比通常情况更窄的桌面浏览器。

第 9 步，最小宽度为 48em，通常为 768 像素。这适用于常见宽度及更宽的 iPad、其他平板电脑和台式计算机的浏览器。

主导航显示为一行，每个链接之间由灰色的竖线分隔。这个样式会在 iPhone（以及很多其他的智能手机）中生效，因为它们在纵向模式下是 320 像素宽。如果希望报头更矮一些，可以让标识居左，社交图标居右。将这种样式用在下一个媒体查询中，代码如下。

```
/* 基准样式 */
......
/* 20em ( 大于等于 320px)*/
@media only screen and (min-width: 20em) {
    ......
}
/* 30em ( 大于等于 480px)*/
@media only screen and (min-width: 30em) {
    .masthead { position: relative; }
    .social-sites {
        position: absolute;
```

```
            right: -3px;
            top: 41px;
        }
        .logo {
            margin-bottom: 8px;
            text-align: left;
        }
        .nav-main { margin-top: 0; }
}
```

现在，样式表中有了定位视觉区域至少为 30em（通常为 480 像素）的设备的媒体查询。这样的设备包括屏幕更大的智能手机，以及横向模式下的 iPhone。这些样式会再次调整报头。

第 10 步，在更大的视觉区域，报头宽度会自动调大。

```
/* 30em( 大于等于 480px)*/
@media only screen and (min-width: 30em) {
    ... 报头样式 ...
    .post-photo {
        float: left;
        margin-bottom: 2px;
        margin-right: 22px;
        max-width: 61.667%;
    }
    .post-footer { clear: left; }
}
```

第 11 步，继续在同一个媒体查询块内添加样式，让图像向左浮动，并减少其 max-width，从而让更多的文字可以浮动到其右侧。文本环绕在浮动图像周围的断点可能跟此处用的不同。这取决于哪些断点适合内容和设计。为适应更宽的视觉区域，一般不会创建超过 48em 的断点。也不一定要严格按照设备视觉区域的宽度创建断点。如果一个基于（min-width：36em）的断点非常适合的内容，就可以大胆地使用这个断点。

```
/* 基准样式 */
/* 20em( 大于等于 320px)*/
@media only screen and (min-width: 20em) {
    ......
}
/* 30em( 大于等于 480px) */
@media only screen and (min-width: 30em) {
    ......
}
/* 30em – 47.9375em( 在 480px~767px) */
@media only screen and (min-width: 30em) and (max-width: 47.9375em) {
    .about { /* self-clear float */
        overflow: hidden;
    }
    .about img {
        float: left;
        margin-right: 15px;
    }
}
```

第 12 步，让“关于自己”图像向左浮动。不过，这种样式仅当视觉区域的宽度在 30em~47.9375em 时才生效。超过这个宽度会让布局变成两列，“关于自己”文字会再次出现在图像的下面。浮动的“关于自己”图像已显示为其本来的尺寸（270 像素宽），它旁边的空间太小，无法很好地容纳文本。这就是之前减少其 max-width 的原因。

```
/* 基准样式 */
...
/* 20em( 大于等于 320px)*/
@media only screen and (min-width: 20em) {
    ......
}
/* 30em( 大于等于 480px)*/
@media only screen and (min-width: 30em) {
    ......
}
/* 30em~47.9375em( 在 480px~767px)*/
@media only screen and (min-width: 30em) and    (max-width: 47.9375em) {
    ......
}
/* 48em( 大于等于 768px)*/
@media only screen and (min-width: 48em) {
    .container {
        background: url(../img/bg.png) repeat-y 65.9375% 0;
        padding-bottom: 1.875em;
    }
    main {
        float: left;
        width: 62.5%; /* 600px/960px */
    }
    .sidebar {
        float: right;
        margin-top: 1.875em;
        width: 31.25%; /* 300px/960px */
    }
    .nav-main { margin-bottom: 0; }
}
```

这是最终的媒体查询，定位至少有 48em 宽的视觉区域，如图 17.5 所示。该媒体查询对大多数桌面浏览器来说都为真，除非用户让窗口变窄。它同时也适用于纵向模式下的 iPad 及其他一些平板电脑。

在桌面浏览器中（尽管要宽一些）也是类似的。由于宽度是用百分数定义的，因此主体内容栏和附注栏会自动伸展。

第 13 步，在发布响应式页面之前，应在移动设备和桌面浏览器上对其测试一遍。构建响应式页面的时候，用户可以放大或缩小桌面浏览器的窗口，模拟不同手机和平板电脑的视觉区域尺寸。然后再对样式进行相应的调整。这当然是一种不够精细的办法，但它确实有助于建立有效的样式，从而减少在真实设备上优化网站的时间。

提示： 第 14 步，对 Retina 及类似显示屏使用媒体查询。针对高像素密度设备，可以使用下面的媒体查询。

```
@media (-o-min-device-pixel-ratio: 5/4), (-webkit-min-device-pixel-ratio: 1.25), (min-resolution: 120dpi) {
    .your-class {
        background-image: url(sprite-2x.png);
        background-size: 200px 150px;
    }
}
```

图 17.5　大屏显示效果

注意： background-size 设置成了原始尺寸，而不是 400 像素 ×300 像素。这样会让图像缩小，为原始尺寸创建的样式对 2x 版本也有效。

17.4.5　兼容旧版 IE

对于移动优先的方法，有一点需要注意，就是 IE8 及以下的版本不支持媒体查询。这意味着这些浏览器只会呈现媒体查询以外的样式，即基准样式。目前，使用 IE6 和 IE7 的用户已经非常少了。因此，真正需要费脑筋去考虑的是 IE8，它在全世界所占的份额不到 9%，且这个数字还在下降（详情参见 http://gs.statcounter.com）。

对于 IE8（及更早的版本），有 3 种解决方法。

- ☑ 什么都不做。让网站显示基本的版本。
- ☑ 为它们单独创建一个样式表，让它们显示网站最宽的版本（不会形成响应式的网页）。一种做法是复制一份常规的样式表，将其命名为 old-ie.css 之类的文件名。将媒体查询语句去掉，但保留其中的样式规则。在 HTML 中添加条件注释，从而让不同的浏览器都能找到正确的样式表。
- ☑ 如果希望页面有响应式的效果，就在页面中引入 respond.min.js。Scott Jehl 创建了这段简短的代码，它让 min-width 和 maxwidth 媒体查询对旧版 IE 也有效。

```
<!--[if lt IE 9]>
    <script src="js/respond.min.js"></script>
<![endif]-->
```

设置好以后，IE8 及以下版本会理解 min-width 和 max-width 媒体查询，并呈现相应的样式。这样做的话，就没有必要将 IE 样式表分离出来了。这个 script 元素外围的条件注释是可选的，不过如果包含的话，就只有 IE8 及以下版本会加载 respond.min.js，它让 IE8 用户也能看到网站的完整布局。

可以访问 https：//github.com/scottjehl/Respond，下载 Respond.js。下载到计算机后，打开该 zip 文件，然后将 respond.min.js 复制到网站中。

第 18 章

案例开发：酒店预订微信 wap 网站

（视频讲解：16 分钟）

本章将介绍一款酒店预订的手机应用网站，网站以 Bootstrap 框架为技术基础，页面设计风格简洁、明亮，功能以“微”为核心，为浏览者提供一个迷你、简单、时尚的设计风格，与 Bootstrap 框架风格完美融合，非常适合移动应用和推广。

【学习重点】

- 设计符合移动设备使用的页面。
- 能够根据 Bootstrap 框架自定义样式。
- 掌握扁平化设计风格的基本方法。

视频讲解

18.1　设计思路

与上一章示例相比，本章示例规模相对复杂一些，不过在动手之前，还是先来理清一下设计思路，下面做简单介绍。

18.1.1　内容

网站涉及的内容可能很多，单从网页设计的角度看，内容主要包括图片和文字。本章示例素材具体存放文件夹说明如下。

☑ Images：图片等多媒体素材。
☑ styles：样式表文件。
☑ Scripts：JavaScript 脚本文件。
☑ Pictures：宣传的图片。
☑ Member：后台支持文件，本章暂不介绍。
☑ help：帮助文件。
☑ dialog：jQuery 插件文件，模态对话框插件。
☑ calendar：日历插件。

本章示例所需要的素材不是很多，但是涉及的文件比较多。

18.1.2　结构

本章示例主要包含下面几个文件，简单说明如下。

☑ index.html：首页。
☑ Activitys.html：最新活动页面。
☑ CityList.html：城市列表页面。
☑ Gift.aspx.html：礼品页模板，供后台参考使用。
☑ GiftList.html：礼品商城。
☑ Hotel.aspx.html：预订酒店，选择房型模板，供后台参考使用。
☑ Hotel.aspxcheckInDate.html：房型和日期选择页面。
☑ HotelInfo.aspx.html：酒店信息介绍模板，供后台参考使用。
☑ HotelList.aspxcheckInDate.html：所选城市的相关酒店信息列表页面。
☑ HotelReview.aspx.html：用户评价页面。
☑ login.html：用户登录页面。
☑ News.aspx.html：酒店新闻页面。

结构不仅仅包含文件，更多涉及页面内容，根据内容搭建页面结构，在下面各节中会逐一介绍每个页面的结构框架。

18.1.3 效果

下面我们使用 Opera Mobile Emulator 来预览一下网站整体效果，以便在分页设计时有一个整体把握。

首先，打开 index.html 页面，显示效果如图 18.1 所示。

首页以扁平化进行设计，包含 6 个导航图标色块，点击第一个图标色块“预订酒店”，进入选择城市页面，在该页面选择要入住的酒店，页面效果如图 18.2 所示。

图 18.1 首页页面设计效果

图 18.2 选择要入住的酒店效果

在首页点击“最新活动”选项，进入最新活动页面，在该页面显示酒店促销活动的相关信息，如图 18.3 所示。

在首页点击“我的订单”选项，可以查看个人订单信息，如果没有登录，则显示登录表单，如图 18.4 所示。

图 18.3 最新活动页面效果

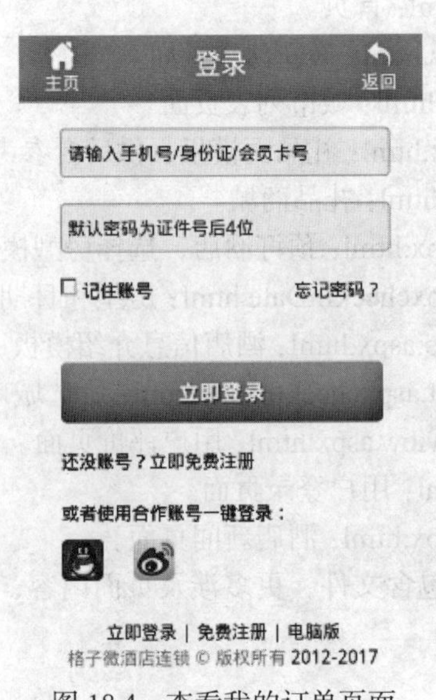

图 18.4 查看我的订单页面

在首页点击“我的格子”选项，进入个人信息中心页面，如果没有登录，则显示登录表单。在首页点击“礼品商城”选项，进入商城页面，如图 18.5 所示。

在首页点击“帮助咨询”选项，将进入帮助中心页面，咨询相关帮助信息，如图 18.6 所示。

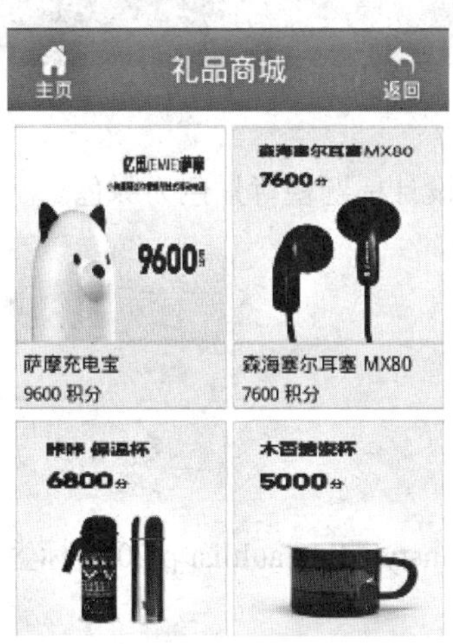

图 18.5　礼品商城页面效果

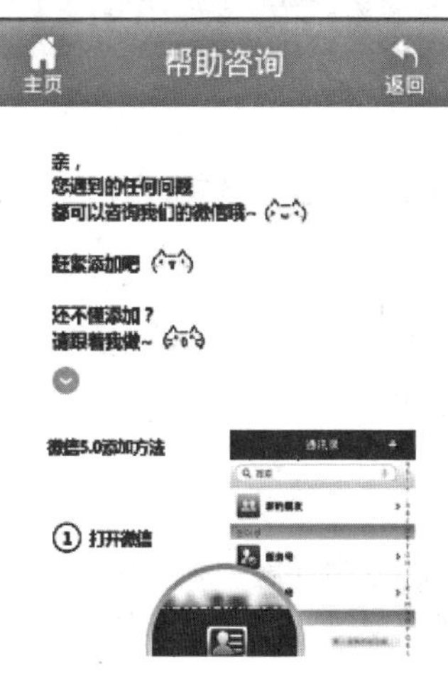

图 18.6　帮助咨询页面

视频讲解

18.2　设计首页

首页是一个简单的导航列表，设计步骤如下。

第 1 步，打开 index.html 文件，首先在头部区域导入框架文件。

```
<!DOCTYPE html>
<html>
<head>
<meta charset="utf-8">
<meta name="viewport" content="width=device-width, initial-scale=1.0, maximum-scale=1.0, user-scalable=0; ">
<meta content="yes" name="apple-mobile-web-app-capable">
<link href="styles/bootstrap.min.css" rel="stylesheet">
<link href="styles/bootstrap-responsive.css" rel="stylesheet">
<link href="styles/NewGlobal.css" rel="stylesheet">
<script src="Scripts/jquery-1.7.2.min.js"></script>
<script src="Scripts/bootstrap.min.js"></script>
</head>
<body>
</body>
</html>
```

第 2 步，设计导航列表结构，使用 <div class="container"> 布局容器包含，其包含如下两部分。

```
<div class="container">
    <div class="header"> <img src="Images/logo.png" style="height: 40px; margin: 10px 0px 0px 15px"> </div>
    <div style="padding: 0 5px 0 0; ">
</div>
```

Note

第一部分为标题栏，显示网站 Logo，本例以一张大图代替显示，效果如图 18.7 所示。

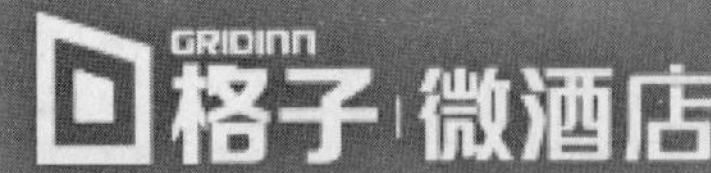

图 18.7　设计首页标题栏效果

大图为 PNG 格式，上面为镂空白色文字，下面使用 CSS 设计标题栏背景色为绿色。

```
.header {
    background: #6ac134;
    height: 60px;
    position: relative;
    width: 100%;
}
```

第 3 步，第二部分为导航列表结构，使用 3 个 <ul class="unstyled defaultlist pt20"> 标签堆叠显示，每个列表框包含两个列表项目，并水平布局，效果如图 18.8 所示。

图 18.8　设计首页导航图标效果

```
<div style="padding: 0 5px 0 0; ">
    <ul class="unstyled defaultlist pt20">
        <li class="f"> <a href="CityList.html">
            <h3> 预订酒店 </h3>
            <figure class="jp_icon"></figure>
            </a> </li>
        <li class="h"> <a href="Activitys.html">
            <h3> 最新活动 </h3>
            <figure class="jd_icon"></figure>
            </a> </li>
    </ul>
    <ul class="unstyled defaultlist">…… </ul>
    <ul class="unstyled defaultlist">……</ul>
</div>
```

每个导航图标使用 <a> 标签包裹，里面包含文字和字体图标，然后在 <li> 列表项目上面定义不同的皮

肤颜色，<li> 标签浮动显示，实现一行两列的排版布局。

第 4 步，在页面底部插入 <div class="footer"> 包含框，定义网站版权信息区域，结构如下，效果如图 18.9 所示。

Note

```
<div class="footer">
    <div class=" gezifooter" > <a href=" #" class=" ui-link" > 酒 店 预 订 </a> <font color="#878787">|</font>
        <a href=" #" class=" ui-link" > 我 的 订 单 </a> <font color="#878787">|</font> <a href=" #" class=" ui-link" > 我的格子 </a> </div>
    <div class="gezifooter">
        <p style="color: #bbb; "> 格子微酒店连锁 &copy; 版权所有 2012-2017</p>
    </div>
</div>
```

酒店预订 | 我的订单 | 我的格子
格子微酒店连锁 © 版权所有 2012-2017

图 18.9　设计页脚信息显示效果

18.3　设计登录页

视频讲解

打开 login.html 页面，该页面包含 3 部分，顶部为标题栏，底部为脚注栏，中间部分是登录表单结构。标题栏采用标准的移动设备布局样式，左右为导航图标，中间为标题文字，效果如图 18.10 所示。

图 18.10　标题栏设计效果

```
<div class="header"> <a href="index.html" class="home"> <span class=" header-icon header-icon-home"></span>
    <span class="header-name"> 主页 </span> </a>
    <div class="title" id="titleString"> 登录 </div>
   <a href="javascript: history.go(-1); " class="back"> <span class="header-icon header-icon-return"></span> <span
   class="header-name"> 返回 </span> </a>
</div>
```

标题栏图标以文字图标形式设计，这样方便与文字定义相同的颜色，为 <div class="header"> 设计绿色背景，营造一种扁平的设计风格。

中间位置显示表单结构，代码如下。

```
<div class="container width80 pt20">
    <form name="aspnetForm" method="post" action="login.aspx?ReturnUrl=%2fMember%2fDefault.aspx"
        id="aspnetForm" class="form-horizontal">
        <div>
            <input type="hidden" name="__EVENTTARGET" id="__EVENTTARGET" value="">
            <input type="hidden" name="__EVENTARGUMENT" id="__EVENTARGUMENT" value="">
            <input type="hidden" name="__VIEWSTATE" id="__VIEWSTATE" value="1">
        </div>
        <div>
```

Note

```
            <input type="hidden" name="__EVENTVALIDATION" id="__EVENTVALIDATION"
            value="/wEWBQLZmqilDgLJ4fq4BwL90KKTCAKqkJ77CQKI+JrmBdPJophKZ3je4aKMtEkXL+P8oASc">
        </div>
        <div class="control-group">
            <input name="ctl00$ContentPlaceHolder1$txtUserName" type="text" id="ctl00_ContentPlaceHolder1_
                txtUserName" class="input width100" style="background: none repeat scroll 0 0 #F9F9F9; padding:
                8px 0px 8px 4px" placeholder=" 请输入手机号 / 身份证 / 会员卡号 ">
        </div>
        <div class="control-group">
            <input name="ctl00$ContentPlaceHolder1$txtPassword" type="password" id="ctl00_
                ContentPlaceHolder1_txtPassword" class="width100 input" style="background: none repeat scroll 0
                0 #F9F9F9; padding: 8px 0px 8px 4px" placeholder=" 默认密码为证件号后 4 位 ">
        </div>
        <div class="control-group">
            <label class="checkbox fl">
                <input name="ctl00$ContentPlaceHolder1$cbSaveCookie" type="checkbox" id="ctl00_
                    ContentPlaceHolder1_cbSaveCookie" style="float: none; margin-left: 0px; ">
                记住账号 </label>
            <a class="fr" href="GetPassword.aspx"> 忘记密码？ </a> </div>
        <div class="control-group"> <span class="red"></span> </div>
        <div class="control-group">
            <button onclick="__doPostBack('ctl00$ContentPlaceHolder1$btnOK', '')" id="ctl00_
                ContentPlaceHolder1_btnOK" class="btn-large green button width100"> 立即登录 </button>
        </div>
        <div class="control-group"> 还没账号？ <a href="Reg.aspx@ReturnUrl=_252fMember_252fDefault.aspx" id=
            "ctl00_ContentPlaceHolder1_RegBtn"> 立即免费注册 </a> </div>
        <div class="control-group"> 或者使用合作账号一键登录 : <br>
            <a class="servIco ico_qq" href="qlogin.aspx"></a> <a class="servIco ico_sina" href="default.htm"></a> </div>
    </form>
</div>
```

在表单中通过 <input type="hidden"> 隐藏控件负责传递用户附加信息，借助 Bootstrap 表单控件美化效果，如图 18.11 所示。提交按钮使用 Bootstrap 的风格设计块状显示，在整个页面中显得很大气。

```
<button class="btn-large green button width100"> 立即登录 </button>
```

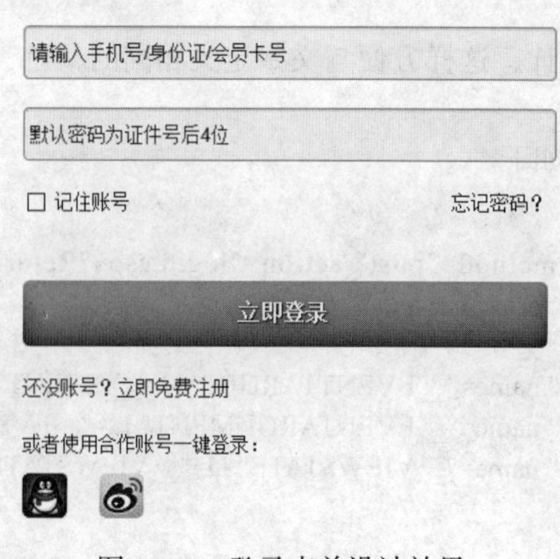

图 18.11　登录表单设计效果

18.4　选择城市

打开 CityList.html 页面，该页面提供了一个交互界面，供用户选择要入住的酒店所在的城市。

该页面标题栏和脚注栏与其他页面设计相同，在此就不再重复，下面主要看一下交互表单界面。设计的表单结构如下。

```
<div class="container width90 pt20">
    <form class="form-horizontal" action="HotelList.aspx" method="get" id="form1">
        <ul class="search-group unstyled">
            <li>
                <div class="coupon-nav coupon-nav-style"> <span class="search-icon location-icon"></span> <span
                    class="coupon-label"> 选择城市 : </span> <span class="coupon-input"> <span style="font-size:
                    16px; line-height: 35px; " id="cityname"> 全部城市 </span></span> </div>
                <div class="citybox"> <span cityid="0"> 全 部 </span> <span cityid="771"> 南 宁 </span> <span
                    cityid="773"> 桂林 </span> <span cityid="371"> 郑州 </span> </div>
            </li>
            <li>
                <div class="coupon-nav coupon-nav-style"> <span class="search-icon time-icon"></span> <span
                    class="coupon-label"> 入住日期 : </span> <span class="coupon-input"><a id="datestart" class="datebox"
                    href="javascript: void(0)"><span class="ui-icon-down"></span></a></span> </div>
                <div id="dp_start" class="none">
                    <div id="datepicker_start"></div>
                </div>
            </li>
            <li>
                <div class="coupon-nav coupon-nav-style"> <span class="search-icon time-icon"></span> <span
                    class="coupon-label"> 离店日期 : </span> <span class="coupon-input"><a id="dateend"    class="
                    datebox"    href="javascript: void(0)"><span class="ui-icon-down"></span></a></span> </div>
                <div id="dp_end" class="none">
                    <div id="datepicker_end"></div>
                </div>
            </li>
        </ul>
        <input id="checkInDate" name="checkInDate" value="2017-04-11" type="hidden">
        <input id="checkOutDate" name="checkOutDate" value="2017-04-12" type="hidden">
        <input id="cityID" name="cityID" value="0" type="hidden">
        <div class="control-group tc">
            <button class="btn-large green button width80" style="padding-left: 0px; padding-right: 0px; "
                ID="btnOK" >
            <a href="HotelList.aspxcheckInDate.html"> 立即查找 </a>
            </button>
        </div>
        <div class="control-group tc"> <a href="NearHotel.aspx" style="padding-left: 0px; padding-right: 0px; "
            class="btn-large green button width80"> 附近酒店 </a> </div>
    </form>
</div>
```

Note

为了方便 JavaScript 脚本控制，整个页面没有使用传统的表单控件来设计，而是通过 JavaScript+CSS 来设计，界面效果如图 18.12 所示。

图 18.12　查找酒店界面

点击“选择城市”选项，将会滑出城市列表面板，如图 18.13 所示，用户可以选择目标城市。

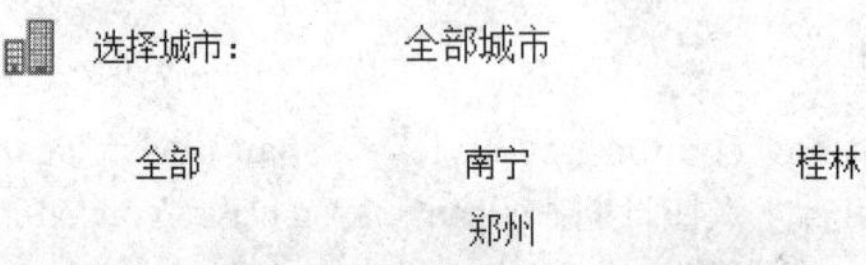

图 18.13　选择城市

在城市列表面板中选择一个城市，然后在下面的选项中选择入住日期，效果如图 18.14 所示。

图 18.14　选择日期

用户选择的日期通过 JavaScript 显示在界面中，同时赋值给隐藏控件，以便传递给服务器进行处理。交互控制的 JavaScript 代码如下。

```
<script type="text/javascript">
    (function ($, undefined) {
        $(function () {//dom ready
```

```
var open = null, today = new Date();
var beginday = '2017-04-11';
var endday = '2017-04-12';
// 设置开始时间为今天
$('#datestart').html(beginday + '<span class="ui-icon-down"></span>');
// 设置结束时间
$('#dateend').html(endday +
    '<span class="ui-icon-down"></span>');
$('#datepicker_start').calendar({// 初始化开始时间的 datepicker
    date: $('#datestart').text(), // 设置初始日期为文本内容
    // 设置最小日期为当月第一天，既上一月的不能选
    minDate: new Date(today.getFullYear(), today.getMonth(), today.getDate()),
    // 设置最大日期为结束日期，结束日期以后的天不能选
    maxDate: new Date(today.getFullYear(), today.getMonth(), today.getDate() + 25),
    select: function (e, date, dateStr) {// 当选中某个日期时
        var day1 = new Date(date.getFullYear(), date.getMonth(), date.getDate() + 1);
        // 将结束时间的 datepick 的最小日期设成所选日期
        $('#datepicker_end').calendar('minDate', day1).calendar('refresh');
        $('#dp_start').toggle();
        // 把所选日期赋值给文本
        $('#datestart').html(dateStr + '<span class="ui-icon-down"></span>').removeClass('ui-state-active');
        $('#checkInDate').val(dateStr);
        $('#dateend').html($.calendar.formatDate(day1) + '<span class="ui-icon-down"></span>').
         removeClass('ui-state-active');
        $('#checkOutDate').val($.calendar.formatDate(day1));
    }
});
$('#datepicker_end').calendar({                    // 初始化结束时间的 datepicker
    date: $('#dateend').text(),                    // 设置初始日期为文本内容
    minDate: new Date(today.getFullYear(), today.getMonth(), today.getDate() + 1),
    maxDate: new Date(today.getFullYear(), today.getMonth(), today.getDate() + 16),
    select: function (e, date, dateStr) {                    // 当选中某个日期时
        // 收起 datepicker
        open = null;
        $('#dp_end').toggle();
        // 把所选日期赋值给文本
        $('#dateend').html(dateStr + '<span class="ui-icon-down"></span>').removeClass('ui-state-active');
        $('#checkOutDate').val(dateStr);
    }
});
$('#datestart').click(function (e) {                                        // 展开或收起日期
    $('#datestart').removeClass('ui-state-active');
    var type = $(this).addClass('ui-state-active').is('#datestart') ? 'start': 'end';
    $('#dp_start').toggle();
}).highlight('ui-state-hover');
$('#cityname').click(function (e) {
    $('.citybox').toggle();
});
$('.citybox span').click(function (e) {
```

```
                $('#cityname').text($(this).text());
                $('.citybox').toggle();
                $('#cityID').val($(this).attr("cityId"));
            });
            $('#dateend').click(function (e) {                          // 展开或收起日期
                $('#dateend').removeClass('ui-state-active');
                var type = $(this).addClass('ui-state-active').is('#dateend') ? 'start': 'end';
                $('#dp_end').toggle();
            }).highlight('ui-state-hover');
        });
    })(Zepto);
</script>
```

Note

视频讲解

18.5　选择酒店

当用户在选择城市页面提交表单之后，将会跳转到 HotelList.aspx 页面，该页面为后台服务器处理文件，该文件将动态显示所在城市相关酒店信息列表，本例模拟效果如图 18.15 所示（HotelList.aspxcheckInDate.html）。

图 18.15　所选城市的酒店列表

页面基本结构如下。

```
<div class="container hotellistbg">
    <ul class="unstyled hotellist">
        <li> <a href="Hotel.aspxcheckInDate.html"> <img class="hotelimg fl" src="Pictures/1/5.jpg">
            <div class="inline">
                <h3> 南宁秀灵店 </h3>
                <p> 地址 : 秀灵路 55 号 ( 出入境管理局旁 )</p>
```

```
                <p> 评分 : 4.6 (1200 人已评 )</p>
            </div>
            <div class="clear"></div>
            </a>
            <ul class="unstyled">
                <li><a href="Hotel.aspx@id=5" class="order"> 预订 </a></li>
                <li><a href="Hotelmap.aspx@id=5" class="gps"> 导航 </a></li>
                <li><a href="Hotelinfo.aspx@id=5" class="reality"> 实景 </a></li>
            </ul>
        </li>
        ......
    </ul>
</div>
```

在该页面中可以选择特定的酒店，并根据每个酒店底部的 3 个导航按钮预订酒店，查看酒店信息，或者进行导航。

18.6　预订酒店

当用户在酒店列表页面选择一个酒店之后，将会跳转到 Hotel.aspx 页面，该页面为后台服务器处理文件，该文件将动态显示用户可选择的房型信息，本例模拟效果如图 18.16 所示（Hotel.aspx.html）。

图 18.16　选择房型

页面基本结构如下。

```
<div class="container">
    <ul class="unstyled hotel-bar">
        <li class="first"> <a href="#BookRoom"   class="active"> 房型 </a> </li>
```

```
        <li><a href="HotelInfo.aspx.html"> 简介 </a></li>
        <li><a href="#"> 地图 </a></li>
        <li><a href="Hotelreview.aspx.html"> 评论 </a></li>
    </ul>
    <div id="BookRoom" class="tab-pane active fade in">
        <div class="detail-address-bar"> <img alt="" src="images/location_icon.png">
            <p> 秀灵路 55 号 ( 出入境管理局旁 )</p>
        </div>
        <div id="datetab" class="detail-time-bar"> <img alt="" src="images/calendar.png">
            <p>04 月 11 日 - 04 月 12 日 </p>
            <span class="icon-down"></span> </div>
        <form action="hotel.aspx" method="get">
            <div id="datebox" class="section none">
                <div class="filter clearfix">
                    <p style="margin-bottom: 10px; display: block; "> 入住 : <a id="datestart" href="javascript:
                    void(0)"><span class="ui-icon-down"></span></a></p>
                    <br>
                    <p> 离开 : <a id="dateend" href="javascript: void(0)"><span class="ui-icon-down"></span></a></p>
                </div>
                <div id="datepicker_wrap">
                    <div id="dp_start">
                        <p> 入住时间 : </p>
                        <div id="datepicker_start"></div>
                    </div>
                    <div id="dp_end">
                        <p> 离开时间 : </p>
                        <div id="datepicker_end"></div>
                    </div>
                </div>
                <div class="result">
                    <input type="submit" class="btn" value=" 确定修改 ">
                    <span class="btn" id="datecancel"> 取消 </span> </div>
                <input id="id" name="id" type="hidden" value="5">
                <input id="CheckInDate" name="CheckInDate" type="hidden" value="2017-4-11">
                <input id="CheckOutDate" name="CheckOutDate" type="hidden" value="2017-4-12">
            </div>
        </form>
          <ul class="unstyled roomlist">
            <li>
                <div class="roomtitle">
                    <div class="roomname"> 上下铺 </div>
                    <div class="fr"> <em class="orange roomprice">  ￥134  起 </em> <a href='login.
                        aspx@page=_2Forderhotel.aspx&hotelid=5&roomtype=5&checkInDate=2017-4-
                        11&checkOutDate=2017-4-12' title=' 立即预订 ' class='btn btn-success iframe'> 预订 </a> </div>
                </div>
                <a class="fl roompic" bigsrc="Pictures/20130411152105m.jpg"> <img title=" 秀灵上下铺 "
                    src="Pictures/20130411152105s.jpg"></a> </li>
            ......
        </ul>
```


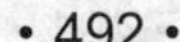

```
        <div style="transform-origin: 0px 0px 0px; opacity: 1; transform: scale(1, 1); " class="hotel-prompt"> <span
            class="hotel-prompt-title" id="digxx"> 特别提示 </span>
            <p> 最早入住时间为中午 12: 00, 如需提前入住请联系客服。</p>
        </div>
    </div>
</div>
```

在该页面顶部显示一行次级导航面板，分别为房型、简介、地图和评价。当点击“简介”选项，将会打开 HotelInfo.aspx 页面，该页面将会动态显示对应酒店的详细介绍。本例模板页面效果如图 18.17 所示。

图 18.17　查看酒店信息

该页面结构如下（HotelInfo.aspx.html）。

```
<div class="container">
    <ul class="unstyled hotel-bar">
        <li class="first"> <a href="Hotel.aspx.html"> 房型 </a> </li>
        <li><a href="HotelInfo.aspx"   class="active"> 简介 </a></li>
        <li><a href="#"> 地图 </a></li>
        <li><a href="HotelReview.aspx.HTML"> 评论 </a></li>
    </ul>
    <div class="hotel-prompt "> <span class="hotel-prompt-title"> 酒店图片 </span>
        <div id="slider" style="margin-top: 10px; ">
            <div> <img src="Pictures/20121231113309m.jpg">
                <p> 酒店外观 </p>
            </div>
            <div> <img src="Pictures/20121231113406m.jpg">
                <p> 大堂 </p>
            </div>
            <div> <img src="Pictures/20121231113520m.jpg">
                <p> 阳光大床房 </p>
            </div>
```

Note

```
        </div>
    </div>
    <div id="hotelinfo" class="hotel-prompt ">
        <span class="hotel-prompt-title"> 酒店简介 </span>
        <p> 格子微酒店南宁南宁秀灵路店位于广西最著名的大学广西大学东门旁，紧邻邕江边，周边超市、餐饮、
            银行等配套设施完善，出行便利。酒店倡导低碳环保，客房内配有 24 小时热水、wifi 网络、电视等设施，
            客房虽小，设施齐全。酒店服务周到细致，是您出行的不错选择。酒店开业时间 2012 年 12 月。</p>
        <p> 地址：秀灵路 55 号 ( 出入境管理局旁 )</p>
        <p> 电话：0771-3391588</p>
    </div>
</div>
```

如果在页面顶部点击“评论”选项，可以打开评论页面 HotelReview.aspx，了解网友对该酒店的评价信息列表，效果如图 18.18 所示。

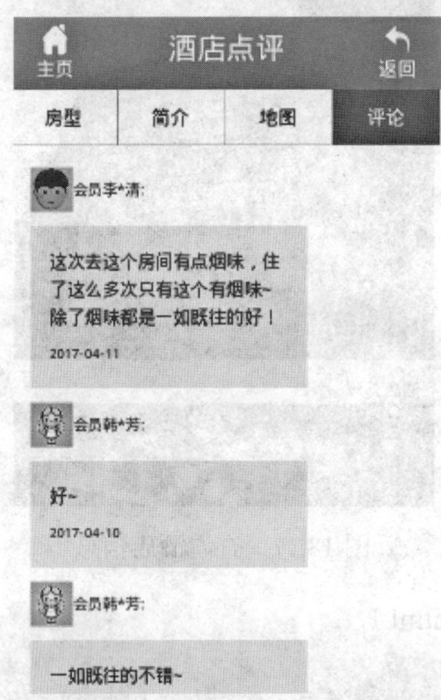

图 18.18　查看用户评价信息

打开本例 HotelReview.aspx.html 模板页面，该页面的基本结构如下。

```
<div class="container">
    <ul class="unstyled hotel-bar">
        <li class="first"> <a href="Hotel.aspx.HTML"> 房型 </a> </li>
        <li><a href="HotelInfo.aspx.html"> 简介 </a></li>
        <li><a href="#"> 地图 </a></li>
        <li><a href="HotelReview.aspx.html" class="active"> 评论 </a></li>
    </ul>
    <div class="hotel-comment-list">
        <div class="hotel-user-comment"> <span class="hotel-user"><img width="32" height="32" src="Pictures/2/
            user01.png"> 会员李 * 清 : </span>
         <div class="hotel-user-comment-cotent">
            <p> 这次去这个房间有点烟味，住了这么多次只有这个有烟味 ~ 除了烟味都是一如既往的好！ </p>
            <span>2017-04-11</span> </div>
```

```
            </div>
            ......
        </div>
</div>
```

Note

上面重点介绍了酒店预订的完整流程，从选择城市，到选择酒店，再到选择房型，查看酒店信息和用户评论等，本章示例网站还包含其他辅助页面，这些页面设计风格相近，结构大致相同，这里就不再详细讲解。

第19章

发布网页

jQuery Mobile 应用项目的发布方法有两种：一种是利用第三方工具进行打包，然后发布到相应的应用商店；另一种是直接以 Web 的形式进行发布。本章采用 Cordova 和 Ant 将网页封装成 Android APP，Cordova 是免费的、开放源代码的移动开发框架，下面将介绍如何利用 Cordova 将写好的网页程序封装成 Android APP。

【学习重点】

- 将 HTML 页面打包成多平台应用的方法。
- 了解 Cordova 用法。

19.1　Web 应用发布基础

不同的平台需要创建不同的软件包，因此用户需要把所有的文件，如 HTML、JavaScript、CSS 和 jQuery Mobile 框架的文件，复制到不同的项目中，然后创建不同的软件包。

把 Web 应用当作原生应用来打包，应用可以调用到一些非 HTML5 的 API，这些 API 包括相机、联系人列表、加速度传感器 API，要打包应用到商店发布，可以选择下列方式。

☑ 为每个平台创建一个原生应用项目，把 Web 应用的文件作为本地资源加入项目中，用 Web View 组件绑定应用的 HTML 内容。这种方式有时被叫作混合应用。

☑ 使用某个官方的 Web 应用平台，这时往往会把项目文件打包成一个 zip 压缩包。

☑ 使用原生应用编译工具，帮助为各个平台编译相应的软件包。

注意： 把 Web 应用编译成原生软件包往往需要掌握各平台原生应用代码和 SDK 工具的专业知识。

打包应用的第一步是明确应用要针对什么平台在哪个应用商店进行发布。如表 19.1 所示列举了可以用来发布应用的商店，用户应该在各个平台上创建一个应用发布账号。

表 19.1　可以发布应用的商店列表

商　　店	所有者	平　　台	文件格式	发布费用	URL
AppStore	Apple	iOS（iPhone、iPod、iPad）	ipa	每年 99 美元	http：//developer.apple.com/ programs/ios
Android Market	Google	Android	apk	一次 20 美元	http：//market.android.com/publish
AppWorld	RIM BlackBerry	Smartphones/PlayBook	cod/bar	免费	http：//appworld.blackberry.com/isvportal
Nokia Store	Nokia	Symbian/N9	wgz/deb bar	1 欧元	http：//info.publish.nokia.com/
Amazon AppStore	Amazon	Android/Kindle Fire	apk	每年 99 美元	http：//developer.amazon.com/
MarketPlace	Microsoft	Windows Phone		每年 99 美元	http：//create.msdn.com/

针对每个平台，可以根据各自的参考文档检查应用商店要求提供哪些元数据，例如：

☑ 高分辨率的图标（通常都是 512 像素 ×512 像素）。

☑ 应用描述。

☑ 所属分类的选择。

☑ 每个平台上的应用截图。

☑ 发布兼容设备列表。

☑ 发布国家和语言。

☑ 市场营销口号。

Note

19.2 下载、安装 Cordova

Cordova 的前身是 PhoneGap，PhoneGap 核心捐给了 Apache 基金会，改名为 Apache Cordova。下面将介绍以 Cordova 创建 Android APP 的方法。

Cordova 提供将 HTML5+JavaScript+CSS3 开发的程序代码包装成跨平台的 APP，Cordova 包含许多移动设备的 API 接口，通过调用这些 API，就能够让 HTML5 制作出来的 Mobile APP 也像原生应用程序（Native APP）一样具有使用相机、扫描 / 浏览影片或者听音乐等功能。

Cordova 有多种安装方式，笔者使用的是 Apache Cordova 官网提供的 NPM（Node Package Manage）安装方式，使用 NodeJS 的 NPM 套件通过 Command-Line Interface（CLI，命令行接口）输入安装命令。下面介绍安装的必要工具以及安装方法。

19.2.1 安装 Java JDK

Java JDK 是 Java 语言的软件开发工具包，主要用于移动设备、嵌入式设备上的 Java 应用程序。JDK 是整个 Java 开发的核心，它包含了 Java 的运行环境（JVM+Java 系统类库）和 Java 工具。

第 1 步，Java JDK 下载地址为 http://www.oracle.com/technetwork/java/javase/downloads/index.html，进入网页之后，单击左边的 Java Platform（JDK）10 按钮，如图 19.1 所示。

图 19.1 下载 Java Platform（JDK）

第 2 步，进入下载页面之后，先勾选 Accept License Agreement 单选按钮。再根据本地操作系统单击要下载的版本。例如，笔者计算机为 64 位 Windows 系统，就单击 jdk-10.0.1_windows-x64_bin.exe 下载文件，如图 19.2 所示。

Java SE Development Kit 10.0.1

You must accept the Oracle Binary Code License Agreement for Java SE to download this software.

○ Accept License Agreement　◉ Decline License Agreement

Product / File Description	File Size	Download
Linux	305.97 MB	jdk-10.0.1_linux-x64_bin.rpm
Linux	338.41 MB	jdk-10.0.1_linux-x64_bin.tar.gz
macOS	395.46 MB	jdk-10.0.1_osx-x64_bin.dmg
Solaris SPARC	206.63 MB	jdk-10.0.1_solaris-sparcv9_bin.tar.gz
Windows	390.19 MB	jdk-10.0.1_windows-x64_bin.exe

图 19.2　设置下载版本

第 3 步，只需要按照提示步骤操作就可以完成安装。安装时请留意安装路径，默认路径是 C：\ Program Files\Java\jdkl.8.0-20\。

第 4 步，Java JDK 安装完成后，还必须在系统环境变量中指定 JDK 路径。由于其他两项工具 Android SDK 和 Apache Ant 也必须设置变量，等到 3 项工具都安装完成之后，一次设置好变量就可以了。有关变量的设置方式稍后将进行说明。

19.2.2　安装 Android SDK

Android SDK 的下载地址为 http：//developer.android.com/sdk/index.html。具体安装步骤如下。

第 1 步，进入网页之后，单击 VIEW ALL DOWNLOADS AND SIZES 链接，再单击 installer_r24.4.1-windows.exe 下载并安装。

第 2 步，安装时请注意安装路径，默认安装在 C：\Program Files（x86）\Android\android-sdk。安装完成之后，默认会打开 SDK Manager。也可以在 android-sdk 文件夹中找到 SDK Manager.exe 文件。

第 3 步，弹出 Android SDK Manager 对话框之后，会看到 Android SDK Tools、Android SDK Platform-tools、Android SDK Build-tools 复选框已被勾选，这些项目是默认安装的。如果还想安装其他版本项目，可以一起勾选之后再单击 Install 13 packages 按钮，如图 19.3 所示。注意，13 是一个动态数字，勾选的项目不同，该值也会随时变化。

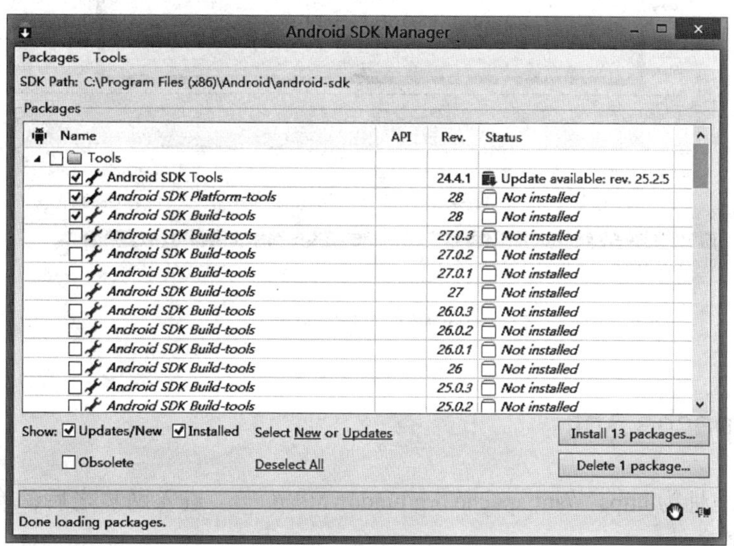

图 19.3　安装 Android　SDK

第 4 步，接着会出现选择的项目，让用户核对安装项目是否正确，如图 19.4 所示。如果正确无误请单击 Accept License 单选按钮，再单击 Install 按钮，就会开始安装。

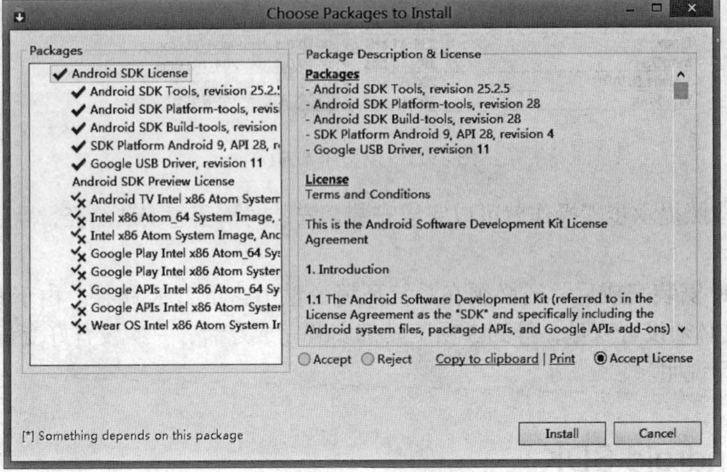

图 19.4　确认要安装的项目

第 5 步，安装需要一点时间，请不要关闭安装中的对话框，安装完成后会弹出如图 19.5 所示的对话框，表示已经安装完成。单击 Close 按钮将对话框关闭，再关闭 Android SDK Manager 对话框。

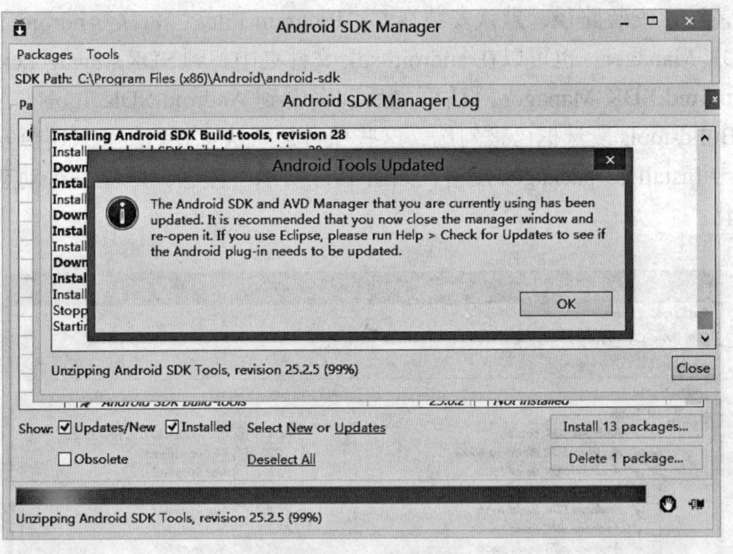

图 19.5　安装成功

19.2.3　安装 Apache Ant

Apache Ant 下载地址为 https://ant.apache.org/bindownload.cgi。进入网页之后，单击 apache-ant-1.10.3-bin.zip 链接就可以下载文件。

下载之后解压缩会得到 apache-ant-1.10.3 文件夹，Apache Ant 不需要安装，只要将 ant.bat 所在的路

径加入到系统的 Path 变量中，让程序在运行时能够找到所需的文件即可。为了方便管理，笔者将 apache-ant-1.10.3 文件夹与 Android SDK 放在同一个文件夹下，也就是 C：\Program Files（x86）\Android\。

19.2.4　设置用户变量

Java JDK、Android SDK 和 Apache Ant 安装完成之后，必须在系统环境变量中指定工具的路径。具体安装步骤如下。

第 1 步，在“控制面板”中找到“系统”功能项，单击“高级系统设置”按钮，打开“系统属性”对话框，再单击“环境变量”按钮，如图 19.6 所示。

第 2 步，在“环境变量”对话框中的“8 的用户变量”单击“新建”按钮，如图 19.7 所示。

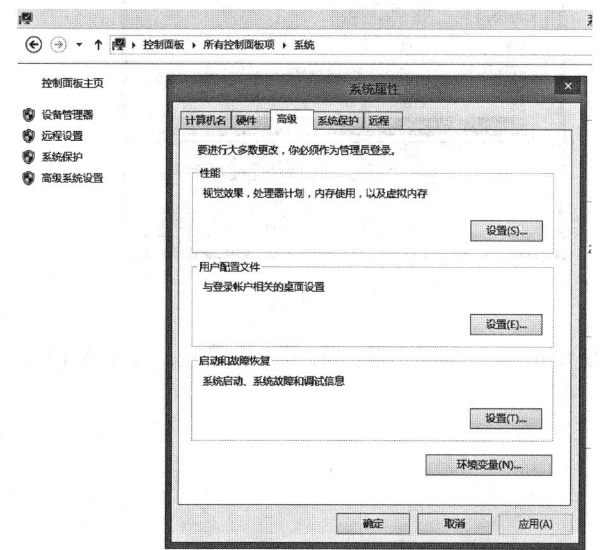

图 19.6　单击“环境变量”按钮

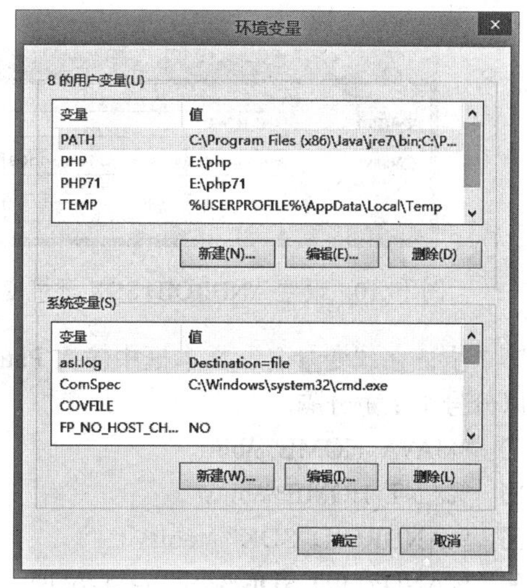

图 19.7　“环境变量”对话框

第 3 步，打开“新建用户变量”对话框，在“变量名”文本框中输入 JAVA_HOME，在“变量值”文本框中输入 JDK 安装路径，再单击“确定”按钮，如图 19.8 所示。

第 4 步，接着，设置 Android SDK 的用户变量。在用户变量区单击“新建”按钮，打开“新建用户变量”对话框，在“变量名”文本框中输入 ANDROID_SDK，在“变量值”文本框中输入 Android SDK 安装路径，再单击“确定”按钮，如图 19.9 所示。

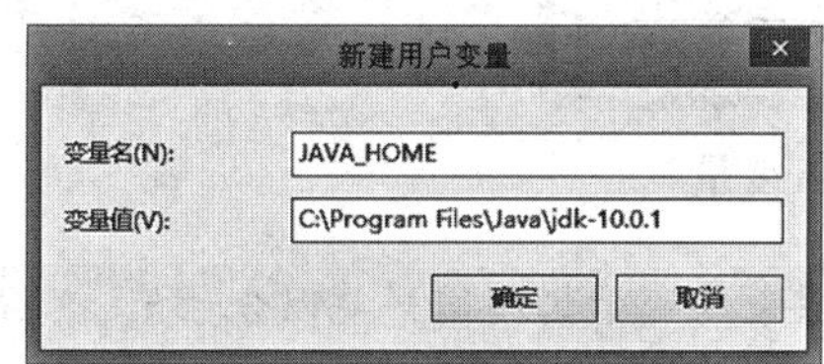

图 19.8　新建环境变量

图 19.9　设置 ANDROID SDK 环境变量

第 5 步，接着，设置 Apache Ant 的用户变量，同样在用户变量区单击“新建”按钮，打开“新建用户变量”对话框，在“变量名”文本框中输入 ANT_HOME，在“变量值”文本框中输入 Apache Ant 的存放

Note

路径，如图 19.10 所示。

第 6 步，接着必须设置系统变量区中 Path 变量的变量值。注意系统变量区有没有 Path 变量，如图 19.11 所示。如果没有 Path 变量，则单击“新建”按钮，新建 Path 变量。如果已经存在 Path 变量，则单击“编辑”按钮，保留原来的变量值，直接添加要新增的变量。

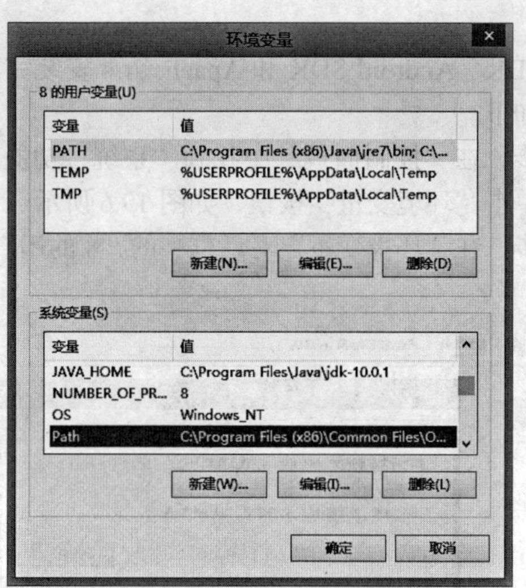

图 19.10　设置 ANDROID SDK 环境变量

图 19.11　Path 变量

第 7 步，在“变量名”文本框中输入 Path，在“变量值”文本框中输入如下 4 个路径，每个路径变量之间以分号（；）分隔。

☑　%JAVA_HOME%\bin\
☑　%ANT_HOME%\bin\
☑　%ANDROID_SDK%\tools\
☑　%ANDROID_SDK%\platform-tools\

第 8 步，输入完成后的界面如图 19.12 所示，单击“确定”按钮完成设置。

%JAVA_HOME%\bin\; %ANT_HOME%\bin\; %ANDROID_SDK%\tools\; %ANDROID_SDK%\platform-tools\;

图 19.12　设置 Path 变量

注意： 如果是编辑原来的 Path 变量，别忘了新变量与原来的变量之间同样要以分号（；）分隔。

19.2.5　测试工具

安装必备工具之后，用户可以在“命令提示符”窗口（简称 CMD 窗口），测试工具是否安装成功。

第 1 步，右击桌面左下角的“开始”图标，在弹出的快捷菜单中，选择“命令提示符”命令，就会打开 CMD 窗口。

第 2 步，输入下面的命令，测试 Java JDK 是否安装成功。如果安装成功会显示版本信息，如图 19.13 所示。如果安装失败，则会显示“不是内部或外部命令，也不是可运行的程序或批处理文件”。

```
> java -version
```

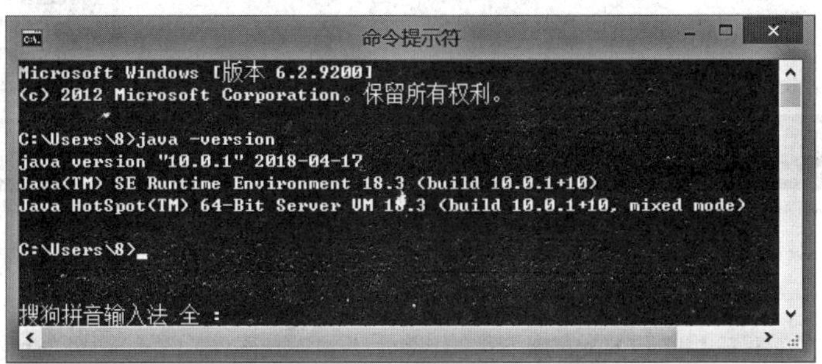

图 19.13　测试 JAVA　JDK

第 3 步，输入下面的命令，测试 Android SDK 是否安装成功。

```
> adb version
```

第 4 步，输入下面的命令，测试 Apache Ant 是否安装成功。

```
> ant -version
```

执行上述命令后，如果找不到命令，通常的原因大多是为变量设置的路径不正确，请再次检查用户变量的设置是否有错误或遗漏。可以直接复制安装路径到系统变量和用户变量的 Path 值后面，注意前面加上分号（；）分隔。

19.2.6　通过 npm 安装 Cordova

下面介绍如何通过 npm 安装 Cordova，具体操作步骤如下。

第 1 步，安装 NodeJS，下载地址为 http://nodejs.org/。进入网页之后，下载并安装 Node.JS，如图 19.14 所示。建议下载左侧的 LTS 版本，推荐大部分用户使用。

第 2 步，Node.JS 安装完成之后，就可以使用 npm 命令安装 Cordova 了，由于命令都是在命令行（Command Line）输入并执行的，所以要先打开 CMD 窗口。为了避免安装出现错误，建议以管理员身份打开 CMD 窗口。

第 3 步，右击桌面左下角的“开始”图标，在弹出的快捷菜单中，选择“命令提示符（管理员）”命令，就会打开 CMD 窗口，如图 19.15 所示。

第 4 步，在 CMD 窗口输入下列语法，安装 Cordova。运行如图 19.16 所示。

```
npm install -g cordova
```

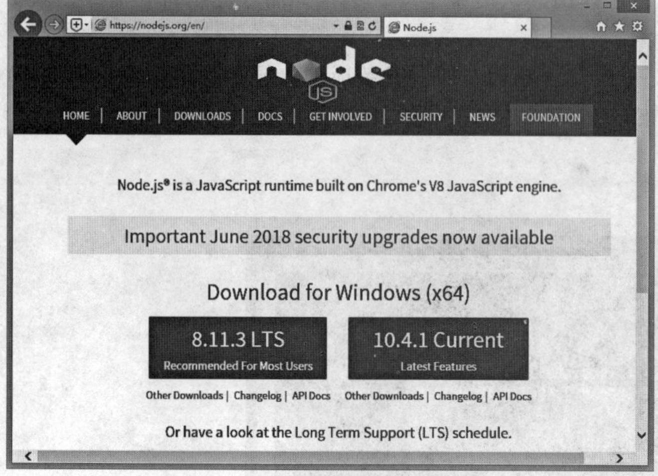

图 19.14　下载并安装 Node.JS

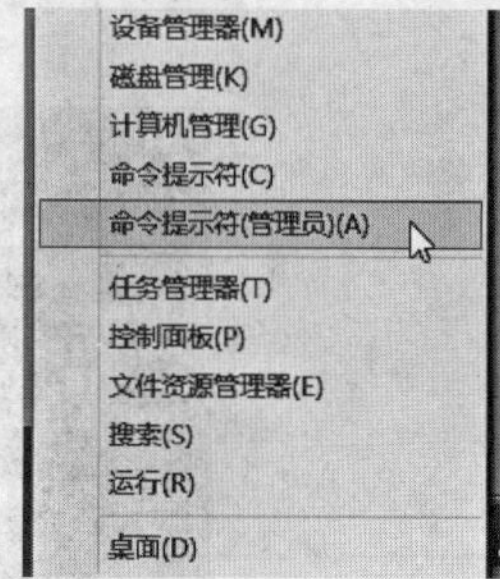

图 19.15　选择“命令提示符（管理员）”命令

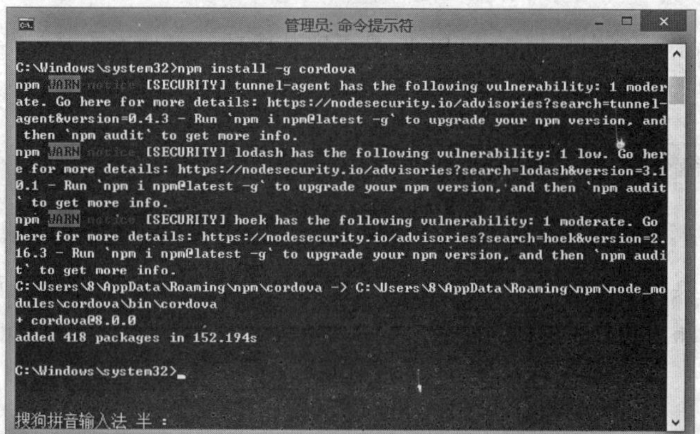

图 19.16　安装 Cordova

Node.JS 安装完成时会自动增加环境变量。如果上述命令无法执行，请检查用户变量或系统变量的 Path 变量是否已经设置好正确路径，默认为 C:\Program Files\nodejs\。

19.2.7　设置 Android 模拟器

Android 模拟器（Android Virtual Device）用来模拟移动设备，大部分移动设备的功能都可以模拟操作。

第 1 步，在 android-sdk 文件夹中找到 AVD Manager.exe 文件。

第 2 步，单击并运行，稍等一下会显示如图 19.17 所示的对话框，单击 Create 按钮。

第 3 步，在出现如图 19.18 所示的对话框后，设置模拟设备所需的软硬件规格，请参考下面的说明。

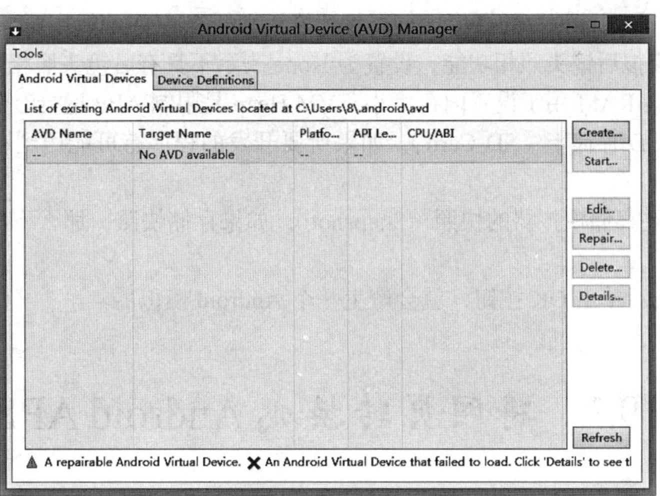

图 19.17　Android　Virtual　Device（AVD）Manager

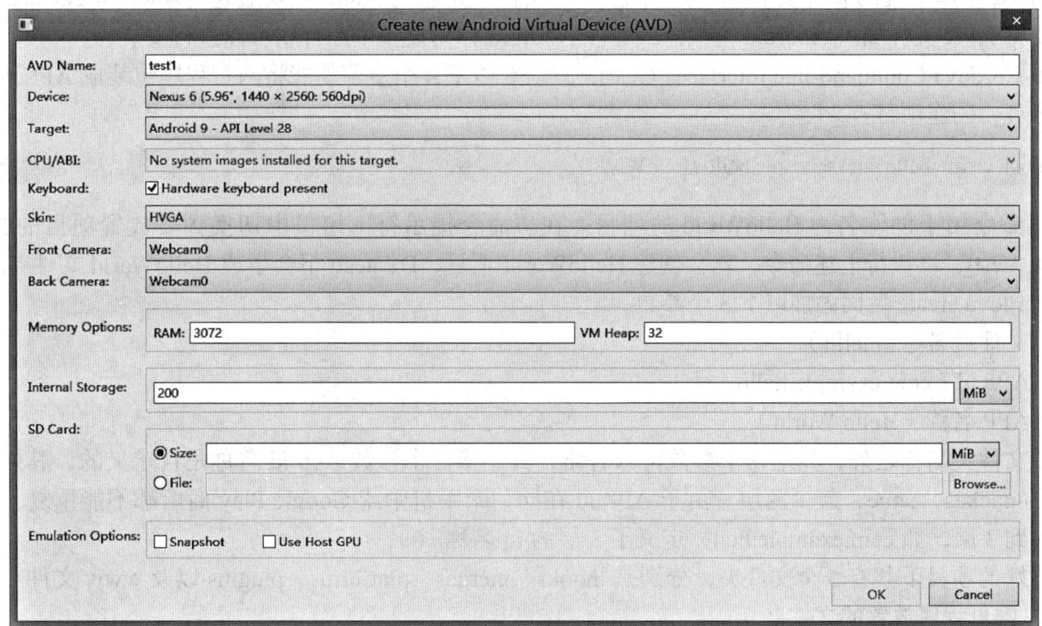

图 19.18　设置模拟设备

- ☑ AVD Name：自定义模拟器的名称，便于识别。
- ☑ Device：选择想要模拟的设备。
- ☑ Target：模拟器的 Android 操作系统版本。这里会显示 SDK Manager 已安装的版本，如果找不到想要的版本，只需打开 SDK Manager 并下载之后，再进行设置就可以了。
- ☑ CPU/ABI：处理器规格。
- ☑ Keyboard：是否显示键盘。
- ☑ Skin：设置模拟设备的屏幕分辨率。
- ☑ Front Camera：模拟前镜头照相功能，设置为 None 表示不具备前镜头照相功能，还有 Emulated（虚拟）、Webcam（取用计算机的摄像头，当然计算机必须安装了摄像头）。

☑ Back Camera：模拟后镜头照相功能，设置为 None 表示不具有后镜头照相功能。

☑ Memory Options：RAM 用于设置内存大小，VM Heap 是限制 APP 运行时分配的内存最大值。

Note

☑ SD Card：模拟 SD 存储卡（SD Card），如果所要开发的程序有可能用到存储卡，可以输入需要的存储卡容量。

☑ Snapshot：是否要存储模拟器的快照（Snapshot），如果存储快照，那么下次打开模拟器时就能缩短打开时间。

第 4 步，设置完成之后单击 OK 按钮，就会产生一个 Android 模拟器。

19.3 将网页转换成 Android APP

相关的工具安装和设置完成之后，就可以在“命令提示符”窗口中使用命令调用 Cordova 把网页构置成 APP 了。

Android 操作系统的软件安装文件必须是 APK 文件，也就是 Android 安装包（Android Package）的缩写，只要将 APK 文件加入 Android 模拟器或者在 Android 移动设备中运行就可以进行安装。

利用 Cordova Command-line Interface（CLI），只需要以下 4 个步骤就能将网页程序包装成 APK。

第 1 步，创建项目。

```
cordova create hello com.example.hello HelloWorld
```

上述命令用于创建名为 HelloWorld 的项目。在“命令提示符”窗口中切换到要放置项目的文件夹，例如，D：\test\，再执行上述命令，就会创建 HelloWorld 项目，D：\test\ 下会生成 HelloWorld 文件夹。

在 cordova create 后面添加以下 3 个参数。

☑ 文件夹名称（hello），

☑ APP id（com.example.hello）

☑ APP 名称（Hello World）

除了文件夹名称之外，其他两个参数可以省略，其中第二个参数 App id 名称是自定义的，其格式类似于 Java 的 package name，最少两层。由于 APP id 在同一个手机中或 Google Play 商店都不能重复，因此大多数会用到 3 层，如 com.example.hell，定义了 3 层的 id 名称。

创建好的项目下共有 5 个文件夹，分别是 .hooks、merges、platforms、plugins 以及 www 文件夹。其中 www 就是网页程序放置的文件夹。

第 2 步，添加 Android 平台。

创建了项目之后，必须指定使用的平台，如 Android 或 iOS。首先必须在“命令提示符”窗口中切换到项目所在文件夹（切换文件夹的命令为“cd 文件夹名称”），输入下列语法即可创建 Android 平台。

```
cordova platform add android
```

第 3 步，导入网页程序。

接着，就可以将制作好的网页文件（包含 HTML 文件、图形文件等所有相关文件）复制到 www 文件夹中，首页文件名默认为 index.html。用户可以使用记事本之类的文本编辑器打开项目文件夹中的 config.xml 文件，找到以下语句，将 index.htm! 改为首页文件名。

```
<content src="index.html"/>
```

第 4 步，创建 APP。

在“命令提示符”窗口中先切换到项目所在文件夹（切换文件夹的命令为“cd 文件夹名称”），执行下面的命令创建 APP，并在模拟器中运行 APP。

```
cordova run android
```

上述程序语句包含“创建 APP”和“模拟器预览”两个操作。还可以分开运行，如果只想创建 APP，不想从模拟器预览的话，可以只执行下列命令。

```
cordova build
```

运行完成之后，在项目文件夹下的 platforms/android/ant-build 文件夹中就可以找到“APP 名称 -debug.apk”文件，例如，HelloWorld-debug.apk 文件，将它放到移动设备运行就可以进行安装了。

如果已经创建 APP 之后想修改项目名称和 APK 文件名，可以打开项目文件夹下 platforms/android 文件夹下的 build.xml 文件，以及 www 文件夹下的 config.xml 文件进行修改。

第 5 步，将 platforms/android/ant-build/First-debug.apk 发送到智能手机进行安装就完成了。当 APK 文件存放在智能手机中运行并安装之后，就会像普通的原生 APP 一样，创建程序图标，单击图标就会打开程序。

Note